JN153053

ドクダミ

センブリ

改訂版

薬草の呟き

対馬から日本各地の山野へ薬草園へ

著者

医　師：森　正孝

薬剤師：森　昭雄

植物学：國分英俊

キランソウ

ゲンノショウコ

メディカルサイエンス社

はじめに

田舎育ちの妻は子どもの頃、山や野、海や畑に行っては父や母に草木の名前を教えて貰っていたようで、都会育ちの自分よりずっと自然の楽しみ方に長けている。このように一昔前までは父母が子に教え、父母はかつてお爺さんお婆さんに習って植物の名前を知り、人の社会と自然との関わり合いを身体で覚えてきたものである。戦後の核家族化や、福祉施設の充実に伴って三世代等の大家族が姿を消し、子どもたちが、お爺さん、お婆さんと野山を散策することがなくなり、両親も共働きでたまの休みには遊戯施設のある遊園地に行くくらいで、自然との触れ合いがなくなってしまった。昔は子どもたちが誰でも知っていたシイやクスノキなども知らないままに成長し、自分の子どもに伝えることもできなくなってきた。平成20年に対馬で撮った花の写真を“対馬の四季”・“続対馬の四季”の2巻として自費出版したところ、薬草が非常に多い島ということで、鹿児島県薬剤師会の4名が視察に来島された。本を企画した時には予想もしなかったことであった。野山や路傍で見かける植物の5分の3は薬草であると言われ自分の撮った写真でも確かにその通りと思えるが、中には毒草もあってうっかり口にできないし触れられないものもある。本書は、薬草・毒草について親が子へ、子が孫へと語り次いで来たことを活字にしたもので、家族と自然に親しむ際に利用してほしい。

第I章　薬草歳時記

四季がはっきりしている日本には、春の七草、秋の七草ばかりでなく、四季の山菜、菖蒲湯、冬至の南瓜など、四季の節目に野山の草木との関わり合いがある。日本の文化である和歌や俳句には季語は無くてはならない要素であるが、四季折々に咲く花に関連した季語も多い。

第II章　薬草茶と薬草酒

薬草を手軽に使えるのが薬草茶、薬草酒である。茶として利用されるときは、用いる量が少なく、煎じる時間が短く、お湯に溶ける成分だけが少量抽出されることになる。薬用酒は、アルコールに長期間漬けておくことにより水やアルコールに親和性のある成分が溶け出している。

第III章　民間薬と漢方薬

漢方薬は複数の生薬を配合して用い、必ず処方名があり、漢方独特の理論で診断して処方を決定する。一方、民間薬は生薬を単独で用い、処方名がなく、西洋医学と同様の対症療法として症状に応じて使われる。しかし、漢方処方で用いられるものでも単剤で使えば民間薬となるものもあり、逆に、もともと民間薬であったものが漢方処方に配合されるようになったものもある。民間薬の中には内服してはならない植物もあるので内服薬と外用薬の2つの項目に分け、さらに漢方原料として漢方処方に用いられる植物を加えた。高山植物と薬草園や植物園の植物は別項目にしたが、その理由は後述する。

III-1項 内服する民間薬

薬草というと健胃剤、便秘薬、下痢止、風邪薬、鎮咳去痰剤、鎮痛剤、利尿剤等の症状に対して使われるものと、婦人病、糖尿病、痛風、前立腺肥大とかそれぞれの病気に特異的な薬がある。本書の初版本では多数の民間薬を次の4つに分類していた。①消化器病に使われる民間薬、②風邪・呼吸器病や解熱剤として使われる民間薬、③利尿に使われる民間薬、④この病気にはこの薬草が良いというもの(一病一薬)であった。しかし、一つの薬草でも消化器症状ばかりでなく利尿薬として用いられるもの、鎮咳ばかりでなく健胃剤としても用いられるもの等があって、きちんと分類できるものではない。したがって本書を改訂するにあたり、内服として用いられる薬用植物を一括して扱うことにした。

III-2項 外用する民間薬

外用される民間薬には、生薬となっている植物もあるが、生の鱗茎や葉をそのまま用いたり、粘液や乳液をそのまま塗ったりと生薬とは言えないものもある。また、口にすると有毒な植物もあって、もともと内服薬であるものは気軽に外用して良いが、外用にしか使えないものは内服してはいけない。外用する民間薬の項では主として外用される薬草を中心にまとめてみた。止血剤と鎮痛剤は内服薬と外用薬にくっきり分けられない。止血剤の中で消化管出血、喀血、婦人科臓器の出血などは内服薬が用いられるが、山野で傷ついた時の擦り傷や切り傷からの出血は外用薬が使われる。鎮痛薬は煎じ薬として内服して用いられるものと外用として生の汁・煎液を塗布するもののほかに浴用料として用いられるものもある。

III-3項 漢方原料

生薬とは、薬草の葉、根、果実などを、すぐに用いられるように加工したものをいう。乾燥させただけのものが多いが、効果を上げ、毒性を少なくするなどの目的で、焙じる、蒸す、湯通しするなどの簡単な加工をしたものもある。ところが、書物によっては生のままの薬草に生薬名をつけてあるのもあって一定しない。そこで本書では、木下武司著生薬処方電子事典に掲載されているものだけを生薬【生】とし、この事典にはなく他の書物で生薬となっているものを【生'】として区別した。また、日本薬局方にある生薬は【局】で表したが、この局方も約5年ごとに改定されている。本書では最新版(平成23年3月24日)にあるものだけに限定した。本書はもともと植物の写真集であるので、生薬でも動物由来や鉱物由来のものは省いている。また、日本では産せずほとんどが中国や東南アジアから輸入されている生薬も写真が撮れないので割愛した。

III-a 高山植物を分ける

初版本では本書を山野に持って行っても植物がどこに載っているかが判りにくい欠点があった。改訂にあたり、植物の生育場所による分類を試みたが、最初は大まかに人里の植物、山野、植物園・薬草園の植物に分け、次に草から木へ並べてみた。外来種は人里で多く見られるので人里に記載したが、帰化して山野にしか見られなくなった植物は山野に入れてみた。しかし、人里と山野の境界の線引きは困難で、高山植物を、一般の人里や山野に見られる植物と分けて述べるだけになった。

III-b 薬草園や植物園の植物を分ける

写真には山野ばかりでなく、薬草園で撮ったものも含まれている。薬草に興味を持って薬草園を散策すると、山野で見かける薬草も結構植えられている。山野になく薬草園にしか見られない生薬は200種の漢方原料のうち30種ほどである。これほど少数では本になることはないだろう。そこで、本書ではあえて薬草園の植物も含めて掲載して、山野草図鑑にないものを補うことにした。薬草園には植物ごとに、植物名や薬効の書いてある名札がつけてあって分かりやすくしてある。しかし、日本の植物図鑑には載ってないものが少なくなく、開花期や結実期が分らずに何度も植物園に通うことになった。

第IV章　製薬材料

漢方薬ではなくても古くから製薬材料となっている植物がある。医学部の学生時代に覚えた薬の中にも植物由来のものが多い。筋弛緩剤のツボクラリンはクラーレの木から抽出されたもの、エルゴタミンはライムギの麦角、レセルピンはラウウォルフィアの根、ロートエキスはハシリドコロの根茎・茎葉からと使い慣れた薬品も多い。近年、抗パーキンソン薬のペルゴリド、カペルゴリンも麦角から精製され、スズランスイセンの根茎から作られるガランタミンは認知症の薬であり、抗がん剤のビンクリスチン、クレスチン、イリノテカンも植物由来である。植物性油は、食用油ばかりでなく工業用にも用いられるものもある。香水などの原料となる精油も含めて植物性油の一覧を作ってみた。

第V章　有毒植物

薬草の本なのに有毒植物を載せたのは、有毒と考えられていた植物から重要な薬が開発されることもあるからである。薬物は普通薬、劇薬、毒薬に分類されているが、ジギタリスなどは毒薬となっている。使い方を間違えると生命の危険があるということであろう。3大有毒植物といえば、トリカブト、ドクゼリ、ドクウツギとしてある書物があった。この中でトリカブトとドクウツギの写真は撮れたが、ドクゼリは特定できず写真が得られなかった。有毒植物の解説書を読むと栽培植物にも有毒なものが多いことが判る。道端にある植物でも有毒なものがあり、薬草に似たものであれば、誤って食べて中毒し最悪の場合死に至ることもある。一方、トリカブトのような猛毒の植物でも石灰をまぶして減毒し、漢方薬として使われているものもある。トリカブトを含むキンポウゲ科の植物は有毒であり、例外がアキカラマツとサラシナショウマである。ツツジ科の植物は毒のあるものが多く、木の皮まで剥いで食べる鹿がツツジ科のミヤマキリシマなどは食べない。例外があって、ツツジ科でもスノキ属は食べられ、この中にブルーベリーがある。セリ科の植物は薬になるものが多いがドクゼリは猛毒を持つ。ヤマゴボウ科は毒を持つが特にヨウシュヤマゴボウは猛毒である。ヒガンバナ科は有毒であるが外用薬に用いられ、最近では認知症の薬も開発されている。有毒植物を中毒症状別に分類できればと試みてはみたが、接触性皮膚炎はまとめられても、ほかの中毒症状についてはまとめることができなかった。

《本書の利用法》

本書では、通常は見かけない植物は、高山植物、薬草園や植物園の植物として別項目に扱った。通常の野山の散策には第I～III章1～3項の植物の中から探し出せば十分であり、高山に登山するときは第III章a項、薬草園や植物園に行くときは第III章b項をも参照すればよい。ただ、どちらの場合も通常の野山とハッキリした線を引くことは困難であり、それなりに機転を利かせてほしいものだ。

目　次

目　次

植物名索引

第I章 薬草歳時記

お屠蘇
お屠蘇には主薬としてオケラの根からとった白朮が使われている。お屠蘇は元旦や正月三ヶ日に、衣装を正し、東方を拝み、年少者から順に飲んで、一年中の邪気を払い、病を避け、また長寿延命の願いを託して飲む薬酒である。

お屠蘇は屠蘇散という処方を冷酒に浸したもので、屠蘇散には白朮(【局】びゃくじゅつ)、山椒(【局】さんしょう)、防風(【局】ぼうふう：中国産)、桂皮(【局】けいひ：中国産)、桔梗根(【局】ききょう)、丁子(【局】ちょうじ：モルッカ諸島、ジャワ、マレーシア産チョウジの蕾)、陳皮(【局】ちんぴ)、茴香(【局】ういきょう)の生薬が配合されている。

松竹梅
松と竹と梅のことであるが、慶事の象徴とされている。中国の歳寒三友(さいかんさんゆう：寒さに耐える三植物)が日本に伝わったものである。

春の七草
正月7日の七草粥に入れる7種の若菜。セリ、ナズナ、ゴギョウ、ハコベラ、ホトケノザ、スズナ、スズシロ、これぞ七草。正月の偏った食生活からミネラル、ビタミン等を補給する目的がある。なお最近では、ハコベは七草粥には用いられなくなっている。

セリ(芹)
ナズナ(薺)
ゴギョウ・オギョウ(御形)：ハハコグサ(母子草)
ハコベラ(繁縷)：ハコベ(繁縷)
ホトケノザ(仏の座)：コオニタビラコ(小鬼田平子)
スズナ(菘)：カブ(蕪)
スズシロ(蘿蔔)：ダイコン(大根)

春の七草と薬効

植物名	薬効	頁
セリ	去痰、緩下、利尿、食欲増進	10
ナズナ	止血、洗眼	10
ハハコグサ	鎮咳、去痰、利尿	11
ハコベ	歯槽膿漏、浄血、催乳	12
コオニタビラコ	薬疹、食物蕁麻疹	11
カブ	鎮咳、そばかす、しもやけ	13
ダイコン	健胃、鎮咳、食中毒、浴用料	13

春の山菜
アケビの若葉、若枝を浸し物、胡麻和えにする
アマドコロの若芽は天婦羅に、茹でて水に晒しお浸しに
イタドリの若葉(ガッポン)は湯通しして酢味噌で食べる
イワタバコの若葉を胡麻和え、天婦羅、汁の具で食べる
オケラは芽を出し綿毛がとれる頃に食べる
ギシギシの若芽はぬめりがありオカジュンサイという
クサギの春の若葉を天婦羅にすると美味しい
スイバはスカンポといって茎や葉に酸味があり美味しい
タラノキの芽はお浸し、胡麻和え、天婦羅で食べる
フキノトウにはビタミン類やミネラルが豊富である
ワレモコウの若葉はお浸しにして食べる

甘茶
4月8日の花祭に御釈迦様に甘茶を注ぐ。

菖蒲湯
5月5日の節句にショウブを風呂に入れ邪気を払う。

夏・秋の山菜
アシタバの若葉を食べる、ジューサーで青汁にして飲む
ウドの皮を剥ぎ酢物・塩で食べる
(コ)オニユリの鱗茎は百合根として食用にされる
クチナシの新鮮な花弁を煮、酢と醤油で食べる
ツワブキの柔かい葉柄を灰汁に漬け湯がいてお浸しに
ハマボウフウの若葉を刺身のツマや吸物の碗に添える
ボタンボウフウの若葉や根は煮て食べられる
ヨシの荀はタケノコ同様にして食べる

秋の七種
万葉集の山上憶良の「秋の野の花を詠める2首」では
「秋の野に　咲きたる花を　指折り　かき数ふれば　七草(ななくさ)の花」
「萩の花　尾花葛花　なでしこの花　女郎花　また藤袴　朝顔の花」

ハギ(萩)：ヤマハギ(山萩)
オバナ(尾花)：ススキ(芒)
クズ(葛)
ナデシコ(撫子)：カワラナデシコ(川原撫子)
オミナエシ(女郎花)
フジバカマ(藤袴)
アサガオ(朝顔)：キキョウ(桔梗)

秋の七草と薬草

植物名	薬効	頁
ヤマハギ	婦人のめまい・のぼせ	15
ススキ	風邪の解熱	15
クズ	風邪、神経痛、二日酔	17
カワラナデシコ	利尿、通経	17
オミナエシ	腫れ物の消炎・排膿、利尿	16
フジバカマ	利尿、糖尿病	18
キキョウ	鎮咳、去痰	18

冬至の南瓜と柚子
カボチャを冬至に食べると鳥目を防ぎ、中風にかからないようになると伝えられている。また、冬至に柚子湯に入ると風邪の予防になるという。

＊＊＊本書で使われている略号＊＊＊

【局】日本薬局方
【生】生薬
【生'】生薬として扱われる場合もある
〔漢〕漢方原料、漢方処方
〔薬〕薬価収載品
〔民〕民間薬
〔製〕製薬材料
〔飲〕健康飲料
〔酒〕健康酒
〔食〕食用
〔外〕外用
〔浴〕浴用料
〔香〕香料、香水材料、香辛料
〔嗽〕うがい薬
〔眼〕目薬、洗眼
〔染〕染色、草木染
〔虫〕駆虫、殺虫、防虫
《季》季語
〔PC〕Personal Communication

セリ 芹	セリ科 渓流、水辺	【生’】水芹 すいきん	全草/茎葉 春～夏/夏	〔民〕去痰、小児の解熱、〔飲〕せり茶、〔食〕若茎葉・七草粥/〔浴〕神経痛、リウマチ

去痰・滋養強壮に効果、若葉は食べられる

イブキゼリ 7月下旬伊吹山

[生育地と植物の特徴]

若苗がたくさん出る様子が競り合っているように見えるところから付けられた名。日本全土の水辺や湿地に生える多年草であるが、今では栽培品ばかりである。葉は2回羽状複葉で全体として三角形。6～8月頃、茎を立てて伸び30cm内外に達し緑色で稜のある枝の先に傘形になって小さな5弁花を無数につける。特有の香りがある。

ドクゼリに注意

ドクゼリは全草とくに根茎に猛毒がある。セリとは地上部は良く似ているが、ドクゼリの根茎は太くて竹のような節がある。判らないものには手を出さないことが肝要。

[採取時期・製法・薬効]

地上部全体を4～6月に摘み採る。夏に花ごと採取し乾燥させて細かく刻み保存する。

❖去痰、食欲増進、緩下、利尿に
乾燥品一日量10～20gを煎じて3回に分け服用する。

❖浴用料（神経痛、リウマチに）
6～9月に採取し陰干しにした茎葉を布袋に2～3握り入れ水から沸かして入浴する。

❖小児の解熱に
生の絞り汁を一回に2～4mlくらい飲ませる。

6月中旬島原薬草園

つぶやき

セリ茶：開花期に花ごと採取し、1日目は天日で乾燥させ、次いで陰干しにして充分乾燥したら刻んで一日量10～15gを煎じ、お茶代わりに飲む。セリを食べる：セリを採集したら、沸騰させたたっぷりの湯でさっと1～2分間茹でてアク抜きをし胡麻和え、お浸し、クルミ和えにしたり、混ぜご飯やすき焼きの具にする。芹・芹摘《季》春。

参考：薬草事典、長崎の薬草、新佐賀の薬草、薬草カラー図鑑1、牧野和漢薬草圖鑑、徳島新聞H170207

ナズナ 薺	アブラナ科 原野、路傍	【生】薺菜 せいさい	全草 春～夏	〔民〕眼底出血・消化器出血・肺出血の止血、〔眼〕目の充血、〔食〕葉を食用・七草粥

あらゆる出血を止める作用、若葉は食べられる

[生育地と植物の特徴]

北半球の温帯に広く分布する越年草で路傍、野原などに普通に見られる。春に茎が立ち上がり、柄の長い白色十字形の小花が穂の下部から順々に咲き上る。花期は長い。貝原益軒は‘大和本草’で菜疎類に加えているが、江戸時代には正月の七草の時ばかりでなく、吸い物、和え物、浸し物などにも利用され、「なずな売り　元は只だと値切られる」という川柳がある。特に若葉は、天婦羅にしたり、細く切って油炒めにし、味噌和えにする。

[採取時期・製法・薬効]

未熟な実がついた全草を摘み採り乾燥させる。成分はコリン、アセチルコリン、フマール酸など。類似種のイヌナズナ（生薬名：葶藶子）は、シャミセンを持つが花は黄色。副交感神経興奮作用がある(p187)。

❖目の充血、疲れ眼に
乾燥した全草10gを水500mlで300mlまで煎じて一日3回に分服。また、煎液を脱脂綿に含ませて洗眼する。

❖鼻出血、歯茎出血、痔出血、切傷出血、子宮出血に
全草を乾燥させたもの（薺）一日量10gを500～600mlの水で約半量に煎じて3回に分けて服用する。

[漢方原料（薺菜）**]**　性味は、甘平。民間薬。

ナズナ 2月中旬長崎県

つぶやき

春の七草の一つで別名ペンペングサ、シャミセングサ、ネコノシャミセンなどと呼ばれる。ナズナの名は撫菜（ナデナ）から転じたとする説、苗葉が群がっている状態から“なずむ葉”の意とする説がある。食べるには、花が咲く前の葉を集めて、油炒めにしたり炊き込み御飯にする。油で炒めてからジャガイモ、油揚などと炊いても美味しい。薺の花《季》春。

参考：薬草事典、長崎の薬草、新佐賀の薬草、薬草カラー図鑑1、牧野和漢薬草圖鑑、生薬処方電子事典、徳島新聞H151109

ハハコグサ/チチコグサ 母子草/父子草	キク科 山野、路傍	【生'】鼠麹草 そきくそう	全草 開花時	〔民〕鎮咳、去痰、利尿 〔食〕葉を食用・七草粥

百日咳・気管支炎に効果、若葉は食べられる

[生育地と植物の特徴]

本当の名前はホウコグサで、花のあとに冠毛がホウけたようになるからである。ホウけるはハハけると書き母子草と宛字で呼ぶようになった。漢名の鼠麹草は葉に毛があって鼠の耳に似ており、花が黄色の粒状で黄色の麹(こうじ)に似ていることから。日本、朝鮮半島、台湾、インドシナ半島、マレー半島、インドに分布。田の畦、路傍、山野に見られる越年草。春は全株に白い軟毛が密生し白くふわふわしている。葉はへら形で互生し柄はない。春から夏にかけて茎の先に少数の枝を分け先端に小さい黄色い頭状花を固まってつける。チチコグサは葉がハハコグサよりも細く、花が茶褐色で綺麗でない。

[採取時期・製法・薬効]

4~5月に花が咲いているときに全草を引き抜いて水洗いし、日陰で充分に乾燥させる。

❖鎮咳、去痰、利尿に

乾燥品一日量10gを水300mlで半量になるまで煎じ、3回に分けて食間に飲む。咳嗽、喘息には、「良く乾燥したものを細切して一回量20gほどを火にくべ立ち上がる煙を吸う」とある。普通は咳き込むばかりであるが、喘息の人は発作が止まる。利尿作用は含まれる硝酸カリによる。

ハハコグサ 5月上旬長崎県

つぶやき

母子草は春の七草の一つでゴギョウ(オギョウ)という。昔はこの若苗を食べ、餅に入れて食用にしていた。古くはヒエやアワで団子にしていたが、これだけでは固まらないので繋(つなぎ)としてハハコグサを用いていた。江戸時代からは米とヨモギで作るようになって、ハハコグサを使わなくなった。チチコグサも薬草として同様に用いられる。母子草《季》春。

参考:薬草事典、薬草の詩、長崎の薬草、新佐賀の薬草、薬草カラー図鑑1、牧野和漢薬草圖鑑、徳島新聞H140124

コオニタビラコ 小鬼田平子	キク科 田園、路傍	なし	全草 春・秋・冬	〔民〕薬疹、食物蕁麻疹 〔食〕葉を食用・七草粥

薬疹・蕁麻疹などの皮疹に

[生育地と植物の特徴]

基本種はタビラコ(別名コオニタビラコ)である。田平子とは水田にロゼット状の根生葉を平たく広げる様を表現したもの。根生葉の間から長さ4~25cmの細い茎を多数伸ばす。頭花は黄色で直径約1cm、一斉には咲かない。夏には一時姿を見せないので見つけにくいが秋から冬にかけて再び見られるようになる。一方、オニタビラコの鬼は大型の意味。日本、台湾、中国、インド、ヒマラヤ、ポリネシア、オーストラリアに分布。越年草で、高さ0.2~1.0mになる。花期は5~10月。黄色の頭花が散房状につく。屋久島にはタンポポはなくタンポポとはオニタビラコのこと。

[採取時期・製法・薬効]

姿が見られない夏を除き、秋から春までの時期に草を抜き採り、水洗いして乾燥させる。

❖薬疹、食物による蕁麻疹に

全草一握りずつを煎服、用量は厳密でなくて良いが、乾いたものは一日量15gくらい、生のものはその2~3倍を水1.0Lで半量に煎じて用いる。

つぶやき

春の七草のホトケノザはコオニタビラコのことであり、食べられる。葉だけのときはタンポポに似ているが、色が茶褐色がかっている点、毛がある点、頭花が小さく枝分かれした茎の先にたくさんつく点で見分けがつく。現在のホトケノザはシソ科で赤紫色の花を開く、これを食べると嘔吐や下痢を起こす。

コオニタビラコ 5月中旬長崎県

参考:長崎の薬草

ハコベ 繁縷	ナデシコ科 路傍、畑地	【生】繁縷 はんろう	全草 随時	〔外〕歯ぐき出血、歯槽膿漏、〔民〕産後の浄血、催乳、〔食〕茎葉・七草粥

身体の炎症を止める作用、食べられる

[生育地と植物の特徴]

古名はハコベラ。世界各地に分布。路傍や畑地に自生する越年草。茎は糸の様で枝分かれしながら横に這い一面に繁茂するので漢名が繁縷である。縷は糸筋のこと。春から夏にかけ多数の白い花をつける。花弁は5枚で深く2つに裂ける。雄蕊は4～10本、雌蕊の先端の花柱は3裂。葉は対生し、茎の片側に軟毛が生えている。ハコベという名はこの種と、ミドリハコベの両種を合わせて呼ぶ。

[採取時期・製法・薬効]

一年中あるので必要な時に全草を引き抜いて採る。

❖歯ぐきの出血、歯槽膿漏に

ハコベ塩：乾燥したハコベをミキサーで粉にして10分の1の塩を加えて歯を磨く。

❖産後の浄血、催乳に

繁縷一日量10～15gに水300mlを加えて半量に煎じ、3回に分けて服用する。

[漢方原料（繁縷）**]**　性味は酸平。産地は日本。民間薬。

つぶやき

春の七草の一つではあるが、正月の七草粥には用いられなくなっている。古くからハコベ塩を歯磨きに使っていた。ハコベは一年中見られ、緑の少ない季節も青々としていて、大事な食料だった。またヒヨコや小鳥の餌にする。ウシハコベも同様に使える。類似種のミミナグサ、ノミノフスマ、オオヤマフスマに薬効があるかどうかは不明。繁縷・はこべら《季》春。

参考：薬草事典、長崎の薬草、新佐賀の薬草、薬草カラー図鑑1、牧野和漢薬草圖鑑、生薬処方電子事典、徳島新聞H150123

カブ 蕪菁	アブラナ科 栽培	なし	根・種子 春	〔外〕しもやけ、そばかす 〔民〕鎮咳、〔食〕根と若葉・七草粥

カブもショウガも辛いが咳止めになる

[生育地と植物の特徴]

春の七草のスズナである。名は蕪(かぶら)の女房詞“おかぶ”からという。原産地は地中海沿岸地方と考えられ、古く13世紀に中国から渡来した越年草。根の感じではダイコンの仲間に見えるが、アブラナ系統に属し、春、高さ1mほどの花茎に黄色の十字形の花を総状につける。根生葉はへら状。根は肥大して球形になり、白のほか赤・黄・紫色もある。

[採取時期・製法・薬効]

カブは年中栽培が可能で50～60日で収穫できるので季節を選ばない。

❖しもやけに

①根をすり下ろしたものを患部に厚く塗り、軽くガーゼをあてる。②根を焼くと出てくる汁を塗る。

❖そばかすに

種子をすり潰して風呂上がりの肌に塗る。

❖咳止めに

カブ100g、ショウガ10gを刻み塩で味付けをしてスープを作る。これを一日3回に分けて服用する。

カブ 4月中旬長崎県

つぶやき

春の七草の“スズナ”はカブの事である。辛いものは肺臓に良い。カブもショウガも辛いが一緒に使うと効果が強くなり咳止めになる。蕪《季》冬。

参考:薬草カラー図鑑1

ダイコン 大根	アブラナ科 栽培	【生】莱菔子 らいふくし	根・種子/葉 栽培時期で	〔民〕健胃、食中毒の腹痛、鎮咳、〔食〕 根と若葉・七草粥/〔浴〕冷え性、神経痛

胃腸障害の予防に効果、湿布薬で肩凝りにも

[生育地と植物の特徴]

原産地は地中海沿岸のハツカダイコンの系統のものが、古い時代に陸路でインド、中国、朝鮮を経て我が国に渡ってきた。春播きして初夏に収穫する夏ダイコン、夏播きして秋に掘り採るもの、秋遅く播種し翌年春に収穫する三月大根もある。春に白か薄紫を帯びた4弁の十字形花をつけ、果実はくびれのある長角果を結ぶ。

[採取時期・製法・薬効]

根は生食し、葉は秋から冬にかけて通風の良いところで日陰干しにする。種子は天日で乾燥させる(莱菔子)。ダイコンの辛味は、配糖体のシニグリンが分解されて、イソ硫酸シアンアリルができたものである。

❖健胃に

おろし汁約20～40mlを朝晩2回飲む。食欲のないときは食前に、そうでなければ食後すぐに飲む。

❖食中毒時の腹痛に

莱菔子約10粒を噛み砕いて飲む。

❖咳止めに

おろし汁を茶碗3分の1くらいに、おろし生姜少々加え、湯を注いで飲む。少量の砂糖を加えても良い。

[漢方原料(莱菔子)**]** 性味は、苦・甘、平。産地は、中国、日本。処方は、三子養親湯。

サクラジマダイコン 3月下旬鹿児島県

つぶやき

春の七草の“スズシロ”はダイコンのこと。浴用には、よく乾燥した干し葉を2握りほど、大きい鍋で水から煎じ、干し葉ごと風呂に入れて入浴。冷え性、神経痛に良いという。大根・大根洗う・大根干す・大根漬ける《季》冬、大根の花・春。

参考:薬草カラー図鑑1、牧野和漢薬草圖鑑、徳島新聞H190205

アマチャ 甘茶	アジサイ科 栽培	【局】甘茶 あまちゃ	葉 夏	糖尿病の甘味料、矯味料、 〔飲〕健康茶、〔漢〕婦人薬に配合

伊吹山に自生していたヤマアジサイがアマチャ

[生育地と植物の特徴]

甘い茶の意。日本固有種でヤマアジサイの甘味のある変種。見た目は全株も花もヤマアジサイと区別できない。山地に生え伊吹山に自生していたが、現在では長野県、富山県、徳島県、岩手県で栽培される。高さ約80cm。夏、周囲に数個の装飾花を持つ花をつける。生の葉は噛むと苦く甘味はない。葉を揉んで乾燥させると甘味が出る。

[医薬品としての利用]

8月に葉を採取し水洗いして天日で乾燥させる。次に適当に水を噴霧し積み重ねて一昼夜放置する。やや発熱するが手で揉んで天日で乾燥させる。生葉の成分はグルコフィロズルチンで、発酵により加水分解してフィロズルチンになると砂糖の約1000倍も甘い。

❖糖尿病の甘味料に

乾燥した葉一日3～6gを煎じて砂糖代わりに用いる。

❖矯味料(味の調整)

清涼剤、歯磨き、醤油、タバコの甘味に用いる。

❖健康茶に

乾燥した葉の2～3枚に熱湯を注ぎ健胃剤として飲む。

アマチャ 5月下旬 島原薬草園

つぶやき

4月8日の花祭(灌仏会)で、御釈迦様に甘茶を注いで供養する習慣は、「釈迦誕生の瞬間に天から9頭の龍が清らかな水をもたらし産湯に用いた」との伝説に基づいている。「甘茶でかっぽれ塩茶でかっぽれ」は大道芸で使われた俗謡“かっぽれ”の囃子詞。甘茶《季》春。

参考:薬草の詩、新佐賀の薬草、薬草カラー図鑑2、生薬学、牧野和漢薬草圖鑑、生薬処方電子事典

ショウブ 菖蒲	ショウブ科 水辺、湿地	【生'】白菖、菖蒲根 はくしょう、しょうぶこん	根茎 春～夏	〔浴〕リウマチ、神経痛 〔民〕健胃、去痰、下痢止

菖蒲湯も薬浴の一つ

[生育地と植物の特徴]

名は漢名菖蒲の音読み。中国で菖蒲というのは石菖のことであり、日本の菖蒲は中国では白菖という。北海道、本州、四国、九州、東アジア、マレーシア、インド、北アメリカに分布する多年草。肉穂花序を出し、5～7月に淡黄緑色の小花を開く。果実は長楕円形で赤熟する。

[採取時期・製法・薬効]

11月～翌年3月または8～9月に根茎を採取し、ひげ根を除いて、水洗いしたのち、天日で乾燥させる。

❖浴用料(神経痛、リウマチに)

細かく刻んだ根茎を軽く一握り分、布袋の中に入れ、鍋で適当量の水で煮沸し、冷めないように袋ごと湯船に移して入浴する。端午の節句に菖蒲湯に入り、一年の節目を祝う風習は古代中国由来。日本ではショウブの剣状の葉を尚武にかけて尊び、男子の節句として祝った。

❖健胃、去痰、下痢止に

根茎をよく洗って皮を剥き1ヵ月くらい乾燥させミキサーにかけて粉末にして保存する。一回量小匙1杯を一日3回健胃剤として使う。多量では嘔吐を催すことがある。

ショウブ 5月上旬 鹿児島薬草の森

つぶやき

薬玉(くすだま):麝香、丁子などの種々の香料を詰めた錦の袋に菖蒲やヨモギなどの薬草や造花をつけ長い5色の糸を垂らした飾り物で、不浄を払い、邪気を避けるものとして、端午の節句に柱などに飾った。運動会のクスダマもこれからきた飾り物で式典、祝事に。菖蒲《季》夏。

参考:薬草事典、新佐賀の薬草、薬草カラー図鑑2、牧野和漢薬草圖鑑

ヤマハギ 山萩	マメ科 山野	なし	根/葉 秋	〔民〕婦人のめまい、のぼせ /〔飲〕はぎ茶

七草の一つであるがヤマハギは木である

[生育地と植物の特徴]

ハギはマメ科ハギ属ヤマハギ亜属の総称。北海道、本州、四国、九州、朝鮮半島、中国、ウスリーに自生する落葉低木。山野に生え、古くから庭園にも植えられる。秋の七草のハギはヤマハギのことである。葉は三出複葉。秋に蝶形花を総状につけ、ふつう紅紫色。ハギ属には他にマルバハギがあり花序が基部の葉よりも短い。ツクシハギは旗弁の周辺部や裏面、竜骨弁の基部などが白く花の色が淡く見える。

[採取時期・製法・薬効]

秋に花が終わる頃根を掘り出し、水洗いして天日で乾燥させる。

❖婦人のめまい、のぼせに

一回量2〜5gに水300mlを加えて半量になるまで煎じて一日3回服用する。

❖健康茶

葉、茎を刻んで乾燥させたもの一掴みを水1Lで半量に煎じ、お茶として飲む。

ヤマハギ 8月下旬長崎県対馬

マルバハギは花序が基部の葉よりも短い。小葉の先はへこむ。

マルバハギ 10月上旬長崎県

つぶやき

お彼岸は春と秋にある。春の牡丹の花が咲く頃に作るのが“ぼた餅”で、萩の花の頃に作るのが“おはぎ”と呼ばれる。藪のように叢生する地上の茎は、太さがよく揃っており、秋の終わり頃に刈り採って垣根や屋根の材料、萩すだれなどにする。萩の字は和製漢字であり、万葉の頃には芽子、波疑、波義の字であった。萩《季》秋。

参考:薬草事典、薬草カラー図鑑1、牧野和漢薬草圖鑑

ススキ 芒	イネ科 山野	なし	根茎 秋	〔民〕風邪の解熱

ススキは株をつくり叢生する。オギは地下茎で拡がる

[生育地と植物の特徴]

スクスク立つ木の意で“ススキ”、穂が獣の尾のような形をしているので“尾花”、またカヤと呼ぶ地域があるが、屋根材料にしたことから刈屋根(カリヤネ)が“カヤ”となった。日本全土に分布。山野の草原などにごく普通に生える多年草。太くて短い根茎があり、叢生して大株となる。高さ0.6〜2m。葉は幅6〜20mm。葉の縁は鋭い歯芽状でひどくざらつく。花序は長さ20〜30cm。10〜25個ほどの花序枝が束生する。

[採取時期・製法・薬効]

春先、ススキの葉が発芽する前に地下の根茎を掘り採り、水洗いして泥を除いたあと、細かく刻んで天日で乾燥させる。そのまま保存しておく。

❖風邪のときの解熱

一日量6〜15gを水300mlで半量まで煎じ3回に分けて服用する。

ススキ 10月中旬 長崎県対馬

オギ 9月下旬 長崎県対馬

つぶやき

秋の七草の一つで、尾花と詠まれている。類似種の荻(オギ)は、湿地や水辺に生え、株をなさず根茎が横に伸びて群落をつくる。人名に使う萩と荻は字が似ていて、混同される場合もあるが、萩はマメ科の木であり、荻はイネ科の草であり、全く異なる植物である。避妊の荻野式とイタイイタイ病研究の萩野昇博士の名字を混同してはいけない。ススキの季語は、芒《季》秋。

参考:薬草の詩、薬草カラー図鑑1

オミナエシ 10月上旬長崎県対馬

オミナエシ / オトコエシ 女郎花 / 男郎花	スイカズラ科 山野の路傍	【生】敗醤草 はいしょうそう	根 晩秋	〔民〕腫れ物の消炎排膿、利尿、〔食〕蕾、〔漢〕漢方処方

消炎排膿・利尿に、蕾は天婦羅にも

[生育地と植物の特徴]

北海道、本州、四国、九州、朝鮮半島、中国に分布。陽当たりのよい山野に生える多年草。葉は対生し羽状に分裂し羽状複葉のように見える。茎は直立し上部は枝を3つずつに分けて先端に黄色の小花を多数つける。この黄色の粒状の花を粟飯に見立てて女が食べるものとして女飯(おんなめし)、それが訛ってオミナエシとなったというが定説ではない。後の延喜年間(901-923)に女郎花となった。よく似て花の白いものをオトコエシというが牧野富太郎氏によると漢名の敗醤はこちらの方という。オミナエシの果実は長さ3～4mmの長楕円形でやや平たく、オトコエシでは倒卵形で円心形の翼がある。オトコエシも枝が3つずつに分かれる(三岐性)。

[採取時期・製法・薬効]

晩秋、花が終わった頃に根を掘りあげ、水洗いして天日でよく乾燥させる(敗醤草)。成分にはオレアノール酸。

❖腫れ物の消炎と排膿に、浮腫時の利尿に

一日量6～10gを水600mlで半量になるまで煎じ、3回に分けて空腹時に服用する。

[漢方原料(敗醤草)**]** 産地は、中国、日本。処方は、薏苡附子敗醤散。

オトコエシ 10月上旬長崎県対馬

10月中旬長崎県対馬

つぶやき

秋の七草の一つ。花を中秋の名月に生けたあと放っておくと醤油の腐った臭いが漂うので敗醤草という。また根を掘って嗅ぐと醤油の匂いがする。最近の醤油は腐らなくなったので経験がないが独特の臭いという。女郎花は万葉歌人の創作した日本製の名前で、源氏物語にもすべて女郎花と書いてある。オミナエシの蕾は天婦羅にする。女郎花《季》秋。

参考：薬草事典、長崎の薬草、新佐賀の薬草、薬草カラー図鑑1、牧野和漢薬草圖鑑、生薬処方電子事典、徳島新聞H151208

クズ 葛	マメ科 山野	【局】葛根/【生】葛花 かっこん/かっか	肥大化根/花 夏か秋/夏	〔民〕風邪の初期、鎮痛、〔漢〕漢方処方/〔民〕二日酔い、〔食〕花・若葉

肝機能を促す働き、葉は糖尿病に効果

[生育地と植物の特徴]

日本全土、朝鮮半島、中国、ウスリーほか、東アジア温帯地方に分布。陽当たりの良い林の縁や山野に生える蔓性多年草。蔓茎は長く丈夫で農家でザル・カゴ・モッコに編まれた。葉は三出複葉で葉の裏面は白っぽい。8～9月紅紫色の蝶形花が長さ10～15cmの穂になり、下の方から咲き出して葉陰から立ち上ってくる。

[採取時期・製法・薬効]

11～12月の地上部が枯れ始めた頃肥大した根を掘りあげ水洗いして外皮を剥ぎ薄く切って天日で乾燥させる。

❖風邪、神経痛に

葛根一日量8～15gを水400mlで半量に煎じ、3回に分けて温めて飲む。

❖二日酔いに

花は夏に採り陰干しにする。乾燥させた花5gほどに水300mlを加え煮立ったらカスを取り去って飲む。

❖葛粉に

冬に葛根を掘り採り、叩き潰して水に溶かし、布袋で繊維質を除き、掻き混ぜては沈殿させて上澄み液を捨てることを繰り返し、最終的には真っ白な葛粉が得られる。

[漢方処方(葛根)**]** 甘平。産地は中国、韓国、群馬・徳島・鹿児島。処方は葛根湯〔薬〕、葛根加朮附湯〔薬〕等。

クズ 9月下旬長崎県対馬

つぶやき

昔、奈良県吉野郡国栖(くず)の商人がこの植物の根からとれる粉を売り歩いていたのでこの名がある。クズは生存力が強く分枝が多くあたり一面を覆いつくす。クズにからまれた樹木は成長も止まる位で植林にとっての大敵。葛《季》秋。

出典:薬草事典、新佐賀の薬草、薬草カラー図鑑1、牧野和漢薬草圖鑑、生薬学、生薬処方電子事典、徳島新聞H130802

カワラナデシコ 川原撫子	ナデシコ科 山野	【生】瞿麦草 くばくそう	地上部、種子 秋	〔民〕利尿、通経、月経不順 〔漢〕漢方処方

ナデシコは浮腫のときの利尿剤

[生育地と植物の特徴]

本州、四国、九州、朝鮮半島、中国に分布。昔から日本に自生している。茎は根元から数本出て、下部は細くやや倒れ先の方は立ち上がる。葉は線形で細長く対生して両方の基部がくっついて茎を抱く。夏から秋にかけ長期にわたってピンクの花を咲かせ続ける。

[採取時期・製法・薬効]

7～9月花が咲いている時に地上部を刈り採り、水洗いして数本ずつ束ね、日陰で風通しの良いところに吊して乾燥させる。種子は9月頃 地上部を果実ごと採取し日陰でカラカラに乾燥させる。乾燥したら手で揉んで黒い種子を寄せ集める。集めた種子は1～2日間天日で充分に乾燥させる。

❖浮腫のときの利尿に、通経薬として月経不順に

乾燥品(瞿麦草)を小さく刻み5～10gを水600mlで半量になるまで煎じ一日3回に分けて飲む。種子(瞿麦子)は一日量3～6gを水150mlで半量に煎じ3回に分けて服用する。

[漢方原料(瞿麦草)**]** 性味は、苦、寒。産地は、中国。処方は、栝蔞瞿麦丸、瞿麦湯、立効散〔薬〕、八正散。専門家向きで、一般には使わない。

ナデシコ 8月下旬長崎県対馬

つぶやき

秋の七草に詠まれている撫子。河原などに生え花の形や色がやさしく可愛いことから、撫でるほどかわいい子にたとえたもの。観賞用の唐ナデシコは平安の頃に渡来したが、これと区別するために大和ナデシコあるいは河原ナデシコと呼ばれるようになった。ナデシコには2種あり本州中部以北にはエゾカワラナデシコが生育。撫子・河原撫子《季》秋。

参考:薬草事典、薬草の詩、長崎の薬草、新佐賀の薬草、宮崎の薬草、薬草カラー図鑑1、牧野和漢薬草圖鑑、生薬処方電子事典

フジバカマ 藤袴	キク科 山野	蘭草 らんそう	全草 開花時	〔民〕利尿、糖尿病 〔浴〕皮膚のかゆみ

絶滅危惧種でなければ浴用料になるところ

[生育地と植物の特徴]

関東地方以西の日本、朝鮮半島、中国に分布。日本には奈良時代に中国から渡来した。平安の頃はすでに雑草化していた。秋の七草の一つであるが、近年は見つけることが困難で、絶滅危惧種と指定している県もある。ヒヨドリバナと異なり茎葉が三出複葉である。

[採取時期・製法・薬効]

開花直前に全草を採取し、2～3日天日で乾燥させ香りが出たら陰干しにする。生の植物には香りがないが、刈り採ったものを半乾きの状態にすると、桜餅の葉のような香りになる。含まれているクマリン配糖体が加水分解されてオルトクマリン酸が生じるからである。

❖腎炎などの利尿に

乾燥草一日量10gに400mlの水を加え半量に煎じ、カスを除いて食間3回に分けて服用する。

❖糖尿病の予防と治療に

蘭草、連銭草、枇杷葉、タラノキ樹皮各5gを混ぜて一日量として水500mlで半量に煎じ、一日3回に分けて服用。

❖入浴料（皮膚のかゆみに）

蘭草300～500gを細かく刻んで布袋に入れ、初めに鍋で煮出してから袋ごと風呂に入れて入浴する。

フジバカマ 8月下旬熊本県

つぶやき

筒状花の集まりからなる頭花は冠毛を含めたその形が袴を連想させることからついた名である。中国では蘭または蘭草と呼ばれ、香気があるため浴用料、頭髪洗浄に用いられる。天井と鴨居との間に欄間（らんま）が造られ採光、通風、装飾の目的があるが、部屋の中から漂うほのかな香りを客に楽しませた。藤袴《季》秋。

参考：薬草事典、新佐賀の薬草、薬草カラー図鑑1、牧野和漢薬草圖鑑

キキョウ 桔梗	キキョウ科 山地、原野、栽培	【局】桔梗 ききょう	根 全草	〔民〕鎮咳、去痰、〔食〕根を、〔漢〕漢方処方 水溶性サポニン（溶血作用、嘔吐・下痢）

根に去痰・鎮痛効果、若芽は天婦羅に

[生育地と植物の特徴]

名は漢名桔梗の音読み。日本、朝鮮半島、中国北部、ウスリーに分布。大陸系の植物。日当りの良い山野に生える多年草、高さ約1m。葉は長卵形で裏面がやや白い。8～9月頃 花弁の先が5裂する青紫色の釣鐘形の花が咲く。蕾のときは風船状。

[採取時期・製法・薬効]

3～5年ほど成長させ肥大した桔梗の根を6～7月の花が咲く前か、秋から晩秋にかけて地上部が枯れた時に掘り出す。水洗いして細い根を取り除き、太い根の外皮を除いて細かく切って風通しのよいところで天日で乾燥させる。含まれるキキョウサポニンは溶血毒であるが、水溶性であり、水に晒したり、茹でると解毒される。

❖鎮咳、去痰に

桔梗根一回量2～3gに甘草2gを加え、水300mlで煎じて温めて服用する。❖化膿性の腫れ物に

桔梗根1g、芍薬、枳実各3gを粉末として混ぜ、一回量2～3gをとり、これに卵の黄身1個分を加えて、よくかき混ぜ、白湯で飲む。

[漢方原料（桔梗）**]** 性味は苦辛、平。産地は市場品のほとんどは輸入。処方は桔梗湯〔薬〕、桔梗石膏〔薬〕など。

キキョウ 7月下旬長崎県対馬

つぶやき

秋の七草の一つで朝顔の花と詠まれている。韓国ではキキョウのことをトラジと呼び根を水に晒してから漬物にする。桔梗料理の害を防ぐためにトウガラシが多用されるようになった。これがキムチである。茹でて水に晒し、胡麻和え、酢味噌和えにしても美味しい。花は天婦羅が良い。サポニンの溶血作用は経口服用時には極めて弱い。桔梗《季》秋。

参考：薬草事典、薬草カラー図鑑1、牧野和漢薬草圖鑑、生薬学、生薬処方電子事典、毒草大百科、徳島新聞H140205

第II章1項 薬草茶

植物名	茶名	利用部	効能	頁
アカマツ	松葉茶	葉	強壮、声がれ	30
アシタバ	明日葉茶	葉	高血圧予防	20
エビスグサ	はぶ茶	種子	疲労回復、整腸、便秘	272
オカウコギ	五加皮茶	葉・小枝	疲労回復、健胃、強壮	26
カキ	柿葉湯	葉	高血圧予防	27
カキドオシ	連銭草茶	地上部	糖尿病	19
カタクリ	かたくり湯	鱗茎	滋養	21
カミツレ	ハーブ	花	風邪、頭痛	21
カワラケツメイ	はま茶	全草	利尿、健胃、整腸	23
クズ	葛湯	根/花穂	風邪/酔い覚まし	17
クマザサ	健康飲料に	葉	胃もたれ	23
コンロンソウ	代用茶	全草	鎮咳	24
サフラン	薬用茶	雌蕊	風邪、生理不順	24
シラカバ	ドリンク剤	樹液	滋養	27
セリ	せり茶	地上部	滋養	10
タンポポ	たんぽぽ茶	根	強壮	22
ツバキ	健康茶	花	滋養、強壮	29
トチュウ	杜仲茶	葉	高血圧予防	43
ネズミモチ	鼠餅コーヒー	果実	健胃、白髪、動脈硬化予防	28
ハス	はす茶	葉	種々の茶にブレンド	218
ハトムギ	はとむぎ茶	果実	高血圧予防、健胃、強壮	25
ヒレハリソウ	薬草茶	葉	茶の代用	25
ビワ	枇杷葉茶	葉	暑気当り、食欲不振、糖尿病	245
ヤマハギ	萩茶	葉・茎	滋養	15
ラベンダー	ハーブ	花	鎮静、抗菌	29
レモングラス	ハーブ	全草	健胃、駆風、消化促進、抗菌	26

薬草茶

薬草茶とは、チャノキから作られる緑茶、紅茶、ウーロン茶以外のもので、何らかの薬効成分を有する植物を原料として作られるもので、伝統的なハブ茶、ハトムギ茶、西洋のハーブティーなどがある。茶として利用されるときは、用いる量が少なく、煎じる時間も短かいことになる。薬草の中に含まれるビタミン類、ミネラル類、精油成分などにより、疲労回復に役立ったり、胃腸の働きを促進したりなどの効果を期待して毎日連用する。

薬草茶の作り方には3つの方法があり、自分の好みにあったものを選ぶ。①そのまま乾燥させる、②水洗い乾燥させたものを少し炒る、③2～3分蒸したのち乾燥させる。

飲み方で、葉・花・全草などは急須に一つまみ入れてお湯を注ぐだけにする。枝・樹皮・種子などは成分が抽出されにくいので、水から煮立てて、すぐに火から下ろし、中身を濾して飲む。

カキドオシ 垣通	シソ科 原野、路傍	【生】連銭草 れんせんそう	地上部 春	〔民〕糖尿病、疳の虫、胆石、腎臓結石 〔浴〕湿疹、〔飲〕健康茶、〔漢〕漢方処方

小児の疳や夜泣きに、生葉汁塗布で早い効果

[生育地と植物の特徴]

蔓が垣根を通して伸びていくことから付いた名である。北海道、本州、四国、九州に分布する。蔓性多年草茎は地を這い、ところどころの節から根を出す。花時には先が20cmくらい立ち上がる。花は葉の腋に2個内外つく。嗅いでみると薄荷に似た強い香りがある。花が終わると蔓は再び伸びて垣根を通して隣へ進入する。葉は円く腎臓形で縁に規則正しい鋸歯がある。葉の形が銭に似て蔓茎に連なるので漢名で連銭草、日本でも茨城県・岐阜県ではゼニクサという。

[採取時期・製法・薬効]

4～5月の花が咲いている時期に地上部を刈り採り、水洗いして1週間ほど陰干ししてから一日、天日で乾燥させてビニール袋や缶に密閉保存する。成分はウルソール酸、硝酸カリ、リモーネン。

❖疳の虫に

疳の強い子、腺病質の子に、陰干しした葉、茎、花の一日量3～5gを水300～400mlで半量まで煎じ、苦いので蜂蜜などを加え3回に分けて食間に服用する。

❖糖尿病に

連銭草15gを水600mlで半量になるまで煎じて一日3回に分けて服用する。連銭草、タラノキ皮、枇杷葉、蘭草を各5g加えて煎服すると効果が更に良くなる。血糖降下作用は、この中で連銭草が最も強いという。

❖胆石や腎臓結石に

連銭草一日量15～20gに水600mlで半量に煎じて3回に分けて服用する。

[漢方原料(連銭草)] 性味、微甘、寒。産地は、日本、中国。処方は、三金湯。

カキドオシ 4月下旬長崎県対馬

つぶやき

昔から小児の疳の薬として有名で別名カントリグサといわれる。疳とは子供の夜泣き、神経質、ひきつけなどの症状が疳の虫によって起こると考えられていた。連銭草には体内の脂肪を溶解させる作用があるといわれ、また利尿作用もあるので肥満の人はお茶代わりに飲むと良い。生の葉を水虫、たむしに、浴用料として湿疹、あせもに用いる。

参考:薬草事典、長崎の薬草、新佐賀の薬草、薬草カラー図鑑1、牧野和漢薬草圖鑑、生薬処方電子事典、徳島新聞H150510

5月上旬鹿児島県

アシタバ 明日葉	セリ科 海岸砂地、栽培	【生'】明日葉 あしたば	葉 春〜夏	〔飲〕明日葉茶、 〔食〕山菜、〔浴〕冷え性

滋養強壮にアシタバ茶

[生育地と植物の特徴]

成長が早く今日摘んでも明日また同じ場所から摘める葉という名である。関東以西の本州太平洋岸の温暖地(関東南部、伊豆諸島、東海地方、紀伊半島)や小笠原の海浜に分布し、野菜としても栽培される。葉は2回三出羽状複葉で長さ40cm幅30cm。夏〜秋に複数形花序を出し淡黄色の花を咲かせる。秋に結ぶ果実は楕円形。

[採取時期・製法・薬効]

春から夏にかけて、なるべく若い芽や葉を摘んでさっと水洗いして水を切り、手で細かくちぎって、2〜3日天日に干した後、陰干しで良く乾燥させる。茎葉の成分はイソクエルチトリン(黄色い汁の主要成分)、ルテオリンなどの配糖体。

❖強壮に

若葉を食べる。またはジューサーで青汁を作って一日100mlを限度に飲む。

❖アシタバ茶(高血圧の予防に)

新しい葉を蒸し器で60〜80秒くらい蒸し、冷やしてから細かく刻み手で良く揉んで、ザルなどに広げて天日で充分に乾燥させる。飲み方は、急須に茶匙1〜2杯入れ、熱湯を注ぎ1〜2分ほど待ってから飲む〔PC〕。茶葉の出し殻は、マヨネーズをつけたり料理したりして食べる。

❖浴用料(冷え性に)

乾燥させてとっておいた老葉を布袋に入れ風呂に投入すると、身体が温まり冷え性に良いという。

アシタバ 1月上旬鹿児島県

つぶやき

性質が強健であり栽培が容易なため畑でよく栽培されている。春先のまだ光沢の消えない若葉を浸し物・和え物などの食用にする。一時強壮剤としてブームになったことがある。アシタバとハマウドはどちらも海岸に生え、よく似ている。アシタバは茎を切ると黄色の汁を出すが、ハマウドは茎の汁の色が薄い。

参考:薬草事典、宮崎の薬草、薬草カラー図鑑1、牧野和漢薬草圖鑑

カタクリ 片栗	ユリ科 山野の林中	なし	鱗茎 5～6月	〔製〕かたくり粉、〔飲〕かたくり湯、 〔食〕蕾・花茎、〔外〕擦り傷、湿疹

カタクリ 5月上旬新潟県

滋養強壮・整腸に効果、若葉をお浸し・和え物に

[生育地と植物の特徴]

本州、北海道、中国、朝鮮半島、千島列島、サハリンに自生し、山野の林中に群生する多年草。東北、北海道と北に行くほど群生する傾向がある。地下深く長さ3～5cmの長楕円形の鱗茎があり、早春にこの先端から地上に20cmほどの花茎を伸ばし、紫紅色の花を一つ下向きにつける。花茎の途中に、表面薄緑色でところどころに紫斑がある特異な2枚の葉をつける。

[採取時期・製法・薬効]

5～6月に葉が枯れる前に鱗茎を掘り採り、外皮を除き、鱗茎を砕き、擂鉢でさらに砕いて水を加え、綿布で濾して、白く濁った水を何回か水洗いして乾燥させると、良質の片栗デンプンができる。綿布に残った繊維は捨てる。

❖擦り傷、でき物、湿疹に

カタクリデンプンを患部に振りかける。

❖風邪、下痢、腹痛のあとの滋養に

片栗デンプンに少量の水と砂糖を適量加えてこね、熱湯で葛湯のようにして飲む。

つぶやき

市販品のカタクリ粉は、主としてジャガイモデンプンで本質的に違ったもの。和名の起源はクリの葉の一片に似ているからというが、カタクリの葉は栗の木の落ち葉の傷んだ感じに似ている。蕾とその下に続く柔らかな花茎を群生地で沢山採集できれば、さっとゆで少量の醤油で食べると歯触りがよく上品な甘味がある。片栗の花《季》春。

参考：薬草カラー図鑑1、牧野和漢薬草圖鑑、徳島新聞H160326

カミツレ 加密列	キク科 栽培	なし	花 春	〔民〕風邪、〔飲〕ハーブ 〔浴〕カミツレ風呂（リウマチに）

カミツレ 5月上旬熊本大学薬草園

ハーブのカミツレは西洋では風邪薬

[生育地と植物の特徴]

ヨーロッパ原産の越年草。秋の初めに播種して冬を越し、翌春開花して夏頃までには全草枯死する。草丈30～60cm、芳香がある。茎は直立し、多数分枝する。葉に特徴があり、2～3回羽状複葉、裂片は短い狭線形。4～5月頃、花径2.5cmほどの頭状花を開く。花の中心は管状花で黄色、周辺は舌状花で白色、

[医薬品としての利用]

花の中心部の黄色が鮮やかになり、舌状花がぴんと張っているときに採取して天日で乾燥させる。花には精油（テルペンアルコール、カマズレン、ノニル酸、カプリン酸、セスキテルペノイド）を含み、他に配糖体のアピゲニンなどがあって、発汗作用がある。

❖風邪（ヨーロッパでは頭痛・下痢にも）に

乾燥したカミツレ花5gを急須に入れ、熱湯を注いで5分後に飲む。日本人が気軽に葛根湯を飲むように、欧米人はカミツレを飲む。西洋では紀元前2000年、古代バビロニアでこのカミツレを使用していた。

❖浴用料（リウマチに）

乾燥した花を軽く一握り分をとり、木綿袋に入れて湯船に浸し、カミツレ風呂として入浴する。

つぶやき

ハーブのカモミールである。ヨーロッパでは古くから薬用に供されていたが、我が国には江戸時代にポルトガル人やオランダ人によって紹介された。鳥取県では栽培が盛んである。かつては日本薬局方の明治19年第1版から昭和46年第8版まで、85年間局方医薬品としてカミツレの花が収載されていた。最近はハーブ・ティーとして輸入されている。

参考：薬草カラー図鑑1、牧野和漢薬草圖鑑

(セイヨウ)タンポポ 蒲公英/西洋蒲公英	キク科 山野	【生】蒲公英 ほこうえい	地上部・根 開花後・前	〔民〕健胃、〔飲〕タンポポ茶、 〔食〕若葉・花・根、〔漢〕漢方処方

ミネラルを多量に含む、サラダやお茶に利用

[生育地と植物の特徴]

山野、土手などに生える。セイヨウタンポポは、ヨーロッパ原産の多年草で、明治時代に渡来し、現在では最も普通のタンポポとなっている。タンポポの根は太く肥大して深く地中に入り、地表に葉をロゼット状に拡げる。どの部分を切っても白い乳液を出すが、手についたらなかなかとれない。果実には冠毛がついて風に飛ばされて拡がる。在来種のタンポポには、カントウタンポポ、カンサイタンポポ、エゾタンポポ、ツシマタンポポがあるが、どれも総苞片が垂れ下がらない。屋久島にはタンポポがなく、タンポポと呼んでいるのはオニタビラコである〔PC〕。

[採取時期・製法・薬効]

5月頃の開花後(開花寸前の根とした文献もある)に全草を根から掘り採り、水洗い後小さく刻んで天日で乾燥させる。成分として、タンポポ類は鉄、マグネシウム、カリウムなどの各種のミネラルと、ビタミンA,B,C,Dを多量に含んでいる。

❖健胃に

乾燥した根5～10gを水200～600mlで半量になるまで煎じ、一日3回に分けて飲む。

❖タンポポ茶(強壮に)

タンポポは煎じると苦味がでるが、コーヒーの様にドリップして飲むと美味しい。作り方:乾燥させたタンポポの根を刻んでフライパンで炒り、焦げ茶色になり香ばしい匂いがしたら、すり鉢かミキサーで粉末とする。一回に2～3gを用い一日2～3回飲む。

[漢方原料(蒲公英)**]** 性味は、苦・甘、寒。産地は中国、韓国、日本。処方は蒲公英湯。

〔薬草を食べる〕

タンポポの食べ方:タンポポの花、若葉の裏側に、薄めに溶いた衣をつけて天婦羅に、根はキンピラや天婦羅に、生葉はゆでて十分に水に晒し、和え物、お浸し、酢の物にする。生葉を数枚重ねてベーコン巻、油で炒めても良い。若い柔らかい葉と舌状花をレタスのサラダに混ぜると、さわやかな苦味が味わえる。ヨーロッパではタンポポは普通に食べているが、日本でも江戸時代の料理にタンポポの花の料理がよく登場する。米国では、蕾をさっとゆでて、溶かしたバターをつけて食べたり花に衣をつけて揚げたり、ガーリックソルトで食べるか、甘いシロップをかけてデザートとして食べている。村上光太郎氏は、タンポポの花は二杯酢か、醤油とマヨネーズで食べると美味しいという。筆者は、タンポポを混ぜた焼きそばとお好み焼きを食べたことがある。

つぶやき

花のあとの綿毛をタンポ(綿をまるめて布や皮で包んだもの)に見たてた。各地に在来種のニホンタンポポがあり、長崎県ではシロバナタンポポ、セイヨウタンポポ、ツシマタンポポの3種が見られる。シロバナタンポポも在来種である。漢名では全て蒲公英。蒲公英・蒲公英の絮《季》春。

参考:薬草事典、長崎の薬草、新佐賀の薬草、牧野和漢薬草圖鑑、薬草カラー図鑑1、生薬処方電子事典徳島新聞H140305

カワラケツメイ 川原決明	マメ科 野原、道端	【生'】山扁豆 さんぺんず	全草 夏～秋	〔民〕利尿、健胃、整腸、〔食〕軟葉 〔飲〕はま茶、〔眼〕洗眼

消化器系正常化の働き、乾燥させて茶の代用

[生育地と植物の特徴]

名前はエビスグサ(決明)に似て、川原に多いことに由来。本州、四国、九州に分布。陽当たりの良い荒れ地や道端に普通に生える一年草。しばしば大きな群落をつくる。薬草茶(ネム茶・豆茶・浜茶・弘法茶)として愛用されてきた。草丈や葉の様子が水田などにみかけるクサネムに似ている。高さ30～60cm。小葉は対生し奇数羽状複葉。8～10月花は蝶形ではなく5枚の花弁が同大で開く。豆果は熟して黒褐色となり、弾けて種子を飛ばす。種子は菱形状四角形でスベスベしている。

[採取時期・製法・薬効]

収穫は9～10月上旬頃 地上部を豆果のついたまま刈り採り、水洗いして2～3cmに刻んで天日で乾燥させる。フライパンで軽く炒って煎じると香ばしい。全草に少量のアントラキノン類やフラボノール類を含む。

❖健康茶(はま茶)に

一日量10gを水600mlで沸騰させて、お茶のようにして飲む。利尿作用があり、腎臓病、健胃整腸に用いる。

カワラケツメイ 9月上旬長崎県平戸

9月下旬長崎大学薬草園

つぶやき

荒れ地を好み急激に繁茂して、俗にパイオニア植物と呼ばれる。しかし、翌年には一本も見られないこともある。条件が良くなるまでジッと種のまま眠っており、好みの条件になると一斉に出てくる。決明は明を開くといわれるように疲れ眼や渋り目などに濃く煎じた液で一日数回温めて洗う。4月～9月の柔らかい葉は食べられる。

参考:薬草事典、薬草の詩、長崎の薬草、新佐賀の薬草、牧野和漢薬草圖鑑、薬草カラー図鑑3、徳島新聞H201103

クマザサ 隈笹	イネ科 山間、荒地	【生'】隈笹葉 くまざさよう	葉 随時	〔民〕健胃、〔食〕青汁を胃もたれに 〔飲〕健康飲料に配合

膵臓・血管再生に威力、茶の代用で解毒作用も

[生育地と植物の特徴]

冬に葉の周辺が枯死して白く隈取られたようになるのでこの名がある。イネ科のササ類。西日本の山地に自生し、また広く庭園に植栽される。高さ30～60cm。始めは葉の全体が緑色であるが、冬になると白く隈取(縁取)られたようになる。葉の縁が白く枯死するササとして、チマキザサ、チシマザサ、ミヤコザサ、オオバザサ、ニッコウザサなどがあるが、生薬として同様に用いられる。

[採取時期・製法・薬効]

用時に葉を採取。ササの食品防腐作用は、多くの種類のササに含まれている安息香酸の殺菌、防腐作用である。成分には、その他にも葉緑素、ビタミンC、K、B_1、B_2、カルシウムが多く含まれている。

❖胃もたれに

新鮮な葉の柔らかい部分を一回20～30g採って、ミキサーなどにかけて青汁を作って服用する。

クマザサ 10月下旬長崎県

つぶやき

チマキザサは葉が大きいので、笹だんご、笹あめ、ちまきなど食べ物を包むのに利用されてきた。山仕事の人の弁当にも使われた。寿司や日本料理にも使われるが、笹の葉には食品防腐作用があることが昔から知られていた。これが近年、安息香酸の作用であることが明らかにされた。クマザサは 市販の健康飲料にも配合されている。なお、クマザサからも笹米という米が採れる。

参考:薬草事典、薬草の詩、薬草カラー図鑑1、牧野和漢薬草圖鑑、徳島新聞H221203

コンロンソウ 崑崙草	アブラナ科 山地の渓谷、湿地	【生'】菜子七 さいししち	全草 蕾の頃	〔民〕鎮咳、〔飲〕薬草茶 〔食〕全草を山菜、漬物

日本では山菜に、中国では茶の代用や薬用に

[生育地と植物の特徴]

北海道から九州まで、各地の川辺の湿地や陰地に生える多年草。朝鮮半島、中国、シベリア、サハリンなどに分布する。高さ約60cm。葉は荒い鋸歯のある小葉が5～7枚つく奇数羽状複葉で、葉の裏には毛を密生する。4～7月に、白色4弁の小花を花茎の上に総状につける。

[採取時期・製法・薬効]

根を含めた全草を水洗いし、天日で乾燥させる。成分はよく研究されていない。

❖鎮咳に

中国の民間療法の一つで、乾燥したものを粉末にし、一回量10～15gを蜂蜜で練って内服する。

❖茶の代用に

中国では全草を採取して刻んで天日で乾燥させ、お茶代わりに煎じて飲む。

つぶやき

日本では食用。①漬物に：花の咲く前に蕾の時に葉をつけたままの全草を刈り採り熱湯をかけたあと水で洗ってから水切りし塩を振りかけながら漬けて中蓋の上より軽く重しをしておく。②山菜料理のお浸し、和え物に：花が咲く前の4月頃若い茎葉を摘み採ってアク抜きをする。塩大匙1杯を加えた熱湯でさっと茹でてから水に20分ほど晒してアク抜きする。これをお浸し、和え物にする。

コンロンソウ 5月上旬熊本県高森野草園

参考：薬草カラー図鑑3、牧野和漢薬草圖鑑

サフラン 泊夫藍	アヤメ科 栽培	【局】サフラン、蕃紅花 さふらん、ばんこうか	雌蕊 晩秋	〔民〕生理痛、生理不順 〔飲〕薬用茶、〔酒〕サフラン酒

通経・鎮静や麻酔作用、砂糖酒にして食欲増進

[生育地と植物の特徴]

アヤメ科の多年草。ヨーロッパ南部から西アジアが原産地。葉は線形で、花後に伸びる。10～11月頃 紫色の6弁花を咲かせる。サフランの雌蕊は濃い紅色で、香りが強く、苦い。この雌蕊の花柱を乾燥したものが、ヨーロッパでは古くから料理や薬用に使われていた。

[採取時期・製法・薬効]

花が盛りの11月頃、当日開花したものの雌蕊の真っ赤に色づいた部分を手で採って、日陰か室内の風通しの良い所で乾燥させる。乾燥した雌蕊には、配糖体クロシンという黄色の色素があり、化粧品や食品の着色料に応用されている。また、鎮痛、鎮静、通経の作用のあるサフラナールが含まれている。

❖生理痛、生理不順に

①薬用茶：乾燥サフラン0.5gを一回量にしてコーヒーカップに入れ、熱湯を注いで飲む。サフランは通経作用が強いので、妊婦は使用してはいけない。②サフラン酒：サフラン10gにグラニュー糖200gを加え、ホワイトリカー720mlに2～4ヵ月漬けて、一日2回10～20mlずつ飲む。

❖風邪に

乾燥した雌蕊10本に、熱い湯を注いで飲む。男でも女でも使える。収穫率が低く手間が掛り高価である。

つぶやき

戦前は各地で栽培されていた。戦後は安価な輸入品に押されている。大分県竹田市が最大の生産地。サフランライスには、米600gにサフラン5～10本で十分。スペイン料理のパエリアは米と魚介・鶏肉・野菜などをオリーブで炒め、サフラン・ブイヨンを加えて炊き上げたもの。

サフラン 11月下旬長崎大学薬草園

参考：新佐賀の薬草、薬草カラー図鑑1、牧野和漢薬草圖鑑、徳島新聞H181104

ハトムギ 鳩麦	イネ科 栽培	【局】薏苡仁 よくいにん	種子 秋	〔民〕疣取り、美肌、利尿、高血圧予防 〔飲〕はとむぎ茶、〔漢〕漢方処方

身体の老廃物を運び去る、粥やお茶に利用

[生育地と植物の特徴]

名は鳩の食べる麦を意味する。熱帯アジア原産で各地で栽培される一年草。栽培され始めたのは江戸時代中期からである。ハトムギの名は明治からで、それ以前はシコクムギ、チョウセンムギ、トウムギまたは漢名の薏苡で呼ばれた。平安前期の'延喜式'に、大和国からヨクイニンが宮廷に進貢されたとあるが、当時はまだ栽培されておらずジュズダマであったと考えられる。それほどハトムギとジュズダマはよく似ている。前者では果実表面に縦皺があるが後者では滑らかで、また前者では果実を強く押すと潰れるが後者では潰れない。

[採取時期・製法・薬効]

9～10月頃に茶褐色に熟した果実を順に摘み採って、天日で乾燥させる。または、脱穀して種子だけを乾燥させて保存する。

❖疣取り、肌の荒れ、利尿に

種子10～30gを水500mlで半量になるまで煎じ、一日3回に分けて飲む。粉末を一日2～4g服用してもよい。

❖神経痛などの鎮痛に

殻の付いたままの果実を同じように用いる。

❖健康茶(ハトムギ茶)に

[漢方原料(薏苡仁)**]** 性味は甘淡、微寒。産地は中国、タイ、日本。処方は麻杏薏甘湯〔薬〕、薏苡仁湯〔薬〕、薏苡附子敗醤散、桂枝茯苓丸加薏苡仁、腸癰湯〔薬〕。

ハトムギ 7月下旬島原薬草園

つぶやき

中国の古典の医薬書'神農本草経'には、筋肉が異常緊張してひきつり、屈伸できないもの、関節炎、リウマチ様疾患、疼痛のある身体麻痺に良いとある。しかし、美肌とかイボとり、母乳を増すなどは漢方流儀にはなく、江戸中期、貝原益軒が庶民の間で行われていた療法が'大和本草'に採録された。麦の一種である鳩麦を使った鳩麦茶は別もの。

参考：薬草事典、新佐賀の薬草、薬草カラー図鑑1、牧野和漢薬草圖鑑、生薬学、生薬処方電子事典、徳島新聞H140315

ヒレハリソウ 鰭璃草	ムラサキ科 栽培、道端、畑縁	【生'】コンフリー	根/葉 初夏	〔民〕下痢止/〔食〕葉・若芽、 〔飲〕薬草茶

コンフリーの方がよく知られている

[生育地と植物の特徴]

ヨーロッパ原産で明治時代に渡来した多年草。庭や畑で栽培される。ヒレハリソウよりコンフリーの名で知られる。全体に白色で短い毛がある。葉は互生し単葉で無裂。長楕円形で葉は全縁。初夏に花穂を出し、小花をたくさんつける。

[採取時期・製法・薬効]

初夏、花の咲いている時に根を掘り採り、水洗い後天日で乾燥させる。成分はタンニン、粘液質、コムソリジンなど。

❖下痢止に

乾燥した根約5～10gを水300mlで3分の1量になるまで煎じ、一日2～3回に分けて飲む。

❖食用に

葉や若芽を油で揚げたり、天婦羅、佃煮などにして食べる。

❖茶剤に

乾燥した葉は、お茶代わりに用いられる。

ヒレハリソウ 6月上旬長崎大学薬草園

つぶやき

ヨーロッパでは下痢止の民間薬。明治の頃から観賞用に輸入されていた。この葉の青汁が万病に効くとブームになり全国的に家庭で栽培されていたがブームが去るとともに次第に庭先から姿を消した。葉の様子から有毒植物ジギタリスと混同されやすく、花の咲いていない春先は要注意。ジギタリスは葉の縁に小さな鋸歯がある。

参考：宮崎の薬草、新佐賀の薬草、薬草カラー図鑑2、牧野和漢薬草圖鑑

レモングラス Lemon Grass	イネ科 栽培	香茅 こうぼう	全草 随時	〔飲〕ハーブ茶、〔外〕でき物 〔製〕レモングラス油

ハーブでレモンの香りがある

[生育地と植物の特徴]

インド原産で、熱帯から亜熱帯地方に多くみられ、主に栽培されている多年草。草丈100～150cm。葉は長さ50～60cmの狭線形で先端は下垂しない。細長い円錐状の花序に多数の小穂が有柄と無柄のものが対をなして着く。有柄のものは雄性で無柄のものが両性である。

[採取時期・製法・薬効]

精油はシトロネラール、ゲラニオール、カンフェン、ジベンテン、リモーネン、メチルヘプテノンなどを含む。

❖嘔吐、でき物、吐血に

全草3～6gを煎じ、または酒に浸して服用する。

❖ハーブ茶に

干し草とレモンの香りを楽しむ。健胃、駆風、消化促進、抗菌作用があるという。

❖外用に

煎液で患部を洗浄し、粉末を塗布する。

つぶやき

タイ料理のトムヤムクンに使われる。本種の葉と茎を蒸留してとったものがレモングラス油である。主成分はシトラール70～80%を含み、レモンのような香気がある。レモングラス油は、主にシトラール製造に用いられており、シトラールを分離し、人造バイオレットの合成原料として薬品や石鹸の香料、香味料、浴湯剤に使用される。

4月下旬島原野草園

参考：薬草カラー図鑑3、牧野和漢薬草圖鑑

オカウコギ 丘五加木	ウコギ科 丘陵の林内	【生】五加皮 ごかひ	葉・小枝/根皮 随時	〔飲〕五加皮茶、〔食〕新芽・若葉/〔酒〕五加皮酒

腰痛や滋養強壮に効果、若葉を天婦羅や和え物に

[生育地と植物の特徴]

日本固有種で、関東地方南部、東海地方、紀伊半島に分布。神奈川県では普通に見られ、九州には自生地はない。樹高50～150cmの落葉低木。樹皮は緑褐色または灰褐色。楕円形の小さな皮目と鋭い刺がある。葉は互生し、小葉が5枚の掌状複葉。葉柄は長さ1.5～7cm、上面には溝がある。短枝に着く葉の小葉は、長さ1.2～3cm、幅7～15mmの倒卵形～倒披針形。長枝に着く小葉は大きく長さ7cm。花は雌雄別株で、5～6月短枝の先に葉より短い散形花序を1個つけ、黄緑色の花を多数つける。花弁は5個、雄花は5個の雄蕊が目立ち、雌花の花柱は2裂。実は熟すと黒い。母種のウコギは中国大陸原産。

[採取時期・製法・薬効]

葉・小枝は乾燥させて健康茶に、根皮は乾燥させて生薬の五加皮となり健康薬酒に用いられる。

❖健康茶

疲労回復、健胃、強壮にお茶の様にして飲む。

❖五加皮酒（滋養強壮、低血圧、冷え性に）

五加皮50～80gを1～2Lの高粱酒に漬けるか、煎液に麹と飯を加えて醸造したもので、中国では不老長寿の薬として飲用されているが、我が国では酒税法違反となる。

[漢方原料（五加皮）**]** 性味は、辛・苦、温。処方は、五加皮丸、五加散、五加飲。

5月下旬熊本大学薬草園

つぶやき

類似種にウコギ、ヤマウコギ、ウラゲウコギ、エゾウコギがある。ウコギは中国原産であるが日本各地で野生化している。ヤマウコギは岩手県以南の本州・高知県に分布しオカウコギよりも葉が大型。ウラゲウコギは近畿地方以西・四国・九州に分布し葉に粗い毛がある。エゾウコギは北海道・中国北部～シベリアに分布し小枝に針状刺あり。五加《季》春。

参考：宮崎の薬草、牧野和漢薬草圖鑑、生薬処方電子事典、徳島新聞H130417

カキ 柿	カキノキ科 植栽、栽培	【生'】柿葉/【生】柿蔕 しよう/してい	葉/蔕 秋	〔飲〕柿葉湯(高血圧)、〔食〕果物 /〔民〕しゃっくり、〔漢〕漢方処方

動脈硬化や認知症予防、夏のうちに葉茶作りを

[生育地と植物の特徴]

中国原産の落葉高木。本州、四国、九州、朝鮮半島、中国で古くから植栽されている。雌雄同株。梅雨の頃に単性花を葉腋につける。雄花は集散花序をつけて小型で3個の黄緑色の花。雌花は大形で単立し緑色の大きな萼が特徴。液果は10〜11月に赤く熟す。

[採取時期・製法・薬効]

葉は6〜7月頃葉を摘み採り水洗いして約1cm幅に刻み、前処理には①湯通し(沸騰した湯に10〜20秒)、②蒸す(若葉を水洗いし2〜3日乾燥させ蒸す)、③釜で炒るの3通りあり、よく乾燥させる。6月の柿の生葉にはビタミンCが100gあたり1500mgくらいあるが、このまま乾燥させると葉の中の酸化酵素によりビタミンCは破壊される。この酵素の作用をなくすために熱を加える。蔕は秋に集めて天日で乾燥させる。葉にケンフェロール、クエルセチンを含み蔕にはウルソール酸を含む。

❖柿の葉茶(高血圧症の治療と予防に)〔PC〕

急須に柿の葉を入れ、熱湯を注いで2〜3分ほど置いて飲む。2〜3煎まで飲める。

つぶやき

薬として利用するのは甘柿でも渋柿でも同じ。柿の皮を生ゴミに入れておくと臭いを消すという。柿の実は昔から酒の酔いを醒ますという。しゃっくりに使われる漢方薬には、芍薬甘草湯、半夏瀉心湯、呉茱萸湯がある。柿の花《季》夏。

❖しゃっくりに

柿蔕8gにショウガ5gを混ぜて水300mlで半量まで煎じて服用する。柿蔕は多い方がよく40〜50gを煎じるとも。

[漢方原料(柿蔕)] 苦・渋、温。柿蒂湯、丁香柿蒂湯。

カキ雌花 5月下旬長崎県

12月中旬長崎県対馬

参考:薬草事典、長崎の薬草、新佐賀の薬草、薬草カラー図鑑1、牧野和漢薬草圖鑑、生薬処方電子事典、徳島新聞H170802

シラカバ 白樺	カバノキ科 亜高山	なし	葉/樹皮/樹液 夏	〔民〕黄疸、利尿、〔製〕養毛剤 /〔外〕疥癬/〔飲〕ドリンク剤

樹液をドリンク剤に

[生育地と植物の特徴]

北海道、本州(福井県岐阜県以北)、サハリン、千島列島、朝鮮半島、中国、シベリアに分布。落葉高木で樹高25mになるものもある。樹皮は若枝では褐色。この皮が剥げ落ちると樹皮は白色となり、薄い紙状になって剥がれる。葉は短枝には2枚つき、長枝では互生。葉は三角状広卵形で長さ5〜8cm、幅4〜5cm。開花期は4〜5月。雄花と雌花が同じ株の枝につき、新葉の展開とともに開花する。雄花の花序は長枝の先端より長さ8〜10cm、幅5mmの紐状となって垂れ下がり暗紅黄色。雌花の花序は紅緑色で短枝の先につく。果穂は長さ3〜5cm、6月頃に垂れ下がる。果実は扁平で左右に広い翼がある。

[採取時期・製法・薬効]

樹皮は夏期に採取し、水洗いして細かく刻み、天日で乾燥させる。葉は5〜7月に採取、水洗いして陰干しに。

❖黄疸の初期と利尿に

黄疸には乾燥葉5〜10gを、利尿には20gを一日量として水600mlで400mlになるまで煎じ食後3回に分けて服用。

❖疥癬に

乾燥した樹皮を煎じて患部を洗う。

❖養毛剤に

春先の若葉から精油を蒸留し養毛剤とする。

つぶやき

樹液は夏期に幹の適当な高さに傷をつけ空き缶に受けて採取。この樹液をドリンク剤とする。白樺の花《季》春。

シラカバ 10月中旬青森県

10月中旬青森県

参考:薬草カラー図鑑4

ネズミモチ花 5月下旬長崎県
トウネズミモチ花 5月下旬島原薬草園
ネズミモチ実 11月中旬長崎県対馬
トウネズミモチ実 9月下旬島原薬草園

ネズミモチ/トウネズミモチ 鼠黐/唐鼠黐	モクセイ科 山地	【生】女貞子 じょていし	果実・葉 秋	〔民〕健胃、肝臓病、白髪 〔酒〕女貞子酒

漢方に利用 内臓丈夫に、焼酎に漬けても効果

[生育地と植物の特徴]

モチノキに類し実が鼠の糞を思わせるのでネズミモチという。本州の関東以西、四国、九州、台湾、朝鮮半島などの暖地の山野に自生する常緑小高木。生垣に使われ、剪定に強い。森林では低木層の樹木の一つ。葉は対生し単葉無裂で全縁の長楕円形無毛。夏に新しい枝の先端に円錐花序を出して、白色の小花を多数密につける。花冠は長さ数mmの筒状で先端が4裂。花筒内に2本の雄蕊と1本の雌蕊がある。実は長さ8～10mmの長楕円形で秋末に紫黒色となる。

トウネズミモチ：中国原産で、明治初年に我が国に渡来。庭木にする。最近、高速道路などに植えられているのはこちらの方が多い。ネズミモチに似て葉や果実がいくぶん大きく、葉の先が細くなって尖っている。このトウネズミモチの果実を女貞子とするのが正しい生薬名であるが、日本では特別に区別せず、どちらも女貞子として使用している。成分は同じである。

[採取時期・製法・薬効]

12月～翌年1月頃、黒く熟した実を採り水洗し、天日で充分乾燥させたら密閉容器に入れて保存する。成分は、葉と果実にオレアノール酸、ウルソール酸、アセチルオレアノール酸、マンニットなどがある。

《ネズミモチの葉の効用》

乾燥したもの10～15gを煎じて3回に分けて胃潰瘍、胃痛、胃もたれ、めまい、かすみ目に用いる。

《ネズミモチの実の効用》

❖肝臓病、めまい、耳鳴り、膝痛、腰痛、白髪、かすみ目、動脈硬化の予防に

女貞子一日量10gを水600mlで半量になるまで煎じ一日3回に分けて飲む。穏やかな作用があり連服しても良い。

❖白髪防止に

①乾燥果実をフライパンなどで焦げない程度に炒って、一回に数個ずつ食べる。②女貞子酒を飲む。

❖ネズミモチコーヒー

女貞子を鍋に入れて種子の部分まで充分焙ぶる。香ばしい臭いがしたら火から下ろしてミキサーなどで粉末にしてコーヒーのようにティースプーン1杯分をフィルターで濾して飲む。色はコーヒーに似ているが、味は全く異なっている。

❖女貞子酒

35度ホワイトリカー1.8Lに女貞子200gと同量のグラニュー糖を加え6ヵ月間寝かせた後に濾す。強壮、白髪の防止、腰痛、膝痛に、一回20mlを一日2～3回服用する。

[漢方原料（女貞子）**]** 性味は、甘・苦、平。産地は、中国、日本。処方は、二至丸。

つぶやき

家々の荒神様にこの枝葉を供えると福運が訪れ、小遣銭に不自由しないようにしてくれるという。女貞子は果肉より種子に薬効があるとされる。公害に強く刈り込みにも強いので、庭園や生け垣、高速道路の中央分離帯に用いられる。

参考：薬草事典、長崎の薬草、新佐賀の薬草、薬草カラー図鑑1,4、牧野和漢薬草圖鑑、生薬処方電子事典、徳島新聞H231102

ツバキ 椿	ツバキ科 山地、植栽	山茶花/ツバキ油 さんちゃか/つばき油	葉/花/種子 随時/冬/春	〔民〕筋違え/〔飲〕健康茶、 〔食〕花弁/〔油〕つばき油

滋養強壮や健胃剤に、養毛・止血にも効果

[生育地と植物の特徴]

本州、四国、九州および朝鮮半島に分布し、海岸近くの山地に生え、広く植栽される常緑高木。全体に毛がなく、よく茂る。葉は互生し、楕円形で短く尖り、厚くて光沢がある。花期は2～4月。枝先に花柄のない大きい紅色の花を下向きに開く。5枚の花弁は完全には開かず、下を向き、基部は互いに寄り集まってつく。朔果は球形で果皮は厚く、暗褐色の2～3個の種子を出す。

[採取時期・製法・薬効]

種子は40%、殻を除いたものには60～65%の不乾性油を含む。油の主成分はオレイン酸のグリセリド。

❖鼻血、吐血、下血、月経過多に

花は開花期に採り天日で乾燥させる。花弁を煎じて服用すると止血の効果がある。

❖筋違え、夜尿症に

筋違えには葉4～5枚に甘草2gを一日分として煎じて飲む。夜尿症には実を黒焼きにして飲む。

❖毒虫刺されに

若芽をすり潰してその汁を塗る。

❖滋養、強壮に

乾燥した花を刻んで熱湯を注ぎ、健康茶として飲む。

ツバキタマノウラ 2月下旬長崎県五島

つぶやき

種子から得た脂肪油がツバキ油である。収量は種子の15～20%で黄色を呈し、オリーブ油よりはパルミチン酸が少ないため固化しにくい。ツバキ油は軟膏基剤、頭髪油用になる。油粕はサポニンを含み飼料にはならず、漁獲毒用、ミミズ駆除用になる。椿・椿餅《季》春、椿の実・秋。

参考：牧野和漢薬草圖鑑、徳島新聞H250103

ラベンダー Lavender	シソ科 栽培	ラベンダー油	花 花期	〔香〕香料、〔飲〕ハーブ茶

精油が香料になる

[生育地と植物の特徴]

地中海沿岸の原産。ローマ時代には入浴用香水として使われ、ラベンダーの名は洗うという意のlavareに由来する。シソ科の小低木。高さ30～100cm。枝は直立。茎に白い毛を密生し、長さ2.5～3.5cmの細い葉が対生する。花期は5～6月、薄紫色の唇形の花を穂状につける。全体に芳香がある。

[採取時期・製法・薬効]

花の成分は、精油、フラボノイド、タンニン。

❖香料原料に

花からとったラベンダー油は古くから香料に用いられる。

❖ハーブティーに

華やかな花の香りが漂い、かすかな甘みがあり薬のような風味がある。古代ギリシャでは、鎮静作用、抗菌作用を持つ薬用ハーブとして重用された。

ラベンダー 6月下旬佐賀県

つぶやき

ハーブティーに用いられる植物には漢方原料もある。オリエンタルジンセング(オタネニンジン)、フェンネル(ウイキョウ)、クローブ(チョウジ)、ジンジャー(ショウガ)、サフラワー(ベニバナ)、ターメリック(ウコン)、リコリス(カンゾウ)。他にも、シナモン(セイロンニッケイ)、タイム(タチジャコウソウ)、トチュウ、エキナセア、オレンジフラワー(ダイダイ花)、オレンジピール(ダイダイ果皮)等がある。

参考：牧野日本植物図鑑

アカマツ雄花 5月下旬岐阜県

アカマツ雌花 5月下旬岐阜県

アカマツ 赤松	マツ科 山地	【生'】松脂、【生】松香 しょうし、しょうこう	葉・松脂・樹皮 随時	〔製〕松脂、〔民〕高血圧、〔飲〕 松葉サイダー、〔酒〕松葉酒

松は血液を浄化し動脈硬化を防ぐとされている

[生育地と植物の特徴]

アカマツは山、クロマツは平地や海近く。幹の膚が赤くレンガ色だから赤松であり、一方は黒褐色なので黒松である。また赤松は葉が細くしなやかで全体がやさしいから雌松ともいい、黒松は太く長く全体がゴツくて逞(たくま)しいので雄松ともいう。日本、朝鮮半島、中国東北部に分布。常緑高木で樹高25m。雌雄同株。

[採取時期・製法・薬効]

葉は用時に採取。松脂は樹幹に傷をつけて採る。

❖心臓病、貧血、神経痛、リウマチ、認知症に
松脂を粉末にして一日1回小匙に軽く半杯位を飲む。

❖膏薬に使用
松脂には皮膚刺激作用があり、古くから吸い出し軟膏(バシリ膏など)に使用。軟膏、硬膏剤の基礎剤。

❖テレピン油:松脂から得られる揮発性の精油
その主成分はピネンで神経痛などに塗布する。

❖滋養強壮、喉の痛み、声嗄れに
松葉の生や乾いたものを煎じてお茶にして飲む。

❖歯痛に
松葉を5〜6本噛んでいると歯痛に即効がある。

❖松葉ジュース
一回量として新鮮な松の葉10g、水200ml、好みによりレモン皮4分の1個分を加えてミキサーに30秒かけ、そのまま、あるいは茶漉しで濾して一日1〜3回飲む。松葉は青い葉を採ってきて用いる。できれば新芽が良い。水は水道水ではカルキが含まれているのでよくない〔PC〕。

❖松葉酒(血管壁強化、中風・高血圧予防に)
採りたての松葉350gを洗って水切りし刻んでグラニュー糖100g、梅酒用ホワイトリカー1.8Lとともに瓶に入れ3ヵ月ほど寝かせたのち布巾で濾す。一回20ml一日3回飲む。

[漢方原料(松香)**]** 性味は、苦・甘、温。産地は、世界各国。処方は、千捶膏。

クロマツ雄花 5月下旬新潟県

つぶやき

松は古来、縁起の良い木とされ、正月の門松には松を伝って春の神が来るという謂れがある。正月に神様の御降臨を待つ(松)という説もある。中国では、松とコノテガシワを"百木の長"としている。薬用にはクロマツもまとめてマツとして用いてよいが、クロマツは苦いのでアカマツが好ましい。アカマツは、岡山県、山口県の県木。松花粉《季》春。

参考:長崎の薬草、新佐賀の薬草、薬草カラー図鑑1、バイブル、牧野和漢薬草圖鑑、生薬学、生薬処方電子事典、徳島新聞H131120

第II章2項 薬草酒・果実酒

植物名	酒名	部位	季節	効用	頁
アーティチョーク	Artichoke酒	総苞片	夏	利尿、強壮	35
アマドコロ	玉竹酒	根茎	秋	滋養強壮、疲労回復	33
アマナ	甘菜酒	鱗茎	春	滋養強壮、咳止、去痰	32
アンズ	杏子酒	果実	夏	滋養強壮	233
イカリソウ	仙麗脾酒	葉茎	夏	滋養強壮	34
イヌビワ	いぬびわ酒	果実	秋	滋養強壮	39
ウイキョウ	茴香酒	果実	秋	食欲増進	269
ウメ	梅酒	果実	初夏	滋養強壮	39
エビヅル	蝦蔓酒	果実	秋	滋養強壮	41
オカウコギ	五加皮酒	根皮	随時	滋養強壮、低血圧、冷え性	27
ガマズミ	莢蒾酒	果実	秋	滋養強壮	41
カラタチ	枸橘酒	未熟果実	秋	健胃	235
カリン	花梨酒	果実	冬	低血圧、不眠、整腸、鎮咳	40
キンカン	金柑酒	果実	秋	滋養強壮	42
キンモクセイ	金木犀酒	花(生)	秋	低血圧、不眠	42
クコ	枸杞酒	果実	冬	強壮,疲労回復,低血圧	237
クサボケ	木瓜酒	果実	秋	滋養強壮	46
グミ	茱萸酒	果実	秋	強壮,疲労回復,低血圧	38
クロマメノキ	黒豆木酒	果実	夏	疲労回復	262
コケモモ	苔桃酒	果実	秋	疲労回復	263
サネカズラ	五味子酒	果実	秋	滋養強壮	43
サンシュユ	山茱萸酒	果実	秋	滋養強壮	239
サンショウ	薬用酒	果皮	秋	健胃	240
シラタマノキ	白珠木酒	果実	初秋	疲労回復	263
スイカズラ	薬用酒	花(生)	春	疲労回復	172
ツルリンドウ	青魚胆草酒	全草	秋以降	リウマチ	86
トウキ	薬用酒	根	秋	冷え性、虚弱体質	283
トチバニンジン	薬用酒	根茎	冬	疲労回復、食欲不振	216
トチュウ	杜仲酒	樹皮	随時	滋養強壮、疲労回復	43
トモエソウ	紅旲蓮酒	全草	夏	止血、腫れ物	35
ナツハゼ	夏木櫨酒	果実	秋	疲労回復	45
ナツメ	大棗酒	果実	秋	滋養強壮、食欲不振	243
ナルコユリ	黄精酒	根茎	秋	滋養強壮、疲労回復	33
ナンバンギセル	薬用酒	花	秋	滋養強壮	36
ネズミモチ	女貞子酒	果実	秋	滋養強壮	28
ノブドウ	野葡萄酒	果実	秋	滋養強壮	45
ハマウツボ	列当酒	全草	夏	強壮,	36
ハマゴウ	蔓荊子酒	果実	秋	冷え性	46
ハマナス	浜梨酒	果実	夏	疲労回復	44
ベニバナ	紅花酒	花	夏	生理不順、冷え性	225
ボケ	木瓜酒	果実	秋	滋養強壮、疲労回復	46
マタタビ	木天蓼酒	虫癭	秋	疲労回復、冷え性、神経痛	47
ミヤコグサ	都草酒	全草	夏	疲労回復	37
メギ	目木酒	果実	秋	滋養強壮	47
ヤブラン	藪蘭酒	肥大根	秋	滋養強壮	37
ヤマグワ	山桑酒	果実	春	滋養強壮	48
ヤマブドウ	山葡萄酒	果実	秋	葡萄酒	49
ヤマモモ	山桃酒	果実	夏	健康薬酒	49
ユズ	柚子酒	果実	秋	疲労回復	50
ユスラウメ	山桜桃酒	果実	初夏	消化促進	50

薬用酒・果実酒は一般に、食欲増進、健康保持、疲労回復などの目的で愛用されている。しかし酒税法による縛りがあることに要注意(p335)。

作り方

①材料が果実など生のものは35度ホワイトリカーに、茎葉や根など乾燥したものは25度焼酎に漬け込む。

②アルコールの量の目安は、材料の約3倍量。

③漬けてから膨張する場合があり、最初は容器の八分目くらいにする。

④糖分は、材料が生のもので水分が多い時は漬け込む時に材料と一緒に入れ、乾燥したものの時は材料を引き上げて濾した後に入れる方が濃度勾配の関係で成分の抽出がうまくいく。

⑤糖分の量は、焼酎1.8L に対し100gくらいから始めて好みで調整する。

⑥漬け込んだら、時々瓶を振ってかき混ぜる。

⑦漬け込み期間の目安は大体2ヵ月～半年で、期間が長すぎると変色したり濁ったりする。時々様子をみながら濁りが出始めたら材料を引き上げる。

⑧漬け込んだ容器は冷暗所に保存する。

飲み方

①一日1～2回、一回につき20～30mlが適当。

②好みに応じて、水や炭酸飲料などで割る。

薬理作用

すべてが分かっているわけではない。ハマナスはビタミンCを多量含み、このビタミンの効果と考えられる。

各食品中のビタミンC含有量(100g中)

ハマナスの実	2000 mg%
野バラの実	1250
柿の葉の煮汁	600～800
柿の葉茶	600～800
浅草海苔	243
番茶	222
唐辛子	186～360
夏大根	96
緑茶	60～240
こまつな	62
ホウレン草	50～100
柿の実	49～72
れんこん	49
みかん	36
キャベツ	34～50
レモン	32～56
にんにく	30
夏みかん	28～76
えんどう	26
セロリー	24
ねぎ、らっきょう	20
にんじん	16～66

ヒロハアマナ 4月中旬滋賀県

キバナノアマナ 4月中旬滋賀県

アマナ 甘菜	ユリ科 路傍、畦	【生】山慈姑、光慈姑 さんじこ、こうじこ	鱗茎 5月	〔民〕喉の痛み、〔食〕鱗茎 〔酒〕甘菜酒

滋養強壮や解毒に、地下の鱗茎を煎じて服用

[生育地と植物の特徴]

名は甘菜の意味で、鱗茎に若干の甘味を感じ、苦味や刺激がなく食用にすることに由来。東北地方南部以西、四国、九州、朝鮮半島、中国に分布。九州では、路傍、畑の畦などに生える。根生葉は2枚で地面際で平開する広線形。花期は3～4月。葉の間から1～2本の花茎を出し、先に6枚の花被片からなる白い鐘形花をつける。陽当たりで咲く花であり、曇っていると花が開かない。

[採取時期・製法・薬効]

地下深い鱗茎を、花の終わる頃に掘り採り、水洗いして外皮を除き、鱗茎をばらして天日で乾燥させる。成分は、カタクリに類似した良質の澱粉を含む。

❖喉の痛みに

乾燥した鱗茎4～8gを水300mlで半量に煎じ、一日2回に分けて、温かいうちに飲む。

❖あまな酒(滋養強壮に)

鱗茎200g、グラニュー糖50gを35度ホワイトリカー760mlに漬け、3～6ヵ月後、あまな酒として一日20～40mlを就寝前に飲む。

[漢方原料(玉竹)**]** 性味は甘・微辛、寒。処方は紫金錠。

アマナ 5月上旬新潟県

つぶやき

鱗茎は食用とする。子ども達は鱗茎を掘り採り生食していた。似たものにヒロハアマナがある。左右に出る2枚の葉の幅が7～15cmで葉の先端がアマナは尖っているのに、これはあまり尖らず、葉の中央に白い線が通っている点が異なる。ヒロハアマナは関東～近畿地方、四国に分布。4月中旬小石川旧薬園ではやや大形のオオアマナが群生している。

参考:薬草事典、新佐賀の薬草、牧野和漢薬草圖鑑、生薬処方電子事典、徳島新聞H150607

アマドコロ 甘野老	キジカクシ科 山地の日陰	【生】玉竹、萎蕤 ぎょくちく、いずい	根茎 秋	〔酒〕玉竹酒、〔民〕病後の体力回復 〔外〕打ち身、捻挫、〔食〕若芽を山菜

強壮・老化防止に、若芽は酢味噌などで

[生育地と植物の特徴]

地下茎に甘味があるためアマドコロという。北海道から九州までの日本、朝鮮半島、中国に分布。山地または原野に広く分布する多年草。根茎は竹の地下茎の形をしており節があって玉竹の名がある。黄白色で多くのヒゲ根をつけている。寒さに強く、地上部は枯れ、太い根茎で越冬する。4～5月頃、草丈40～50cmになり、互生する葉の腋から長さ1.8cmくらいの筒状の花を1～2個、鈴を下げたようにつける。花の先は浅く6片に裂けて緑白色。花後、1cmほどの黒い球形果実を結ぶ。中国の萎蕤は別植物。

[採取時期・製法・薬効]

10～11月に葉が黄変して落ちる頃、根茎を掘り採り、細い根を除いて水洗いし、2～3cmに刻み天日で乾燥させる。成分は、多糖類のオドラタン、フルクタン。

❖滋養強壮や病後の疲労回復に

玉竹5～10gを水600mlで半量になるまで煎じ、一日3回に分けて飲む。

❖玉竹酒

玉竹200gを25度ホワイトリカー1.8Lに漬け、好みによりグラニュー糖200g加える、半年後にカスを取り去り、一回に約20mlを毎晩飲む。

❖打撲、捻挫に

萎蕤の粉末に小麦粉（黄拍の粉末もよい）を適宜加え、食酢で練り布切れなどに伸ばし患部を湿布する。

❖料理に：アマドコロの若芽を摘み、天婦羅に。熱湯でさっと茹で、水に晒して味噌和え、お浸しにする。根は煮たり茹でて食べ、御飯に炊き込んでも美味しい。

[漢方原料（玉竹）**]** 性味は甘平。処方は麻黄升麻湯、玉竹麦門冬湯。

アマドコロ 5月中旬佐賀県

つぶやき

女性の肌をきれいにする。ナルコユリとの区別はアマドコロでは葉が上に立つ癖があり茎に縦の稜線が通って触れてみるとすぐに分かる。ナルコユリの茎は滑らかである。この2つは枝分かれしないで先端まで1本である点がホウチャクソウ（毒草）と異なる。生薬名は生薬処方電子事典では玉竹、薬草カラー図鑑1では萎蕤となっている。

参考：薬草事典、長崎の薬草、新佐賀の薬草、薬草カラー図鑑1、牧野和漢薬草圖鑑、生薬処方電子事典、徳島新聞H140219

ナルコユリ 鳴子百合	キジカクシ科 山野	【局】黄精 おうせい	根茎/葉 秋	〔酒〕黄精酒、〔食〕加工食品 /〔外〕痛風、打ち身、捻挫

滋養強壮や解熱に、黄精を煎じて服用

[生育地と植物の特徴]

茎から垂れ下がる花の様子が鳴子の竹筒を思わせるのでつけられた名である。本州以南の日本に分布。山野や原野に自生する多年草。春に茎葉のもとに花柄3～5本が分枝し、その先に筒形の緑白色の花を鳴子のようにつり下げる。茎の根元を掘ると、ショウガのようにいくつにもくびれた黄白色の太い根茎（黄精）が現れる。雲仙にはオオナルコユリ、長崎県には他にもミヤマナルコユリ、マルバオウセイがあるが、薬草としては区別する必要はない。中国の黄精は日本にはない別の植物である。

[採取時期・製法・薬効]

10～11月に地上部が枯れ始めた頃、根茎を掘り出し、水洗いして天日で乾燥させる。生のままでは喉を刺激するので必ず乾燥したものを使う。

❖滋養強壮に

①根茎5～10gを水500mlで半量になるまで煎じ一日3回に分けて飲む。②黄精酒：乾燥した根茎200gを25度ホワイトリカー1.8Lに漬け、好みによりグラニュー糖約300gを加え、半年後カスを取り去り一回20mlくらいずつ一日3回飲む。大量服用は良くない。

❖外用（痛風、打ち身、捻挫、関節痛）に

葉をすり潰して同量の小麦粉と練って貼る。

[漢方原料（黄精）**]** 性味は甘平。産地は中国、日本、韓国。

ナルコユリ 5月上旬長崎県対馬

つぶやき

俳人小林一茶は黄精酒を愛用し、52歳から65歳でなくなるまでの12年間に3人の妻をめとり5人の子をもうけたという。江戸後期に東北の南部地方で作られた黄精の砂糖漬けを江戸で売り歩き、滝沢馬琴も‘燕石雑誌’に黄精売りのことを書いている。根茎を煮物、油炒め、天婦羅にして食べる。外用には、葉はすり下ろして同量の小麦粉と練って貼る。

参考：薬草事典、長崎の薬草、新佐賀の薬草、生薬処方電子事典、薬草カラー図鑑1、牧野和漢薬草圖鑑、徳島新聞H150422

バイカイカリソウ 4月下旬大分県

サイコクイカリソウ 3月下旬牧野植物園

ヤチマタイカリソウ 3月下旬牧野植物園

トキワイカリソウ 4月中旬徐福の里

イカリソウ 碇草	メギ科 山地	【局】淫羊藿 いんようかく	葉・茎 5〜6月	〔酒〕いかりそう酒（仙麗脾酒） 〔食〕若芽・花を

健忘症や不眠症に有効、若芽や花を和え物などで

[生育地と植物の特徴]

4〜5月頃に咲く紅紫色の花が錨に似ているというので、この名がつけられた。別名三枝九葉草。本州では、東北地方以南の太平洋側から四国に分布する多年草。4枚の花弁は、それぞれ先端に行くにつれて細くなったパイプ状で、その先が内側に曲がっている。萼片は8枚あるが、開花するとき外側の4枚は落ち、内側の4枚は大きくなって、花弁と同じ紅紫色になる。春先に根茎から出た根葉は、先の方に2回三出複葉の形で葉をつけ、その1つの小葉は歪んだ卵形で、縁に毛がある。冬には葉が枯れるが、日本海側に多いトキワイカリソウなどの種類は冬でも葉が枯れない。九州にはバイカイカリソウとヒゴイカリソウがあるが、後者とイカリソウは同一種という説がある。

[採取時期・製法・薬効]

地上部の葉茎を5〜6月頃に刈り採って天日で乾燥させる（淫羊藿）。成分については、昭和初期、我が国の学者がイカリソウの茎葉からフラボノール配糖体のイカリインという物質を採り出し、これを与えた雄動物の精液が増量することが判った。

❖滋養強壮にイカリソウ薬酒（仙麗脾酒）

60〜70g（細かく刻んだもの）、氷砂糖300g、25度ホワイトリカー1.8Lを合わせて広口瓶に入れ、密閉後2〜4月くらいしてから絞って、一回量20mlを一日2回服用する。また淫羊藿一日量8〜10gを水400mlで半量に煎じて3回に分けて服用してもよい。

[漢方原料（淫羊藿）**]** 甘・微辛温。処方は賛（ぜい）育丹。

イカリソウ 3月下旬牧野植物園

つぶやき

日本産の各種も生薬名は中国名で呼んでいる。古い中国の本草書により強壮、強精薬として名高いが、季時珍の‘本草網目’（1560）には「四川の北部に淫羊という動物がいて、一日に百回も交尾する。それはこの藿という草を食うからということだ。そこでこの草を淫羊藿と名づけた」とある。

参考：薬草事典、薬草カラー図鑑1、牧野和漢薬草圖鑑、生薬処方電子事典、徳島新聞H180316

アーティチョーク Artichoke	キク科 栽培	なし	蕾 夏	〔民〕利尿、強壮 〔酒〕アーティチョーク酒

野菜食の他にアーティチョーク酒

[生育地と植物の特徴]

地中海沿岸から中央アジア原産。カルドンというキク科の植物から変化したものと見られている。イタリア、フランス、ドイツで栽培される中でフランスが盛んに栽培した。我が国では房総半島や三浦半島の暖地でわずかに栽培されている。一般には6月頃に主としてフランスまた北米より輸入されている。1.5～2mとなり、6～8月に大型の紫色の頭花を開く。

[採取時期・製法・薬効]

食用、薬用にするのは、蕾の時の総苞片を用いるので、開花直前に採取する。シナリンを主成分とし、クロロゲン酸、カフェー酸を含んでいる。

❖利尿、強壮に

アーティチョーク酒として用いる。総苞片を一枚ずつ採り、天日で乾燥させる。残りの総花床の部分もナイフで刻み、天日で乾燥させて、よく乾燥したものを1L容量の広口瓶に半量ほど入れ、グラニュー糖100gと35度ホワイトリカーを瓶一杯に入れて2ヶ月漬ける。一回量20～40mlを食前か食後に飲む。

❖野菜食に：丸ごと塩茹でにするなど。

6月下旬長崎大学薬草園

つぶやき

英語はartichoke、フランス語ではartichaut、日本ではアーティチョーク、別名チョウセンアザミ。花は上向のことが多いようだが、この薬草園では下向きであった。垂れ下がるほど大きく重くなったのだろう。

参考：薬草カラー図鑑3

トモエソウ 巴草	オトギリソウ科 山野	紅旱蓮 こうかんれん	全草 7～8月	〔民〕止血、腫れ物 〔酒〕紅旱蓮酒

飲んで効く皮膚病の薬

[生育地と植物の特徴]

北海道から九州までと、朝鮮半島、中国、シベリア、北米東部にも分布する。山野に単独に生え、ときに群生する多年草。茎は4稜あり、高さ60～90cmになる。葉は対生し柄はなく、卵状長楕円形。先は鋭形で透明な明腺点が密に分布する。夏に径4～6cmで花弁が巴形の大きな花を咲かせる。他のオトギリソウと同じように一日で終わる。

[採取時期・製法・薬効]

7～8月に果実のある全草を採り天日で乾燥させる（紅旱蓮）。成分は、リボフラビン（ビタミンB_2）、ニコチン酸、クエルセチンなど。

❖止血、腫れ物に

①紅旱蓮一日量5～10gを水300mlで半量に煎じて服用する。②紅旱蓮酒：35度ホワイトリカー760mlに干した巴草約100gを刻んで2ヵ月間漬ける。煮沸消毒したガーゼやフィルターなどで濾過し、滅菌した容器に入れ涼しい場所に置く。一回量約20mlを服用。漬けるときに氷砂糖を好みの量入れておくと飲みやすくなる。

8月下旬熊本県高森野草園

つぶやき

トモエソウはオトギリソウ属の中では、大型であるのも特徴の一つであるが、他のオトギリソウは花の花柱（雌蕊）の先が3つに分かれているのに対し、トモエソウだけは5つに分かれている。また、オトギリソウ科の木の類ではキンシバイも花柱の先が5つに分かれている。

参考：薬草カラー図鑑2、牧野和漢薬草圖鑑

ナンバンギセル 南蛮煙管	ハマウツボ科 ススキ野など	【生'】野菰 やこ	全草 冬	〔民〕強壮、喉の痛み 〔酒〕健康薬酒

想い草は寄生植物である

[生育地と植物の特徴]

キセルは形がパイプ(南蛮煙管)に似ていることによる。北海道から沖縄までの日本、中国、朝鮮半島、台湾、フィリピン、インドなど東アジアに分布する寄生植物。ススキ、ミョウガ、サトウキビなどの根に寄生する。初秋に地面から20～30cmの花柄を出し、頂端に淡紅紫色の花を横向きにつける。

[採取時期・製法・薬効]

8～9月に蕾の頃の全草を採り水洗いして天日で乾燥させる。全草にエギネト酸、エギネトリド、テルペン配糖体、フェノールプロパノイド配糖体、β -シロステロールを含む。

❖強壮、喉の痛みに

乾燥品一日量15～20gを水400mlで3分の1量になるまで煎じ2～3回に分けて飲む。

❖薬用酒:(長崎の薬草)

生のナンバンギセルを3倍量のホワイトリカーに漬け、約2ヵ月後に濾してカスを捨て、好みで砂糖を加えて冷暗所に保存し、一回20ml ずつ飲む。

8月中旬長崎県対馬

つぶやき

日本の古名はオモイグサ(想い草)であった。花の姿が首を垂れ、もの想いに耽(ふけ)るように見えたのであろう。万葉集に、「道の辺の尾花が下の思ひ草、今さらになど物か想はむ」がある。花の中からは粘液が出てくるので、蕾(つぼみ)のうちに採るのが良い。この粘液に強壮作用があるとも言われている。

参考:薬草の詩、長崎の薬草、新佐賀の薬草、宮崎の薬草、薬草カラー図鑑2、牧野和漢薬草圖鑑

ハマウツボ 浜靫	ハマウツボ科 砂浜	【生'】草蓯蓉/列当 そうじゅよう、れっとう	全草 5～7月	〔民〕強壮 〔酒〕列当酒

寄生植物である、列当酒という酒になる

[生育地と植物の特徴]

我が国全土に自生。中国、朝鮮半島、台湾、東ヨーロッパ～シベリアに分布。砂浜で多年草のカワラヨモギの根に寄生する。全体に葉緑素を欠き、黄褐色を呈する。根茎は塊状に太く肥厚し、肉質のひげ根で宿主の根につく。茎は太い円柱形で分枝せず、初めは卵状披針形の鱗片葉と長めの白い軟毛をつける。5～7月に茎の上部に太い花穂を1本出し、淡紫色の花を密に咲かせる。花冠は長さ2cmほどの筒形で花柄はなく、2片に分かれた萼がある。全体に毛が多い。果実は狭楕円形の蒴果で、多数の黒色の種子を生じる。

[採取時期・製法・薬効]

夏の開花期に全草を採って水洗いしてから陰干しで乾燥させる(列当)。

❖強壮に

列当一日量5～10gを水400mlで半量に煎じ、3回に分けて服用する。

❖列当酒(強壮に)

列当100g、グラニュー糖50～80gを35度ホワイトリカー1.8Lに1～2ヵ月漬け、冷暗所に置いたのち布で濾して、一回量40mlを限度に就寝前に飲む。

ハマウツボ 5月下旬佐賀県

つぶやき

サロマ湖のワッカ原生花園の藪の中にも、か弱そうなハマウツボがあった。九州の浜辺で見たものと同じものだった。本当に日本中に広く分布しているものだ。

参考:薬草カラー図鑑2、牧野和漢薬草圖鑑

ミヤコグサ 都草	マメ科 路傍、草叢	【生'】百脈根 びゃくみゃくこん	全草 開花期	〔酒〕みやこぐさ酒

疲労回復に みやこぐさ酒

[生育地と植物の特徴]

各地の日の当たる路傍や草叢に生える多年草。台湾、中国、朝鮮半島にも分布。茎は細く、数個集まって株になり、地を這うように20～30cmくらいに伸びる。葉は3枚の小葉からなる複葉であるが、一対の托葉が小葉と同じ大きさのため、5小葉の複葉に見える。茎葉とも無毛。花期は4～10月。葉腋から長く出る柄の先端に一対の鮮黄色の蝶形花をつける。花後に長さ3cmくらいの豆果を結び、乾燥すると捻じれて、黒色の種子を弾き飛ばす。類似種のセイヨウミヤコグサはヨーロッパ原産で寒冷地を中心に牧草として栽培が試みられたが、1970年代始めに北海道や長野県で帰化植物と認定された。

[採取時期・製法・薬効]

開花期に全草を採取、天日で乾燥させる。

❖都草酒（疲労回復に）

乾燥した全草を1.8Lの瓶に半分くらいまで詰め、日本酒か25度ホワイトリカーを肩まで注ぎ、密閉して冷暗所に3ヵ月くらい置く。一日1回30mlを飲む。

ミヤコグサ 4月下旬長崎県対馬

セイヨウミヤコグサ 5月中旬佐賀県

つぶやき

入り組んで伸びる細い枝の様子を血管に見立てて"脈根草（みゃっこんぐさ）"という生薬名で呼ばれていた。これが転訛してミヤコグサとなったという説が有力である。セイヨウミヤコグサは九州でも道端に野生化している。その外観はミヤコグサと良く似ているが、花序につく花の数が1～7個と多く、葉と茎には毛が生えている。

参考：薬草カラー図鑑4

ヤブラン 藪蘭	キジカクシ科 樹陰地	【生'】大葉麦門冬、【生】土麦冬 だいようばくもんとう、どばくどう	肥大根 秋	〔民〕鎮咳、去痰 〔酒〕藪蘭酒

どこにでもあるが、鎮咳・去痰剤になる

[生育地と植物の特徴]

本州の関東以西、四国、九州、沖縄、中国、台湾に分布。樹林の下に生える多年草。もとユリ科からキジカクシ科となったが、葉が蘭と間違えるほど似ているのでヤブランという。葉とほぼ同長で夏に上部に一塊となった小花を長く穂をなして多数つける。種子は晩秋に緑黒色に熟す。ヤブランとジャノヒゲは同じキジカクシ科であるが属が異なる。大きい違いは花の部分にあり、ヤブラン属の雄蕊の先端についている花粉の入る袋状の葯は、先端が丸みを帯びているが、ジャノヒゲ属の葯は尖っている。

[採取時期・製法・薬効]

10～12月、株を掘り起こし、根の肥大化した部分だけを採り、水洗いして天日で乾燥させる。根にブドウ糖、果糖、蔗糖、β-シトステロール、ステロイドサポニン、ビタミンA。

❖鎮咳、去痰に

乾燥した塊根一日量6～10gに水300～500mlで半量に煎じて3回に分けて温めて服用する。

❖藪蘭酒（滋養強壮に）

乾燥した塊根100gを25度ホワイトリカー1Lに漬け2ヵ月後から飲む。

[漢方原料（土麦冬）**]** 産地は中国、韓国、日本。

11月中旬佐賀県

9月中旬長崎県

つぶやき

キジカクシ科のジャノヒゲの肥大根の芯を抜きとり乾燥させたものが麦門冬である。ヤブランとその近縁種の肥大根を日本では大葉麦門冬、韓国では麦門冬としているが、中国ではこれを土麦冬として低品質とする。

参考：薬草事典、薬草の詩、長崎の薬草、新佐賀の薬草、宮崎の薬草、薬草カラー図鑑2、牧野和漢薬草圖鑑、生薬処方電子事典

マルバグミ 4月中旬長崎県対馬

ナワシログミ 3月下旬長崎県

アキグミ 10月中旬熊本県

アキグミ/ナワシログミ/マルバグミ 秋茱萸/苗代茱萸/丸葉茱萸	グミ科 山野、草原	胡頽子 こたいし	果実 秋・初夏	〔酒〕茱萸酒 〔食〕生食、加工食

血圧改善・不眠症に効果、葉・新芽は消炎剤に

[生育地と植物の特徴]

グミ科は北半球の温帯から亜熱帯にかけて3属約50種がある。大半はグミ属で約45種があり、東アジアに多い。全体に鱗状毛や星状毛があるのが特徴。花には花弁はない。萼は筒状で上部は2または4裂、花弁に見える。雄蕊は4または8個。果実は偽果。グミ属には落葉性で春咲きのアキグミの仲間と、常緑性で秋咲きのナワシログミの仲間に分けられる。

アキグミ:秋に熟するのでアキグミである。北海道(渡島半島)、本州、四国、九州、朝鮮半島、中国、ヒマラヤに分布。高さ2〜3m、茎には棘がある。葉には短い柄があり、楕円形または広楕円形、先端は鈍く、基脚は狭く、両面とも銀白色の鱗片がある。春に短い柄のある小花を数個つけ、最初は白色で後に黄色になる。果実は直径6〜8mmの球形〜楕円状球形で、9〜11月に赤く熟す。

ナワシログミ:苗代をつくる初夏に実が熟することによる。日本固有種で本州(伊豆半島以西)、四国、九州に分布。葉は長楕円形で縁が波打つ。偽果は長さ1.5cmほどの長楕円形で、5〜6月に赤く熟す。

つぶやき

アキグミの果実は球形または広楕円形で長さ6mmほど。10月頃に熟して赤色になる。野生の他のグミに比べて甘くて美味しい。マルバグミとナワシログミの果実は楕円形の俵形。マルバグミは春に、ナワシログミは初夏に実が熟す。茱萸《季》秋。

マルバグミ:葉に丸みがあることによる。本州、四国、九州、沖縄、朝鮮半島南部に分布。海岸、沿海地の林縁、崖のふちなどに生える。花期は10〜11月。葉腋に白色の花が1〜3個垂れ下がってつく。果実は長さ1.5〜2.0cmの長楕円形で3〜4月に熟す。

ナツグミは夏に赤く熟す。福島県から関東地方、東海地方の固有種である。

[採取時期・製法・薬効]

アキグミは秋に実がなる。したがって秋に実を収穫する。同様にナワシログミは4〜5月に収穫し、マルバグミは3〜4月に収穫する。

❖生食も可能。

渋みがあり、ジャムや果実酒にする。

❖茱萸酒(滋養強壮に)

一回5〜10gを煎じて服用。健康薬酒(茱萸酒):果実を1Lの広口瓶に半分まで入れグラニュー糖150g、輪切りのレモン1個分を加え、35度ホワイトリカーを容器一杯に注ぎ、冷暗所に静置、2〜3ヵ月後から飲用。

グミの識別

	アキグミ	ナワシログミ	マルバグミ
分布	本州以南	西日本	沿岸
花	春	秋	秋
葉	楕円	長い	丸い
実	球形	俵形	俵形
完熟	秋	初夏	春

参考:薬草事典、薬草の詩、長崎の薬草、新佐賀の薬草、薬草カラー図鑑3、牧野和漢薬草圖鑑、徳島新聞H230702

イヌビワ 犬枇杷	クワ科 川辺、山林	【生'】イヌビワ	葉や枝の乳液/果実 随時	〔外〕イボとり、/〔酒〕いぬびわ酒、〔食〕果実を生食

果実酒は滋養強壮薬に、春の若葉は使い道が多い

[生育地と植物の特徴]

本州(関東地方以西)、四国、九州、沖縄、済州島に自生する落葉低木。暖地の平地や低山地の林の中や縁に自生。なお、関東地方では沿海地に多い。雌雄別株。4～5月頃、本年枝の葉腋にイチジク状の花嚢をつけ、雌株の方は秋になって熟すと黒紫色になって食べられ美味しいが、雄株の方は赤くなるが黒く熟さず硬くて食べられない。別名イタビ、イタブ。

[採取時期・製法・薬効]

葉や枝は4～10月の葉がついているものを切って出る白い乳液をイボとりに使う。薬用酒には果期の9月頃 熟した時に採取し水洗いしてそのまま使う。

❖イボとり

葉や枝を切って出る白い乳液を一日数回つける。

❖犬枇杷酒(滋養強壮に)

黒紫色に完熟した果実を新鮮なうちに倍量の35度ホワイトリカーに漬け2ヵ月後に濾して冷暗所に保存。甘味は加えなくて良い。疲れた時などに30mlくらい飲む。

つぶやき

イチジクと同じ仲間で葉や枝を切ると切り口から白い乳液がでる。かぶれ易い人は注意する。ジャムにしても美味しく、熟した実に砂糖を半量～同量入れて弱火で煮詰めると黒ずんだ飴色のジャムになる。若葉はさっと茹で炊きこみ御飯に、スープや汁の具、白和え、クルミ和え、バター炒めも美味しい。

イヌビワ 9月上旬長崎県

参考:薬草の詩、宮崎の薬草、徳島新聞H231004

ウメ 梅	バラ科 植栽	なし	果実(生)・種子 5～6月	〔酒〕果実酒、〔食〕加工食 青酸配糖体、遊離シアン

強力な鎮痛や健胃作用、有害な菌を防ぐ効果も

[生育地と植物の特徴]

中国の四川省から湖北省が原産。我が国には薬用を目的として渡来した。樹高は10mにもなる。葉は楕円形または卵形、長さは4～10cm。2～3月に葉の展開の前に花を1節に1～2個つける。花には、白、淡紅色、赤などの色があり、清々しい香りがある。梅には実を収穫することを目的とする"実梅"と、花を楽しむことを目的とする"花梅"がある。実梅は6月頃に黄緑色の実を多数つける。

[採取時期・製法・薬効]

❖加工食品に

梅干し、煮梅、砂糖漬け、梅酒などの加工食品。梅干しの着色にシソを使うのはすでに元禄年間に開発された。梅酒は、広口瓶に35度ホワイトリカー1.8L、ウメ1kg、氷砂糖1kgを漬けて数ヵ月以上経ってから飲む。

〔毒成分〕 青酸配糖体のアミグダリンと遊離シアンが有毒である。アミグダリンはバラ科の多くの果物の中に含まれるが、これを含む果実を生のまま食べると酵素で加水分解され、青酸(シアン化水素)が生じる。遊離シアンは通常は無色の気体で火をつけると青い炎をあげて燃える。中毒症状は軽症であれば、嘔吐、瞳孔散大、重症になれば、呼吸麻痺で死亡する。

つぶやき

ウメは福岡県、大阪府、和歌山県の県花、茨城県の県木。遊離シアンの解毒には、天日で乾燥させる、煮る、砂糖漬けにする等があるようだ。梅酒の場合は、氷砂糖とホワイトリカーに浸して数ヵ月置くが、その間に解毒される。梅酒・梅漬・梅干・梅の実・梅の雨《季》夏、梅・春。

ウメ 2月上旬島原城

参考:薬草カラー図鑑1、牧野和漢薬草圖鑑、徳島新聞H130410、毒草大百科

マルメロ 5月下旬岐阜県白川村

カリン 4月中旬鹿児島県

カリン 11月下旬熊本

カリン/マルメロ 花梨/Marmelo	バラ科 植栽	【生】和木瓜/【生'】榲桲 わもっか/おんぼつ	果実 秋	〔民〕鎮咳、〔酒〕かりん酒、〔漢〕 漢方処方/〔食〕生食・砂糖漬

咳止めや気管支炎に効果、疲労回復・食欲増進作用も

[生育地と植物の特徴]

カリンは中国原産の落葉高木で、平安時代には渡来していた。東北地方や甲信越地方で多く栽培されている。花梨、花榈と書くが中国名は榠樝(めいさ)。花は4月に枝の端に直径2.5cmくらいの薄紅色の5弁花を開く。秋から冬にかけて落葉しかけた木に西洋梨のような形の黄色い果実がぶら下がる。果実は芳香は良いが、渋くて酸味が強く、固くて食べられない。マルメロはイラン、トルキスタン原産。我が国には、寛永11年(1634)に長崎に入ったことが知られ、マルメロの名はポルトガル語による。

[採取時期・製法・薬効]

《カリン》

カリンは、秋に黄熟した果実を採り、水洗いして輪切りにし、天日で乾燥させる。カリンは実を熱湯に漬けて洗い机に置くと芳香が漂う。

❖風邪の咳や喉の痛みに

乾燥した果実5～10gを水400mlで半量になるまで煎じ、一日3回に分けて飲む。

❖かりん酒(疲労回復や強壮に)

カリンの果実(生)1kgを輪切りにし、氷砂糖200gと一緒に35度ホワイトリカー1.8L に漬け込み、3～6ヵ月後に濾してカスを除き、一回20mlずつ飲む。

[漢方原料(木瓜)] 性味は、酸温。処方は、木瓜湯。

《マルメロ》

10～11月頃よく熟した果実を採り、天日で乾燥させる。この時期、日陰では乾燥させるのは困難である。

❖鎮咳、駆風、消化に

乾燥したもの約4～12gに水300ml、砂糖少々を加えて3分の1量に煎じ、これを一日量として3回に分け、温かいうちに服用する。マルメロは生食が可能であり、砂糖漬などの土産物もある。

	カリン	マルメロ
幹	樹皮は緑褐色で、老木になると鱗状に剥がれる。	樹皮は黒みがあり、老木になっても剥がれない。
葉	若葉は下面に毛があるが後は無毛。縁に鋸歯。	下面に綿毛があり、縁には鋸歯がない。
花	花柱5本の下部は癒合している。	雌蕊の花柱5本は離生。
果実	外面は無毛 西洋梨型 薬用、果実酒	外面に綿毛がある 林檎型 生食、砂糖漬け

つぶやき

庭木として植栽。秋、黄色に熟した果実は良い香りがするが、そのままでは堅くて食べられない。マルメロが、時々カリンの名で売られている。マルメロの果実は球形で表面にはビロードの様な褐色の綿毛があり、果実は柔らかで食べられる。カリンは長野県諏訪市の市花であるが諏訪湖周辺に植栽されているのはマルメロである。花梨の実《季》秋。

参考:薬草事典、宮崎の薬草、新佐賀の薬草、薬草カラー図鑑1,2、牧野和漢薬草圖鑑、生薬処方電子事典、徳島新聞H171107

エビヅル 蝦蔓	ブドウ科 路傍、草地	なし	葉/果実 秋	〔民〕脚気/〔外〕でき物 〔酒〕えびづる酒、〔食〕生食

エビヅルは山葡萄の一種とされている、生食ができる

[生育地と植物の特徴]

エビヅルのエビは、我が国にまだブドウも入って来ていない時代、野山に自生するこのエビヅルなどの果実が秋に熟した色をエビ、またはエビ色とよんだ。赤味を帯びた紫色である。ヤマブドウもヤマエビなどと呼んでいた。本州、四国、九州、沖縄に自生する雌雄別株の蔓性落葉木本。朝鮮半島、中国に分布する。葉は五角形のハート状円形で浅く3裂する。上面、下面ともに薄茶色のくも毛が生え特に下面に濃く生える。長く伸びる蔓は、葉と対生に出て巻きひげとなる。初夏に淡黄緑色の小花を円錐花序につける。花序の下に巻きひげがある。果実は球形で秋になると、黒熟し強い酸味がある。葉が赤くなる頃には甘くなり生で食べられる。ノブドウはブドウ科でも所属を異にしている。葉の大きさやその外観が似ているので間違いやすい。ノブドウの葉の裏には毛がないので区別できる。

[採取時期・製法・薬効]

秋に成熟した果実を採り水洗いして生のままを用いる。

❖脚気に

干した葉5gくらいを煎じるか、根を煎じて脚気に用いた。

❖疲労回復に

適度の酸味があり生食する。糖分やビタミン類がある。

❖蝦蔓酒(疲労回復に):ヤマブドウの一種であり、酒税法で作ることが禁じられている。また、自家製のものを販売したり他人に飲ませて代価をとると酒税法違反になる。

9月下旬長崎大学薬草園

つぶやき

九州ではエビズルをヤマブドウと呼んでいるところがある。秋から冬に、エビヅルのツルのところどころに、ふくれる部分ができる。そこを折ると中に昆虫の幼虫が入っている。ブドウスカシバの幼虫で、カマエビの虫とかブドウ虫と呼ばれる。この虫をコマドリやメジロ、ウグイスなどの小鳥に与えると、鳴き声が一段とよくなるといわれ愛鳥家が探し求める。

参考:宮崎の薬草、牧野和漢薬草圖鑑、薬草カラー図鑑3

ガマズミ 莢蒾	レンプクソウ科 山地	なし	生果実 秋	〔酒〕莢蒾酒 〔食〕生食

赤くなった果実が果実酒になる

[生育地と植物の特徴]

北海道から九州、朝鮮半島、中国の山野の陽当たりの良い林の縁などに自生する落葉低木。樹高2～3m。若枝には毛がある。葉は対生し、広い卵形で長さ約10cm。先端は急に尖り、基部は円形、縁に波形の鋸歯があり、5～6対の側脈が目立つ。両面に毛がある。花期は5～6月。小枝の先に散状花序をつけ、多数の白色小花の花冠は深く5裂、雄蕊5個は花冠より長い。果実は広卵形の核果で長さ約7mm、秋に紅熟する。

[採取時期・製法・薬効]

秋に紅熟した果実を採り、水洗いして用いる。

❖生食

熟れると実は甘くなり生で食べられる。

❖莢蒾酒(滋養強壮に)

広口瓶に約3分の1量の果実を入れ、グラニュー糖を適宜好みの量を加え、35度ホワイトリカーを瓶一杯まで注いで、2～3ヵ月間冷暗所に静置する。果実は漬けたままにしておき、一回20～40mlを一日1回飲む。

ガマズミ 6月上旬大分県長者原

ガマズミ 11月上旬大分県長者原

つぶやき

ガマズミの名の由来はよくわかっていないが、スミは染の転訛で、この仲間のミヤマガマズミの果実で古く衣類を擦り染めしていたことに関係がある。

参考:薬草カラー図鑑3、牧野和漢薬草圖鑑

キンカン 金柑	ミカン科 植栽	【生'】金橘 きんきつ	果実(生) 11〜12月	〔民〕風邪、鎮咳、〔酒〕金柑酒 〔食〕生食、加工食

風邪・胃痛などに使う、咳鎮める果皮の粉末

[生育地と植物の特徴]

中国から古い時代に渡来。ミカンに比べ、実よりも皮の方が美味しい、実が小さい、葉の葉脈がはっきりしない、葉の中にも精油分が入っているなど、ミカンの仲間とは違っているので、現在では独立したキンカン属となっている。いずれも和歌山県、高知県、宮崎県、鹿児島県などの暖地で栽培が盛んである。

[採取時期・製法・薬効]

果皮には、ガラクタン、ペントザンなどの他、一種のフラボノイドを含む。

❖風邪、咳止めに

熟したキンカン約10個を刻み、砂糖少々を加えて水400mlの中に入れて煮る。暖かいうちに飲む。

❖生食、加工食

生食のほか、砂糖漬け、蜂蜜漬け、果実酒にする。

❖金柑酒(滋養強壮に)

キンカン500gをグラニュー糖200gとともに35度ホワイトリカー1.8Lに漬け、2ヵ月以上経ってから飲む。

❖麻疹の治癒促進剤

キンカンと犀角(黒犀の角)とイセエビの殻を合わせて煎じて服用すると麻疹の発疹が改善に向かうという。

つぶやき

普通に栽培されているのはナガキンカンで、一般にはこれをキンカンと呼んでいる。果実が丸みを帯びているのをマルキンカンといって区別する。金柑《季》秋。

6月下旬熊本大学薬草園

10月下旬熊本大学薬草園

参考:薬草カラー図鑑1、牧野和漢薬草圖鑑、徳島新聞H211008

キンモクセイ 金木犀	モクセイ科 植栽	なし	花(生) 10月	〔飲〕花茶(精神安定) 〔酒〕金木犀酒、〔浴〕浴用料

花茶に精神安定作用、枝葉は痛み軽減効果

[生育地と植物の特徴]

中国原産の常緑小高木。樹高5〜6m。古くから各地で植栽され庭木としてもギンモクセイと対に植えられる。樹皮は灰褐色、幹はよく分枝。葉は革質、長楕円形か披針形で両端は尖り縁に細かい鋸歯がある。短い葉柄により対生。雌雄別株。花は9〜10月葉腋に花柄のある多数の橙黄色の小花を束生する。花冠は厚く4裂し雄蕊は2個、強い芳香がある。我が国では雄株のみで結実しない。

[採取時期・製法・薬効]

秋に花を採り、風通しの良いところで陰干しにする。芳香成分はオスマン、パラハイドロオキシフェニールアルコール、その他パルミチン酸、オレアノール酸など。

❖金木犀酒(健胃に)

乾燥した花30〜50gを35度ホワイトリカー1.8Lに入れ3ヵ月ほど冷暗所に置き、健胃剤として飲む。

❖桂花陳酒

白ワインに金木犀花を3年間漬込んだ中国の混成酒。楊貴妃が好んで飲んでいたという。

つぶやき

主に関東で栽培され、花は濃黄色、葉は全縁か時に鋸歯があり狭い長楕円形。ギンモクセイ:関東以西に多く栽培され、花は白色、匂いは軽い、葉縁に鋸歯があり長楕円形。ウスギモクセイ:関東以西に多く栽培され、花は黄白色、葉は全縁かときに上部に鋸歯がある。3種を総称して木犀という。木犀は静岡県の県木。金木犀《季》秋。

10月上旬長崎県

参考:薬草カラー図鑑3、牧野和漢薬草圖鑑、徳島新聞H201011

サネカズラ(ビナンカズラ) 実葛・美男葛	マツブサ科 山野、路傍	【生'】南五味子 なんごみし	果実 秋	〔民〕鎮咳 〔酒〕果実酒

滋養強壮や疲労回復に、肝機能の改善効果も

[生育地と植物の特徴]

本州関東以西、四国、九州、済州島、中国、台湾に分布。暖地の山地に生える。茎は古いものでは直径が2cmにもなる。葉は互生、表面にはつやがある。裏面はしばしば紫を帯びる。花は初夏に咲くが葉の陰に隠れて目立たない。雌雄別株。花托の周りに種子の入った果実が密につき晩秋になると真っ赤な和菓子の"かの子"形になる。

[採取時期・製法・薬効]

11～12月の果実が赤く熟した時に、実を採って水洗いし天日で乾燥させる。クエン酸のほか、粘液質を含む。

❖鎮咳に

乾燥した果実5g(1～2回分)を水200mlでどろどろになるまで煮て火をとめる。布巾で濾した煮液に適量の砂糖を加えて再び火にかける。砂糖が溶けたら火を止めて、これを一日量として2～3回に分け、食後30分以内に飲む。

❖五味子酒:長崎の薬草・徳島新聞

果実を3倍量のホワイトリカーに漬け込み、2ヵ月後から、一回に20～30mlずつ飲む。

[漢方原料(五味子)**]** チョウセンゴミシの北五味子に対し、サネカズラ由来のものは南五味子と呼ばれた。

9月上旬長崎県対馬

11月下旬長崎県対馬

つぶやき

三条右大臣の詠んだ小倉百人一首の「なにしおはば　逢坂山のさねかずら　人に知られでくるよしもがな」のサネカズラである。葉や枝の皮をむいて揉むと粘液がでる。昔はこれを髪結いに使ってチョンマゲを結ったので美男葛という。古い茎ではその直径が2cmになり、このような老木にならないと実はつかない。実葛《季》秋。

参考:薬草事典、薬草の詩、長崎の薬草、新佐賀の薬草、宮崎の薬草、牧野和漢薬草圖鑑、徳島新聞H181007

トチュウ 杜仲	トチュウ科 植栽	【局】杜仲 とちゅう	葉/樹皮 春	〔飲〕杜仲茶/〔民〕強壮、高血圧 〔酒〕杜仲酒、〔漢〕漢方処方

樹高20mにもなる薬用茶

[生育地と植物の特徴]

中国原産で、我が国でも大正時代から栽培されていた。落葉高木で高さ20mにもなる。樹皮を折ると、細く白い糸を引く。葉には短い柄があり互生。楕円形で長さ5～15cm、基部は広い楔形、先端は尖がり、縁に鋸歯がある。葉脈に沿って網状にへこむ。葉質はやや厚く、折ると折り口より白い糸を引く。開花期は4～5月で、雌雄別株。秋になると長楕円形の果実を結び、長さは3～3.5cmで、翼をつけ、扁平で、先は2つに分かれている。

[採取時期・製法・薬効]

樹皮は15年以上に生長した株より5～6月に採取し、外側のコルク皮を除き、天日で乾燥させる。葉もこの頃に採取し、水洗いのあと天日で乾燥させる。納豆のように糸を引く主成分はグルタペルカというゴム質。葉に含まれるリグナン配糖体に降圧作用がある。

❖強壮に

乾燥した樹皮一日量4～8gを600mlで煎じ、3回に分けて服用する。乾燥葉なら一日量5～10gを水600mlで煎じる。

つぶやき

杜仲酒:乾燥した樹皮60gを細かく刻んで瓶に入れ、25度ホワイトリカー720mlを注ぐ。冷暗所に2ヵ月おいたのち布で絞り、細口瓶に入れ、グラニュー糖80gを加える。少し甘みがあり、飲みやすい。一回量を10mlくらいとし、一日3回飲む。あるいは20～30mlを水割りにして、就寝前に飲んでもよい。

❖血圧降下、むくみに

乾燥した樹皮一日量4～8g、乾燥葉なら5～10gを水600mlで煎じ、3回に服用する。杜仲茶としても用いる。

[漢方原料(杜仲)**]** 甘温。産地は中国。処方は痿証方、加味四物湯、大防風湯〔薬〕、杜仲丸、十補丸。

9月下旬島原薬草園

参考:薬草カラー図鑑4、牧野和漢薬草圖鑑、生薬処方電子事典

ハマナス 7月上旬北海道

マイカイ 5月下旬内藤薬草園

ハマナス 浜梨	バラ科 海岸砂地	【生】玫瑰花 まいかいか	花弁・果実 夏	〔民〕下痢、月経過多、〔酒〕浜梨酒、〔食〕生食・加工食、〔香〕香水、〔染〕草木染

花は民間薬に果実は加工食品へ

[生育地と植物の特徴]
アジアの温帯から亜寒帯にかけて分布するバラ科の落葉低木。日本では北海道、東北、北陸、山陰地方の海岸砂地に自生する。花が美しく八重もあるので観賞用にも栽培される。樹高1～1.5m。枝に刺があり、葉は楕円形の小葉からなる羽状複葉。春から夏、香りの強い紅色の5弁花を開く。花後に大きな果実をつくる。実は扁球形で赤く熟し酸っぱいが食べられる。中国の玫瑰は別種である。

[採取時期・製法・薬効]
蕾か満開一歩手前の花を採取して陰干しにする。果実は赤く熟れたものを軍手で採る。芳香精油のローズ油は、ゲラニオールを主成分としてシトロネロール、シトラール、リナロールなどを含んでいる。根にはタンニン、果実にはビタミンCが多く(100g中2000mg)含まれている。

❖下痢止め、月経過多に
よく乾燥した花の花弁だけを集め、一回量2～5gに熱湯を注ぎ冷めないうちに服用する。

❖生食、ジャムなどの果実の加工食品

❖浜梨酒(疲労回復に)
果実400gに氷砂糖200g、35度ホワイトリカー1.8Lを加えて半年以上置き濾して、一回30mlを限度に飲む。

❖香水の材料
北海道にはハマナスから香水をつくる会社があった。

[漢方原料(玫瑰花)**]** 性味は甘微苦温。処方は保真丸。

ハマナスの実 6月下旬長崎大学薬草園

つぶやき

北海道の県花。東北地方の人がハマナシ(浜梨)と口にしたら、ハマナスと聞こえたので、この名になったという。日本では寒冷地に自生するが、鹿児島県や長崎県の薬草園にもあり、九州各地で栽培されている。必ずしも寒冷地でないといけないというわけではない。根皮から黄色の染料がとれ、秋田八丈はこれで染めたものである。玫瑰《季》夏。

参考:薬草事典、長崎の薬草、薬草カラー図鑑1、牧野和漢薬草圖鑑、生薬処方電子事典

ナツハゼ 夏黄櫨	ツツジ科 山地、丘陵地	なし	果実 秋	〔食〕果実、〔酒〕なつはぜ酒

眼の疲労回復・血液浄化

[生育地と植物の特徴]

ツツジ科スノキ属で日本全国、朝鮮半島、中国に分布し、山地に生える落葉低木。夏頃から紅葉が美しいので秋のハゼノキになぞらえてこの名がある。特に石灰岩地に多い。花は5〜6月。新枝の先に長さ3〜4cmの総状花序を水平に伸ばし、多数の花を付ける。長さ4〜5mmの鐘型で帯紅淡黄褐色または濃紅褐色で、よく見ないと見逃しやすい。9〜10月につく液果は直径6〜7mmの球形で、上半分にリング状の白線が入っている。

[採取時期・製法・薬効]

10月に黒熟した果実は生食でき、甘酢っぱい。成分は、アントシアニンの含有量が多い。

❖ナツハゼ酒に

果実を3倍量のホワイトリカーなどにつけると、アルコールはすぐに暗紅色に染まり、2ヵ月で飲めるようになる。3〜6ヵ月で紫色になり、酸味に甘味と渋みがミックスされる。

つぶやき

ナツハゼの果実には、アントシアニンが他のベリー類の6倍も含まれており、目の疲労回復や血液浄化作用を強く期待できるという。果肉を裏ごしして種子を除き、砂糖を加えるとジャムになる。ツツジ科でもスノキ属は食べられ生食できるが、この属にはナツハゼの他に、ブルーベリー、ウスノキ、コケモモ(p263)、ツルコケモモ(p263)、クロマメノキ(p262)がある。

ナツハゼ 7月下旬北海道大学植物園

参考：徳島新聞H241003

ノブドウ 野葡萄	ブドウ科 山野	【生'】蛇葡萄 じゃほとう	根・茎葉/果実 秋	〔民〕関節痛、歯痛、〔眼〕目の充血、/ 〔酒〕野葡萄酒（糖尿病、肝臓病）

血糖値下げ 肝機能改善、蔓は花粉症にも効果

[生育地と植物の特徴]

日本全土、中国、朝鮮半島に分布。山野の林縁や草地に生える落葉蔓性の多年草。蔓は極めて丈夫で素手で折り取ることは出来ない。葉と向き合って節から必ず巻きひげを出し、ヒゲは二股に分かれて伸び、これで他物に巻き付いて伸び上がる。夏に小さい花をやはり葉と対生してつける。

[採取時期・製法・薬効]

根は秋に採取し水洗いし小さく刻み天日で乾燥させる。

❖関節痛に

①乾燥した根10gを水600mlで半量になるまで煎じ、一日3回に分けて飲む。②若い茎葉をすり潰して小麦粉と酢を混ぜて痛むところに貼る。

❖歯痛、虫刺されに

歯が痛いときにノブドウを噛むとよい。虫刺されには痛みにも痒みにも効果があるという。

❖目の充血に

乾燥した根5〜10gを水200mlで煎じ、煎液で洗眼する。

❖野葡萄酒：実（葉、蔓、根もあるようだ）400gと35度ホワイトリカー1.8Lを広口瓶に6ヵ月以上漬けて使用する。

つぶやき

秋に実が熟し、青、紫、白などさまざまな色のものが一房の中に混じる。虫瘤になって不規則にゆがんだものが混じることが多い。毒草ではなく毒成分もない。まずくて食べられないだけのことである。野葡萄《季》秋。

ノブドウ 10月上旬長崎県

参考：長崎の薬草、宮崎の薬草、薬草カラー図鑑2、牧野和漢薬草圖鑑、徳島新聞H210803

ハマゴウ 蔓荊	シソ科 海岸の砂地	【生】蔓荊子 まんけいし	果実/葉 秋/随時	〔民〕風邪、頭痛、発熱、〔酒〕蔓荊子酒 〔漢〕漢方処方/〔浴〕神経痛、関節痛

枕に入れて寝ると頭痛がとれる

[生育地と植物の特徴]

名は砂地を這って群生していることから浜這、ハマホウが転じてハマゴウとなった。本州、九州、四国、朝鮮半島、沖縄、台湾、東南アジア、太平洋諸島、オーストラリアに分布。海浜、砂地に群落をつくる。幹は長く地を這い、ところどころに根を下ろす。茎は四角。対生の葉は幅の広い卵形で、裏には細毛が密生している。夏、枝先に淡紫色の花をつけ、秋に果実が黒褐色に熟す。

[採取時期・製法・薬効]

9～10月に果実が熟し始めた頃に採って、水洗いし陰干しで乾燥させる。葉は用時に採り水洗いして生で使う。

❖頭痛、発熱、風邪に

乾燥した果実6～10gを水400mlで半量になるまで煎じ、一日3回に分けて飲む。

❖神経痛、関節痛に

乾燥した果実(蔓荊子)と茎葉(蔓荊葉)300～500gを木綿袋に入れ、水約1Lで煮出し、袋ごと風呂に入れて入浴する。果実3:茎葉7の割合が良い。

❖蔓荊子酒:(長崎の薬草)

「焼酎に漬けて蔓荊子酒とする」とあるが詳細は不明。

[漢方原料(蔓荊子)**]** 性味は、苦辛微寒。産地は、日本、中国、韓国。処方は、蔓荊子湯、羌活勝湿湯、菊花散。

8月上旬長崎県対馬

つぶやき

葉を破ったり果実を潰すと独特の強い芳香がする。佐賀県唐津地方では枝をくすぶらせて蚊遣りとした。'長崎の薬草' に「頭痛持ちは実を枕に入れて用いる」とあるが、一般には広く知られており芳香の効果という。

参考:薬草事典、長崎の薬草、新佐賀の薬草、宮崎の薬草、薬草カラー図鑑1、牧野和漢薬草圖鑑、生薬処方電子事典

ボケ/クサボケ 木瓜/草木瓜	バラ科 植栽/山野	【生】木瓜 もっか	果実 秋	〔民〕暑気あたり、痙攣(熱中症) 〔酒〕ぼけ酒、〔漢〕漢方処方

木瓜酒の中ではクサボケの木瓜酒が一番旨い

[生育地と植物の特徴]

中国原産の落葉小低木。日本では古くから庭木として観賞用に広く植栽されている。3～4月頃、真っ赤な5弁花を咲かせ、果実は秋に黄色く熟す。白花もある。一方、クサボケは日本固有で雑木林等に枝が地を這うように伸びる。本州では東北地方には少なく、関東・甲信越地方より以西に多く、九州では霧島山系以北に多い。陽のさし込んだ山林や山裾の茂みに生え、春先に鮮紅色の花を咲かせる。果実は径2～3cmのほぼ球状で黄熟してリンゴの様な芳香を放つ。しかし、花の数の割に果実が少ない。

[採取時期・製法・薬効]

10月頃 熟した果実を採り、水洗いして輪切りにし陰干しで乾燥させる。果実には果物らしい味が全くない。

❖暑気あたりに

乾燥した果実5～10gを水600mlで半量になるまで煎じ、一日3回に分けて飲む。

❖木瓜酒(滋養強壮や疲労回復に)

完熟する前の果実を採り輪切りにし、800gを35度ホワイトリカー1.8Lに漬け、好みの甘味を加える。約半年後から飲める。

[漢方原料(木瓜)**]** 性味は、酸温。処方は、木瓜湯。

ボケ 2月下旬長崎県

ボケ 5月上旬長崎県

つぶやき

6世紀の中国では酢の代用。カリン、ボケ、クサボケではクサボケの果実酒が一番香りと味がよい。ボケの果実酒は楊貴妃が飲んでいたという。木瓜の花《季》春。

クサボケ 3月下旬長崎県

クサボケ 6月下旬熊本県

参考:薬草事典、宮崎の薬草、生薬電子事典、薬草カラー図鑑1、牧野和漢薬草圖鑑

マタタビ 木天蓼	マタタビ科 山林、谷間	【生】木天蓼 もくてんりょう	虫癭・果実/葉 秋	〔民〕健胃、〔酒〕木天蓼酒、〔食〕正常果実の塩漬/〔浴〕またたび風呂

煎じて服用 胃腸が丈夫に、蔓や葉は浴用料に

[生育地と植物の特徴]

名はアイヌの呼び名のマタタンプに由来する。北海道、本州、四国、九州、朝鮮半島、中国、ウスリー、ヨーロッパ、北アメリカに分布。山地の谷間に生える落葉性の蔓性木本。夏に花が咲く頃、葉の一部～全部が白くなるが、後にこの白い葉は消えてなくなる。果実の中にはマタタビノアブラムシが寄生し虫癭(虫こぶ)となるものがある。正常の果実は9月中旬に熟して黄色く柔らかになる。

[採取時期・製法・薬効]

8～10月頃に虫癭を採取する。沸騰した湯に5～10分漬け、天日で1週間くらい充分に乾燥させる(木天蓼)。成分には、マタタビ酸、マタタビラクトンのほか、鎮痛効果のあるアクチニジン、利尿作用のあるポリガモールがある。

❖健胃に

一日量5～8gを煎じて3回に分けて食前に服用する。

❖木天蓼酒(強壮、冷え性、神経痛に)

薬用酒は木天蓼200gを35度ホワイトリカー1.8Lに漬け約3ヵ月後に果実を取り除き好みの甘味を加えて保存し、一回20mlを一日1～2回飲む。味は良くない。

❖またたび風呂

乾燥した蔓や葉を粗く刻み布袋につめ浴用料にする。

❖食用：正常な果実は食用になる。薬効はない。

[漢方原料(木天蓼)] 性味は、辛温。産地は、日本。

つぶやき

この植物は猫に不思議な魅力を発揮して骨抜きにする。食べるワケではないがもて遊んで酔態を演ずる。猫属の動物は皆反応する。しかし、子猫は無関心である。猫の病気には木天蓼の粉末を餌に混ぜる。

6月中旬長崎県対馬

どんぐり形の実が正常で、かぼちゃ形のはマタタビノアブラムシが寄生した虫癭。

マタタビの実 8月中旬長崎県対馬

参考：薬草事典、長崎の薬草、新佐賀の薬草、薬草カラー図鑑1、牧野和漢薬草圖鑑、生薬処方電子事典、徳島新聞H130820

メギ 目木	メギ科 山地	【生'】小蘗 しょうはく	枝/果実 随時	〔民〕苦味健胃、整腸、〔眼〕洗眼/〔酒〕発酵酒、目木酒

眼の充血や炎症を改善

[生育地と植物の特徴]

中国原産。本州(関東地方以西)、四国、九州に自生。山地や丘陵の林縁や原野に見られる落葉低木。樹高2mほど。葉は互生、主に短枝に集ってつく。葉身は長さ1～5cm、幅5～15mmの倒卵形～楕円形。先は鈍く基部は次第に細くなって葉柄のようになる。全縁で質は薄い紙質。4月短枝の先に黄緑色の花が2～4個垂ってつく。花は直径約6mm花弁と萼片は6個。雄蕊は6個物に触れると中心の方向に曲がって雌蕊を保護するような動きをする。

[採取時期・製法・薬効]

枝、ときに根を用いてもよい。必要なときに採取して、枝(根)を小刻みにして天日で乾燥させる(小蘗)。成分は、枝や幹、根にはアルカロイドのベルベリン、オキシベルベリン、ペルバミン、ヤトロリジンなどを含んでおり、嘗めると苦いが、きわめて有効な苦味整腸剤である。

❖苦味健胃剤、整腸に

小蘗一日量2～4gを水200mlから半量に煎じて3回に分服。果実を煎じて服用すれば腎臓病、肝臓病に良い。煎液に蜂蜜か砂糖を少量振って発酵させれば薬酒になる。

❖目木酒に：果実を3～4倍量のホワイトリカーに漬け半年後に実を引き揚げ、更に半年してから飲む。

つぶやき

目木の意味で枝や根を折って水で煎じて、この液で洗眼すると目の病気が良くなるので目木。結膜炎には約5gを煎じガーゼで濾して脱脂綿に煎液を浸し軽く洗眼する。

4月下旬佐賀県徐福の里

10月上旬佐賀県徐福の里

参考：薬草カラー図鑑1、牧野和漢薬草圖鑑、徳島新聞H250904

ヤマグワ　6月中旬熊本県高森野草園

ヤマグワ/クワ 山桑/桑	クワ科 山林、植栽	【局】桑白皮 そうはくひ	根/葉/果実 春	〔民〕利尿、鎮咳、去痰、〔漢〕漢方処方/〔飲〕健康茶、/〔酒〕果実酒

米国の研究でクワに癌を抑える作用

[生育地と植物の特徴]

ヤマグワは北海道、本州、四国、九州、サハリン、朝鮮半島、中国に自生する落葉低木。丘陵から山地に多い。樹高3～15m。葉は互生し長さ6～14cm、幅4～11cmの卵形または卵状広楕円形。切れ込みのないものから3～5深裂するものまである。花は雌雄別株まれに同株。花期は4～5月。果実は長さ1～1.5cmの集合果。赤色から次第に黒紫色に成熟する。クワは中国原産で、かつて養蚕のために広く栽培されていたが放置されて野生化した。

[採取時期・製法・薬効]

葉を7月の一番繁っている頃に摘み採り、よく水洗いして一日くらい天日で乾燥させて小さく刻み、中華鍋などで炒って再び天日で干しあげ桑葉茶をつくる。果実は初夏によく熟したものを枝を揺すって傘で受けて採取し水洗いして水気を切り生のまま使う。根はマグワまたはその他同属植物の根皮を冬に採取し乾燥させたもの。通常、黄褐色のコルク層を除去した白い部分を薬用とする。

❖消炎、利尿、鎮咳、去痰に

桑白皮一日量5～10gを水400mlから300mlに煎じ3回に分けて服用する。

❖山桑酒(滋養強壮剤に)

果実酒は生の果実を3倍量のホワイトリカーに漬け、約2ヵ月後に濾して、液だけを瓶に詰め、好みの甘味をつけて冷暗所に保存し、盃一杯ずつ飲む。

❖熱湯で火傷した時

秋霜が降りた頃の葉を天日で乾燥させて粉末にし、胡麻油で練って傷口に厚く塗っておく。

[漢方原料(桑白皮)**]** 性味は、甘辛寒。産地は、中国、朝鮮半島、日本の徳島県、群馬県。処方は、華蓋散、五虎湯〔薬〕、清肺湯〔薬〕、麻黄連軺赤小豆湯などに配合。

マクワ　10月中旬島原薬草園

つぶやき

クワは食葉(くば)または蚕葉(こば)の意味で“食う葉”から名付けられ、養蚕のために植えられた。野山にはヤマグワが自生しているがクワの一型である。甘い果実は子供の好物。樹皮を紙の原料とするコウゾの実もクワの実と同様に食べられる。江戸時代には茶漆楮桑の4木の栽培が奨励された。桑摘・桑の芽《季》春、桑の実《季》夏。マグワはクワの別名。

参考:薬草事典、新佐賀の薬草、薬草カラー図鑑1、牧野和漢薬草圖鑑、生薬学、生薬処方電子事典、徳島新聞H130605

ヤマブドウ 山葡萄	ブドウ科 山地	紫葛/山葡萄 しかつ/やまぶどう	根皮/果実 随時/秋	〔外〕でき物、/〔酒〕ブドウ酒、〔食〕生食、ジャム

根の皮に整腸作用、果実は滋養強壮の効果

[生育地と植物の特徴]

北海道、本州、四国および朝鮮半島の鬱稜島に分布し、山中に生える蔓性落葉低木。日本産野生ブドウ属の代表種。茎は長く成長し、巻きひげで他の木に這い上がる。年を経て幹の直径が数cmになるものもある。葉は大形で3～5角の尖った円形で基部はハート形、裏面に茶褐色の綿毛が密生、秋には紅葉する。花期は6月。小さい黄緑色の花が円錐花序に集まってつく。液果は房になって垂れ下がる。

[採取時期・製法・薬効]

根皮(紫葛)はでき物に使用される。フラボノイドによる利尿作用、酒石酸は緩慢な利尿瀉下作用がある。

❖でき物に

根皮をすって粉末として塗布する。

❖果実は食用に

果実は生食、ジャムなどに用いる。山葡萄酒は酒税法(p335)で作ることが禁じられ、自家製のものを販売したり他人に飲ませて代価をとると酒税法違反になる。

5月下旬新潟県弥彦山

5月下旬東京都小石川植物園

つぶやき

日本におけるブドウ酒の起源は鎌倉初期に甲州でヤマブドウを醸造したことに始まるといわれている。北海道の十勝ワインは近似種チョウセンヤマブドウ(シラガブドウ)の栽培品種が主要原料という。この種は北海道の東部、北部に野生し、朝鮮半島や中国、アムール州などに分布する北方大陸系のブドウである。山葡萄《季》秋。

参考:牧野和漢薬草圖鑑、徳島新聞H161025

ヤマモモ 山桃	ヤマモモ科 山林	【生】楊梅皮 ようばいひ	樹皮/果実 夏	〔民〕下痢止、〔染〕漁網、〔嗽〕口内炎、〔外〕打撲、疥癬、〔漢〕/〔酒〕山桃酒、〔食〕生食

痰が絡んだ時に使う、果実を塩漬けで保存

[生育地と植物の特徴]

関東以南の本州、四国、九州、台湾、中国に分布。低山地の林内に自生する雌雄別株の常緑高木。6月頃に暗紅紫色に熟する径1～2cmの果実を結び、生食できるが腐れ易いので果物店には出ない。

[採取時期・製法・薬効]

6～8月に太い枝や幹を切り採って皮を剥ぐ。適当な幅に切り揃えて天日で充分乾燥させる。

❖下痢止に

乾燥した樹皮(楊梅皮)を小さく刻み一回量2～3gに水200mlを加えて半量になるまで煎じて、カスを捨てて温かいうちに一日に2～3回飲む。

❖口内炎に:口内炎には煎じ液でうがいする。

❖疥癬に:疥癬は煎じ液で患部を洗う。

❖打ち身、捻挫に

乾燥した樹皮を粉にし卵白で練って耳朶くらいの硬さにしたものを患部に厚く塗り上から布で押さえる。

❖やまもも酒(滋養強壮に)

果実1.6kgに氷砂糖1kgを加えて、35度ホワイトリカー1.8Lにつける。保管場所の温度で味が変わる。

[漢方原料(楊梅皮)] 苦渋温。処方は、楊白散、寸金丹。

3月下旬長崎県

6月中旬長崎県

つぶやき

高知県の県花、徳島県の県木。宮崎県西都市のシンボル木。夏に暗紅紫色の果実をつけ生食する。ホワイトリカーにつけるとロゼワインの色の綺麗な果実酒ができる。樹皮は古くから染料として利用され特に漁網を染めるために用いられた。塩水に耐える特徴を持つ。布を染めるとき媒染剤にミョウバンを用いると黄色に、鉄塩だと焦げ茶色に染まる。

参考:薬草事典、新佐賀の薬草、宮崎の薬草、薬草カラー図鑑1、牧野和漢薬草圖鑑、生薬処方電子事典、徳島新聞H150624

ユズ 柚子	ミカン科 植栽	【生'】柚 ゆず	果実/種子/葉 秋	〔酒〕柚子酒、〔食〕ゆべし、〔香〕香料 /〔外〕魚の目/〔浴〕神経痛、リウマチ

肌荒れ治し疲労回復、入浴で使用し血行に良い

[生育地と植物の特徴]

ユズの名は柚酢からである。中国西部～チベット原産。関東地方以西で広く栽培される常緑小高木。樹高4m。枝にはトゲがある。葉柄に広い翼あり。花期は5～6月。果実は直径6～7cmの扁球形で鮮黄色に熟す。

[採取時期・製法・薬効]

果実は11～12月に採取し水洗いして生のまま用いる。種子は生のものを炒って用いる。

❖腰痛、神経痛、リウマチに
熟した果実を浴槽にいれて柚子湯にする。

❖柚子酒(疲労回復に)
①熟す手前の果実で柚子酒をつくる。柚子4～7個を皮つきのまま八つ割にし、氷砂糖150gを加えて35度ホワイトリカー1.8Lに浸し約3ヵ月後に濾して一回20mlずつ飲む。②ジャムにしても美味しい〔PC〕。

❖魚の目に〔PC〕
種子をフライパンで茶色になるまで炒って、ミキサーで粉にする。粉をツバキ油で捏(こ)ねて魚の目に塗る。魚の目には効くが、胼胝(たこ)には効かない。

❖あせもに
新鮮な葉を浴用料として用いる。

10月中旬島原薬草園

つぶやき

柚子は実がなるまで18年を要する(柚子の大馬鹿18年)。しかし、接木すれば数年以内である。果実の用途は広く、果皮は細かく刻んで薬味にし、果汁はポン酢として鍋料理に欠かせない。昔から風邪の予防に、冬至にはユズ湯に入る習慣があった。"ゆべし(柚餅子)"は柚子の中身を抜いて餅米などの詰め物をして蒸したもの。柚《季》秋、柚の花・夏。

参考:薬草事典、長崎の薬草、宮崎の薬草、薬草カラー図鑑1、牧野和漢薬草圖鑑、徳島新聞H191203

ユスラウメ 山桜桃、桜桃、梅桃	バラ科 栽培	【生'】山桜桃 さんおうとう	種子/果実 初夏	〔民〕便秘、利尿/ 〔酒〕ゆすらうめ酒

各地で栽培というが、いくつかの薬園でしか見ていない

[生育地と植物の特徴]

朝鮮半島、中国に自生。我が国には江戸時代の始めに渡来し、各地で栽培されている。熟した果実は赤いルビーの様であり、甘酸っぱい。

[採取時期・製法・薬効]

初夏に成熟した果実を採り、水洗いして水気をとってから使用する。また、水洗いしながら果実を除き、殻の中の種子(仁)を取り出して天日で乾燥させたものを山桜桃仁という。成分として、果実にはクエン酸、果糖、蔗糖、葉にはクエルチトリン、種子にはアミグダリンを含んでいる。

❖山桜桃酒(消化促進に)
山桜桃(ゆすらうめ)酒は、果実1kg、氷砂糖1kg、35度ホワイトリカー1.8Lを広口瓶に入れ、3～6ヵ月後に布で濾して別の瓶に移し、果実を捨てる。一回量として20～30mlを食前に飲む。ピンク色の綺麗な果実酒である。

❖便秘、利尿に
山桜桃仁(種子)の一回量4～10gを300mlの水で3分の1量に煎じ、空腹時に服用する。

6月上旬小石川薬草園

つぶやき

中国でも漢名が統一されていない。山桜桃、毛桜桃のほかに、英桃、朱桃、牛桃、麦桃、梅桃、山桃子などの別名がある。山桜桃梅《季》夏。

参考:薬草カラー図鑑2、牧野和漢薬草圖鑑

第III章1項 内服する民間薬

薬草と生薬

生薬には、生(なま)の意味はない。薬草の葉、根、果実などを、すぐに用いられるように乾燥させたものをいう。生薬には乾燥させただけのものが多いが、効果を上げ、毒性を少なくするなどの目的で、焙ぶる、蒸す、湯通しするなどの簡単な加工をしたものもある。そのまま乾燥させたものと、加工したものとは調合のときに使い分けがされる。また、生薬には植物だけでなく、動物や鉱物由来のものもある。

採取

植物は花、葉、果実、できれば根も覚えておくことが大切である。若芽の採取や、地上部が枯れてからの根や鱗茎の採取には特に注意を要する。まだ地上部分があるうちに目印をつけておくと良い。また、植物によっては地方によってまったく異なる植物名で呼ばれている場合もあるので植物図鑑などで正しい和名を確認しておく必要のあるものもある。

採取時期

薬草の採取には収穫量の問題や、薬効成分が充実しているとか、採取しやすさなど一番効率の良い時期がある。薬用部位が葉または全体の時は、開花期(成分が充実している)、または、夏の土用の頃(葉が繁っていて収穫量が多い)が良い。薬用部位が根や根茎の時は、地上部が枯れ始めた頃(根が肥っている)が良い。薬用部位が花の時は、蕾の頃または咲き始めの頃(香りや成分が抜けないうちに)が良い。薬用部位が樹皮の時は、春から夏にかけて(木部から樹皮を剥がし易い)が良い。薬用部位が種子や果実の時は完全に熟した頃に採取する場合が多いが、未熟な果実を使用するものもある。

採取するときに注意すべきは、その植物を根絶やしにしないことである。越年草のセンブリは開花期に全草を採り尽くしてしまうと種子ができず、翌々年からは姿を消してしまう。また、キハダやアカメガシワなどは天然に自生している樹木の皮を広範囲に剥いでしまうと、樹木が枯れてしまう。自家用に栽培するのが良い。

調整法

①直接日光で乾かすもの:アマドコロの根茎やアケビの蔓など、肉厚で水分を多く含んでいるようなものは、直接天日で十分に乾燥させる。まず、水洗いで土やほこりなどを落として布巾で水気を拭き取り、できるだけ薄く刻んでザルやゴザなどに広げて陽当たりの良い場所で3~4日充分に乾燥させる。

②陰干しにするもの:ゲンノショウコやセンブリなど乾燥し易いものは、水洗いして土、ほこりや枯れた部位を取り除き水気を拭き取って2~3本ずつ根元の方で束ね、風通しのよい軒下などに4~5日吊して乾燥させる。香りの良い葉や花なども、精油成分が飛んでしまわないように日陰に干す。茎の太いものや肉厚の葉などは、水洗いして水気を拭き取ったあと3cmほどに刻んで一日くらい天日で乾燥させた後、陰干しにする。

③湯通しして天日で乾燥させるもの:オタネニンジン、チクセツニンジン、トウキ、マタタビなどは湯通しする。湯通しをする理由は、乾燥し易くする、味をよくする、発芽力を奪う、成分を安定させるなどである。

貯蔵法

乾燥を充分に行い、和紙に包んで風通しの良い場所に吊すか、乾燥剤を入れた密閉容器に保存する。時々、晴天の日に外に出して干す。使用期限はなるべく1年とする。

煎じ方

煎じる容器は、鉄・銅鍋だとタンニンなどの成分に変化が起こり易いので土瓶やアルミ鍋などにする。まず、生薬一日分量を測り、容器に入れ、水を加えて弱火で半量になるまで30~40分くらい煎じる。それを茶濾しや布で濾してカスを取り去り、液を3回に分けて、毎食前に服用する。大抵は飲むときに温めて飲む(温服)が、冷ましてから飲む場合(冷服)もある。煎じる水の量は、大まかにいって茎葉類など容積のかさばるものは生薬重量の60倍、根や種子など容積の小さい物は生薬重量の40倍を目安にする。例えば、ドクダミ(十薬)10gに対しては水600ml、オタネニンジン(人参)5gに対しては水200mlとなる。

外で働く人にとって、一日3回煎液を服用するというのはなかなかできることではない。そこで初日の朝は食前1時間前に、2回目は夕方、3回目は就寝前とする方法や生薬量を減じて2回に服用する方法が考えられる。薬には薬用量があり、ある量以下では効果が上がらないこともあるが、薬草を常用している人は自分に合わせた服用法を心得ているものである。無難な生薬であれば、2回にして服用してもよい。

振り出し方

芳香性のもの、細かく刻んだもの、小さい薬草(センブリなど)は、ティーバッグのように振り出しても良い。一日量を袋に入れ、約150mlの熱湯で振り出す。それで1回目を服用。2回目、3回目は振り出したカスへ600mlの水を加えて煎じ、液を2回に分けて服用する。場合によっては、1回、2回と振り出して3回目を水300mlで煎じて飲むこともある。必要なカスは次に使うまで冷蔵庫に保管する。

民間薬と漢方薬の違い

	民間薬	漢方薬
配合の有無	生薬を単独で用いる。	通常複数の生薬を配合して用いる(単独で用いる漢方処方は甘草湯と独参湯のみ)。
処方名	処方名がない。	葛根湯、小柴胡湯、八味丸のように必ず処方名がある。
処方の決定	使用目的が下痢止め、咳止め、止血など具体的で単純である。このような使い方を対症療法といい、現代医学と同じである。	漢方独特の理論で診断して処方を決定する。

内服薬（1）

胃薬

植物名	生薬名等	病名	頁
アカザ	藜葉	健胃剤	55
アキカラマツ	高遠草	苦味健胃剤、下痢	56
アキノキリンソウ	一枝黄花	健胃、利尿	56
アロエ	蘆薈	健胃剤、便秘	186
イワタバコ	苦苣苔・岩苣	苦味健胃剤	62
オオジシバリ	剪刀股	苦味健胃剤	64
カラスザンショウ	食茱萸	健胃剤	118
カラスノエンドウ	なし	胃炎、胃もたれ	68
カワミドリ	藿香	芳香性健胃、風邪	199
ゲットウ	白手伊豆縮砂	芳香健胃剤	73
サイハイラン	山慈姑	胃潰瘍、胸やけ	74
ジュウニヒトエ	なし	苦味健胃剤	76
スイバ	酸模	健胃剤	77
センブリ	当薬	苦味健胃剤	78
タンポポ	蒲公英	健胃剤、健康茶	22
ツルナ	蕃杏・浜苣	健胃剤、整腸	84
ツワブキ	槖吾	健胃剤、下痢止	86
トウガラシ	蕃椒	辛味健胃剤	87
ニガキ	苦木	苦味健胃剤	127
ニガナ	剪刀股	苦味健胃剤	64
ノコギリソウ	なし	健胃剤	92
ハナミョウガ	伊豆縮砂	芳香健胃、下痢	220
ヒキオコシ	延命草	苦味健胃剤	96
マタタビ	木天蓼	健胃	47
ミツガシワ	睡菜葉	苦味健胃剤、鎮静	261
メギ	小蘗	苦味健胃、整腸	47
モリアザミ	なし	健胃	105
ヤクシソウ	なし	苦味健胃、胸やけ	107

便秘に

植物名	生薬名等	病名	頁
イタドリ	虎杖根	便秘	60
イチジク	無花果	便秘	168
イチハツ	鳶尾根	便秘、催吐剤	61
エビスグサ	決明子	便秘	272
ギシギシ	羊蹄根	便秘	77
シマカンギク	苦薏	便秘	146
スイバ	酸模	便秘	77
ツルドクダミ	何首烏	便秘、整腸	215
ノイバラ	営実	便秘	245
ユスラウメ	山桜桃	便秘	50
ゲンノショウコ	ゲンノショウコ	冷飲で緩下	72

下痢止

植物名	生薬名等	病名	頁
ゲンノショウコ	ゲンノショウコ	温飲で止痢	72
アカバナ	なし	下痢止	55
イシミカワ	杠板帰	下痢止	59
イブキトラノオ	拳参	下痢止	62
カシワ	樸樕	下痢止	117
キランソウ	キランソウ	下痢止	69
キンミズヒキ	仙鶴草	下痢止	70
ケイトウ	鶏冠花	下痢止	73
コセンダングサ	刺針草	下痢止	74
ジャケツイバラ	雲実	下痢止	122
シャクチリソバ	赤地利	下痢止	75
ツユクサ	鴨跖草	下痢止	84
ツワブキ	槖吾	下痢止、健胃	86
トチノキ	七葉樹	下痢止	124
ニラ	韮菜子	下痢止、黄疸	88
ヌルデ	五倍子	下痢止	244
ハナイカダ	青莢葉	下痢止	128
ハマナス	玫瑰花	下痢止、月経過多	44
ヒレハリソウ	コンフリー	下痢止、	25
フユノハナワラビ	陰地蕨	下痢止、腹痛	98
ミソハギ	千屈菜	下痢止	103
ミツバウツギ	なし	下痢止	129
ムクゲ	木槿花	下痢止	130
ヤマモモ	楊梅皮	下痢止	49

風邪薬

植物名	生薬名等	病名	頁
アカネ	茜草根	風邪の解熱	185
アキノキリンソウ	一枝黄花	風邪の頭痛	56
アサツキ	胡葱	風邪の頭痛	57
アジサイ	紫陽花	風邪の解熱	58
アマナ	山慈姑	咽頭痛	32
イズセンリョウ	杜茎山	風邪の頭痛、腰痛	165
オオオナモミ	蒼耳子	風邪の解熱、鎮痛	191
カミツレ	なし	風邪	21
カリン	和木瓜	咽頭痛、鎮咳	40
カワミドリ	藿香	風邪、芳香性健胃	199
キツネノマゴ	爵床	咽頭痛、解熱	143
クズ	葛根	風邪の初期	17
サフラン	サフラン	風邪	24
サンゴジュ	沙糖木	風邪、リウマチ	171
シシウド	独活	風邪の頭痛	207
シャクチリソバ	赤地利	咽頭痛	75
ジンチョウゲ	瑞香花	咽頭痛	123
ススキ	なし	風邪の解熱	15
センリョウ	なし	風邪の初期	173
チダケサシ	赤升麻	風邪の解熱、頭痛	83
トクサ	木賊	風邪の解熱	215
ナギナタコウジュ	香薷	風邪、利尿、解熱	217
ナンバンギセル	野菰	咽頭痛	36
ニンジンボク	牡荊子	風邪	285
ノコギリソウ	なし	風邪	92
ハマゴウ	蔓荊子	風邪の頭痛、解熱	46
ハマボウフウ	浜防風	風邪	221
フユノハナワラビ	陰地蕨	風邪	98
ホウセンカ	鳳仙、急性子	風邪	100
センリョウ	なし	風邪の引き始め	173
ボタンボウフウ	なし	風邪の鎮咳	101
ムラサキツメクサ	なし	風邪、去痰	105
ラベンダー	ラベンダー油	風邪、神経痛	29

解熱剤

植物名	生薬名等	病名	頁
アスナロ	なし	解熱	115
イシミカワ	杠板帰	解熱	59
イヌホオズキ	龍葵	解熱、利尿	141
イブキジャコウソウ	百里香	解熱	114
ウバユリ	なし	解熱	63
オニユリ	百合	鎮咳、解熱	195
オヘビイチゴ	蛇含	マラリア、咽頭痛	156
キツネノマゴ	爵床	風邪の解熱、咽頭痛	143
コセンダングサ	刺針草	解熱、咽頭痛	74
ゴボウ	牛蒡子	咽頭痛	203
ジャケツイバラ	雲実	解熱、風邪、咽喉痛	122
セリ	水芹	小児の解熱	10
タチジャコウ	百里香	解熱	114
チドメグサ	天胡荽	解熱、利尿	151
ツユクサ	鴨跖草	解熱	84

内服薬（2）

植物名	生薬名等	病名	頁
テイカカズラ	絡石藤	解熱	242
ネコヤナギ	細柱柳	解熱	126
ノカンゾウ	なし	解熱、利尿	89
ハリブキ	なし	解熱、利尿	264
ヒシ	菱実	解熱、健胃	302
ヒメウズ	天葵子	解熱	97
ヘビイチゴ	蛇苺	解熱、通経	156
ミズオオバコ	龍舌草	鎮咳、去痰、解熱	102
ヤブカンゾウ	金針菜	解熱	107
ヨシ	蘆根	解熱	229
ヨツバヒヨドリ	なし	解熱	110
レンゲソウ	なし	解熱	111

鎮咳去痰

植物名	生薬名等	病名	頁
アマチャヅル	なし	鎮咳	59
イチョウ	銀杏	鎮咳、去痰	112
イヌザンショウ	犬山椒	鎮咳	233
ウマノスズクサ	馬兜鈴	去痰	190
オオバコ	車前草	鎮咳、去痰	192
オニユリ	百合	鎮咳、解熱	195
カキツバタ	なし	去痰	66
カボチャ	南瓜仁	去痰	67
キカラスウリ	栝楼根	鎮咳	200
キキョウ	桔梗	鎮咳、去痰	18
キランソウ	キランソウ	鎮咳、去痰	69
キンカン	金橘	風邪、鎮咳	42
クサスギカズラ	天門冬	鎮咳	202
クルマバツクバネ	王孫	鎮咳	256
コンロンソウ	菜子七	鎮咳	24
サクラソウ	桜草根	鎮咳、去痰	257
サネカズラ	南五味子	鎮咳	43
サボンソウ	サボンソウ	去痰	280
シオン	紫苑	鎮咳、去痰	207
シソ	蘇葉	鎮咳、風邪	208
シナノキ	科花	鎮咳	171
ジャノヒゲ	麦門冬	鎮咳	209
ショウブ	白菖	去痰	14
スギナ	問荊	鎮咳、利尿	79
ズダヤクシュ	なし	鎮咳、喘息	259
セリ	水芹	去痰	10
ソバナ	なし	去痰、腫れ物解毒	80
ソメイヨシノ	桜皮	鎮咳、去痰	308
ダイコン	莱菔子	鎮咳	13
タネツケバナ	なし	鎮咳、利尿、整腸	82
タヌキマメ	野百合	鎮咳、慢性気管支炎	299
タンキリマメ	なし	鎮咳、去痰	82
ツリガネニンジン	沙参	鎮咳、去痰	205
ツルニンジン	羊乳	鎮咳、去痰	85
トチバニンジン	竹節人参	去痰、解熱、健胃	216
ナンテン	南天実	鎮咳、喘息	125
ヌルデ	五倍子	鎮咳去痰、下痢止	244
ノダケ	前胡	鎮咳、去痰、解熱	218
ハハコグサ	鼠麹草	鎮咳、去痰、喘息	11
ハマボウフウ	浜防風	鎮咳、去痰	221
ハリギリ	なし	去痰	129
ヒオウギ	射干	鎮咳去痰、扁桃炎	221
ヒナゲシ	麗春花	鎮咳	95
ヒメハギ	竹葉地丁	鎮咳、去痰、止血	155
フキ	フキノトウ	鎮咳	222

植物名	生薬名等	病名	頁
ヘチマ	糸瓜	鎮咳、去痰、利尿	99
ホオズキ	酸漿根	鎮咳、利尿、通経	100
マルメロ	なし	鎮咳	40
ミカン	陳皮	鎮咳、去痰、健胃	248
ミズオオバコ	龍舌草	鎮咳、去痰、解熱	102
ムクロジ	延命皮	鎮咳、去痰、強壮	131
モウセンゴケ	なし	百日咳、喘息	106
ヤツデ	八角金盤	去痰	180
ヤブコウジ	紫金牛	鎮咳	133
ヤブラン	土麦冬	鎮咳、去痰	37
ヤマグワ	桑白皮	鎮咳、去痰	48
ユキノシタ	虎耳草	鎮咳、風邪	109
ロウバイ	蝋梅花	鎮咳、解熱	250

利尿薬

植物名	生薬名等	病名	頁
アキノキリンソウ	一枝黄花	健胃、利尿	56
アズキ	赤小豆	脚気、利尿、二日酔	58
イシミカワ	杠板帰	利尿、下痢、解熱	59
イタドリ	虎杖根	利尿、便秘	60
イチイ	一位葉	利尿、通経、糖尿病	306
イチヤクソウ	鹿蹄草	脚気、利尿	139
イヌホオズキ	龍葵	利尿、解熱	141
イノモトソウ	鳳尾草	前立腺肥大、利尿	61
ウツギ	溲疏	浮腫、利尿	115
オオバギボウシ	なし	利尿	64
オオバコ	車前草	鎮咳、去痰、利尿	192
オカオグルマ	狗舌草	利尿、寄生性皮膚病	65
オシロイバナ	なし	利尿、面皰に外用	65
オミナエシ	敗醤草	消炎性利尿	16
カナムグラ	葎草	利尿、解熱、健胃	338
カボチャ	南瓜仁	利尿、前立腺肥大	67
カヤツリグサ	なし	脚気、腎炎	67
カラスウリ	王瓜根	利尿、催乳	198
カワラナデシコ	瞿麦草	利尿、通経、糖尿病	17
キカラスウリ	栝楼根	利尿、催乳	200
キササゲ	キササゲ	腎炎、利尿	119
キブシ	通条樹	利尿	119
キュウリグサ	なし	利尿	69
キリ	なし	利尿	120
キンシバイ	雲南連翹	利尿、結石	120
クサスギカズラ	天門冬	利尿、鎮咳	202
クサネム	なし	利尿	71
クロタネソウ	なし	利尿	275
ケンポナシ	枳椇子	利尿、二日酔	277
サルトリイバラ	菝葜	利尿	122
シラカバ	なし	利尿	27
スギナ	問荊	利尿、鎮咳	79
スベリヒユ	馬歯莧	利尿	210
ソクズ	蒴藋	利尿	79
ダイコンソウ	水楊梅	腎炎、心不全、夜尿	80
タカノツメ	なし	利尿	308
タチアオイ	蜀葵	利尿	81
タネツケバナ	なし	利尿、整腸	82
チガヤ	茅根	消炎性利尿	213
チドメグサ	天胡荽	利尿、解熱	151
ツユクサ	鴨跖草	利尿、解熱、下痢止	84
トウモロコシ	玉米鬚	利尿、腎炎の浮腫	87
ナギナタコウジュ	香薷	利尿、発汗、解熱	217
ナンキンハゼ	なし	利尿	125

植物名	生薬名等	病名	頁
ニワトコ	接骨木	利尿、鎮痛	244
ネムノキ	合歓皮	利尿、鎮痛	127
ノウゼンカズラ	なし	利尿、通経	128
ノアザミ	大薊	利尿、夜尿、健胃	90
ノイバラ	営実	利尿、便秘	245
ノカンゾウ	なし	利尿、解熱、腫れ物	89
ノギラン	狐の尾	利尿、脚気	91
バショウ	芭蕉葉	利尿、解熱	93
ハハコグサ	鼠麹草	利尿、鎮咳、去痰	11
ハマボッス	なし	利尿	94
ハリエンジュ	なし	利尿	177
ハリブキ	なし	利尿	264
ハンゲショウ	三白草	利尿	94
ヒキヨモギ	鈴茵陳	利尿	95
ヒトツバ	石葦	利尿	222
ヒメウズ	天葵子	利尿、解熱	97
ビヨウヤナギ	金絲海棠	利尿、結石	177
フジバカマ	蘭草	利尿	18
ベニバナボロギク	なし	利尿	99
ホオズキ	酸漿根	鎮咳、利尿、痛経	100
ホルトソウ	続随子	利尿、便秘	159
ミズオオバコ	龍舌草	利尿、鎮咳、去痰	102
ミゾカクシ	半辺蓮	利尿	103
ヤブカンゾウ	金針菜	利尿	109
ユスラウメ	山桜桃	利尿	50
ヨシ	蘆根	消炎性利尿	229
レンゲソウ	なし	利尿、解熱	111
ワラビ	なし	利尿、腫れ物	111

婦人病

植物名	生薬名等	病名	頁
アカネ	茜草根	生理不順	185
イノモトソウ	鳳尾草	子宮内膜炎	61
イワヒバ	なし	月経痛、痔	63
エニシダ	なし	子宮収縮薬	305
オトギリソウ	小連翹	生理不順	140
カワラナデシコ	瞿麦草	生理不順、通経	17
キセワタ	大花益母草	産後の腹痛	68
ケイトウ	鶏冠花	子宮出血、下痢止	73
ザクロ	石榴皮	女性ホルモン作用	121
サフラン	蕃紅花	生理痛、生理不順	24
ハマナス	玫瑰花	月経過多、下痢止	44
ヒキヨモギ	鈴茵陳	利尿、月経不順	95
ヒメミクリ	荊三稜	月経障害、産後悪血	104
ビヨウヤナギ	金絲海棠	つわり	177
ベニバナ	紅花	月経不順、更年期障害	225
ヘビイチゴ	蛇母	通経、解熱	156
ボタン	牡丹皮	月経不順・困難	247
メハジキ	益母草	月経不順、産後止血	226
ヤドリギ	なし	腰痛、産後	132
ヨシ	蘆根	嘔吐	229
ワタ	綿実子	催乳	292

糖尿病

植物名	生薬名等	病名	頁
イチイ	一位葉	糖尿病	306
カキドオシ	連銭草	糖尿病	19
タラノキ	楤木	糖尿病	124
ヒメジョオン	なし	糖尿病	97
ヒヨドリバナ	なし	糖尿病予防	110
ヒルガオ	旋花	糖尿病	98
ビワ	枇杷葉	糖尿病	245
フジバカマ	蘭草	糖尿病	18
ヨツバヒヨドリ	なし	糖尿病予防	110

肝胆道系

植物名	生薬名等	病名	頁
アカメガシワ	赤芽柏	胆石症	113
アキノタムラソウ	紫参	肝機能障害	57
アスナロ	なし	肝炎予防、解熱	115
ウラジロガシ	ウラジロガシ葉	胆石、尿路結石	116
オオバコ	車前草	肝機能改善	192
カラスウリ	王瓜根	黄疸	198
カワラヨモギ	茵蔯蒿	黄疸、急性肝炎	199
クチナシ	山梔子	黄疸、肝炎	238
シラカバ	なし	黄疸	27
ネズミモチ	女貞子	肝臓病改善	28
ノカンゾウ	なし	黄疸	89
マリヤアザミ	おおあざみ実	黄疸、胆石症	101
ミシマサイコ	柴胡	肝機能改善	225
メグスリノキ	目薬木	肝疾患、眼疾患	131
ヤマハハコ	なし	黄疸、肝炎	108
ヨシ	蘆根	黄疸	229

眼疾患

植物名	生薬名等	病名	頁
エビスグサ	決明子	かすみ眼、疲れ目	272
カワラケツメイ	山扁豆	疲れ目、渋り目	23
タカサブロウ	なし	洗眼薬	81
トクサ	木賊	洗眼薬	215
ナズナ	薺菜	目の充血の洗眼	10
ナツハゼ	なし	目の疲労回復	45
ノゲイトウ	青葙子	目の充血の洗眼	217
ノブドウ	蛇葡萄	目の充血の洗眼	45
メギ	小蘗	洗眼	47
マルバアオダモ	秦皮	眼病	246
メグスリノキ	目薬木	肝臓病、眼精疲労	131
モクゲンジ	なし	眼精疲労	132

尿路系

植物名	生薬名等	病名	頁
イノモトソウ	なし	前立腺肥大、利尿	61
ウラジロガシ	ウラジロガシ葉	尿管結石、胆石	116
カボチャの種	南瓜仁	前立腺肥大	67
キンシバイ	雲南連翹	結石症、利尿	120
ブタクサ	なし	膀胱結石	323

一病一薬

植物名	生薬名等	病名	頁
カノコソウ	カノコソウ	ヒステリー	197
ヘンルーダ	芸香	ヒステリー	288
カヤツリグサ	なし	夏バテ、脚気	67
タイサンボク	なし	花粉症、鼻づまり	123
アサツキ	胡葱	食欲増進	57
ミツマタ	夢花	多涙症	130
シャクチリソバ	赤地利	寝汗	75
カヤ	なし	夜尿 十二指腸虫駆除	118
エンレイソウ	なし	食中毒	256
モッコク	なし	食中毒	179
キヅタ	常春藤	発汗	167
カキ	柿蒂	しゃっくり	27
シソ	紫蘇子	魚肉中毒解毒	208
ツワブキ	槖吾	魚肉中毒解毒	86
ホウセンカ	鳳仙	魚肉中毒解毒	100
カボチャ	南瓜仁	条虫駆除	67
センダン	苦楝皮、苦楝子	蛔虫・条虫駆除	241

アカザ 藜	ヒユ科 栽培	藜葉 れいよう	葉 夏	〔民〕健胃、強壮、〔外〕歯痛、虫刺され 〔食〕浸し物、和え物、汁の具

薬用・食用になるが日光過敏性皮膚炎の危険性

[生育地と植物の特徴]

インド、中国原産でかなり古い時代に渡来し、畑で栽培されていた。草丈約1.5m。茎は直立し、径約3cm。縦に緑色の筋があり、古くなると固くなる。葉は互生、有柄で菱形状卵形から三角状卵形、鋭尖頭で波状鋸歯縁。花期は夏～秋。茎の先端および葉腋に花穂をだし、黄緑色花を多数密生する。

[採取時期・製法・薬効]

夏に葉を採取し、水洗いして刻み、天日で乾燥させる。葉に微量の精油、ロイシン、ベタイン、ビタミンA、B_1、B_2、C、脂肪酸のオレイン酸、パルミチン酸、リノール酸、β－シトステロールなどを含む。

❖健胃、強壮に

藜葉一日量20gを煎じて3回に分けて食前に服用する。

❖歯痛に

乾燥葉を粉末にし、昆布の粉末と同量混ぜて痛む部分につける。煎液をうがい薬にする。

❖虫さされに

生の葉をつぶし、汁を患部に塗布する。

つぶやき

若葉は浸し物、和え物、汁の具などにして食用にするが、食べたあとに強い日光にあたるとアカザ日光アレルギー性皮膚炎を起こす場合がある。茎は軽く丈夫で真直ぐであり老人の杖に利用される。

6月下旬鹿児島薬草の森

参考：薬草カラー図鑑3、牧野和漢薬草圖鑑

アカバナ 赤花	アカバナ科 山地の湿地	なし	全草 開花期	〔民〕下痢止

タンニン類が含まれており下痢止めになる

[生育地と植物の特徴]

北海道南部、本州、四国、九州の山地の湿ったところに自生する多年草。朝鮮半島、中国、サハリンにも分布する。茎はほぼ直立に伸びて約90cmになる。茎に稜線はなく、腺毛が生え、上部の茎は枝分かれする。葉は対生し、卵状披針形で縁に浅い鋸歯があり、基部は多少茎を抱くようにつく。葉の長さは2～6cm、幅0.7～3cmで、茎とともに赤みを帯びることがある。7～9月に茎の上部に集まって開花する。花弁は浅く裂け、紅紫色で4枚、柱頭は棍棒状に膨らむ。果実は棒状の蒴果、長さ3～8cmで直立する。種子には赤褐色で長さ約5mmの冠毛がある。

[採取時期・製法・薬効]

夏の開花期に全草を刈り採って水洗いし、刻んで天日で乾燥させる。水湿地に生育するので、良く乾燥させないと、保存中にカビが生えやすい。成分は、β－シトステロール、タンニン類。

❖下痢止に

一日量として5～10gを水600mlで半量に煎じて、数回に分けて服用する。

つぶやき

茎葉が、秋に赤みを帯びるのでこの名がある。花が赤いからではない。中国では“長種柳葉菜”と呼び、下痢止、月経過多に用い、打撲傷に外用する。

9月上旬長崎県対馬

8月下旬佐賀県

参考：薬草カラー図鑑3

アキカラマツ 秋唐松	キンポウゲ科 山地	【生'】高遠草 たかとうぐさ	全草 秋	〔民〕苦味健胃、腹痛、下痢止 血圧下降、神経麻痺

毒草の多いキンポウゲ科が腹痛の治療に

[生育地と植物の特徴]

北海道、本州、四国、九州、朝鮮半島、中国の山野に自生する多年草。草丈は0.7〜1.5m、茎は円柱形で直立し上部で枝分かれする。葉は互生で2〜4回三出複葉、小葉は長さ1〜3.5cm、幅8〜20mmの長楕円形〜倒卵形で3〜5裂。夏から秋にかけて淡黄緑色の小花を無数につける。花弁はなく、萼片は早落性。雄蕊は多数。葯は淡黄色。痩果は1〜4個。長さ約4mm、8個の翼がある。

[採取時期・製法・薬効]

秋の開花中の果実を結ぶ前に、地上すれすれの所から刈り採って天日で乾燥させる。成分はマグノフロリン、タカトニンなどのアルカロイドを含む。このアルカロイドは多量に服用すると、血圧下降、神経麻痺を起すことがある。

❖苦味健胃、腹痛、下痢、食べ過ぎに

乾燥した全草(高遠草)を粉末にして一回約0.05〜0.1gを水で服用する。または葉一日量4〜5gを水500mlで煎じて3回に分けて食前に服用する。

つぶやき

葉は浅く裂けた多数の小葉からなる複葉でカラマツに似ている。長野県の高遠町ではキンポウゲ科(一般に有毒なものが多い)のこの草を古くから腹痛の治療に使っていたので高遠草という。薬草の多くは中国の本草書が手引きになっているが、このアキカラマツは日本の高遠町で発見された薬草である。

8月上旬長崎県対馬

参考:薬草事典、薬草カラー図鑑1、バイブル、牧野和漢薬草圖鑑

アキノキリンソウ 秋の麒麟草	キク科 山野、草地	【生'】一枝黄花 いっしおうか	全草 秋の開花期	〔民〕風邪の頭痛、咽頭痛、健胃、利尿

山の民間薬、風邪に、健胃に、利尿に

[生育地と植物の特徴]

夏に咲くベンケイソウ科のキリンソウに花が似ていて秋に咲くことからこの名がある。北海道、本州、四国、九州、朝鮮半島に分布。もともとアジア大陸に広く分布していた。陽当たりの良い平地や山地に自生。高さ30〜60cm。直立して上部にいくらか枝を出すが場所や土質によって草の姿はいろいろ変化があり、草藪の中のものは80cmくらいにも伸びる。茎の下部に着く葉は柄が長く狭いヒレが茎の方に流れている。上部に行くに従い葉の柄が短くなりついには無柄となって茎につく。葉は互生する。

[採取時期・製法・薬効]

8〜10月の開花期に根ごと掘り採り水洗した後、軒下などの日陰に吊してよく乾燥させる。有効成分はタンニン質、サポニン、フラボノイド。

❖健胃、利尿に

乾燥したものを3〜5cmに刻み一日量10gくらいを水600mlで半量になるまで煎じ3回に分けて飲む。

❖風邪の頭痛、喉の痛みに

刻んだ乾燥茎葉10〜15gを水400mlから半量に煎じ3回に分けて食前30分に服用する。

つぶやき

麒麟は中国の伝説に出てくる胸が黄色で頭に肉厚の角が1本ある動物。全草に有効成分であるサポニンが含まれ、利尿作用があるので古くから民間薬として使われている。煎液は咽喉痛のうがいにも用いられる。

10月下旬長崎県対馬

参考:薬草の詩、長崎の薬草、宮崎の薬草、薬草カラー図鑑2、牧野和漢薬草圖鑑

アキノタムラソウ 秋の田村草	シソ科 山林の日陰、樹下	紫参 しじん	全草 開花期	〔民〕肝機能改善

全草を乾燥させて肝機能障害に

[生育地と植物の特徴]

日本固有種。多年草。岩手県から南の各地に分布する。山林の日陰や樹下に良く見られ、ときに群生している。草丈40〜60cmほど。茎の断面は四角形。葉はまばらに対生し、菱形に近い広い披針形をしているが、下部の葉はほとんどが3〜7枚の小葉に分かれている。開花期は6月下旬〜11月までと長い。5〜24cmの細長い穂状花序に、下から順に、長さ約1cmの唇形花をつける。色は薄紫色で、花弁の表面に白い柔毛が生えている。開花時期や形態の違いによって、ハルノタムラソウ、ナツノタムラソウもある。

[採取時期・製法・薬効]

開花期に根ごと全草を掘り採り、流水で洗い、細かく刻み、日陰で乾かす。中国では乾燥した全草を、紫参という名で民間薬として用いている。

❖肝機能の改善に

乾燥した全草5〜10gを水600mlで煎じ、これを一日量として朝晩2回に分けて、温めて食後に飲む。

9月上旬長崎県

つぶやき

肝障害に使われるものに、カラスウリ(王瓜根)とヒキヨモギ(鈴茵陳)、ホソバノヤマハハコは黄疸に、アキノタムラソウとノブドウ酒は肝機能障害に、アスナロは肝炎予防に使われる。“肝は眼に通じる”で肝臓疾患にも眼疾患にも使われるものがあってメグスリノキである。オオバコは全草が肝機能改善に、種子が眼疾患に使われる。

参考:薬草カラー図鑑4

アサツキ 浅葱	ネギ科 山地、草原、栽培	【生’】胡葱 こそう	葉/鱗茎 2〜3月/3〜4月	〔民〕風邪の頭痛、〔外〕鎮痛 〔食〕食欲増進、滋養強壮

葉や鱗茎を煎じて風邪の頭痛に、鱗茎を痛風の痛みに

[生育地と植物の特徴]

北海道、本州、四国などの山地、草原に自生する多年草。朝鮮半島、中国、シベリアに分布。ときに栽培。福島県北部の山間部では、江戸時代から栽培され、11月から翌年3月まで、冬物野菜、特に正月用として出荷されている。葉は円筒状で長さ20〜40cm、径3〜5mm。花期は5〜7月。花径の先に淡紅紫色の花被片のある多数の花が傘形に集まって咲く。雄蕊は花被片より短い。鱗茎はラッキョウに似て卵形披針形で、長さは1〜2cm。

[採取時期・製法・薬効]

野生、栽培物とも、花の咲かない時期で、葉は2〜3月、鱗茎は3〜4月に採取し、水洗いして生のまま利用する。成分には、チグルアルデヒド、メチルペンテナール、メチルプロピルジスルフィドなどがある。

❖風邪の頭痛に

葉も鱗茎も煎じて内服する。

❖痛風、筋肉の痛みに

鱗茎をつついてグジャグジャになったものを塗布する。

❖食欲増進、消化促進、滋養強壮に

生のまま鱗茎や茎葉に味噌をつけて食べる。

5月下旬長崎県対馬

5月下旬長崎県対馬

つぶやき

ネギの葉は緑が濃いが、アサツキは淡緑色で色が淡いのを浅いと表現し、浅葱と書き、葱はソウのほかにキとも呼ぶのでアサツキとなった。浅葱《季》春。

参考:薬草カラー図鑑3、牧野和漢薬草圖鑑

アジサイ 紫陽花	アジサイ科 植栽	【生'】紫陽花 しようか	花 初夏	〔民〕風邪の解熱

十分に乾燥させた花が風邪の解熱に

[生育地と植物の特徴]

アジサイは、房総・伊豆半島に自生するガクアジサイを改良し古くから栽培されているもので野生にはない。アジサイはガクアジサイの装飾花のみからなる。4〜5片ある萼片が大きく花弁のように見えるが本物の花弁は非常に小さく4〜5個ある。花のほとんどは雄蕊や雌蕊が退化しているので果実はできない。別名"七変化"というが、咲き始めから終わるまで次々と花の色を変える。また、土壌が弱酸性だと青色がかった花が咲き、弱アルカリ性だと赤みがかった花になる傾向にあるという。名前の由来は、万葉の頃には味狭藍、安治佐為といいアヂサヰと発音していた。語源については、'大言海'では集真藍アヅサヰ(アヅは集まる、サヰは真の藍でたくさん集まって青い花が咲く意)という。中国に渡ったアジサイは中国では天麻裏花、瑪哩花と名付けられた。本家の日本では漢名として紫陽花または八仙花をあてているが、これは中国では別の花である。

[採取時期・製法・薬効]

5〜7月に満開の大きな球形の花序全体を付け根から切って水洗いし、日陰の風通しの良い所に逆さにぶら下げ、充分に乾燥させる。花の色は薬効には関係ない。

❖風邪の際の解熱に

紫陽花10gを水600mlで半量になるまで煎じ、一日3回に分けて飲む。

8月上旬長崎県

つぶやき

乾燥した花は生薬名を紫陽花(しようか)と呼び薬になるが、注意しなければならないのは、葉を生で食べれば毒になることである〔PC〕。長崎のオランダ屋敷の医者のシーボルトは、その愛人お滝さんにあやかって、アジサイの学名を *Hydrangea otakusa*と命名し、'Flora Japonica'という本で世界に紹介した。長崎市の市花。

参考:薬草事典、薬草の詩、長崎の薬草、宮崎の薬草、薬草カラー図鑑1、牧野和漢薬草圖鑑

アズキ 小豆	マメ科 栽培	【生'】赤小豆 せきしょうず	種子 秋	〔民〕脚気、催乳、便秘、二日酔い 消炎、利尿

赤飯で腎臓と肝臓を強くする

[生育地と植物の特徴]

中国、朝鮮半島と日本の原産とされるマメ科インゲン属の栽培植物。栽培の歴史は極めて古く中国では2000年前から栽培されていた。日本でも'古事記'にすでに記載があり、農耕文化の始め頃からの作物である。主として日本で重視され発達したが、天候次第で相場の変動が激しく、赤いダイヤと呼ばれた時代もあった。中国・朝鮮半島では歴史が古い割に栽培が少ないのは、中国の餡は緑豆を使い、アズキを使わないからである。一年草で高さ40〜60cm、三出複葉を互生する。夏に淡黄色の蝶形花を咲かせる。花後に長さ5〜10cmの細長い円筒形の莢をつける。中に楕円形で光沢のある紅紫色の種子が数個ある。種子を餡などに用いる。

[採取時期・製法・薬効]

秋に種子を採取する。あるいは市販のアズキを購入する。成分は、サポニン、色素、脂肪などを含んでいる。

❖脚気、催乳、便秘、二日酔いに

塩も砂糖も加えずに水だけで煮たあずき粥は、脚気によく、母乳の出をよくする。

❖消炎、利尿に

種子一日量20〜30gを水400mlで半量に煎じ一日3回空腹時に服用する。しかし、葉を煎じて飲むと尿はむしろ止まる〔PC〕。

9月下旬長崎県対馬

つぶやき

餡はアズキに砂糖を混ぜて作るが砂糖では薬効はない。アズキに塩を混ぜたものには利尿作用がある。小豆をご飯にいれ少々の塩をいれる赤飯は理にかなっている。対馬の西海岸の小茂田浜には元寇の頃から砂糖ではなく塩とアズキの餡でつつむダンツケモチが伝えられている。

参考:薬草事典、新佐賀の薬草、薬草カラー図鑑1、牧野和漢薬草圖鑑、バイブル、徳島新聞H190110

アマチャヅル 甘茶蔓	ウリ科 山野の藪	なし	葉 夏	〔民〕鎮咳 〔飲〕健康茶、〔洗〕洗剤

葉を乾燥させて咳止め、お茶代わりに

[生育地と植物の特徴]

名は葉をなめると甘い蔓植物の意。北海道から沖縄まで、各地の山地の樹陰下に、また薮の縁などに自生する蔓性多年草で雌雄別株。玄界灘の島では日向にも生える。朝鮮半島、中国、インドシナ半島に分布。蔓状の茎は地上を這うか、巻きひげを他の物に絡ませてよじ登るなどして繁殖する。葉は薄く、普通5小葉の複葉であるが、まれに3小葉や単葉もある。葉の両面には白色の短毛がまばらに生える。花期は8～9月。黄緑色花を開く。花冠は深く5裂し、雄花には雄蕊5個、雌花には球形の子房がある。果実は球形で、上半部に横線1本が鉢巻き状につき、熟すと黒くなる。葉に甘みがあるが、産地によっては甘みがなく、苦味のあるものがある。

[採取時期・製法・薬効]

葉を使用、夏に採取して有効成分のサポニンが水に溶出しないようにさっと水洗いしてから、天日で乾燥させる。

❖咳止めに

一回3～5gを水400～600mlで半量に煎じて服用。

❖健康茶（滋養強壮に）

2～3gを煎じて、お茶代わりに飲む。

❖天然の洗剤

古い頃から、青森県下の農山村では、アマチャヅルの全草を刈り採って天日で乾燥させ、タライに水と一緒にこの草を入れて、洗濯に使った。もみ洗いすると泡が出て汚れが落ちる。電気洗濯機が普及するまで、この地方では洗濯剤として利用されていた。

つぶやき

オタネニンジンに含まれるサポニンであるジンセノサイド11種類中4種を含むことが報告され、アマチャヅルブームが巻き起こった。しかし、オタネニンジンのように興奮作用を起こす成分が含まれていないので代用にはならない。鎮静作用があるのでストレスに効果がある。

11月下旬長崎県対馬

6月上旬長崎大学薬草園

参考：島原の薬草、新佐賀の薬草、薬草カラー図鑑3、バイブル、牧野和漢薬草圖鑑

イシミカワ 石見川	タデ科 畑、道端の草地	【生'】杠板帰 こうはんき	全草 秋	〔民〕下痢止、利尿、解熱 〔外〕腫れ物

三角形の葉に青い実

[生育地と植物の特徴]

我が国全土に自生。サハリン、朝鮮半島、中国、東南アジア、インドにも分布。語源は不明、石膠（イシニカワ）の意であるとか、大阪府にある石見川の地名に基づくという説はあるが、決め手はない。。タデ科の一年草。畑や道端などの草地に生える。茎は半ば地上を這い、逆向きの刺で他の物にからんで伸びる。葉は互生し、長さ3～6cmの三角形で、托葉を持つ。葉柄にも逆向きの刺がある。花期は7～8月。茎の先や葉腋に短い総状花序を出し10～20個の淡緑色の小花をつける。果実は球形で、青色の萼に包まれる。

[採取時期・製法・薬効]

秋に全草を採り、水洗いして天日で乾燥させる。成分はタンニン質を含む他は、まだ精査されていない。

❖下痢止、利尿、解熱に

全草一日量12～20gを水400mlで3分の1量に煎じ、3回に分けて服用する。

❖腫れ物の解毒に

①前の煎液で患部を洗う。②全草をすって粉末にし患部に塗布する。

つぶやき

江戸時代の本草学者の多くは、イシミカワの漢名を赤地利にあてた。松岡玄達は紅板帰としたが、これが現在支持されている。中国では現在、赤地利をツルソバとしている。

9月上旬長崎県

9月上旬長崎県

参考：薬草カラー図鑑2、牧野和漢薬草圖鑑

9月上旬長崎県

10月下旬長崎県対馬

イタドリ	タデ科	【生】虎杖根	根	〔民〕蕁麻疹、便秘、利尿
痛取り	山野、草原、土手	こじょうこん	秋	〔外〕止血・鎮痛、〔食〕若葉

糖尿病やリウマチに効果

[生育地と植物の特徴]

名は痛み取りの効用による。信州の山村では今でも小さな怪我をしたときなどに生の若芽を患部に擦り込んで止血や鎮痛に使っている。日本(北海道〜九州)、台湾、朝鮮半島、中国に分布。山野の林縁、草原、沿岸、川の土手などに自生する多年草。夏に1〜1.5mに成長し白い密生した小花を咲かせる。雌雄別株。花が紅色のものをメイゲツソウという。果実は10月頃で三稜のハネを持つ。

[採取時期・製法・薬効]

10〜11月の葉が枯れる頃、根を掘り採り、細根を取り除いて水洗いし、天日で充分乾燥させる。1年以上経ったものを使用するのがよい。

❖便秘、むくんだ時の利尿に

一日量9〜15gを水400mlで半量になるまで煎じて空腹時に2〜3回に分けて飲む。

❖食用に

ガッポンというのは若葉を食べるために折る時の音から出た名前。3月頃に出る細いタケノコに似た新芽は少し酸味があって美味しい。サッと熱湯を通してアクを抜き、皮をむいて適当に切りそろえ酢味噌をつけて食べる。蓚酸を多く含み、多食すると腎臓結石の原因になる。

メイゲツソウの実 9月下旬長崎県

つぶやき

中国名は茎が真っ直ぐで杖のようで幼茎の表面に紅紫色の斑点があって赤味を帯び、虎斑を思わせるので虎杖という。中国ではこの植物の杖を使うと中風予防になるとのいい伝えがある。戦時中には葉を乾燥させタバコの代用品にした。新芽や若葉、成葉や茎を刻みジューサーにかけジュースにして飲み物に。虎杖《季》春、虎杖の花・夏。

参考:薬草事典、長崎の薬草、新佐賀の薬草、薬草カラー図鑑1、牧野和漢薬草圖鑑、生薬処方電子事典、徳島新聞H130504

イチハツ 鳶尾	アヤメ科 栽培	【生'】鳶尾根 えんびこん	根茎 夏	〔民〕食あたり、催吐剤、便秘 〔外〕打撲傷、痔

催吐剤として緩下剤として

[生育地と植物の特徴]

中国の雲南、四川など標高800～1800mの高地の林の縁に自生する。古い時代に我が国に入り、観賞用に栽培されてきた。この仲間の植物では、アヤメよりも早く咲き、いち早く咲きそめるから、イチハツの名がついた。

[採取時期・製法・薬効]

夏、葉が黄変する頃から秋の始めまでに、根茎を掘り採り、水洗いしたのち天日で乾燥させる(鳶尾根)。良く乾燥させるために、縦割りにする。成分は、根茎にテクトリジンという配糖体、花にはエンビニン。

❖食あたりに

食べたものを吐かせるのに、鳶尾根の粉末を大人の一回量として1～4gを水で飲む。

❖便秘に

空腹時に大人の一回量として鳶尾根の粉末4gを水で飲む。

❖打撲傷、痔に

粉末を適量、患部に塗布する。

つぶやき

まだ藁ぶき屋根が多かった頃、藁ぶき屋根の甍(いらか)に、イチハツが植えられていた。風を防ぐことと、防火の呪いの意もあった。これが植えてあれば、火の粉が飛んで来ても、類焼の難を免れるということである。藁ぶき屋根がなくなってからは、この風景は見られなくなった。鳶尾草《季》夏。

4月中旬長崎県

参考:薬草カラー図鑑2、牧野和漢薬草圖鑑

イノモトソウ 井口辺草	イノモトソウ科 石垣、人家回り	鳳尾草 ほうびそう	全草 随時	〔民〕利尿、前立腺肥大 〔外〕打撲、捻挫

利尿と前立腺肥大に

[生育地と植物の特徴]

多年生のシダ類。石垣や崖などに生える。本州関東地方以西、四国、九州、沖縄、朝鮮半島南部中部、台湾、インドシナ半島に分布。横に這う根茎は黒褐色の小さい鱗片に被われて毛むくじゃら。この根茎から鳥の足に似た葉が出るので鳥の足という。葉の形には二通りある。

[採取時期・製法・薬効]

全草を使用する。用時に生のままでもよいが、煎用するには採って乾燥させて保存しておく。

❖前立腺肥大、膀胱炎、頻尿、子宮内膜炎、利尿に

鳳尾草一握りくらいを煎じて一日3回に分けて服用する。苦くて飲みにくい。

❖打撲、筋違え、捻挫に

葉をすり潰し酢と麦粉を加えて練り患部につける。

❖解熱、解毒に

鳳尾草一日量10～20g、生のものならば30～60gを煎じて3回に分けて服用する。

つぶやき

葉の胞子をつけない広い方は栄養葉で、狭い方は胞子葉である。胞子葉は葉柄が長く、葉の長さ20～60cm、洋紙質で細長い羽片に分れ、葉の縁が反り返って胞子嚢群を覆う。栄養葉は縁にギザギザをもつ羽片で、ともに軸の間に翼がある。前立腺肥大に有用というが美味いものではない。他に前立腺肥大に有用なものにカボチャの種がある。

4月下旬長崎県

参考:長崎の薬草、牧野和漢薬草圖鑑

イブキトラノオ 伊吹虎の尾	タデ科 山地	【生】拳参 けんじん	根茎 秋	〔民〕下痢止 〔嗽〕口内炎、咽喉炎、扁桃炎

タンニンが含まれており下痢止めになる

[生育地と植物の特徴]

花は1mぐらいに伸びた花茎の先に、円柱形で、長さ7cm前後の花穂状につく。花が白く見えるのは、花被が白いからである。この花の萼は花弁のようだが、もともとタデ科の花は、花弁が退化して無くなっており、萼が発達して花弁様になっている。花が終わると、痩果と呼ばれる果実を結び、長さ約3mm、三稜形で、黒褐色の光沢がある。根生の葉は長柄があって、その先に幅2～5cm、長さ8～15cm、長楕円形の葉をつけ、ギシギシの葉に似ている。また、一般に植物の根は下方に伸び、根茎は横に伸びるが、イブキトラノオの根茎は、上部は黒褐色で太く、下部は横向きになってS字形に曲がっており、ひげ根が多いのが特徴である。

[採取時期・製法・薬効]

秋10月頃、根茎を掘り採って、ひげ根をむしり取って、水洗いしてから天日で乾燥させる。乾燥しにくいときには輪切りにしてから干すとよい。成分は、タンニン約15%、オキシアントラキノン配糖体を少量含んでいる。

❖下痢止に

乾燥した根茎6～10gを一日量として水200mlで半量に煎じて、カスを除いて一日3回に分けて服用する。食前、食後に関わらず服用してよい。

❖口内炎、咽喉炎、扁桃炎に

口内がただれたときに、前記と同様に200mlの水で煎じて、冷めかげんのときに、この煎液でうがいをする。

つぶやき

滋賀県伊吹山に多く野生しているので、この名がつけられたが、我が国の各地の山地や高山に見られるほか、北半球に広く分布している。

7月上旬伊吹山

参考：薬草事典、薬草カラー図鑑1、牧野和漢薬草圖鑑、生薬処方電子事典

イワタバコ 岩煙草	イワタバコ科 木陰の岸壁	【生'】苦苣苔、【生】岩苣 くきょたい、いわぢしゃ・がんきょ	葉 開花時	〔民〕苦味健胃、〔食〕 山菜

健胃・整腸剤として効果

[生育地と植物の特徴]

名の由来は大きな葉がタバコの葉に似ているところから来ている。本州から沖縄、台湾の山地で日陰の水の滴る岸壁に生える。北向きの岸壁に多くつくので方向指標植物とされるが、絶対的ではない。葉は根際につき、翼のある長さ3～10cmの柄があり、楕円状卵形で長さ10～30cm、不揃いの鋸歯がある。葉面に縮緬状の皺ができる。8月に葉の間から長さ6～12cmの花茎を1～2個出し、頂に数個の紫色の花をつける。花は直径1.5cmほど。先は5裂し下部は短い筒となる。

[採取時期・製法・薬効]

8月の開花期に葉を採取して天日で乾燥させる(苦苣苔)。開花期でない時は岩苣。

❖苦味健胃剤に

成熟した葉一日量5～10gを水300mlで半量に煎じて3回に分けて食間に服用する。

❖食用に

イワヂシャ、イワナなどと呼ばれ、若葉が山菜として古くから食用にされた。少々の苦味が独特の風味として喜ばれ、ゴマ和え、芥子和え、汁の具、天婦羅に良くあう。

つぶやき

万葉集に柿本人麿の「山高苣(やまぢしゃ)の白露重みうらぶるる　心も深くあが恋止まず」がある。「山じしゃが白露の重みで　うなだれているように　私の恋はやまない」の意であるが、イワヂシャであろうという説が有力。

イワタバコ 8月中旬長崎県

8月中旬長崎県

参考：薬草事典、新佐賀の薬草、薬草カラー図鑑2、牧野和漢薬草圖鑑、徳島新聞H140419

イワヒバ 岩檜葉	イワヒバ科 山地の岩上岸壁	なし	全草 随時	〔民〕月経痛、痔

煎じて下血・痔出血に

[生育地と植物の特徴]

北海道から沖縄の山地。東アジア、東南アジアでは高山に分布する。山地の岸壁に生える常緑多年生草本。多くの根の集まりの株より四方に展開する枝は、何回も分枝してほぼ平面に広がり、細かい葉を密生する。葉は枝の変形したもので、上面は暗緑色、下面は淡緑色か白緑色。乾燥すると内側に巻き込み、温めると展開する。左右に出た葉は大小の2型で4列に並び、葉の縁に細かい鋸歯がある。胞子葉にも縁に細かい鋸歯があり、先端は鋭く糸の様に伸びる。

[採取時期・製法・薬効]

多年草なので、年中必要な時に全草を採取し水洗いして天日で乾燥させる。成分は、トレハロース、セラギノースが含まれている。

❖月経痛、痔の出血に（薬草カラー図鑑）

乾燥した全草5～10gを水400～600mlで煎じ、これを一日量として3回に分けて服用する。

❖月経痛、利尿、下血、腹痛に（牧野和漢薬草圖鑑）

乾燥品2～8gを煎じて服用する。また、干した全草を焼いて粉末状にし、大腸下血に用いる。

9月中旬長崎大学薬草園

つぶやき

名前は岩場に生える檜（ひのき）葉の意。すでに江戸時代からイワヒバ品評会が開催されていた。今日でも多数の品種が保存されている。

参考：薬草カラー図鑑4、牧野和漢薬草圖鑑

ウバユリ 姥百合	ユリ科 山野、樹林下	なし	鱗茎 秋～春	〔外〕打ち身、捻挫、乳房の腫れ、おできの消炎、〔民〕解熱、〔食〕若葉と鱗茎が山菜

鱗茎に解熱の効果

[生育地と植物の特徴]

関東地方以西の本州、四国、九州に分布。山野の湿った林内に生える高さ0.6～1mの多年草。葉は茎の中部に数枚つく。幅7～15cmの卵状楕円形で先は尖り、基部はハート形。花がつく頃の茎は1mくらいに伸び太く滑らかで中空である。花期は7～8月。茎の上につく花は数個で横向きにつくが、長さ12～17cmで弁が深く裂けて、色も緑がかった白色で華麗とはいえない。花被片は6枚で、内側に紫褐色の斑点があるものもある。

[採取時期・製法・薬効]

秋～翌年春の用時に、鱗茎を掘り採り、水洗いして汚れを落とし、生のまま使う。あるいは4～5月に鱗茎を掘り出し、鱗片をばらばらにして天日でよく乾燥させる。

❖解熱に

鱗片の乾燥したもの一日量15gを水400mlで半量に煎じ3回に分けて服用する。

❖打ち身、捻挫、乳房の腫れ、でき物の消炎に

生の鱗茎をすり潰し、患部に厚めにつけて布などで押さえて湿布する。一日に数回つけ換える。

❖食用に

鱗茎は百合根として食用にされる。

7月中旬長崎県対馬

つぶやき

開花の頃は広い下葉は枯れてしぼんでおり、それでも花の盛りを誇っている。これを歯（葉）のない姥（年とった女の人）に見立てたものという。昔、凶作の折に鱗茎を水に晒してアクを抜き、これを煮て食用にした。鱗茎には良質のデンプンがたくさん含まれている。一片ずつ剥がして良く洗い、甘煮、茶碗蒸し、和え物などにする。

参考：長崎の薬草、宮崎の薬草、薬草カラー図鑑4、徳島新聞H141205

オオジシバリ/ニガナ 大地縛り/苦菜	キク科 田の畔、路傍	【生'】剪刀股/なし せんとうこ	全草 開花期	〔民〕苦味健胃、 鼻づまり、副鼻腔炎

苦味健胃剤・鼻づまりに

[生育地と植物の特徴]

北海道からオオジシバリは沖縄までと中国、ニガナは九州までと朝鮮半島に分布。田の畔、路傍、陽当たりの良い原野に生える多年草。オオジシバリの花は、4～6月に径3cmほどの黄色の頭状花を開く。この頭状花は管状花がなく、舌状花だけからなる。花茎は15～25cm。葉はヘラ状で、地面を這うように互生する。痩果は冠毛によって遠方に飛ばされる。ニガナの花は、5～7月に黄色花を開く、花は径1.5cmほどで舌状花は5～7個からなる。茎を切ると白色の乳汁を出す。冠毛は茶褐色。

[採取時期・製法・薬効]

オオジシバリもニガナも同じように用いる。開花期の全草を採取して、水洗いして天日で乾燥させる。

❖苦味健胃剤に

全草の乾燥したもの一日量として15～20gを水400mlで半量に煎じて3回に分けて空腹時に服用する。

❖鼻詰まりに

乾燥したものを大人の一日量として3～5gを水300mlで半量に煎じて3回に分けて空腹時に服用する。

オオジシバリ 5月上旬長崎県対馬

ニガナ 6月上旬長崎県対馬

つぶやき

ジシバリは地面を這う茎がところどころから根を出して伸びていく様子が地面を縛りながら伸びるようであるという意味でジシバリとなった。このジシバリよりも大きいのでオオジシバリと呼ばれる。両者は葉の形が異なる。ニガナは茎から出る乳汁をなめると苦いのでこの名となった。

参考：薬草カラー図鑑3、牧野和漢薬草圖鑑

オオバギボウシ 大葉擬宝珠	キジカクシ科 山地	なし	全草 春～夏	〔民〕利尿、〔外〕腫れ物 〔食〕若い葉柄

煎じて利尿薬に、外用して腫れ物に

[生育地と植物の特徴]

北海道から九州の山地に生える多年草。根茎は太く短く、横に這う。葉は卵状楕円形で大きく、根茎より群がって出る。長い柄は30cmを超え、溝があって太い。初夏になると1mくらいの花茎を出し、長さ4～5cmの白か薄紫色の花を多数つける。擬宝珠は橋の欄干にあるもので、蕾が花茎の上に集まってついている様が似ているからである。

[採取時期・製法・薬効]

春から夏に全草を刈り採って水洗いし、天日で乾燥させる。花は陰干しにする。成分は、サポニンのチゴゲニン、ギトゲニン、ネオジトゲニン、マノゲニン、ジハイドロマノゲニンなどを含む。

❖腫れ物に

乾燥した全草を、一回分として5～10gを水400mlで煎じ、これで患部を洗う。生葉を揉んで、汁を患部につけるのも良い。

❖利尿に

乾燥した花約10gを水400mlで煎じ、一日3回に分服。

7月中旬長崎県

7月下旬伊吹山

つぶやき

オオバギボウシは食用になる。春から夏に若い葉柄のみを摘み採って用いる。塩少々を入れた熱湯で茹で、水で晒して絞り、酢味噌や胡麻和えにして食べる。生のものを天婦羅にする。煮びたしにしても美味しい。

参考：薬草カラー図鑑4

オカオグルマ/サワオグルマ 丘小車/沢小車	キク科 草地	【生'】狗舌草/なし くぜつそう	全草 開花期	〔外〕寄生性皮膚病 〔民〕利尿

煎じて利尿に、外用で寄生性皮膚病に

[生育地と植物の特徴]

本州、四国、九州の陽当たりの良い山地、平地の乾燥した草地に生える多年草。朝鮮半島、中国に分布。直立した茎は高さ20～60cmになり、5～6月にその先端に径3～4cmの頭状花を開く、頭花の周辺には舌状花が並び、中心部には管状花がある。舌状花は花冠の長さが約1.5cmで黄色、総苞片は長さ約8mmで緑色。葉は茎の上につくのは小さく、狭い披針形で互生する。根出葉は倒卵状の長楕円形、長さ5～10cm、縁に低い鋸歯がある。乾燥地に生えることからオカオグルマ、良く似て湿地に生えるのはサワオグルマである。

[採取時期・製法・薬効]

開花期の根を含めた全草を採取し、水洗いのあと天日で乾燥させる。

❖利尿に

刻んだもの5～8gを一日量として水400mlで半量に煎じ3回に分け、冷めたら温めなおして食後に服用する。

❖寄生性皮膚病に

オカオグルマは外用にも使える。粉末状にしてゴマ油と練り合わせてパスタ状にし、患部に外用する。

つぶやき

オカオグルマとサワオグルマの区別の要点は、サワオグルマは湿地にのみ生え、果実は痩果を結ぶが、その表面にオカオグルマのような毛が生えていない。

オカオグルマ 4月下旬長崎県

サワオグルマ 5月上旬佐賀県

参考：薬草カラー図鑑3、牧野和漢薬草圖鑑

オシロイバナ 御白粉花	オシロイバナ科 植栽	なし	塊根	〔民〕利尿、〔外〕面皰、吹出物
			種子	腹痛、下痢

塊根に強い利尿作用、飲みやすいが就寝前は避ける

[生育地と植物の特徴]

南アメリカ原産、古い時代に渡来、観賞用に栽培されたが、ときに野生化。我が国の大部分の地域では一年草であるが、沖縄や伊豆七島では多年草。高さ40～50cm、茎は太く、節は膨らんでいる。葉は広い卵円形で、長さ5～10cm。夏の終わりに赤紫、白、黄色、これらの色の絞りなど、さまざまな色合いの花が咲くが花弁に見えるのは萼。萼は下部が癒着して先が5つに分かれたラッパ状になる。花のあと緑色の果実ができ、果実はやがて黒くなり落下する。果実の中には白い胚乳が詰まっている。

[採取時期・製法・薬効]

花期に塊根を採取し、流水で洗い、天日で乾燥させる。成分はアミノ酸のアラニン、グリシン、ロイシン、トリプトファン、バリン、ステロイドのβ -ジステロールなどを含む。

❖利尿に

乾燥した根5～15gを一日量として水600mlで半量に煎じ、朝晩2回に分けて飲むたびに温めて食前に服用する。飲みやすいが強い利尿作用があるので、就寝前の飲用は避ける。

❖ニキビや吹き出物に

胚乳を水で濡らした指先につけて、ニキビなどに一日数回つける。

つぶやき

名前の由来は、胚乳が白い粉で、おしろいに似ていることによる。ただし、種子は有毒。白粉花《季》秋。

8月中旬長崎県対馬

参考：薬草カラー図鑑4、牧野和漢薬草圖鑑

オドリコソウ 踊子草	シソ科 田園、路傍	【生】続断 ぞくだん	根 冬	〔外〕打撲、骨折、腰痛、〔酒〕花酒 〔浴〕腰痛、〔漢〕漢方処方

風呂に入れれば腰痛・筋肉痛に良い

[生育地と植物の特徴]

花が咲いて茎に輪生したさまが笠をかぶった踊り子に似ているのでこの名がある。北海道、本州、四国、九州、アジアでも広く分布。山野の路傍の半日陰に自生する多年草。葉は対生で縁には鋸歯がある。花期は4～6月頃。葉腋に茎を取り巻くように数個の唇形の花を輪生する。花色は桃色または白色。

[採取時期・製法・薬効]

夏～秋の地上部が枯れ始める頃に根を掘り採り、水洗い後、小さく刻んで天日で乾燥させる。できれば冬か早春に掘り採る方がよい。成分はラマルピド、スタキドリン。

❖打撲、骨折に

根の一回3～5gを煎服する。同時に生根をつき砕いて患部に貼るか、乾いた根の煎液で湿布する。

❖腰痛、強壮に

根5gを煎服、腰の痛みは煎液で温める。木綿の袋に乾燥した全草一掴みを入れて浴用料とする。

[漢方原料(続断)**]** 性味は、苦微、温。産地は、中国、韓国、日本。処方は、続断丸、続断丹、寿胎丸。

つぶやき

シソ科の特徴は、特有の香りがあり、茎が四角、花が唇形(くちびるがた)などである。オドリコソウの若葉・花は、あえ物や天婦羅にして食べられる。多量の花を採集して、花と同量の砂糖、花の1.5倍の水、少量の酵母菌かイースト菌を入れて時々かき混ぜておくと花酒ができる。

11月上旬長崎県

参考：長崎の薬草、宮崎の薬草、薬草カラー図鑑4、牧野和漢薬草圖鑑、生薬処方電子事典、徳島新聞H250304

カキツバタ 杜若・燕子花	アヤメ科 湿地	なし	根茎 夏	〔民〕去痰

根茎を煎じて去痰剤として使う

[生育地と植物の特徴]

北海道から九州までの水湿地に生える多年草で、ときに観賞用に栽培される。朝鮮半島、中国の東北地方、シベリアに分布。根茎は枝分かれして多数の繊維に覆われる。葉は高さ30～90cm、幅1～3cmで広く、主脈がない。花茎は直立して40～80cmに伸び、その先に2～3の花をつける。4～5月に開花し、濃紫色で径8cmになり、外花被片は大きく外に垂れ、基部の中央は白色から黄色の細い筋がある。内花被片は小形で直立する。アヤメと形態が良く似ているが、外花被片の中央部にだけ白か黄色の線条があり、紫色の細脈がない点で区別できる。

[採取時期・製法・薬効]

夏に根茎を採取し、繊維や細枝を除いて水洗いしてから刻んで天日で乾燥させる。

❖去痰に

乾燥させた根茎の一回に2gを水300～400mlで半量に煎じて服用する。

つぶやき

名前の由来は、"書附け花"の転訛とされている。書き附けとはこすりつけることで、天平の世には、カキツバタの花の汁を衣にこすりつけて摺り染めにし、5月5日に大宮人たちが、この衣で着飾って鹿の角や薬草を採取する薬狩りをする習わしがあった。従って、名は花被の汁を衣につけて染めることに由来している。カキツバタは、愛知県の県花である。燕子花《季》夏。

5月中旬佐賀県

参考：薬草カラー図鑑3、牧野和漢薬草圖鑑

カボチャ 南瓜	ウリ科 栽培	【生'】南瓜仁 なんかにん	種子 秋	〔民〕利尿、去痰、血圧安定化、〔虫〕条虫駆除剤 〔外〕腫れ物、〔民〕前立腺肥大

高血圧を下げ低血圧を上げて血圧の安定化

[生育地と植物の特徴]

南メキシコから中央アメリカ原産。天文年間(1532～1554)に、ポルトガル船によって豊後の国(大分県)に伝来した。名はカンボジアから渡来したことによる。別名のボウブラはポルトガル語のアボーブラが訛ったもの。カボチャよりもボウブラの呼び方の方が古い。蔓性一年草。

[採取時期・製法・薬効]

種子を秋に収穫し、皮を除いて水洗いし、天日で乾燥させたあと粉末にする。成分は、脂肪油、リノール酸、パルミチン酸、ビタミンC、Bなど。

❖利尿、去痰、血圧安定化、条虫駆除に

種子の粉末一回10～15gを空腹時に服用する。

❖前立腺肥大に

カボチャの種を食べる。日本カボチャの種は堅く中の芯だけを取り出して食べるが、西洋カボチャは種を丸ごと食べられる。

❖腫れ物に

へたの粉末をゴマ油で軟膏状に練ってつける。

つぶやき

約400年前に渡来。ポルトガル船がカンボジアからもたらした。冬至前のカボチャはビタミンAを多く含み冬至にカボチャを食べるとトリ目を防ぎ、中風にかからないと言い伝えられている。前立腺肥大にはカボチャの種の他にナスがある。ナスを割って水につけてアクを抜き乾燥させてミキサーで粉にして飲む。南瓜《季》秋。

7月上旬長崎県

参考:薬草事典、新佐賀の薬草、薬草カラー図鑑2、牧野和漢薬草圖鑑、徳島新聞H200726

カヤツリグサ 蚊帳吊草	カヤツリグサ科 田園、路傍	なし	全草 夏	〔民〕脚気、腎炎のむくみ 熱中症

夏ばてには天の配剤のこの草を

[生育地と植物の特徴]

茎の両端を摘んで2つに裂くと真ん中に四角い枡ができる。四角い形を蚊帳に見立ててこの名がついた。本州、四国、九州に分布。カヤツリグサ科の一年草。畑や荒れ地に生え、高さ約40cm。茎は三角柱、葉は根基に1～3個つき幅2～3mmの線形。茎の先に葉と、葉と同形の苞が3～4個あり。その間から5～10個の枝を伸ばす。枝の先はさらに普通3つに分かれ、8～10月黄褐色の小穂がややまばらにつく。花序の枝や小穂の軸には翼がある。小穂は長さ0.7～1.2cmの線形で、10～20個の小花が2列に並んでつく。

[採取時期・製法・薬効]

夏、草の勢いが盛んな頃に、根から抜き採り、水洗いして乾燥させる。

❖脚気、腎炎のむくみに

一日量15～20gを水800mlで半量に煎じ3回に分けて服用する。

❖暑気あたりに

全草10gに水600mlを加えて半量に煎じ、一日3回に分けて服用する。

つぶやき

植物全体に独得の香気がある。種子島では古くから夏ばてに使っている。夏に勢いのある草が夏にある病気の治療に役立つようなものを"天の配剤"という〔PC〕。蚊帳吊草《季》夏。

9月上旬長崎県対馬

参考:長崎の薬草

カラスノエンドウ 烏野豌豆	マメ科 原野・路傍	なし	豆果/全草 初夏/開花期	〔民〕胃炎、胃もたれ 〔食〕蔓先・青い実を

胃や腸の血行改善

[生育地と植物の特徴]

本州から沖縄までの原野、路傍、土手などの日の良く当たるところに自生する越年草。朝鮮半島、台湾、アジア、ヨーロッパに分布。茎は根元で分枝し、細い四角形で草地を這い、巻きひげで他の物に絡みつきながら伸びて、草叢のように生い茂る。葉は互生し、長さ5cmほどの羽状複葉で、3～7対の小葉をつけ、その先が巻きひげになる。春から初夏、葉腋に1～3個の紅紫色の蝶形花が開花。果実は豆果を結び、扁平で、中に10個ほどの種子がある。

[採取時期・製法・薬効]

4～5月に豆果、また花のある全草を採取して、水洗いし、天日で乾燥させる。葉にはフラボノイドのクエルチトリン、アピインを含み、血行を良くする作用がある。

❖胃炎に

軽い胃もたれがあるときに、一日量約5gを適当な量の水を入れて煎じて食前3回に分服する。

つぶやき

豆果が熟すと真っ黒になるのでカラスの名がついたと言われる。中国にも同じカラスノエンドウが自生し、救荒野豌豆という。飢饉の年は蔬菜として食用になるという意味を表している。春先の蔓や青い実が食べられる。蔓は先端部から10～20cmの所に手を当て、軽く曲げてポキッと折れるところから先が食べられる。

4月中旬長崎県

参考：薬草カラー図鑑3、徳島新聞H250705

キセワタ 着せ綿	シソ科 原野	大花益母草、蓍菜 たいかやくもそう、ざんさい	地上部 8～9月	〔民〕産後の腹痛

益母草（メハジキ）と同じく産後の止血・腹痛に

[生育地と植物の特徴]

花冠に白い毛が生えて綿をかぶったようだというので、“着せ綿”という。中国にもキセワタがあって大花益母草と書く。益母草（メハジキ）より花が大きいというのでこの漢名となる。北海道から九州までの山地に自生する多年草。朝鮮半島、中国に分布する。茎の断面は四角で直立に伸びて高さ1mほどになり、下向きの毛がある。葉は長い柄があって対生し、長さ6～10cmの長卵形で縁に粗い鋸歯があり、先端は尖り、基部はくさび状に狭くなる。開花期は8～9月。茎の上部の葉腋より淡紅色の花が数個ずつつく。萼は深く5裂し、先端は刺針状となる。花冠は外側に白毛を密生する唇形で、上唇と下唇とに分かれ、下唇は3裂する。果実は分果で倒卵形、3稜がある。

[採取時期・製法・薬効]

夏の8～9月、開花期の地上部を刈り採り日干しにする。

❖産後の腹痛に

6～10gを一日量とし水400～600mlで半量に煎じて服用する。

つぶやき

我が国では蓍菜をキセワタの漢名にあてるが、これは別の種類である。無理に日本名をつければキセワタモドキとなる。しかし、大花益母革も蓍菜もともに中国東北地区に自生している。蓍菜はキセワタモドキ、大花益母草がキセワタとなる。これらは、益母草と同様に産後の腹痛に用いられている。

10月上旬長崎県対馬

参考：長崎の薬草、新佐賀の薬草、生薬処方電子事典、薬草カラー図鑑1、バイブル、牧野和漢薬草圖鑑

キュウリグサ 胡瓜草	ムラサキ科 路傍、畑	なし	全草 開花期	〔民〕利尿 〔外〕手足の痺れ

全草を乾燥させたものを煎じて利尿に

[生育地と植物の特徴]

北海道から沖縄まで各地の路傍、畑などに普通にみられる越年草。朝鮮半島、中国にも分布する。根際から出る葉は、長柄があって冬を越し、花の咲く春には枯れる。春に新しく伸びる茎は10～30cmで、茎の下部は多数枝分かれし、茎葉は互生で、細長い卵形、細かい毛が生え、触るとざらつくが、全草は柔らかい感じである。花はルリ色で、径2mm、深く5裂する。花のつく茎の先端が渦巻き状になるのがこの草の特徴。

[採取時期・製法・薬効]

❖利尿に

開花期に全草を採取して天日で乾燥させる。この一日量3～8gを水400～600mlで半量になるまで煎じ2～3回に分けて服用する。

❖手足の軽い痺れに

開花期に全草を水洗いして、そのまま使用する。水気を取り去った生の全草に少量の食塩を加えて、良く揉み、痺れている患部に直接厚めに当て、包帯などで止めておく。

つぶやき

名前の由来は、生の茎葉を手で強く揉むとキュウリを揉む匂いがするというので、この名となった。類似植物のハナイバナはキュウリグサによく似ているが、茎の先が渦巻き状に巻かないし、一つ一つの花は苞の付け根から出ている。キュウリグサの花序は基部に苞があるだけ。

4月中旬長崎県

4月中旬長崎県

参考:薬草カラー図鑑3、牧野和漢薬草圖鑑

キランソウ 金瘡小草	シソ科 栽培	【生】キランソウ、筋骨草 きらんそう、きんこつそう	地上部 夏	〔民〕腹痛下痢、鎮咳去痰 〔外〕おできの排膿、神経痛

神経痛・リウマチに効果

[生育地と植物の特徴]

本州から九州までの道端、土手、藪の中などに自生する多年草。ヘラ形の長い葉が根生して四方に広がり地面を覆う。茎は四角で地面を這うように伸び、葉は緑色で対生し、茎にも葉にも白い長毛が密生する。花期は3～5月。節毎に葉の付け根に濃紫色の唇形の花を数個ずつつける。"金蒼(瘡)小草"とも。

[採取時期・製法・薬効]

4～6月に開花中の地上部を摘み採り、水洗いして水気を切り天日で乾燥させる。成分は、サポニン、タンニン、フェノール性物質。

❖鎮咳、去痰、健胃、胃腸病(胃炎、下痢、腹痛、胃十二指腸潰瘍)に

乾燥したキランソウ一日量10～15gを水400mlで3分の1まで煎じ3回に分けて飲む。

❖腫れ物、おできの排膿に

生の葉の絞り汁を患部につける。

❖肩こり、神経痛に

生葉をすり潰し麦粉を加えて練り患部に貼る。

つぶやき

民間で使われ医者にかかる必要もないことからジゴクノカマノフタ、イシャイラズ、イシャゴロシなどと呼ばれている。ジゴクノカマノフタは、根生葉が地面に広がり張付いている様から、地獄に蓋をして地獄の痛みをとってくれる意もある。

4月下旬長崎県対馬

4月下旬長崎県対馬

参考:薬草事典、長崎の薬草、新佐賀の薬草、牧野和漢薬草圖鑑、薬草カラー図鑑2、生薬処方電子事典、徳島新聞H160510

キンミズヒキ 金水引	バラ科 山野	【生】仙鶴草、竜芽草 せんかくそう、りゅうげそう	根茎と根 夏	〔民〕下痢止、〔嗽〕口内炎、 〔外〕湿疹、かぶれ

乾燥させた根が下痢止めに

[生育地と植物の特徴]

多数の小黄花が細長い花穂に着いた様子を水引に例えた名。本州、四国、九州、台湾、中国、朝鮮半島、シベリア、ヒマラヤに分布。葉は互生し、5～9枚の小葉からなる奇数羽状複葉。夏から秋にかけて長い穂になった薔薇型小花を多数咲かせる多年草。下から次々に密着して咲き上る。果実は小さな胡麻形で先の曲った毛で衣服などに付着する。

[採取時期・製法・薬効]

10～11月に果実が熟して地上部が枯れ始める頃、根茎と太めの根を掘りあげ、よく水洗いして天日で充分乾燥させる。成分は、カテコールタンニン、フェノール性配糖体。

❖下痢止に
乾燥させたものを細かく刻み、一日量8～15gを水400mlで3分の1量になるまで煎じ食後3回に分けて飲む。

❖湿疹、かぶれに
冷やした煎液に布を浸して患部を冷湿布する。

❖口内炎、歯茎の出血に
5gを水200mlで半量に煎じ、煎液で一日数回嗽いする。

つぶやき

キンミズヒキの名は夏に黄色の小花が細長い穂状に咲く様子を金色の水引に見立てたもの。リュウガソウは根から引き抜くと白い牙のような新芽がついている。これを竜の牙に見立てて竜牙草または竜芽草という。漢名は仙鶴草。条虫駆除剤。

キンミズヒキ 9月下旬長崎県

参考：薬草事典、薬草の詩、長崎の薬草、新佐賀の薬草、宮崎の薬草、薬草カラー図鑑1、牧野和漢薬草圖鑑、生薬処方電子事典

クガイソウ 九蓋草	オオバコ科 山野、草地	【生'】草本威霊仙 そうほんいれいせん	根茎 夏	〔民〕利尿、リウマチ、関節炎

山にある痛み止め

[生育地と植物の特徴]

本州の山野、草地に自生。

[採取時期・製法・薬効]

夏に根茎を掘り採って水洗いして刻み、天日で乾燥させる。

❖リウマチ、関節炎、利尿に
一日量として10～15gを水400mlで3分の1に煎じて3回に分けて空腹時または食間に服用する。

クガイソウの分類

草名	葉の数	花軸と毛	花冠の先	自生地
クガイソウ	4～6枚輪生	有毛	やや鈍る	本州
ナンゴククガイソウ		無毛	鈍い	中国地方 四国、九州
ツクシクガイソウ			尖る	九州、韓国
エゾクガイソウ	7～8枚輪生	有毛	鈍いか丸みあり	北海道

つぶやき

花穂が出たばかりの時はトラノオのようにしているが、花穂が成熟すると層をなし、大きなものでは12・3層、小さいものでは8・9層で、クカイソウとも呼ぶ。九蓋は、仏像の飾りに使用する天蓋が幾段にも重ねられているのを見て、花の様子から連想してつけたものと言われている。

クガイソウが層をなす前 7月下旬伊吹山
ツクシクガイソウ 層が下から造られ始めている 7月上旬熊本県高森野草園

参考：薬草カラー図鑑2、牧野和漢薬草圖鑑

クサネム 草合歓	マメ科 湿地	なし	地上部 夏	〔民〕利尿、〔外〕虫刺され

湿地のネムノクサに利尿作用

[生育地と植物の特徴]

北海道から沖縄までの水田の縁などで陽当たりの良いところに生える一年草。茎は40～90cm、円柱状で直立に伸び、上部は中空。葉は偶数羽状複葉で互生し、小葉は20～30対、葉質は柔らかく、狭い楕円状、裏面は白みを帯び、夜間や雨の日は折りたたむ。托葉は膜質で、先の尖った披針形。開花期は7～10月。総状花序に2～3個の花をまばらにつける。花は蝶形花で黄淡白色。旗弁は大きく円形、萼は深く2裂し、長さ5mm。

[採取時期・製法・薬効]

夏に地上部を刈り採り、天日で乾燥させる。成分には、フラボノイドのレイノウトリンを含む。

❖利尿に

乾燥した地上部10gを水400～600mlで煎じて1日数回に分けて服用する。また、葉茎を刻んで、フライパンで焦げないように炒り、番茶のようにして飲用する。

❖虫刺されで痒みのある時に

生の葉を洗って揉み、汁を患部にすり込むように塗る。

つぶやき

ネムノキの葉のように、夜間になると複葉を折りたたむが木ではないので、ネムノクサ（クサネム）となった。ネムノキに比べてずっと小さい。

9月上旬長崎県対馬

参考：薬草カラー図鑑4

クサフジ 草藤	マメ科 野原	【生】透骨草 とうこつそう	全草 開花期	〔民〕リウマチの痛み、脚気 〔外〕でき物、リウマチの痛み

痛み止めに内服でも外用でも

[生育地と植物の特徴]

日本を含む北半球の温帯、亜寒帯に広く分布し、野原、山麓などに生える多年草。草丈80～150cm。地下茎を伸ばして繁殖する。丈夫な蔓性で稜があり、緑色。葉は互生し、ほとんど無柄。8～13対の互生する小葉を持った羽状複葉。葉の先は長くのびて分布する巻きひげとなり、他の物に巻きつく。開花期は6月頃。茎の上部の葉腋から長さ3～10cmの総状花序を出す。花は青紫色、長さ10～12mm。豆果は長さ約2.5cm中に5個前後の種子を出す。

[採取時期・製法・薬効]

薬用部位は全草、成分は種子にアンチAフィトヘマグルチニンおよびトリプシン・インヒビターを含む。

❖リウマチの痛み、脚気に

透骨草9～15gを水で煎じて服用する。

❖でき物、リウマチの痛みに

外用には煎液で患部を洗う。

[漢方原料（透骨草）**]** 性味は、辛（甘）温。産地は、中国。処方は、傷湿膏。

つぶやき

透骨草には異物同名品が多い。トウダイグサ科のダイダイグサ、ツリフネソウ科のホウセンカ。中国の東北地方にはクサフジを基原とするもののほかにツルフジバカマ、オオクサフジ、スズサイコなども透骨草として流通することもある。

6月中旬熊本県

参考：牧野和漢薬草圖鑑

ゲンノショウコ 10月上旬長崎県対馬

ゲンノショウコ 現の証拠	フウロソウ科 山野、路傍	【局】ゲンノショウコ、玄草 げんのしょうこ、げんそう	全草 夏	〔民〕下痢止、便秘 〔浴〕冷え性、血の道

煎じて服用し胃腸を丈夫に

[生育地と植物の特徴]

薬効がはっきりしているので"現の証拠"と呼ばれる。日本(北海道～九州)、千島列島南部、朝鮮半島、台湾に分布。日本のゲンノショウコはアメリカやカナダに帰化し、アメリカのアメリカフウロは日本に帰化している。陽当たりの良い山野、路傍、田の畦に普通に生える多年草。葉は対生し茎にも葉にも白っぽい柔らかな毛が多い。葉は掌状に3～5裂し、裂片には荒い鋸歯があり、猫の足の裏の形に似ている(ネコアシグサ)。五弁の淡紅色の花であるが、たまに白色もある。果実は長い莢になり先がくちばし状で細く(ロウソクソウ)、熟すると外側がそり返って上に跳ね上がり御輿の屋根の形になる(ミコシグサ)。

[採取時期・製法・薬効]

地上部全体を7月～9月の開花期に採取する。下痢に効く成分はゲラニインで、便秘にはクエルシトリン。

[民間薬(ゲンノショウコ)] 産地は、日本各地。

❖下痢止、腹痛に

よく乾燥して刻んだゲンノショウコ一日量20gを水600mlで半量に煎じ熱いうちに一日3回に分けて飲む。熱いうちに飲むことが重要で、冷えてから、特に冷蔵庫に入れて置いて飲むとかえって下痢がひどくなる。

❖便秘に

上記と同じ分量で煎じるが、この場合沸騰する直前に火から下ろし、汁だけを他の器にとって冷やしたものを一日3～4回に分けて食前に服用する。

❖ゲンノショウコ風呂

冷え性、婦人の血の道、渋り腹にゲンノショウコ50～100g、できればヨモギ葉の同量を木綿袋に入れ風呂をたてる。特に冬の寒い夜は湯冷めをしない。

ミコシグサ 10月下旬熊本県

つぶやき

夏土用の丑の日に刈り採れとは昔から言い伝えられている。これは主成分のタンニンがこの時期に最も多く含まれているからである。また、花の盛りでもあるので有毒のウマノアシガタ、キツネノボタン、トリカブトなどの植物と間違えずに採取できる。刈り採りは地上部だけにすると、株元から新芽が再び成長してくる。げんのしょうこ《季》夏。

参考:薬草事典、新佐賀の薬草、薬草カラー図鑑1、牧野和漢薬草圖鑑、生薬学、生薬処方電子事典、徳島新聞H200811

ケイトウ 鶏頭	ヒユ科 栽培	【生】鶏冠花 けいかんか	種子 夏/秋	〔民〕下痢止、子宮出血、 〔外〕凍傷、〔染〕染料

各種出血や下痢に効果

[生育地と植物の特徴]

ケイトウの名は、帯化した花穂が、鶏のとさかに似ているところから、鶏頭になったと言われる。熱帯アジア、インド原産。我が国には中国を経て渡来した。各地の庭園で栽培される一年草。

[採取時期・製法・薬効]

花穂は開花の最盛期に、花穂の部分を鋏で切り取り、天日で乾燥させる。種子を採取するものは、晩秋に花穂の部分をとって、紙の上で叩いて種子を落として集め、天日で乾燥させる。成分は、アルカロイド、トリテルペノイドを含むとされるが、詳細は不明。鶏冠花は、止血、止瀉の作用がある。

❖下痢止に

鶏冠花を崩して粉末にし一日量4～8gをそのまま空腹時に水で服用する。

❖凍傷に

鶏冠花10～15gを砕いて水400mlで煮出した汁で患部を洗う。

❖子宮出血に

鶏冠子を炒って、一日量3～5gを、食後30分くらいにそのまま水で服用する。

ケイトウ 9月上旬京都府

つぶやき

万葉の歌にあるので古くから栽培されていたと考えられる。この頃のものも外観はほとんど変っていなかった。万葉の頃には、この葉の汁で、布を染めていた。室内でいぶすと、ネズミは臭いを嫌って数ヵ月寄りつかないという。鶏冠子はケイトウの種子を原料とする。漢方には同属種のノゲイトウの種子である青葙子を用いる。鶏頭・鶏頭花《季》秋。

参考：長崎の薬草、新佐賀の薬草、薬草カラー図鑑2、牧野和漢薬草圖鑑、生薬処方電子事典、徳島新聞H240704

ゲットウ 月桃	ショウガ科 沿岸の山野	【生'】白手伊豆縮砂、大草蔻 しろていずしゅくしゃ、だいそうすく	種子・根茎 夏・随時	〔民〕芳香健胃 〔外〕毒虫刺され

芳香性健胃剤・伊豆縮砂の白手と呼ばれる

[生育地と植物の特徴]

台湾に月桃の名前があり、これを日本語読みにしてゲットウとなった。九州南部大隅半島より沖縄、小笠原の海岸に近い山野に自生し、中国南部、台湾、インド、マレーシアなどにも分布する。沖縄地方では各地に見られ、人家近くの路傍や家の周辺の垣根に植えられるほど普通のものである。高さ2～3mに伸びる大形の常緑多年草。葉は披針形で長さ40～70cm、幅5～9cm、縁に毛が密生する。花期は5～7月。花茎の先で長さ15～30cmの円錐花序につき、花序は下向きに垂れ下がり、花序の軸には褐色の短毛が密生する。花は唇形で大きく、唇弁の内側は帯黄白色で、紅色のぼかした線条があって美しい。果実は卵球形で長さ2cmほどになって赤く熟す。種子は多数あって黒く、長さ4mmほど。茎根は太い。

[採取時期・製法・薬効]

秋に種子をとり天日で乾燥させる。種子の白手伊豆縮砂の成分は芳香性の精油を含み、この精油中にパルミチン酸、シネオール、ピネン、α-カリオフィレン、セスキテルペンアルコールを含んでいる。根茎にはジヒドロ-5・6-デヒドロカワインと5・6-デヒドロカワインを含む。

❖芳香健胃剤に

7～8月に種子のみを採取し天日で乾燥させてから前もって粉末にしておき、一回量2～3gを粉末のまま服用する。芳香があるのでオブラートには包まない。

❖沖縄地方の民間療法

毒虫に刺されたとき太い根茎をとり、新しい切り口を火にあぶって、切り口が温かいうちに、直接患部にすりつけるようにして塗る。

ゲットウ 7月下旬沖縄県

つぶやき

ハナミョウガやアオノクマタケランの種子の白い仮種皮を除き乾燥したものを伊豆縮砂の黒手と呼ぶ。ゲットウの種子の白い仮種皮のついたままを乾燥すると白みを帯びるので白手伊豆縮砂として区別するが、黒手に比べると品質はよくない。生葉は包装に、茎は乾燥させてマット・漁網などの繊維に用いられる。佐多岬付近では食物を包むのに使う。

参考：薬草カラー図鑑3、牧野和漢薬草圖鑑

コセンダングサ 小栴檀草	キク科 荒地、河原	刺針草 ししんそう	地上部 開花期	〔民〕解熱、下痢止 〔嗽〕咽頭痛、〔外〕腫れ物

こんな草でも下痢止めになる

[生育地と植物の特徴]

帰化植物で原産地ははっきり分からないが、世界の熱帯から温帯に広く分布している高さ0.5～1.1mの一年草。江戸時代にはすでに帰化していた。同類のセンダングサは、葉を樹木のセンダンに見立てて名付けられた。このほかにアメリカセンダングサ、シロバナセンダングサなどがある。いずれの種類も果実が細長く、その先端に鋭い刺がある。この刺に、また下向きの小さい刺がついているので、秋から冬にコセンダングサの草むらを歩くと、ズボンの裾にくっついて、なかなかとれなくなる。

[採取時期・製法・薬効]

10月頃の開花期に地上部を刈り採り、水洗い後、天日で乾燥させる。成分は、アントラキノン配糖体を含む。

❖解熱、下痢止に

刺針草一回量10～15gを水400mlで半量に煎じて服用する。

❖喉の痛みに

上記の煎液でうがいをする。

❖腫れ物の解毒に

上記の煎液で患部を洗う。

10月中旬長崎県対馬

11月上旬長崎県対馬

つぶやき

南方の島での解熱剤：伊豆諸島の八丈島よりさらに南の青ガ島、ミクロネシアのパラオ島では、コセンダングサを解熱剤に使用しているという。

参考：薬草カラー図鑑3、牧野和漢薬草圖鑑

サイハイラン 采配蘭	ラン科 山野	【生】山慈姑 さんじこ	根茎 花が萎んだ頃	〔民〕胃潰瘍、胸やけ 〔外〕ひび、赤ぎれ

胸やけ・胃潰瘍には温服する

[生育地と植物の特徴]

直立した花茎上部に細長い花を多数下向きにつける姿を、軍陣を指揮するのに使用した采配にたとえた名。ヒマラヤから中国、台湾、日本、サハリンまで広い地域に分布する多年草。花期は5～6月頃。下垂して花弁そのものはあまり開かない。もとは薬用植物ではなかったが、江戸末期にオランダ医学で、ヨーロッパ産のサレップ根が粘滑薬に用いられ、その代用品として似たサイハイランが使われるようになった。

[採取時期・製法・薬効]

花がしぼみ、花茎がまだ残っている頃、鱗茎（根茎）を掘り、外側の褐色のコルク皮を除き、軽く水洗いして小さく刻み、天日で乾燥させる。成分には、鱗茎に粘液質やマンナンがある。

❖胸やけ、胃潰瘍に

根茎の乾燥品一日量2～4gを煎じて3回に分けて食前に服用する。熱いうちに飲むか、温め直して飲む。

❖ひび、赤ぎれに

患部を微温湯で湿らせたあと、粉末にしたものを軽く擦り込む。これを繰り返す。

6月上旬長崎県対馬

つぶやき

地下の鱗茎は白色で多肉質。卵球形に肥厚して、横に数個連結して地下の割に浅いところにある。農山村の子どもたちは、この鱗茎を掘り、焼いて食べたりしていたが、クリに似た味でホウクリ、ハツグリ、ハクリなどの方言で呼ぶ地方もある。花色は変異が多い。葉がまったくないモイワランがある。

参考：薬草事典、新佐賀の薬草、薬草カラー図鑑1、バイブル、牧野和漢薬草圖鑑

シャク 杓	セリ科 山野	なし	根 開花期/秋	〔民〕強壮、消化促進、頻尿

根を乾燥させ消化促進・老人の頻尿に

[生育地と植物の特徴]

北海道から九州に自生する。サハリン、千島列島、中国、朝鮮半島、シベリア、中央アジア、東ヨーロッパにも分布する。日本では、各地の山中の湿った谷間などに生える。根は太く、茎は直立して高さ1m内外となり、上部で分枝する。葉は互生し、全形はほぼ三角形の2～3回羽状複葉で各小葉はさらに羽状に裂ける。開花期は5～6月頃。茎頂に複数形花序を出し白色の小花をつける。

[採取時期・製法・薬効]

春の開花期、または秋に地上部が枯れかかったとき、根を採り水洗いして陰干しにする。成分は、樹脂アルコール類のリグナン、消化促進作用のある精油を含む。

❖消化促進、強壮、老人の頻尿に

一回量10～15gを水400mlで3分の1量に煎じ、3回に分けて服用する。

4月下旬長崎県対馬

つぶやき

開花期に根を採り、小川の流れに漬けてアク抜きし、乾燥後、粉末にして、米、もち米、栃の実などとともに力餅として食べる風習がある。花の識別は、花弁が平開し、外側の一枚が大きいので分りやすい。

	花	花期	葉	他
セリ	花弁は背側に折り込む	7～8月	1～2回三出羽状複葉	
ドクゼリ	花弁の先が内側に少し曲がる	6～8月	2～3回羽状複葉	筍状節塊根
セントウソウ	花弁の先が内側に少し曲がる、雄蕊が花弁より長い	2～5月	1～3回三出羽状複葉	
ヤマゼリ	花弁の先端が爪様に内側へ曲がる	7～10月	2～3回三出複葉	
シャク	花弁は平開、外側の1個が大	5～6月	2回三出複葉	

参考:薬草カラー図鑑2、牧野和漢薬草圖鑑

シャクチリソバ 赤地利蕎麦	タデ科 栽培	【生'】赤地利 しゃくちり	根茎 秋	〔民〕寝汗、高血圧予防、下痢止、咽頭痛、〔製〕ルチン材料

かつて局方に高血圧治療薬として掲載されたルチン

[生育地と植物の特徴]

漢名の赤地利を日本語読みにして、シャクチリとなった。インド北部のヒマラヤ地方より中国中南部が原産。我が国では昭和の初め、東京小石川植物園で栽培、その後各地に広まった。高さ40～120cmの多年草。全株無毛で茎は中空、根茎より叢生し、緑色であるが、下部はときに淡紅色。葉は長柄により互生し、三角形か長卵状三角形。花期は秋。上部葉腋より長い花枝を出し、先は2～3分岐し、密に小白花をつける。痩果は三角形で長さ7～10mm、稜は鋭く尖り、黒褐色となる。

[採取時期・製法・薬効]

開花期に地上部を採り、地下部も掘り上げ、水洗いのあと細切りし、天日で乾燥させ、別々に保存する。成分は、地上部、特に花穂にルチンを多く含み、茎葉にもルチンのほか、クエルセチン、クエルチトリンを含む。根茎、根にはクマール酸、フェルラ酸、シャクチリンを含む。

❖高血圧予防に

乾燥した地上部一日量1～3gに熱湯200mlを注いで服用する。

❖喉の痛みに

乾燥した地下部10～15gを水600mlで煎じ、煎液で一日数回うがいをする.

❖下痢、睡眠中に出る寝汗に

乾燥した地下部5～10gを水600mlで煎じ一日2～3回に分けて服用する。

9月下旬長崎県対馬

つぶやき

昭和36年の'日本薬局方'に、高血圧症や脳出血治療薬のルチンが収載されてから、ソバ(蕎麦)にかわる原料としてシャクチリソバが盛んに栽培された。その後ルチンを多く含む生薬の槐花が輸入され始めると、シャクチリソバの栽培は姿を消し、一部が野生化している。シャクチリソバのソバ殻は枕などに入れられる。

参考:薬草カラー図鑑4、牧野和漢薬草圖鑑

ジュウニヒトエ 十二単衣	シソ科 原野	なし	全草 開花期	〔民〕苦味健胃

全草を苦味健胃剤に

[生育地と植物の特徴]

日本固有種。本州の北部から四国の丘陵の草地にのみ生える。全体に白い毛が密生。根茎は短く、茎は4角、高さ10～25cmになり、基部に葉の退化した鱗片葉がある。葉は白緑色で鋸歯がある。花期は4～6月。花茎の先に多数輪生して咲き全体として穂状になる。唇形の花冠は淡紫色、上唇は浅く2裂、下唇は大きく3裂する。

[採取時期・製法・薬効]

春の開花期に全草を採取し、水洗いしてから刻んで天日で乾燥させる。成分は、苦味成分としてジテルペン化合物のアジュガマリンや、フェニルプロパノイド配糖体、イリドイド配糖体などが含まれている。

❖苦味健胃剤に

よく乾燥している全草を、約5～8gを一日量として水400～600mlで半量に煎じて3回に分けて空腹時に服用する。

4月中旬長崎県

つぶやき

花が苞の間に重なって密に咲くのを、女官の十二単衣の装束に見立てたもの。'原色牧野和漢薬草大圖鑑'によると、シソ科キランソウ属であるジュウニヒトエは、キランソウ(筋骨草)と同様に止血、解毒、腫れ物、打撲などに外用される。また、アジュガマリンなどのジテルペン化合物は葉を食べる昆虫の幼虫の摂食行動を抑制する作用があり、葉が食べられることは稀である。

参考:薬草カラー図鑑2、牧野和漢薬草圖鑑

ジュズダマ 数珠玉	イネ科 湿った山野	【生'】川穀・【生'】川穀根 せんこく・せんこくこん	種子/根 秋	〔民〕肩こり、リウマチ、 神経痛/利尿、鎮痛

滋養強壮・心臓病に効果、疣取りや美肌効果も

[生育地と植物の特徴]

東南アジア原産の帰化植物。子供が果実に糸を通し数珠繋ぎにして遊んでいたのでこの名がある。田の畦や溝辺、川岸などに生える。ジュズダマは多年草でハトムギよりもずっと大きい。秋の初め頃に葉の腋から長短不揃いの柄をもった穂を出し、実と同形の雌花とそれについた雄花をつける。果実(苞鞘)は始め緑色であるが、次第に黒色となり黒光りして艶があり、後に灰白色になる。殻が硬くて手で潰すことはできない。

[採取時期・製法・薬効]

9～10月に種子を採り、天日に干す。根は掘り採って水洗いした後、天日で乾燥させる。ジュズダマの種子は薏苡仁の代用となる。

❖神経痛、リウマチ、肩こり、腰痛に

乾燥した根10gを水600mlで半量に煎じ一日3回に分けて飲む。

❖消炎、利尿、鎮痛に

乾燥して砕いた種子10～30gを水400mlで煎じ一日3回に分けて飲む。

ジュズダマ 11月下旬島原薬草園

つぶやき

お手玉を作る。ハトムギと間違えられる程似ているが、ハトムギは栽培するもので野生ではなく一年草である。殻はそれほど硬くなく指間にはさんで潰すと割れる。種子の断面にヨードチンキをつけるとハトムギは暗赤褐色、ジュズダマは青紫色になる。数珠玉《季》秋。

参考:薬草事典、薬草の詩、長崎の薬草、新佐賀の薬草、宮崎の薬草、薬草カラー図鑑2、牧野和漢薬草圖鑑、徳島新聞H191113

スイバ 酸葉	タデ科 湿地	【生'】酸模 さんも	根/根生葉 開花末期/随時	〔民〕健胃、便秘、〔食〕山菜 〔外〕寄生性皮膚病

スカンポ(スイカンポ)と呼ばれ食べられる

[生育地と植物の特徴]

日本各地のほか北半球に広く分布。ギシギシに似ているがギシギシに比べて小形で葉柄の基部や茎に赤味がさしていて区別できる。茎には縦の方向にスジ張った稜線が通るのもギシギシと違う。雌雄別株。春から初夏にかけて茎の頂の枝に小花を群れてつけ雄花と雌花は形が異なる。多年草。茎は枯れても冬でも根生葉は残る。

[採取時期・製法・薬効]

花茎が枯れる夏から秋に根を掘り出し、水洗いして細根を除き天日で乾燥させる。古い方が良く、1年くらい経ったものを使用する。

❖健胃薬に

花10gを水500mlで煎じて3回に分服する。

❖便秘に

乾燥した根5～10gほどを水600mlで半量になるまで煎じ、一日3回に分けて飲む。

❖水虫等に外用

新鮮な生の根を金属以外のおろし器ですり下ろし、黄色の汁を一日3～4回患部につける。

5月上旬佐賀県

つぶやき

名は葉も茎もひどくすっぱいことからついた。別名スカンポとかスイカンポと呼ばれる。葉や茎は生で食べても煮て食べても酸味があって美味しいが、蓚酸や蓚酸カルシウムがあるために多食連用すると結石ができることがある。酸葉・スカンポ《季》春。

参考:薬草の詩、長崎の薬草、宮崎の薬草、薬草カラー図鑑2、牧野和漢薬草圖鑑

ギシギシ 羊蹄	タデ科 湿地	【生'】羊蹄根 ようていこん	根 夏	〔民〕便秘 〔外〕たむし、〔食〕山菜

慢性の便秘や痔に効く

[生育地と植物の特徴]

日本全土、朝鮮半島、中国、サハリン、千島列島に分布するタデ科の大型多年草。高さ0.6～1m。根葉の中心から出た茎は上部に枝を出し先の方に6月頃になって花を節ごとに輪生する。下の方から咲きのぼって長く穂のように群れてつき黄緑色である。夏になると実が熟して褐色になり、三つの翼をつけた実がヒラヒラ垂れ下がる。

[採取時期・製法・薬効]

7～9月花茎が枯れる頃、根を掘り上げ細根を取り除き天日で充分乾燥させる。根の成分はクリソファン酸とエモジンを含む。シュウ酸、タンニンも少量含む。

❖便秘に

乾燥根一日量9～15gに水600mlで半量になるまで煎じ3回に分け、その都度温めて食間に飲む(温服)。

❖たむし、水虫に

生の根をすり下ろし酢を少々加えて練り患部に塗る。

❖食用に

春先の若芽を生え際から切り採り塩少量を加えて茹でて酸味をとり、水で晒して和え物、浸し物などで食べる。

ギシギシ 5月下旬佐賀県

エゾノギシギシ 6月上旬長崎大学薬草園

つぶやき

休耕田や荒れた畑に侵入して一面に茂っている。冬から春先にかけて根際からみずみずしい長楕円形の葉を拡げて叢生する。葉縁辺は波打つ。生薬の羊蹄根は採集して一年以上経った古いものを使用する。新しい根を煎じると、強い吐き気を起こす。

参考:薬草事典、薬草の詩、長崎の薬草、宮崎の薬草、薬草カラー図鑑4、牧野和漢薬草圖鑑、徳島新聞H151218

センブリ 11月上旬長崎県

イヌセンブリ 10月中旬長崎県

ムラサキセンブリ 10月中旬長崎県

センブリ 千振	リンドウ科 山野の草原	【局】当薬 とうやく	全草 秋	〔民〕苦味健胃剤 〔外〕抜け毛、円形脱毛症、虱駆除

単味で苦味健胃剤として用いる

[生育地と植物の特徴]

センブリは、北海道西南部、本州、四国、九州、朝鮮半島、中国に分布。陽当たりの良い山野に自生する越年草（二年草）。茎は方形。全草に苦味がある。

[採取時期・製法・薬効]

10〜11月頃に開花中の全草を引き抜き水洗いして日陰で乾燥させる。天日で乾燥させては、成分が壊れる。苦味は、苦味配糖体のスウェルチアマリン、スウェロサイド、ゲンチオピクロサイドである。

❖苦味健胃剤として食欲不振、消化不良に

[民間薬（当薬）**]** 産地は、長野、高知、岐阜、岩手、秋田、山形。

❖単味で苦味健胃剤として用いる。

①乾燥した全草の粉末を耳かき1杯ぐらい（0.03〜0.05g）を水で一回分として飲む。②一日量1.5gを水300mlで半量に煎じて一日3回に分けて飲む。

❖抜け毛や円形脱毛症に

苦味成分は皮膚刺激、血流増加作用により毛根への養分供給を促進する。

当薬約15gをホワイトリカー200mlに漬け込み一日1回少量を擦り込みながらマッサージする。

植物の特徴

	生育地	草丈	茎	葉
①センブリ	陽地 草地	20〜25 (cm)	淡紫色	長さ1〜4cm 細長線形
②イヌセンブリ	湿地	5〜30	淡紫色	長さ2〜5cm 倒披針形
③ムラサキセンブリ	陽地 草地	30〜70	暗紫色	長さ2〜4cm 線状披針形

花の特徴

	直径	花弁	花弁のスジ	密腺溝
①	2〜3 (cm)	白色	紫色	各花弁の基部に2個 淡紫色
②	2〜3	白色	紫色	周りの毛が長くて見えない
③	2〜4	紫色	濃紫色	各花弁の基部に2個 楕円形、毛は少ない

つぶやき

千回振り出し（煎じ）てもまだ苦いのでセンブリという。当薬とは当（まさ）に薬で良く効くの意。薬用にされたのは江戸時代末期以降のことである。古い時代には、蚤や虱を殺す殺虫剤に使われていた。なお、ムラサキセンブリやイヌセンブリにも苦味があるが薬用にはされない。

参考：薬草事典、薬草の詩、新佐賀の薬草、宮崎の薬草、薬草カラー図鑑1、牧野和漢薬草圖鑑、生薬学、生薬処方電子事典

スギナ 杉菜	トクサ科 原野	【生'】問荊 もんけい	地上部 春	〔民〕鎮咳、利尿、胆石 〔外〕うるしかぶれ

ツクシは食用に、スギナは薬用に

[生育地と植物の特徴]

名は草全体の形が杉に似ていることからつけられた。北半球の暖帯以北に広く分布。日本では各地に分布する多年草。葉は鱗片状で目立たないが、その様が杉に似ている。緑色のスギナは栄養茎であるが、ツクシは胞子茎である。ツクシの筆の穂に似た頭には無数の胞子ができて仲間をふやす役目がある。

[採取時期・製法・薬効]

5〜7月の葉の繁った頃、地上部を刈り採り水洗後一日天日で乾燥させ、その後陰干しで4〜5日十分乾燥させる(問荊)。多量の珪酸のほか鎮咳作用のあるサポニンの一種エキセトニン、β -シトステロールを含む。

❖鎮咳、利尿、胆石に

鎮咳、利尿に問荊一日量5〜10gを水600mlで半量に煎じ3回に分けて飲む。健康維持には5分という短時間煎じるだけでよいともいう〔PC〕。胆石には一日量10〜20gに水600mlを加え半量に煎じ3回に分けて食後に服用する。

❖うるしかぶれに

煎液で洗うか生のスギナをすり潰してつける。

つぶやき

「つくし誰の子　スギナの子・・」という童謡(わらべうた)があるがそもそも親子関係はない。スギナには種々のミネラルが含まれており、これらが薬効を高めると考えられる。スギナを粉末にして丸ごと飲む人もいるが、珪酸やアルカロイドを含むので好ましくない。つくしんぼ《季》春。

スギナの成分分析表

	ケイ素	K	Ca	Mg	Zn
スギナ(葉)	4250	3620	1940.0	300.0	40.2
スギナ(根)		1290	390.0	160.0	34.9
ホウレン草		708	12.5	100.8	6.1
春菊		654	100.4	23.5	5.2
長ネギ		206	55.4	13.4	2.7
ゴボウ		394	127.4	66.2	6.9

mg/100g中　　中嶋常允(農業科学研究所所長)1988.8.5

4月中旬佐賀県　　つくし 4月上旬佐賀県

参考:長崎の薬草、新佐賀の薬草、宮崎の薬草、薬草カラー図鑑2、牧野和漢薬草圖鑑、徳島新聞H150220

ソクズ 蒴藋	レンプクソウ科 土手、路傍	【生'】蒴藋 さくちょう	地上部 夏〜秋	〔民〕利尿、〔浴〕リウマチ、神経痛 〔外・浴〕打撲

神経痛・リウマチに浴用料として

[生育地と植物の特徴]

本州、四国、九州、中国に分布する。道路脇の土砂捨て場や溝のほとりに大群落をなして茂る多年草。葉は大型の奇数羽状複葉で対生する。夏に茎の頂に傘を拡げたように咲く。小さく白い無数の花の間に黄色い蜜をためた腺体が散在する特性がある。この蜜腺からハナアブのような昆虫が蜜を吸う。

[採取時期・製法・薬効]

8〜9月に地上部全体を刈り採り、水洗い後小さく刻んで天日で充分に乾燥させる。成分で利尿効果は硝酸カリ。

❖むくんだ時の利尿に

乾燥品一日量4〜12gを水600mlで半量になるまで煎じ3回に分けて飲む。

❖浴用料(神経痛、リウマチに)

乾燥したものを浴用料として用いる。

❖打撲(打ち身)に

蒴藋をすり潰して厚く貼るか、煎液を浴用料とする。

❖帯状疱疹(長崎の薬草)

つぶやき

ニワトコに似ているがニワトコが木であるのに対しソクズは草である。ソクズというのは漢名のサクダクから転化したかニワトコをタズというのでクサタズが転化したかのいずれかという。北九州方面では帯状疱疹のことをタズというが、ニワトコとソクズは帯状疱疹に使われるので、ニワトコをタズ、ソクズをクサタズという(長崎の薬草)。

ソクズ 7月下旬長崎県対馬

参考:長崎の薬草、新佐賀の薬草、宮崎の薬草、薬草カラー図鑑2、牧野和漢薬草圖鑑

ソバナ 岨菜・蕎麦菜	キキョウ科 山地の樹陰	なし	根 夏～秋	〔民〕去痰、腫れ物の解毒

春は山菜に、夏は去痰剤に

[生育地と植物の特徴]

本州から九州までの山地の樹陰に生える多年草。朝鮮半島、中国に分布。茎は空洞で柔らかく、折ると白い乳汁を出す。根は肥厚して紡錘形。葉は長い葉柄を持ち互生し、広披針形で、先端は細くなり、基部はハート形で、縁に粗い鋸歯がある。花期は8月。茎の先や葉腋より花茎を伸ばし、青紫花をつけ、円錐花序にまばらに下垂する。花冠は釣鐘形で先は5裂して広がり萼は5枚に分かれ、各片は披針形。花柱は花冠より外には突き出ない。

[採取時期・製法・薬効]

夏から秋に根を採り、水洗い後に天日で乾燥させる。乾燥しにくいので2つに割って干すのが良い。成分は、サポニンの一種とイヌリン。

❖去痰に

根の乾燥したもの5gにショウガ少量を加え、砂糖を小匙1杯加え、水600mlで半量に煎じて3回に分けて食前に服用する。

❖腫れ物の解毒に

生の葉を洗って揉み、汁を患部にすり込むように塗る。

9月下旬長崎県

つぶやき

春の山菜として若苗を茹で、お浸しにして食べる。茹でるときに、蕎麦を茹でるときの匂いに似ているので蕎麦菜になったという説がある。また一説には、険しい山道を岨道（そばみち）といい、そのような場所に生えるので岨菜となったいう説もある。

参考：薬草カラー図鑑3

ダイコンソウ 大根草	バラ科 山野の湿地	【生'】水楊梅 すいようばい	全草 夏～秋	〔民〕利尿、夜尿症 〔外〕腫れ物、切り傷

強壮・利尿・消炎などの効果

[生育地と植物の特徴]

名は根生葉がダイコンの葉に似ていることによる。北海道、本州、四国、九州、中国、朝鮮半島、済州島に分布。山野に生える多年草。葉は奇数羽状複葉で、粗い鋸歯がある。茎葉は上に行くほど小葉の数が少なく浅く、あるいは深く3つに裂けた形となり頂小葉が最も大きくて円い。根生葉の間から2～3本の茎を伸ばし枝分かれして初夏に濃黄色の5弁花を枝先につける。1つの花の中に多数の雌蕊があるが、それぞれの花柱に腺毛が生え、先端が鉤状に曲っている。その先に1つの関節があり、白い毛のある柱頭がついていて、この柱頭はのちに落下する。花が済んで緑色の金平糖のような実ができるがこれは果実の集まりで粒々の果実の先は鉤状に曲っている。

[採取時期・製法・薬効]

8～9月に全草を掘り採り、水洗い後に充分乾燥させる。

❖腎臓病、ネフローゼ、心臓病の浮腫に

水楊梅一日量10～15gを水400mlで3分の1に煎じ3回に分けて服用する。

❖夜尿症に：特に小児の夜尿症

水楊梅一日15gを煎じて飲む。

❖腫れ物、切り傷：葉を揉み汁を塗る。

9月下旬長崎県対馬

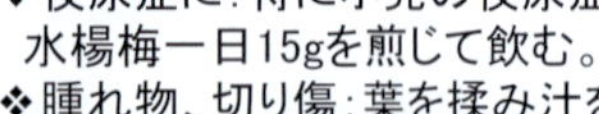

つぶやき

太く短い根際から出た根生葉は平たく四方に拡がり地面を被う。大根の葉を小形にしたようなのでダイコンソウという。花がキンポウゲ科の有毒なウマノアシガタやキツネノボタンに似ているので注意が必要である。若葉は茹でて油で炒めて食べられる。水楊梅は家伝薬として各地で多様に（糖尿病、外用薬）利用されていたが、現在はすたれつつある。

参考：長崎の薬草、新佐賀の薬草、薬草カラー図鑑2、バイブル、牧野和漢薬草圖鑑、徳島新聞H251104

タカサブロウ 高三郎	キク科 湿り気のある道端	なし	全草 秋	〔民〕血尿、血便の止血 〔眼〕ただれ目

血尿・血便の止血に

[生育地と植物の特徴]

本州から沖縄まで、田んぼの畦道や湿地に自生する一年草。種子は海水に強く、特に海流に運ばれて広く世界中に分布。茎は高さ30〜60cmで、短毛が生え、直立するか斜めに立って枝分かれする。葉は無柄で披針形。先端が尖り、縁に細い鋸歯がある。夏の盛りに径1cmほどで周辺に白い舌状花と中心に淡緑色の管状花のある頭花をつける。

[採取時期・製法・薬効]

夏の開花期に全草を採って水洗いしてから天日で乾燥させる。成分はウェドロラクトン(茎を折ると断面が黒くなって乾くのはこの成分のため)、タンニン。他に止血作用のある成分を含む。

❖血尿、血便の止血に

全草の乾燥したもの一日量3〜10gを水600mlで半量に煎じて3回に分けて服用する。

❖ただれ目に

前記の煎液で洗眼する。

9月下旬長崎県対馬

つぶやき

語源ははっきり分からない。古名をタタラビと呼び、後にタタラビソウとなる。タタラビは皮膚のただれることを意味する古名。タタラビソウはただれたときに用いられる草である。

参考:薬草カラー図鑑3、牧野和漢薬草圖鑑

タチアオイ 立葵	アオイ科 栽培	【生'】蜀葵 しょくき	花/根 夏〜秋の開花時	〔民〕利尿

花や根を乾燥させて利尿に

[生育地と植物の特徴]

中国原産。古い時代に我が国に渡来した。当初から観賞用に植栽されている越年草。名は、茎がまっすぐに高く立つことによる。かつて'アオイ'と呼んでいたものはタチアオイを指していることが多い。高さは、2〜3m。花期は6〜8月。花は直径7〜10cmと大きく、下から次々に咲き上がる。花の色は白色、淡紫色、濃紅色などで、八重咲きもある。

[採取時期・製法・薬効]

夏から秋の開花期に、花を採って天日で乾燥させる(蜀葵花)。根も開花期に採り、手早く水洗いして天日で乾燥させる(蜀葵根)。成分は、粘液質のペントサン、アラバン、ガラクタン、ラムノサンのほか、デンプン、ショ糖、脂肪を含む。

❖利尿に

蜀葵花4〜8gを一回量とし、蜀葵根は10〜15gを一回量として水300mlで半量に煎じて服用する。

7月上旬長崎県対馬

つぶやき

花が美しいので、欧米各国で栽培され、改良されて新しい品種が入ってきている。在来種は越年草であるが、改良種は一年草として栽培される。移植できないので、栽培する地点に種子を撒く。また、水上げが悪いので、切り花にはできない。

参考:薬草カラー図鑑2、牧野和漢薬草圖鑑

タネツケバナ 種漬花	アブラナ科 路傍、田んぼ、小川の縁	なし	全草 開花期	〔民〕利尿、整腸、鎮咳 〔外〕でき物、〔食〕若葉

全草を乾燥させたものを利尿・整腸・鎮咳に

[生育地と植物の特徴]

北海道から沖縄までの各地の低地、田んぼ、小川の縁、路傍などに生える越年草。中国、朝鮮半島を含むアジア各地、北米、ヨーロッパにも分布する。茎は下部から枝分かれし、高さ15～25cm、下部は暗紫色で短毛が生える。葉は奇数羽状に分裂し、先端に出る小葉は側小葉より大きい。花期は3～7月頃。白い4弁花が総状につき、下から上に順序よく咲く。花弁は約4mmで萼片の約2倍の長さがある。暗紫色の萼片4枚は開花後に落ちる。雄蕊6個のうち、4個が長く、雌蕊は1個。果実は線形で長さ2cm、幅1mmほどで、熟すと2片が急速に裂け、その勢いで種子を遠方にはじき飛ばす。類似植物にオオバタネツケバナがある。山間の清流に生え、タネツケバナより大きく、30cm以上に伸びる。

[採取時期・製法・薬効]

開花期に全草を採取し水洗いして刻み、天日で乾燥させる。

❖利尿、整腸、鎮咳に

乾燥した全草10～20gを一日量として水400mlで半量に煎じて3回に分け服用する。

❖でき物に

新鮮な葉をつぶして患部に塗布する。

つぶやき

苗代づくりの前に、種もみを水につける頃に開花するのでこの名がある。若葉が山菜になる。

5月上旬長崎県

4月中旬長崎県対馬

参考：薬草カラー図鑑3、牧野和漢薬草圖鑑

タンキリマメ 痰切豆	マメ科 山地、やぶ	なし	種子 秋	〔民〕鎮咳、去痰

名前のように鎮咳去痰作用

[生育地と植物の特徴]

マメ科の蔓性の多年草。暖地の山野に見られ、全体に褐色の毛がある。別名キツネマメ、外郎豆（ウイロウマメ）、巾着豆（キンチャクマメ）。葉は三出複葉。花期は夏。黄色い蝶形花をつけ、秋に莢が赤く熟すと2個の黒い種子を出す。

[採取時期・製法・薬効]

秋に豆果を採取し容器に入れ、天日で乾燥させて種子を集める。

❖鎮咳、去痰に

種子15～20gを一日量として、水500mlを加えて煎じて3回に分けて食前に服用する。

つぶやき

いかにも薬草であるような名前であるが、薬効が書いてある書物は意外と少ない。‘長崎の薬草’の他に‘大辞泉’にも掲載されていた。三出複葉は3枚の小葉からなる複葉で、3つで1枚の葉である。木ではタカノツメ、メグスリノキ、ミツバウツギ、ヤマハギ等、草ではクズ、タンキリマメ、ミツバ、フジバカマ、アキカラマツ、ボタンボウフウ等、多数あり。

11月中旬長崎県対馬

11月下旬長崎県対馬

参考：長崎の薬草、島原の薬草、大辞泉

チダケサシ 乳茸刺	ユキノシタ科 草原	【生'】赤升麻 あかしょうま	根茎 開花期	〔民〕解熱、風邪、頭痛

野原の風邪薬・解熱鎮痛薬

[生育地と植物の特徴]

本州、四国、九州の日の良く当たる草原や田んぼ、小川の縁などに自生する多年草。茎は直立し高さ50～80cm。葉は葉柄が長く、2～3回羽状複葉。小葉は楕円形から卵円形で長さ1～5cm、幅7～30mm、両面に粗毛がある。葉の縁には不揃いの鋸歯がある。花期は7～8月。淡紅色の小花を円錐花序に多数つける。花弁は5個、線状へら形で、長さ3～5mm。雄蕊は長さ約3mm、花弁より短い。花柱は2本。

[採取時期・製法・薬効]

夏、花のあるころ根茎を掘り採り、水洗いしながらひげ根を除き、天日で乾燥させる。升麻（サラシナショウマ）の代用として用いる。成分は、フラボノイドのタキシフォリンにラムノシドの糖がついたアスチルビン配糖体、ベルゲニン。

❖風邪、解熱、頭痛に

乾燥した根茎（赤升麻）一日量5～15gを水600mlで煎じ3回に分けて温めて服用する。

7月中旬熊本県

つぶやき

落葉樹林内に生えるキノコにチチタケまたの名をチダケというベニタケ科の食用キノコがある。このキノコを採りに山に入る前に田んぼの畦道に生えているこの草を採って持って行き、チダケをこの草の茎に刺して持ち帰ったことからこの名となった。

参考：薬草カラー図鑑4、牧野和漢薬草圖鑑

ツチアケビ 土木通	ラン科 湿気のある山野	土通草 どつうそう	果実 秋	〔民〕利尿、強壮、〔外〕湿疹

利尿には効果あるというが強壮については疑問

[生育地と植物の特徴]

名は真っ赤な果実をアケビの実に見立てたことに由来。日本固有種。北海道（札幌以南）、本州、四国、九州に自生する多年草。木陰に生える腐生植物。高さ約50cm、茎は太く直立し葉がなく、全体が黄褐色。初夏、淡黄色の花を総状につける。果実は肉質で赤く、アケビに似る。果実を干したものを民間で強壮、強精に用いる。

[採取時期・製法・薬効]

8～9月に地上部全体を刈り採り、水洗い後小さく刻んで天日で充分に乾燥させる。

❖利尿、強壮に

一日量10～15gを水300mlで3分の1量になるまで煎じ、一日3回に分けて飲む。

❖湿疹に

前記と同様に煎じて飲む。また、その煎液で洗う。

❖頭皮のでき物に

関東地方では全草を黒焼きにして頭髪油を加えると頭皮のでき物を治すという。

10月中旬長崎県対馬

つぶやき

土から出たアケビの意味。別名のヤマシャクジョウは山の神の錫杖（しゃくじょう）で果実が茎の先から下垂する様を錫杖にみたてた。我が国独特の薬草で、強精薬に用いられたりする。これは外観が男根を連想させるからであろうが、強精薬になるというのは疑問である。

参考：新佐賀の薬草、薬草カラー図鑑2、牧野和漢薬草圖鑑

ツユクサ 露草	ツユクサ科 山野	【生'】鴨跖草 おうせきそう	地上部 開花時	〔民〕解熱、利尿、下痢止 〔染〕染料

解熱・利尿剤として効果

[生育地と植物の特徴]

夜明けに咲き露を帯びて咲く印象が強かったためにつけられた名である。アジア東部の温帯から暖帯にかけて広く分布する一年草。高さ15～50cm。茎も葉も毛がなく緑色でなめらか(マルバツユクサには毛がある)。夏に2つ折りの2枚の苞葉に包まれた青色の花が咲く。花期は長いが、一つの花は短命で1日で萎む。花の小さいマルバツユクサは薬用にはしない。

[採取時期・製法・薬効]

夏から秋の開花中の地上部を刈り採り、水洗い後、湯通しして天日で充分に乾燥させる。成分は、アントシアン系色素のフラボコンメリニン、デルフィニジンジグルコサイド、粘液質、フラボノイドのアオバニンなど。

❖解熱に

乾燥した全草一回量4～6gを300mlの水で煎じて服用。一日3回を限度とする。

❖利尿、下痢止に

乾燥した全草10～15gを一日量として400mlの水で300mlになるまで煎じて3回に分けて服用する。

ツユクサ 9月中旬長崎県

マルバツユクサ 9月上旬長崎県

つぶやき

古名のツキクサが転じてツユクサ。ツキクサ(着草)は天平の頃から染料植物として用いられたことによる。花の色素は水に浸すと脱色する。友禅の下絵書きに使われる。花の形を女の髪型に見立てて“お嫁さん花”とか“おかみさん花”、“ホタルグサ”ともいう。露草《季》秋。

参考:薬草事典、長崎の薬草、宮崎の薬草、薬草カラー図鑑1、牧野和漢薬草圖鑑、徳島新聞H140708

ツルナ(ハマヂシャ) 蔓菜(浜萵苣)	ハマミズナ科 海岸の砂地	【生】蕃杏、【生】浜苣 ばんきょう、はまぢしゃ	全草 開花時	〔民〕健胃、整腸 〔食〕芽先・葉

健胃・整腸作用のある野菜

[生育地と植物の特徴]

茎の下部は地を這い上部は立ち上がるので一見して蔓に見えたのでついた名である。多年草。海岸に生えチシャのように食べられることから、ハマヂシャと呼ばれる。北海道西海岸から沖縄までの日本、中国、東南アジア、オーストラリア、南米に分布。葉には表皮細胞が変わった粒状の突起が茎葉全面についていてザラつく。短い柄のある菱状卵形の葉を互生する。春から秋までほとんど年中葉のつけ根に小さな無柄で黄色の花を一つずつつけ早いほうから果実になっていく。果実はヒシの実を小形にしたような形で、刺が鋭い。良く熟したものは外側にコルク質の皮を被っており海水に浮くので、遠方に流れ着き、砂浜に打ち上げられると刺によって止まり発芽する。

[採取時期・製法・薬効]

夏～秋の開花時に根から引き抜き水洗い後刻んで天日で充分に乾燥させる(蕃杏)。開花時でない時は浜苣。

❖胃炎、胃酸過多、腸炎に

蕃杏一回量10～15gを水600mlで半量になるまで煎じ空腹時に飲む。

11月下旬長崎県

つぶやき

Captain Cookが1772年New ZealandからLondonのKew植物園にツルナを送った。イギリスで栽培されて“ニュージーランドのホウレンソウ“の名がある。日本でも戦時中に野菜不足を補うために、ツルナの種が配給され家庭菜園で栽培された。熱湯で茹でるだけで食べられる。

参考:長崎の薬草、新佐賀の薬草、薬草カラー図鑑2、牧野和漢薬草圖鑑、生薬処方電子事典、徳島新聞H140723

ツルニチニチソウ 蔓日々草	キョウチクトウ科 栽培、山野、道端	なし	全草	〔民〕腸出血などの止血

5月上旬佐賀県

腸出血・子宮出血の止血に

[生育地と植物の特徴]

ヨーロッパ産の蔓性常緑多年草で、耐寒性が強く、新潟県、長野県の山間地帯でも野生化している。葉は卵状、全縁で対生し、夏に茎の上部の葉腋に花柄を伸ばし、淡紫色の花をつける。花冠は深く5裂し、裂片はやや旋回する。萼は5裂し、縁に毛がある。花が終わると、蔓はさらに伸び、地面を這って蔓の先から根を出す。アンダーラインはニチニチソウと違う点。

[採取時期・製法・薬効]

夏の開花期に全草を採取し、水洗いして天日で乾燥させる。成分は、アルカロイドのペリベンチン、ビンカミン、ビンカメジン、レゼイルピン、レゼルピニン、マジョリジンなどのほかタンニンを含む。

❖腸出血、子宮出血などの止血に

一日量として乾燥した全草約5gを水400～600mlで半量に煎じ3回に分けて服用する。

つぶやき

ニチニチソウに似て蔓性であることから、この名になったが、似ていても属が異なり（ニチニチソウ属とツルニチニチソウ属 *Vinca*）、薬効も異なる。ニチニチソウ（p301）は、茎が直立する一年草。葉は長楕円形で先に円みがあり、基部が狭くなっていて、葉柄は短く、花は無柄で筒部は長い。熱帯原産のため、寒さに弱い。アンダーラインの点でツルニチニチソウと異なっており、識別がつく。

参考：薬像カラー図鑑3

ツルニンジン 蔓人参	キキョウ科 山地の陰地	【生’】羊乳 ようにゅう	根 秋	〔民〕鎮咳、去痰、〔食〕根茎、葉、蔓先、〔外〕切傷に

食べると滋養強壮や鎮痛に効果、根（羊乳）は生薬

[生育地と植物の特徴]

北海道、本州、四国、九州、朝鮮半島、中国北部、アムール地方に分布。山地の林の中に自生する蔓性の多年草。蔓は左右いずれにも巻いて伸びる。葉は薄く下面は緑白色で互生するが枝の先では3～4枚輪生する。7～8月頃に鐘状の花をつけ内面に紫褐色の斑点がある。この斑点を老人班に見立てて別名ジイソブという。茎や葉を切ると白い乳液が出て大変臭い。

[採取時期・製法・薬効]

8～9月に根を掘り出し水洗いした後、薄く輪切りにして天日で乾燥させる。成分は、サポニンとイヌリンを含む。サポニンには鎮咳去痰作用がある。

❖去痰に

乾燥根一回量5～10gを水300mlで100mlになるまで煎じて飲む。

❖切り傷に

茎や葉を切って出る白い乳液をつける。

❖葉、蔓先を食用に

塩茹し水に晒し芥子酢味噌和えで食べ滋養強壮作用。

ジイソブ 9月下旬長崎県対馬

バアソブ 8月下旬熊本県

つぶやき

蔓性植物で根がチョウセンニンジンの白い根に似ることからついた名。チョウセンニンジンの偽物として出回ったこともある。内面に紫褐色の斑点があり、ジイソブ（爺さんのソバカスの意）の別名がある。ジイソブよりもやや小さく釣鐘がピンク色のものはバアソブという。

参考：薬草事典、宮崎の薬草、薬草カラー図鑑2、牧野和漢薬草圖鑑

ツルリンドウ 蔓竜胆	リンドウ科 山地、原野	青魚胆草 せいぎょたんそう	全草 秋以降	〔民〕黄疸、回虫駆除 〔酒〕青魚胆草酒

生薬名はあるが我が国では薬用にされた記述はない

[生育地と植物の特徴]

北海道から九州および千島列島南部、サハリン、朝鮮半島、中国、台湾に分布。山地の樹陰、原野、道端の陰湿地などに生える蔓性多年草。根茎は細く短く横走し、長い根を出す。茎は細く、単一か多少分枝し、伸長して匍匐し、他物に巻きつく、長さ30～80cm。葉は対生し、三角状狭心形か円形。花期は8～10月。葉腋に淡紫色の錐形花をつける。

[採取時期・製法・薬効]

秋以降に根をつけたままの全草を採集し、水洗い後、天日で乾燥させるか、そのまま使用する。根にアルカロイドのゲンチアニンを含む。

❖黄疸に

青魚胆草一日量30～60gを煎じて服用する。

❖回虫駆除に

青魚胆草15gと玉竹9gを米1合分に入れて炊いたものを一日2回に分けて食べる。

❖リウマチに

青魚胆草300gを焼酎に漬けて作った薬酒を飲用する。

10月中旬天山

11月上旬天山

つぶやき

リウマチに青魚胆草酒があるが、日本では薬用にされたという記述はない。

参考：牧野和漢薬草圖鑑

ツワブキ 厚葉蕗	キク科 山地半陰地	【生'】橐吾 たくご	茎/葉 秋/随時	〔民〕健胃、下痢止、魚中毒解毒、〔食〕葉柄 〔外〕擦傷、切傷、虫刺、打身、おできの吸出

火傷などに効果、葉柄は天婦羅や酢の物に

[生育地と植物の特徴]

ツワブキは厚葉蕗と書き、山菜の蕗に似て葉が厚いことからつけられた。また、ツヤブキ（艶蕗）の変化したものともいう。石蕗とも書く。太平洋側では福島県以西、日本海側では石川県以西の本州、四国、九州、沖縄、朝鮮半島、台湾、中国に分布。海岸近くに多く、庭などにも植えられて園芸品種も多い。10月頃に葉の間から花茎を伸ばし、枝を出してその先に黄色で菊形の頭状花をつける。

[採取時期・製法・薬効]

葉は必要な時に採取して使用する。

❖健胃、食あたり、下痢、魚の中毒に

乾燥した根茎（橐吾）10～20gに水400mlを加え約3分の1量に煎じて3回に分けて飲む。魚の中毒のときは、生の葉の絞り汁50ml以上を飲用する。

❖擦り傷、切り傷、虫さされ、打撲に

水洗いした葉を青汁が出るまでよく揉んで、その汁をつけたり、葉を患部に貼り繃帯しておき、一日2～3回新しい葉と取り替える。

❖おできの吸出しに

生の葉を水で洗って火に炙り、柔らかくなったら手で良く揉んで団子に丸め、患部にあて、ガーゼで抑えておく。

11月中旬長崎県対馬

つぶやき

食用にするのは若い葉の柄である。春先にまだ柔らかい葉柄を採り、皮をむく。これを湯がいてお浸しか、調味料で味付けして食べる。葉にはヘキセナール、タンニン、葉緑素を含む。これには抗菌作用があり、皮膚の炎症を鎮め、傷を快復させる作用がある。カラスは、腐った魚を食べたあとにツワブキを突くというが、野生動物の知恵か？石蕗《季》冬。

参考：薬草事典、薬草の詩、新佐賀の薬草、宮崎の薬草、薬草カラー図鑑1、牧野和漢薬草圖鑑、徳島新聞H160205

トウガラシ 唐辛子	ナス科 栽培	【局】トウガラシ、蕃椒 とうがらし、ばんしょう	果実 秋	〔民〕辛味健胃剤、皮膚刺激 〔食〕香辛料に

消化促進や殺菌作用

[生育地と植物の特徴]

原産は熱帯アメリカ。我が国では食用として栽培されるが一年草である。熱帯では多年草で巨大化する。日本にはポルトガル人によって伝えられたとも、朝鮮から持ち帰られたともいわれている。種類が多く、辛みにも大きな差がある。一般に細くて小型の果実を持つ辛み種と、丸くて大型の果実で辛みの少ない甘み種がある。

[採取時期・製法・薬効]

辛味成分はカプサイシン、カロチノイドのカプサンチン。

❖皮膚刺激薬として神経痛、筋肉痛に

トウガラシを刻み、その全量の4倍量の45度ホワイトリカーを加え、20～30日ほど冷暗所に置いたのち、布で濾してトウガラシチンキを作り、痛む部分に塗る。

❖辛味健胃剤として消化不良、食欲不振、胃炎に

少量を服用、あるいは食物に振り掛ける。トウガラシチンキ【局】をコップ1杯に数滴注いで食前に服用する。大量に食べると次の日にトイレで苦しむこともある。

つぶやき

辛み種のものは生果のまま、あるいは刻んで粉末にし、ソース原料、カレー粉、七味唐辛子、その他の調味料、辛味健胃剤に使われる。漢方で用いることはない。皮膚刺激作用はハップ剤として用い薬局方にあり、トウガラシ末【局】、外用するトウガラシチンキ【局】の原料に用いられている。甘み種のものはピーマンと総称される。

10月上旬熊本大学薬草園

参考:牧野和漢薬草圖鑑、徳島新聞H180103

トウモロコシ 玉蜀黍	イネ科 栽培	【生'】玉蜀黍蘂/【生'】南蛮毛/【生】玉米鬚 ぎょくしょくきずい/なんばんもう/ぎょくべいしゅ	花柱 秋	〔民〕利尿 〔製〕軟膏基材

むくみには南蛮毛、花粉は便秘解消

[生育地と植物の特徴]

名は唐とモロコシキビを合わせたものの略。別名トウキビ。南アメリカ原産の一年草。各地で食用、家畜の飼料用、工業原料用に栽培されている。

[採取時期・製法・薬効]

7～8月頃に果実が熟してひげ(花柱)が茶褐色になった頃に花柱を集めて天日で乾燥させる。

普段食べている種子が黄色いトウモロコシは蛋白質を約8%、脂肪を約4%、デンプン質を約70%含んでいる。ビタミンもA、B_1、Eが含まれている。特にビタミンEは黄色の濃い品種のほうに多く含まれている。トウモロコシ油はリノール酸が約60%含まれる。

❖腎炎の浮腫、妊娠浮腫の利尿に

南蛮毛一日量8～10gを水500mlで半量になるまで煎じ、すぐに濾してひげを除き、一日3回に分けて飲む。

❖軟膏基材や賦形剤に

果実からとれるデンプンは医薬品の軟膏基材や賦形剤に広く使われている。

つぶやき

アメリカインディアンの食料であったものが、コロンブスにより世界中に広まった。日本には1570年にポルトガル宣教師が長崎に種を持ち込んだ。江戸時代には珍品であったが、当時のトウモロコシは実が赤かったので売れず、雷避けになるとして浅草のホウズキ市に売り出したところ大反響を呼び浅草名物になった。玉蜀黍《季》秋。

5月中旬長崎県

参考:薬草事典、長崎の薬草、新佐賀の薬草、宮崎の薬草、薬草カラー図鑑1、生薬処方電子事典、徳島新聞H190706

ナンテンハギ 南天萩	マメ科 野原、路傍	なし	全草(含 根) 秋	〔民〕めまい、疲労回復 〔食〕小豆菜

根を含む全草がめまい・疲労回復に

[生育地と植物の特徴]

北海道から九州までの山野に自生する多年草で、朝鮮半島、中国にも分布する。茎に稜があって高さ1mほどに伸び、葉は2枚の小葉よりなる複葉である。小葉は広披針形で無毛。托葉は腎臓形で茎を包むようにつき、両端は鋭く尖る。花期は6～10月。赤紫色の蝶形花を総状花序につけ、多くは茎の片方に向いて開く。果実の莢は広披針形で表面は無毛。

[採取時期・製法・薬効]

秋の開花期の全草を根も含めて採取し、刻んで水洗いし天日で乾燥させる。成分は、葉にフラボンのルテオリンの配糖体を含み、種子にはアミノ酸のγ-ハイドロオキシオルニチンを含む。

❖めまい、疲労回復に

①一日量約5～10gを水600mlより半量に煎じ一日数回適宜分けて服用する、②根を酒で蒸し一日3回に分けて服用する。

つぶやき

山野で良く見かける。葉がナンテンの葉に似ているのでこの名がある。別名のフタバハギは1つの節から小葉が2枚ずつ出ることによる。若葉は山菜として利用されるが、お浸しなどにするのに煮ると、小豆を煮るときの匂いがすることからアズキナの別名もある。飛騨高山地方では古くから小豆菜の名前で山菜料理に用いられ、加工品も土産物店などで販売されている〔PC〕。

10月中旬佐賀県

参考：薬草カラー図鑑3、牧野和漢薬草圖鑑

ニラ 韮	ネギ科 栽培	【生】韮菜子 きゅうさいし	茎・葉/種子 4～7月/9月	〔民〕健胃、整腸、下痢止、強壮、頻尿、〔食〕葉、花茎、〔外〕止血

健胃整腸や強壮作用あり、花茎は天婦羅に

[生育地と植物の特徴]

アジアに広く分布し中国では最も古い野菜の一つである。日本には古い時代に大陸から入ってきた。‘古事記’にも“加美衣(かみら)”の名で収載されている。全体に特有の匂いがある。鱗茎は卵型で、細長く平たい葉が出る。秋、葉の間から高さ30～40cmの茎を伸ばし、半球状に白い花を多数つける。花弁は6個。種子は扁平で黒色、果実の中にも6個ずつ入っている。

[採取時期・製法・薬効]

茎や葉は生のものを使用。種子は9月頃、花が終わったあと、種子が自然落下する前に採取して天日で乾燥させる(韮菜子)。

❖下痢止、強壮に

葉を味噌汁に浮かべたり、味噌和えにしたり、ニラ粥、ニラ雑炊にして食べる。

❖強壮、強精、頻尿に

韮菜子を一回量として30～40粒を砕き水で服用する。

❖傷の止血に

韮菜の生葉の汁を患部にすり込む。

つぶやき

戦後中国北部や東北部方面からの引揚者が始めたのが餃子。この頃から急速にニラの需要が増え始めた。最近では田んぼや畑のビニールハウスで促成ニラの栽培をしている農家が多い。ニラジュースはニラを小さく刻みミルクと共にミキサーで混ぜる。韮《季》春、韮の花・夏。

9月上旬長崎県対馬

9月中旬長崎県

参考：薬草カラー図鑑2、牧野和漢薬草圖鑑、徳島新聞H170704

ニリンソウ 二輪草	キンポウゲ科 山地の樹陰	なし	根茎 春～夏	〔民〕リウマチ、〔食〕山菜

煎じて飲むリウマチの薬

[生育地と植物の特徴]

北海道から九州までの山地、湿った半日陰に群生する多年草。朝鮮半島、中国にも分布。隣り合わせの2本の花柄の先にそれぞれ1輪ずつ2輪の花をつけることから、この名で呼ばれる。根茎は横に短く這い、根元から出る葉は葉柄が長く、3～5裂して柔らかい。3～5月に根出葉の間より20～30cmの花茎を出し、その先に総苞葉が3枚輪生し、その中心から2本の花柄を伸ばして、先端に2輪の花を開く。花弁はないが萼片が白く、花弁のように見える。

[採取時期・製法・薬効]

春～夏に根茎を採取し、水洗いして天日で乾燥させる。

❖リウマチに

根茎一日量約6～10gを水600mlで半量に煎じて3回に分けて服用する。

❖食用に

若葉を山菜に、葉はトリカブトの葉が似ており要注意。

つぶやき

ニリンソウは。東北、北海道では山菜料理として盛んに食用に用いられている。汁の具、お浸し、和え物、天婦羅に利用されている。花がまだ咲いてない早春に地上部を摘み採るが、毒草であるトリカブトが同じ場所に生えていることが多く、これを間違って食べて死亡するというニュースが相次いだ時代があった。地下部を掘ってみてトリカブトのような塊状根がないことを確認すべきである。

5月上旬佐渡島

参考:薬草カラー図鑑3、牧野和漢薬草圖鑑

ノカンゾウ 野萱草	ワスレグサ科 山野、栽培	なし	根/蕾 随時/6～7月	〔民〕解熱・利尿、黄疸 〔外〕腫れ物、〔食〕若芽

花や葉を食べたり煎じて飲むと浮腫や黄疸に効果

[生育地と植物の特徴]

本州、四国、九州の各地の山野のやや湿った草地や溝の縁などに自生する多年草。沖縄には栽培はあるが、自生はない。陽当たりの良いところに群生し、6～8月に黄橙色の径約10cmの花をつける。特に花の赤みが強いのをベニカンゾウと呼ぶ。花被片は6枚で先は反り返り、花被の筒状部は2～4cm。茎の高さは40～90cm。葉幅は4～8cm。雄蕊6個は花被片より短い。雌蕊の1個の花柱は細長く伸びるが、花被片よりやや短い。ほとんど結実しない。

[採取時期・製法・薬効]

6～7月に花の蕾を天日で乾燥させる。夏から秋に根を採り天日で乾燥させる。生の根も用いる。成分は、地下部にアミノ酸のアスパラギン、ヒドロキシグルタミン、塩基性アミノ酸のリジン、アルギニン、コハク酸などを含む。

❖解熱に

蕾一日量10gを水400mlで半量に煎じ3回に分服する。

❖利尿に

根一日量20gを水400mlで半量に煎じ3回に分服する。

❖腫れ物に

生の根を砕いて、患部に厚く貼って留めておく。

つぶやき

類似植物に2種あり。ヤブカンゾウは藪などに見られ、八重咲きである。ハマカンゾウは海岸砂地に見られるが、花茎に厚い葉が出て、葉は冬も枯れない。一方、ノカンゾウは葉が薄く、冬には枯れて、花茎に葉は出ない。

ノカンゾウ 6月下旬長崎大学薬草園

ベニカンゾウ 6月下旬徐福の里

参考:薬草カラー図鑑3、牧野和漢薬草圖鑑、徳島新聞H141226

ノアザミ 4月下旬長崎県

ツクシヤマアザミ 9月下旬長崎県

ノアザミ 野薊	キク科 山野、田園、路傍	【生'】大薊 たいけい	根 夏〜秋	〔民〕健胃、利尿、神経痛、腎炎 〔食〕葉をたき火に投げ込む

全草と根は止血や解毒などに効果

[生育地と植物の特徴]

'大言海'には「トゲ多きをアザム(驚く)意」とある。本州、四国、九州に分布。山野の草地や道端、土手などに生える多年草。花期は5〜9月頃。紅紫色の花を枝の頂につける。アザミ類は雑種や変種を合わせると国内には約98種ある。その中で春に一番先に咲くのがノアザミである。葉には鋭い刺があるが、柔らかい若葉のうちは食べられる。根はキンピラや漬物にできる。"山牛蒡"の名で売られる漬物はモリアザミの根である。

[採取時期・製法・薬効]

7〜9月花の終わった頃、根を掘り出し水洗いして天日で乾燥させる(大薊)。生で使うときは用時に採取する。

❖強壮、健胃、夜尿症、不眠症、利尿、神経痛に
大薊一日量6〜10gを水300mlで半量になるまで煎じ3回に分けて食前に飲む。

❖虫さされ、陰嚢湿疹、痔に
葉の生の汁をつける。

つぶやき

平地に普通に見られる。多良山系や雲仙には頭花がうつ向いて咲く大形のアザミがあり、ツクシヤマアザミという。薬用になるのはノアザミとツクシヤマアザミだけである。福江の鬼岳と対馬にはカラノアザミがある。アザミの根をゴボウの代用として煮たり、キンピラ、味噌漬けにする。信州名物の"ヤマゴボウの味噌漬"はモリアザミの根である。薊《季》春。

カラノアザミ 5月上旬長崎県対馬

参考:薬草事典、薬草の詩、長崎の薬草、新佐賀の薬草、宮崎の薬草、薬草カラー図鑑1、牧野和漢薬草圖鑑、徳島新聞H150820

ノキシノブ 軒忍	ウラボシ科 樹皮、岩、屋根	【生’】瓦葦 がい	全草 随時	〔民〕利尿、むくみ、〔外〕腫れ物

煎じて利尿に外用で腫れ物に

[生育地と植物の特徴]

屋根の軒先によく繁殖していたので、この名があるが、新建材で建てられた家では見ることはなくなった。樹上や岩の上にも生える。常緑で、横に長く根茎が伸び、これが岩で泥のない所でもよくついて、伸びていく。葉はこの根茎の上に並んでつく。葉は、表面が深緑色で、裏面は淡い緑色。胞子の集まりである胞子嚢群はほぼ円形で、葉の裏面の上半分に並んでいる。

[採取時期・製法・薬効]

必要な時に全草を採取し、水洗い後に風通しの良いところで、陰干しにする。成分は分かっていない。

❖むくみの利尿に

よく乾燥した全草2～4gを一回量として煎じて服用する。

❖おできなどの腫れ物に

乾燥した全草を細かく刻んで瓶に入れ、全部が浸るぐらいにゴマ油を加え、1～2ヵ月ほど置いてから、これを患部に塗る。

8月中旬長崎大学薬草園

つぶやき

中国のシダ植物で“七星草”とか、“金星草”、“骨牌草”と呼ばれていたものはノキシノブを指すものであった。中国にも広く分布し、止血や解熱作用があるとして、民間薬に用いられている。

参考：薬草カラー図鑑1、牧野和漢薬草圖鑑

ノギラン 芒蘭	ノギラン科 山野	狐の尾 きつねのお	全草 随時	〔民〕脚気、利尿

サポニン様物質に利尿作用がある

[生育地と植物の特徴]

北海道から九州までの山地の多少陽当たりの良いところに生える多年草。根茎は短く強固で直立する。葉は10個内外が根生し、ロゼット状になる。普通倒披針形で黄緑色。花期は7～8月。葉心から高さ25～40cmの花茎を出し、頂部は総状花序になり淡黄赤色の花をつける。

[採取時期・製法・薬効]

根を含む全草を採り水洗いし適当な大きさに刻んでから天日で乾燥させる。成分にはサポニン様物質メタニンがある。

❖脚気の水腫、糖尿の利尿に

強心薬として一日量10gを煎じて3回に分けて服用する。妊婦には危険であるという。

7月下旬熊本県阿蘇

つぶやき

ノギランは阿蘇の草千里で見かけたが、藪に隠れて根生葉が見えず、ネバリノギランとも区別がつかなかった。後で見直して花の特徴はノギランであると結論できた。

参考：牧野和漢薬草圖鑑

ノコギリソウ 7月下旬北海道大雪山

エゾノコギリソウ 7月上旬北海道礼文島

アソノコギリソウ 7月上旬熊本県高森植物園

ノコギリソウ 鋸草	キク科 林の中、草地	なし	全草 開花期	〔民〕健胃、強壮、風邪

風邪、健胃、強壮に

[生育地と植物の特徴]

本州中部以北の山地の草原に生える。朝鮮半島、中国、シベリヤ、カムチャツカ半島、北米に分布。高さ60～90cmになる。葉は鋸の歯のように切れ込んでいる。夏から秋、淡紅色か白色の小さな頭状花を多数密につける。ノコギリソウ、ヤマノコギリソウ、エゾノコギリソウは本州と北海道にのみ自生するが、九州にはアソノコギリソウがある。セイヨウノコギリソウは、花は似ているが、葉は質がかたく、切れ込みが浅くて幅が狭いので、区別できる。最近は、繁殖力の強いセイヨウノコギリソウが野生化している。同じように薬用に使える。

[採取時期・製法・薬効]

夏の開花期に全草を採り、天日で乾燥させる。成分は精油中にカマツレン、シオネールなど、ルテオリン、アキレイン、アペゲニン、カフェ一酸など。

❖健胃、強壮に

一日量5～15gを水400mlで3分の1量に煎じて3回に分けて食前に服用する。

❖風邪に

一回2～4gを水200mlで3分の1量に煎じて服用する。

セイヨウノコギリソウ 5月上旬内藤記念くすり博物館

つぶやき

奈良・平安の頃には、吉凶占いにノコギリソウの茎が使われていた。有名な山で採れたまっすぐな茎50本を使って筮を作り、これによって占いをした。後にはマメ科のメドハギの茎が使われ、今日では竹を利用している。

参考：薬草カラー図鑑2、牧野和漢薬草圖鑑

バショウ 芭蕉	バショウ科 植栽	芭蕉葉/芭蕉根 ばしょうよう/ばしょうこん	葉/根茎 随時	〔民〕利尿、解熱、止血

バナナに似ているが食用にはならない

[生育地と植物の特徴]

中国南部原産とされていたが、東南アジア原産との見方もある。日本の中部地方以南の暖地では、観葉植物として普通に植栽されている宿根性の大形多年草。草丈約4m。根茎は大形の塊状。葉は大形の広楕円形で長さ2～3m。鈍頭で基部は円形か不対称で破れやすい。花期は夏。偽茎の中央に花茎を出し、茎の頂に早落性の大きな苞葉に包まれた穂状花序を下垂してつける。まれに小さなバナナに似た果実がなることがあるが、食べられない。

[採取時期・製法・薬効]

葉は春から秋にかけて（芭蕉葉）、根茎は必要時に（芭蕉根）採集し、水洗い後天日で乾燥させる。葉は解熱、利尿薬として、脚気、癰腫熱毒、火傷、根茎は黄疸、水腫、癰腫、疔瘡、丹毒に使われる。

❖利尿に

芭蕉葉一回量2～5gに300mlの水を加え、半量に煎じたものを服用する。

❖解熱に

芭蕉根一回量3～4gに300mlの水を加え、半量に煎じたものを服用する。

❖創傷の止血に

生の葉汁を塗布する。

つぶやき

葉鞘を扇（芭蕉扇）、仮茎の繊維を布（芭蕉布）や紙にする。芭蕉《季》秋、芭蕉の花・夏。

11月上旬奈良県

参考：薬草カラー図鑑2、牧野和漢薬草圖鑑

ハマナタマメ 浜鉈豆	マメ科 海岸	なし	豆果 夏～初秋	〔外〕痔

煎じて服用する痔の薬

[生育地と植物の特徴]

茨城県南部海岸、房総半島より以西、沖縄までの海岸砂地に自生し、台湾、南シナ海に面した中国に分布。蔓性の多年草で、蔓は砂地に平伏し、また他のものに絡みながら長さ5mほどに伸びる。葉は三出複葉、小葉は広卵形か広倒卵形、革質で厚く、長さ6～12cm、幅5～10cm、上面に伏毛あり下面は無毛。花期は6～8月。淡紅紫色の蝶形花十数個を総状花序につける。花は上下逆になって旗弁が下にくることが多い。果実は豆果で、扁平な長楕円形。種子は褐色の楕円形で長さ1.5cm。

[採取時期・製法・薬効]

夏より初秋に未熟な豆果を採り、刻んで天日で乾燥させる。成分は、アミノ酸のカナバミンA・Bを含み、完熟した豆果に毒性がある。

❖痔に

乾燥した豆果10～15gを一日量とし水400mlで煎じ、数回に分けて服用する。

つぶやき

福神漬の材料となるナタマメはハマナタマメの近縁種で栽培品種である。熱帯アジア原産で、我が国には江戸時代の少し前に渡来し、関東以西の暖地に栽培されている。未熟の豆（毒成分が極少）を薄切りにし、その他の材料と漬込んだものが福神漬である。ナタマメは排膿効果が強く、蓄膿症や歯槽膿漏に使われる。水を多めにし長時間煎じるとカナバミンの毒作用が無毒化される。

9月上旬長崎県

参考：薬草カラー図鑑4

ハマボッス 浜払子	サクラソウ科 海岸	なし	全草 夏	〔民〕利尿

全草を乾燥させて利尿薬にする

[生育地と植物の特徴]

全国の海岸に生える越年草。アジア東部および南部、太平洋諸島の温帯から熱帯に分布。ハマボッスの浜は、海岸に多いことから、ホッスは禅宗の僧が用いる払子(ほっす)に花穂が似ていることからつけられた。払子は煩悩を祓い除くという清めの道具である。砂地や岩の間などに普通に見られる。茎は束生し、高さ10～40cm。茎は赤みを帯びることが多い。葉は長さ2～5cm、厚くて光沢があり、互生し、長楕円形で先は鈍く尖るか、丸いこともある。花期は5～7月。枝先に多数の白色花よりなる総状花序をつける。萼は5裂し、花冠も深く5裂。花穂は始め1～2cmと短いが、花の最盛期になると10～12cmに伸びる。果実は球形の蒴果を結び、果皮は硬い。熟すと先端に穴ができ、風などに揺れ動くと、この穴より種子がこぼれ落ちる。

[採取時期・製法・薬効]

夏に全草を採取し水洗いして刻み、天日で乾燥させる。

❖利尿に

乾燥した全草10gを1日量として水400mlで半量に煎じて3回に分け服用する。

つぶやき

この仲間はサクラソウ科オカトラノオ属に入るが、オカトラノオ、ヌマトラノオ、クサレダマ、モロコシソウなど多くの種類がある。

5月下旬佐賀県

参考:薬草カラー図鑑4

ハンゲショウ 半夏生	ドクダミ科 低湿地、休耕田	【生'】三白草 さんぱくそう	葉 夏	〔民〕利尿、腫れ物

葉を乾燥させて利尿に

[生育地と植物の特徴]

本州から沖縄までの日本、台湾、朝鮮半島、中国に分布。沼地などの水辺に生える多年草。6月頃、枝先の葉の付け根の方が半分くらい真っ白になる。葉をちぎると独特の臭いがする。

[採取時期・製法・薬効]

6～7月に枝先の葉が半分ほど白く変わった頃、葉を摘んで水洗いし、陰干しで乾燥させる(三白草)。生の葉を使用する場合もある。臭気は精油による。クエルチトリンに利尿作用がある。

❖利尿に

三白草一日量10～15gを水300mlで3分の1量になるまで煎じ、一日3回に分けて飲む。

❖腫れ物、皮膚病に

①三白草大さじ2～3杯に400～600mlの水を加え3分の1量になるまで煎じ、これで患部を洗う。②生の葉を少量の塩で揉んですり潰したものを患部につける。

つぶやき

半夏生というのは夏至から数えて11日目つまり7月2日頃のことで、梅雨が明け、田んぼの農作業も一段落してやれやれといった頃、半夏生を休息日にあてている農家もある。ハンゲショウはこの頃に葉の半分が白くなるからである。また、半化粧の意味もある。

7月中旬長崎県対馬

参考:薬草の詩、新佐賀の薬草、宮崎の薬草、薬草カラー図鑑2、牧野和漢薬草圖鑑

ヒキヨモギ 引蓬	ハマウツボ科 山野の樹林	【生'】鈴茵陳 れいいんちん	全草 8〜9月	〔民〕利尿、黄疸、月経不順、打撲傷

全草を乾燥させたものが利尿・黄疸に

[生育地と植物の特徴]

北海道、本州、四国、九州。朝鮮半島、中国、台湾に分布。ヒキヨモギの名前の由来は分からないが、ヨモギの仲間ではないし、ヨモギにも似ていない。半寄生の一年草。陽当たりの良い草地に生える。茎の高さ30〜60cmとなり、表面はざらつく。葉は三角形で羽状に深裂し、翼のある柄を持つ。花期は8月頃。葉腋に長さ2〜3cmの淡黄色の唇形花をつける。花冠は2唇形で下唇は3裂する。蒴果は萼筒に包まれ、楕円形の多数の種子がある。

[採取時期・製法・薬効]

8〜9月頃、全草を採って天日で乾燥させる(鈴茵陳)。

❖利尿、月経不順、打撲傷に

鈴茵陳一回2〜4gを水300mlで半量に煎じて服用する。

❖黄疸に

鈴茵陳一日量10〜15gを水400mlで半量に煎じて3回に分服する。

つぶやき

ヨモギの名であってもヨモギの仲間ではない。半寄生植物で葉緑素を持ち光合成で栄養分を作るが、ほかに根を他の草の根に吸着させその栄養分を吸い取る。日本にはヒキヨモギ属に2種がある。オオヒキヨモギは、関東、東海、近畿、中国、四国の瀬戸内側など雨量の少ない地方に生え、中国にも分布する。低地のやや乾いた草地に生え、茎は斜上して草丈30〜70cm。花期は8〜9月。

8月上旬長崎県

参考:薬草カラー図鑑2、牧野和漢薬草圖鑑

ヒナゲシ 雛芥子、雛罌粟	ケシ科 栽培、山里	【生'】麗春花 れいしゅんか	花 開花期	〔民〕鎮咳

ヒナゲシには鎮咳作用がある

[生育地と植物の特徴]

南フランスや西アジア原産。我が国には室町時代以前から観賞用に普及していたと思われる。一年草。高さ30〜90cm。全体に毛があり、葉は羽状に深く裂けていて白粉を帯びた緑黄色。花期は5〜6月頃。大形の紅・桃・白色などの4弁花が咲く。八重咲の品種もある。

[採取時期・製法・薬効]

5月に開花したらなるべく早く、花の下に続く花柄とともに採取し、天日で乾燥させる。

❖鎮咳に

①乾燥した花2〜4gを一日量として、水300mlに入れて半量に煎じ、砂糖少々を加える。これを2〜3回に分けて温かいうちに服用する。服用のつど温めて用いる。

②新鮮な全草なら18〜37.5gを、乾燥した全草なら11〜22gを煎じて2回に分けて服用する。

つぶやき

虞美人草の名で知られる。しかし、中国生まれではなく、唐時代に西洋から入ったもの。我が国では貝原益軒の'大和本草'で「ケシに似て小さく。花色に紅、白、紫の3種があって紅夷(西洋)より来る」と記されており、観賞用に栽培されていたらしく、栽培法まで述べられている。雛罌粟《季》夏。

リシリヒナゲシ 7月上旬北海道

ヒナゲシ 7月上旬北海道

参考:薬草カラー図鑑2、牧野和漢薬草圖鑑

クロバナヒキオコシは本州山陰地方以北、北海道に分布。葉は対生し、三角状広卵形か披針形で長さ 6〜15cm、先は尖り鋸歯がある。花期は8〜10月で濃紫色の花。クロバナヒキオコシも薬草になる。

クロバナヒキオコシ 8月下旬伊吹山

タカクマヒキオコシ 10月中旬佐賀県天山

タカクマヒキオコシは、本州中南部、四国、九州に分布。葉の形が他のヒキオコシと異なり、広披針形〜長卵形で長さ 5〜13cm幅1.5〜4.0cm、先は尖り鋸歯がある。花期は9〜10月で淡青紫色の花が咲く。タカクマヒキオコシも薬草になる。

ヒキオコシ 引起	シソ科 乾燥した山野	【生】延命草 えんめいそう	地上部全体 秋	〔民〕苦味健胃 疝痛（癪）

苦味健胃剤・疝痛発作に効果

[生育地と植物の特徴]

日本、朝鮮半島に分布。山地のやや乾いた草地や林の縁に生える多年草。高さ1.0〜2.0m になる。シソ科の特徴を持ち、四角の茎、対生する葉、唇形の花である。花期は秋。白に淡紫の混った唇形花で細かい毛が密生して白っぽい。

[採取時期・製法・薬効]

秋に地上部全体を刈り採り、水洗い後、陰干しで乾燥させる。苦味質のプレクトランチン、またクロバナヒキオコシという類似の植物には、エンメエインという物質があり、苦いが毒性は全くない。

❖苦味健胃剤に

消化不良や食欲不振に、乾燥品を小さく刻み約4〜12gを水600mlで半量になるまで煎じ、一日3回に分けて飲む。または、葉だけを採って葉脈を除き、軟らかい部分だけを乾燥させて粉末にし、一回2gを水で飲む。

❖疝痛（癪）に

胆石、尿道結石の痛みに一回2〜3gを水100mlで煎服。

つぶやき

弘法大師が山道で倒れた旅人に出会い、この草の汁を飲ませると旅人はすぐに回復したという。病人を引き起こすほどの起死回生の妙薬として“引き起こし”という。また活き長らえさせたというので“延命草”ともいう。太平洋戦争中の物資不足の中で薬用植物の調査をさせたところ香川県からあがったのがこの植物である。

ヒキオコシ 9月下旬佐賀県徐福の里

ヒキオコシ 9月下旬高森植物園

参考：薬草事典、長崎の薬草、新佐賀の薬草、宮崎の薬草、薬草カラー図鑑1、バイブル、牧野和漢薬草圖鑑、生薬処方電子事典

ヒメウズ 姫烏頭	キンポウゲ科 平地、山間地	【生'】天葵子 てんぎし	塊根	〔民〕解熱、利尿、解毒 〔外〕打撲、皮膚乾燥、痔疾

小さいが解熱作用あり

[生育地と植物の特徴]

中部地方から九州、朝鮮半島、中国に分布する。山麓の草地や道端、藪の縁、石垣の間などに生える。高さ10～30cmの多年草。地下に長楕円形の塊状の根茎がある。トリカブトの根であるウズ（烏頭）に似て小型なためヒメウズと名付けられた。茎は細く直立し軟毛あり、上部で枝を少し出す。根生葉は三出複葉で長い柄がある。小葉は2～3裂し、裂片はさらに浅く2～3裂する。茎葉は2回三出複葉で柄は短く、基部は茎を抱く。花期は3～5月。花はやや紅色を帯び、直径4～5mmと小さく、下向きに咲く。萼片は花弁状。花弁は萼片より小さく直立する。果実は袋果で上を向き、長さ5～6mm。

[採取時期・製法・薬効]

5～6月に塊根を掘り上げ、水洗い後、ひげ根を除いて天日で乾燥させる。成分には、アルカロイド、ラクトン類、イヌリン類を含む。

❖解熱、利尿、解毒に

天葵子一日量9～18gを煎じて3回に分けて食前に服用する。

❖打撲、皮膚乾燥、痔疾に

粉末にしたものを患部に塗布する。

つぶやき

ヒメウズという名からは薬草の可能性が高いと思っていた（烏頭はトリカブト）が、熊本大学薬草園でやっとそれらしき標識が見つかった。更に牧野和漢薬草圖鑑で確認。

3月上旬長崎県

3月上旬長崎県

参考：牧野和漢薬草圖鑑

ヒメジョオン 姫女菀	キク科 山野、路傍	なし	葉 開花期	〔民〕糖尿病の予防 〔食〕若苗

花と葉は煎じて糖尿病予防に、若苗は食用に

[生育地と植物の特徴]

北アメリカ原産の越年草。明治維新の頃に我が国に入り、全国いたるところに繁茂している帰化植物。茎は50cmの高さまで直立し、上の方で枝分かれする。茎は断面が固く詰まり、葉は匙形で根際から束生し、茎が立つと柄がなくなって細いへら形となる。花期は6～10月。白色の頭状花の多数を散房状に茎の上部につける。

[採取時期・製法・薬効]

開花期に花のみを採取し、陰干しにする。葉は、むしり採り天日で乾燥させる。成分は、葉にクエルセチン、アピゲニン配糖体などを含む。

❖糖尿病の予防に

乾燥した花と葉を5gずつ水400mlで煎じ、お茶がわりに服用する。

❖若苗を食用に

若苗を小刀で株ごと切り採る。シュンギクに似た香りがある。生葉は天婦羅に、茹でてお浸し、油いためなどに。

つぶやき

類似植物のハルジオン（春紫菀）は、同じく北アメリカ原産の越年草であるが、大正時代に我が国に入り、全国に広まった帰化植物。茎は中空で全体に毛がある。根生葉は長い柄の倒披針形で花期にも枯れない。開花期はヒメジョオンよりも早く4～7月。花は似ているが、ハルジオンの蕾は垂れ下がってつき、花が咲くと首を持ち上げる。

6月下旬長崎県対馬

参考：薬像カラー図鑑4

ヒルガオ 昼顔	ヒルガオ科 野原、路傍	旋花 せんか	茎/葉 夏	〔民〕利尿、糖尿病 /〔外〕虫刺れ

糖尿病・便秘などに効果

[生育地と植物の特徴]

北海道から九州、朝鮮半島、中国に分布。陽当たりの良い野原、道端に生える蔓性多年草。根茎は白色で地中を横走し、茎は蔓性で他の物に巻きつく。葉は互生、長柄があり長楕円状披針形、長さ5～10cm。鋭頭、葉脚は耳型に尖る。花期は7～8月。腋生の花柄の先端に大型の淡紅色花を単生する。

[採取時期・製法・薬効]

開花期に地下茎を含む全草を掘り上げ、水洗いした後、天日で乾燥させる。全草にサポニン、ケンフェロールの配糖体、ブドウ糖、根には樹脂、糖、デンプンを含む。

❖腎炎性浮腫の利尿、糖尿病、便秘に

全草一日量10gに500mlの水を加え、半量になるまでとろ火で煎じつめ、カスを除いて食間に3回に分けて服用する。急ぐ時は、茎葉の青汁を搾って杯に1～2杯を服用しても同様の効果がある。

❖虫刺されに

生の葉を揉んでつける。

コヒルガオ7月下旬長崎県対馬

ハマヒルガオ 4月中旬長崎県対馬

つぶやき

本州以南には全体に小型のコヒルガオが多い。コヒルガオは葉の基部側面が左右に張り出す。また、海岸砂地にはハマヒルガオが生えている。葉は腎円形で、厚く光沢がある。開花期も花の形や色も良く似ている。

参考：薬草カラー図鑑4、牧野和漢薬草圖鑑、徳島新聞H150826

フユノハナワラビ 冬の花蕨	ハナヤスリ科 林の中、草地	陰地蕨 いんちわらび	全草/胞子 秋	〔民〕腹痛、下痢止、風邪 〔外〕皮膚病、〔食〕栄養葉

風邪や皮膚病に効果

[生育地と植物の特徴]

本州、四国、九州の各地の林の中や草地に自生するシダ植物。朝鮮半島、中国、台湾、ヒマラヤに分布。地下に黄褐色の根茎があり、根茎より出る葉は高さ10～30cmになる。葉質は柔らかく、五角形の広卵形で、4回に羽状深裂して、縁には細かい鋸歯がある。胞子嚢群をつける葉は普通の葉の約2倍の高さに伸び、先端は細かく4回羽状に分かれた実葉となる。ここには緑色の部分はなく、黄色の胞子嚢が密につく。胞子嚢は大きく、肉眼でも丸形で2列に並んでいるのが見える。胞子の成熟期は9～10月になる。類似植物にオオハナワラビがある。葉は3回羽状に深裂し、フユノハナワラビの4回羽状と異なる。

[採取時期・製法・薬効]

秋に全草を採取して、さっと水洗いしてから天日で乾燥させる。成分はフラボンのルテオリンが含まれている。

❖腹痛、下痢止、風邪に

全草のよく乾燥したものを一日量として約10gを水600mlで半量に煎じて3回に分けて食前に服用する。

10月下旬長崎県

つぶやき

シダ類であり花はない。栄養葉と胞子葉に分かれるが、栄養葉は羽状複葉。胞子嚢をつける黄色の花穂状の部分を花に見立て、原野で他の草が枯れている冬でも、葉が緑色を保って、良く目立つことから、この名となった。胞子は集めて皮膚病、火傷、湿疹に塗布される。栄養葉は食用になる。

参考：薬草カラー図鑑3、徳島新聞H161220

ヘチマ 天糸瓜	ウリ科 栽培	【生'】糸瓜 しか	へちま水・果実 秋	〔民〕鎮咳、去痰、苦味健胃、 利尿、〔製〕化粧水

鎮咳作用・利尿作用あり

[生育地と植物の特徴]

ヘチマの名は、別名である"イトウリ"を略して"トウリ"と呼ばれ、"ト"がイロハ48文字の"ヘ"と"チ"の間の文字であることから"ヘチマ（ヘ・チ間）"と呼ばれるようになった。熱帯アジア原産。16～17世紀頃に渡来。江戸時代には広く栽培された。

[採取時期・製法・薬効]

秋に茎の汁を採取。鎮咳作用のあるサポニン、利尿作用のある硝酸カリが含まれる。

❖ヘチマ化粧水に

地上60cmくらいで茎を切り浸出する液を採る。このヘチマ水1L 、消毒用エタノール100ml、グリセリン20～50ml、パラオキシ安息香酸エチル1g（水には溶けないため、エタノールに前もって溶かしておく）、振ってよく溶かしてから用いる。なお以前使用していたホウ酸は現在使用禁止になっている。

❖鎮咳、去痰、利尿に

生の果実を輪切りにして煮る。煮た汁を飲む。

ヘチマ 8月中旬長崎県

ヘチマ 9月中旬鹿児島県

つぶやき

江戸時代には、小石川御薬園では大奥の御用に応えて、夏の終わり頃になると、大量の糸瓜水を採取して納めていたという。文政5年の文献によれば、「一夏に一石一斗三升」となっており、灯油一斗缶（18L）では11杯分になる。ヘチマたわしは江戸時代から遠州浜松、袋井あたりの特産であった。糸瓜《季》秋。

参考：薬草事典、新佐賀の薬草、薬草カラー図鑑1、牧野和漢薬草圖鑑、徳島新聞H220703

ベニバナボロギク 紅花襤褸菊	キク科 山野	なし	茎葉 初夏～秋	〔民〕利尿、〔食〕山菜 〔外〕乳腺炎

腹痛や下痢に効果、若芽を茹でて和え物に

[生育地と植物の特徴]

アフリカ原産の帰化植物。一年草。太平洋戦争後、沖縄、北九州を北上し、現在では関東地方まで及ぶ。茎は直立して伸び、高さ30～80cm。葉は互生し、倒卵形の長楕円状、濃緑色で大小の鋸歯がある。花期は8～10月。枝の先に総状花序について、下向きにうなだれる様に咲く。頭花は管状花のみからなり、管状花の先端が煉瓦のような紅色で、下部は白い。

[採取時期・製法・薬効]

初夏から秋の間に、茎葉を刈り採って、水洗いしてから天日で乾燥させる。

❖利尿に

乾燥した全草の5～8gを一日量として水600mlで半量に煎じて服用する。

❖乳腺炎に

衝き潰して乳腺炎などに外用する。

❖食用に

春の若葉を茹でて胡麻和え、ポン酢和えで食べる。

10月上旬長崎県対馬

つぶやき

花が紅色のボロギクの意。ボロギクは外観が似ているダンドロボロギクに由来する。別名のナンヨウギクは、戦時中に南洋諸島で若葉を春菊の代わりに食べ、南洋菊の名で呼ばれていたのに由来。

参考：薬草カラー図鑑3、牧野和漢薬草圖鑑、徳島新聞H150717

ホウセンカ 鳳仙花	ツリフネソウ科 栽培	【生'】鳳仙/【生】急性子 ほうせん/きゅうせいし	全草/種子 秋	〔民〕風邪、〔外〕腫れ物/ 魚肉中毒

乾燥葉を煎じて風邪に、種子を煎じて魚肉中毒に

[生育地と植物の特徴]

名は中国名鳳仙の音読み。インドからマレー半島に至る東南アジア原産。日本には室町時代に中国を経由して渡来した一年草。茎は直立し多肉質で軟弱、円柱形で太い。花期は7～9月。葉腋に2～3個、横かやや下向きにつく。上葉は互生か輪生し有柄。披針形で鋭尖頭。果実が熟した時、物に触れると、果皮が急激に内側に巻くように裂け、その勢いで黒い小さな種子が四方に飛び散る。

[採取時期・製法・薬効]

全草、種子を使用。全草は夏～秋に採取しそのまま用いたり、天日で乾燥させたりする。種子は成熟寸前の果実から採取し、天日で乾燥させる。

❖風邪に

乾燥葉の一回量3～6gを水200mlで半量に煎じて食前に服用する。

❖腫れ物に

葉を絞って葉汁を腫れ物に外用する。

❖魚肉中毒に

種子は一回量1.5～3gを水200mlで半量に煎じて服用するが、毒性があると言われており注意が必要である。

つぶやき

女児がこの花とカタバミの葉を使って爪を赤く染めたことから古名をツマクレナイという。ホネヌキというのもある。これは魚の骨が突き刺さったときに種子を飲むと、骨が軟らかくなって抜けるからという。鳳仙花《季》秋。

7月下旬長崎県

参考：新佐賀の薬草、薬草カラー図鑑2、牧野和漢薬草圖鑑、生薬処方電子事典

ホオズキ 酸漿、鬼灯	ナス科 栽培	【生'】酸漿根 さんしょうこん	根 秋	〔民〕鎮咳、利尿、〔浴〕神経痛、リウマチ 子宮収縮作用

咳を鎮め肩凝りも改善、果実に強い抗菌作用

[生育地と植物の特徴]

種子は子どもが中身を取り除いて口に含み、鳴らしたという説と、実を鳴らすときの顔の様子から出たとする頬突説とがあるが'大和本草'では「ホウという虫がつくからホウ付だ」という説である。日本、朝鮮半島、中国に分布。各地で観賞用に栽培。昔はどこの家にも植えられていた。スサノオノミコトが退治した八岐大蛇（やまたのおろち）の目玉は赤加賀智（あかかがち）のようだったと'古事記'に出てくるがアカカガチは赤いホオズキのことである。

[採取時期・製法・薬効]

7～8月の開花中に根茎を掘り採り、水洗い後、天日で充分に乾燥させる。

❖鎮咳、利尿、通経に

乾燥した全草（酸漿）または根（酸漿根）一日量3～10gを水300mlから半量に煎じて3回に分けて服用する。子宮収縮作用があるので妊婦は服用しない。

❖神経痛、リウマチに

乾燥したものを浴用料として用いる。

つぶやき

浅草のホオズキ市は薬とは無関係で、7月9日か10日のホオズキ市に参詣すると、4万6千日お参りしたのと同じ功徳があるということで文化初年頃に芝愛宕神社の御神託によって売り出され、のちに浅草にお株をとられた形になったもので、もともと雷よけが始まりであった。酸漿《季》秋。

6月上旬長崎県

7月下旬長崎大学薬草園

参考：薬草事典、長崎の薬草、新佐賀の薬草、薬草カラー図鑑2、牧野和漢薬草圖鑑、徳島新聞H210907

ボタンボウフウ 牡丹防風	セリ科 海岸	なし	根・葉 秋	〔民〕風邪、鎮咳 〔民〕滋養強壮、〔食〕山菜

干した根を風邪・鎮咳に、葉は山菜に

[生育地と植物の特徴]

葉が厚く、青白色でボタンの葉に似ていることによる。食べられるので食用防風とも呼ぶ。本州(関東以西、石川県以西)、四国、九州、沖縄、台湾、中国、フィリピン、インドネシアに分布。セリ科の多年草。海岸に生え、高さ0.6～1m。茎は太く、よく枝分かれする。葉は1～3回三出複葉で長い柄がある。花期は7～9月。枝先に散形花序を出し、白い花が集まって咲く。果実は長さ4～6mmの楕円形で、表面に短毛があり熟すと2片に分れて落下する。

[採取時期・製法・薬効]

秋に根を掘り出し輪切りにして陰干しで乾燥させる。根にはクマリン誘導体のベルガプテン、ハマウドール、ペウケダノール、ジイソワレリルケラクトンなどが含まれる。

❖風邪、咳止めに

根を干したものの一日5～8gを水400mlで半量に煎じて3回に分けて食前に服用する。

❖滋養強壮に

上記と同様に煎じて服用するか、葉を他の材料と煮て食べる。

9月上旬長崎県

9月上旬長崎県野母

つぶやき

セリ科で関東以西から九州、沖縄の海岸に生える。防風の代用とされ、五島防風、木防風、けずり防風などと呼ばれた。なおボタンボウフウは台湾ではインフルエンザの治療に、インドネシアでは膀胱疾患、腸疾患の治療に用いられている。

参考：薬草カラー図鑑3、牧野和漢薬草圖鑑

マリヤアザミ まりや薊	キク科 樹陰	おおあざみ実	果実 秋	〔民〕黄疸、胆石症

胆石症、黄疸、肝臓病、脾臓病に

[生育地と植物の特徴]

南ヨーロッパ、北アフリカ、アジアに広く分布する越年草。別名オオアザミ。日本へは嘉永年間に渡来したと'草木図説'に記されている。草丈約1m。開花時には2mに及ぶこともある。葉は長楕円状披針形、強波状縁。葉には乳白色の斑紋が現われる。花期は夏。頭花は疎枝先端に頂生し、径12cmほどの淡紅紫色。

[採取時期・製法・薬効]

薬用部分は果実。

❖胆石症、黄疸に

オオアザミ実を用いる。詳細不明。

❖肝臓病、脾臓病に

チンキ剤を用いる。詳細不明。

5月下旬内藤くすり博物館

つぶやき

名は、聖母マリヤに捧げるミルクを持っていた娘が、オオアザミの棘に触れ、その激しい痛みに思わずミルクを葉の上にこぼし、その滴が乳白色の斑紋になったという伝説に由来している。

参考：牧野和漢薬草圖鑑

マルバルコウソウ 丸葉縷紅草、丸葉留紅草	ヒルガオ科 栽培、野原	なし	地上部	〔民〕痔瘻、便秘
			種子	猛烈な下痢

ヒルガオ科には峻下作用がある

[生育地植物の特徴]
熱帯アメリカ原産の一年草。明治の終わりに我が国に入り、観賞用に栽培されたが逸出して野生化している。大気汚染に弱いアサガオにとって代わる勢いがある。茎は蔓性で左巻き、他のものに絡みつきながら伸び3mほどになる。葉は長い柄で互生。ハート形で基部は凹み、ときに基部の両側に突起がでることもある。花期は夏から秋。葉腋より長い柄を出し、その先に朱紅色のロート形の花を5〜6個つける。花の中心部は黄色。ロート形の径は約1.5cm。萼は5個に分かれ、先は尖る。雄蕊は5本で、花冠より突き出る。雌蕊1本も突き出ている。柱頭は球状に膨らむ。花後に果実を結び、径8mm、下向きに垂れる。

[採取時期・製法・薬効]
夏に地上部を採取、根もその時に掘り上げ、水洗いして刻み、天日で乾燥させる。成分は、プルギニン酸など。
❖痔瘻に
乾燥した地上部と根を一日量10〜15gに水400mlを加えて煎じ、3回に分けて服用する。
[毒成分] 種子に、樹脂配糖体のファルビチンを含む。

つぶやき
類似植物にルコウソウがある。熱帯アメリカ原産で、マルバルコウソウより古く我が国に入った。花はマルバルコウソウに似ているが葉の形が違う。ルコウソウは羽状複葉で、マルバルコウソウはハート形である。

9月下旬大村市鉢巻山

参考：薬草カラー図鑑4、牧野和漢薬草圖鑑

ミズオオバコ 水大葉子	トチカガミ科 池沼	【生'】龍舌草 りゅうぜつそう	全草 夏〜秋	〔民〕鎮咳、解熱、利尿、去痰 〔外〕できもの、湯による火傷

ミズオオバコにも鎮咳去痰・解熱・利尿作用あり

[生育地と植物の特徴]
本州から沖縄、台湾、朝鮮半島、中国、フィリピン、インド、東南アジア、オーストラリア、ヨーロッパ南部、アフリカ北東部に分布。溜池や沼、河川、水田に生える一年草。葉は水中にあり、葉身は長さ10〜30cm、幅2〜15cmの広披針形で長い柄がある。薄質の葉の縁は波状に縮れる。花期は8〜11月。葉の間から長い花茎を伸ばし、水面に直径2〜3cmの白色または淡紅紫色を帯びた花を開く。花弁状の内花被片は3枚で、雄蕊6本、雌蕊3本がある。花の下に筒状の苞葉があり、縁に縦ひだがあって、ここに空気をため、花が水に浮く。

[採取時期・製法・薬効]
夏〜秋に全草を採取し、天日で乾燥させるか、そのまま用いる。成分は不明。
❖鎮咳、解熱、利尿、去痰に
生の龍舌草一日量30〜60gを煎じて3回に分け食前に服用する。
❖でき物、湯による火傷に
全草の乾燥したものを粉末として患部に塗布する。

つぶやき
葉がオオバコに似ることから名づけられた。溜池などの改修工事により希少化が進行している。

9月上旬長崎県対馬

参考：牧野和漢薬草圖鑑

ミゾカクシ 溝隠	キキョウ科 田の畔、溝の縁	【生】半辺蓮 はんぺんれん	全草 夏	〔民〕利尿、腫れ物

煎じて利尿や腫れ物の痛みに

[生育地と植物の特徴]

日本全土に自生し、朝鮮半島、中国、台湾、インドに分布。湿り気のある田の畔、山間、溝などにはびこり、溝が隠れるように繁殖するので、この名となった。茎は細く、高さ5～15cmで全体に無毛である。葉は長さ1～2cmの披針形で、左右2列に互生し低い鋸歯があって柄はほとんどない。夏から秋まで、長い柄のある紅紫色を帯びた白色の小花を次々と葉腋に単生する。花冠は5裂し、裂片は一方に偏り左右相称となる。蒴果は短い棍棒状で、種子は凸レンズ状で赤褐色である。

[採取時期・製法・薬効]

7～8月に全草を採り、水洗いして天日で乾燥させる。成分には、アルカロイドのロベリン。

❖利尿、腫れ物に

一日2～5gを水300mlで半量に煎じて2～3回に分け服用する。

❖化膿や腫れ物の痛みに

一回量9～15gを300mlの水で煎じて服用する。

9月下旬長崎県対馬

9月下旬長崎県対馬

つぶやき

日本では雑草として無視されてきたが、中国では広く利用されている。昭和55年春、東京で開かれた“今日の中薬展”に中国産生薬の標本が展示され、ミゾカクシの押し葉が飾られていた。中国ではミゾカクシの全草を乾燥し、“半辺蓮”の生薬名で用いられてきたが、特に住血吸虫症による肝硬変腹水に効果があるという。

参考：薬草カラー図鑑3、牧野和漢薬草圖鑑

ミソハギ 禊萩	ミソハギ科 湿地、溝、道端	【生'】千屈菜 せんくつさい	地上部全体 夏～秋	〔民〕下痢止 〔外〕打撲

水辺に咲くミソハギが下痢止めになる

[生育地と植物の特徴]

名は“禊ぎの萩”が詰まったもの。北海道、本州、四国、九州、朝鮮半島、中国北部に分布。湿地、水辺、溝、道端などに自生し、お盆の花として庭にも植えられる多年草。茎は直立し高さ0.5～1mになり上部で枝分かれする。葉は十字状に対生し、披針形で長さ2～6cm幅0.6～1.5cmの広披針形で基部は茎を抱かない。花期は真夏。上部の葉腋に紅紫色の花を穂状につける。花弁は6枚、雄蕊は12本あり、うち6本が長い。

[採取時期・製法・薬効]

夏から秋、花の終わる頃、地上部を刈り採り、水洗いして天日で乾燥させる(千屈菜)。または、水で洗って生のまま用いる。配糖体のサリカイリン、タンニン、コリンなどを含む。

❖下痢止に

千屈菜一日量6～10gに400mlの水で3分の1量になるまで煎じ、3回に分けて食前30分に飲む。

❖打撲に

生の茎葉を揉んで患部にあてる。

❖止血に

千屈菜の粉末にしたものを適量、患部に塗布する。

7月下旬長崎県

つぶやき

別名ボンバナ、ボングサ。和歌山県日高地方ではミソギと呼んでいる。お盆の花として全国で飾られ、仏花として植えられている。みそはぎ《季》秋。

参考：薬草事典、新佐賀の薬草、日本の野草、薬草カラー図鑑1、牧野和漢薬草圖鑑

ミクリとヤマトミクリは花序の数や柱頭の長さで見分けられる。ミクリとヒメミクリは薬用となるが、ヤマトミクリは用いられない。

ミクリの堅果 6月下旬熊本大学薬草園

ヤマトミクリ雄性頭花 5月中旬宮崎県

ヤマトミクリ雌性頭花 5月中旬宮崎県

ミクリ/ヒメミクリ 実栗/姫実栗	ミクリ科 池沼	【生'】荊三稜 けいさんりょう	塊根	〔民〕月経障害、産後の悪血、 腹部膨痛、打撲による血栓

塊根を婦人病に

[生育地と植物の特徴]

ミクリは、北海道〜九州、東アジア、アフガニスタンに自生。池沼や溝の浅い水中に生える多年草。高さ0.5〜1.5m。葉は直立して茎より長く、幅0.8〜2cmの線形で、裏面中央に低い稜がある。上部の葉腋から枝を出し、それぞれの枝の上部に多数の雄頭花、下部に1〜3個の雌頭花を咲かせる。花柄はない。雄頭花は直径約6mm、雌頭花はやや大きく直径0.7〜1cm。ヒメミクリは、北海道〜沖縄、朝鮮半島、中国に自生。池沼の水中に生える多年草。葉は幅が3〜5mmと細い。花期は6〜8月。

[採取時期・製法・薬効]

ミクリの成分は、フェノール類、フェニールプロパノイド。ヒメミクリの成分は不明。生薬の三稜は荊三稜と黒三稜に大別される。荊三稜はミクリ、エゾミクリ、ヒメミクリの塊根を指す。黒三稜はカヤツリグサ科のヤガラ、ウキヤガラの塊根を指す。生薬名と漢名に狂いがあって要注意である。

❖月経障害、産後の悪血、腹部膨痛、打撲による血栓に

荊三稜一日量5〜8gを水500〜600mlで半量に煎じ、一日3回に分けて服用する。

ヒメミクリ 6月下旬佐賀県

つぶやき

ミクリ科はミクリ属の1属のみ。科名も属名もベルトを意味する*sparganion*から来たもので、線形の葉から来ている。ミクリ（実栗）は小さな果実が球形に集まった集合果をクリの毬に見立てたもの。

参考：牧野和漢薬草圖鑑

ムラサキツメクサ 紫詰草	マメ科 山野	なし	花穂 開花期	〔民〕風邪、去痰

花穂を乾燥させ風邪や去痰に

[生育地と植物の特徴]

ヨーロッパから西アジアの暖地に自生する牧草で、明治初年に我が国に入った。今では各地で野生化している。シロツメクサの方はクローバーの名で呼ばれている。ムラサキツメクサもクローバーに入るが、アカツメクサとも呼ばれる。普通、平野よりやや山地に多く見られる。花期は6月～9月頃まで。一つの花は蝶形花で、これが茎の頂上にたくさん集合して咲き、花の色は紅紫色。

[採取時期・製法・薬効]

開花前のつぼみを採取。花を球状の花穂のまま採って、天日で乾燥させる。成分は、タンニン、樹脂、脂肪、フラボノールのクエルセチン、イソフラボンのビオカニンA・Bなどで、新鮮葉には少量のジクマロールが含まれる。

❖風邪、去痰、鎮静、体質改善に

5～10gを一日量として、水300mlに入れて3分の1に煎じ、数回に分けて服用する。これはヨーロッパで行われている民間療法である。民間では更にマラリア、百日咳、気管支炎の治療にも用いられる。

5月中旬佐賀県

つぶやき

明治の初めには、牧草として北海道などで多く栽培された。古くは、ハナゲンゲと呼ばれた。しかし、家畜がこの植物を食べると、日光過敏性皮膚炎によって食欲減退などの中毒症状を起こすことがある。

参考:薬草カラー図鑑2、牧野和漢薬草圖鑑

モリアザミ 森薊	キク科 野原	なし	根 要時	〔民〕健胃

土産の山牛蒡の原料、健胃剤になる

[生育地と植物の特徴]

本州、四国、九州の乾燥地の草原に自生する多年草。日本固有種。茎は、高さ60～100cmになる。下部の葉は開花時にもあって、長楕円状で羽状に深い切れ込みがある。花期は8～10月。紅紫色の頭花が上向きにつき、総苞の縁の外片は長く伸び、頭花の基部に車座につくのが特徴。根はゴボウ根のように垂直に伸び、径1～1.5cm、長さ20～30cmでゴボウよりずっと小さい。

[採取時期・製法・薬効]

秋から翌春のうちに、必要時に根を採り、水洗いしてから刻んで、天日で乾燥させる。多糖類のイヌリンは、水に溶けやすいので水洗いを素早くするのがこつ。成分はイヌリンなど。

❖健胃に

乾燥根を一日量として約5gを水400～600mlで半量に煎じて服用する。

10月下旬大分県

つぶやき

ヤマゴボウ(山牛蒡)の名で漬物が市販されている。モリアザミの根を漬物にしたものである。長野県佐久地方、下伊那から松本平にかけて多く栽培されている。長崎県でも平戸では漬物の山牛蒡が土産物となっていたが、平戸の上床高原に自生するモリアザミが原料となっていた。数年前に上床高原にモリアザミを探しに出かけたが一本も見られなかった。猪の害である。

参考:長崎の薬草、薬草カラー図鑑3

モウセンゴケは、花柄を15～20cmほど伸ばし、白い五弁花をつける。苔と呼ばれるにしては立派な花である。

モウセンゴケ 6月下旬佐賀県

モウセンゴケに比べて小さいのでコモウセンゴケと呼ばれるようだが、花の色が紅い。

コモウセンゴケ 5月中旬宮崎県

モウセンゴケ 毛氈苔	モウセンゴケ科 山地や原野の湿地	なし	全草 夏	〔民〕気管支炎、喘息、百日咳、アメーバ赤痢

モウセンゴケに鎮咳作用

[生育地と植物の特徴]

日本の各地及び北半球の亜寒帯、温帯域に広く分布し、山地や原野の日の当たる湿地に生える食虫植物の多年草。茎は通常は短い、葉は根生し円形、長柄を持つ。葉の上面には紅紫色の腺毛を密生する。小さな虫がこの腺毛に触れると粘着して動けなくなり、やがて虫体は腺毛の分泌液のために消化される。花期は7～9月。長さ15～20cmくらいの直立する花茎に穂状の総状花序をつけ、小さな白色の5弁花を偏側に開く。朔果は熟すと3裂し、細かい種子をまき散らす。

[採取時期・製法・薬効]

夏に全草を掘り採り、生のまま、または天日で乾燥させる。全草にナフトキノン類のプルンバギン、ヒドロプルンバギンのグルコサイド、ドロセロン、葉にフラボノイドのクエルセチン、ミリセチン、ケンフェロール、ヒペリンなどを含む。プルンバギンには鎮痙、鎮咳、抗菌作用があることが報告されている。

❖気管支炎、百日咳、気管支喘息、アメーバ赤痢に
全草5～10gを水で煎じて服用する。

モウセンゴケ 6月下旬北海道

つぶやき

モウセンゴケの腺毛の分泌液にはペプシン様のタンパク質分解酵素を含んでいる。これが捕えた昆虫を溶かす。モウセンゴケは15～20cmほどの花柄を伸ばし名が苔とは思えない可憐な花を咲かせる。モウセンゴケの花は白色、コモウセンゴケの花は紅色。

参考：牧野和漢薬草圖鑑

ヤクシソウ 薬師草	キク科 山地、野原、路傍	なし	地上部 随時	〔民〕苦味健胃、胸やけ、食べ過ぎ、胃もたれ、〔外〕腫れ物、〔浴〕神経痛、リウマチ

煎じて苦味健胃剤、外用や浴用料に

[生育地と植物の特徴]

北海道から九州、朝鮮半島、台湾、中国、インドネシア、インドに分布するキク科の越年草。山地、野原、路傍の陽当たりの良い所に生える。よく分枝して高さ約30～120cm。茎は堅く、葉は柄が無く長楕円形で基部は細まり茎につく部分が耳形に広がって茎を抱く。茎も葉も傷つけると白い乳液を出す。花期は8～11月。枝先や上部の葉腋に直径約1.5cmの黄色の頭花を数個ずつつける。

[採取時期・製法・薬効]

生葉を用時に摘んで用いる。生葉がない頃は乾いた茎葉を適宜煎じて飲む。秋の開花時に頭花と花茎を採り、天日で乾燥させる。

❖胸やけ、食べ過ぎ、胃のもたれに

生葉を噛んで汁を飲み干す。生葉がない頃は乾いた茎葉を適宜煎服する。苦味健胃剤である。

❖リウマチ、神経痛に

浴用料として用いる。使用法の詳細は不明。

❖腫れ物に

よく乾燥した頭花をゴマ油にヒタヒタとなるように漬け込み、この油を直接腫れ物に塗る。漬け込んだ花は取り出さずに漬けたままにしておく。

10月下旬長崎県対馬

つぶやき

茎や花を抱くようにつく葉の形が薬師如来の光背（こうはい）に似ているためという説。同じ光背でも根生葉が似ているという説、薬師堂のそばで最初に見つけられたという説がある。一方、牧野富太郎博士は、ヤクシソウは薬師草ではないかという。薬師は医王ともいい、病気や災難を除く薬師如来を本尊とする一つの信仰である。

参考：長崎の薬草、薬草カラー図鑑3、牧野和漢薬草圖鑑

ヤブカンゾウ 藪萱草	ワスレグサ科 山野	【生'】金針菜/萱草根 きんしんさい/かんぞうこん	蕾/根 夏/秋	〔民〕解熱、〔食〕中華料理/利尿、〔食〕若芽

ノカンゾウと同じく解熱・利尿、中華料理に

[生育地と植物の特徴]

中国のホンカンゾウ（漢名：萱草）に似て藪に生えるのでこの名がある。中国原産で古い時代に中国から渡来した史前帰化植物で食用、薬用の目的で栽培されていたのが野生化した。北海道から九州の平地や丘陵地に生える多年草。高さ約1m。葉は2列に重なり合って出て、幅広い線形。花期は夏。花茎を伸ばし、黄赤色の八重咲きの花を数個つける。実はできない。この仲間の開花直前の蕾を乾燥したものを金針菜（きんしんさい）と呼び中華料理などの食用にするほか、解熱などの薬用に用いる。また、紡錘状に膨らんだ根も薬用となる。

[採取時期・製法・薬効]

蕾は6～7月に摘み採り、蒸してから天日で乾燥させる。根は秋に掘り採り水洗いして天日で乾燥させる。

❖解熱に

蕾の乾燥したもの（金針菜）一回10～15gを水400mlで半量に煎じて食間3回に分けて服用する。

❖腎炎による浮腫の利尿に

乾燥した根一回量5～10gを水400mlで半量に煎じて服用する。

❖若芽・蕾（金針菜）が食用に

7月中旬長崎県対馬

つぶやき

中国では、この花を見て憂いを忘れるという故事があり“忘れる”に萱の文字を当てることから萱草と称する。日本でも身につけると恋しさを忘れさせてくれる草であった。紀貫之の歌に「うち偲び　いざ住の江に忘れ草　忘れし人の　またや摘まぬと」があり、この忘れ草が萱草である。

参考：薬草の詩、新佐賀の薬草、薬草カラー図鑑2、バイブル、牧野和漢薬草圖鑑、徳島新聞H141226

ヤマハハコ 7月下旬北海道大雪山系

葉がやや細いヤマハハコ 7月下旬北海道大雪山系

（ホソバノ）ヤマハハコ （細葉）山母子	キク科 山野	なし	全草 開花期	〔民〕黄疸、肝炎

全草を乾燥させ黄疸に

[生育地と植物の特徴]

ヤマハハコは、ハハコグサに似ていて、山地にのみ生えるのでこの名となった。ホソバノヤマハハコは、本州（福井、愛知両県以西）、四国、九州の山地の頂上付近に自生する多年草。茎は分枝せず、葉幅は2～6mm。花期は8～9月。白色または淡黄色の管状花からなる頭花を散房花序につける。ヤマハハコは本州（長野、石川両県以北）、北海道の山地、高山に自生する多年草で、雌雄別株。サハリン、千島列島、カムチャツカ、中国、ヒマラヤ、北米に分布。根茎は細く横に伸び、地上茎は直立し、高さ50cmほどになる。葉は狭い披針形で長さ7～9cm、幅1～1.5cm。やや厚くて3脈があり、先端はとがり、基部は半ば茎を抱くようについて互生する。

[採取時期・製法・薬効]

夏の開花期に全草を採り、水洗い後天日で乾燥させる。成分は、フラボノイドのルティリン、ケンフェロール、クエルセチンなど、6種類のフラボノイド。

❖黄疸に

一日量8～12gを水400～600mlで半量に煎じ3回に分けて服用する。

つぶやき

類似種のカワラハハコは、北海道から九州の各地の川原などの乾燥した砂地に群生する多年草。葉の幅は1～2mmで、ホソバノヤマハハコよりさらに細いが、茎は根元から多く枝分かれする点が違う。

ホソバノヤマハハコの雄花 8月下旬長崎県

参考：薬草事典、薬草カラー図鑑3、バイブル、牧野和漢薬草圖鑑

ヤマシャクヤク 山芍薬	ボタン科 山地	山芍薬 やましゃくやく	根 9月	〔民〕腹痛、身体疼痛

山芍薬は腹痛やリウマチの痛みに

[生育地と植物の特徴]

北海道石狩・十勝以南、本州、四国、九州、朝鮮半島に分布し、山地の樹陰などに生える多年草。草丈は40～50cm。根は肥厚し、根茎は短く横走する。茎は直立し、基部に数個の鞘状葉がある。葉は茎に3～4個互生し、2回三出複葉で、小葉は長楕円形か倒卵形。長さ5～12cmで鈍頭かやや鋭頭。花期は4～6月。茎頂に白色花を単生する。

[採取時期・製法・薬効]

薬用部分は根。9月に根を掘り上げ、水洗い後、適当な大きさに刻んで蒸すか、そのまま天日で乾燥させる。成分は根にアルカロイドのペオニン、タンニン、ペオニフロリン、アルビフロリン、オキシペオニフロリン、β-シトステロール、アスパラギン、没食子酸、安息香酸、安息香酸エステル、ブドウ糖、ショ糖、デンプン、樹脂などを含む。

❖腹痛に

山芍薬一回量5gに400mlの水を加え、半量まで煎じて食前に飲む。

つぶやき

ペオニフロリンには鎮痛、鎮静、鎮痙、抗炎症、血圧降下、血管拡張、平滑筋弛緩作用などが報告されている。安息香酸には局所刺激、防腐、去痰作用がある。山芍薬は芍薬同様、収斂、鎮痙、鎮痛薬として腹痛、身体疼痛などに用いられる。

4月下旬大分県

参考:牧野和漢薬草圖鑑

ユキノシタ 雪の下	ユキノシタ科 山野、崖、路傍	【生】虎耳草 こじそう	全草 春～夏	〔外〕中耳炎、腫れ物 〔民〕鎮咳、〔食〕葉の天婦羅、浸し物

葉は年中青くて緊急時に広範囲の効果

[生育地と植物の特徴]

本州、四国、九州、中国に分布。山地の日陰や渓流沿いの岩などの少し湿った所に自生する常緑多年草。庭先、井戸周りでもよく栽培されていた。葉は多肉質で表面は粗い毛に被われ、表は濃緑色で裏は赤い。花期は5～7月頃。茎の上に白い特徴のある小花をまばらにつける。

[採取時期・製法・薬効]

用時に生葉を摘み採り水洗いしそのまま用いる。成分として硝酸カリウム、クエルシトリン、ベルゲニンなどを含み、抗菌作用、利尿作用、解毒作用がある。ユキノシタは民間薬の総合病院といわれるほど種々の使い方がある。

❖おでき、腫れ物に

生の葉を炙って柔らかくしたものを患部に貼る。

❖耳だれに(別名ミミダレグサ)

生の葉を揉んで出た汁を綿棒に含ませて耳の中を拭く。

❖鎮咳に

生の葉5～6枚をすり潰し食塩を少し混ぜて飲む。

❖子供のひきつけに

生の葉10枚くらいに食塩を少し加えて揉み、もみ出た汁を口に入れて飲ませる〔PC〕。体質改善に食べさせる。

つぶやき

名は冬の寒さにも耐えて雪下でも生育することに由来。中国では葉の白斑を虎の耳に見立て虎耳草、ハスの葉に見立て石荷葉ともいう。名の由来には他にも雪の舌、イケ(井戸)ノシタが訛った等の説あり。雪の下《季》夏。

❖痔の痛みに

上記の汁を脱脂綿に含ませて患部につける。乾燥葉10gを水で半量に煎じ、その汁を脱脂綿に含ませて洗ってもよい〔PC〕。

❖日焼け止めに

葉の汁を絞り、患部につける〔PC〕。

5月中旬長崎県

4月下旬島原薬草園

参考:薬草事典、新佐賀の薬草、宮崎の薬草、薬草カラー図鑑1、牧野和漢薬草圖鑑、生薬処方電子事典、徳島新聞H140111

ヒヨドリバナ　10月上旬対馬

サワヒヨドリ　10月下旬佐賀県樫原湿

ヨツバヒヨドリ 四葉鵯	キク科 山間部	なし	地上部 開花期	〔民〕発汗、解熱、糖尿病予防、 腫れ物

お茶代わりに飲んで糖尿病予防、煎じて解熱に

[生育地と植物の特徴]

本州の近畿地方以北、北海道および千島列島南部、サハリンに分布する。山地の草原など向陽の地に生える多年草。草丈1m内外、茎は直立し、単一で数本群生する。葉は3～4枚輪生し、長楕円形か皮針状長楕円形で長さ約13cm。鋭尖頭で重鋸歯縁。花期は8～10月。茎上部に淡紫色筒状花なる頭花を密な散房花序状につける。類似種のヒヨドリバナ、サワヒヨドリは、九州、沖縄、フィリピンにも分布する。

[採取時期・製法・薬効]

夏の開花期に地上部を刈り採り、通風の良い場所で陰干しにする。成分は、全草にセスキテルペン、ゲルマクラノライド、ヒヨドリラクトンを含む。

❖発汗、解熱に

乾燥した全草一日量10～15gを300mlの水で半量に煎じて3回に分けて食前に服用する。

❖糖尿病予防、腫れ物に

湯のみ茶碗に一杯分を一日量として、アルマイトやかんで煮出し、お茶代わりに飲む。

ヨツバヒヨドリ　7月下旬長野県白馬

つぶやき

ヒヨドリバナは、ヨツバヒヨドリと薬効が変わらないので同様に用いられる。サワヒヨドリは湿地に生えるのでこの名がある。生薬名を野馬追（のまおい）といい、鎮咳作用、抗菌作用、降圧作用があることから、気管支炎、高血圧に一日量10～20gを水で煎じて3回に分けて服用する。

参考：薬草カラー図鑑2、牧野和漢薬草圖鑑

レンゲソウ 蓮華草	マメ科 帰化	なし	全草 開花期	〔民〕利尿、解熱 〔外〕火傷

全草を煎じて利尿・解熱へ、生の葉を絞り汁を患部に

[生育地と植物の特徴]

別名ゲンゲは漢名の音読み。中国原産の越年草で、我が国の各地で栽培され、また野生化している帰化植物の一つである。台湾にも野生化している。茎は根元より枝を分け、地面を横に這うが、上部は10～30cmの高さになる。葉は奇数羽状複葉で、葉質は薄い。花期は4～5月。葉腋より長柄を出し、その先に紅紫色で長さ約12mmの蝶形花を5～10個輪状につける。

[採取時期・製法・薬効]

開花期の全草を採り、水洗いのあと、天日で乾燥させる。また、やけどには生の葉の汁を用いる。

❖利尿、解熱に

乾燥したものを一日量約5～10gを水400～600mlで半量に煎じて食前3回に分服する。

❖火傷に

生の葉をしぼり、その汁を患部に塗る。

つぶやき

花の形から蓮華となったが、京の人は、ハスは仏の花であると忌み嫌って、“レ”を“ゲ”としてゲンゲと呼ぶようになったと、江戸末期の小野蘭山(おのらんざん)が述べている。我が国では薬用にすることはなく、飼料や緑肥(窒素源)として栽培されるが、蜜蜂の蜜源としても重要な農作物である。粗タンパク質やビタミン類が多く栄養的にも優れているので食用にもなる。蓮華《季》春。

4月下旬長崎県対馬

参考:薬草カラー図鑑3

ワラビ 蕨	コバノイシカグマ科 陽当たりの良い原野	なし	地上部/根茎 春/秋	〔民〕利尿、腫れ物、〔食〕山菜 ビタミンB_1破壊

利尿と解熱に効果、アク抜きは木灰か重曹で

[生育地と植物の特徴]

世界中の温帯に分布する。葉柄を山菜として食べるのは日本人だけである。陽当たりの良い原野に多く、樹木が茂って日陰になると消滅する。山菜としての利用は、‘和名招’(932)に、まだ葉が展開してない若い芽を熱湯につけて食べられることが述べてあり、平安の頃にはすでに山菜として食用に利用されていたことが分る。数mに長く伸びた根茎は分岐し、その先から若芽を出す。葉は高さ1.5mくらいに達し、褐色の毛が少しある。展開すると3回羽状に分かれた葉となり、全体の形は長三角形で、質はやや硬く光沢がある。

[採取時期・製法・薬効]

地上部は山菜として利用するので、採取したらそのまま天日で乾燥させる。成分は、アミノ酸のアスパラギン、グルタミン酸、フラボノイドのアストラガリン。

❖利尿、腫れ物に

根茎と地上部ともに、細かく切ったもの一日量10～15gを水400mlで3分の1量に煎じて3回に分けて服用する。

❖食用に:若葉を山菜に

つぶやき

ワラビにはアノイリナーゼが含まれており、十分に加熱処理をしなければ、体内のビタミンB_1を破壊して脚気を引き起こす。実際に地上部を多食して歩行障害や起立不能などが起こり、心不全で死亡した動物は数多い。症状が出やすいのが牛や馬、ヤギなどである。蕨《季》春。

4月上旬長崎県

9月下旬長崎県

参考:薬草カラー図鑑2、牧野和漢薬草圖鑑、徳島新聞H250403

雄花　5月中旬岐阜!

イチョウ 銀杏	イチョウ科 植栽	【生】銀杏 ぎんなん	種子/葉	〔民〕鎮咳、去痰、〔外〕疣取、凍傷、〔食〕銀杏
			種子	接触性皮膚炎、ビタミンB_6欠乏

気根は催乳剤として使用されていた

[生育地と植物の特徴]

中国名は“鴨脚”で中国宋時代の音読み「ヤーチャオ」の転訛と考えられている。中国原産で、日本に渡来したのは平安時代以降、鎌倉時代ではないかと推定され、日本、朝鮮半島、中国で植栽されている。樹高30m、直径2.5mほどになる。雌雄別株。

[採取時期・製法・薬効]

果期に落ちた実を地中に埋めるか、水につけておいて、果肉を腐らせて洗い流し、白い内種皮に包まれた種子を天日で乾燥させ、使用の際、この内種皮を破り、中の種仁を薬用にする。成分で血管調整剤の原料になったのはフラボノイドとギンコライドである。

《銀杏の効用》

❖頻尿、夜尿症に（生薬名は‘ぎんなん’又は‘ぎんきょう’）

大人の頻尿には焼いた銀杏5〜10粒、子どもの夜尿症には3〜5粒を食べる。

❖咳止め、去痰に

種仁一日量5〜10gを焼いて食べる。あるいは煮てその汁とともに食べる。銀杏にはVitamin B_6の類似体4-O-methyl-pyridoxineが含まれており、多量に食べるとB_6欠乏となりGABAの生合成が阻害されて痙攣を起こす。

❖疣（イボ）取りに

種子を黒焼きにして疣とりに外用する。

《イチョウの葉の効用》

❖凍傷に

8月頃の青い葉を天日で乾燥させておき、凍傷には葉を煎じて患部につける。

❖虫除けに

昔から日本では黄葉したイチョウの葉を栞に使っているが、イチョウの葉には虫除けの作用があるという〔PC〕。

❖高血圧予防、老人ボケ予防に

7月までの葉20gを水600mlで煎じて一日数回に分けて飲む。

銀杏の実　6月上旬小石川植物園

つぶやき

イチョウは東京都、大阪府、神奈川県の県木。原爆で潰滅した長崎で50年は植物が生えることはなかろうと思われていた中に、いち早く芽生えたのがイチョウであったという。このことはヨーロッパでも知られるようになった。西ドイツ、フランスでは葉のエキスが研究され高血圧やボケの薬として使われている。日本では医薬品ではない。銀杏の実《季》秋。

参考：薬草の詩、新佐賀の薬草、薬草カラー図鑑2、牧野和漢薬草圖鑑、生薬処方電子事典、徳島新聞H130717

アオギリ 青桐	アオイ科 植栽	なし	葉/種子 随時/秋	〔民〕高血圧、利尿、動脈硬化、〔外〕止血/〔民〕胃痛、腹痛

乾燥葉が止血・利尿薬に

[生育地と植物の特徴]

中国原産の落葉高木で、江戸時代の初めに我が国に渡来した。野生林として天然記念物に指定されているのは、伊豆・白浜神社裏のものが有名。樹高は5～6m。樹皮は緑色で、なめらか。葉は長さ15～30cm、掌状で3～5裂し、長い柄がある。枝先に集まって互生する。花期は6月頃。枝先に大きな円錐花序をつくり、多数の黄色い小花をつける。花が終わると、黄緑色の朔果ができる。朔果の淵には直径5mmほどの種子が5個ほどついている。

[採取時期・製法・薬効]

葉は青々としている時期ならいつ採ってもよい。流水で洗い、細かく刻んで天日で乾燥させる。さらにミキサーで粉末状にする。種子は10～11月、よく熟した果実を採取し、叩いて種子をとり、天日で乾燥させる。

❖高血圧、動脈硬化予防に

茶こしを用意し、粉末にした葉を7～8分目まで入れ、熱湯200mlを少しずつ注ぐ、このお茶を一日3回、食後に飲む。

❖突然の胃痛や腹痛に

乾燥した種子10gに水600mlで半量に煎じ一日3回に分服する。即効性があるので、缶などに種子を乾燥剤とともに入れ、常備しておくとよい。

❖切傷の止血に

乾燥葉を粉末にしたものを切傷に塗る。

11月下旬長崎県

つぶやき

花には雄花と雌花があり、一つの花序に混じっている。葉が桐に似て、幹が緑色なので、アオギリとなった。なお、生の種子を潰して髪に塗ると白髪が黒くなるという。

参考:薬草カラー図鑑4、徳島新聞H230903

アカメガシワ 赤芽柏	トウダイグサ科 山地の川辺	【局】赤芽柏 あかめがしわ	葉/樹皮 夏	〔民〕健胃、胃十二指腸潰瘍、胆石〔外〕腫れ物、痔、頭部湿疹、〔染〕

葉は痔や腫れ物に効果的、樹皮は胃腸炎にも

[生育地と植物の特徴]

本州中部以南、九州、沖縄、台湾、中国、朝鮮半島に分布。山地に自生。早春の新芽がひときわ赤い。葉柄も若葉も赤みがさしているが、葉が成長するにつれて赤みが少なくなる。落葉亜高木で樹高15m。生長の早い木である。成長した樹皮は褐色で縦の方向に白っぽい筋が断続して現われるので、見慣れると冬の落葉期でもそれと分かる。雌雄別株。花期は6～7月。枝先に円錐状のあるいは総状の花序をつけ、雌樹は黄緑色、雄樹は黄色の小花を咲かせる。雌株の果実は秋に熟して赤くなる。

[採取時期・製法・薬効]

樹皮を採集するには夏の土用頃がよく、具合良く皮が剥げる。枝を切って皮を剥いだら直ぐに天日で乾燥させる。葉も盛夏に採ったものが良く、陰干しのあと乾燥させて保存する。成分はタンニンのほかイソクマリン類のベルゲニンを含んでいる。樹皮には5%のタンニンを含む。

❖胃潰瘍、十二指腸潰瘍、胃酸過多に

樹皮を1cmくらいに刻んだもの一日量10g、または葉15gを水600mlで半量に煎じ温かいうちに一日3回に分けて服用する。近年、胃潰瘍に用いられるようになった。明治以前には“切らずに治す腫れ物薬”として用いられていた。

❖腫れ物、痔、頭部の湿疹に

乾燥葉一日量15gを煎服する。同時に煎液で患部を洗う。煎じ液を風呂に入れるとあせもや肌荒れに良い。

❖胆石症に

一日量乾燥葉10gと樹皮5gを水700mlで半量に煎じ食後3回に分けて温服。

4月中旬長崎県対馬

つぶやき

名は芽と新葉が赤いことと柏の葉と同様に葉に食物を盛った(御菜葉)ことによる。しかし、カシワ(ブナ科)の仲間ではない。今日でも神仏の供え物に用いる地方がある。種子は赤色の染料に使われる。伐採地に最初に生える陽樹の代表は、このアカメガシワと、ヌルデ、タラノキなどである。新芽を天婦羅に、茹でて晒して和え物、油炒めにして食べる。

参考:薬草事典、長崎の薬草、新佐賀の薬草、薬草カラー図鑑1、バイブル、牧野和漢薬草圖鑑、生薬学、徳島新聞H130515

イブキジャコウソウ 7月下旬伊吹山

イブキジャコウソウ/タチジャコウ 伊吹麝香草/立ち麝香	シソ科 山野、栽培	百里香 びゃくりこう	地上部 6〜7月	〔民〕発汗、解熱、 駆風、〔香〕香味料

百里香に発汗解熱作用あり

[生育地と植物の特徴]

滋賀県の伊吹山に多く自生し“麝香”のような香りがあるのでこの名がついた。名に“草”がつくが、背の低い小さな木である。我が国各地に自生。朝鮮半島、中国、インドにも分布する。九州でも佐賀県、長崎県の陽当たりの良い岩場や草地に希に生える。我が国では、香りが百里の遠くまで届くという意味で、別名百里香と呼ぶ。十里香(中国でミカン科、ハイノキ科、セリ科のものにつけられた名)に対して、百里香としたものと考えられる。標高1000mくらいの山岳地帯から、平地、さらに海岸にまで分布するので、生育環境に左右されて、形態のうえに差異が出ていると考えられる。現に毛の多少、葉の幅などによって、変種にしたり、亜種になったりしており、現在は、中国大陸原産のものを母種とし、我が国のものは、その変種とされている。

[採取時期・製法・薬効]

6〜7月の開花期、地上部をとって水洗いした後陰干しにする。芳香成分は発汗作用のあるバラ・シメン、カルバクロール、チモールなどの精油。

❖発汗、解熱、駆風に

乾燥したものを一回量3〜6gをカップに入れて、熱湯を注いで飲む。

❖防腐剤に

ソース、トマトケチャップ、ハムなどの防腐剤、香味料として用いる。

つぶやき

南ヨーロッパ原産のタチジャコウが我が国の薬草園などで栽培されているが、イブキジャコウソウと類縁関係にある。スペイン、南フランスなどの農村で栽培され、開花期の茎葉が百日咳、鎮痛などの薬用に用いられるほか、ソース類、ハム、カレーなどのスパイスにもなり、ヨーロッパから輸入されている。

タチジャコウ 7月下旬島原薬草園

参考:薬草事典、新佐賀の薬草、薬草カラー図鑑2、牧野和漢薬草圖鑑

アスナロ 翌檜	ヒノキ科 山中、天然林	なし	葉 随時	〔民〕肝炎予防、解熱

葉の乾燥させたものが肝炎予防に

[生育地と植物の特徴]

明日は檜になろうからアスナロとなったというのは牧野富太郎博士によれば俗説という。平安時代以前の呼び名は阿須檜で、この阿須は明日ではなく古代語で良質という意味のアテであるという。したがってアスナロは良質の檜の意である。本州(岩手県～中部地方)、四国、九州に分布する日本固有のヒノキ科の常緑針葉高木。山地の尾根や湿原に生え、樹高10～30mとなるが、庭に植えてもそれほど大きくならない。樹皮は灰褐色で縦に裂け、葉は鱗(うろこ)状でヒノキに比べて厚くて大きい。表面は光沢のある濃緑色で、葉裏は白い気孔帯が目立つ。雌雄同株。5月頃、青色で楕円形の雄花と鱗片に覆われた雌花とをつける。球果は直径1～1.5cmのほぼ球形で開花した年の10～11月に熟す。材は芳香があり、耐朽性があることから、建築・土台・土木・船舶などに使われる。

[採取時期・製法・薬効]

用時(秋がよい)に葉を採取し、水洗い後、陰干しにする。成分は、ヒノキフラボン、ステアドピチレン、ソテツフラボン、イソクエルチトリンなどを含む。また肝臓保護成分はジオキシポドフェロトキシンである。

❖肝炎予防、解熱

乾燥葉一日量5～10gを水600mlで半量に煎じて服用。

5月上旬鹿児島県

つぶやき

アスナロには強肝成分がある。江戸時代木曽地方ではヒノキ、サワラ、クロベ、アスナロ、コウヤマキを木曽五木と呼び保護した。水湿に耐える性質があり、風呂桶に適している。

参考:薬草カラー図鑑3、バイブル

ウツギ 空木	アジサイ科 山野の林縁、路傍	【生’】溲疏 しゅうそ	葉・果実 春・秋	〔民〕浮腫のときの利尿

葉も果実も乾燥させて利尿に

[生育地と植物の特徴]

ウツギの名は、枝が中空になっているウツロギ(空木)からきている。花期が陰暦の卯月なので“卯月木”から転じたという説もある。各地に自生したり、生け垣や畑の境界に植えたりする。山野の林縁や路傍に自生する落葉低木。樹高は1.5mくらい。葉は対生し薄い毛がありザラつく。5～6月にかけて小さい白花を群れてつける。幹の外側は堅く、木釘や楊枝になる。

[採取時期・製法・薬効]

葉は5月頃、開花中に摘み採り、水洗いし水気を切って天日で乾燥させる。果実は9～10月頃、枝ごと切り採り水洗いし天日で一度乾燥させ、果実だけを集めて再び干し上げる。葉は6月頃の開花中に採り、天日で乾燥させる。果実は9～10月頃採って、天日で乾燥させる。

❖むくみがある時の利尿に

乾燥した果実なら3～10g、乾燥した葉なら10～20gを一日量として水300mlで半量になるまで煎じ一日3回に分けて飲む。

つぶやき

童謡“夏はきぬ”にある“卯の花”はウツギである。うつろ以外の材の部分は硬く、木釘を作るのに使う。木釘は木工家具で鉄釘が使用できないときに使用する特殊なクギである。また、古代人は、クギにするほど材が硬いのを利用して、この幹とヒノキを摩擦して発火させ、火種を得ていたのではないかという説がある。卯の花《季》夏。

6月上旬長崎県

参考:薬草の詩、宮崎の薬草、薬草カラー図鑑2、牧野和漢薬草圖鑑

ウラジロガシ 裏白樫	ブナ科 山地	ウラジロガシ葉	葉 随時	〔民〕尿管結石、胆石

尿管結石や胆石などの結石症に

[生育地と植物の特徴]

名は葉の裏が白くなっていることに由来する。本州（新潟、宮城県を結ぶ線より南の地域）、四国、九州、沖縄、済州島、台湾の山地に自生する常緑高木。老樹は高さ20m、幹直径1mにもなる。葉の上半分だけに先端の尖った鋸歯がある。葉の裏は蝋物質を分泌して白っぽい。乾いた葉も裏が白いので落葉でも分かる。花期は5月。雌雄同株、長さ5～7cmの雄花序が新芽の下部から数個垂れ下がる。雄花は苞の腋に1～3個ずつ付く。雄蕊は3～6本。雌花序は新枝の上部の葉腋に直立し雌花が3～4個つく。花柱は3本。果実は堅果（どんぐり）。

[採取時期・製法・薬効]

葉を用時に採取して細かく切って天日で乾燥させる。成分はタンニン、リグリンなど。

❖胆石、尿管結石に

一日量50～70gを水600～1000mlで半量に煎じて3回に分けて服用する。製剤も開発されているという。結石を溶かす作用があるともいわれる〔PC〕。

つぶやき

長崎県の轟滝や竜頭泉には特に多い。竜頭泉のある千綿の奥の通称出水山の原生林には天然記念物にしても良いほどの大木が何本も残っているという。佐賀県では海抜300～600mに多い。樹皮、葉にタンニンを含み媒染料、皮なめしに使われた。胆石・尿路結石には、ウラジロガシの他に、キンシバイやビヨウヤナギが使われる。

1月上旬鹿児島県

参考：長崎の薬草、新佐賀の薬草、薬草カラー図鑑2、牧野和漢薬草圖鑑

オニグルミ 鬼胡桃	クルミ科 山地、植栽	【生'】胡桃仁 ことうにん	外果皮/種子 夏/秋	〔民〕強壮、〔外〕寄生性皮膚病/〔食〕生食

生食の他に果皮の汁を皮膚病に

[生育地と植物の特徴]

我が国の各地の山地に広く自生する。また、果樹として植栽される。樹高20mに達し、互生する葉は大型の羽状複葉で長さ30～40cm、小葉の数は5～8対ある。小葉は縁に鋸歯があり。花は春に葉の展開の頃、長い緑色の尾状花序を垂らして多数の雄花がつき、雌花は枝の先端に数個が短い総状花序でつく。果実は径3cmほどの球形。

[採取時期・製法・薬効]

外果皮は、夏、果実が未熟な青いときに採取し、厚い外側の皮を金属製以外のおろし器ですり下ろして、生のまま使用する。種子は、硬い殻を叩き割って中の種子を集めて天日で乾燥させる。成分は、α・β ハイドロユグロン、ユグロン、タンニン、クエン酸、リンゴ酸、リノール酸。

❖強壮に

実を食べる。脂肪油約50%を含み栄養価が高い。この脂肪油は、不飽和脂肪酸のリノール酸、リノレン酸、オレイン酸が多いのでコレステロール降下作用がある。

❖皮膚病に

未熟果皮を金属以外のおろし器ですり下ろし、汁を患部にすり込むようにして塗る。

つぶやき

野生するオニグルミを単にクルミというが、ヒメグルミというのもあるので、区別してオニグルミと呼ぶ。菓子用などに使われるクルミはヨーロッパ原産の別種のテウチグルミであるが、日本でも群馬県、長野県で植栽される。

11月上旬大分県

参考：薬草カラー図鑑1、牧野和漢薬草圖鑑、徳島新聞H161122

ガジュマル がじゅまる	クワ科 植栽	なし	樹皮・気根皮 随時	〔民〕腹痛

タンニン様物質を含み下痢を止め腹痛を鎮める

[生育地と植物の特徴]

種子島、屋久島、南西諸島、沖縄の暖地に植栽される常緑大樹。台湾、熱帯アジア、オーストラリアに分布。幹には多くの気根を垂れる。葉は倒卵形か長楕円形の革質で長さ約8cm、幅約5cm。縁に鋸歯はなく無毛。葉の上面は緑色で光沢があり、下面は淡緑色で、主脈が隆起している。花期は5月。無柄の球形のものが葉腋に1〜2個つく。

[採取時期・製法・薬効]

用時に樹皮や気根の皮を採り、天日で乾燥させる。葉に乳液を含み、樹皮にはタンニン様物質を含む。主要な化学成分は未精査。

❖腹痛に

樹皮・気根の皮を乾燥させたものを一日量5〜8g、水400〜600mlで半量に煎じて3回に分け食前に服用する。

ガジュマルの花・果実 9月中旬沖縄県

鹿児島県指宿市にはガジュマルがあちこちに植栽されている。

8月下旬鹿児島県

つぶやき

その他の用途として、沖縄地方では防風林、防潮樹、街路樹として植えられている。材は挽物細工や朱塗の下地としての素材に、また、キクラゲの人口栽培の時の榾木(ほだぎ)にも用いられる。指宿市のガジュマルでは枝からも多数の気根が垂れ下がっていたが、八重山のガジュマルでは枝から垂れるものはなかった。台風で千切れたものであろう。

参考:薬草カラー図鑑3

カシワ 柏	ブナ科 山地、植栽	【局】樸樕 ぼくそく	樹皮 夏	〔民〕下痢止、〔外〕火傷、出き物、湿疹 〔染〕草木染め

樹皮に含まれるタンニンが下痢止めに

[生育地と植物の特徴]

北海道より九州まで各地の山地に自生するほか、人家の庭先に植栽される。千島列島南、朝鮮半島、中国に分布する。落葉高木で、大きいもので高さ15m、径50cmになるものがある。葉は枝先に集まって互生、倒卵状長楕円形で先は鈍く尖り、基部は楔形、縁に波形のあらい鋸歯がある。葉の長さ15〜25cm、幅10〜15cmと大きい。秋に褐色となって枯れるが、そのまま枝について冬を越し、春に落葉する。雌雄同株で花期は5〜6月。堅果(どんぐり)は長さ1.5〜2cmの楕円形か球形。

[採取時期・製法・薬効]

夏期に樹皮を採取、水洗い後、刻んで天日で乾燥させる。葉は夏に、種子は秋に採取し、水洗い後、天日で乾燥させる。樹皮にタンニン10〜15%を含む。そのほかフラボノイドの配糖体クエルチトリンを含む。葉にも同じように含み、種子にはタンニンのほか、多量のデンプンを含む。

❖収斂剤として下痢止に

乾燥樹皮3〜6gを一日量とし、水400mlで煎じ、2回に分けて服用する。温かいうちに飲む。

❖でき物、火傷、かぶれに

煎液を塗布する。

カシワ 11月下旬長崎県対馬

つぶやき

古い時代に広い葉を利用し、食物を盛ったり、包んだり、焼いたり、蒸したりしたので、炊葉(かしきば)と呼ばれ、カシキがカシワとなった。別名のモチガンワは、この葉で餅を包むことから。染色には樹皮を用いる。アルミ、スズ、灰汁の媒染で土器色に、銅媒染で茶色に、鉄媒染で黒ねずみ色に染まる。

参考:薬草カラー図鑑4、牧野和漢薬草圖鑑、生薬処方電子事典

カヤ 榧	イチイ科 庭木、神社	なし	果実 11月	〔民〕夜尿、十二指腸虫駆除

実を煎った粉末を夜尿症に

[生育地と植物の特徴]

古くはカヘと呼んでいた。カヤは雌雄別株で、花期は4～5月頃。翌年の11月頃、実は表面が紫褐色になって熟すると、割れて内種皮が出る。この中に胚乳があって、脂肪分を多く含んでおり、食用にもなるが、これから油が搾られる。

[採取時期・製法・薬効]

果実の肉質の外側の外種皮を除いて、天日で乾燥させる。

❖夜尿に

①実を炒って粉末にし3～5歳くらいまでならば一回に0.2～0.6gを一日3回内服するか、②生の実1～3個を焼いて食べる。

❖十二指腸虫駆除に

乾燥した実を粉末にして大人ならば一回3～5g空腹時に服用する。一日1回でよい。

つぶやき

カヤ油は食用、頭髪油、灯火用に利用されていた。古代の日本では、灯火を得るためにゴマ油、エゴマ油、シソ油、ナタネ油を使っていた。しかし、どれも栽培種のため天候に左右され、油が作れない場合がある。その時には、カヤ、イヌガヤ、チャボガヤなどの実から油を採って、灯火用とした。

3月下旬島原薬草園

参考：薬草カラー図鑑1、牧野和漢薬草圖鑑

カラスザンショウ 烏山椒	ミカン科 山地	【生'】食茱萸 しょくしゅゆ	果実 10～11月	〔民〕健胃、暑気あたり 〔外〕打撲、たむし、痔疾

果実を干して健胃・暑気あたりに

[生育地と植物の特徴]

本州、四国、九州、沖縄に自生。韓国、台湾、中国にも分布。多くは海岸線に沿ってみられる。烏が実を食べることからカラスザンショウというが、烏ばかりでなく他の鳥もこの実を好む。葉はサンショウに似て大きい。雌雄別株。夏、淡黄色の小花を円錐状につけ、実は丸く辛みがある。葉を煎じたものはマラリアに効果があるという。

[採取時期・製法・薬効]

10～11月頃に果実を採って、天日で乾燥させる（食茱萸）。成分は、果実に消化を助けるイソピンピネリン、β-ジトステロール、ジオスミン。葉に精油（メチルノニールケトンやテルペリン）、樹皮、材部、根にアルカロイドのシキミアミンやマグノフロリンを含む。

❖健胃、暑気あたりに

食茱萸一回2～5gを水300mlで3分の1に煎じて空腹時に服用する。

❖打撲、たむし、痔疾に

この煎液で患部を洗うか、粉末にしたものを塗布する。

つぶやき

カラスザンショウはミカン科のイヌザンショウ属で花弁と萼がはっきりしているが、サンショウは両者の区別のつかない花被が5～8個並んでいるだけでありミカン科でもサンショウ属である。

9月上旬長崎県対馬

参考：薬草カラー図鑑2、牧野和漢薬草圖鑑

キササゲ 木豇豆	ノウゼンカズラ科 山地、栽培	【局】キササゲ きささげ	果実 秋	〔民〕腎炎、利尿、〔外〕でき物、 〔浴〕痔、〔食〕若葉

利尿作用や痔の妙薬、若葉は油で炒めて食べる

[生育地と植物の特徴]

名は果実がマメ科のササゲに似ていることによる。中国原産の落葉高木。昔から栽培され民家の庭先に大木を見かけるのは、昔ながらの薬木であったことを伺わせる。地方の古い街の庭にこの木を植えている家は、ほとんどが昔は漢方医だったか漢方薬店だったのだという。また時に、川岸などで野生化したものが見かけられる。樹高5～15mになる。花期は6～7月。枝先に大きな円錐花序をつけ、淡黄色のやや大きな鐘状花を咲かせる。蒴果は径5mm長さ30～40cmで花序の軸から垂れ下がる。種子は長さ8～10mmの扁平な長楕円形。

[採取時期・製法・薬効]

10～11月果実が熟して弾ける寸前の蒴果をとって天日で乾燥させる(梓実)。種子のなくなった鞘は薬としての品質が落ちるとされている。成分はカタルボサイド(利尿作用あり)と、クエン酸、パラオキシ安息香酸。

❖腎炎による浮腫、妊娠浮腫の利尿に

一日量10gを水400mlで半量になるまで煎じ3回に分けて服用する。最大限10gを守るようにする。大量を使用すると悪心、嘔吐、間歇性徐脈などを起こす危険がある。

つぶやき

キササゲを植えると雷が落ちないといわれ、雷電桐、雷の木とも呼ばれた。成長が早く、避雷針の代りになるという説がある。岩手県の盛岡市のように街路樹にしてあるところもある。

6月下旬長崎県諫早市

8月中旬長崎県対馬

参考：薬草事典、新佐賀の薬草、薬草カラー図鑑1、牧野和漢薬草圖鑑、生薬学、生薬処方電子事典、徳島新聞H230409

キブシ 木伏	キブシ科 山野	【生'】通条樹 つうじょうじゅ	枝 夏～秋	〔民〕利尿

小枝を乾燥させたものを煎じて利尿剤とする

[生育地と植物の特徴]

日本固有種、北海道西南部、本州、四国、九州に自生する。キブシ科はキブシ属の1属6種。雑木林、林縁、道端、どちらかというと湿り気のある日陰を好む。落葉低木～小高木。樹高2～4m。葉は、互生。雌雄別株で、3～4月に葉の展開前に開花する。長さ3～10cmの総状花序が垂れ下ってつく。雄花序は長く、雄花は淡黄色、雌花序は短く、雌花は淡黄緑色。花は長さ6～9mmの鐘形、花弁4個、外側の2個は小さく内側の2個は大きく花弁状。

[採取時期・製法・薬効]

夏から秋に小枝を採るが、葉はつけたままでも構わない。これを刻んで天日で乾燥させる。成分にタンニンの含有量が多く、キブシの実を粉末にしたものをお歯黒に用いた。若葉にアントシアン系のシアニジン色素が含まれており、利尿作用がある。

❖浮腫の利尿に

通条樹の4～8gを水400mlから3分の1量に煎じ、3回に分けて空腹時に服用する。

つぶやき

里に梅の花が咲く早春、山野で他の花がまだ咲かない頃に見られる。別名も多くヌルデの五倍子(フシ)の代用になることから、マメブシ・マメンブシ、枝の中に白い髄があり髄を押し出すことができるので、ズイノキ・ツキダシという。長崎県佐世保市地方では、子どもたちがカンザシバナと呼ぶ。6種の中のナンバンキブシが対馬にもある。

3月上旬長崎県

8月下旬小石川植物園

参考：薬草カラー図鑑2、牧野和漢薬草圖鑑

キリ 桐	キリ科 植栽	なし	葉/枝 6～8月/随時	〔民〕利尿、〔外〕止血 〔外〕疣取り、火傷、養毛

身体の水の代謝を円滑に、忍者が傷の止血に常備

[生育地と植物の特徴]

原産地には韓国の鬱陵島(うるるんとう)、中国、九州など諸説があるが、いずれにしてもアジア東部であろう。5月のまだ葉が出そろわない時に、円錐花序に淡紫色の大形の花を多数つける。花は先が5裂する唇形花冠で、萼は5裂し、質が厚く黄褐色の毛を密生する。雄蕊4個、うち2個は長い。果実は蒴果を結び、熟して2裂、膜質の翼を持つ種子を多数生じる。岩手県の県花。

[採取時期・製法・薬効]

枝は用時に採り、細切にして天日で乾燥させる。葉は6～8月に採取し、水洗い後、天日で乾燥させる。葉汁は生の葉を用いる。成分は、葉にトリペノイドのウルソール酸、樹皮に配糖体のシリンギン、材部にリグナン類のα -セサミン、パウロウニン、グメリノールなどを含んでいる。

❖疣、火傷、止血に

疣には生の葉の汁を患部に塗る。火傷には乾燥葉か枝の煎じ汁で洗う。止血には葉の乾燥粉末を外用する。

❖利尿に

乾燥葉一日量3～5gを水400～600mlで半量に煎じて3回に分けて服用する。

つぶやき

狂いがなく耐湿、耐乾性で燃えにくい。軽質、木目が白く美しいなどの桐材の性質より、箪笥などの家具材に、木炭が花火の火薬、懐炉灰にと広い用途がある。古くから筑前琵琶や琴の材料に。桐の花《季》夏、桐の実《季》秋。

5月上旬長崎県

参考：薬草カラー図鑑3、牧野和漢薬草圖鑑、徳島新聞H230509

キンシバイ 金糸梅	オトギリソウ科 庭園、栽培	雲南連翹 うんなんれんぎょう	茎・葉・花 夏	〔飲〕尿管結石症 〔民〕利尿

根を煎じて利尿に、枝葉の茶は尿管結石に

[生育地と植物の特徴]

中国名の金糸梅を日本語読みにしたもの。中国原産で宝暦10年(1760)に渡来した記録がある。観賞用として植えられ、日本の山野にはない。花期は6～8月。枝先に径3cmの黄色の5弁の花が咲く、多数の雄蕊は花弁より短く5つの束に分れ、落ちるときも束になって落ちる。中心に根元がふくれた雌蕊があり、先が5つに分かれている。花が終わると褐色の乾いた実になり中に粉のような小さな種子が沢山入っている。

[採取時期・製法・薬効]

花の観賞のあとに枝葉・花を摘んで乾燥させる。全草に精油成分のオキシアントラキノン類のヘペリジンを含む。

❖尿管結石に

枝葉を刻んで15～20gを1L の水で3分の2までに煎じ、お茶代わりに飲む。

❖利尿に

乾燥した根一日量5～15gを水600mlで煎じて3回に分けて服用する。

つぶやき

庭園に植えられるキンシバイによく似たものに同じオトギリソウ科のビヨウヤナギがある。こちらも結石症、婦人病、つわりに民間薬として用いられる。

6月中旬長崎県対馬

参考：長崎の薬草、薬草カラー図鑑4、牧野和漢薬草圖鑑

クサギ 臭木	シソ科 山野、路傍	【生'】臭梧桐 しゅうごとう	葉・小枝 夏〜秋	〔民〕リウマチ、高血圧、〔食〕山菜、〔外〕腫れ物、痔、〔染〕草木染、〔浴〕臭木風呂

根は利尿・葉は血圧低下、ゆでて臭みを取り除く

[生育地と植物の特徴]

葉をちぎるとキリ（梧桐）の葉に似た独特の異臭がするので臭梧桐やクサギ（臭木）の名がついた。北海道から九州までの日本、朝鮮半島、中国に分布。陽当たりの良い山野の林縁や路傍に生える落葉低木。葉は対生し悪臭がある。初秋に、枝先に分枝した花序を出し、赤味を帯びた白い花を多数つける。雄蕊は4本で花弁より長い。

[採取時期・製法・薬効]

8〜10月葉の繁る頃に小枝ごと刈り採り、水洗いして天日で乾燥させる。葉の成分にクレロデンドリンA・Bがあり、降圧作用、鎮痛作用、殺菌作用が認められている。

❖リウマチ、高血圧症に

できれば開花前の乾燥葉一日量10〜15gを水400〜600mlで半量になるまで煎じ3回に分けて食間に温めて服用する〔PC〕。

❖腫れ物、痔に

15〜20gを水400mlで煎じた液で患部を洗う。

❖食用に

春に摘んだ若い葉や茎を熱湯で湯がき、水に浸してアクを抜いて佃煮にする。湯がいて水に浸してから天日でよく乾燥させておけば、汁物の具に使える〔PC〕。

❖くさぎ風呂

乾燥した葉、小枝を100gほど木綿袋に入れ、風呂の湯に浸し入浴する。やはり、臭いは気になる。

8月中旬長崎県対馬

10月上旬長崎県対馬

つぶやき

昔は果実を縹色（はなだ色）の染料にしていた。今でも草木染めに使える。春の若菜は山菜として天婦羅にすると美味しいが、煮たり天婦羅にすると悪臭はなくなる。宮崎県椎葉村には'くさぎな飯'という郷土料理がある。5〜6月に芽を摘み乾燥させておく。湯がいてみりん、醤油などで炒め煮にしてご飯に混ぜて食べる。

参考：薬草の詩、宮崎の薬草、薬草カラー図鑑2、バイブル、牧野和漢薬草圖鑑、徳島新聞H160122

ザクロ 石榴	ミソハギ科 植栽	【生'】石榴皮 せきりゅうひ	幹皮/果皮 根・樹皮	〔虫〕寄生虫駆除/〔嗽〕口内炎 中枢性運動障害、呼吸麻痺

種子に性ホルモン作用があり、生理不順改善効果

[生育地と植物の特徴]

幹や根の皮を薬にする目的で日本に入って来たものであるが、体内の寄生虫駆除に利用されたと考えられている。この皮にはアルカロイドのペレチエリンが含まれており、これが条虫駆除に役立った。しかし、副作用も強いので次第に使用されなくなった。ザクロは萼が大きく壺状に発達し、その中にたくさんの種子が入っていて、熟しても果肉ができない。食べられるのは種子の外側にある多肉多汁の外種皮である。在来種は酸味が強くて、あまり食べられない。果物店のはアメリカザクロである。

[採取時期・製法・薬効]

秋に熟して口を開いた果実を採り、果皮を手で剥いてちぎり、広げて天日で乾燥させる。果皮にはタンニンを含むが、ペレチエリンは含まれていない。

❖口内炎に

果皮5〜10gを200mlの水に入れて、沸騰してから火を止め、冷め加減になったら、これでうがいをする。

❖種子に性ホルモン作用

種子を潰すと苦味があり、エストロジェンを含む。更年期障害や生理不順に効果が期待される。性ホルモンを含む植物は少なく、他にネコヤナギ、ナツメヤシがある。

ザクロ 10月上旬長崎大学薬学部薬草園

ヒメザクロ 8月下旬小石川植物園

つぶやき

平安朝の頃の鏡は、金属製であったので磨いても、すぐに曇ってしまった。持ち主の手に負えなくなると、専門の鏡磨き屋に頼んだ。そこでは、よく熟したザクロの果実を割って、つぶつぶした種子を取り出し、布に包んで鏡を磨いた。種子の表面の半透明の部分には、クエン酸、リンゴ酸が含まれており、この有機酸が曇りを取り除いた。

参考：薬草カラー図鑑1、牧野和漢薬草圖鑑、徳島新聞H211105

サルトリイバラ 猿捕莉	シオデ科 山野、路傍	【局】山帰来、【生'】菝葜 さんきらい、ばっかつ	根茎 秋	〔民〕おでき、にきび 〔民〕利尿、〔食〕若芽、若葉

重金属排出や風邪予防

[生育地と植物の特徴]

北海道、本州、四国、九州、沖縄、朝鮮半島、中国、台湾に分布。蔓性の落葉低木で巻きひげで他物に絡みつき2～3mにまで伸びる。この絡みつく強さと刺から、猿捕莉である。茎は滑らかで多数に枝分かれする。卵形の葉が短い柄をもって互生する。花期は晩春。葉の付け根に長い柄を出し黄緑色の小花を一まとまりにして多数つける。雌雄別株。秋に丸い実が固まってつき赤く熟する。中の硬い種子の周りにはやや甘い肉質のものがあり食べられる。根茎は太く横に伸び特異な形をした木質で多くの節を持っている。

[採取時期・製法・薬効]

10～12月に葉が枯れた頃、根茎を掘り出し、水洗いして天日で乾燥させる。根茎の乾燥品を菝葜というが、中国から輸入される生薬土茯苓の代用品として用いられる。根茎にはサポニン、タンニンなどが含まれる。

❖利尿に

乾燥した根茎一日量10～15gを水400mlで半量になるまで弱火で煎じ濾した煎液を3回に分けて食間に飲む。

❖おでき、にきびなどの腫れ物に

乾燥した根茎(菝葜)10～15gを一日量にして、水200mlで半量に煎じて3回に分けて空腹時に服用する。

4月中旬長崎県対馬

12月中旬長崎県対馬

つぶやき

昔、梅毒に罹った人が村を追われて山に隠れた。たまたまこの根を食べたところ梅毒が治って村に帰って来たことから山帰来(さんきらい)という。葉は厚く後に硬くなり表面に艶があって滑らかであり団子を包んで蒸すのに適している。古くから饅頭(鹿児島にも"かからん団子:梅毒に罹からんの意")に用いられる。猿獲茨《季》春。

参考:薬草事典、長崎の薬草、新佐賀の薬草、宮崎の薬草、薬草カラー図鑑1、牧野和漢薬草圖鑑、生薬学、徳島新聞H160611

ジャケツイバラ 蛇結莉	マメ科 山野	【生'】雲実 うんじつ	種子 夏	〔民〕下痢止、風邪・マラリアの発熱、 喉の痛み、身体痛、関節痛、〔外〕口内炎

種子を乾燥させたものが下痢止め・解熱に

[生育地と植物の特徴]

本州(山形、福島以南)、四国、九州、沖縄に分布。中国にあるシナジャケツイバラは生薬の"雲実"となるが、形態がよく似ている。陽当たりの良い山野、林縁に自生。茎に刺があるが、老木では刺が脱落し、コルク質の瘤だけが残る。落葉低木で葉は互生する2回羽状複葉。花期は5～6月。30cmほどの総状花序を出し黄色い花を多数つける。6～7月頃長さ8cm前後の鞘果をつけ中に褐色の種子が6～9個できる。

[採取時期・製法・薬効]

6～7月に熟した鞘果を採り、鞘を除いて種子だけを天日で乾燥させる。

❖下痢、風邪の発熱、マラリアの発熱に

雲実8～12gを水400mlで3分の1量に煎じて3回に分けて服用する。

❖喉の痛み、身体痛、関節痛に

根や根皮を煎じて飲む。

❖口内炎に

乾燥した葉を粉末にして擦り込む。

7月下旬長崎県対馬

つぶやき

名は"蛇結イバラ"の意で、茎が蔓性で曲がりくねっていて、あたかも蛇が結ばれていて、とぐろを巻いたようであることに由来。また、マメ科であるが茎には鉤状の刺があり、イバラといわれる由縁である。

参考:薬草の詩、新佐賀の薬草、宮崎の薬草、薬草カラー図鑑2、牧野和漢薬草圖鑑、生薬処方電子事典

ジンチョウゲ 沈丁花	ジンチョウゲ科 栽培	【生'】瑞香花 ずいこうか	花 春	〔民〕咽頭痛 〔嗽〕のどの痛み

花を乾燥させ咽頭痛に煎じて飲むかうがいをする

[生育地と植物の特徴]

中国原産で、我が国に渡来した年代ははっきりしない。室町時代にはすでに、植栽されていたのではないかという説もある。常緑低木。茎は直立分枝し、樹皮には褐色の強い繊維がある。葉は倒披針形、全縁で密に互生する。花は枝先に頭状に集まってつき、春先に開花する。萼は筒状で先端が4裂し、白色または紅紫色である。開花時に強い芳香を出す。

[採取時期・製法・薬効]

開花期の3～4月に花だけを採って、天日で乾燥させる。成分は、クマリン類のダフニン、ウンベリフェロンなどを含む。

❖咽頭痛に

一回量として3～6gを水200mlで3分の1量に煎じて服用する。

❖喉の痛みのうがい薬に

5～10gを水400mlで3分の1量に煎じ、その煎液で一日数回うがいをする。

つぶやき

和名は花の香りを香料として有名なジンコウ(沈香)およびチョウジ(丁子)の香りに例えたもの。雌雄別株で、我が国ではほとんどが雄株で、花後に結実することがない。すなわち、5月頃の赤い果実はほとんど見られない。もっぱら挿し木で繁殖する。

2月下旬長崎県

参考:薬草カラー図鑑2

タイサンボク 泰山木	モクレン科 植栽	なし	葉・蕾 花期	〔民〕鼻づまり、花粉症、頭痛、高血圧

蕾を乾燥させ鼻詰まりや花粉症に

[生育地と植物の特徴]

北米の原産。日本には明治初期に渡来し、庭園で栽培される常緑高木。樹高25～30m。葉は厚く革質、長楕円形で長さ10～25cm幅5～12cm、基部、先端とも鈍形。上面は濃緑色で光沢があり、下面は褐色鉄錆色の毛がある。花期は5～6月。直径12～20cmの白色花を上向きに開き、強い香気を放つ。花弁は紫紅色、雄蕊は多数で円柱状につく。果実は集合果を結び、11月に成熟すると一つの果実(袋果)が開裂し、白糸状の種柄より紅色の種子2個を下垂する。

[採取時期・製法・薬効]

蕾を採取し、陰干しにする。葉は開花期に採取、刻んで陰干しにする。成分に精油を含む他は精査されてない。

❖高血圧症に

乾燥葉5～10gを一日量として水600mlで半量に煎じて数回に分けて服用する。

❖鼻詰まり、花粉症、頭痛に

乾燥蕾5gを一日量とし水300mlで半量に煎じて3回に分けて服用する。

つぶやき

明治初年に我が国に入った頃は、トキワギョクラン(常磐玉蘭)と呼び、明治12年に来日した米国グラント将軍の来日を記念してグランド玉蘭と呼ばれた。グランドは雄大という意味があり、将軍の勇壮、雄大な意味を含めた泰山木となった。大山木、大盞木とも書く。

6月中旬熊本県芦北

参考:薬草カラー図鑑4

タラノキ 楤木	ウコギ科 山野	【生】楤木 そうぼく	樹皮・根皮 随時	〔民〕糖尿病、胃腸病、腎臓病 〔食〕山菜

消化を助け便秘に効果

[生育地と植物の特徴]

名は葉に傷をつけて経文を書くヤシ科のタラキに例えたことに由来。北海道、本州、四国、九州、朝鮮半島、サハリン、中国東北部、東シベリアに分布する落葉低木。幹に鋭い刺がある。葉は2回羽状複葉。花期は8月頃。幹の先端から多数に枝分かれして遠方からでも分かる白っぽい花穂を出す。タラノキの葉の大きさは2回羽状複葉の全体で新聞紙1枚の大きさになり、これが幹から互生で出る。なお、刺のないタラノキもある。

[採取時期・製法・薬効]

10～12月に根を掘り出し、水洗いして根の皮を剥ぎ天日で乾燥させる。成分は根皮にオレアノール酸、β－ジトステロール。

❖糖尿病、胃腸病、腎臓病に

①乾燥して小さく刻んだタラノキの根皮一日量5～10gを水400mlで半量になるまで煎じ一日3回に分けて飲む。

②タラノキ根皮、連銭草、枇杷葉各5gいずれも乾燥したものを同じ方法で煎じて飲む民間療法が昔からある。薬効は根皮の方が良いとされ、幹皮は5割増を用いる。

3月下旬長崎県対馬

8月下旬小石川植物園

つぶやき

早春のまだ開かない芽は山菜料理に使われる。お浸し、胡麻和えもあるが、天婦羅が一番うまい。多くの油脂、蛋白質を含み栄養的にも価値が高い。木の肌は灰褐色で年ごとの葉柄の痕が幹を取り巻いて鉢巻き状に残っており、よく似たカラスザンショウとの識別に役立つ。

参考：薬草事典、長崎の薬草、新佐賀の薬草、薬草カラー図鑑1、牧野和漢薬草圖鑑、生薬処方電子事典、徳島新聞H140402

トチノキ 栃木	ムクロジ科 山地	【生'】七葉樹 しちようじゅ	樹皮/若芽/果実 春/夏/秋	〔民〕下痢止/〔外〕しもやけ、たむし/〔食〕加工食

樹皮はタンニンの一種を含み下痢止に

[生育地と植物の特徴]

日本固有種で、栃の字は和製漢字である。北海道から九州に自生する。栃木県の県木。

[採取時期・製法・薬効]

春の4月頃、若芽の汁をそのまま使用する。樹皮は天日で乾燥させる。果実は秋に落下したものを拾う。種子は秋に採って天日で干す。種子にはサポニン、樹皮には収斂作用のあるカテコールタンニン、クマリン配糖体のフラキシンが含まれている。

❖たむし等の寄生性皮膚病、しもやけに

①若芽から出る粘液を塗る。

②種子を砕いたものと、当薬（センブリ）を等分量まぜ、水から濃く煎じて、その煎液で患部を洗う。しもやけには、種子粉末を水で練り、患部に塗る。

❖下痢止、蕁麻疹、痔の止血に

樹皮10～15gを一日量にして、水300mlで半量に煎じて3回に分けて服用する。

❖鎮咳に

葉を煎じて咳止めにとあるが、使用法の詳細は不明。

5月下旬新潟県

5月下旬岐阜県

つぶやき

七葉樹は中国産の栃の仲間で日本には自生しない。現在の中国では上海、杭州、青島などでトチノキが栽培され、日本産のものを“日本七葉樹”と呼んでいる。果実は渋いので生食には向かない。種子の粉末を栃餅にすると、餅が長期間硬くならない。

参考：薬薬草カラー図鑑2、牧野和漢薬草圖鑑

ナンキンハゼ 南京櫨	トウダイグサ科 植栽	なし	根皮/種子 随時/秋	〔民〕利尿/中国木蝋

薬用には根皮を利尿剤として用いる

[生育地と植物の特徴]

中国原産の落葉樹で、山東省以南に多い。我が国には江戸時代に中国より渡来し、街路樹、庭木として植栽されている。樹高8～15mになる。葉は菱状広卵形で、先端は急に尖り互生し、葉柄は長い。雌雄同株。花期は6～7月。穂状花序の上部に雄花多数を下部に雌花数個をつける。雄花の萼は浅く3裂し雄蕊2個で花糸は短い。雌花の萼片3枚、花柱は3個で先は反り返る。果実は11月に成熟し黒褐色で3稜があり半球形、白色種子3個が入っている。夕日を浴びて種子が銀色に輝く姿は美しい。

[採取時期・製法・薬効]

薬用には根の皮を用い、用時に採り水洗いして天日で乾燥させる。成分は、樹皮、葉にβ-ジトステロール、イソクエルチトリン、エラーグ酸などを含み、種子には多量の脂肪油があり、パルミチン酸、オレイン酸などのグリセリドからなっている。

❖利尿に

一日量として5～8gを水400～600mlで半量に煎じ、数回に分けて服用する。

11月下旬長崎県対馬

6月下旬長崎県

つぶやき

中国木蝋は、秋に果実を採取し種子のみを集めて、適当な温度を加えて圧縮すると蝋様物質が採れる。これを中国木蝋という。ススキ類の茎を軸にしてこれに燈心を巻き、この表面に蝋を塗り重ねてあとでススキの軸を抜き去って造る。中国独特のローソクで油煙が少ない。

参考:薬草カラー図鑑3

ナンテン 南天	メギ科 植栽	【生】南天実 なんてんじつ	果実/葉	〔民〕鎮咳、/食品防腐、〔嗽〕扁桃腺炎
			果実	多量摂取で痙攣・呼吸中枢麻痺

果実を乾燥させて鎮咳に、葉を噛んで腹痛を解消

[生育地と植物の特徴]

名の由来は不詳。中国では葉が竹に似ているので南天竹と呼ばれる。中国、インド、日本の暖地に分布。日本の野生のものは栽培種の逸出と考えられている。幹は根元から群がって直立し、枝を出すことはない。葉は羽状複葉。花期は6月頃。枝の先に穂になって多数の小さな白花をつける。秋から冬に赤い実が穂になって沢山つく。

[採取時期・製法・薬効]

12月～翌年1月に赤く熟した果実を採取し水洗いして天日で乾燥させる。果実に含まれるドメスチンに鎮咳作用がある。白い実もあるが、成分に差はない。

❖咳止めに

乾燥した果実(南天実)一日量5～10gを水300mlで半量になるまで煎じ3回に分けて食間に飲む。子供には量を減らし蜂蜜などを混ぜて与える。多量使用により神経・呼吸麻痺を起こす可能性があり、用法と用量に注意。

❖扁桃腺炎のうがいに

南天竹葉一日量10gを水300mlで半量に煎じてうがい。

❖食品の防腐に

魚を煮るときに生の葉を千切って入れると、魚の持ちが良くなる。

11月中旬長崎県対馬

シロミナンテン 11月上旬森野旧薬園

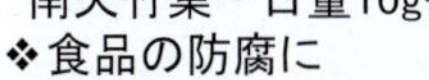

つぶやき

料理の鉢盛や折詰の箱の中に葉が添えられるが、葉には青酸配糖体を含み、防腐剤としての効果を期待している。難を転じる(なんてん)と鬼門に植え縁起の良い木として祝事に利用される。花は雨に濡れると結実が悪くなるので軒下に植えられたが、よく便所の手水鉢の傍らにあった。南天・南天の実《季》冬。

参考:薬草事典、新佐賀の薬草、薬草カラー図鑑1、牧野和漢薬草圖鑑、生薬処方電子事典、毒草大百科、徳島新聞H130918

シダレヤナギ 3月下旬長崎県大村市

オオキツネヤナギ 5月上旬新潟県佐渡

ネコヤナギ 猫柳	ヤナギ科 川岸	【生'】細柱柳 さいちゅうりゅう	樹皮・根 夏	〔民〕解熱、浮腫、〔外〕打ち身、腫れ物、〔浴〕リウマチ

ヤナギ類は解熱鎮痛作用のあるサリシンを含む

[生育地と植物の特徴]

北海道、本州、四国、九州、ウスリー、朝鮮半島、中国東北部に分布する。落葉低木。川岸に多く、葉は長楕円形で、裏は白みがかっている。雌雄別株。早春、葉より先に赤褐色の鱗片がとれて白い毛を密生した雄花穂や雌花穂が現れる。この淡黄色の尾状花序は目につきやすく春の到来を告げる花の1つである。果実は蒴果で成熟すると裂開して柳絮(りゅうじょ)と呼ばれる綿毛に包まれた種子を出す。

[採取時期・製法・薬効]

7〜8月頃、樹皮を剥ぎ採り、葉は摘んで、水洗いし細かく刻んで陰干しで乾燥させる。

❖解熱、むくみに

樹皮または葉の乾燥品5〜15gを水300mlで3分の1量になるまで煎じ、一日3回に分けて飲む。

❖打ち身、腫れ物に

煎じた液をつける。

❖リウマチなどの痛みに

お風呂に入れる。

ネコヤナギ 5月上旬長崎県雲仙

つぶやき

別名タニガワヤナギ。解熱鎮痛薬のアスピリンは、ヤナギ科に特異的な成分であるサリシンを基に作られた。ヤナギ類にはカワヤナギ、タチヤナギなど多数あるが、ネコヤナギと同様に用いられる。猫柳《季》春。

参考:宮崎の薬草、薬草カラー図鑑2、牧野和漢薬草圖鑑

ニガキ 苦木	ニガキ科 山野	【局】苦木 にがき	小木・枝 夏	〔民〕苦味健胃

樹皮が苦く健胃作用がある

[生育地と植物の特徴]

我が国全土に自生。朝鮮半島、中国(黄河以南)、インド、ヒマラヤ地方まで東アジアに広く分布している。植物体各部は苦みが強いので、苦木の名がつけられた。中国でも苦木の漢字をあて、別名として苦楝樹、土樗子を挙げている。'大和本草'(1708)には、「槐(えんじゅ)に似たり、皮淡黒白斑多し、黄柏(きはだ)秦皮(あおだも)苦木(にがき)此の三物は葉相似て弁じ難し」とある。'大和本草'の苦木の漢字名はニガキをそのまま苦木としたもので、日本製の和字である。樹皮は暗褐色か紫黒褐色で、なめれば苦い。樹皮をとり除くと、内側の木部は白色で、この部分を薬用に供している。

[採取時期・製法・薬効]

6〜7月頃、小木を伐り樹皮を除き、適当な大きさに切って縦割りし、天日で乾燥させる。苦みの本体はジテルペノイドのカッシイン。

❖苦味健胃剤に

苦みが強いので、粉末一回量0.2gを、そのまま服用。粉末にしにくい時は、一日量5〜10gを200〜300mlの水で3分の1量に煎じ、3回に分けて食前30分に服用する。

5月上旬鹿児島薬草の森

つぶやき

我が国では、ニガキ科のニガキ属に属するこの植物だけが自生しているが、熱帯地方では、何種類かあって薬用にしている。西インド諸島ジャマイカ産のジャマイカ・ニガキは、その材を健胃薬としてヨーロッパに輸出し、その木材で作った水飲みコップを土産物にしているが、これで水を飲むと苦く、知らぬ間に胃が健康になるという。

参考:薬草カラー図鑑2、牧野和漢薬草圖鑑、生薬処方電子事典

ネムノキ 合歓樹	マメ科 山野、海岸	【生】合歓皮 ごうかんひ	樹皮 秋	〔民〕強壮、利尿 〔浴〕打撲、〔外〕水虫

樹皮を乾燥させたものは煎じて強壮・利尿・鎮痛に

[生育地と植物の特徴]

夜には細い小葉が折りたたまれて、葉が眠ったように垂れ下がるので、日本ではネムノキ、中国では合歓樹という。本州、四国、九州、沖縄、朝鮮半島、中国に分布。川岸、山野の林縁や路傍の陽当たりの良いところに自生する落葉高木。初夏の日暮れ前、枝の上にマメ科らしくないピンクの花を咲かせる。秋には、いかにもマメ科らしい実をつける。

[採取時期・製法・薬効]

7〜9月に太い枝や幹から樹皮を剥ぎ採り、水洗いして天日で乾燥させる。

❖強壮、利尿、鎮痛に

合歓皮一日量10〜15gを水400mlで半量になるまで煎じ2〜3回に分けて飲む。

❖打撲、腫れ物に

樹皮の黒焼きを粉末にして、酢で練り患部に湿布する。または、煎じた液で湿布したり浴用料とする。

つぶやき

緑肥として使用する地域もある。この類は本来熱帯性でネムノキは最も北上した種である。日本では東北地方が分布北限である。ネムノキの木部は材質のきめが粗く、柔軟で粘り強いために屋根板などの材料によい。ある電気メーカーのコマーシャルに「この木何の木、気になる木・・・」というのがあったが、ネムノキの一種であることを確認した。合歓の花《季》夏。

❖水虫、手掌の荒れに

葉・小枝の乾燥したもの40〜50gをとり、焼き塩(漬物用の塩をフライパンで焦げない程度に焼く)約5gを加えて、水1Lで半量になるまで煎じ、冷めてから少量ずつとって一日数回これで患部を洗う。

7月上旬長崎県対馬

参考:薬草事典、新佐賀の薬草、宮崎の薬草、薬草カラー図鑑2、牧野和漢薬草圖鑑、生薬処方電子事典

ノウゼンカズラ 凌霄花	ノウゼンカズラ科 植栽	なし	花	〔民〕利尿、通経
			全体	接触性皮膚炎、結膜炎

花を乾燥させ利尿剤に、全草の絞り汁は皮膚炎の原因

[生育地と植物の特徴]

中国原産の蔓性落葉高木。平安時代に中国から渡来した。花が美しいので各地で植栽されている。蔓は節より出る気根によって、他の物に寄りかかるように伸びて5～6mの高さになる。葉は小葉が5～11個の奇数羽状複葉で、小葉には粗い鋸歯がある。花期は7～8月。花はロート状で先は5裂して朱橙色。円錐花序であるが、多くは垂れ下がって花は横向きに咲く。萼は5裂。雄蕊4個、柱頭は2裂。我が国では結実しない。

[採取時期・製法・薬効]

夏の開花期に花を採取し、天日で乾燥させる。花の蜜が有毒と'本草綱目'(1590)にあるが、科学的根拠のない伝承にすぎない。

❖利尿、通経に

乾燥花を一日量として2～4gを水600mlで半量に煎じて3回に分け服用する。茎葉では5～10g、根では4～6gを煎じる。

ノウゼンカズラ 8月下旬長崎県

アメリカノウゼンカズラ 8月下旬長崎県

つぶやき

類似植物にアメリカノウゼンカズラがある。別名コノウゼンカズラで、北米南部原産。大正時代の終わりころ渡来し、観賞用に植栽される。花はやや小さく、朱橙色、ピンク色などがある。また花の筒が長い。葉の下面に毛があるが、ノウゼンカズラにはない。

参考：薬草カラー図鑑3、牧野和漢薬草圖鑑、毒草大百科

ハナイカダ 花筏	ハナイカダ科 山地の林内	【生'】青莢葉 せいきょうよう	葉・果実つきの葉 夏	〔民〕下痢止 〔食〕若芽・若葉

葉の乾燥品が下痢止、若葉・若芽を食べて健康維持

[生育地と植物の特徴]

葉の表面中央に花をつけ、花後は黒い果実ができるが、葉を筏に、花を船頭に見立てて花筏となった。北海道西南部、本州、四国、九州の各地で山地の木陰に自生する雌雄別株の落葉低木。中国にも分布。高さ約2mで、枝を多く出して小枝は緑色、葉は長い葉柄によって互生し、縁に細い鋸歯があり、先端は細く尖る。5～6月頃、葉の中央に淡緑色の小さな花を咲かせる。雄花は花弁3～4枚、雄蕊3～4個、雌花は花弁3～4枚。花の後に雌株には緑色の球形の果実をつけ9月頃に成熟すると黒くなる。

[採取時期・製法・薬効]

夏、繁った葉を摘み採り、水洗いして天日で乾燥させる。果実のついたものは雌株、ついてないものは雄株。薬にはどちらでも良い。

❖下痢止に

一回に乾燥品約5gを水200mlで半量になるまで煎じて飲む。

❖湯による火傷、刃傷、蛇の咬傷に

適量を患部に塗布する。

4月中旬長崎県対馬

つぶやき

春になるべく若葉を採取し各種ハナイカダ料理の材料に用いる。生の葉には香りはないが、葉を煮るとき、松茸に似た香りが出てくる。茎を切って細い棒で突くと、中の髄が突き出てくるので、昔はこの髄を芯にして油に灯をともすのに使ったらしくオトコジンとも呼ばれた。

参考：宮崎の薬草、薬草カラー図鑑3、牧野和漢薬草圖鑑、徳島新聞H210603

ハリギリ 針桐	ウコギ科 山地	なし	根皮・樹皮 随時	〔内〕去痰、〔食〕食用 〔外〕打撲、くじき、リウマチ

去痰作用はあるが鎮咳作用はない、若葉は山菜

[生育地と植物の特徴]

北海道、本州、四国、九州の山地に自生する落葉高木。朝鮮半島、中国、千島、サハリンに分布。幹は直立し大きいものでは30mにもなる。枝は刺針が多い。この刺は、その年に伸びた枝にあるが、老木になると幹の刺がなくなる。葉は枝の先の方に互生し、葉柄は10〜30m、葉は5〜9に裂けて掌状葉となり、長さ幅ともに10〜25cmと大きく、基部はハート形、葉質は厚い。花期は7〜8月。黄緑色の小花多数を球形の散形花序につける。

[採取時期・製法・薬効]

必要時に根皮または樹皮を採取するが、夏の高温多湿のときの方が採取しやすい。そのまま天日で乾燥させる。成分、樹皮と根皮にカロトキシン、カロサポニンを含み、加水分解するとヘデラゲニンを生ずる。これらには去痰作用がある。

❖去痰に

根皮一日量約5gを水400〜600mlで半量に煎じ3回に分けて服用する。

❖打撲、くじき、リウマチに

根皮10〜20gを水600mlで半量に煎じ、この汁が冷め加減のとき、タオルなどに含ませ、直接に患部に当てて湿布する。

つぶやき

ハリギリの若葉はお浸しにする。山菜として広く利用されている。

12月上旬長崎県

参考：薬草カラー図鑑3、牧野和漢薬草圖鑑

ミツバウツギ 三葉空木	ミツバウツギ科 山野	なし	果実 初秋	〔民〕下痢止、〔外〕打撲傷

果実を乾燥させ下痢止めに

[生育地と植物の特徴]

北海道、本州、四国、九州の山野に自生する落葉低木で、朝鮮半島、中国に分布する。灰褐色の枝を細かく出し、葉は三出複葉で枝の節ごとに対生する。縁に鋸歯があり卵状楕円形で、先は尖る。花期は5〜6月。枝先に白色5弁花を開く。萼片5個は花弁とほぼ同形で白色。そのため10弁花のように見え、半開きの状態に咲く。雄蕊5個、雌蕊は1個でのちに花柱は2個に分かれる。果実は2室で扁平の軍配状（矢羽根形）になる。ブルマーのように見える実である。

[採取時期・製法・薬効]

初秋に果実を採り、天日で乾燥させる。

❖下痢止に

一日量として乾燥した果実5〜10gを水400〜600mlで半量に煎じて3回に分けて食前に服用する。

❖打撲傷の消炎に

打撲傷に煎じた汁で患部を湿布する。

つぶやき

ウツギの仲間ではないが（ウツギはアジサイ科ウツギ属）、花が似ていることと、枝がウツギのように空洞であること、葉が3つに分かれていることからこの名となった。別名にハシノキがあるが、この材で箸を作るからである。この木は縦に割れやすく、質が硬いので箸のほか、木釘も作る。

4月中旬長崎県対馬

6月上旬長崎県対馬

参考：薬草カラー図鑑3

ミツマタ 三椏、三叉	ジンチョウゲ科 植栽、山野	【生'】夢花 むか	蕾 春	〔民〕多涙症

乾燥蕾を多涙症に

[生育地と植物の特徴]

中国、ヒマラヤが原産地。我が国には古い時代に中国から渡来した。日本には自生せず、全国で植栽されている。逸出して野生化したものも多い。温暖な気候を好むので、特に高知県を中心とする四国で盛んに植えられている。高さ1～2m、幹は直立し、全株が絹状の長い柔毛か剛毛に覆われている。枝は赤褐色で、通常枝先が3つに分かれる。2～4月葉の展開の前に、ほのかな香りのするジンチョウゲに似た形の頭状花を下向きにつける。花弁はなく、萼は円筒形で先が4裂し、内側は濃い黄色で無毛、外側は白色で柔らかい細毛が密生している。葉は互生し、長さ8～16mm、幅2～3.5cmの披針形で、葉質は薄く、表面は鮮緑色、裏面は多少白みを帯びる。

[採取時期・製法・薬効]

蕾のうちに、頭状の塊ごと摘み、水洗いしてほぐし、風通しのよい日陰で2週間ほど乾燥させる。成分は、ステロイドのメチールコレスタ-トリエン-3β -オールを含む。

❖多涙症に

一日量として乾燥蕾4gに水300mlを注ぎ、弱火で3分の2に煎じる。熱いうちに茶こしで濾し一日3回に服用する。服用のつど温める。

3月下旬高森野草園

ミツマタ花芽12月上旬徐福の里

つぶやき

名前の由来は枝先が3つに分かれている(三岐性)ことから。ミツマタはコウゾと共に、和紙の原料として、古くから日本文化に大きな関わりを持ってきた。三椏《季》春。

参考：薬草カラー図鑑4

ムクゲ 槿	アオイ科 植栽	【生'】木槿花、【生'】木槿皮 もくきんか、もくきんぴ	蕾/樹皮 夏	〔民〕胃腸炎、下痢止 /〔外〕水虫

中国で開発された水虫の薬の原料

[生育地と植物の特徴]

名は中国名"木槿花"の音読みに由来。インド・中国原産の落葉低木。世界各地で観賞用として植栽されている。日本には古い時代に渡来した。葉は卵形で互生し浅く3裂するものが多い。夏～秋にかけ1つが開いて萎むと次が開くというように花期は長く続く。朝開いた花が、夕刻までに萎むのが特徴。

[採取時期・製法・薬効]

夏の土用頃に、白い花の蕾を摘んで陰干しにする。樹皮は水虫に外用する。花には粘液質の他、サポナリンを含むことが知られているが、樹皮の成分については分かってない。

❖胃腸炎、下痢止に

乾燥した花の蕾の一回量3～6gを水200mlで半量になるまで煎じ温かいうちに飲む。一回ごとに煎じた方が良い。

❖水虫に

①樹皮をすり潰してその汁を患部につける。

②樹皮をアルコールに漬け、その液を患部に塗る。マツ科のイヌカラマツの樹皮は、木槿皮と同様の効果があることから土槿皮と名付けられた。

6月下旬長崎県対馬

つぶやき

韓国の国花。花色は赤紫色、赤の強いもの、白の強いもの。一重と八重があり、花が小さいのは八重のようだ。薬用には一重の白花がよい。古くアサガオと呼ばれていたのは、この種であるという説がある。中国で開発された水虫の薬(木槿皮＋サルチル酸ソーダ)は評判が良く観光客の中国土産になり日本へも輸入された。木槿《季》秋。

参考：薬草事典、薬草の詩、長崎の薬草、新佐賀の薬草、宮崎の薬草、薬草カラー図鑑1、牧野和漢薬草圖鑑

ムクロジ 無患子	ムクロジ科 山地、植栽	【生'】延命皮 えんめいひ	果皮 9〜10月	〔民〕強壮、鎮咳、去痰 〔洗〕洗剤

果皮は民間薬として鎮咳・去痰に、洗剤にも

[生育地と植物の特徴]

本州の中部地方以西、四国、九州、沖縄に自生。済州島、中国、台湾、東南アジア、インド、ネパールにも分布。日本では、神社に植えられていることが多く自生というより植栽されたと考える方が自然である。落葉高木で、高さ15m、直径50cmほどになる。太い枝を伸ばし、全体として勇壮な樹形となる。葉は互生し長さ30〜70cmの偶数羽状複葉。小葉は4〜5対ある。長さ7〜15cm、幅3〜4cmの狭長楕円形。左右は不揃いで少しずれて葉軸につく。

[採取時期・製法・薬効]

成分は、果皮中にムクロジサポニン4%を含む。

❖洗剤に

果皮を砕き、水と共に布に入れて揉むと泡が生じ、汚れがとれる。

❖強壮、鎮咳、去痰に

延命皮一日量3〜5gを水400mlで煎じ、2回に分けて服用する。

つぶやき

ムクロジは民家にも植えられていた。これは果実の皮(延命皮)を洗濯に使うためであった。'本草綱目啓蒙'(1803)には、「果実の外皮を俗にシャボンと呼び、油汚の衣を洗うに用ゆ」と記してあるが、110年ほど前までは純植物性のものが、我が国の洗剤の主流であった。種子は丸くて硬く、羽根突の羽根を作るのに用いられた。無患子の実《季》秋。

上下とも11月上旬長崎県諫早市

参考:薬草カラー図鑑2、牧野和漢薬草圖鑑

メグスリノキ 目薬木	ムクロジ科 山野	【和名】目薬木 めぐすりのき	樹皮・小枝・葉 春〜夏	〔眼〕洗眼薬 〔民〕肝臓疾患

樹皮を乾燥させたものを洗眼に・肝臓疾患に

[生育地と植物の特徴]

日本固有種であり、漢名はない。別名としてチョウジャノキ(長者木)、ミツバナ(三つ花)、ハナカエデなどがある。本州(山形、宮城以南)、四国、九州に自生する。

[採取時期・製法・薬効]

春から夏に、樹皮または小枝をとって水洗いし、天日で乾燥させる。成分は、樹皮にツツジ科のツツジ類に含まれるロードデンドリンによく似た成分のエピ・ロードデンドリンが含まれる。

❖目薬に

樹皮3〜5gを煎じた汁で洗う。内服する目薬として、樹皮一日量15〜20gに水300mlで3分の1に煎じて3回に分けて服用する。

❖肝臓疾患に

肝臓疾患にも目薬の時と同様に、樹皮一日量15〜20gを水300mlで3分の1に煎じて内服する。

つぶやき

カエデ科がDNA分類ではムクロジ科に変わっている。モミジの仲間であるメグスリノキは深山に多く、秋の紅葉は美しいが、その割には人に知られていない。福島県相馬地方の山ではメグスリノキが多く、目がかすむようなときに煎じて内服すると、遠方まではっきりするので、"千里眼の薬"の別称もある。

4月下旬島原薬草園

参考:薬草カラー図鑑3、バイブル、牧野和漢薬草圖鑑

モクゲンジ 木槵子	ムクロジ科 植栽、野生は僅か	なし	果実 秋	〔民〕眼精疲労、目の充血

果実を煎じて服用し眼精疲労に

[生育地と植物の特徴]

中国、朝鮮半島に分布しているが、我が国では福井県、兵庫県、山口県の日本海側にわずかな野生が見られるに過ぎない。落葉小高木で、樹高は10mほどになる。小葉7〜15枚の羽状複葉が互生。花期は7〜8月。花は枝先に、中心が紅色をした淡黄色の小花からなる長さ25〜40cmの大きな円錐花序をつける。10月頃、ホオズキの果実のように袋状になった蒴果をつける。蒴果の中には、数個の黒く硬い球状の種子が入っている。

[採取時期・製法・薬効]

秋の果実が黄褐色に色付いた頃に、小枝ごと切り落とし、果実を小枝からむしり採り、流水で洗い、日陰で良く乾燥させる。乾燥したら細かく刻んで、種子と果実を良く混ぜ合わせ、茶筒などに保存する。成分は配糖体のグルコサイドやサポニン様物質、タンニン、フラボノイド、アントシアニンなどを含む。

❖眼精疲労、目の充血に

良く乾燥した果実と種子5〜7gに水600mlを加えて強火で沸騰させ、火を弱めて3分ほど煎じ、温かいうちに茶こしで濾し、3回に分けて食後に服用する。

つぶやき

モクゲンジという名は、同じムクロジ科のムクロジの漢名である木槵子が誤って用いられたことに由来している。種子は数珠を作るのに用いられた。

7月下旬長崎県

7月下旬長崎県

参考：薬草カラー図鑑3

ヤドリギ 宿木	ビャクダン科 山野、山里	なし	茎葉 随時	〔民〕利尿、腰痛、催乳 〔酒〕果実酒

利尿や解熱・腰痛に効果、実を潰さないでお酒に

[生育地と植物の特徴]

半寄生の小常緑樹で、落葉樹のエノキ、ケヤキ、ブナ、ミズナラ、シラカバ、サクラなどに寄生する。北海道、本州、四国、九州、朝鮮半島、中国に分布する。樹高50〜80cmになる。枝は二叉分岐を繰り返して広がる(二岐性)。葉は対生し、葉身は長さ2〜8cm、幅5〜10mmの倒披針形〜ヘラ形で全縁、革質で厚く、両面とも無毛。雌雄別株。花期は2〜3月。雄花は3〜5個、雌花は1〜3個ずつつく。果実は液果で直径6〜8mmの球形で、10〜12月に淡黄色に熟す。

[採取時期・製法・薬効]

茎葉を必要な時に採取して、乾燥しやすいよう細かく刻んで天日で乾燥させる。

❖利尿、リウマチ、腰痛、神経痛、産後の乳汁不足に

よく乾燥した茎や葉の細かく刻んだもの5〜10gを一日量として、水300mlに入れて半量に煎じ、一日3回に分けて服用する。

❖果実酒：実を潰さずに洗いホワイトリカーにつけ4ヵ月。

つぶやき

キレンジャクはシベリアで繁殖し、秋に日本に渡ってきて越冬する。この小鳥は、日本のヤドリギの実を食べる。この中の種子は粘液質の果肉に包まれ、糞と一緒に排泄される。粘液質は鳥の消化管では消化されないので、排泄後も宿主に粘着できる。枝に着いてしばらくするとそこで発芽する。

キレンジャクの群 11月下旬長崎県

10月下旬長崎県

参考：薬草カラー図鑑1、牧野和漢薬草圖鑑、徳島新聞H170103

ヤブコウジ 藪柑子	サクラソウ科 樹林下陰地	【生'】紫金牛 しきんぎゅう	根・根茎 秋	〔民〕鎮咳 〔外〕小児の頭部、湿疹

解毒・利尿・血便に効果、根茎に鎮咳作用

[生育地と植物の特徴]

柑子(こうじ)は赤い果実を山のミカンに見立てたことに由来。北海道(奥尻島)、本州、四国、九州、朝鮮半島、台湾、中国に分布。各地の山野の樹下に生える常緑低木。樹高10〜20cm。葉は長楕円形で小さい鋸歯があり長さは4〜13cm。花期は7〜8月。前年枝の葉腋に直径5〜8mmの白い花を下向きに数個ずつつける。花冠は5裂し、裂片は広卵形、斑点あり。核果は直径5〜6mmの球形、10〜11月に赤く熟す。

[採取時期・製法・薬効]

根を11月に採取。根茎は割と浅いところに横に伸びているので、芋づる式に採れる。これを水洗いして細かく刻んで天日で乾燥させる(紫金牛)。

❖咳止め、慢性気管支炎に

紫金牛一日量3〜6gを水200mlで半量に煎じて朝夕の2回食前に服用する。

❖膀胱炎、尿道炎の排尿痛や血尿に

紫金牛5gにヘビイチゴの根5g、甘草2gを加えて一日量とし煎服する。

❖小児の頭にできる湿疹に

紫金牛30gを水400mlで半量に煎じて煎液で患部を洗う。

10月上旬長崎県東彼

10月中旬長崎県対馬

つぶやき

万葉の昔から山橘(ヤマタチバナ)の名で歌にも詠まれ親しまれて来た。古くから多数の園芸変種が盆栽として珍重され、寛政年間に最も流行した。正月の床の間飾りに鉢植えを用いる。斑入りの園芸品種も多い。十両ともいう。藪柑子《季》冬。

参考:薬草事典、長崎の薬草、新佐賀の薬草、薬草カラー図鑑1、牧野和漢薬草圖鑑、徳島新聞H250502

リョウブ 令法	リョウブ科 山地	なし	若葉 春先	〔食〕山菜料理 〔民〕腰痛、リウマチ、神経痛

リョウブ飯が慢性疼痛に効果

[生育地と植物の特徴]

全国各地の落葉樹の多い山林に普通に生える落葉小高木。朝鮮半島にも分布する。樹高は3〜7m、ときに15mに達する高木もある。樹皮は暗褐色だが、のちに茶褐色になる。葉は互生し、枝先に集まってつく。広倒披針形で長さ3〜15cm、幅3〜10cm、先は急に細くなり、基部はくさび状で細くなる。葉の質は革質、縁に細かい鋸歯があり、裏面脈上に微毛がある。花期は7〜8月。枝先に長さ7〜15cmの総状花序をつけ、白色小花を多数つける。花冠は深く5裂、萼も小さいが5裂、果実は球形で秋に熟し、中に多数の種子がある。

[採取時期・製法・薬効]

成分は、トリテルペノイドのバルビネルビ酸とクリスリ酸を含む。

❖山菜料理に

春先の若葉を摘み、茹でてアク抜きし、浸し物、炒めもの、汁の具に使い、飯に混ぜてリョウブ飯にする。

❖腹痛、リウマチ、神経痛に

リョウブ飯を常用する。

7月下旬長崎県対馬

つぶやき

中国にはなく令法は国産漢字。古い時代に、救荒資源の植物として、この植物を時の政府が法律で各地に栽培させたことから令法(りょうほ)となり、これからリョウブになったという説がある。

参考:薬草カラー図鑑4

食べられる薬用植物

植物名	部位	食べ方	頁	植物名	部位	食べ方	頁
アオギリ	葉	健康茶	113	ガマズミ	果実	生食・薬酒	41
アオツヅラフジ	果実	酒	164	カミツレ	花	ハーブ	21
アカザ	葉	料理	55	カラスウリ	未熟果実・若葉	山菜	198
アカネ	果実	生食・果実酒*	185	カラスノエンドウ	蔓先・果実/種子	山菜/茶	68
アカマツ	葉	茶・発酵酒	30	カリン	果実	かりん酒	40
アカメガシワ	新芽	山菜	113	カワラケツメイ	豆果/葉	はま茶/料理	23
アカモノ	果実	生食	262	カワラヨモギ	若葉	山菜	199
アキグミ	果実	生食・茱萸酒	38	キカラスウリ	果実	料理	200
アケビ	若葉・若枝	浸し物・胡麻和	232	キキョウ	若芽/根	山菜*/漬物	18
アサツキ	鱗茎・茎葉	料理	57	キク	花/花弁	料理	201
アシタバ	新葉、若葉	茶・料理・青汁	20	キササゲ	若葉	油炒め	119
アズキ	種子	料理・餡	58	ギシギシ	若葉/若芽薄皮	山菜/スープ*	77
アーティチョーク	蕾の総苞片	野菜・酒	35	キランソウ	花期の茎先	山菜*	69
アマチャ	葉	健康茶・甘味料	14	キリ	花	薬酒色付*	120
アマチャヅル	葉	健康茶	59	キンカン	果実	生食・加工食	42
アマドコロ	若芽/根茎	山菜/玉竹酒	33	キンモクセイ	花	花茶・金木犀酒	42
アマナ	鱗茎	あまな酒	32	クコ	果実/葉	薬酒/クコ飯*	237
アンズ	実/種子	杏子酒/杏仁豆腐	233	クサギ	若葉・若茎	料理	121
イカリソウ	若芽・花/葉茎	山菜/仙麗脾酒	34	クサスギカズラ	根/若芽	加工食/山菜	202
イタドリ	新芽・若葉	料理・ガッポン	60	クサソテツ	若葉	山菜	212
イチイ	熟した果実	薬酒	306	クサボケ	果実	ぼけ酒	46
イチジク	果実	空揚げ*、花果酒	168	クズ	花・若葉/根	料理/葛湯	17
イチヤクソウ	葉	鹿蹄草酒*	139	クチナシ	花	山菜	238
イチョウ	種子	料理	112	クマザサ	葉/実/筍	茶/笹米/料理	23
イヌビワ	果実	生食・いぬびわ酒	39	クリ	渋皮・葉	茶*	169
イヌホオズキ	茎・葉	料理*	141	クロマメノキ	果実	生食・酒	262
イノコズチ	若茎	料理	188	クロモジ	若葉・新芽/葉	つくだ煮*/茶*	170
イワタバコ	若葉	山菜	62	クワ	若葉・若芽/実	山菜*/生食・桑椹酒*	48
ウイキョウ	新鮮な葉	香辛料・茴香酒	269	ケイトウ	若葉・若芽	料理*	73
ウコギ	新芽・若葉/葉	料理/健康茶・五加皮酒	26	ゲッケイジュ	葉	香辛料	276
ウツボグサ	花穂	料理	189	ゲンノショウコ	地上部/葉・花	健康茶*/天婦羅*	72
ウド	新芽・若葉	山菜	190	ケンポナシ	果柄	生食・酒	277
ウバユリ	鱗茎	百合根	63	コオニタビラコ	葉	七草粥	11
ウメ	果実	加工食・果実酒	39	コケモモ	果実	生食・加工食	263
ウンシュウミカン	果実	生食、焼きミカン酒*	248	コシアブラ	若芽/果実	山菜/酒	338
エビスグサ	種子・葉	薬草茶	272	コブシ	花	天婦羅	236
エビヅル	果実	生食・果実酒	41	ゴボウ	根	キンピラ	203
オオツヅラフジ	果実	大葛藤酒	234	ゴマ	種子・葉/種子	料理/胡麻油	205
オオバギボウシ	若い葉柄	山菜	64	コンロンソウ	全草	茶・料理	24
オオバコ	葉	揚げ物	192	サイヨウシャジン	若芽/若根	山菜/漬物	205
オカウコギ	新芽・若葉/葉	料理/健康茶	26	ザクロ	種子	ジュース	121
オケラ	新芽・若葉	山菜	194	サネカズラ	果実	砂糖漬*/果実酒	43
オトコエシ	若葉	お浸し*	16	サフラン	雌蕊	薬用茶・サフラン酒*	24
オドリコソウ	若葉・若芽/花	料理/花酒	66	サラシナショウマ	若葉	山菜	206
オニグルミ	種子	生食・加工食	116	サルトリイバラ	若芽・若葉	茶・山菜	122
オニユリ	鱗茎	百合根	195	サルナシ	新芽/果実	山菜/生食	339
オヘビイチゴ	果実	蛇苺酒	156	サンザシ	果実	ジャム、菓子	239
オミナエシ	若茎・葉/蕾	料理*/天婦羅	16	サンシュユ	枝/果実	ヨーグルト/加工食	239
オリーブ	果実	ピクルス	273	サンショウ	果実/果皮	加工食/香料	240
ガガイモ	若芽・若茎	天婦羅	142	シナガワハギ	全草	スパイス	147
カキ	葉/果実	柿の葉茶/果物	27	シャクヤク	花弁	天婦羅・酒	208
カキドオシ	蔓先/蔓先・花	茶/山菜*	19	ジャノヒゲ	塊根	梅酢漬	209
カタクリ	鱗茎/蕾	かたくり湯/山菜	21	ジュズダマ	果実の果肉	粥*	76
カナムグラ	蔓先	かき揚げ	338	シュンラン	蕾・花	蘭茶・花酒	148
カブ	根・若葉	七草粥・料理	13	ショウガ	根茎	薬味	209
カボチャ	種子/雄花	加工食/料理*	67	シラカバ	樹液	ドリンク剤	27
ガマ	新芽・根元/花粉	天婦羅/ガマ酒*	196	シラタマノキ	果実	生食	263

*印は、村上光太郎著 徳島新聞"薬草を食べる"による。

植物名	部位	食べ方	頁	植物名	部位	食べ方	頁
スイカズラ	花・若葉	山菜	172	ハマウツボ	全草（含花）	列当酒	36
スイバ	葉・茎	山菜	77	ハマエンドウ	若い茎葉	救荒植物？	154
スギナ・ツクシ	土筆	山菜	79	ハマゴウ	果実	蔓荊子酒	46
スベリヒユ	地上部	山菜	210	ハマナス	果実	生食・加工食・浜梨酒	44
セキショウ	根	酒・空揚げ*	211	ハマボウフウ	根	山菜	221
セリ	若葉	茶・七草粥・鴨鍋	10	ハリエンジュ	花穂	料理	177
ゼンマイ	若葉	山菜	212	ハリギリ	若葉	山菜	129
ソテツ	種子・茎髄	救荒植物	328	ヒシ	果実	料理	302
ソメイヨシノ	葉	塩漬・天婦羅	308	ヒメジョオン	若苗	山菜	97
ダイコン	根・若葉	七草粥・料理	13	ヒルガオ	根・茎葉・芽先	山菜*	98
ダイコンソウ	若葉	山菜	80	ヒレハリソウ	葉/葉・若芽	茶/料理・加工食	25
ダイダイ	花	香料	241	ビワ	葉	ビワ茶・枇杷酒*	245
タカノツメ	新芽/黄葉	山菜/香料	309	フキ	蕗の薹	山菜	222
タラノキ	若芽	山菜	124	フジ	花	フジの花飲料	303
タンポポ	地上部	茶*・料理*	22	フユノハナワラビ	栄養葉	料理	98
チガヤ	若い花穂	山菜	213	ベニバナ	苗/種子	料理*/食用油	225
チョウセンゴミシ	果実	五味子酒・加工食	242	ベニバナボロギク	若葉	山菜	99
ツバキ	花	健康茶/料理	29	ヘビイチゴ	果実	果実酒	156
ツユクサ	柔葉・茎	山菜	84	ボケ	果実	ぼけ酒	46
ツリガネニンジン	若芽/若根	山菜/漬物	205	ボタン	花弁	天婦羅・酒	247
ツルドクダミ	蔓先/葉	お浸し/天婦羅	215	ボタンボウフウ	葉	山菜	101
ツルナ	芽先・葉	山菜	84	マタタビ	虫瘤	木天蓼酒	47
ツルニンジン	葉・蔓先	山菜	85	マルバグミ	果実	生食・茱萸酒	38
ツルボ	鱗茎	料理	151	マルメロ	果実	生食・加工食	40
ツルムラサキ	果実	着色剤	–	ミツバ	新苗/料理	新苗/料理	161
ツワブキ	葉柄	山菜	86	ミヤコグサ	全草	みやこぐさ酒	37
テンダイウヤク	根	健康茶	283	ムベ	果実	果実酒	344
トウガラシ	果実	香辛料	87	メギ	果実	発酵酒・目木酒	47
トウキ	葉・茎	餃子の具	283	メナモミ	若葉	山菜	161
トウモロコシ	花粉	トウモロコシ団子*	87	モモ	花弁	砂糖漬・塩漬*	249
ドクダミ	生葉	どくだみ酒	214	モリアザミ	根	山牛蒡	105
トチノキ	果実	加工食	124	ヤドリギ	茎・葉/果実	料理/酒	132
トチバニンジン	地下茎	薬用酒	216	ヤブカンゾウ	若芽、蕾	中華料理	107
トチュウ	葉/樹皮	杜仲茶・杜仲酒	43	ヤブコウジ	完熟果実	サラダ	133
トモエソウ	全草（含果実）	紅旱蓮酒	35	ヤブジラミ	若葉・若芽	山菜	226
ナズナ	若葉	七草粥・料理	10	ヤブニッケイ	葉柄	香り付け	309
ナツハゼ	果実	なつはぜ酒	45	ヤブラン	塊根	薬用酒	37
ナツメ	果実	加工食・大棗酒	243	ヤマアイ	若葉	山菜	294
ナナカマド	果実	果実酒	174	ヤマグワ	葉/果実	健康茶/山桑酒	48
ナルコユリ	根茎	黄精酒	33	ヤマハギ	葉・茎	はぎ茶	15
ナワシログミ	果実	生食・茱萸酒	38	ヤマブドウ	果実	生食・加工食・酒	49
ナンテンハギ	若葉	山菜	88	ヤマモモ	果実	生食・山桃酒	49
ナンバンギセル	全草（含蕾）	健康薬酒	36	ユキザサ	若芽	山菜	163
ニラ	葉/花茎	料理/天婦羅	88	ユキノシタ	葉	料理	109
ニワトコ	花/花・葉・枝	薬用飲料/茶	244	ユズ	果実	柚子酒・加工食	50
ネズミモチ	果実	茶*、酒	28	ユスラウメ	果実	ゆすらうめ酒	50
ノアザミ	根・葉	加工食・山菜	90	ユリワサビ	全草	料理	305
ノカンゾウ	若芽	山菜	89	ヨシ	筍	料理	229
ノゲイトウ	若葉・若芽	料理	217	ヨモギ	若葉	料理・加工食	229
ノビル	鱗茎・全草	山菜	153	ラベンダー	花	ハーブ	29
ノブドウ	果実	野葡萄酒	45	リュウノウギク	葉	料理*	164
ハコベ	若葉	七草粥・料理	12	リョウブ	若葉	救荒植物	133
ハス	根・花托・実/葉	料理/茶	218	リンゴ	果実	林檎酒	311
ハチク	筍	料理	219	レモングラス	葉	ハーブ	26
ハトムギ	果実	はとむぎ茶	25	レンギョウ	花弁	かき揚げ	249
ハナイカダ	若葉	山菜	128	ワラビ	若葉	山菜	111
ハハコグサ	若葉	七草粥・料理	11	ワレモコウ	若葉	料理	231

＊印は、村上光太郎著 徳島新聞“薬草を食べる”による。

止血に使われる薬用植物

止血に使われる植物には消化管出血などの内臓出血に内服で使う場合と擦り傷などの外傷出血で外用するものがある。内服する場合は医療機関を受診することが多いので、それほど生薬を知っておく必要はない。一方山野で外傷を受け取り敢えず止血しておきたい時に役に立つ薬用植物があり知っておくとよい。村上光太郎氏によると、女児が生まれて桐を植えるのはタンスが目的ではなく、女児の出血の傷跡が残らないように即効性があり、大量でも必要量を確保できるように植えたのだという。

植物名	生薬名	薬用部	用途	内服・外用	頁
イワヒバ	なし	全草	下血、痔出血	内服	63
ケイトウ	鶏冠子	種子	子宮出血、腸出血、月経過多	内服	73
ザクロ	石榴皮	皮、花	各種出血*	内服	121
サンザシ	山査子	果実	各種出血*	内服	239
スミレサイシン	なし	根茎	喀血	内服	259
タカサブロウ	なし	全草	血尿・血便の止血	内服	81
ツチグリ	翻白草	全草	吐血・下血	内服	157
ツバキ	山茶花	花弁	吐下血	内服	29
ツルニチニチソウ	なし	全草	腸出血・子宮出血の止血に	内服	85
トクサ	木賊	地上部	腸出血、痔出血	内服	215
トチノキ	七葉樹	樹皮	痔出血	内服	124
トモエソウ	紅旱蓮	全草	止血	内服	35
ナズナ	薺菜	全草	あらゆる出血に	内服	10
ノアザミ	大薊	全草・根	止血	内服	90
ノゲイトウ	青葙子	種子	痔出血*、腸出血*、月経過多*	内服	217
ヒメハギ	竹葉地丁	全草	吐血	内服	155
メハジキ	益母草	全草	産後の出血・腹痛	内服	226
ヤブコウジ	紫金牛	根・根茎	血尿・血便の止血	内服	133
ガマ	蒲黄	花粉	下血、切傷・火傷	内服、外用	196
シュロ	棕櫚皮・棕櫚実	幹皮・果実	止血・止瀉に内服、鼻血に外用	内服、外用	339
ニラ	なし	葉	各種出血	内服、外用	88
ハス	蓮根	根茎	下血・喀血	内服、外用	218
ヨモギ	艾葉	葉	吐下血、切傷	内服、外用	229
ワレモコウ	地楡	根茎	諸出血の止血	内服、外用	231
アオギリ	なし	乾燥葉	切傷の止血	外用	113
イチヤクソウ	なし	全草	外傷出血	外用	139
オトギリソウ	なし	生の葉	切傷の止血	外用	140
カタバミ	酢漿草	葉の汁	切傷の止血	外用	142
カラスノゴマ	なし	全草	傷の止血	外用	143
キリ	なし	葉の粉末	止血	外用	120
クロモジ	釣樟	枝葉	外傷出血	外用	170
コニシキソウ	斑地錦	全草	外傷出血	外用	316
シロモジ	なし	根、根皮	創傷出血	外用	170
タツナミソウ	韓信草	全草	創傷出血	外用	150
チドメグサ	天胡荽	葉茎の汁	外傷出血	外用	151
ハコベ	繁縷	全草	歯茎出血	外用	12
ハリエンジュ	なし	葉の汁	創傷出血	外用	177
ヘビイチゴ	蛇苺	全草	切傷の止血	外用	156
ミゾソバ	なし	茎葉	切傷の止血	外用	162
ミソハギ	千屈菜	地上部	外傷出血	外用	103

*は、村上光太郎著 徳島新聞“薬草を食べる”による。

第III章2項　外用する民間薬

植物名	薬用部位・用法	病名	頁	植物名	薬用部位・用法	病名	頁
アオキ	生の葉を炙り塗る	火傷、凍傷、腫れ物	166	ドクダミ	葉を炙り湿布	腫れ物	214
アカメガシワ	葉の煎液で洗う	腫物、痔、頭部湿疹	113	ドクダミ	生の葉を潰して塗る	水虫	214
アマドコロ	粉末で湿布	打撲、捻挫	33	トチノキ	種子粉末で湿布	たむし、しもやけ	124
アロエ	葉のゼリーを塗る	火傷切傷、虫刺れ	186	トベラ	乾燥葉の煎液で洗う	寄生性皮膚病	173
アワコガネギク	花を油に浸し塗る	切り傷、打撲	146	ナナカマド	樹皮の煎液で洗う	疥癬、たむし、湿疹	174
イチジク	葉の乳液を塗る	疣取り	168	ナルコユリ*	葉をすり湿布	痛風、打ち身捻挫	33
イチヤクソウ	生の葉汁を塗る	蛇咬傷	139	ニシキギ	黒焼翼を飯粒で塗る	刺抜き	175
イチョウ	葉を煎液を塗る	凍傷	112	ニシキギ	樹皮の煎液で洗う	打撲傷、毛じらみ	175
イヌザンショウ	葉の粉末で湿布	打撲	233	ニワトコ	葉をすり鉢ですり塗る	帯状疱疹	244
イヌタデ	全草粉末を塗る	皮膚病	139	ネコヤナギ	樹皮・根の煎液を塗る	打撲、腫れ物	126
イヌビワ	葉の乳液を塗る	疣取り	39	ネムノキ	樹皮の黒焼の粉末	打撲、腫れ物	127
イヌホオズキ	実の焼酎漬の液を塗る	口唇ヘルペス	141	ノアザミ	枝・葉の生汁を塗る	虫刺れ、痔	90
イノモトソウ	生の葉で湿布	打撲、筋違え、捻挫	61	ノイバラ	営実の煎液で洗う	でき物、面皰、腫れ物	245
イボタノキ	熱した蝋をつける	疣取り	165	ノキシノブ	乾燥草ゴマ油を塗る	利尿、むくみ、腫れ物	91
ウバユリ	生の鱗茎で湿布	打撲捻挫、乳房腫	63	ノビル	鱗茎を潰し汁を塗る	毒虫刺れ	153
オオイタビ	枝葉の乳液を塗る	打撲傷	234	ノビル	全草の粉末を練り塗る	腫れ物	153
オオケタデ	葉の青汁を塗る	虫刺され	141	ノリウツギ	樹皮を煎じた汁	疥癬、染髪料	176
オオバギボウシ	全草の煎液で洗う	腫れ物	64	ハコベ	ハコベ塩	歯齦出血、歯槽膿漏	12
オカオグルマ	粉末で湿布	寄生性皮膚病	65	ハダカホオズキ	食酢につけた全草	腫れ物	153
オシロイバナ	胚乳をつける	にきび、吹き出物	65	パパイア	未熟果実の果汁	寄生性皮膚病	176
オトギリソウ	全草の煎汁を塗る	打撲・捻挫	140	ハマエンドウ	全草の煎液で洗う	疥癬	154
オトギリソウ	草の汁を塗る	止血	140	ハマエンドウ	生の葉の汁を塗る	切り傷	154
オドリコソウ	根の煎液で湿布	打撲、骨折	66	ハマオモト	根を潰して塗る	皮膚潰瘍、捻挫	154
オナモミ	葉茎の絞汁を塗る	疥癬、湿疹	191	ハリエンジュ	生の葉の汁を塗る	外傷出血	177
オニユリ	生の鱗茎で湿布	打撲、腫れ物	195	ハンゲショウ	葉の煎液で洗う	腫れ物、皮膚病	94
オヘビイチゴ	全草の煎液で洗う	頭部の吹き出物	156	ヒオウギ	根茎の粉末を塗る	でき物	221
ガガイモ	茎・実の乳液を塗る	疣取り	142	ヒガンバナ	生の鱗茎で湿布	膝関節腫脹、肩こり	155
カタバミ	茎葉の生汁を塗る	寄生性皮膚病	142	ヒメハギ	全草の煎液で洗う	できもの、打撲傷	155
カブ	根・種子を潰し塗る	しもやけ、そばかす	13	ビャクブ	百部根の煎液で洗	しらみ	288
カボチャ	蔕の粉末で湿布	腫れ物	67	ビヨウヤナギ	生の根を擦りこむ	虫刺され	177
ガマ	花粉末を塗布	切り傷、火傷	196	ヒヨドリジョウゴ	全草の酢漬で湿布	帯状疱疹	157
カラスウリ	果汁を塗る	しもやけ、赤切れ	198	ヒルムシロ	全草を潰して湿布	火傷	158
ギシギシ	根をすり下ろし塗る	水虫、たむし	77	ビワ	葉の焼酎漬を塗る	打撲、捻挫	245
キツネノマゴ	煎液で湿布	関節痛	143	ビワ	葉の煮汁で洗う	あせも	245
キヅタ	生の葉で湿布	腫れ物、寄生性皮膚病	167	フウ	楓香脂を塗る	疥癬	178
キハダ	樹皮粉末で湿布	関節痛、腰痛	237	ヘクソカズラ	果実の汁を塗る	しもやけ、赤ぎれ	158
キョウチクトウ	葉の煎液で洗う	打撲の腫れ、痛み	169	ヘクソカズラ	生の葉汁を塗る	虫刺され	158
キランソウ	葉の絞汁を塗る	腫れ物、排膿	69	ヘビイチゴ	全草の煎液で洗う	痔、凍傷	156
キリンソウ	生の葉汁を塗る	虫刺され、切り傷	144	ベンケイソウ	葉を炙って湿布	腫れ物	160
クサギ	葉の煎液で洗う	腫れ物、痔	121	ホウセンカ	葉の汁を塗る	腫れ物	100
クサノオウ	茎葉の絞汁を塗る	疣、たむし	144	ホルトソウ	茎の汁を塗る	疣、寄生性皮膚病	159
クチナシ	果実粉末で湿布	腫れ物、打撲、腰痛	238	マツカゼソウ	全草の焼酎漬を塗る	筋肉痛	159
クマツヅラ	全草の煎液で洗う	腫れ物	145	マムシグサ	塊茎を擂り湿布	肩こり、神経痛	224
クリ	葉の煮出液で洗う	あせも、漆かぶれ	169	ミゾソバ	茎葉の青汁を塗る	切傷の止血	162
クロモジ	枝葉の粉末を塗る	止血	170	ミソハギ	千屈菜粉末を塗る	打撲	103
クワズイモ	葉柄を炙り傷口に	切り傷	145	ミツバ	全草をすり潰し塗る	帯状疱疹、でき物	161
シナガワハギ	全草を煮て湿布	打撲、むち打ち	147	ムクゲ	樹皮をすり潰した液	水虫	130
シマカンギク	油菊を塗る	切り傷、打撲	146	ミヤマオダマキ	生葉の絞り汁を塗る	関節炎、耳だれ	261
シャリンバイ	葉を潰して塗る	打撲傷、火傷	172	ムラサキ	紫雲膏を塗る	排膿、痔疾、火傷	290
シュウカイドウ	花・全草を潰し塗る	打撲傷、腫れ物	147	ムラサキシキブ	生の葉の汁を塗る	寄生性皮膚病	179
シラン	球茎粉末で湿布	赤ぎれ、火傷、外傷	210	メナモミ	葉の汁を塗る	虫刺され	161
シロモジ	根皮粉末を塗る	疥癬、創傷出血	170	モッコク	葉の煎液で洗う	痔	179
スイセン	生の鱗茎で湿布	腫れ物、肩こり	148	ヤクシソウ	油菊を塗る	腫れ物	107
スギナ	生をすり潰して塗る	漆かぶれ	79	ヤシャブシ	果実の煎液で洗う	火傷、凍傷	180
スベリヒユ	生の葉の汁を塗る	虫刺れ、湿疹、腫れ物	210	ヤブコウジ	紫金牛煎液で洗う	小児の頭部湿疹	133
センダン	果実を潰し塗る	ひび、赤ぎれ	241	ヤブタバコ	菊油か煎液で洗う	火傷、打撲	163
センブリ	アルコール漬を塗	抜毛、円形脱毛症	78	ヤマブキ	花の煎液で洗う	止血	181
センリョウ	枝葉を炒め塗る	打撲傷、関節炎	173	ヤマモモ	楊梅皮煎液で洗う	疥癬	49
ソクズ	すり潰して塗る	打撲	79	ヤマモモ	樹皮粉末を練り塗る	打撲、捻挫	49
ダイコンソウ*	葉を揉み汁を塗る	腫れ物、切り傷	80	ユキザサ	根茎の汁を塗る	腫れ物	163
タケニグサ	茎葉の生汁を塗る	たむし、疥癬、虫刺	149	ユキノシタ	葉を炒って湿布	腫れ物、おでき	109
チドメグサ	茎葉の生汁を塗る	傷の止血	151	ユズリハ	葉の煎液で洗う	おでき	181
ツルニンジン	茎葉の乳液を塗る	切り傷	85	ヨモギ	生の葉の汁を塗る	切り傷、止血、掻痒	229
ツルボ	生の鱗茎で湿布	打撲、乳房の腫れ	151	レイジンソウ	根の煎液を塗る	寄生性皮膚病	327
ツワブキ	葉を揉んで湿布	擦傷、切傷、吸出	86	ロウバイ	蝋梅花の油漬を塗る	火傷	250
ツリフネソウ	全草を突いて塗る	吹き出物、打撲傷	152	ワレモコウ	根をすり潰し塗る	打撲、捻挫	231

＊印は、村上光太郎著 徳島新聞“薬草を食べる”による。

浴用料

植物名	部位と採取時期	効能	頁
アオキ	葉を随時	皮膚病一般	166
アオツヅラフジ*	太い蔓、根茎	リウマチ、神経痛	164
アカメガシワ*	葉	腫れ物、痔、頭部湿疹	113
アシタバ	葉	冷え性	20
イチジク*	葉を夏	痔疾、婦人病、神経痛、リウマチ、冷え性、艶やか皮膚	168
ウイキョウ*	葉を6～9月頃	冷え性	269
ウド*	根	リウマチ、神経痛、痔疾、頭痛	190
ウリノキ	根	リウマチ、腰痛、打撲傷	167
オドリコソウ*	全草	腰痛、強壮	66
オナモミ*	葉を秋	あせも、皮膚炎	191
カブ*	すり下ろした根で湿布	しもやけ	13
カミツレ	花を5～6月	リウマチ	21
キツネノマゴ	葉や茎を夏の開花時	リウマチ	143
キンモクセイ	花	精神安定	42
クサギ	乾燥した葉・小枝	臭木風呂でリウマチに効くとか？	121
クズ*	蔓を夏から秋の開花時	神経痛	17
クリ*	葉を風呂に入れて入浴	漆かぶれ、アトピー	169
ゲンノショウコ	茎や葉を夏の開花時	婦人の冷え性、渋り腹、血の道	72
シシウド	秋に根を	神経痛、リウマチ、冷え性	207
シソ*	茎や葉を8月頃	冷え性、神経痛	208
シナノキ	花房を夏の開花期に	浴用料	171
ショウガ*	茎や葉を秋	肩こり、腰痛	209
ショウブ	根茎を随時	神経痛、リウマチ	14
スイカズラ*	茎葉や花を5～7月	痛風、関節痛、腰痛、痔の痛み、あせも	172
セイタカアワダチソウ	花穂	湿疹、あせも	149
セキショウ*	根茎を随時	腰痛、冷え性	211
セリ	茎葉	神経痛、リウマチ	10
ソクズ	葉を8～9月	神経痛、リウマチ	79
ダイコン*	葉を収穫後に	冷え性、神経痛	13
トウキ	葉や茎を10～11月	冷え性	283
ドクダミ*	葉や茎を6～7月	あせも、冷え性	214
ニッケイ*	葉を随時	神経痛、五十肩、腰痛	175
ニワトコ	葉を8月頃	神経痛、リウマチ	244
ネコヤナギ	樹皮と葉	リウマチ、関節痛	126
ネムノキ	樹皮	打撲、腫れ物	127
ノダケ	根	冷え性、神経痛	218
ハマゴウ	果実、茎葉	神経痛、関節痛	46
ビヨウヤナギ	根	腰痛	177
ビワ*	葉を夏	あせも、湿疹	245
フウトウカズラ	葉	腰痛	178
フジバカマ	全草	皮膚掻痒症	18
ホオズキ	根茎	神経痛, リウマチ	100
マタタビ*	蔓・葉を乾燥させて	またたび風呂	47
ミカン*	果皮	血行改善、肌を艶やかに	248
モモ*	葉を果実の収穫後	皮膚病一般、あせも	249
ヤクシソウ	地上部	リウマチ、神経痛	107
ヤツデ	葉	リウマチ、神経痛	180
ヤブジラミ*	果実	湿疹、皮膚掻痒症	226
ヤマモモ*	葉を随時	あせも、蕁麻疹、湿疹	49
ユズ*	果実	腰痛、神経痛、リウマチ	50
ユズ	葉	あせも	50
ヨモギ*	葉や茎を6～8月	腰痛、痔の痛み	229
リュウノウギク*	秋に根を	冷え性、神経痛、腰痛、リウマチ	164

＊印は、村上光太郎著 徳島新聞"薬草を食べる"による。

イチヤクソウ 一薬草	ツツジ科 山地の温暖地	【生】鹿蹄草 ろくていそう	全草 開花時	〔民〕脚気やむくみの利尿 〔民〕消炎、止血

解毒・止血など多用途、消炎利尿剤にも

[生育地と植物の特徴]

名は、この草ひとつで諸病に効く意味だという。北海道、本州、四国、九州、台湾、朝鮮半島、中国に分布。林内の陰地に生える多年草。高さ約20cm。花期は6～7月。ウメに似た白色の花を下向きに咲かせる。萼片、花弁とも5枚あり、10本の雄蕊の花糸は同じ方向に曲っている。花柱は長く花外に突き出し、上方に彎曲する。移植栽培には、根が菌類と共生して栄養を得ているので、山で掘り出す時は、株の周囲の土を沢山つけるようにする。

[採取時期・製法・薬効]

8～9月に全草を採取し陰干しで乾燥させる。成分は利尿作用のあるクエルセチン、ウルソール酸のほか、オレアノール酸。

❖脚気やむくみの利尿に
一日量8～15gを水400mlにて3分の1に煎じ3回に分服。

❖消炎、止血に
一日量15gを煎じて服用する。

❖打撲、切り傷、蛇咬傷に
生の葉汁を外用する。

6月下旬佐賀県

つぶやき

中国では‘中药大辞典’に婦人薬としてお茶代わりに常飲して生理を整えたり、内服の避妊薬として用いるという。止血には役立つかも知れないが、毒蛇に噛まれたときには、この植物を探すよりは腕や脚を縛って血流を遮断し病院へ駆け込んだ方がよいのでは･･･。

参考：新佐賀の薬草、生薬処方電子事典、薬草カラー図鑑2、牧野和漢薬草圖鑑、主薬処方電子事典、徳島新聞H220904

イヌタデ 犬蓼	タデ科 野原、道端	馬蓼 ばりょう	全草 開花期	〔民〕回虫駆除、下痢による腹痛 〔外〕皮膚病

煎じて回虫駆除、外用して皮膚病に

[生育地と植物の特徴]

日本各地、朝鮮半島、台湾、中国、マレーシアに分布し、野原や道端に生える一年草。茎は直立あるいは斜めに傾き、草丈20～50cmでよく分枝する。葉は互生、広披針形で両端が尖っている。花期は6～10月。密な総状花序に紅紫色の小さな花をつける。まれに白花種があり、シロバナイヌタデという。

[採取時期・製法・薬効]

開花期に全草を採取する。

❖回虫駆除に
約4gを煎じ、分服すると回虫駆除になるといわれている。

❖皮膚病に
粉末とし、塗布する。

10月中旬長崎県

10月中旬長崎県

つぶやき

通称アカノマンマ、アカマンマは粒状の紅花や蕾が赤飯にたとえられた名である。イヌは似て非なるものという意の古語であり、本来のタデ(ヤナギタデ)に似ているが本物ではないという意味を持つ。中国では開花期の全草を干したものを辣蓼といい、煎じて下痢、腹痛、消腫に服用する。犬蓼の花《季》秋。

参考：牧野和漢薬草圖鑑

オトギリソウ 8月中旬長崎県対馬

ツキヌキオトギリ 5月下旬熊本大学薬草

ヒメオトギリ 10月上旬長崎県

コケオトギリ 10月上旬長崎県

オトギリソウ	オトギリソウ科	【生】小連翹	地上部	〔民〕止血、腫れ物、生理不順
弟切草	山野の路傍	しょうれんぎょう	夏	〔外〕打撲、捻挫、切傷の止血

弟切草は外用する止血剤

[生育地と植物の特徴]

北海道、本州、四国、九州、サハリンに分布。多年草。茎は円くて堅く丈夫で柄のない長楕円形の葉が対生して茎を抱く。葉の縁に鋸歯がない。夏に茎や枝の先に黄色5弁の小花をつける。雄蕊は多数で、その中に花柱が3本ある。秋に乾いた実になり小さい種が沢山入っている。

[採取時期・製法・薬効]

7〜9月頃、開花中の地上部全体を採り、水洗いして陰干しで乾燥させる。成分はヒペリシン、タンニンなど。

❖腰痛、腹痛、生理不順に

乾燥品5〜10gを水600mlで半量になるまで煎じ一日3回に分けて服用する。

❖打撲、捻挫に

乾燥品10〜20gを煎じた液で湿布する。

❖切り傷の止血に

生の葉を揉んで出た汁を患部につける。オトギリソウチンキは真っ赤である。なお成分のヒペリシンは紫外線を強く吸収するため、オトギリソウを食べた牛や馬、羊が日光にあたると強い皮膚炎を起こして脱毛することがある。

つぶやき

平安朝の昔、鷹匠の晴頼が鷹狩で傷ついた自分の鷹をこの草で治療していて、その秘伝を他人にはもらさないでいた。それを弟が兄のライバルにこっそり教えてしまった。怒った兄は弟を切った。それで弟切草という。葉に黒く見える無数の油点はその時の弟の血しぶきだという。

オトギリソウ類の見分け方

①ツキヌキオトギリ：オトギリソウよりやや大形になる。茎を抱いて対生した2枚の葉のつけ根がくっついて繋がり茎が葉を突き抜けている。たまに見つかる。

②ナガサキオトギリ：山地の湿り気のあるところで見つかる。茎が細く針金のようで全体に赤味がさし根際から多数束生する。小形で高さ30cm以内。

③ヒメオトギリ：茎も葉も小形で草丈30cm以内。葉も長さ約1.0cm、茎が四角。花は小さく黄色、水湿地にある。

④コケオトギリ：ヒメオトギリに似て更に小形、高さ5〜10cmくらい、花は黄色、水湿地にある。

どのオトギリソウも一様に薬用になる。

ナガサキオトギリ 8月中旬佐賀県

参考：薬草事典、薬草の詩、長崎の薬草、新佐賀の薬草、宮崎の薬草、薬草カラー図鑑2、牧野和漢薬草圖鑑、生薬処方電子事典

イヌホオズキ 犬酸漿	ナス科 荒れ地、路傍	【生'】龍葵 りゅうき	全草・果実 花期	〔外〕口唇ヘルペス、腫れ物 〔民〕解熱、利尿

あせもや腫れ物・解熱に、抗ガン漢方薬の主薬

[生育地と植物の特徴]

北海道、本州、四国、九州と広く自生するほか、世界中の温帯や熱帯に分布している。陽当たりの良い荒れ地や路傍などに生える一年草。花期は夏。白い小花を数個ずつつけ、果実は秋に黒く熟す。

[採取時期・製法・薬効]

夏、開花中の全草を引き抜き、水洗いして天日で乾燥させる。果実は秋、黒く熟したものを摘み採り、水洗いして生で使う。成分は、解熱作用のあるアルカロイドのゾラニン、ゾラマルジン。アルカロイドは果実中に、サポニンは全草に含まれる。

❖口唇ヘルペスに

生の果実を25度焼酎に漬け、1ヵ月ほどしたら果実を取り除き保存しておいて、患部につける。

❖腫れ物に

生の果実を含む茎葉を、少量の塩を加えて揉み、この汁をつける。

❖解熱、利尿に

乾燥した全草（龍葵）一日量5〜10gを水600mlで半量になるまで煎じ数回に分けて飲む。毒成分としてゾラニンなどのアルカロイドを含むので内服の用量には注意。

つぶやき

ヘルペスの治療は、口唇ヘルペスに対してイヌホオズキ、帯状疱疹に対してヒヨドリジョウゴ、ニワトコ。中国南部で利用される抗ガン漢方'竜蛇羊和泉湯'の主薬。

10月上旬佐賀県

10月上旬佐賀県

参考：宮崎の薬草、薬草カラー図鑑2、牧野和漢薬草圖鑑、徳島新聞H230803

オオケタデ 大毛蓼	タデ科 栽培	【生'】葒草 こうそう	葉/全草 随時	〔民〕関節炎、〔外〕虫刺され /〔外〕腫れ物

葉は煎じて関節炎に、外用して虫刺されに

[生育地と植物の特徴]

中国、マレーシア、インド原産。日本全土で観賞用に栽培される一年草。繁殖力が強く今日では野生化している。茎は高さ2mほどになり直立して多く分枝する。葉は互生し卵形で長さ25cmと大きい。茎、葉に毛を密生。花期は8〜10月。穂状花序をなし淡紅色の小さな花を密につけ下垂。紅花やまれに白花を咲かせる品種もある。

[採取時期・製法・薬効]

全草、葉は必要時に採集し陰干しする。成分は、葉にはフラボノイドのオリエンチン、オイエントシド、プラストキノンA、β -シトステロールなどを含む。

❖関節炎に

葒草10〜15gを水で煎じて服用する。

❖腫れ物に

乾燥葉1枚分を水400mlで煮立て、冷ました煮汁で患部を洗う。

❖虫刺されに

生の葉を水洗いして揉み、青汁を患部に叩くようにしてすり込む。

つぶやき

江戸時代に中国を経て入ってきたもので、茎、葉に密生する毛からオオケタデと呼ばれる。婦人の尿道疾患、解熱、できものに効ありとの記載があるという。別名ハブテコブラはマムシの毒消しに効くポルトガル渡来の植物の名で同じ薬効から同様に呼ばれた。

オオケタデ 9月下旬佐賀県徐福の里

参考：牧野和漢薬草圖鑑

ガガイモ 蘿藦	キョウチクトウ科 山野	蘿摩 らま	果実・若芽/乳液 夏/随時	〔食〕果実・若芽を強壮に /〔外〕疣取り

果実・若芽を強壮に

[生育地と植物の特徴]

古名をカガミという。これを漢名“蘿摩”に当てたが、カガミからガガイモに変化したものと考えられる。北海道、四国、九州の各地の原野に自生する多年生の蔓性草本。朝鮮半島、中国、千島列島に分布する。地下に横に這う長い根茎がある。地上の蔓は長く伸び、小葉は対生して、長い葉柄の先に長卵状心形の葉がつき、先端は尖り、下面は白緑色。茎葉を切ると白い乳液を出す。花期は8月。花冠は淡紫色で5裂し、内面には密に毛がある。萼は深く5裂している。秋に長さ約10cmの袋果をつけ、熟して2裂すると種子を出す。種子は扁平で、先端に絹糸のような長い毛が多数つく。この糸は絹の代りとして朱肉、針山などに用いられた。

[採取時期・製法・薬効]

果実は夏の頃に、未熟のものを採る。茎または未熟の果実から出る乳液は必要なときに採取する。成分は、サルコスチンなどプレグナン誘導体が含まれている。

❖疣取りに

果実からでる乳液を疣に塗る。

❖強壮に

未熟果、若芽、若茎を天婦羅にして食べる。

8月下旬伊吹山

つぶやき

‘日本書記巻一’の大国主神のくだりに「白斂の皮をもって舟となす」とあるのは、このガガイモの果実の皮をさしたものである。果実が2裂して内部が見え、舟形になっている状態が示されていて、神話の中の“御伽の小舟”にふさわしい。また、その内側が鏡のように光っているので古名はカガミと呼んだ。種子につく毛で鏡の面を磨いたともいわれる。

参考：薬草カラー図鑑3、牧野和漢薬草圖鑑、徳島新聞H140903

カタバミ 酢漿草	カタバミ科 路傍	【生’】酢漿草 さくしょうそう	全草 開花中	〔外〕寄生性皮膚病

全草の絞り汁は寄生性皮膚病に

[生育地と植物の特徴]

温帯、熱帯を問わず、世界中に分布している。円柱形の果実の中に、たくさんの種子が入っている。一つ一つの種子は肉質の袋状のものに入っていて、果実が成熟すると、5個に裂けると同時に、この袋が急速にねじれ、その反動で種子は斜め上の方向に飛んでいく。途中にさえぎるものがないと、1.5～2mくらい飛ぶ。濡れたところまで種子が飛べば、粘液を少々出してくっつき、人や動物などによって遠くへ運ばれ、乾くと種子は落ちる。こうして、カタバミは世界中に広がっていった。蚤より小さい種子が、自らの力だけで2m余も飛ぶのは驚異である。カタバミは変異するものが多く、赤紫のアカカタバミ、石灰岩地方の小型のコバカタバミ、地上茎が直生するタチカタバミなどがある。

[採取時期・製法・薬効]

5～9月の開花中に全草を採り、水洗いして用いる。成分は、全草に殺菌作用のある蓚酸、クエン酸、酒石酸などを含む。

❖寄生性皮膚病に

生の全草をとり、茎葉のしぼり汁を作って塗布する。

9月上旬長崎県

つぶやき

葉の一方が欠けているので、カタバミの名になった。またの名をスイモノグサというのは、全草に酸味があるからである。全国に方言が多いが、中でもゼニミガキ、ミガキグサは、この生の草で真鍮や銭をみがくと、きれいになることからついた。これは蓚酸を含んでいるからである。またチドメグサも、小さな傷の血止めになるのでつけられた。

参考：薬草カラー図鑑2、牧野和漢薬草圖鑑

カラスノゴマ 烏の胡麻	アオイ科 山野、荒地	なし	全草 夏～秋	〔民〕でき物、子どもの貧血 〔外〕傷の止血

煎じてでき物や子どもの貧血に、傷の止血に外用

[生育地と植物の特徴]

本州、四国、九州に自生し、朝鮮半島、中国に分布する。山野や荒地、道端などに生える一年草で、茎の高さ40～90cm、細くて柔らかい星状毛がある。葉は楕円形で先端は尖り、長さ2～7cm、葉柄により互生、基部に小さな托葉があるが、早いうちに落ちる。花期は秋。黄色の花が咲くが、葉の付着部から垂れ下がり、下を向き、径約1.5cm。5枚の花弁と10本の雄蕊がある。

[採取時期・製法・薬効]

全草を夏から秋に採取し、水洗いして天日で乾燥させる。

❖止血に

葉を摘んで洗い磨り潰して、その汁を直接患部に塗る。

❖子どもの貧血症に

乾燥した全草5～10gを一日量として水400mlで煎じ3回に分けて服用する。服用のつど温める。

❖でき物に

乾燥した全草10～15gを一日量として水400mlで煎じ3回に分けて服用する。服用のつど温める。

つぶやき

烏の胡麻の名は烏がこの種子を好んで食べるのでこの名がついたとされるが、本当かどうか疑わしい。

9月上旬長崎県対馬

参考：薬草カラー図鑑4

キツネノマゴ 狐の孫	キツネノマゴ科 荒れ地、路傍	【生'】爵床 しゃくじょう	地上部 夏～秋	〔民〕風邪の解熱、咽頭痛 〔浴〕関節痛

乾燥品を浴用料に

[生育地と植物の特徴]

本州、四国、九州に分布。野原や道端に生え、高さ10～40cm。基部は地に伏し、茎は四角柱。葉は長楕円形で対生する。夏から秋にかけ枝の先に淡紅色の唇形の花を穂状につける。草であるが10月下旬頃に紅葉する。

[採取時期・製法・薬効]

8～9月の花が盛んに咲いている頃に地上部を刈り採り、生のまま使う。または、よく水洗いして陰干しで充分乾燥させる。成分は、ジャスチシン、イソジャスチシン。

❖関節痛に

生の地上部を適量煎じ、適温にさまして患部を浸すか、布に含ませて湿布する。

❖浴用料（腰痛、関節痛、リウマチに）

冬期、身体が冷えて痛むときは、乾燥品を浴用料として2握りくらいを布袋に入れて入浴直前に袋ごと浴槽に入れる。

❖風邪の解熱、喉の痛みに

乾燥品一回量5～15gを水300mlで半量になるまで煎じ3回に分けて温めて服用する。

つぶやき

花穂の様子を子狐のしっぽに見立ててキツネノマゴの名前がついた。中国の古典'神農本草経'にも収載され古くから薬用として使われていた。「腰や背などの痛みやリウマチ、痛風などで寝返りも困難な時はこの植物の茎葉の汁を塗るか浴湯とする」とある。

9月上旬長崎県

参考：長崎の薬草、宮崎の薬草、薬草カラー図鑑2、牧野和漢薬草圖鑑

キリンソウ 麒麟草	ベンケイソウ科 山野	費菜 ひさい	葉 夏	〔外〕腫れ物、虫刺され、切傷

虫刺され・切傷に外用

[生育地と植物の特徴]

名前は、中国の古い時代に、文献上に出てくる想像の動物、麒麟によるもの。北海道、本州、四国、九州の山地や海岸の岩の上などに自生する多年草。サハリン、カムチャツカ半島、千島列島、朝鮮半島、中国に分布する。葉は厚くて多肉質、倒卵形で先端はやや丸みがあり、縁に低い鋸歯があって互生する。茎は根茎から多数出て、高さ30cmほどになる。花期は6～8月。鮮黄色に開く、花弁は5、萼片5、雄蕊10個は花弁より短い。果実は5個の袋果を結ぶ。

[採取時期・製法・薬効]

春から秋まで、葉がある時期の用時に、葉を採取して、そのまま用いる。成分は全草に粘漿性物質を含むほか、セジノンやセダミンなどのアルカロイドが含まれている。

❖虫刺され、小さい切り傷に

生の葉を水で洗ってすりつぶし、葉汁を患部に塗る。

つぶやき

江戸時代の救荒植物　江戸時代には、飢饉に備えてキリンソウの全草を茹でて天日で乾燥させて保存食にしていた。キリンソウはマンネングサ属で、この属のものは、花は黄色、春から夏に開花する。

7月下旬伊吹山

参考：薬草カラー図鑑2、バイブル

クサノオウ 湿疹の王	ケシ科 山野	【生'】白屈菜 はっくつさい	全草 夏～秋	〔外〕湿疹、疥癬、疣、たむし 鎮痛麻酔作用

有毒であり外用にのみ

[生育地と植物の特徴]

各地の日のよく当たる道端やあき地などに普通に見られる越年草。花期は5～7月頃。黄色四弁花をつける。茎は中空で、60cmくらいに伸び、羽状葉には細毛がある。傷をつけると橙黄色の苦い汁を出す。

[採取時期・製法・薬効]

夏～秋に全草を刈り、天日で乾燥させる。ケリドニン、サングイナリン、ケリジメリンなど多くのアルカロイドが含まれるが、これらはその大部分が橙黄色の汁の中にある。このアルカロイドには鎮痛、麻酔性の作用があるが、いずれもその作用は弱い。

❖湿疹に

乾燥した白屈菜50gを煎じて、その煎液で患部を洗う。

❖疣、たむしに

生の茎葉のしぼり汁を繰り返し塗る。

[毒成分] 有毒部分は、全草。ケリドリン、プロトピン、ベルベリンなどの毒性分を含む。食べると、大脳中枢に作用して、麻痺させる。

つぶやき

クサノオウは皮膚病のくさ(湿疹)の王から来ている。草の王ではない。クサノオウの方言にタムシグサ、イボクサ、チドメグサ、ヒゼングサがある。いずれも皮膚病と関係のある名である。このうちヒゼングサは皮癬草のことで、疥癬の薬草の意である。

7月上旬長崎県対馬

参考：新佐賀の薬草、薬草カラー図鑑1、牧野和漢薬草圖鑑

クマツヅラ 馬鞭草	クマツヅラ科 原野・道端	【生】馬鞭草/馬鞭根 ばべんそう/ばべんこん	全草 夏	〔民〕通経、月経痛 〔外〕腫れ物

道端の生薬

[生育地と植物の特徴]

本州、四国、九州、沖縄、アジア、ヨーロッパ、北アフリカの暖帯から熱帯に分布。原野や道端に生える多年草。草丈60～100cmで直立し上方で分枝する。茎は四角形、全体に細かい毛がある。葉は対生、卵形で普通3裂、さらに羽状に深裂する。花期は夏。細長い穂状花序に淡紫色の径4mmの小さな花を多数つける。花は下の方から咲きあがり、花穂は開花期間に伸びて30cmくらいになる。

[採取時期・製法・薬効]

9～10月頃の開花期に、全草を採って天日で乾燥させる。成分は葉に配糖体のベルベナリン、ベルベニン、β－カロチンなどを含む。

❖通経、月経痛に

乾燥した全草を、一日量6～10g、水200mlに入れて半量に煎じて一日3回空腹時に服用する。

❖腫れ物に

乾燥した全草10～20gを水400mlで半量に煮出し、その煎液で患部を洗う。

[民間薬(馬鞭草)] 産地は日本。性味は、苦・微寒。

つぶやき

東南アジアにも分布していて民間薬として用いられている。これらの地方では、全草の絞り汁を打撲傷や打ち身などに塗布して使うが、我が国でも古くから、全草の絞り汁で腫れ物を治したり、煎じた汁を皮膚病に用いたりする民間療法が残っている。

5月下旬内藤くすり博物館

参考：薬草カラー図鑑1、牧野和漢薬草圖鑑、生薬処方電子事典

クワズイモ 不喰芋	サトイモ科 樹陰	広狼毒 こうろうどく	根茎 随時	〔外〕切り傷

沖縄の民間療法で切り傷に

[生育地と植物の特徴]

四国南部、九州南部、沖縄、台湾、中国南部、マレーシア、ポリネシア諸島、インドの樹陰に自生する大形多年草。根茎は太く、葉は長柄に盾形につき、基部は矢じり形で、先端は尖る。花期は5～8月。太い花柄の先端に長さ8～16cmの黄緑色の苞がつき、その中に棒状の肉質の花茎が立ち、苞の下半分は筒状でその中に多数の花被のない裸出した雌花が隠れていて外からは見えない。雌花の上部には花被のない中性花と雄性花の集合したものがついている。

[採取時期・製法・薬効]

必要時に葉柄を採取し生のまま使う。根茎を採取し水で洗い数mmの厚さに輪切りにし天日で乾燥させる(広狼毒)。成分はシュウ酸カルシウム、フィトステロール様物質、果糖、ブドウ糖。他に根茎に約3%のデンプンを含む。

❖切り傷に

新しく採取した葉柄の切り口を火に炙り、泡が出てくるようになったところで、その切り口を傷口に当てる。沖縄の民間療法である。

❖喘息、肺結核、胸腹腸満に

抗菌作用、皮膚の真菌類抑制作用を使う。

❖疥癬に外用する

つぶやき

サトイモに似ているが、クワズイモは食用にならない。食べられない芋という意味である。

7月中旬沖縄県石垣島

参考：薬草カラー図鑑3、牧野和漢薬草圖鑑

シマカンギク 10月下旬長崎県対馬

シマカンギク / アワコガネギク 島寒菊 / 泡黄金菊	キク科 山野	苦薏 くよく	花 晩秋	〔外〕切り傷、打撲 〔民〕頭痛、便秘

長崎では花を油に漬けて腫れ物・切り傷・火傷に

[生育地と植物の特徴]

シマカンギクの葉は栽培菊にそっくりで小型。上面は艶があって濃緑色、下面はやや色が薄い。秋も末になると枝分かれした茎の先にたくさんの黄金色の頭花を着ける。たまに花の白いものもある。

アワコガネギクの葉は薄く黄緑色で羽状に深く裂ける。花は小さくて黄金色の花が泡のように集まって咲くので、この名がある。この花の別名を菊谷菊というのは京都東山の菊谷にたくさん自生していることによる。なお食用の菊花にはシマカンギクが含まれている。

[採取時期・製法・薬効]

晩秋の開花期に花を採集する。芳香の成分は精油によるもので、α -ツヨンを含む。

❖切り傷、打撲に

乾燥した花20gを、食用のゴマ油200mlに浸し、2カ月くらい経ってから使用する。この菊油を脱脂綿につけて外傷に塗る。花は漬けたままにしておき、常備薬にするが、密封して冷暗所に保存する。

❖頭痛、便秘に

乾燥した花一日量6～12g、生のものならば30～60gを煎じて3回に分けて内服する。

アワコガネギク 11月中旬長崎県対馬

つぶやき

長崎ではシマカンギクはアブラギクと呼ばれていた。花を油につけて腫れ物・切り傷・火傷の薬にしていたからである。乾燥した花を枕に入れて使用すると頭痛に効く、これは長崎地方では周知の知恵という。島津藩ではシマカンギクを蒸留して精油をとり下痢・腹痛の薬にした。これが、薩摩の菊油であり、水に数滴たらして服用する。

参考：薬草事典、長崎の薬草、薬草カラー図鑑1、牧野和漢薬草圖鑑

シナガワハギ 品川萩	マメ科 海岸、河岸	【生'】シナガワハギ メリロート草	全草 初夏の蕾の頃	〔外〕打撲、むち打ち 〔食〕スパイス

蕾を煮て打撲・むち打ちに外用

[生育地と植物の特徴]

名前の由来は東京の品川に自生していたことによる。中央アジアからヨーロッパ原産の越年草で、我が国に帰化して野生化し、北海道より沖縄までの海岸、川岸、路傍、空き地などに見られる. 茎は直立し、枝分かれして高さ30～90cmになる。葉は葉柄の先に三出複葉をつけ、小葉は長楕円形で、先端は丸みがあり、基部はくさび形で狭い。花は春から初夏に開き、葉腋より総状花序を伸ばし、長さ3～4cmの黄色蝶形花を多数つける。萼は5裂する。果実は豆果を結び、広楕円形で、表面に不明瞭な網目状のしわがあり、1個の種子を入れる。

[採取時期・製法・薬効]

開花期でよいが、なるべく蕾の頃に採り、全草を水洗いし、刻んでから風通しのよいところで陰干しにする。クマリン、クマール酸、メリロート酸、ウンベリフェロン、ハイドロクマリンなどが含まれている。

❖打撲、むち打ち症などに

患部の大きさにより分量を決める。刻んだものを鍋に入れ、水をひたひたに入れて沸騰しないように煮て、木綿の袋に入れて軽くしぼり、患部に当てて湿布する。

つぶやき

ヨーロッパではスパイスに　花が蕾のころ花穂と葉を採取し、乾燥すると、香りのよいクマリンの匂いがする。肉類の料理やソーセージ、チーズの味つけなど、また、丸焼きに風味をつけるときにも用いられる。

5月下旬長崎県雲仙市

参考：薬草カラー図鑑3、バイブル

シュウカイドウ 秋海棠	シュウカイドウ科 栽培	秋海棠 しゅうかいどう	全草 開花期	〔民〕健胃、〔嗽〕咽頭痛、 〔外〕腫れ物

全草を煎じて健胃・腫れ物に、潰して外用に

[生育地と植物の特徴]

中国原産。日陰の湿地を好み、日本では庭園用に各地で栽培される。草丈60cmくらい、地下茎には塊茎ができ、毎年新しい塊茎ができる。茎は直立して先の方で分枝、柔らかく緑色、節部は紅色。雌雄同株。秋に枝の上部に紅色の花を開く。朔果は3枚の翼を持ち、種子は細かい。

[採取時期・製法・薬効]

薬用部分は花または全草（秋海棠）。全草に蓚酸、サポニンのベゴニン、灰分などを含有。開花期には全草の約1%の蓚酸を含む。新鮮な葉には0.2～0.3gの蓚酸、根はベゴニンを含有する。

❖健胃、腫れ物に

全草一日量3～9gを煎じて3回に分けて服用する。

❖咽頭痛に

前記の煎液で嗽いする。

❖打撲傷、腫れ物に

花または全草を潰して塗布する。

つぶやき

バラ科のカイドウに花色が似ていて、秋に咲くところから秋海棠と名付けられた。すべてが栽培品かと思っていたが、中国原産という。

7月下旬長野県

参考：牧野和漢薬草圖鑑

シュンラン 春蘭	ラン科 樹陰	なし	蕾・花/根 花期/随時	〔食〕料理、花酒、蘭茶 /〔外〕ひび、赤ぎれ

花は料理に花酒に蘭茶に、根は粉末を外用に

[生育地と植物の特徴]

北海道(奥尻島)、本州、四国、九州(種子島まで)に自生する多年草。常緑の細長い葉を四方に多数出し、葉の先は尖り、縁には微細な鋸歯があってざらつく。中央部はゆるいV字形にへこみ、上半分は湾曲して垂れ下がる。3～4月、根際より直立して出る花茎は肉質で、数個の膜質鱗片で覆われて、その先端に一個の淡い黄緑色の花をつける。萼片は倒披針形で質はやや厚い。花弁は萼片と同形だがやや短く、白色で濃い紅紫色の斑点がある。

[採取時期・製法・薬効]

必要時に根を掘り採り、刻んで天日で乾燥させる。

❖ひび、赤ぎれに

乾燥した根の粉末を、ハンドクリームに練り合わせ、患部に塗る。

❖蕾、花は料理に

サラダの彩として生食する。天婦羅、酢の物で食べる。

❖花酒に

蕾、花を3倍量のホワイトリカーに漬け花酒にする。

❖蘭茶に

塩漬けにした花に湯を注いで香りを楽しむ飲み物で、古くから我が国ではおめでたい時のお茶として用いる。

つぶやき

中国の春蘭に似ているので、日本語読みでシュンランとなったが、春蘭は中国固有種で日本にはない。日本のシュンランをジジババとかジーバーと呼ぶ地域は多い。

3月中旬長崎県対馬

参考：薬草カラー図鑑4

スイセン 水仙	ヒガンバナ科 栽培、路傍	【生'】水仙根 すいせんこん	生の鱗茎 随時	〔外〕腫れ物、肩こり 嘔吐、腹痛、下痢、脱水、ショック

有毒であり外用にのみ用いる

[生育地と植物の特徴]

もとは、カナリー島の原産地からヨーロッパに入り、トルコを経由して中国に渡り、そこからさらに日本に入ってきたとされ、原産地のものといくぶん変わった。専門的にはニホンズイセンと呼ばれるものになったとされている。初めは観賞用に栽培されていたものが、畑から逸出、現在のように野生化するようになったので、日本土着のものではない。花は咲くが、種子ができない。地下の鱗茎、一般には球根とも呼ばれるが、これによって増殖していく。スイセンの仲間には園芸品種も多く、花型、花色とも変化に富んだ、美しいものも栽培されている。福井県の県花。

[採取時期・製法・薬効]

鱗茎を必要なときに採取して、水洗いしてから外皮を除き、生のままで使用する。成分は、グルコマンナンと、一種のリコリン様アルカロイドを含んでいる。

❖腫れ物に

生の鱗茎を金属製以外のおろし器ですりおろし、布でしぼった汁に、小麦粉を少量ずつ加えながらクリーム状に練って、患部に直接貼り、上からガーゼで押さえる。

つぶやき

中国生まれの漢字である水仙をスイセンと呼んで、日本名となった。水と仙人という意味であるが、この植物が、いつも水の近くにあることからつけられたという。早春、肌寒い頃に咲く花は、清純とか清浄という花言葉が相応しい。水仙《季》冬。

❖肩こりに

上と同じものを患部に貼る．塗布剤が乾いたらとりかえるが、患部が赤く充血したら中止する。

2月上旬長崎県

参考：新佐賀の薬草、薬草カラー図鑑2、牧野和漢薬草圖鑑

セイタカアワダチソウ 背高泡立草	キク科 土手、荒れ地	なし	花穂 秋	〔浴〕湿疹、あせも

入浴料として湿疹・あせもに

[生育地と植物の特徴]

キク科の多年草。北アメリカ原産の帰化植物で、明治時代に観賞用に導入されたといわれるが、第二次世界大戦後に温暖地を中心に広く帰化した。土手や荒れ地に群がって生え、地中に横走する粗大な根茎から直立する茎を出し、高さ2.5mにも達する。茎と葉に短毛が密生し、ざらつく。葉は披針形で、縁には低く不揃いの鋸歯がある。秋に黄色い花を穂状につける。桑果は長さ1mm、汚白色の冠毛がある。地下茎を張りめぐらせるがデヒドロマトリカリアエステルという物質を分泌して他の植物の成長を抑えるといわれている。

[採取時期・製法・薬効]

秋に花が開く前の花穂を採り天日で乾燥させる。花が開いてからでも薬効はあるが、なるべく開花前がよい。

❖入浴料(湿疹、あせもに)

乾燥させた花穂を袋に入れ、風呂に浮かべて、入浴する。

10月中旬長崎県対馬

つぶやき

アメリカのアラバマ州では、この花が州花となっている。晩秋まで花があるので養蜂業者が全国に広めたことがあるが、この花の蜜を集めると蜂蜜が黒くなると嫌う養蜂家もいる。このセイタカアワダチソウが花粉症の一因と疑う人もいるが、虫媒花で花粉が下に落ちて散らないため花粉症とは無縁である。福岡県では炭鉱閉山時に全県下に繁茂したので、ヘイザン草と呼ばれていた。

参考:牧野和漢薬草圖鑑

タケニグサ 竹似草	ケシ科 原野、路傍、畑地	なし	茎葉の汁	〔外〕湿疹、疥癬、たむし、虫刺され
			全草	心臓毒

全草が有毒であり茎葉の汁を外用に用いる

[生育地と植物の特徴]

荒れ地や原野などに見かける大型の多年草で、草丈は2mにもなる。茎が中空で太く、竹に似ているからこの名がある。別名のチャンパギクは、葉や茎の形や姿が、日本の草でありながら、日本離れしたものに見えるので、チャンパ(安南国、いまのベトナム)のキクと名付けたという。実際はキクの仲間ではないが、葉がキクの仲間に似ており、なんとなく外国から来た草というイメージに結びついたのであろう。

[採取時期・製法・薬効]

茎や葉を切ると、橙黄色で、なめると苦い汁を出すが、これが薬用になる。必要に応じて、近くから生の茎葉をとってきて、茎葉を切って出た汁をただちに使用する。汁だけで保存しておいても、すぐ分解してしまうので、効かなくなる。成分では、茎葉から出る苦い汁は、アルカロイドのプロトピンのほか、ホモヘリドニン、ケレリスリンを含む。誤食するとプロトピンの作用で、悪心、嘔吐を起こして酒を飲んだように眠くなり、血圧や体温が低下する。

❖皮膚病・たむしに

生の茎葉を、多めに採取してきて、ちぎって出てくる汁を、直接患部に塗る。

8月中旬熊本県

つぶやき

秋になると、魚を小さくしたような果実がたくさんぶら下がってつく。この果実の中には、数個の小さな種子が入っていて、秋風が吹くたびに揺れ動くと、果実の中の種子も動くために、かさかさと音を立てる。これが群生しているところでは、だれか人がささやいているようにも聞こえるのでササヤキグサの名もある。

参考:薬草事典、薬草の詩、宮崎の薬草、薬草カラー図鑑4、バイブル、牧野和漢薬草圖鑑、毒草大百科

ツクシタツナミ（5月上旬長崎県）
タツナミソウに似ているが花序への花のつき方、葉の形からツクシタツナミと思われる。

アツバタツナミ（5月上旬長崎県）
葉が厚いのでこの名がある。今では、長崎県対馬でしか観られない。

タツナミソウ 立波草	シソ科 山地、丘陵地	韓信草 かんしんそう	全草 初夏	〔民〕去風、活血、解毒、鎮痛、〔外〕でき物、創傷出血

全草を煎じて鎮痛に、粉末を外用に

[生育地と植物の特徴]

本州、四国、九州、沖縄および朝鮮半島、中国、台湾、インドシナ半島の暖帯に分布し、山地、丘陵地の道端、原野、林縁などに生える多年草。草丈20～40cm。根茎は細く横走する。茎は直立して少数分枝し、基部はしばしば斜上。葉は数個対生し、三角状心形から広卵形、ときに腎形で長さ8～30mm。鈍円頭で円鋸歯縁、基部は心形。花期は4～6月。茎頂に紫色の唇形花を片側性総状花序につける。

[採取時期・製法・薬効]

4～6月に根をつけたままの全草を採集し、水洗い後、天日で乾燥させる。

❖去風、活血、解毒、鎮痛に

韓信草一回量5～10g、生のものなら30～60gを煎じて服用するが、妊婦は使用を控える。

❖でき物、創傷出血に

外用では衝き砕いて粉末にしたものを患部に散布する。

タツナミソウ 5月上旬長崎県

つぶやき

和名は花の様子が泡立つ波に似ていることからついた。タツナミソウ属には対馬でしか観られないアツバタツナミがある。また、この属のなかで頂生の花穂をつくらないものに、ナミキソウがある。

参考：牧野和漢薬草圖鑑

チドメグサ 血止草	ウコギ科 路傍の陰地	【生'】天胡荽 てんこずい	茎・葉 随時	〔外〕止血 〔民〕解熱、利尿

生の茎・葉の絞り汁を血止めに外用する

[生育地と植物の特徴]

本州、四国、九州、台湾、熱帯アジア、オーストラリア、アフリカに分布し、人家や庭園、道端の陰地に生える多年草。茎は糸状で地面を匍匐し、節から根を出す。葉は互生し円形。花期は6～10月、葉腋から1本の細い柄を出し、小さい散形花序をつくり、白色または帯紫色の小さい花を多数開く。果実は卵状平円形。

[採取時期・製法・薬効]

夏から秋に全草を採って水洗いし天日で乾燥させる(天胡荽)。成分は、全草にフラボノイド配糖体、クマリン、フェノール類、アミノ酸、精油などを含む。

❖止血に

生の茎・葉の絞り汁を外用する。小さな傷の止血には傷口に茎と葉を揉んで汁をつける。

❖解熱、利尿に

全草を乾燥させたもの一日量10～15gに水400mlを加えて3分の1量に煎じて一日3回に分け食前に服用する。

つぶやき

いかにも薬草らしい名前の雑草である。対馬でも生えている場所を知っている方があって、探しに行ってみたが、昼休みしていた人夫が「あそこの溝は昨年秋に溝さらいしましたよ」という。庭園にあるというので、どこかの庭園を探さなければと考えていたが、諫早の上山園地の池の縁で発見し翌日には近所の家屋の跡地にも見つけ出した。後日、多良岳の山小屋の近くにも見出した。

ヒメチドメグサ 7月中旬長崎県

チドメグサ 7月中旬長崎県

参考：牧野和漢薬草圖鑑

ツルボ 蔓穂	キジカクシ科 原野、路傍、畑地	【生'】綿棗児 めんそうじ	鱗茎 秋	〔外〕腰痛、関節痛、打撲傷 乳房の腫れ、〔食〕鱗茎

湿布で痛みや腫れに効果

[生育地と植物の特徴]

日本全土に分布。細い蔓状の花茎を伸ばし、その先に花を穂状につけることによりこの名がある。別名サンダイガサは公家が参内するときに従者がさしかけた長い柄の傘をたたんだ形に花序が似ていることによる。キジカクシ科の多年草。原野、路傍、畑の周りに自生する。高さ約30cm。花期は8月。二葉が向き合って出て、その間から葉よりも長く出た柄に淡紫色の小花を総状に多数つける。ツルボの鱗茎は澱粉が豊富に含まれており、貴重な食料源であった。鱗茎は塩を少し入れた熱湯で良くゆで、2～3回ゆでこぼしをして、好みの味をつけて食べる。

[採取時期・製法・薬効]

秋に花が終わった頃、鱗茎を掘り出し細根を除いて水洗いし、皮付きの生のまま摺り下ろす。おろし器は必ず瀬戸物かプラスチック製を使う。金物で下ろすと有効成分が変化してしまう。

❖腰痛、関節痛、打撲、乳房の腫に

生の鱗茎をすり潰したものを患部に厚めに塗り、布などで押さえて湿布する。乾いたら取り替える。

つぶやき

朝鮮に出兵していた加藤清正は明代に中国で記された'救荒本草'を持ち帰った。この本は飢餓の時、どんな草が食べられるかを書いたものである。この本にならいツルボの鱗茎を食用にし、生薬として活用するようにもなった。

参内傘 9月上旬長崎県対馬

ツルボ 8月下旬伊吹山

参考：宮崎の薬草、薬草カラー図鑑4、徳島新聞H240202

ハガクレツリフネ 7月下旬熊本県

キツリフネ 7月下旬熊本県

ツリフネソウ 釣船草	ツリフネソウ科 山麓や谷川の湿地	野鳳仙花 やほうせんか	全草 夏～秋	〔外〕悪性吹き出物、打撲傷 〔民〕解毒

外用薬として山野で役立ちそうである

[生育地と植物の特徴]

北海道から九州および朝鮮半島、中国東北部に分布。山麓や谷川の湿った場所に多い一年草。草丈50cmくらいで、直立して分枝し柔らかで毛はなく、紅色を帯び、節は多少膨らむ、葉は短い柄を持ち、広披針形で、鋸歯がある。花期は7～9月頃。茎の上部の葉腋から紅紫色の繊毛のある花柄を上に出し、総状花序をつける。花は紅紫色で、花弁は3枚、左右の2つは小さく、距は膨れて、後の方に突出し、紫色の斑点があり、先端は渦巻いている。

[採取時期・製法・薬効]

9～12月に全草を採取しひげ根を取り除いて天日で乾燥させる。塊根(覇王七)は夏～秋に採取する。

❖悪性の吹き出物、打撲傷に

吹き出物には全草を衝いて塗るか、または煎液で洗う。打撲傷には塊根を衝いて塗布する。

❖解毒作用に

塊根を一日25～40gを酒に浸し、あるいは粉末にして、腫れを消すのに服用する。

ツリフネソウ 7月下旬長崎県

つぶやき

名は花の形が帆掛け船を吊り下げたようにみえることからついた。類似植物に、花が葉の下に隠れているハガクレツリフネと、花が黄色いキツリフネがあるが、花が着く場所や色の違いだけでなく、花の形にも特徴がある。

参考：牧野和漢薬草圖鑑

ノビル 野蒜	ネギ科 山野	【生'】山蒜 さんさん	鱗茎 4～6月	〔外〕毒虫刺され、腫れ物 〔食〕山菜

健胃・整腸、鎮咳・去痰、月経不順など

[生育地と植物の特徴]

野にある蒜というが、蒜はニンニクのことで野になく古代日本でも栽培されていた。地下の鱗茎を咬むとヒリヒリするので、ヒルの名が自然にできたという。ノビルは中国では古くから薬用に使われており、食用にはしていない。我が国では、薬用よりもむしろ、山菜として親しまれていた。古事記にも記載があり、古代の日本でも食用にされていたことを物語っている。ノビルの花は花茎の先に花穂をつけるが、正常な花は開かず、ほとんどがムカゴになって、花は一部しか咲かない。咲いた花は2mmほどの花柄を突き出し、白くて淡紅紫色を帯びた6片の花被がある。雄蕊は6本で、この花被片より長く突き出る。

[採取時期・製法・薬効]

春から初夏にかけて地下の鱗茎を掘り採って、そのまま水洗いして使用する。成分は不明。

❖毒虫に刺されたかゆみに

鱗茎を潰して、その汁を塗る。

❖腫れ物の痛みに

鱗茎、葉をつけた全草を、金網の上で黒く焼いて、粉末にしてゴマ油で練り合わせて患部に塗る。

つぶやき

若い全草を採って、酢味噌で食べたり、雑炊、炒め物などにする。春の遅い北国秋田では、残雪にちらほら出てくる新葉を最も珍重し、サシビルと呼んで、秋田名物"しょっつる"に入れたりする。野蒜《季》春。

6月中旬長崎県対馬

参考：薬草カラー図鑑1、牧野和漢薬草圖鑑、徳島新聞H140919

ハダカホオズキ 裸酸漿	ナス科 山野	【生'】竜珠 りゅうじゅ	果実つき全草 夏～秋	〔外〕腫れ物

竜の眼は食酢につけて外用に

[生育地と植物の特徴]

本州～沖縄、小笠原の山地に自生する多年草。台湾、中国、東南アジアに分布。多くは日陰地に見られる。ホオズキは萼が発達して袋状に果実を包むが、ハダカホオズキの萼は、花後も発達せず、果実を包まない。果実が外から見えるのでハダカとなった。茎は60～90cmで、二股状に枝分かれして広がる。葉は長さ約20cmの長楕円形で先端は尖り、基部は狭くなって、葉柄に続き、質は薄く無毛。花期は8～9月。葉腋より短い花柄を出し、その先に数個の花を下向きにつける。花冠は釣り鐘状で、淡黄色。5裂して先が尖り、外側に反り返る。果実は径8～10mmの球形で熟して紅色になる。

[採取時期・製法・薬効]

夏から秋に果実つきの全草を水洗い後、刻んで500ml容量の広口瓶に入れ、食酢を注ぎ、冷暗所に数ヵ月置く。成分、不明。

❖でき物、腫れ物に

食酢に漬けたものを絞って患部に当て、落ちないように止める。

つぶやき

中国では、広東、広西、貴州など南部に分布。果実つきの全草を乾燥したものの生薬名は竜珠で、おできの外用薬として用いる。赤い果実が竜の眼のようであるというので、この名になった。

11月上旬長崎県対馬

参考：薬草カラー図鑑3

ハマエンドウ 浜豌豆	マメ科 海岸	なし	全草 開花期	〔外〕疥癬、切り傷

煎じ液を疥癬に、生の葉を切り傷に

[生育地と植物の特徴]

北海道から沖縄までの日本全土に産し、アジア、ヨーロッパ、アメリカに広く分布する。各地の海岸の砂地、大きな河川や湖などの砂地に見られる多年草。地下茎を長く伸ばして繁殖する。茎は丸く、斜上に約60cmに伸びる。葉は小葉が3～6対についた偶数羽状複葉で、葉全体は緑白色。小葉は楕円形で長さ1.5～3cm、葉柄のもとについた托葉は三角状卵形、長さ約3cmで先は尖る。葉柄の先に巻きひげが1～3本伸びる。花期は4～6月。紅紫色、まれに白色の蝶形花をつける。果実は豆果を結び、狭い披針形で長さ約5cm。表面は無毛、中に数個の種子がある。

[採取時期・製法・薬効]

開花期に全草を採取し、水洗いのあと陰干しにする。また、生の葉を用いる。

❖疥癬に

乾燥した全草10～20gを水400mlで半量に煎じ、この汁で患部を洗う。

❖切り傷に

生の葉を流水で洗って絞り、その汁を直接傷口に塗る。

つぶやき

かつて救荒時にハマエンドウの若い茎葉、種子が野菜の代用として用いられたことがあるが、弱毒成分を含んでおり、食用にするときは煮沸が必要である。

7月上旬北海道

参考：薬草カラー図鑑4、牧野和漢薬草圖鑑

ハマオモト 浜万年青、浜木綿	ヒガンバナ科 海岸の砂地	なし	根	〔外〕皮膚潰瘍、捻挫
			鱗茎	嘔吐、下痢、痙攣

鱗茎は有毒であり、外用にのみ用いる

[生育地と植物の特徴]

別名ハマユウ。関東南部から西の海岸の砂地に生える大型の常緑多年草。多肉の葉柄が重なった偽茎は円柱状で直立し、草丈50～60cm。基部だけが真の根茎で多数の根を出す。葉は幅広く四方に広がる。花期は夏。葉の間から花茎を出し茎頭の散形花序に芳香のある白色の花を20個以上つける。万葉植物の一つで毒草である。

[採取時期・製法・薬効]

根には毒成分であるリコリンとクリチミンなどのアルカロイドを含む。鱗茎を生で食べると、嘔吐、下痢、痙攣などの症状が相次いで起こり、多量では死亡する。

❖皮膚潰瘍、捻挫に

薬用には根を潰して、皮膚潰瘍、捻挫などに貼る。

つぶやき

和名ハマオモトは海岸に生え、その形がオモト(万年青)に似ているからである。ハマユウ(浜木綿)は巻き重なった偽茎をした白色の葉柄による名で、花にあたかも白い幣(ぬさ)をかけたようなので名付けたという説があるがこれは誤りという。ハマオモト属は世界で約100種が知られている。はまおもと《季》夏。

7月上旬長崎県

参考：牧野和漢薬草圖鑑

ヒガンバナ 彼岸花	ヒガンバナ科 田の畦、川辺	【生】石蒜 せきさん	鱗茎/随時 全草	〔外〕肩こり、膝関節の腫れ 消化器症状(嘔吐、下痢、脱水)

鱗茎を肩凝りや膝関節の腫れに

[生育地と植物の特徴]

秋の彼岸前後に咲くことからついた名である。日本中の彼岸花が、この時期に一斉に咲く。別名マンジュシャゲ(曼珠沙華)。北海道を除く日本、中国に分布。稲とともに弥生時代に渡来したという説がある。畦や山野の路傍などに自生。また庭や沿道にも植えられている。秋の彼岸の頃に花茎が伸びて鮮やかな赤い花を咲かせる。花が枯れた後に葉が出て、翌年の春には葉も枯れてしまい、どこにあるのか判らなくなる。花は咲いても種子ができず鱗茎だけで増える。深山渓谷などの人跡まれな所にはなく、人里とか、村里のように人との関わり合いのある場所にしかないというのも古い時代の渡来説の根拠である。

[採取時期・製法・薬効]

用時に新鮮な根茎を掘り出し、水洗いしてそのまま用いる。毒草なので絶対に口にしない。鱗茎に、アルカロイドのリコリンを含む。これが毒成分である。

❖肩こり、膝関節の腫れに

鱗茎1個の外側の黒い皮と根を除き、トウゴマの種子20粒と一緒にすり鉢ですり潰しペースト状にする。これをガーゼに拡げ痛い方の足の裏(土踏まずの部分)に貼ると膝の腫れが引く。

9月彼岸中日長崎県対馬

つぶやき

有毒な鱗茎には多量のデンプンを含んでいて、稲作不良で飢饉の時、叩きつぶして毒を水にさらして餓死をのがれたという。ただし中国で食用にしたという記録はない。田の畔に植えられているのは毒のためモグラが寄りつかないようにしたため。襖(ふすま)をはる糊に混ぜると虫がつかず、土壁に入れると鼠が穴を作らない。彼岸花・曼珠沙華《季》秋。

参考:薬草の詩、長崎の薬草、新佐賀の薬草、宮崎の薬草、薬草カラー図鑑1、牧野和漢薬草圖鑑、生薬処方電子事典、毒草大百科

ヒメハギ 姫萩	ヒメハギ科 陽当たりのよい山野	【生'】竹葉地丁 ちくようぢちょう	全草 夏～秋	〔民〕止血、鎮咳、去痰 〔外〕でき物、打撲傷

煎じて止血・鎮咳去痰に、外用しでき物・打撲傷に

[生育地と植物の特徴]

日本各地、台湾、朝鮮半島、中国に分布する常緑の多年草。中国名は瓜子金(かしきん)。草丈は10～25cm、根と茎は硬く鉄線状、茎は基部が分枝し上部が斜上し、葉は卵形または長楕円形、幅3～15mm、長さ1～3cm、先は尖る。花期は5～6月。茎の上に短い総状花序をつくり、紫色の蝶形の花を咲かせる。

[採取時期・製法・薬効]

夏～秋に全草を採取し、泥を洗い落して天日で乾燥させる。蕾の時に房ごと採取して天日で乾燥させる。成分は、根にトリペリノイド系のサポニン(加水分解でテヌイゲニンとなる)、樹脂、ポリガリトール、マンギフェリンなど。

❖吐血、鎮咳、去痰、疲労回復に

全草一日量8～15gを水で煎じて3回に分けて服用する。すって粉末として服用しても良い。

❖でき物、打撲傷に

煎液で患部を洗うか、新鮮なものを衝き潰して塗布する。

6月上旬長崎県

6月上旬大分県九重町

つぶやき

竹葉地丁の名は、地下部が釘に類似した形状であり、葉が竹葉に似ていることに由来する。地丁の名のつく生薬にはヒメハギの他にスミレ(地丁、紫花地丁)、マメ科のイヌゲンゲの根または全草(甜地丁、地丁草)、ケシ科のイヌキケマンの全草(苦地丁)、華南竜胆の全草(華南地丁)があるが、いずれも各種のでき物に外用される。

参考:薬草カラー図鑑4、牧野和漢薬草圖鑑

ヘビイチゴ 蛇苺	バラ科 野原、路傍	【生'】蛇苺 じゃも	全草 秋	〔民〕解熱、通経、〔酒〕蛇苺酒 〔外〕止血、擦り傷、痔、凍傷

蛇苺酒が痛み止めに

[生育地と植物の特徴]

日本の北海道から沖縄までと、朝鮮半島、中国に分布。田の畔や路傍などやや湿ったところに生える多年草。茎は地を這い、節から根を出して増える。小葉は黄緑色でキジムシロと同様の3枚。花期は4～6月。葉腋から花柄を伸ばし、黄色5花弁の花を1個つける。花は1.2～1.5cm。

[採取時期・製法・薬効]

根を含む全草を水洗いし、適当な大きさに刻んでから天日で乾燥させる。名前はこわいが果実は無毒。成分としてオヘビイチゴからタンニン様物質。

❖解熱、通経に

全草の乾燥したものを一日量5～15gを400mlの水で半量に煎じて3回に分けて服用する。

❖痔、凍傷に

上の分量を3分の1に煎じた液で患部を洗う。

つぶやき

ヘビイチゴは甘みが全く含まれず、他のイチゴ類のような味はなく、まずいので蛇でも食べるのだろうと考えて、古い時代の中国人が蛇苺の漢字をあてた。'和漢三才図会'(1713)には「俗に伝ふるに、之れを食へば能く人を殺すと。亦た然らずしてただ冷涎を発するのみ」(人を殺すような毒はなく、よだれが出るのみ)と記してある。

9月上旬長崎県

9月下旬長崎県

参考:薬草カラー図鑑3、バイブル、牧野和漢薬草圖鑑、徳島新聞H160805

オヘビイチゴ 雄蛇苺	バラ科 山野	【生'】蛇含、【生'】五葉草 じゃがん、ごようそう	全草 夏	〔民〕高熱、マラリア、咽頭痛 〔外〕頭部のでき物

ヘビイチゴ同様果実酒に

[生育地と植物の特徴]

本州から九州までの各地の日の当たる野原、路傍に自生する多年草、朝鮮半島、中国、インド、マレーシアに分布。茎は地上を匍匐し、半ばより先は斜め上に立ち上がる。全体に毛がある。根出葉には長い柄があり、5裂する掌状葉をつけ、縁に鋸歯がある。花期は5～7月。黄色花を散房状につける。萼片は5個で卵形、副萼片は細くてヘビイチゴのようには目立たない。花床はヘビイチゴのようには赤くならない。

[採取時期・製法・薬効]

根を含む全草を採り水洗いし適当な大きさに刻んでから天日で乾燥させる。カビが生えないように、よく乾燥させる必要がある。成分にはタンニンのアグリモニイン、ポテンチリン、ペドンクラギンなどが含まれている。

❖高熱、マラリア、咽頭痛に

乾燥した全草7.5～15gを煎じて3回に分けて服用する。

❖頭部のでき物に

乾燥した全草一回量約5gを400mlで3分の1量になるまで煎じ、この液で患部を洗う。

つぶやき

名前はヘビイチゴに似て、それより大きいことから雄蛇苺である。五葉草は葉が掌状の五出複葉であることからであるが、茎上の葉は柄が短く三出複葉である。蛇苺酒はヘビイチゴ類の果実を瓶に入れ果実の3倍量の焼酎を入れ氷砂糖を適量入れ3ヵ月待ち濾し蜂蜜を入れ飲む。

6月下旬熊本県高森

小葉は5枚、緑の副萼片が細くヘビイチゴのように目立たない。

参考:薬草カラー図鑑3、牧野和漢薬草圖鑑、徳島新聞H160805

(ミツバ)ツチグリ (三葉)土栗	バラ科 山地の陽地	【生】翻白草 ほんぱくそう	全草 蕾期	〔民〕吐血、下血、胃痛、マラリア 〔外〕疥癬

キジムシロ属の生薬で止血・抗炎症作用

[生育地と植物の特徴]

ツチグリは本州近畿地方以西、九州、朝鮮半島、台湾、中国に分布。山地の丘陵地の陽地に生える多年草。草丈15～30cm。根は主軸から叢生。茎は直立し分枝する。根生葉は奇数羽状複葉、茎葉は三出複葉。小葉は卵状長楕円形。花期は4～6月。花は黄色で集散花序となる。

[採取時期・製法・薬効]

未開の花期に全草を採り乾燥させる。成分はタンニン。

❖吐血、下血、胃痛、マラリアに

翻白草6～12gを水で煎じて服用する。

[漢方原料(翻白草)**]** 性味は甘微苦、平。産地は中国。

つぶやき

和名の土栗は生のまま食べられる根を栗の実に例えたもの。近似種のキジムシロとは葉の裏が白いこと根が太いこと小葉が幅狭く、卵状長楕円形であることなどにより区別される。ミツバツチグリの根は硬くて食べられない。

ミツバツチグリ 5月下旬大分県蓼原湿原

バラ科キジムシロ属の識別

植物名	葉	花	果実	生育地
キジムシロ	奇数(5～9)羽状複葉	副萼片は萼片と同形	無	山野
ツチグリ	根生葉の奇数羽状複葉・茎葉の三出複葉、裏面の毛	副萼片は萼片と同形	無	山野
ミツバツチグリ	三出複葉	副萼片は萼片と同形	無	西日本の高山
カワラサイコ	奇数(15～29)羽状複葉	副萼片は萼片と同形	無	河原
オヘビイチゴ	掌状複葉	副萼片は萼片より大	無	畔道やや湿った路傍
ヘビイチゴ	三出複葉	副萼片は萼片より大	有	畔道やや湿った路傍
ヤブヘビイチゴ	三出複葉	副萼片は萼片より大	有	藪、林縁

参考：牧野和漢薬草圖鑑

ヒヨドリジョウゴ 鵯上戸	ナス科 山野	【生'】白英 はくえい	全草 夏～秋	〔外〕帯状疱疹、疥癬、頭部白癬

帯状疱疹や疥癬・白癬に使われる

[生育地と植物の特徴]

その実が赤く熟するときに鵯が喜んで食べるので、鵯上戸と言う。北海道、本州、四国、九州、沖縄に自生。朝鮮半島、中国、台湾、インドにも分布する。

[採取時期・製法・薬効]

夏から秋にかけて、果実がついている全草をとって細かく刻み、食酢に漬けておく。内服用にはしない。成分にはアルカロイドを含むとされているが、解明されていない。

❖帯状癌疹(ヘルペス)に

①果実ごと全草を酢漬けにしたものを取り出して軽くしぼり、患部に直接当てて上にビニール、ガーゼなどを重ねて包帯で止めておく。②乾燥した全草10～20gを水600mlで半量に煎じて、煎液にタオルなどを浸し、軽く搾って患部を湿布する。

❖疥癬、頭部白癬に

全草を乾燥したもの(白英)10～20gを水600mlで半量に煎じ、これで患部を洗う。

❖しもやけに

上記でできた温かい煎液を患部につける。

8月下旬長崎県

10月中旬長崎県対馬

つぶやき

現在の中国では、我が国と同じヒヨドリジョウゴの全草の乾燥したものを"白毛藤"の生薬名で、解毒、解熱、利尿促進などに内服したり、解毒などには煎じた汁で洗ったり、葉汁を外用したりしている。

参考：薬草カラー図鑑2、バイブル、牧野和漢薬草圖鑑

ヒルムシロ 蛭蓆	ヒルムシロ科 池、水田	なし	全草 7〜8月	〔民〕魚介類による食あたり、二日酔い 〔外〕火傷

煎じて食あたり・二日酔いに、全草をすり潰して外用に

[生育地と植物の特徴]

我が国では全土、さらに東アジアに広く分布する。多年草。池や水田の浅水中に群生する。根茎は泥中を這い、水中の葉は狭披針形、水面の葉は長楕円形で艶がある。花期は5〜10月。水上に柄を出して黄緑色の小花を穂状につける。

[採取時期・製法・薬効]

7〜8月頃の開花期に、根ごと全草を掘り採り、水洗いして天日で乾燥させる。火傷には、生の全草を使用する。

❖魚介類による食あたり、二日酔いに

乾燥したもの5〜10gを一回量として、水400mlで半量に煎じて服用する。

❖火傷に

全草をすり潰し、醤油を少々加えて粘液状にしたものを患部に貼る。

9月上旬長崎県対馬

つぶやき

ヒルムシロは蛭蓆で、ヒルの居る場所を意味している。果たして、蛭が葉の上にいるのかどうか見たことはない。また、葉を小判に見立てて、オオバンコバンやコバンと呼ぶ地方もある。

参考：薬草カラー図鑑2

ヘクソカズラ 屁糞蔓	アカネ科 山林	【生'】鶏屎藤果 けいしとうか	果実 秋	〔外〕しもやけ、赤ぎれ

冬に残った果実が、しもやけ・赤ぎれの特効薬

[生育地と植物の特徴]

日本全土に分布。山野の路傍や家の周りの垣根などにからみつく多年草。可哀想な名であるが、その臭気を嗅げば、この名前もなるほどと思える。万葉集でもクソカズラと詠まれている。花や実、果実をそっと嗅いだだけでは臭わないが、揉んだり潰したりして初めて臭う。陽当たりの良い藪や草地に生える。茎は左巻き。花期は秋。葉腋から短い集散花序を出し、灰白色の花を疎らにつける。蔓は秋から冬の寒さに向っても枯れずに残っている。この蔓に黄褐色で5mmくらいの球形の果実を葉が落ちても いつまでも付けている。

[採取時期・製法・薬効]

11〜12月に果実が飴色に熟し手で押すと黄色い果汁が出るくらいのを摘み採って水洗いし生のまま用いる。

❖しもやけ、ひび、赤ぎれに

生の果実をそのまま潰して中から出る汁を患部につける。5倍量のハンドクリームに混ぜ込むのも良い。

❖虫刺されに

生の葉を揉んでその汁を患部につける。

10月下旬長崎県対馬

7月中旬長崎県対馬

つぶやき

茎や葉、実にも揉んで嗅いでみると異様な臭いがするので屁糞蔓の名がある。花がお灸のモグサに似てヤイトバナともいう。緑色の果実は、秋から冬にかけて飴色に熟し、これをひびやあかぎれの治療に用いる。これは山仕事の人たちが実際に体験している。屁糞葛《季》夏。

参考：薬草事典、宮崎の薬草、薬草カラー図鑑1、牧野和漢薬草圖鑑

ホルトソウ 続随子草	トウダイグサ科 栽培	【生'】続随子 ぞくずいし	種子/茎の汁 7〜8月	〔民〕利尿、下剤、 〔外〕疣、寄生性皮膚病

種子の油分を除いて利尿・下剤に、茎の汁を外用に

6月上旬小石川植物園

[生育地と植物の特徴]

原産は南ヨーロッパ。天文年間に我が国に渡来したとされている。ポルトガル人が持って来たのでホルトソウの名があるというのは真実ではない。大槻文彦は雑誌'学芸志林'(1884)にホルトソウの名は、この草の油からホルトノアブラ(ポルトガルから来たオリーブ油)に似た油を作ったのでホルトソウとしたとある。我が国では秋に播種し、翌年春に開花する越年草である。

[採取時期・製法・薬効]

茎を切って出る白い汁を利用し、種子は7〜8月に採取する(続随子)。成分は、種子中に脂肪油50%ほどを含み、エスクレチン、オイフォルボン、ゴム質などを含む。

❖疣取り、寄生性皮膚病に

茎から出る白い汁を外用する。

❖利尿、下剤に

①種子の皮を除き、圧搾して油分を除いたもの一回量0.5〜1gをそのまま服用する。②続随子一日量1.6〜3.0gを煎じて3回に分けて服用する。ただし、適量を守らなければならない。

松岡玄達の'用薬須知続編'(1757)に、「大坂に多く播種す。この実の油、はなはだ柔らかく、刀剣を拭うべし、また自鳴鐘(大名時計)に塗ると粘らなくて良い」。医薬でなく、工業的な面の用途があった。

参考:薬草カラー図鑑2、牧野和漢薬草圖鑑

マツカゼソウ 松風草	ミカン科 山地の林縁	【生'】臭節草 しゅうせつそう	果皮 秋	〔外〕筋肉の疲れ、神経痛

酒に浸したものを外用し筋肉の疲れ・神経痛に

8月中旬宮崎県霧島山地

[生育地と植物の特徴]

宮城、新潟を結んだ線より西に自生する。高さ50〜80cmの多年草。葉は3回三出複葉で、質は薄く油点があり、臭気がある。花期は8〜10月。枝先に集散花序を出し、林の薄暗い所に白色の小さな4弁花を多数つける。

[採取時期・製法・薬効]

開花期の10月頃に、全草を刈り採って、風通しの良いところにつるして陰干しにする。成分は、カリオフィレン、γ-カジネンなどを含む精油。

❖筋肉の疲れ、神経痛に

よく乾燥した全草を細かく砕いて浸かるようになるまでホワイトリカーを加えて、約1ヵ月間漬けておく。この液をガーゼに含ませて一日に何回も患部に塗る。1ヵ月間、薬草はそのままにしておく。内服してはいけない。

つぶやき

柑橘類を含むミカン科のほとんどは樹木であるが、マツカゼソウは草である。葉を透かして見ると、点々と油が滲んだような油点が見える。葉を揉むと独特の匂いがある。果実は4つに分かれた蒴果で、果皮の表面に細かい凹凸があるのは、同じミカン科のゴシュユやサンショウの果実に似ていて、果皮に精油を含んでいることを示している。以上の点と花の仕組みがミカン科に共通である。

参考:薬草カラー図鑑1

ベンケイソウ 10月中旬長崎県対馬

オオベンケイソウ 5月下旬内藤記念くすり博物館

(オオ)ベンケイソウ (大)弁慶草	ベンケイソウ科 (栽培)山地	【生’】景天 けいてん	葉 夏〜秋	〔外〕腫れ物、切り傷

葉をあぶり表皮を剥がして腫れ物、切り傷に

[生育地と植物の特徴]

本州(北部、中部地方)、九州、朝鮮半島、中国、サハリンに分布し、山地の向陽草地に生える多年草。また観賞用に栽培されている。草丈30〜60cm。茎は直立し、円柱形で帯粉白色。葉は対生か互生し、肉質で楕円形か長楕円形卵形で長さ6〜10cm。鈍頂で鈍鋸歯縁。花期は7〜10月。茎の頂に白色で紅色のぼかしのある小さな花を多数、散房状集散花序に密生する。類似種のオオベンケイソウは中国原産で、大正中期に我が国に入った栽培種。オオベンケイソウでは花が大型で、雄蕊が花弁よりも長い。しかし、薬効に変わりはない。栽培種のミセバヤが薬用になるかどうかは明らかでない。

[採取時期・製法・薬効]

夏から秋に葉を採り、水洗いしたのち布で水分を拭きとってから、そのまま利用する。

❖腫れ物に

新鮮な葉を採り、火に炙ると膨れるので、下面の表皮を剥がして患部に当て、軽く包帯などで押さえておく。

❖小さい切り傷に

生の葉の汁をつける。

つぶやき

茎葉は多肉で、千切って捨ててもなかなか枯れない。ということから、伊岐久佐(いきくさ)の和名ができた。武蔵坊弁慶の名が強いもののシンボルとなって、弁慶の名がつけられるようになった。

ミセバヤ10月下旬長崎県諫早

参考：薬草カラー図鑑2、牧野和漢薬草圖鑑

ミツバ 三葉	セリ科 陰地、栽培	鴨児芹 おうじきん	全草 随時	〔民〕肺炎、淋病 〔外〕帯状疱疹、でき物

神経を鎮め不眠症改善

[生育地と植物の特徴]

北海道から沖縄、朝鮮半島、中国、サハリン、千島列島南に分布し、陰地に生え、また野菜として栽培される多年草。草丈30～60cm。茎は直立し、分枝する。葉は3小葉からなり、互生、小葉は卵形で先はとがる。根生葉には長柄があり、茎葉の葉柄は短い。花期は夏。小枝の先に小さい複散形花序をつけ、少数の細かい白花をつける。

[採取時期・製法・薬効]

薬用部分は全草(鴨児芹)、全草に精油による特有の香りがあり、その成分としてメシチルオキシド、イソメシチルオキシド、α－、β－ピネン、カンフェン、β－ミルセン、ジペンテン、ρ－シメン、テルピネン、テルピノレン、トランス－β－オシメンなどが含まれる。種子には22%ほどの油が含まれていて、半乾性油で強いミツバの香気がある。

❖肺炎、淋病に
鴨児芹15～30gを水で煎じて服用する。

❖帯状疱疹、でき物に
すり潰して患部に塗布する。

4月下旬長崎県諫早

5月中旬長崎県諫早

つぶやき

新苗(もやし)を食用として吸い物、酢の物、浸し物、揚げ物など各種の料理に用いる。全草が食べられる。我が国のミツバの栽培は古く、享保年間(1716～1735)に江戸(東京都葛飾区水元町)で行われていた。ミツバを食べる習慣は欧米にはなく、栽培して利用するのは日本と中国だけである。野生もあることが新潟県の山地で分かった。

参考：牧野和漢薬草圖鑑、徳島新聞H241103

メナモミ 豨薟	キク科 山野	【生'】豨薟 きけん、きれん	茎葉 夏～秋	〔民〕腫れ物、おでき 〔外〕虫刺され

中風・動脈硬化・麻痺にとの書もある

[生育地と植物の特徴]

オナモミに対してよわよわしく見えるところからついた名である。ナモミはナズミの転訛でナズムとは引っ掛かる、難儀するという意があり、花の回りの粘液でねばり、服にべとつくことから来ている。日本全土、朝鮮半島、中国に分布。各地の原野、荒地などに自生する一年草。草丈1mほど。葉は対生し、卵形か三角状卵形で、3本の太い葉脈がある。下部の葉は開花時には枯れる。花期は夏から秋。黄色の頭花を枝先に散房状につける。苞片に腺毛が密生して粘液を分泌してべたつき他物にくっつく。

[採取時期・製法・薬効]

夏の間に地上部を採り水洗いして天日で乾かす。

❖風邪、リウマチ、腫れ物、おできに
豨薟一日量5～10gを水600mlで半量になるまで煎じ、一日3回に分けて飲む。

❖虫刺されに
葉をよく揉んで、その汁を患部につける。

メナモミの粘液にタンポポの穂綿が付いている。

メナモミ 11月上旬長崎県

つぶやき

メナモミの類にツクシメナモミとコメナモミがある。薬用に最も良いのは毛の多いメナモミである。他のメナモミは毛があっても目立たず一見無毛のように見える。枝の出方と別れ方はメナモミとコメナモミは向き合って出るので十字型、ツクシメナモミは枝が二股に分かれながら伸びていくので二岐性である。

参考：薬草カラー図鑑3、牧野和漢薬草圖鑑、徳島新聞H141008

ママコノシリヌグイ 継子の尻拭い	タデ科 野原、道端	なし	全草 春～夏	〔民〕血行促進、痔、 痒みのある腫れ物

煎じて血行促進・痔・腫れ物に服用

[生育地と植物の特徴]

北海道から沖縄、朝鮮半島、中国の温帯から暖帯に分布。湿り気の多い野原や道端に生える一年草。茎は蔓状で長さ1～2m良く枝分かれし下向きの鋭い刺が生え、刺を他のものにひっかけてよじ登り大繁殖する。葉は三角形か細長い三角形で葉柄が葉の底辺についている。葉の裏側にも葉柄にも鋭い刺が生える。5月より秋の初めまで淡紅色の小花が数個ばらばらに咲く。花には花弁はなく、萼が深く5裂し、花弁のように紅や淡紅色になる。

[採取時期・製法・薬効]

春から夏に全草を採取し、水洗いして天日で乾燥させる。成分は、イソクエルシトリンほか。

❖血行促進、かゆみのある腫れ物に

乾燥した全草一日量10～20gを400mlの水で煎じ3回に分けて服用する。服用のつど温めて用いる。

❖痔に

全草を一日量として10～20gに水400～600mlを加えて煎じ3回に分けて服用する。服用のつど温めて用いる。

つぶやき

名前は、継子の尻拭いである。鋭い刺の生えた葉で継子の尻を拭うという、継子いじめの継母の意地悪さを表現したものである。

10月中旬熊本県

9月中旬熊本県

参考：薬草カラー図鑑4

ミゾソバ 溝蕎麦	タデ科 山野	なし	葉 秋の開花時	〔外〕切傷の止血

どこにでもある植物で切り傷の止血になる

[生育地と植物の特徴]

北海道より九州までの各地の溝や田んぼの畦道などの湿地に群れをなして生える一年草。朝鮮半島、中国、ウスリー、サハリンにも分布する。茎は地上を這い、節より根を出し、それより上に直立して伸び、高さは30～60cm。まばらに下向きの刺が出る。葉は卵状で、基部が左右に突き出る矛形、両面に刺毛と星状毛が生える。互生し、葉鞘は短く、縁に毛が生える。花期は8月～翌年1月。枝先に10個ほどの花が集まってつく。花被は5裂し、上半部は紅紫色、下半分は白色。花弁はなく、萼が花弁のようになっている。花柄は短く、腺毛がある。

[採取時期・製法・薬効]

秋の開花期の生の茎葉を用いる。成分は、花にはクエルセチンの配糖体であるクエルチトリンが含まれる。これはドクダミの葉にも含まれていて、利尿作用がある。また、花にペルシカリンも含まれている。

❖切り傷の止血に

生の茎葉、または葉を揉んで出た青汁を患部に塗る。

つぶやき

名前は外形がソバに似て、生育場所が溝に多いことに由来している。ほかに、コンペイトウグサ、カワソバ、タソバ、カエルタデ等の別名もある。溝蕎麦《季》秋。

10月中旬佐賀県

参考：薬草カラー図鑑3、牧野和漢薬草圖鑑

(コ)ヤブタバコ 藪煙草	キク科 山野、路傍	天名精/鶴虱 てんめいせい/かくしつ	茎葉/果実 秋	〔外〕火傷/〔虫〕駆虫

全草の粉末を外用に、果実は条虫駆除に

[生育地と植物の特徴]

名は藪でよくみられ、根生葉や下部の葉が大きくて皺がありタバコの葉に似ていることによる。日本全土の人家近くの藪や林の縁などに生える越年草。朝鮮半島、台湾、中国にも分布する。茎は太く、高さ0.5〜1mで成長が止まり、長い枝を放射状に伸ばす。根生葉は花の頃には枯れる。花期は9〜10月。上部の葉腋に黄色の頭花を下向きに1個ずつつける。頭花は直径約1cmでほとんど柄がない。痩果は約3.5mmの円柱形。先は細くなり粘液を出して動物などにくっついて運ばれる。

[採取時期・製法・薬効]

秋に果実を含めた全草を採り、茎・葉を水洗いして適当な長さに切り、陰干しで乾燥させる。ヤブタバコの実を鶴虱といい、全草の粉末を天名精という。

❖火傷、打撲傷に

全草の粉末にゴマ油を加えて軟膏にして患部に塗る。この煎液で打撲傷の腫れを洗う。

❖駆虫に

鶴虱を安虫散、化虫湯などに配合。条虫駆除に用いていたが、現在は行われていない。

つぶやき

葉を絞った汁は腫れ物や打ち身に効能があるとされ、古くから民間薬として使われた。また痩果は条虫、蛔虫の駆除に使用された。

コヤブタバコ 8月中旬長崎県対馬

ヤブタバコ 8月下旬小石川植物園

参考：新佐賀の薬草、薬草カラー図鑑2、牧野和漢薬草圖鑑

ユキザサ 雪笹	キジカクシ科 樹下	【生'】鹿薬 ろくやく	根茎 春〜秋	〔外〕腫れ物、〔食〕山菜

根茎を砕いて、その汁を患部に塗る

[生育地と植物の特徴]

北海道、本州、四国、九州の山地で樹林などの陰地に自生する多年草。朝鮮半島、中国北部、沿海州などに分布。地下の根茎は横に伸びて太い。茎は高さ約30cmの円柱形で、弓なりに曲がって出る。葉は笹の葉に似て長さ6〜12cmの楕円形、基部は丸みがあるが、先端は尖っていて葉の両面に粗毛があり、長い柄によって互生する。花期は5〜6月。茎の先に小さい白色花多数を円錐花序につける。花被片は6枚、雄蕊6個は花被片より短い。果実は球形で、秋に赤熟する。

[採取時期・製法・薬効]

春から秋に根茎を採取し、生のままを使用する。これを水洗いして乾燥させたものが鹿薬(ろくやく)。成分は、根茎に粘液性物質を含むほかは精査されていない。

❖腫れ物に

根茎を砕き、またはすり下ろして、その汁を患部に塗る。

❖頭痛、片頭痛に

鹿薬、当帰、川芎、升麻、連翹の各4gを煎じて3回に分けて服用する。

つぶやき

若芽は山菜料理として食用になる。甘みがあり、柔らかく、アクがほとんどないので、天婦羅、汁の具、胡麻和え、酢味噌和えなどにして食べる。

5月中旬大分県

10月上旬大分県

参考：薬草カラー図鑑3、牧野和漢薬草圖鑑

リュウノウギク 竜脳菊	キク科 山林の縁、崖	【生】竜脳 りゅうのう	地上部 秋	〔浴〕冷え性、腰痛、リウマチ、神経痛

腫れ物 吸い出す効果、葉は天婦羅・花は酒に

[生育地と植物の特徴]

清々しい芳香が、どことなく香料の竜脳に似ているので、この名がついた。山林の縁や崖のような陽当たりの良いところによく見かけられるというが、すべての県にあるわけではなく、本州では福島県・新潟県以西、四国、九州では宮崎県にしか野生種は見られない。高さ40～80cmの多年草。花期は10～11月。頭花は直径2.5～5cm、舌状花は白色、ときに淡紅色を帯びる。総苞は長さ約7mmの半球形、総苞片は3列に並ぶ。

[採取時期・製法・薬効]

秋に花が咲いているうちに地上部を刈り採り、土を除いて風通しのよいところで陰干しにする。水洗いすると、乾燥に時間がかかって、かびやすくなるので、洗わない方がよい。成分は、左旋性カンフェン、非旋光性カンフェンなどの精油分が知られている。

❖入浴料（冷え症、腰痛、リウマチ、神経痛に）

乾燥した茎葉を刻んで、木綿の袋に詰めて、水のうちから風呂に入れて湯を沸かす。入浴中、袋を手にして、肌を洗うようによくこする。一回に入れる茎葉の量は、500gほどを目安にする。

つぶやき

竜熱帯アジア産の竜脳樹からとった結晶で、高級薫香料や薬剤とし脳はて使われるもの。香りは、樟脳よりもややソフトな感じである。

11月中旬佐賀県徐福の里

参考：薬草カラー図鑑1、牧野和漢薬草圖鑑、徳島新聞H161102

アオツヅラフジ 青葛藤	ツヅラフジ科 山野の路傍	【生】木防已 もくぼうい	蔓・根茎・実 全草	〔民〕腎炎の浮腫、〔浴〕神経痛 呼吸中枢麻痺、心臓麻痺

排尿促し代謝障害予防、果実は発酵させ酒に

[生育地と植物の特徴]

緑を帯びた蔓でツヅラ（葛籠）を編んでいたのでこの名がある。日本、台湾、中国、朝鮮半島に分布。山野に自生する落葉性蔓性植物。枝や葉には細毛があるが、枝が古くなるとなくなる。葉柄は1～3cm、葉は長ハート形またはハート形で3浅裂し互生する。雌雄別株。花期は夏。集散花序を葉腋に出し、黄白色の6弁花を咲かせる。核果は5～8mmの球形で秋には碧黒色に熟す。

[採取時期・製法・薬効]

10～12月頃 蔓の太い部分を切るか根茎を掘り採って水洗いした後、厚さ5mmくらいに輪切りにして天日で乾燥させる。成分はトリロビン、ホモトリロビン、トリロバミン等。

❖神経痛やリウマチの痛み止に

乾燥した木防已一日量5～8gを水500mlで半量になるまで煎じ3回に分けて食前30分に服用する。乾燥品を浴用料にするか、生の果実5個のしぼり汁を飲んでもよい。

❖むくみの時の利尿に

乾燥した蔓や根（木防已）5～10gを一日量として水200mlで半量に煎じて3回に分けて服用する。

[漢方原料（木防已）] 産地、日本。木防已湯は利尿薬。

つぶやき

別名カミエビ。秋に葡萄に似た果実をつけるが苦くて食べられない。似たものにオオツヅラフジがあるが、茎に毛がない。葉の形も異なるので見分けられる。痛みをとる目的で同様に用いる。茎の横断面に菊花紋様がある。

11月上旬長崎県対馬

11月上旬小石川植物園

参考：薬草の詩、新佐賀の薬草、薬草カラー図鑑2、牧野和漢薬草圖鑑、生薬処方電子事典、毒草大百科、徳島新聞H151127

イズセンリョウ 伊豆千両	サクラソウ科 樹陰	杜茎山 とけいざん	根、葉 随時	〔民〕頭痛、めまい、腰痛 〔外〕腫れ物

煎じて風邪の頭痛・浮腫・腰痛に、外用で腫れ物に

[生育地と植物の特徴]

関東南部から沖縄、台湾、中国、インドシナ半島に分布。暖地の樹陰に生える落葉低木で、高さ約1m。幹はほぼ直立し、分枝は少ない。葉は互生し長楕円形で先端はとがり、縁には粗い鋸歯がある。花期は4～6月。雌雄別株。葉腋に総状花序を出し、鐘形の小さな花を多数つける。

[採取時期・製法・薬効]

薬用部分は根、葉(杜茎山)。通年採集が可能。採集したあとは乾燥させる。

❖感冒時の頭痛、めまい、浮腫、腰痛に

杜茎山一日量12～25gを水で煎じて3回に分けて服用する。

❖腫れ物に

根や葉を衝き潰して患部に塗布する。

つぶやき

イズセンリョウの名は伊豆の伊豆山神社の林中に多く生育するのでつけられた。対馬では霊峰'白嶽'の登山口から少し入ったところにある。

10月下旬長崎県対馬

4月中旬小石川薬園

参考:牧野和漢薬草圖鑑

イボタノキ 水蝋の樹	モクセイ科 山野	虫白蝋 ちゅうはくろう	イボタ蝋 随時	〔外〕疣取り

その名のとおり疣取りに使う

[生育地と植物の特徴]

イボタロウカイガラムシがつき、蝋状物質を分泌することに由来。疣のもとを縛り、熱したイボタ蝋をつけると疣が取れる。これが語源でイボトリノキとなり詰まってイボタノキとなったとする説と、ミヤマイボタのアイヌ名エポタンが転じたとする説がある。日本原産で、北海道、本州、四国、九州、朝鮮半島、中国に分布。特に福島県、富山県には多い。山地の林縁に普通に見られる落葉低木であるが、暖地では冬も葉が落ちないことがある。樹高2～4mになる。花期は初夏。白色の漏斗状の小花を密につけ、香りがよい。花冠は筒状で先が4片に裂け、雄蕊2本と雌蕊1本がある。果実は楕円形で黒く熟する。

[採取時期・製法・薬効]

寄生分泌物を秋から初冬に採取し、この蝋を加熱し溶解させ冷水中で凝固させる。成分は、脂肪酸のセロチン酸、イボタセロチン酸、セリルアルコールなど。

❖疣取り

疣のもとを縛り、熱したイボタ蝋をつける。一回で効果がないときは繰り返す。

つぶやき

秋から冬の初め、成虫が出たあとの蝋を採取したのを生薬名で虫白蝋という。蝋状物質は、ロウソク、家具の艶出し、戸の滑りに使われる。木は、刈り込みに強いので生垣によく植えられる。材は緻密で堅く器具材などに用いる。

イボタロウ

枝にイボタカイガラムシ(イボタロウムシ)が寄生し、雌の成虫が、暗褐色で1cm内外の球形のカイガラを作り、5月頃に数千個の卵を産みつける。6月頃に孵化し、雄の幼虫は7月頃に葉から枝に移り、白蝋を分泌して群生する。この蝋の中で蛹になり、成虫になると、9月頃に蝋に小穴を開けて、外へ飛び出す。成虫が出たあとに、このイボタロウを採取する。

6月中旬長崎県対馬

参考:薬草事典、新佐賀の薬草、薬草カラー図鑑2、牧野和漢薬草圖鑑

アオキの花 4月上旬長崎県

アオキの花 4月上旬長崎県

ヒメアオキの花 5月上旬新潟県佐渡

ヒメアオキは、日本海要素植物で、他の地域のものより全体に小形で葉も小さいが実の大きさはアオキと変わらない。

アオキ 青木	ガリア科 山地の林中、植栽	【生'】青木 あおき	葉 随時	〔外〕やけど、腫れ物、凍傷 〔浴〕しもやけ、痔

外用薬なら火傷・腫れ物・凍傷・擦り傷に

[生育地と植物の特徴]

枝や葉、幹までも四季を通じて青いからアオキという。ラテン名*Aucuba*は日本名の青木葉に由来する。関東以西の本州、四国、九州、朝鮮半島南部の山林に自生する常緑低木。耐寒性あり、半日陰の腐植質に富む土壌を好む。雌雄別株、実がなるのは雌木。長楕円形の葉は対生し荒い鋸歯がある。初夏に紫褐色の4弁花を咲かせ、秋に長楕円形の実が真っ赤になる。別名：桃葉珊瑚。

[採取時期・製法・薬効]

用時に綺麗な葉を採り水で洗い、よく拭いて使う。葉に含まれるアウクビン、葉緑素に殺菌、消炎作用がある。外用して火傷、切傷、腫れ物、膿の吸出、しもやけ、痔に用いると、鎮痛、消炎、排膿、抗菌、止血の効果がある。

❖火傷、腫れ物の消炎と排膿、凍傷に

生の葉を炭火で焦げないようにあぶるかアルミホイルに包んで弱いガスの火で焼くと黒変して柔らかくなる。よく揉んで患部にのせ包帯で軽く押さえる。

❖擦り傷に

生の葉を細く切って擂り鉢ですり潰し、絞り汁を塗る。

❖あおき風呂（しもやけ、痔に）

生の葉10～20枚を軽く揉んで浴槽に入れる。

2月下旬長崎県対馬

つぶやき

江戸時代から造園樹として知られる。高野山の霊薬"陀羅尼助"に配合されている。元禄年間（1690）ドイツ人ケンペルがヨーロッパに持ち帰ったが赤い実がならなかった。全てが雌株であったのである。江戸末期（1860）イギリス人フォーチュンが雄株を日本で探し出し持ち帰ってやっとヨーロッパでも赤い実が見られるようになった。青木の実《季》冬。

参考：薬草事典、薬草の詩、新佐賀の薬草、宮崎の薬草、薬草カラー図鑑1、牧野和漢薬草圖鑑

ウリノキ 瓜の木	ミズキ科 山地	【生'】大空 たいくう	根 8〜9月	〔民・外・浴〕リウマチ、腰痛、打撲傷

リウマチ・腰痛・打撲傷に煎じて服用・散布で外用・浴用

[生育地と植物の特徴]

沖縄を除く日本、中国の東北地方に分布する落葉低木。山中の樹林内に生える。樹高は3〜5m。樹皮はなめらかで、木質は柔らかく、枝はまばらに分枝している。葉は黄緑色で、長い葉柄を持ち互生。葉の長さは8〜20cm幅5〜12cm。縁は大きくゆるやかなカーブを描きながら浅く3〜7裂し、葉質が薄い。花期は6月。葉腋に白い花数個を集散花序につける。一つの花は花弁6枚で、細長く外側に巻き返しているので、雄蕊がよく見える。雄蕊の数は12本。葯は線形をしていて細長く、茶色。

[採取時期・製法・薬効]

8〜9月に根を採取する。根元から20〜30cm離れたあたりの地面をシャベルで掘ると、支根が見える。この根の太いところにナタを入れ、そこから先を掘り採る。これを流水で洗い、細かく刻んで7〜10日ほど陰干しにする(大空)。成分は、根にアルカロイドのアナバシンを含む。

❖リウマチによる疼痛、慢性腰痛、打撲傷の鎮痛に

一日量として大空6〜10gに水600mlを加えて火にかけ沸騰したら火を弱め2〜3分して火を止める。熱いうちに茶こしで濾してポットで保温。一日3回食後に服用する。外用には粉末にして散布するか、煎液を使って入浴する。

つぶやき

生薬大空は市販されていないので、見出したら採取しておく。根はかなり強い作用を持っており、妊婦や子ども、体力の衰えている病人などは用いない。

ウリノキ 6月中旬熊本県南阿蘇

ウリノキ 6月中旬熊本県南阿蘇

参考:薬草カラー図鑑4、牧野和漢薬草圖鑑

キヅタ 木蔦	ウコギ科 山野	常春藤 じょうしゅんとう	葉 夏〜秋	〔外〕腫れ物、寄生性皮膚病 〔民〕発汗

葉を煎じて発汗促進に、生の葉を寄生性皮膚病に

[生育地と植物の特徴]

キヅタのキは"木"、ヅタは"ツタ"で、壁などに伝ってからみつくから、ツタとなった。常春藤は漢名。本州、四国、九州、沖縄に自生。朝鮮半島、台湾にも分布。花期は10月頃。アイビーの名で知られるセイヨウキヅタは、ヨーロッパ原産の観葉植物で、我が国でも普通に栽培されているが、キヅタは見なれているせいか、観葉や園芸にあまり利用されない。

[採取時期・製法・薬効]

夏〜秋に葉を水洗し、生のまま用いるか天日で乾燥させて用いる。成分は解毒作用のあるサポニンのヘデリンを含む。

❖腫れ物、寄生性皮膚病に

生の葉をすり潰し、胡麻油で練って患部に塗る。

❖発汗促進に

乾燥葉一日3〜6gを水300mlで3分の1量に煎じ3回に分けて服用する。

つぶやき

我が国のキヅタは中国にはない。外形が似ているシナキヅタに対する漢名が常春藤であり、その別名が百脚蜈蚣(ひゃくきゃくごこう)である。我が国のものは果実が黒く熟すが、シナキヅタは、形はほぼ同じであるのに、色が紅色か黄色と異なるので、我が国のキヅタにいままでの漢名をあてるのはよくない。

キヅタ 10月中旬長崎県

3月下旬高知県

参考:新佐賀の薬草、薬草カラー図鑑2、牧野和漢薬草圖鑑

12月下旬長崎県対馬

イチジク 無花果	クワ科 栽培	【生'】無花果 むかか	果実・葉・乳液 夏	〔民〕便秘、高血圧、〔外〕疣取り、〔食〕痔 〔浴〕痔疾、婦人病、神経痛、リウマチ

果実は痔・貧血などに、皮むき空揚げにレモンをかけて

[生育地と植物の特徴]

西アジア原産の落葉小高木。日本には、江戸時代の寛永年間(1624〜1643)に中国から長崎に入ったのが始まりという。庭先や路傍に植えられる。樹高4〜8m。花は壺状の内面にあって外からは見えない。果実は熟すと暗紫色になり、果肉は甘くて美味しい。雌雄別株、日本で栽培されるのは雌株のみで、雄株はほとんどみられないが、受粉しなくても果嚢が熟す品種である。

[採取時期・製法・薬効]

葉や枝を切ると白色の乳液が出る。これを疣取りに使う〔PC〕。8〜9月頃、熟した果実を摘み採り、水で洗って天日で充分乾燥させる。

《葉や枝の乳液の使い方》〔PC〕

この乳液にはタンパク分解酵素プロテアーゼや血圧降下作用のあるプソラレンが含まれている。

❖疣取りに

上記の乳液を疣の頭だけに一日数回塗るとよい。なお、決してイボ痔にはつけないこと。また、アレルギー体質の人はかぶれやすいので注意が必要。

❖痔、回虫駆除剤に

乳液を煎じて痔に塗ったり、回虫駆除剤としても用いられる。

《乾燥した葉の使い方》〔PC〕

❖高血圧症、婦人病、腰痛、冷え性、美容に

よく乾燥した葉20gを水600mlで半量まで煎じ一日3回空腹時に服用する。

❖イチジク風呂(痔疾、婦人病、神経痛、リウマチに)

よく乾燥した葉を袋につめ半量位まで煮詰めたものを風呂に沈めて入浴する。痔疾、婦人病、神経痛、リウマチに良く、冷え性によく皮膚をつややかにする。イチジク葉が十分に乾燥していないと皮膚が痒くなる。

《熟した実の使い方》

夏に熟す夏イチジク、秋に熟す秋イチジクがあるが、どちらも日持の悪い果物で、冷蔵庫でもあまり長くは持たない。多くはジャムなどの加工品に用いる。

❖便秘、喉が痛い時に

乾燥した無花果一日量10g(3〜4個)を水600mlで半量に煎じ3回に分けて飲む。生の果実2個を食べる。

❖痔、吐血、鼻出血、下血、健胃剤に

乾燥した実を一日3〜5個食べると痔に良い。吐血、鼻出血、下血に良く、また消化を助け健胃剤になる。

❖食用に

生食のほか、ジャム、イチジク酒などの加工食品に。

つぶやき

アダムとイブがエデンの園でリンゴを食べたあとイチジクの葉で局所を隠すようになったという。すなわちギリシア、シリアなどでは紀元前から栽培されており、この辺が原産地ではないかといわれている。葉や枝を切ると白色の乳液が出る。薬用として用いられるのは、葉や枝の乳液、乾燥した葉、熟した実である。

参考:薬草事典、薬草の詩、宮崎の薬草、薬草カラー図鑑1、バイブル、牧野和漢薬草圖鑑、徳島新聞H141107

キョウチクトウ 夾竹桃	キョウチクトウ科 栽培	夾竹桃葉 きょうちくとうよう	葉 随時	〔外〕打撲、痛み 心臓毒

強心作用があるが有毒、外用にのみ用いる

[生育地と植物の特徴]

名は中国名の音読み、狭い葉、竹のように細い茎、モモに似た花に由来。インド原産。我が国にはこのキョウチクトウと、明治初期に入った地中海沿岸原産のセイヨウキョウチクトウが栽培され、関東以西の暖地に多い。紅色八重のヤエキョウチクトウが普通で、シロバナキョウチクトウ、淡黄色のウスキキョウチクトウなどがある。空気のよごれのひどい工場地帯でもよく生育し、挿し木で繁殖しやすい。セイヨウキョウチクトウにはキョウチクトウのような花の香りはなく、性質が弱いのが欠点。

[採取時期・製法・薬効]

葉を使用。常緑樹なので、用時に採取し、天日で乾燥させる。成分は、葉にはオレアノール酸、ウルソール酸などに利尿作用があり、オレアンドリンに強心作用がある。樹皮にはネリオドレインの強心物質を含んでいる。

❖打撲の腫れ、痛みに

10～20gを煎じ、患部を洗う。

❖強心剤

強心作用があるが毒性があるため、民間療法で使用するのは危険。

つぶやき

キョウチクトウは江戸時代中期、西洋キョウチクトウは明治初期に日本に入った。観賞用、または成長早く緑化樹として植栽。有毒植物で心臓毒。家畜の中毒例があり、殺人未遂事件の報道があった。夾竹桃《季》夏。

〔毒成分〕オレアンドリン、アディネリン、ギトギシゲン、ジギトキシゲンが毒性あり。葉に多い。下痢、嘔吐、めまい、腹痛、冷汗などが起こり、心臓麻痺を起こして死亡。

7月中旬長崎県五島

8月中旬長崎県対馬

参考：新佐賀の薬草、薬草カラー図鑑2、牧野和漢薬草圖鑑、毒草大百科

クリ 栗	ブナ科 山地、植栽	【生'】栗毛毬、【生'】栗葉 りつもうきゅう、りつよう	樹皮、毬/葉 秋/夏	〔外〕火傷、あせも、漆かぶれ、〔食〕堅果

葉は夏に樹皮と毬は秋に、渋皮でアトピー改善

[生育地と植物の特徴]

北海道（石狩、日高地方以南）、本州、四国、九州（南限は屋久島）、朝鮮半島中南部に分布。落葉高木。雌雄同株。暖地の山中に自生し、また庭園で植栽される。6月頃15cmくらいの長い穂になって黄白色の花をたくさんつけ、特異な甘い香りがあり虫が集まる。栗の実になる雌花は花穂の根元についている。秋になって実が熟するとイガが割れて中から2～3の実が出てくる。

[採取時期・製法・薬効]

樹皮は秋に、一握り以上の太さの枝や幹を切り皮を剥ぐ、水洗いしてから水気を切り、小さく刻んで天日で充分乾燥させる。毬（いが）も秋に、中の果実を除いて水洗いし天日で充分乾燥させる。葉は生い茂る夏に集めて水洗いし天日で乾燥させる。

❖あせも、漆（うるし）かぶれに

乾燥した葉一握りを水500mlで煮出し液を冷やしてから患部を洗う。毬は2個位、樹皮ならその半分量を使う。

❖渋皮をアトピーに

渋皮を乾燥させフライパンで少し焦げ目がつくくらい炒り、茶さじ1杯を急須に入れて熱湯を注ぐ。

つぶやき

クヌギ（俗にドングリの樹）に似た樹であるが、ドングリの樹の樹皮は深い裂け目があり、クリはスベスベしている。クヌギやカシの花穂は垂れ下がって咲くが、シイ類とクリは上に向き立ち上がって咲く。栗《季》秋。

8月中旬長崎県対馬

9月中旬長崎県対馬

参考：新佐賀の薬草、薬草カラー図鑑2、牧野和漢薬草圖鑑、徳島新聞H171003

クロモジ 黒文字	クスノキ科 山地	釣樟/釣樟根皮 ちょうしょう/ちょうしょうこんぴ	枝葉/根 秋/随時	〔民〕脚気、急性胃腸炎 〔外〕止血、抜け毛、フケ

捻挫・皮膚病に効果、内服よりも浴用料に

[生育地と植物の特徴]

本州、四国、九州および中国に分布し、山地に多く生える落葉低木。樹高2～3m。幹は直立し、多数分枝する。樹皮は平滑、緑色で黒い斑点がある。葉は枝の上部に互生し、狭長楕円形か卵状長楕円形で長さ5～9cm。花期は5月。新葉とともに淡黄緑色の小さな花を葉腋の散形花序につける。

[採取時期・製法・薬効]

8～10月に枝葉を採集し陰干しにする。根は必要時に掘り採り、水洗い後、芯を除いて通風の良い場所に陰干しする。根皮、枝葉に精油のシネオール、ゲラニオール、リナロール、ジペンテン、α -ピネン、α -フェランドレン、セスキテルペン、ネロリドール、シトロネロール、セスキテルペンアルコール、カンフェン、根にラウノピン、ラウロリトリン。

❖脚気、急性胃腸炎に

釣樟根一日量3～5gを煎じて3回に分けて服用する。

❖外用に

止血には粉末を患部に散布する。枝葉のアルコール浸液は抜け毛、フケに良いといわれる。

❖老人性掻痒症、アトピー性皮膚炎、抜け毛、フケ症に

花期 4月下旬滋賀県伊吹山

9月下旬長崎県

つぶやき

薬用の他に古くからその材でツマヨウジを作る。抗菌作用がある。同族植物に葉が大きいオオバクロモジ、葉の両面に有毛のケクロモジなどがある、どれも薬となる。

参考：牧野和漢薬草圖鑑、徳島新聞H160705

シロモジ 白文字	クスノキ科 山地	なし	根・根皮 随時	〔民〕脚気、水腫 〔外〕疥癬、創傷出血

根や根皮を煎じて利尿に、外用には粉末にして

[生育地と植物の特徴]

本州、四国、九州および中国に分布する落葉低木。樹皮はなめらかで、黒斑がある。小枝は無毛。葉は互生し、長円形。基部は広い楔形で3裂し分岐部が丸くポケット状になる特徴がある。裂片の先は尖る。花期は4～5月。花は単性で雌雄別株、黄色。花柄は黄緑色の毛で被われている。実は径6mmほどで黄色。

[採取時期・製法・薬効]

必要時に根または根を剥いだ皮を用いる。成分は、根にラウノビン、ラウロリトシンを含む。

❖脚気、水腫に

根または根皮一日量6～10gを煎じて3回に分けて食前に服用する。

❖疥癬、創傷出血に

外用には粉末にして散布するか、煎液を使って入浴する。

4月下旬長崎県多良岳

つぶやき

日本の洪積世から、果実の化石が見つかっており、古くから日本に野生していたものである。材が強靭であることから杖として、また薪として利用されてきた。

参考：牧野和漢薬草圖鑑

サンゴジュ 珊瑚樹	レンプクソウ科 山地の樹陰	【生'】沙糖木 しゃとうぼく	葉/樹皮・根 夏～秋	〔外〕打撲の腫痛、骨折/ 〔民〕感冒、リウマチ

果実が赤いサンゴの様

[生育地と植物の特徴]

関東から沖縄、台湾、朝鮮半島に分布。日本では暖かい地方の海岸に自生するが、庭木や生垣として広く栽培され、水分が多いので防火性があるといわれる。葉は長さ10～20cmの長楕円形で質は厚く、上面に光沢がある。花期は6～7月。枝先に長さ5～15cmの円錐花序を出し、直径6～8mmの白色の花を多数つける。果実は核果で、長さ7～9mmの楕円形～卵形で、8～10月に赤くなる。サンゴジュと呼ばれる由縁である。完全に熟すと黒くなる。

[採取時期・製法・薬効]

成分は根と茎にトリテルペノイド。

❖風邪、リウマチに
服用する。使用法の詳細は不詳。

❖打撲の腫痛、骨折に
外用する。使用法の詳細は不詳。

つぶやき

赤い果実がたくさんつき、花序の枝も赤く染まる様子を珊瑚に見立てた名である。現在は広く植栽され、庭木、街路樹、防風林、生垣などの用途がある。材は木理が細かいのでロクロ細工などに用いられる。花は夏の、実は秋の季語である。

6月中旬長崎県対馬

参考:熊本大学薬草園

シナノキ 科木	アオイ科 山地	科花 しなか	花房 開花期	〔民〕発汗薬、鎮咳、〔浴〕浴用料 〔嗽〕うがい薬

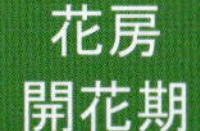

花房を乾燥させ発汗薬・鎮咳剤に

[生育地と植物の特徴]

日本固有種。北海道、本州、四国、九州の山地に生える落葉高木。幹は大きく茂り、若い枝は初め淡褐色の毛があるが、のち無毛となる。葉は互生し、2～6cmの長い葉柄を持ち、円状ハート形、縁には鋸歯がある。花序軸の基部が途中まで合着する。夏に散房状集散花序を出し、香りのよい淡黄色の小さな花をつける。萼片と花弁は5枚ずつ、雄蕊多数、仮雄蕊5本、雌蕊1本を持つ。

[採取時期・製法・薬効]

花房を開花期に採集し乾燥させ菩提樹花の代用とする。成分はファルネソール、粘液、タンニン。

❖発汗薬、鎮咳剤に
菩提樹花のように、民間で発汗薬として咳の時にお茶のようにして飲む。

❖浴用料に
菩提樹花の代用として浴用料に。

つぶやき

シナ布は水に強いので、酒、醤油の濾し袋、船のロープなどに用いる。材は器具、パルプ、ベニア、建材として用いられる。樹皮は靭皮繊維が強いので、織ってシナ布とした。花から採れたハチミツ(シナ蜜)は香りが良い。シナはアイヌ語の"結ぶ、しばる、くくる"からきたものと言われる。菩提樹花はヨーロッパに産するフユボダイジュ、ナツボダイジュの花序を乾燥させたもので、芳香を有する。

6月中旬徐福の里

5月上旬徐福の里

参考:牧野和漢薬草圖鑑

シャリンバイ 車輪梅	バラ科 海岸	なし	枝葉・根 随時	〔外〕打撲傷、火傷

枝葉・根を煎じて打撲傷に、生の葉を衝き潰して外用

[生育地と植物の特徴]

本州、四国、九州、沖縄、小笠原および朝鮮半島南部、台湾に分布し、海岸に生え、庭にも植えられる。樹高1～4m。枝はやや太く直線的。若い枝には、褐色の綿毛があり、2年前の枝は灰黒色。葉質は厚く、無毛。葉柄があり、互生するが、枝の先端につき輪生のように(すなわち車輪のように)見える。葉身は倒卵形、基部は広い楔形で、縁はほとんど全縁、わずかに反り返る。花期は5月。枝先に円錐花序をつけ、白色の5弁花を多数つける。花弁は5枚、雄蕊は20本、果実は球形で黒く熟す。

[採取時期・製法・薬効]

薬用部分は枝葉または根で、一年中採取できる。成分は根皮にタンニンを多量含む。

❖打撲傷に

乾燥した根15gを水400～600mlで半量に煎じて食前3回に分服する。

❖外用として打撲傷、火傷に

生の葉を衝き潰して塗布する。

❖足関節の古傷の痛みに

根を焼酎に1ヵ月ほど浸し、この車輪梅酒を朝晩食前に服用する。

つぶやき

樹皮を少量の木灰とともに煮出し、大島袖の褐色染料とする。車輪梅は、枝葉が密集して車輪のように輪生状につき、梅のような花がつくことからついた名である。

5月上旬長崎県

参考:牧野和漢薬草圖鑑

スイカズラ 忍冬	スイカズラ科 山野	【局】忍冬、【生】金銀花 にんどう、きんぎんか	葉・茎/花 開花期	〔浴〕腰痛、関節痛、〔民〕痔痛、解熱、〔漢〕漢方処方

茎葉と花とで生薬名が異なる、酒にして皮膚病予防も

[生育地と植物の特徴]

名は花冠の下部に甘い蜜があり、子供たちがこの蜜を吸っていたことに由来。北海道南部、本州、四国、九州、朝鮮半島、中国、台湾に分布。蔓性常緑樹。蔓は右巻きで細いが丈夫で枝分かれして長く伸び広がる。葉は対生し長い楕円形で縁に鋸歯がない。初夏に葉のつけ根に筒形で長い花を2個ずつ並べてつける。花の先端は5裂して上に4枚下に1枚で唇のように見える。液果は直径5～6mmの球形で2個ずつ並んでつき、9～12月に黒く熟す。種子は暗褐色で長さ約3mmの広楕円形。

[採取時期・製法・薬効]

4～5月の開花期に採取し茎と葉は刻んで天日で乾燥(忍冬)、花は陰干しで乾燥させる(金銀花)。タンニンや苦味配糖体のロガニンを含む。

❖関節痛や痔痛、浮腫の利尿に

乾燥した忍冬か金銀花一日量10gを水600mlで半量になるまで煎じ3回に分けて服用する。

❖浴用料(関節痛、腰痛、痔の痛み、あせもに)

50～100gを布袋に入れて煮出して風呂に入れ浴用料として使う。生でも乾燥したものでもよい。

[漢方原料(金銀花)**]** 托裏消毒散、八味帯下方など。

5月下旬長崎県対馬

つぶやき

冬も葉が寒を忍んで生き生きと残っているので忍冬という。管状の花をそっと引いてとると筒部の根元に甘い蜜がある。始め白色、のちに黄色に変わってしぼむ。枝先に黄、白、蕾が下からだんだんについているのを金と銀に見立てて、この花を金銀花と呼ぶ。花とホワイトリカー、蜂蜜でつくる金銀花酒もある。忍冬の花《季》夏。

参考:薬草事典、長崎の薬草、新佐賀の薬草、薬草カラー図鑑1、牧野和漢薬草圖鑑、生薬処方電子事典、徳島新聞H140516

センリョウ 千両	センリョウ科 山野、植栽	なし	枝葉 夏	〔民〕リウマチ、神経痛、風邪 〔外〕打撲傷、関節炎

枝葉を煎じて痛みに、患部に塗布して打撲傷に

[生育地と植物の特徴]

本州中部以西、四国、九州、沖縄の樹林縁に自生する常緑低木。朝鮮半島、台湾、中国、インド、マレーシアに分布。樹高は40～100cm、幹、枝は緑色で、節が隆起する。葉は長さ6～16cmの楕円形で対生、表面は滑らかでつやがあり、縁に粗い鋸歯がある。花期は7～8月、枝先に白い小花が固まって開き、花後直径5mmほどの果実がつく。冬になって実は鮮やかな赤～黄に熟す。

[採取時期・製法・薬効]

夏に枝葉を採って刻み、風通しの良い所で陰干しにする。成分は、フラボノイド配糖体、タンニン、精油分など。

❖リウマチ、神経痛に

乾燥枝葉を一日量として15～30gに水600mlを加えて煎じ、熱いうちに茶濾しで濾し3回に分け食後に飲む。飲むたびに温める。10日～1ヵ月で痛みが軽くなるという。

❖風邪の引き始めに

乾燥した千両の枝葉10g、防風6g、グラニュー糖2gを加え、水400mlで煎じて一日3回温めて服用する。

❖打撲痛、関節炎の痛みに

新鮮な枝葉を刻み、日本酒少量を入れた鍋で炒めるように温め、これを患部に塗布する。

つぶやき

ヤブコウジ科のカラタチバナはセンリョウに似て、中国では百両金と書く。これに対して千両である。黄色の実をつける変種キミノセンリョウがある。千両《季》冬。

12月下旬長崎県

キミノセンリョウ 12月中旬対馬

参考：薬草カラー図鑑4

トベラ 海桐花	トベラ科 海岸、植栽	なし	葉 随時	〔外〕寄生性皮膚病

葉を煎じるか衝き潰したものを寄生性皮膚病に

[生育地と植物の特徴]

本州、四国、九州、沖縄の海岸に自生する。朝鮮半島、台湾、中国にも分布する。常緑低木～小高木。下部からよく分枝し通常高さ2～3mになるが、大きいのは8mになるものもある。花期は4～6月。雌雄別株で、本年枝の先に集散花序を出し、直径2cmほどの香りの良い白い花を多数つける。葉は互生し、葉身は長さ5～10cm、幅2～3cmの倒卵形または長倒卵形。先は丸く、基部は楔型で葉柄に流れる。全縁、革質で表面に光沢がある。

[採取時期・製法・薬効]

葉を必要時に採り、水洗いして天日で乾燥させる。成分は、サポニンの一種である殺菌性のヘデラゲニンと、収斂作用のあるタンニンを含む。

❖寄生性皮膚病に

①乾燥葉10～20gを水400mlで半量に煎じて、その汁で洗う。②枝葉をよく衝き潰したものを患部に塗布する。

つぶやき

花には芳香があるが、葉、枝、根には悪臭があり、この悪臭によって除夜の疫鬼を防ぎ除くということから、大晦日にトベラの枝を扉にさすという行事があってトビラノキとなり、さらにトベラとなった。陽当たりの良いところを好む。植栽用途は、庭木、公園樹、防風林、防潮林。葉を山羊の飼料とする用途もある。

5月上旬長崎県対馬

11月下旬長崎県対馬

参考：薬草カラー図鑑2、牧野和漢薬草圖鑑

ウラジロナナカマド 7月下旬北海道大雪山

ホザキナナカマド 7月下旬北海道大学植物園

ナナカマド 七竈	バラ科 山地	【生'】ナナカマド	樹皮・小枝 随時	〔民〕下痢、膀胱疾患、〔外〕疥癬、たむし、湿疹、あせも、〔食〕果実酒

内服にも外用薬にも

[生育地と植物の特徴]

材質が硬くて燃えにくいので竈に7度入れてもまだ燃え残りが出るという意味があると言われているが、質が硬くて堅炭で極上炭をつくる工程で蒸し焼きを含め7日間を要するのでこの名となったという説もある。北海道から九州までの山地に自生する落葉高木。朝鮮半島、サハリン、千島列島南に分布する。幹は直立に伸び、高さ約10m、樹皮は濃い黒褐色から灰色。葉は奇数羽状複葉、小葉は9～15枚つき、小葉は披針形、縁に鋭い鋸歯があって無毛。花期は6～7月。白色の小花多数を枝先に散房状につける。花径は6～10mm、萼は先端が5裂し、花弁は5枚、内側に短い毛が生える。雄蕊20個は、花弁とほぼ同じ長さ。果実は径約5mmの球形で、秋に熟して赤くなる。

[採取時期・製法・薬効]

樹皮は用時に必要量だけを採取して新鮮なものを用いる。成分は、樹皮に青酸配糖体のアミグダリンを含む。

❖下痢、膀胱疾患に

一回量約10gを水600～800mlで3分の1に煎じて飲む。

❖疥癬、あせもに

上記のように約10gを水600～800mlで3分の1に煎じ、この煎液で患部を洗う。

実 12月下旬新潟県

ナナカマド 5月中旬岐阜県

つぶやき

同じバラ科のウメ、アンズ、モモなどの種子の中にアミグダリンを含むことは早くから知られているが、樹皮に含まれるのは珍らしい。北海道のアイヌは悪い病気が流行するときに、この枝を戸口や窓に置いたり、水桶に浸したり、家の中でたき火にして煙を充満させたりするという。樹皮成分との関係であろう。果実は生食には向かない。七竈《季》秋。

参考：薬薬草カラー図鑑3、バイブル 、牧野和漢薬草圖鑑

ニシキギ 錦木	ニシキギ科 山野	【生'】衛矛 えいぼう	枝の翼/果実 初夏/秋	〔外〕とげ抜き、打撲傷、毛ジラミ

とげ抜きの妙療法

[生育地と植物の特徴]

紅葉し錦のように艶やかなので錦木となった。北海道、本州、四国、九州、サハリン、ウスリー、朝鮮半島、中国東北部に分布。山地の林内に自生する落葉低木で庭にも植栽される。春になり茎が伸び、柄の長い白色十字形の小花が穂の下部から順々に咲きのぼる。越年生で秋に発芽し春に茎が立ち開花する。

[採取時期・製法・薬効]

樹皮を初夏に剥ぎ水洗いし天日で乾燥させる(衛矛)。

❖刺抜きに

枝の翼の部分を黒焼きにしたものを飯粒に混ぜ患部に塗っておく。また、ニシキギの翼のほかにネムノキの樹皮も黒焼きにして一緒に粉にし米粒に混ぜて貼っておく。これは我が国独特の療法である〔PC〕。

❖腹痛、月経不順に

衛矛一日量15～20gに水400mlで3分の1量に煎じて3回に分けて食間に服用する。

❖打撲に

樹皮5～10gを水300mlで半量になるまで煎じ、一日3回に分けて飲む。

つぶやき

枝には堅いコルク質の翼があり、中国ではこれを矛に見立てて衛矛の名となった。秋に紅葉する。果実は吐き気や下痢、腹痛を起こすとも言われており、果実は食べない方がよい。錦木《季》秋。

ニシキギ 6月下旬長崎県

ニシキギの翼 1月上旬長崎県

参考：長崎の薬草、宮崎の薬草、薬草カラー図鑑2、牧野和漢薬草圖鑑

ニッケイ 肉桂	クスノキ科 植栽	【生】肉桂 にっけい	根皮/葉 初夏/随時	〔浴〕神経痛、五十肩、腰痛、 〔香〕賦香料、香辛料

健胃・強壮作用に薬効、五十肩や腰痛改善も

[生育地と植物の特徴]

中国原産の常緑高木。日本に植栽されているものは、葉の表面の光沢、裏面の白色、葉脈が3つに分れることは同じであるが、中国産に比べて葉が小さく厚みがあり、より光沢がある。お菓子の材料や漢方原料の桂皮の代用として栽培されていたが中国や東南アジア産の桂皮に押されて廃れた。根皮を束ね祭の屋台で売ってあった。

[採取時期・製法・薬効]

5～6月、なるべく小さな根を掘り採り、水洗いしてから叩いて皮を剥がして天日で乾燥させる。葉は用時に採取。根を噛むと味覚を正常にし、口臭を消す。

❖五十肩、腰痛に

陰干しした葉を布の袋に入れて、風呂に入れる。

❖香辛料に

セイロン島が原産のセイロン肉桂の幹や根の皮を乾かしたものがシナモンで、独特の甘味と辛味があり、香辛料やハーブ茶に用いられる。内服薬になることはない。

つぶやき

生薬の肉桂は、根皮の乾燥品で、薬用としてでなく専ら賦香料として用いられる。通称ニッキで、ニッキ玉(飴玉)やニッキ水のニッキである。また、菓子の"八橋"に使用されている。これも最近ではセイロン産である。

9月下旬島原薬草園

参考：薬草カラー図鑑1、牧野和漢薬草圖鑑、生薬処方電子事典、徳島新聞H220804

ノリウツギ 糊空木	アジサイ科 山野	なし	樹皮 夏	〔外〕疥癬、女性の染髪料

樹皮を煎じて疥癬に

[生育地と植物の特徴]

北海道より九州の平野部から山地の陽当たりの良いところに自生する落葉低木。千島列島南、サハリン、中国に分布。樹皮は灰褐色で、内皮には粘液が多い。葉は対生し、広卵形～卵状楕円形で、先端が急に狭くなり、更に先端が尖る。縁に鋸歯あり。花期は7～8月。白色花をその年に伸びた枝先の大形の円錐花序につける。花序の周辺には大形の白い装飾花がつくが、これは中性花とも呼ばれて結実しない。花弁ではなく萼片4枚である。両性花は小さく、花弁5枚、雄蕊10個、花柱は3個。

[採取時期・製法・薬効]

夏に樹皮を採り、内皮部分を天日で乾燥させてから粉末とする。また、樹皮をそのまま刻んで天日で乾燥させる。内皮に粘液質、葉茎にプロトカテキュ酸、カフェー酸、フェルラ酸などのフェノール性物質を含んでいる。

❖疥癬に

樹皮を煎じて、その汁で洗う。

❖女性の染髪に

内皮の粉末を木綿の袋に入れ、湯で染髪すると、毛髪にうるおいと艶が出る。

つぶやき

樹皮と木質部の間の厚く柔らかい部分が内皮であるが、これを採って水に漬けると糊がとれる。和紙をすく糊に用いられることからこの名となった。トロロアオイの糊より腐りにくいという利点がある。

8月中旬熊本県

参考：薬草カラー図鑑3、牧野和漢薬草圖鑑

パパイア Papaya	パパイア科 植栽	番木瓜葉/番木瓜 ばんもくかよう/ばんもくか	葉/果実 随時/夏	〔民〕強心/腹痛 〔外〕寄生性皮膚病

葉と果実を煎じて強心薬と胃痛・下痢止めに

[生育地と植物の特徴]

熱帯アメリカ原産で、世界各地の熱帯、亜熱帯地方で植栽される常緑高木。樹高約10m。葉は幹の上部に束生。6～11片に深裂、葉柄は非常に長い。一般に雌雄別株であるが両性花を着けるものもある。雄花は葉腋に出た穂状花序に多数つき、雌花は単生または散房状につく。果実は倒卵形または楕円形で黄または橙色に熟す。

[採取時期・製法・薬効]

薬用になるのは葉（番木瓜葉ばんもくかよう）、果実（ばんもくか）である。葉にはアルカロイドのカルパイン、未熟果実にはタンパク分解酵素のパパインが含まれる。

❖強心薬に

ジギタリスの代用として番木瓜葉一日量0.01～0.025gを用いる。

❖胃痛、下痢止に

成熟した果実の汁をしぼり、一回に40～60mlを新鮮なうちにそのまま飲む。沖縄の民間療法である。

❖そばかす、にきび、湿疹、寄生性皮膚病（疥癬）に

未熟果の果汁を直接患部に塗る。

つぶやき

パパイアの果実は生食のほか、若い果実は煮て食べ、また汁の具、酢漬け、塩漬け、砂糖漬けなどにする。

5月下旬内藤薬草園

参考：薬草カラー図鑑3、牧野和漢薬草圖鑑

ハリエンジュ 針槐	マメ科 林縁、植栽	なし	花蕾/葉・根 初夏/夏	〔民〕利尿 〔外〕止血、〔食〕花穂の天婦羅

花穂を煎じて利尿に、生の葉の汁を止血に

[生育地と植物の特徴]

北米原産の落葉高木。明治の初めに輸入されて、東京練兵場に植えられたのが全国に広まり各地の林縁や河原に野生化している。葉は9〜17枚の小葉を持つ奇数羽状複葉で柄の基部に托葉の変化した刺がある。4〜5月白い蝶形花を房状につけて垂れ開花すると芳香がある。

[採取時期・製法・薬効]

花は春から初夏、蕾の時に房ごと採取して天日で乾燥させる。樹皮も同じ頃に採取して、日干しにする。葉はそのまま使用する。成分は、葉にアカシイン、クエルセチン、花にロビニンを含んでいる。

❖利尿に

生の葉を蒸して、火の上で炙りながら揉んで乾燥させる。お茶代わりに飲む。樹皮は、一日量5〜10gを水600mlで半量に煎じて3回に分けて飲む。花穂も一日量10gを同様に煎じて服用する。

❖止血に

生の葉を揉んで、その汁をつける。

つぶやき

エンジュとハリエンジュは似ているが、刺があるからハリエンジュである。前者の花は黄白色、後者は白色である。名には変遷がみられる。渡来当時の明治11年には明石屋樹(あかしやじゅ)の和名で登場したが、明治19年に、植物学者の松村任三はハリエンジュ、間もなく、林学者の本多靜六はニセアカシアと命名した。

5月中旬長崎駅近くの街路樹

参考:薬草カラー図鑑3

ビヨウヤナギ 未央柳・美容柳	オトギリソウ科 庭園	金絲海棠 きんしかいどう	枝葉・花 夏	〔民〕腰痛、利尿、結石症、婦人病、〔外〕虫刺され、〔浴〕腰痛

茎葉を煎じて婦人病に、根は浴用料に

[生育地と植物の特徴]

美容柳は、花の姿が美しく葉が柳に似ていることからつけられた。中国、台湾に分布。日本には江戸時代の終わり頃の宝永5年(1708)に観賞用の庭木として渡来し、人家、公園に植えられている。半落葉、半耐寒性の小低木で、樹高1mほど。キンシバイ、オトギリソウとは同科同属で植物体のつくりが基本的に同じ。花はキンシバイより一回り大きく、雄蕊がとても長くて多数、基部は5つの束になる。実もできるが数が少ないので繁殖力が弱い。

[採取時期・製法・薬効]

夏から秋に茎葉を摘み採り、洗って細かく刻み天日で乾燥させる。

❖結石症に

茎葉1掴みを煎じてお茶代わりに飲む。

❖生理痛、生理不順、つわり、血の道に

茎葉10〜15gを600mlの水で半量に煎じ一日数回に分けて飲む。

❖腰痛に

地上部の乾燥したもの5〜10gを一日量として水600mlで煎じ、これを数回に分けて服用する。また、乾燥した根の2掴みを布袋に詰めて浴槽に入れ、入浴する。

❖虫刺されに

生の根をすり下ろし、患部に擦り込むように塗る。

つぶやき

日本の山野に自生するものではない。北原白秋の和歌に、"君を見て　びやうのやなぎ　薫るごとき　胸さわぎをば　おぼえそめにき"と美人に例えたのがあり、古く唐の玄宗皇帝はその妃(きさき)楊貴妃の美しさを未央の柳にたとえている。茎は細く、妻楊枝に最適である。

6月上旬長崎県

参考:長崎の薬草、薬草カラー図鑑4

フウ 楓	マンサク科 植栽	【生'】楓香脂 ふうこうし	樹脂 7月～3月	〔外〕疥癬

樹脂が疥癬の治療に用いられる

[生育地と植物の特徴]

中国の黄河より南、西は四川省、南は広東まで、また台湾にも産する。我が国には享保12年(1727)将軍吉宗の頃に中国より渡来した。落葉高木で、樹高20～30m、樹幹の直径は胸の高さで約1m、樹皮は灰褐色。葉は長さ、幅とも10～12cm、3裂し裂片は広卵形で三角状、先端は鋭く尖る。縁に細かい鋸歯があり、洋紙質、両面とも無毛。雌雄同株で、花期は4月、単性で花被はない。雄花は淡黄緑色、雄蕊多数が密生し球状となり総状花序につく。雌花は球形の頭状花序となり、短枝の先の葉腋に、長い花柄によって下垂する。蒴果は長楕円形のものが多数球状に集合し、淡褐色。

[採取時期・製法・薬効]

20年以上の大木を選び、7～8月の暑い時期に樹皮を開き、11月～翌年3月の間に流出する樹脂を採り自然乾燥か天日で乾燥させる。乾燥した樹脂は淡黄色で半透明の球形顆粒、香りが良い。芳香性成分は、桂皮酸、桂アルコール、ボルネオール。樹皮には約10%のタンニン、葉にはタンニン、カンフェンを主成分とする精油を含む。

❖疥癬に

楓香脂少量をオリーブ油で溶かし、患部に直接塗る。

つぶやき

フウとカエデが大きく異なるのはカエデでは葉が対生しているのに対し、フウは互生である。中国では、果実を採取し天日で乾燥させて、月経不順、利尿に用いる。

12月下旬長崎県

参考：薬草カラー図鑑4、牧野和漢薬草圖鑑

フウトウカズラ 風藤葛	コショウ科 山野	【生'】風藤 ふうとう	葉 春	〔浴〕腰痛

腰痛に浴用料として

[生育地と植物の特徴]

中国南部に産する"細葉青蔞藤"の茎葉を乾燥した生薬の名である"風藤"からフウトウカズラの和名となった。関東南部より、四国、九州、沖縄までの暖地の海洋に近い樹林の中や縁に自生する常緑の蔓性木本。雌雄別株。朝鮮半島南部、台湾、中国南部の福建、浙江、広東各省に分布する。蔓は緑色。葉は長卵形で厚く、暗緑色で、光沢はなく、先端はとがり、基部は浅くハート形で、互生する。若葉は、裏面に短毛が生えるが、成葉は無毛となる。花期は5～6月。長さ約8cmの黄色の花穂を垂れる。雄花、雌花ともに花被はなく、花軸に半ば凹入するように入る。12月頃、果実は赤く熟し辛みはない。

[採取時期・製法・薬効]

用時に、葉をつけた蔓をとり、細かく刻んでから陰干しにする。アミド体のフウトウアミドが知られる。

❖浴用料(腰痛に)

乾燥したものを約100g、木綿の袋に入れて、風呂を沸かして入浴する。

つぶやき

'和漢三才図会'に、「南藤は能く諸風を治すので、風藤の名がある」としている。諸風とは、神経痛、リウマチ、腰痛などの痛みのある病気を指したもの。沖縄地方では、風邪、神経痛、リウマチに茎葉を水で煎じて服用するとか、打撲傷などには葉を煎じた汁で患部を洗う。または湿布するという民間療法がある。

花穂 5月上旬鹿児島県

果実 2月上旬長崎県

参考：薬草カラー図鑑3、バイブル、牧野和漢薬草圖鑑

ムラサキシキブ 紫式部	シソ科 山地、草原、植栽	【生'】紫珠 しじゅ	葉 随時	〔外〕寄生性皮膚病

生の葉を寄生性皮膚病に、なお魚毒作用あり

[生育地と植物の特徴]

越谷吾山著の'方言辞書物類称呼'安永4年(1775)の中に「玉紫(たまむらさき)。京にてムラサキシキミという」とあり、これが転訛してムラサキシキブになったという。このシキミは重実と書き、実が枝に重くつく意である。北海道南部、本州、四国、九州、沖縄、朝鮮半島、中国、台湾に分布。山地の林縁や路傍に自生する樹高1.5〜3mの落葉低木。葉は短い柄で対生し長さ6〜12cm。花期は6〜7月。葉の付け根に淡紫色の小花を群がりつける。10〜11月に球形の果実が紫色に熟す。少し小形のコムラサキは庭によく植えられ、同様に用いる。

[採取時期・製法・薬効]

春から夏、用時に葉を摘んで水洗いしそのまま用いる。トリメトオキシ、テトラオキシのフラボン、オレアノール酸。フラボンには魚毒作用がある。

❖寄生性皮膚病に

生の葉をすり潰して絞った汁を患部に塗る。

6月下旬長崎県諫早市

12月中旬鹿児島県

つぶやき

ムラサキシキブの幹はまっすぐ伸びて強く、金槌などの道具の柄、杖、箸、傘の柄に用いられた。特殊な用途として、火縄銃の銃身掃除や弾丸込めの唐子棒に使われた。南太平洋のヤップ島やパラオ島の住民は、野生のムラサキシキブの枝付葉を採取し、小川の上流で小石で叩き、この汁を流して魚を採っている。ムラサキシキブは魚毒植物であるが、水に浮いた魚は人には無害である。

参考:宮崎の薬草、薬草カラー図鑑4、牧野和漢薬草圖鑑

モッコク 木斛	サカキ科 暖地の海岸、庭木	なし	樹皮/葉 夏/随時	〔民〕食あたり、〔外〕痔、〔染〕染料

煎じた液を食あたりに、同じ煎液を外用して痔に

[生育地と植物の特徴]

関東以西、四国、九州、沖縄に自生する常緑低木。台湾、済州島、中国、東南アジアに分布。暖地の海岸に自生するが、庭木としても普通に見られる。樹高1.5m、枝は2〜3本に分枝する。葉は互生、革質で厚く、長楕円状倒卵形、毛はなくて全縁。6〜7月、長い花柄の先に白色5弁花が下向きに咲き、芳香がある。萼片5個、雄蕊多数。

[採取時期・製法・薬効]

樹皮は夏の土用の頃に採取するのが良い。葉は、必要時に採取し、樹皮も葉も天日で乾燥させる。成分は、樹皮にはタンニンを含むが、葉の成分については不詳。

❖食あたりに

乾燥した樹皮は一回量3〜6gを水400mlで半量に煎じて服用する。

❖痔に

乾燥葉一回量5〜10gを水600mlで3分の1量に煎じ、この煎液で患部を洗う。

❖染料に

樹皮を煮出して、硫酸第一鉄を媒染剤にし、天然繊維を染める。

6月上旬長崎県

つぶやき

樹形が良いので、古くから庭木として植えられている。縁起をかつぐ人は、これにセンリョウ、マンリョウを加え、アリドオシを添えて庭造りをする。千両、万両のお金が木の斛(ます)に有り通しとなり、おめでたい樹木である。

参考:薬草カラー図鑑3

(オオバ)ヤシャブシ (大葉)夜叉五倍子	カバノキ科 山野	なし	果実 6月	〔外〕火傷、凍傷

果実を火傷・凍傷に

[生育地と植物の特徴]

オオバヤシャブシは関東地方から伊豆七島・紀伊半島に至る海岸地帯や、丘陵地に自生する。類似種のヤシャブシは本州、四国、九州などに分布するが、海岸線から離れた山地にも多い。ヤシャブシの葉は長さ4～10cm、幅2～4cm、葉柄は7～12mmであるが、オオバヤシャブシは葉の長さが6～12cmなど、全てがヤシャブシよりも大きい。どちらも日本固有種。オオバヤシャブシの毬果は、一箇所より1つ付き、ヤシャブシは2つ付く。毬果は楕円形で、硬く木化した鱗片が重なってできているものである。

[採取時期・製法・薬効]

5～6月頃、果実を採り、天日で乾燥させる。成分は、果実にタンニン25～27%を含む。

❖火傷、凍傷に

果実約15～25gを水500mlで煮て、沸騰したら2～3分後に火を止め、冷め加減の時に、煎液で軽く洗う。一日数回行う。

つぶやき

ヤシャブシは漢字で書けば夜叉五倍子。果実に特に多量のタンニンを含むので、五倍子の名を付け、楕円形の果実を鬼神の顔に見立てて、夜叉と名付けたもの。根に根瘤がありやせ地に生育するので、砂防工事に植えられる。果実はタンニン性染剤として漁網、釣り糸の染色に、家具特に桐タンスの仕上げに、煎液と砥の粉を媒染剤に用いる。

ヤシャブシ 11月上旬長崎県対馬

ヤシャブシ11月上旬長崎県対馬

参考:薬草カラー図鑑2、牧野和漢薬草圖鑑

ヤツデ 八手	ウコギ科 海に近い山林	【生’】八角金盤 はっかくきんばん	葉 葉・根	〔民〕去痰、〔浴〕リウマチ, 神経痛 腹痛、下痢

乾燥葉を浴用料に

[生育地と植物の特徴]

名は葉が8つに裂けた手のようであることから。必ずしも8つではなく7～9裂である。日本固有種。本州(茨城県以南)の太平洋側、四国、九州、沖縄に分布する。海岸沿いの林中や丘陵に自生する常緑低木。半日陰地～日陰地を好み庭にもよく植えられている。花期は11～12月。枝先に小さな白い花を球形に沢山つける。その後果実をつけ翌年4月頃に黒く熟す。

[採取時期・製法・薬効]

葉を用時に採取する。葉が厚く乾燥しにくいので、洗った後細かく刻み、天日で充分に乾燥させる。

❖去痰に

乾燥した葉一日量3～8gを水200mlで半量になるまで煎じ3回に分けて飲む。雌液でうがいする。

❖リウマチの痛みに

乾燥葉の2掴みを風呂に入れ浴用料として使う。

つぶやき

別名テングノハウチワ、佐賀県ではナマコシバ。ナマコシバは篭にヤツデの葉を敷き、ナマコを入れて売り歩いていたからという。葉の成分には魚毒作用あり、かつて魚の捕獲に使用された。貝原益軒の‘大和本草’にも「毒ありという」と記載されている。庭の片隅に植えられているのは“魔よけ”である。八手の花《季》冬。

11月中旬長崎県

9月上旬京都府

参考:薬草事典、新佐賀の薬草、宮崎の薬草、薬草カラー図鑑1、牧野和漢薬草圖鑑

ヤマブキ/シロヤマブキ 山吹/白山吹	バラ科 川の縁、山の斜面	【生'】棣棠花、棣棠 ていとうか、ていとう	全草 随時	〔民〕止血

ヤマブキは止血に、シロヤマブキは虚弱体質に

[生育地と植物の特徴]

北海道から九州まで、各地の山間の小川の縁や山の斜面などに、ときに群生する落葉低木。花が美しいので植栽もされる。沖縄では自生はないが、栽培はされている。中国、朝鮮半島にも分布。花期は4～5月。萼片5個、花弁は黄色で5個、雄蕊は多数、果実は5個できるが、全部は成熟しない。ヤエヤマブキは結実しない。シロヤマブキは中国原産。観賞用として中国から渡来。我が国では野生種はない。

[採取時期・製法・薬効]

夏の開花期に花のみを採り、天日で乾燥させる。成分はカロチノドのヘレニエン、ルテイン、その他パルミチン酸など。

❖止血に

我が国では古くから民間薬として使用されてきた。切り傷などの止血に乾燥した花を揉み、この3分の1量の煎茶を加え、煎液の冷めかげんのもので患部を洗う。

❖虚弱体質の改善や老化予防に

シロヤマブキの果実を採取し天日で乾燥させる。乾燥した果実20～30gに水200mlを加えて熱し沸騰したら火を止め温かいうちに茶こしで濾して食前に飲む。

つぶやき

シロヤマブキは、葉や全体の形がヤマブキに似て白い花を咲かせるが、花弁が4枚である。ヤマブキと同じバラ科だが属の違う別の植物である。山吹《季》春。

ヤマブキ 3月中旬長崎県

シロヤマブキ 6月上旬Siebold薬草園

参考：薬草カラー図鑑3,4

ユズリハ 譲葉/交譲葉	ユズリハ科 内陸の山林	【生'】交譲木 こうじょうぼく	樹皮・葉 随時	〔外〕でき物、〔虫〕駆虫 運動麻痺、呼吸麻痺、心臓麻痺

樹皮・葉は煎じて外用するが有毒であり内服は危険

[生育地と植物の特徴]

福島県以南の各地に自生。朝鮮半島から中国に分布。海岸線から離れた内陸に生える。常緑低木で樹高4～10m。葉の寿命は2年余りで、初夏に新葉が開けば一年葉、二年葉とともに段をなす。二年葉は夏～秋に落葉する。古い葉の親が子どもの成長を見届けてから落葉しているように見えることから譲葉（ゆずりは）という。雌雄別株。花期は5～6月。

[採取時期・製法・薬効]

用時に樹皮、葉を採取し、水洗いしてから、風通しの良い所で天日で乾燥させる（交譲木）。成分は、樹皮や葉には殺菌作用のあるアルカロイドのダフニマクリンを含み、樹皮にはタンニンを含んでいる。

❖でき物に

樹皮10g、または葉の乾燥したもの約10gを水300mlで、3分の1量まで煎じ、この煎液で患部を洗う。

❖駆虫に

交譲木一日量2～3gに水200mlを加え3分の1量に煎じて3回に分けて服用する。家畜、ネコ、イヌなどの駆虫には、この煎液で洗浄する。

つぶやき

正月の賀具に使われるが、旧年から新年への入れ替わりが鮮やかでありたいという願いが込められている。

10月下旬佐賀県徐福の里

参考：薬草カラー図鑑2、牧野和漢薬草圖鑑

鎮痛に使われる薬用植物

鎮痛に使われる薬用植物には煎じて内服するもの、生のまま或いは煎液を外用するものがある。生のまま用いる時は狭義では生薬として扱わないが、生薬名を持つ薬草もある。また、入浴料として使用されるものは、生薬の持つ薬効に温熱効果も期待しているものと思われる。

植物名	生薬名	薬用部	用途	内服・外用	頁
アオツヅラフジ	木防已	蔓・根茎	神経痛、リウマチ	内服、浴用	164
アボカド	なし	種子	神経痛	内服	266
ウド	独活	根	神経痛、リウマチ、頭痛、歯痛	内服、浴用	190
ウリノキ	大空	根茎	リウマチ、腰痛、打撲傷	内服、外用、浴用	167
オオイタビ	絡石藤	葉・茎・枝	リウマチ、打撲傷	内服	234
オオツヅラフジ	防已	蔓茎	リウマチ、神経痛、関節炎	内服	234
カザグルマ	和威霊仙	根・根茎	リウマチ、神経痛	内服	243
クガイソウ	草本威霊仙	根茎	関節炎、リウマチ	内服	70
クサギ	臭梧桐	葉	リウマチ	内服	121
クサフジ	透骨草	全草	リウマチ	内服、外用	71
ゲッケイジュ	月桂樹	葉	リウマチ、神経痛	内服	276
ジュズダマ	川穀根	根	神経痛、リウマチ、肩こり	内服	76
スイカズラ	忍冬/金銀花	茎葉/花	関節痛、腰痛、痔痛	内服、浴用	172
センリョウ	なし	枝葉	神経痛、リウマチ	内服	173
テッセン	和威霊仙	根・根茎	リウマチ、神経痛	内服	243
ニリンソウ	なし	根茎	リウマチ	内服	89
ノアザミ	大薊	根	神経痛	内服	90
ノブドウ	蛇葡萄	根・茎葉・果実	関節痛、歯痛	内服、外用	45
ハトムギ	薏苡仁	種子	神経痛、リウマチ	内服	25
ビヨウヤナギ	金絲海棠	地上部	腰痛、利尿、結石	内服、浴用	177
リョウブ	なし	若葉	腰痛、リウマチ、神経痛	令法飯	133
アサツキ	胡葱	鱗茎	痛風、筋肉痛	外用	57
キハダ	黄柏	樹皮	腰痛、関節痛、打撲痛	外用	237
キョウチクトウ	夾竹桃葉	葉	打撲痛	外用	169
キランソウ	キランソウ	地上部	肩こり、神経痛	外用	69
ツルボ	綿棗児	鱗茎	腰痛、関節痛、打撲、乳房の腫れ	外用	151
ハリギリ	なし	根皮	リウマチ、打撲、捻挫	外用	129
ビワ	枇杷葉	葉	神経痛、関節痛	外用	245
マムシグサ	天南星	鱗茎	リウマチ、神経痛、肩こり	外用	224
カミツレ	なし	花	リウマチ	浴用	21
キツネノマゴ	爵床	地上部	腰痛、関節痛、リウマチ	浴用	143
キンモクセイ	なし	花	神経痛、リウマチ、筋肉痛	浴用	42
シシウド	独活	根茎	リウマチ、神経痛、冷え性	浴用	207
ショウブ	菖蒲根	根茎	神経痛、リウマチ	浴用	14
セリ	水芹	茎葉	神経痛、リウマチ	浴用	10
ソクズ	蒴藋	地上部	神経痛、リウマチ	浴用	79
ダイコン	なし	葉	神経痛、冷え性	浴用	13
ニッケイ	肉桂	葉	五十肩、神経痛、腰痛	浴用	175
ニワトコ	接骨木	葉	リウマチ、神経痛	浴用	244
ネコヤナギ	細柱柳	樹皮・根	リウマチ	浴用	126
ノダケ	前胡	葉	神経痛、冷え性	浴用	218
ハマゴウ	蔓荊子	果実・茎葉	神経痛、関節痛	浴用	46
フウトウカズラ	風藤	葉	腰痛	浴用	178
ホオズキ	酸漿根	全草・根	リウマチ、神経痛	浴用	100
ヤクシソウ	なし	地上部	リウマチ、神経痛	浴用	107
ヤツデ	八角金盤	葉	リウマチ、神経痛	浴用	180
ユズ	柚	果実	リウマチ、神経痛	浴用	50
ヨモギ	艾葉	葉	腰痛、痔痛	浴用	229

第III章3項 漢方原料

植物名	分類　生薬名	よみ	頁	植物名	分類　生薬名	よみ	頁
アオツヅラフジ	【生】木防已	もくぼうい	164	カギカズラ	【局】釣藤	ちょうとう	235
アオノクマタケラン	【生】伊豆縮砂	いずしゅくしゃ	185	カキドオシ	【生】連銭草	れんせんそう	19
アカキナノキ	【生】規那	きな	266	カザグルマ	【生】和威霊仙	わいれいせん	243
アカネ	【生】茜草根	せいそうこん	185	ガジュツ	【局】莪朮	がじゅつ	268
アカマツ	【生】松香	しょうこう	30	カシワ	【局】樸樕	ぼくそく	117
アカメガシワ	【局】アカメガシワ	あかめがしわ	113	カノコソウ	【局】カノコソウ	かのこそう	197
アケビ	【局】木通	もくつう	232	ガマ	【生】蒲黄	ほおう	196
アサガオ	【局】牽牛子	けんごし	186	カラスビシャク	【局】半夏	はんげ	197
アマ	【生】亜麻仁	あまにん	267	カラタチ	【局】枳実	きじつ	235
アマチャ	【局】甘茶	あまちゃ	14	カリン	【生】和木瓜	わもっか	40
アマドコロ	【生】玉竹	ぎょくちく	33	カワミドリ	【局】藿香	かっこう	199
アマナ	【生】山慈姑	さんじこ	32	カワラナデシコ	【生】瞿麦草	くばくそう	17
アロエ	【局】アロエ	あろえ	186	カワラヨモギ	【局】茵蔯蒿	いんちんこう	199
アミガサユリ	【局】貝母	ばいも	267	キカラスウリ	【局】栝楼根	かろこん	200
アンズ	【局】杏仁	きょうにん	233	キカラスウリ	【生】栝楼仁	かろにん	200
イ	【生】燈心草	とうしんそう	187	キキョウ	【局】桔梗	ききょう	18
イカリソウ	【局】淫羊藿	いんようかく	34	キク	【局】菊花	きくか	201
イタドリ	【生】虎杖根	こじょうこん	60	キササゲ	【局】梓実	きささげ	119
イチヤクソウ	【生】鹿蹄草	ろくていそう	139	キハダ	【局】黄柏	おうばく	237
イチョウ	【生】銀杏	ぎんきょう	112	キバナオウギ	【局】黄耆	おうぎ	275
イトヒメハギ	【局】遠志	おんじ	269	キランソウ	【生】キランソウ	きらんそう	69
イヌザンショウ	【生】犬山椒	いぬざんしょう	233	キンバイザサ	【生】仙茅	せんぼう	201
イヌナズナ	【生】葶藶子	ていれきし	187	キンミズヒキ	【生】仙鶴草	せんかくそう	70
イノコズチ	【局】牛膝	ごしつ	188	クコ	【局】地骨皮	じこっぴ	237
イブキトラノオ	【生】拳参	けんじん	62	クコ	【局】枸杞子	くこし	237
イワタバコ	【生】岩苣	いわぢしゃ	62	クコ	【生】枸杞葉	くこよう	237
ウイキョウ	【局】茴香	ういきょう	269	クサスギカズラ	【局】天門冬	てんもんどう	202
ウキクサ	【生】浮萍	ふひょう	188	クサボケ	【生】木瓜	もっか	46
ウコン	【局】鬱金	うこん	268	クズ	【局】葛根	かっこん	17
ウスバサイシン	【局】細辛	さいしん	189	クズ	【生】葛花	かっか	17
ウツボグサ	【局】夏枯草	かごそう	189	クスノキ	【生】樟脳	しょうのう	307
ウド	【局】独活	どっかつ	190	クチナシ	【局】山梔子	さんしし	238
ウド	【生】和羌活	わきょうかつ	190	クマツヅラ	【生】馬鞭草	ばべんそう	145
ウマノスズクサ	【生】馬兜鈴	ばとうれい	190	クララ	【局】苦参	くじん	202
ウマノスズクサ	【生】青木香	せいもっこう	190	ケイガイ	【局】荊芥	けいがい	276
ウラルカンゾウ	【局】甘草	かんぞう	270	ケイトウ	【生】鶏冠花	けいかんか	73
ウンシュウミカン	【局】陳皮	ちんぴ	248	ケシ	【局】アヘン末	あへんまつ	296
ウンシュウミカン	【局】枳実	きじつ	248	ゲンノショウコ	【局】ゲンノショウコ	げんのしょうこ	72
エゾエンゴサク	【局】延胡策	えんごさく	191	ケンポナシ	【生】枳椇子	きぐし	277
エビスグサ	【局】決明子	けつめいし	272	コウホネ	【局】川骨	せんこつ	203
エンジュ	【生】槐花	かいか	305	コオニユリ	【局】百合	びゃくごう	195
オオイタビ	【生】絡石藤	らくせきとう	234	コガネバナ	【局】黄芩	おうごん	277
オオイタビ	【生】王不留行	おおふるぎょう	234	ゴシュユ	【局】呉茱萸	ごしゅゆ	278
オオバコ	【局】車前草	しゃぜんそう	192	コブシ	【局】辛夷	しんい	236
オオバコ	【局】車前子	しゃぜんし	192	コノテガシワ	【生】柏子仁	はくしにん	238
オオツヅラフジ	【局】防已	ぼうい	234	コノテガシワ	【生】側柏葉	そくはくよう	238
オカウコギ	【生】五加皮	ごかひ	26	ゴボウ	【局】牛蒡子	ごぼうし	203
オキナグサ	【生】白頭翁	はくとうおう	193	ゴマ	【局】胡麻	ごま	205
オケラ	【局】白朮	びゃくじゅつ	194	ゴマノハグサ	【生】玄参	げんじん	278
オケラ	【局】蒼朮	そうじゅつ	194	コリアンダー	【生】胡荽子	こずいし	279
オタネニンジン	【局】紅参	こうじん	271	サイハイラン	【生】山慈姑	さんじこ	74
オタネニンジン	【局】人参	にんじん	271	サイヨウシャジン	【生】沙参	しゃじん	205
オトギリソウ	【生】小連翹	しょうれんぎょう	140	サクラ	【生】桜皮	おうひ	308
オトコエシ	【生】敗醤草	はいしょうそう	16	サジオモダカ	【局】沢瀉	たくしゃ	204
オドリコソウ	【生】続断	ぞくだん	66	サネブトナツメ	【局】酸棗仁	さんそうにん	279
オナモミ	【生】蒼耳子	そうじし	191	サフラン	【局】サフラン	さふらん	24
オニノヤガラ	【局】天麻	てんま	193	サラシナショウマ	【局】升麻	しょうま	206
オニバス	【生】芡実	けんじつ	195	サルトリイバラ	【局】山帰来	さんきらい	122
オニユリ	【局】百合	びゃくごう	195	サンザシ	【局】山査子	さんざし	239
オミナエシ	【生】敗醤草	はいしょうそう	16	サンシュユ	【局】山茱萸	さんしゅゆ	239
オリーブ	【局】オリーブ油	おりーぶゆ	273	サンショウ	【局】山椒	さんしょう	240
カイケイジオウ	【局】地黄	じおう	273	シオン	【生】紫苑	しおん	207
カキ	【生】柿蔕	してい	27	ジギタリス	【生】ジギタリス	じぎたりす	297

アオノクマタケラン 青野熊竹蘭	ショウガ科 沿岸域	【生】(黒手)伊豆縮砂 (くろで)いずしゅくしゃ	種子 秋	〔民〕健胃、〔香〕香辛料 〔漢〕漢方処方

アオノクマタケランは芳香性健胃剤

[生育地と植物の特徴]

クマタケランに似るが、茎に赤味がなく緑色を帯びることに由来。ラン科ではない。関東以南の本州、四国、九州、沖縄、台湾の暖かい沿岸域に分布。高さ1～1.5mの常緑多年草。葉は長さ30～50cm、幅6～12cmの狭長楕円形で先は尖り、表面は光沢がある。6～8月偽茎の先に狭い円錐状の花序を出し、短い側枝の先に3～4個の花をつける。ゲットウと異なり、花序が垂れ下がらずに直生する。クマタケランは結実しないがアオノクマタケランは実がなる。蒴果は直径約1cmの球形で赤く熟す。

[採取時期・製法・薬効]

種子を使用、秋に採取。種子を粉末とする。成分はイザルピニン、アルピネチン、精油のシネオール。

❖芳香性健胃剤

種子の粉末を一回2～3g、健胃薬として服用する。

[漢方原料(黒手伊豆縮砂)] 産地は、九州、沖縄の沿岸域。処方は、安中散〔薬〕、香砂平胃散、香砂養胃湯。

【附】ハナシュクシャ(別名ジンジャーリリー)は薬草ではない。原産地はインド、マレー半島で、日本へは江戸時代に渡来した。花から香水用の精油を採るために栽培される。キューバ共和国とニカラグワ共和国の国花である。

アオノクマタケラン 12月中旬鹿児島県

ハナシュクシャ 9月上旬長崎県

つぶやき

アオノクマタケランの仮種皮を除いたものを黒手とし、ハナミョウガの種子(伊豆縮砂)の代用とする。種子は芳香があって香辛料になる。性味は、辛、温。

参考:新佐賀の薬草、薬草カラー図鑑3、牧野和漢薬草圖鑑、生薬処方電子事典

アカネ 茜	アカネ科 山野、原野、路傍	【生】茜草根 せいそうこん	根 秋	〔民〕風邪、生理不順、止血、解熱、〔染〕 〔嗽〕口内炎、扁桃腺炎、〔漢〕漢方処方

風邪の発熱・生理不順などを改善

[生育地と植物の特徴]

根が赤いことからこの名がある。本州、四国、九州、台湾、中国、朝鮮半島、ヒマラヤに分布する蔓性多年草。茎は四角。葉や茎に無数の小さい刺がある。夏に穂を出して黄緑色の小さい5弁花を無数につけ、晩秋～冬に緑色の実は熟して黒くなる。輪生に見えるハート形の葉は対生する2枚が通常の葉で、他の2枚は葉の付け根に出た拓葉が発達して大きくなったもの。葉がやや細長くて6～8枚も輪生するものを見かけるが、クルマバアカネといって区別する。薬用としての効果に変わりはない。

[採取時期・製法・薬効]

10～11月頃、掘り採った根を水洗いしたあと水気をとり、天日で充分に乾燥させる。成分はアントラキノン系の色素プルプリンを含む。

❖風邪の解熱、通経、生理不順、月経過多の止血に

乾燥根一日量6～10gを水200mlで半量に煎じ、カスを除いてさましたものを3回に分けて食前に飲む。

❖口内炎、扁桃腺炎に

濃い煎じ液でうがいする。

[漢方原料(茜草根)] 性味は、苦、寒。産地は、中国、韓国、日本。処方は、茜草散。

10月中旬長崎県

クルマバアカネ 5月上旬対馬

つぶやき

根は茜染に使われる。染める布や糸は媒染剤の灰汁に百数十回つけて1年ほど寝かしてから本染めにかかる。染色は灰汁の濃度によって、黄色から深い緋色になる。すなわち、媒染の灰分が多いと赤味が勝ち、少ないと黄色が勝つ。非常に時間と手間がかかるので、現在では秋田県鹿角市に伝わっているだけという。実は生食。茜掘る《季》秋。

参考:薬草事典、長崎の薬草、新佐賀の薬草、薬草カラー図鑑1、牧野和漢薬草圖鑑、生薬処方電子事典、徳島新聞H151106

アサガオ 朝顔	ヒルガオ科 栽培	【局】牽牛子 けんごし	種子 秋	〔民〕便秘、〔外〕虫刺され 激しい下痢

種子に強い峻下作用がある

[生育地と植物の特徴]

花が早朝に咲き昼には萎むために、朝の顔に由来。東アジア原産。日本には奈良時代に中国から薬用として渡来したが、当時はノアサガオに似て花が小さかった。江戸時代から観賞用として広く栽培されるようになり、花が大きく立派なものになった。幕末にはヨーロッパにまで伝わり、ジャパニーズ・モーニンググローリーの名で盛んに栽培されたので、日本がアサガオの原産地と考えている外国人も多い。夏の朝、らっぱ状の花を開く。下剤に用いられるが下痢を起こす有毒植物でもある。生薬の産地は中国。日本では観賞用の植栽は多いが、生薬はほとんど生産されない。

[採取時期・製法・薬効]

8～10月、果実が熟したら、果実ごと摘み採って2～3日天日で乾燥させると、果実がはじけて黒色や褐色の種子が採れる。その種子を再び天日でよく乾燥させ、ミキサーやすり鉢で粉末にする。種子は外側が黄白色のものを白牽牛子、黒色のものを黒牽牛子というが、実用には差がない。主成分は樹脂配糖体のファルビチン。

❖便秘に

峻下剤として牽牛子一回分粉末0.1gを水で服用。緩下剤として一日量0.2～0.3gを煎じ2～3回に分けて用いる。

❖虫刺され

外用する。蚊に刺されても、アサガオの葉で擦ればスーと良くなる〔PC〕。

[漢方原料(牽牛子)**]** 性味は、苦、寒。産地は、中国、日本。処方は、茵蔯散、牽牛散。

アメリカソライロアサガオ 8月中旬長崎県

つぶやき

アサガオの蔓は左巻きである。牽牛とは“ひこぼし”のことで、これが空に現れる時期に花が咲くことからついた名である。峻下剤としての作用が強いので服用量の注意が必要である。今昔物語によると比叡山の荒法師の乱暴に手を焼きアサガオの種子の汁を酒に混ぜて飲ませ下痢で困らせたという。朝顔《季》秋。

参考：薬草事典、薬草の詩、新佐賀の薬草、宮崎の薬草、薬草カラー図鑑1、牧野和漢薬草圖鑑、生薬学、生薬処方電子事典

アロエ、キダチアロエ Aloe、木立蘆薈	ツルボラン科 栽培	【局】アロエ あろえ	葉 随時	〔民〕苦味健胃、便秘 〔外〕火傷、切傷、虫刺れ

健胃・便秘薬の他に火傷・切傷・虫刺されに外用

[生育地と植物の特徴]

名は植物学上のラテン語の属名である。蘆薈は学名*Aloe*の中国音ロエを漢字に当てたもの。南アフリカ原産。アロエ属にはアフリカ南部を中心に約300種が分布。

[採取時期・製法・薬効]

庭に植えてあるキダチアロエの葉を使用時に随時採集して用いる。日本薬局方のアロエ【局】はアフリカ産のケープアロエを乾燥させたもの。

❖苦味健胃、緩下剤に

キダチアロエは3～5cmに切り、しぼって健胃には茶匙1杯を、便秘には盃1杯を一日3回飲む。少量でも下痢する人もいるので、少量から始めて自分の適量を見つけるようにする。妊婦や生理中の女性は使わない方が良い。また、かぶれる人もいる。

❖火傷、切傷、虫刺されに

葉を切り採って皮を剥き中のゼリーを直接患部に貼る。乾いたら取り替える。

[漢方原料(蘆薈)**]** 性味は、苦、寒。産地は、アフリカ。処方は、更衣丸、当帰龍薈丸など。

2月上旬長崎県

つぶやき

一般に木立アロエをキダチアロエと呼ぶが、木立の正しい読み方はコダチ。エジプトでは紀元前20～30世紀頃からすでに薬用に供せられていた。また日本でも鎌倉時代に渡来し、江戸時代には薬草として使われていた。

参考：薬草事典、薬草の詩、新佐賀の薬草、宮崎の薬草、薬草カラー図鑑2、牧野和漢薬草圖鑑、生薬学、生薬処方電子事典

イ 藺草	イグサ科 山野	【生】燈心草 とうしんそう	地上部 秋	〔民〕利尿 〔漢〕漢方処方

イグサは利尿作用を持つ

[生育地と植物の特徴]

我が国全土に自生。朝鮮半島、中国、サハリン、ウスリー地方にも分布。茎の白い部分の髄をとって燈心を作り、菜種油などを浸み込ませて灯火用に使ったので、江戸時代までは一般家庭に欠かせない必需品であった。畳表の原料はイの栽培品種で、コヒゲという別の植物である。しかし、一般にコヒゲの栽培地ではこれをイグサと呼んでいる。

[採取時期・製法・薬効]

秋に地上部を刈り採り、水洗いして乾燥させる(燈心草)。成分は、キシラン、アラバン、メチルペントザンなどの多糖類。

❖利尿に

燈心草一回量1.5〜3gを水400mlで半量に煎じて服用する。

[漢方原料(燈心草)**]** 性味は、甘淡、微寒。産地は、中国、日本。処方は、導水茯苓湯、分消湯、分心気飲など。

つぶやき

江戸時代にもイは薬として用いられていた。早く懐妊したいと願って、これを飲むのが一般の風潮であったが、その効果のほどを伝える文献は残っていない。また、小児の夜泣きに、燈心草を黒焼きにして粉末にし、これを乳首に塗って小児に無理やり飲ませるという方法が記されている書物がある。

8月中旬熊本大学薬草園

参考：薬草カラー図鑑3、牧野和漢薬草圖鑑

イヌナズナ 犬薺	アブラナ科 畔道野、輸入	【生】葶藶子 ていれきし	全草 夏	〔民〕鎮咳、喘鳴 〔漢〕漢方処方

黄色いペンペングサは原野の咳止め

[生育地と植物の特徴]

北海道〜九州、朝鮮半島、中国、他に北半球に広く分布する。陽当たりのよい畦道、小川の縁などに生える越年草。一本の茎が高さ8〜25cmに伸びる。根生葉は長さ2〜4cm、長楕円形で先端が鈍く、縁は低い鋸歯、葉柄はない。茎出葉は互生し、葉の基部は茎を抱き卵状楕円形で、長さ1〜2.5cm、縁は鈍い鋸歯で先端は鈍い。4〜5月に黄色の小花を総状花序につける。花弁は長さ3mm、先端はやや凹む。雄蕊6本、うち4本が長い。果実は1〜1.4cmの長い果柄の先に短角果を結ぶ。種子は長さ4mmの楕円形。ナズナは食べられるが、これは食べられないのでイヌナズナとなった。

[採取時期・製法・薬効]

果実が熟す一歩手前に全草を採取して天日で乾燥させ、種子を叩き落として集める。

❖鎮咳、喘鳴に

葶藶子一日量5〜10gを煎じて3回に分け食間に飲む。基本的には単味では用いずに漢方処方でのみ用いる。

[漢方原料(葶藶子)**]** 性味は、辛・苦、寒。産地は、中国。処方は、牡蛎沢瀉散、葶藶大棗瀉肺湯、大陥胸丸、已椒藶黄丸。

つぶやき

黄色のペンペングサがあると思ったらイヌナズナであった。薬草になるとは知らなかった。イヌナズナ(葶藶子)には副交感神経興奮作用がある。

4月中旬熊本県

参考：薬草カラー図鑑4、牧野和漢薬草圖鑑、生薬処方電子事典

イノコズチ 猪子槌	ヒユ科 陽地、路傍	【局】牛膝 ごしつ	根 秋	〔民〕利尿、通経、〔食〕若茎 〔漢〕漢方処方

慢性病などに効果も、若葉は食べられる

[生育地と植物の特徴]

イノコズチ(古名ゐのこづち)の名は茎の各節が茶褐色に膨らんでいるが、この部分を猪子のかかと(猪では膝関節にみえる)に見立てた。本州から九州の日本、中国に分布する多年草。イノコズチは日向と日陰の間あたりに繁茂し、茎は四角で葉を対生し、節が膨れて高くなり一名フシダカという。葉は細めで薄く、濃い緑色。夏に葉の腋から長い花茎を出し花穂は密で、緑色の小さな花をつける。秋の野山を歩き回ると実が衣服につく。けもの道を歩く猪、鹿、兎など、動物の毛について運ばれる。ヒナタイノコズチは日の当る草地に群生し、葉は大きめで厚く黄緑色。花穂は密につく。ヤナギイノコズチは分布が希で葉がシダレヤナギの葉に似る。

[採取時期・製法・薬効]

根を11月頃に採取し、洗って刻み天日で乾燥させる。成分はサポニン、β -シトステロール、カリウム塩など。

❖利尿、膀胱炎、神経痛、生理不順、通経、強壮に

牛膝一日量5～8gを水500mlで煎じ3回に分けて飲む。

[漢方原料(牛膝)**]** 甘酸、平。産地は徳島、茨城、宮城、鹿児島。処方は牛車腎気丸〔薬〕、疎経活血湯〔薬〕。

つぶやき

薬用になるのはヒナタイノコズチとヤナギイノコズチである。しかし、妊婦では流産の恐れがあり注意を要する。若葉と10cmくらいに伸びた若茎を採集し、炊きこみご飯、若葉を熱湯でゆで冷水に晒して、胡麻和えやお浸しに。

イノコズチの識別

	葉質	葉毛	根	分布
ヒカゲイノコズチ	薄い	少ない	細い	陰地
ヒナタイノコズチ	厚い	多い	肥大	陽地
ヤナギイノコズチ	表面光沢	少ない	肥大	陰地

ヒカゲイノコズチ 9月下旬長崎県

ヒナタイノコズチ 9月下旬長崎県

参考:薬草事典、新佐賀の薬草、薬草カラー図鑑4、牧野和漢薬草圖鑑、生薬学、生薬処方電子事典、徳島新聞H130616

ウキクサ 浮草	サトイモ科 水田、池沼	【生】浮萍 ふひょう	全草 6～9月	〔民〕発汗、解熱、利尿 〔漢〕漢方処方

カリウムが豊富で利尿作用

[生育地と植物の特徴]

我が国全土、世界中の温帯、熱帯に広く分布。水田や池沼などの水面に浮遊する一年草。植物体は小さく、大きくても5mmほど。盤状となり広倒卵形。掌状に5～11脈あり。葉裏は紫色を帯びる。根は下面から10本前後ぶら下がり、先端は膨らんでいる。根の着点近くの側方から幼体(芽)を出し、数個が連結しているが、次第に離れて増殖する。増殖は速く10日間で10～20倍にも増える。7～8月頃稀に1雌花と2雄花よりなる花序を出し、白い花をつける。

[採取時期・製法・薬効]

6～9月に網でウキクサを掬い上げて良く水洗いし、ザルに入れて天日で乾燥させる。成分は、酢酸カリウム、塩化カリウムを多量に含むが、他の成分は不詳。

❖発汗、解熱、利尿に

一回量4～8gを水300mlで半量に煎じて食間に服用する。

[漢方原料(浮萍)**]** 性味は、辛、寒。産地は、韓国、中国、台湾。処方は、浮萍黄芩湯。

つぶやき

'和方一万方'(1888)には、"利尿にはウキクサ、ハコベの乾燥したもの等分量(それぞれ一回量2～4g)を水300mlで半量に煎じて服用する"とある。ウキクサはカリウムを多量に含むための利尿作用であるが、ハコベを加えるのは、辛いからか?

6月下旬熊本大学薬草園

参考:薬草カラー図鑑2、牧野和漢薬草圖鑑、生薬処方電子事典

ウスバサイシン 薄葉細辛	ウマノスズクサ科 山地の陰湿地	【局】細辛 さいしん	根 夏	〔民〕鎮咳、去痰 〔民〕口内炎、〔漢〕漢方処方

分布を拡げるスピードが遅い生薬

[生育地と植物の特徴]

カンアオイに類する。山地の湿った渓流沿いなどに生える多年草。茎は地を這う。葉は冬に枯れ春先に2枚の葉が出る。葉は5～8cmのハート形で先は尖り質が薄くサツマイモの葉に似ている。3～4月に葉の間から短柄を出し、直径約1.5cmの淡褐色の花を1つ開く、萼筒は扁球形、3つの裂片は三角状広卵形。雄蕊は12本、花柱は6本。

[採取時期・製法・薬効]

7～9月頃に根を掘り採り水洗いし日陰で乾燥させる。細辛の名は根が細く、辛いところから付けられた。市販の細辛の多くは朝鮮半島や中国産のケイリンサイシンから採れたもので、根は細くて長く、葉をつけたままのものが多い。四国や九州に野生するクロフネサイシンは、根を細辛として利用できるが、関東や中部地方の低山にあるカンアオイは、精油成分が少ないので、細辛の代用にはならない。精油成分にメチルオイゲノール、サフロール、アルファーピネン、シネオールなどの芳香成分がある。これらは主に地下の根に含まれる。

❖頭痛、高熱などの風邪症状、鎮咳、去痰に
一日量4gを煎じて服用。

❖口内炎に
細辛の粉末に酢少量を加えて練り、大豆粒の大きさにして、毎晩寝る前にヘその穴に詰め上から軽く絆創膏で押さえておく。さらに、細辛と黄連の粉末各1gを混ぜたものを一回量として、一日3回服用する。

[漢方原料(細辛)**]** 性味は、辛、温。産地は、中国、朝鮮半島、市場品の大部分は輸入品。処方は、小青竜湯〔薬〕、麻黄附子細辛湯〔薬〕、当帰四逆加呉茱萸生姜湯〔薬〕、立効散〔薬〕など。

5月上旬熊本県

つぶやき

カンアオイ属の受粉を助けるのは蝶や蛾ではなくナメクジなどという。したがって、一つの種では分布を拡げる速度は著しく遅く、生育域の条件に左右されやすいために、各地に固有の種が分化している。長崎県のウンゼンカンアオイ、静岡県のイワタカンアオイ等である。細辛をヘその穴に詰める方法は試したことがない。果たして効果は？

参考：薬草事典、薬草カラー図鑑1、牧野和漢薬草圖鑑、生薬学、生薬処方電子事典

ウツボグサ 靫草	シソ科 山野	【局】夏枯草 かごそう	花穂 夏	〔民〕膀胱炎や腎炎、利尿、〔食〕花穂を揚物、〔嗽〕口内炎、扁桃炎、〔漢〕漢方処方

リンパ腺の炎症鎮める

[生育地と植物の特徴]

千島列島南、サハリン、日本、台湾、中国、朝鮮半島に分布。陽当たりの良い山野に自生する多年草。高さ15～30cm。茎は四角形で根際から数本が群がり生える。葉は対生。初夏に花穂を出して紫色の唇形花をつける。8月の真夏には急に花穂が褐色に変わって枯れた姿になる。

[採取時期・製法・薬効]

8月始め花穂が褐色になりかける頃、花穂の部分だけを摘み採り、天日で乾燥させたものが生薬"夏枯草"である。消炎利尿作用がある。成分は、ウルソール酸、その配糖体のプルネリン、塩化カリウム(利尿作用)、タンニン(口内炎に有効)。

❖膀胱炎や腎炎でむくみがある時の利尿に
夏枯草一日量8～10gに水300mlで半量になるまで煎じて3回に分けて食間3回に分けて服用する。花穂のついた枝ごと乾燥させた場合は10～15gを一日量として同様に煎じて服用する。すでに、江戸時代から使用されていた。

❖口内炎や扁桃炎に
前記の煎じ液からカスを除いて随時うがいをする。

[漢方原料(夏枯草)**]** 性味は苦・辛、寒。産地は中国、韓国、長野、徳島、滋賀。処方は夏枯草湯、夏枯草膏など。

7月上旬長崎県対馬

つぶやき

靫(うつぼ)とは武者が矢をさして背負った武具のことで花穂が似ていることから名付けられた。花が終わった後は花穂が枯れて茶色となり、次第に黒褐色に変わる。枯れてカラカラに乾いた花穂はそのまま茎の頂に夏過ぎまで残るので夏枯草という。枯れる前の花穂はきれいに洗い、空揚げや薄めの衣で天婦羅にして食べる。靭草《季》夏。

参考：薬草事典、薬草の詩、新佐賀の薬草、薬草カラー図鑑1、牧野和漢薬草圖鑑、生薬学、生薬処方電子事典、徳島新聞H150407

ウド 独活	ウコギ科 山野	【局】独活、【生】和羌活 どくかつ、わきょうかつ	根 秋	〔食〕山菜、〔民〕頭痛、歯痛 〔漢〕漢方処方、〔浴〕神経痛、リウマチ

強壮・鎮熱・鎮痛に効果

[生育地と植物の特徴]

ウドは宇登呂(ウドロ)の意で、茎が中空であるためとされる。日本、朝鮮半島、中国、サハリンに分布。山野に自生し、畑でも栽培される大形の多年草。夏に茎の先端に淡緑色の小花を球状にたくさんつける。その後果実となり、秋には黒く熟す。

[採取時期・製法・薬効]

秋に根を掘り採り水洗いして水気を切り薄く輪切りにし、3～4日天日で乾燥させたあと風通しの良い日陰で干しあげる。成分はジテルペンアルデヒド、アミノ酸、タンニン。

❖頭痛、神経痛、リウマチの痛み、ムチウチ症に

和羌活一日量10～15gを水600mlで半量に煎じて3回に分けて服用する。また浴用料にする。

❖痔疾にも根を浴用料として使う。葉は肩凝りに使う。

❖食用に

新鮮なものの皮をむき、適当に切って塩少量加えた水でアク抜きしてから、酢の物や塩をつけて生で食べる。

[漢方原料(独活)**]** 原料には他にシシウドも用いられる。処方は、独活葛根湯〔薬〕、十味敗毒湯〔薬〕など。

9月上旬長崎県t対馬

10月中旬大分県

つぶやき

秋までに高さ2mほどになり茎も太く木のようであるが、冬には地上部が枯れて跡形もないのを"ウドの大木"というが、元々木ではない。春先にタラノキと共に新芽が人気の山菜。八百屋の店頭で売られているのは25℃の室で軟化栽培されたもの。独活《季》春、独活の花《季》夏。

参考:薬草事典、薬草の詩、新佐賀の薬草、薬草カラー図鑑1、牧野和漢薬草圖鑑、生薬学、生薬処方電子事典、徳島新聞H140502

ウマノスズクサ 馬の鈴草	ウマノスズクサ科 山野	【生】青木香/【生】馬兜鈴 せいもっこう・ばとうれい	根/実 秋	〔民〕解毒、腫れ物、 鎮痛、去痰、利尿

果実(馬兜鈴)が去痰剤に

[生育地と植物の特徴]

蔓性多年草。原野や土手に生え、夏、緑紫色のラッパ状の花を開く。実は球形で熟すと基部から6つに裂け馬につける鈴に似ている。これが植物名となった。関東以西、四国、九州、沖縄、中国に分布。

[採取時期・製法・薬効]

10～11月頃、地上部が枯れかかった頃に根を掘り採り、水洗いして天日で乾燥させる(青木香)。果実は緑色より黄変した頃に採取し、天日で乾燥させる(馬兜鈴)。成分は、根にアリストロンなどを含み、果実と根に消炎作用のあるマグノフロリンを含む。

❖解毒、腫れ物の疼痛に

青木香一日量3～10gを水300mlで半量に煎じて3回に分けて食前に服用する。

❖去痰に

馬兜鈴3～10gを一日量として水300mlで半量になるまで煎じて服用する。

[漢方原料(馬兜鈴)**]** 性味は、苦微辛寒。産地は、中国、日本。処方は馬兜鈴で、補肺阿膠散、馬兜鈴丸。

[民間薬(青木香)**]** 解毒、腫れ物の痛み。

6月上旬長崎大学薬草園

9月下旬長崎大学薬草園

つぶやき

花弁はない。ラッパ状の花筒は萼で、内部に下向長毛があり、虫は入りやすいが、出がたくなっている。民間では利尿、通経剤として用いるが、有毒のため用量に注意する。毒成分はアリストロンで下血を 起こす。

参考:新佐賀の薬草、薬草カラー図鑑2、牧野和漢薬草圖鑑、生薬処方電子事典

エゾエンゴサク 蝦夷延胡索	ケシ科 山野	【局】延胡索 えんごさく	塊茎 春	〔民〕腹痛、月経痛 〔漢〕漢方処方

各種のエンゴサクの中でエゾエンゴサクがベスト

[生育地と植物の特徴]

江戸幕府直営の小石川御薬園に、享保10年(1625)朝鮮産の延胡索50根を植えた記録がある。その後、何回か植えて成功し各御薬園に苗が分譲された。江戸時代に栽培された品種は今日までに絶滅した。エゾエンゴサク:東北地方から北海道に分布する多年草で、地下に径1.5cmの球状の塊茎一つがあって地上に花茎を伸ばし、その先に5月頃 濃青紫色の唇形花を横向きにつける。ジロボウエンゴサク:関東地方以西、四国、九州の山地に自生する。伊勢地方で子どもがこれを次郎坊、スミレを太郎坊と呼んで花の距を引っ掛けて遊んだ事に由来する。ヤマエンゴサク:花序は2・3の花からなる、滋賀県にある。

[採取時期・製法・薬効]

4～5月頃に塊茎を掘り採り、蒸して天日で乾燥させる。成分は地下の塊茎(延胡索)に、アルカロイドのコリダリン、プロトピンなどを含む。

❖腹痛や月経痛に

一日量2～5gを200mlの水で半量に煎じて3回に分けて服用する。苦いので、煎液が少ない方がよい。

[漢方原料(延胡索)**]** 性味は、辛・苦、温。産地は、中国。処方は、安中散(薬)、折衝飲、延胡索散、愈痛散。

5月上旬北海道

つぶやき

我が国には、ジロボウエンゴサク(次郎坊延胡索)、ヤマエンゴサク、ミチノクエンゴサク、エゾエンゴサクの野生がある。地下のほぼ球形の塊茎は、生薬の延胡索になるが、他の在来種は品質が劣るので、中国、朝鮮産の代用にしかならないのが実情である。その中で、エゾエンゴサクのみが中国産延胡索に最も近い種類とされる。

参考:薬草事典、薬草カラー図鑑1、牧野和漢薬草圖鑑、生薬学、生薬処方電子事典

オオオナモミ/オナモミ 大葈耳/葈耳	キク科 野原、道端、空地	【生】蒼耳子 そうじし	偽果 秋	〔民〕風邪の解熱、鎮痛 〔外〕疥癬、湿疹

果実の乾燥したものが風邪の解熱に

[生育地と植物の特徴]

空地や道端、野原などに生える北アメリカ原産の一年草。秋に野山や藪に入ると衣服にくっつき嫌がられる。昔の子どもは、「バカ」と言い合いながら実を投げて遊んでいた。元来は、少し小形のオナモミが自生していたが、最近はオオオナモミの方が多い。蒼耳とは耳飾りの意。

[採取時期・製法・薬効]

花の総苞が大きくなって果実を包んでいるもの全体を偽果という。実際は刺のある殻の中に黒い果実が2個入っている。10～11月、偽果が緑色から灰褐色に変わったころ摘み採り、陰干しでよく乾燥させる。どちらのオナモミも同様に用いる。成分については、種子には配糖体のキサントストルマリン。脂肪油はリノール酸を含んでいる。

❖風邪の時の解熱鎮痛に

乾燥した偽果(蒼耳子)8～12gを一日量として水200mlで半量になるまで煎じ3回に分けて飲む。

❖疥癬や湿疹に

生の茎や葉の絞り汁を患部に塗る。

[漢方原料(蒼耳子)**]** 性味は、甘苦、温。産地は、中国、韓国、日本。処方は、蒼耳散。

イガオナモミ 10月上旬長崎県対馬

オオオナモミ 10月中旬長崎県対馬

つぶやき

中国ではオナモミを栽培して、実から食用油を採っている。この脂肪分にはリノール酸が60～65%も含まれており、ベニバナに次いで多い。オナモミは稲作文化が日本に入った頃のアジア大陸からの帰化植物の1つではないかと考えられている。また、近年はアメリカ原産のオオオナモミが帰化植物としてはびこっている。

参考:薬草事典、長崎の薬草、宮崎の薬草、薬草カラー図鑑1、牧野和漢薬草圖鑑、生薬処方電子事典

ヘラオオバコ 5月下旬長崎県

エゾオオバコ 7月上旬北海道

オオバコ 大葉子	オオバコ科 原野	【局】車前草、【局】車前子 しゃぜんそう、しゃぜんし	全草・種子 夏・秋	〔民〕鎮咳・去痰、利尿 〔漢〕漢方処方、〔食〕葉

種子に視力回復・肝機能の改善、葉は食べられる

[生育地と植物の特徴]
名は大葉子で葉が大きく広いことに由来。日本、千島列島、サハリン、台湾、中国、マレーシア、東シベリアに分布。路傍などの陽地に生える。漢名の車前草もオオバコのこのような生態から名付けられた。よく似たものにエゾオオバコとヘラオオバコがある。いずれもオオバコと同様に用いられる。

[採取時期・製法・薬効]
4〜11月に地上部を穂が出ている時にはいつでも良いので刈り採って水洗いし天日で乾燥させる。種子は微小で胡麻粒よりもずっと小さいので採集しにくく民間では用いられていない。成分は、アウクビン、プランタギニン、ホモプランタギニンなど。車前草は専ら民間薬に用いられ、車前子は漢方薬に配剤される。

❖風邪や喘息の鎮咳、膀胱炎や尿道炎の利尿に
車前草一日量15〜25gを水300mlで半量になるまで煎じ3回に分けてその都度温めて服用する(温服)。

[漢方原料(車前子)**]** 産地は、中国、韓国。処方は、牛車腎気丸〔薬〕、五淋散〔薬〕、清心蓮子飲〔薬〕、竜胆瀉肝湯〔薬〕、車前湯、車前散など。**[民間薬**(車前草)**]** 鎮咳去痰、利尿。性味は車前子、車前草ともに甘、寒。

オオバコ 4月[illegible]長崎県

つぶやき

人間好きの草であり、人の気配のする所ならどこにも生える。人や車に踏まれるのが嬉しいのではと思われるが、これは熟した種子が水にぬれると粘液がでて靴底や車輪に付着し、乾いたところで離れて地に落ち風に吹かれたり水に流されたりして移動して発芽するからである。全草に肝機能改善作用、種子に視力回復効果あり。

参考:薬草事典、新佐賀の薬草、薬草カラー図鑑1、牧野和漢薬草圖鑑、生薬学、生薬処方電子事典、徳島新聞H131204

オキナグサ 翁草	キンポウゲ科 山野	【生】白頭翁 はくとうおう	根 秋	〔漢〕漢方処方(出血性下痢) 乾燥前は刺激性

根を十分に乾燥させて生薬へ、乾燥前は有毒

[生育地と植物の特徴]
名は“翁草”で花が終わった後に白くて長い羽毛状の果実の集まりをつけるが、それを老人の白髪に例えたもの。本州、四国、九州、朝鮮半島、中国に分布。陽当たりのよい草原に生えるが環境汚染により減少傾向が強い植物。草丈10～30cm。全体に白毛を密生。根生葉は束生。花期は4～5月。葉間から花茎を出し、先端に暗赤紫色の鐘状の花を一つ下向きに開く。真性の花弁はなく、萼が花弁のように見える。春先に花屋の店頭に並ぶ鉢植えのものはヨーロッパ原産のセイヨウオキナグサが多い。

[採取時期・製法・薬効]
夏に根を採取し水洗いし天日で乾燥させる。成分はサポニン、スチグマステロール、β -シトステロールなど。外国産にはプロトアネモニンが含まれ強い刺激性があるので毒草とされる。根を日光に当てて乾燥させると無刺激性結晶アネモンに変化する。

[漢方原料(白頭翁)**]** 産地は、中国。処方は、白頭翁湯、白頭翁丸など。赤痢のような熱を伴う下痢に医師が使用する。白頭翁は漢方原料であり、単味では効果がない。

4月中旬熊本県

5月中旬熊本県

つぶやき

金山の鹿児島県菱刈町(現在では大口市と合併し伊佐市)の花。長崎県では栽培されているものを除き絶滅している。佐賀県、大分県、熊本県では広汎に分布。専門家向きで一般には使用しない。江戸時代には赤痢の特効薬として使用。性味は、苦、微寒。翁草《季》春。

参考:薬草カラー図鑑2、牧野和漢薬草圖鑑、生薬処方電子事典、毒草大百科

オニノヤガラ 鬼の矢幹	ラン科 山野	【局】天麻 てんま	根茎 6月	〔民〕頭痛、めまい 〔漢〕漢方処方

寄生植物の根茎が生薬の天麻

[生育地と植物の特徴]
名は、鬼の矢のような形態から出た(鬼の矢の形？)。マツやクヌギ、コナラなどの雑木林の木陰に生える葉がない寄生植物で、草丈約1mの多年草。茎も花も黄赤色で、一般植物のような緑の部分がない。中国各地にオニノヤガラが分布しており、根茎を天麻と言って、鎮痛、鎮痙、関節炎、小児の脳膜炎、目のかすみに用いている。

[採取時期・製法・薬効]
6月に塊茎を掘り採り、水洗いしてから乾燥しやすいように薄く輪切りにして、天日で乾燥させる。また塊根を蒸してから、日干しにしてもよい。成分は精査されていないが、多量の粘液質を含む。

❖頭痛、めまいに
よく乾燥した根茎(天麻)一日量3～6gに水200mlを加えて半量に煎じ3回に分け食前か食後に服用する。

[漢方原料(天麻)**]** 性味は、甘、平。産地は、中国、日本ではまれ。処方は、半夏白朮天麻湯〔薬〕、天麻丸、沈香天麻湯など。

5月下旬長崎県対馬

つぶやき

冬には地上部分は枯れるが、地下にジャガイモ状の塊茎が残り、この中に含まれるナラタケの菌糸と共生しているために、オニノヤガラ自身で炭酸同化作用を行って栄養分を作る必要がなく、葉緑素が不要である。茎のところどころに褐色のハカマ状のものが見られるが、これは葉になるはずだったものが退化したもの。

参考:薬草事典、薬草カラー図鑑1、牧野和漢薬草圖鑑、生薬処方電子事典

ホソバオケラ 9月下旬長崎大学薬草園

オケラ	キク科	【局】白朮、【局】蒼朮	根茎	〔民〕芳香性健胃、整腸、利尿
朮	山野の陰湿地	びゃくじゅつ、そうじゅつ	秋	〔漢〕漢方処方、〔食〕山菜

屠蘇散の主薬、むくみ解消や鎮痛

[生育地と植物の特徴]

古名の“ウケラ”が訛ったもの。大陸系植物であり、日本、朝鮮半島、中国東北部に分布する。やや乾いた草地に生える多年草。高さ30〜60cm。茎は細くて堅い。葉は楕円形で縁に刺状の細かい切れ込みがある。花期は9〜10月。白色または紅色の小花が集まった頭状花をつける。外側の総苞片が細かく切れて、魚の骨のように見える。雌雄別株。

[採取時期・製法・薬効]

晩秋から初冬に根茎を掘り採り、細根を除いて水洗いする。根茎外側のコルク質の皮を剥ぎ取り、2〜3日ほど天日で乾燥させた後に風通しの良いところで陰干しする（日本薬局方ではオケラの根茎の外皮を除いて乾燥させたものを白朮といい、中国産のホソバオケラの根茎をそのまま皮を剥がずに乾燥させたものを蒼朮といい区別する）。成分は、白朮では精油が1.5〜3.0%で、この精油中にアトラクチロンを約20%含む。芳香の基であり嗅覚を刺激して胃液の分泌を促進する。

❖芳香性健胃剤、利尿に

白朮一日量10gを水200mlで半量に煎じて3回に分けて食前に服用する。

❖山菜に

村上光太郎氏によると、山に生えているものではなく、栽培したものは美味しく食べられるという。それこそ「山で旨いのは、オケラにトトキ（ツリガネニンジン）」である。

[漢方原料]（白朮）産地は、日本の野生品からは殆ど生産されず朝鮮半島、中国から輸入。処方は、四君子湯〔薬〕、補中益気湯〔薬〕、六君子湯〔薬〕など12以上の処方に配合されている。**[漢方原料]**（蒼朮）産地は、中国。加味逍遙散〔薬〕など30以上の処方に配合。甘・苦、温。

オケラ 10月上旬長崎県対馬

つぶやき

屠蘇散に主薬として配合される。古くから薬用、食用、邪気払いとして用いられた。昔は土蔵のカビ取りや防止に根を燻して用いた。根の精油には防カビ作用のあることが知られていた。オケラが芽を出したときは綿毛を被っている。伸びて綿毛がとれてくる頃が食べ時である。京都祇園の“おけら祭”・八坂神社の“おけら火”《季》新年。

参考：薬草事典、薬草の詩、新佐賀の薬草、薬草カラー図鑑1、牧野和漢薬草圖鑑、生薬学、生薬処方電子事典、徳島新聞H150522

オニバス 鬼蓮	スイレン科 池沼・湖	【生】芡実 けんじつ	種子 8～10月	〔民〕止瀉、強壮、鎮痛 〔漢〕漢方処方

種子は下痢止め・鎮痛・強壮に

[生育地と植物の特徴]

本州(北限は新潟県福島潟)、四国、九州、朝鮮半島、中国、台湾、インド、ウスリーに分布し、池沼、湖に生え、観賞用に池、水鉢などで栽培される大型の水生一年草。全株にとげ針が密生する。根茎は短く肥厚し多くの白色ひげ根を出す。葉は根生し、始め沈水し、後に挺水する。花期は7～10月。根生の花梗頂に紫色花を単生する。種子は球形で径約1cm。黒紫色。

[採取時期・製法・薬効]

8～10月に成熟果実を採集し、種子だけを取り出して水洗い後、外果皮を除いて天日で乾燥させるか陰干し。種子に多量のでん粉、カタロースのほか、タンパク質、脂肪、Ca、鉄分、リン、ビタミンB_2、ビタミンCなどを含む。

❖関節痛、痛風、遺精、遺尿、頻尿、下痢に
種子(芡実)一日量9～15gを煎服する。

[漢方原料(芡実)**]** 性味は、甘渋、平。産地は、中国。処方は、水陸二仙丹(金櫻芡実丸)、蟠桃花など。

オニバス8月上旬新潟県福島潟

オニバス 8月上旬新潟県福島潟

つぶやき

葉がフキに似ているのでミズブキと呼ばれることもある。オニバスは種子以外に、茎、根、葉も薬用となり、茎(芡実茎)は解熱に、根(芡実根)はこしけ、でき物に、葉(芡実葉)は吐血などに用いられる。類縁腫のオオオニバスはアマゾン流域の原産で、葉の縁が10～15cmの高さに立ち上がり、子どもが乗っても沈まない写真もある。オオオニバスは京都府立植物園にある。

参考:牧野和漢薬草圖鑑

オニユリ/コオニユリ 鬼百合 / 小鬼百合	ユリ科 山野、路傍	【局】百合 びゃくごう	鱗茎 秋	〔民〕鎮咳、解熱 〔外〕打ち身、おでき、〔漢〕漢方処方

コオニユリは古来山野にありオニユリは人里にある

[生育地と植物の特徴]

この花に入る斑点模様を赤鬼の顔に見立ててついた名である。北海道、本州、四国、九州、朝鮮半島に分布。平地や山地に自生する多年草。オニユリは人里近くに生え、コオニユリは山地草原に生える。オニユリの多くは3倍体で結実せず、葉腋につく球芽(むかご)で増える。コオニユリは背丈も花もやや小さめで球芽がつかず、よく結実する。夏、茎の上部に橙色で内面に黒紫色の斑点のある花を数個咲かせる。また、百合の名は、鱗茎(球根)の鱗片がたくさん重なり合っている様子からついた。オニユリもコオニユリも薬用になる。

[採取時期・製法・薬効]

秋の花が終わった頃に鱗茎を掘り出し水洗いして、熱湯で湯通しした後、天日で充分乾燥させる(百合)。成分は多量のデンプン、蛋白質、脂肪。

❖鎮咳、解熱に
乾燥した鱗茎(百合)一日量5～10gを水300mlで半量になるまで煎じ3回に分けて服用する。

つぶやき

日本に分布するオニユリは、古い時代に鱗茎を食用とするため渡来したものと考えられている。ユリ根として食べるのはオニユリ、コオニユリ、ヤマユリの鱗茎である。対馬にはコオニユリはなく全てオニユリであるが、対馬と朝鮮半島のオニユリの一部で2倍体が発見されており、原産地ではないかという学者もいる。

❖打ち身、おできに
生の鱗茎をすりつぶして患部に厚めに塗り布で押さえて湿布する。

[漢方原料(百合)**]** 性味は、甘、平。産地は、中国、日本。処方は、辛夷清肺湯〔薬〕、百白知母湯など。

オニユリ 7月上旬長崎県対馬

参考:薬草事典、薬草の詩、新佐賀の薬草、宮崎の薬草、薬草カラー図鑑2、牧野和漢薬草圖鑑、生薬処方電子事典

ガマ 8月下旬長崎県対馬

コガマ 8月下旬長崎県対馬

ガマ/コガマ/ヒメガマ 蒲/小蒲/姫蒲	ガマ科 池、沼	【生】蒲黄 ほおう	花粉 7月	〔民〕止血、〔外〕切傷、火傷、 〔食〕新芽・根元、〔漢〕漢方処方

花粉が止血・利尿に効果

[生育地と植物の特徴]
名は蒲をマガマと言い、最初のマを略して蒲となったという。北海道から九州の浅い水湿地に生える多年草。日本及び北半球中緯度以北に分布。池、沼に生える。綿毛をつけた種子が風で飛び分布を広める。地下茎が太く、地中を横に伸び群落をつくる。茎は先端に1個の花穂をつけて、高さ1.5～2mになる。葉は扁平で幅1～2cm、長さ1～2mで厚く無毛。花期は6～8月。花穂の上半は雄花、下は雌花がともに密に集まりつく。雌花穂は赤褐色に成熟すると、長い毛をもつ果実が飛び散る。

[採取時期・製法・薬効]
7月頃花粉を採取。ステロイドのチハステロール、トランス・パラ・ハイドロオキシ桂皮酸、バニリン酸等を含む。

❖止血に
①一回1gの花粉の粉末をそのまま服用する。②一日量5～10gに水400mlを加え半量に煎じて3回に分けて服用する。子宮収縮作用があり、妊婦には禁忌である。

❖切傷、火傷に
そのまま塗布する。

[漢方原料(蒲黄)] 性味は、甘、平。産地は、中国、韓国、日本。処方は、牛黄精心丹、黒神散、五灰散など。

3種のガマの識別

名	茎	葉長	葉幅	雌花穂	雄雌花穂
ガマ	1.5-2m	1-2m	1-2cm	12-18cm	接する
コガマ	1-1.5	1-1.5	0.5-0.6	6.5-11	接する
ヒメガマ	1.5-2	0.8-1.3	0.5-1.2	6-21	離れる

ヒメガマ 8月下旬熊本大学薬草園

つぶやき

古事記の“因幡の白兎”は、薬に関する最初の説話である。因幡の白兎が大国主命に助けられて、蒲の穂綿にくるまり傷を治したという神話は、花粉の蒲黄ではなく、穂綿にくるまっている。穂綿は綿毛になったもので、古代にはこの穂綿で蒲団(ふとん)を作った。蒲団のルーツはガマである。コガマ、ヒメガマも同様に使用される。蒲《季》夏。

参考:薬草事典、薬草の詩、新佐賀の薬草、薬草カラー図鑑4、牧野和漢薬草圖鑑、生薬処方電子事典、徳島新聞H150707

カノコソウ 鹿の子草	スイカズラ科 路傍、草地	【局】カノコソウ、【生】吉草根 かのこそう、きっそうこん	根茎 秋	〔民〕ヒステリー、神経過敏 〔漢〕漢方処方、〔香〕菓子

鎮静作用がありカノコソウチンキをヒステリーに

[生育地と植物の特徴]

花弁の裏は濃紅色であり、蕾と開花が混じって鹿の子模様にみえることから、この名がある。日本全土、サハリン、朝鮮半島、台湾、中国に分布。山地のやや湿った陽のあたる草地に自生する。高さ40～80cm。花は密な散房花序につき、花冠は直径約3mm。別名ハルオミナエシ。根の香りがインド産の香料、甘松香（かんしょうこう）に似ているので和（日本）の甘松香と呼ぶ。カノコソウは見出すことが困難になってきており、今では希にしか見られない幻の薬草である。

[採取時期・製法・薬効]

秋に地上部が黄変したら根茎を掘り採り水洗いののちに天日で乾燥させる。成分は根にボルニルイソバレレート、ボルニルアセテート、ケッシルアルコール、ケッシルアセテート、バレライン、カノコロール、ボルネオール、キネオール、ピネン、ケッソウグリコール、イリノイド化合物のカノコサイドA-Dなどが含まれる。

❖ヒステリー、神経過敏に鎮静の目的で

吉草根を粗く刻んだもの100gに70%のエタノールを加え全量を1000mlにし（カノコソウチンキ）、一回2mlを一日3回服用する。

[漢方原料（カノコソウ）**]** 産地は、中国、北海道。処方は、カノコソウチンキなど。

5月中旬佐賀県

つぶやき

俗にヒステリーの特効薬として知られる。ヨーロッパではセイヨウカノコソウを薬用にしており、長崎に来たオランダ人にこの薬の薬効を教えられた。日本産の方が精油の分量が多く、品質が高いと評価された。イギリスでは、ヒステリーの薬に、ドイツでは薬の他に菓子の香料の原料として日本から輸入していた。

参考：薬草の詩、新佐賀の薬草、薬草カラー図鑑1、牧野和漢薬草圖鑑、生薬処方電子事典

カラスビシャク 烏柄杓	サトイモ科 路傍、山野	【局】半夏 はんげ	塊茎 夏	〔民〕つわり、種々の吐気 〔漢〕漢方処方

農薬使用のセンサー

[生育地と植物の特徴]

花の形を杓子に見立てた名である。半夏は夏至から11日目を指し、この草の収穫期を意味する。日本、朝鮮半島、中国に分布。地中の球茎から10～15cmの葉柄を持つ葉を1～2本出し、葉は3枚の小葉が頂端につく。葉柄の下部の内側や小葉の付け根に珠芽（むかご）が付く。6月に葉より長い茎が伸びて先端に柄杓（ひしゃく）がつく。これが花であるが外側を包んでいる緑色のものは苞（仏焔苞）であり、中に一杯ついている粒々が花である。花序の附属体の先は細長くムチのように伸びて苞の外に出て直立する。果実は液果で緑色。

[採取時期・製法・薬効]

6～7月の花が咲いているころに塊茎を掘り出し根を除き塩水につけ皮を剥ぎ天日で充分乾燥させる。成分は、コリン、脂肪酸類、β -シトステロール。

❖つわりなどの吐き気に

①半夏一日量10～20gを水300mlで半量に煎じ3回に分けて服用する。生姜を同量加えて煎じても良い。②半夏5.0g茯苓3.0g生姜2.0gを合わせて煎服する。③半夏に生姜のおろし汁を混ぜて煎服してもよい。半夏は昔からつわりの薬である。

[漢方原料（半夏）**]** 性味は、辛、温。産地は、中国、韓国。日本産は少ない。処方は、半夏厚朴湯〔薬〕、半夏瀉心湯〔薬〕、黄連湯〔薬〕、五積散〔薬〕、柴陥湯〔薬〕、柴朴湯〔薬〕、柴苓湯〔薬〕、柴胡加竜骨牡蛎湯〔薬〕、柴胡桂枝湯〔薬〕、小柴胡湯〔薬〕、小柴胡湯加桔梗石膏〔薬〕、小青竜湯〔薬〕、参蘇飲〔薬〕、大柴胡湯〔薬〕。

5月上旬鹿児島県

つぶやき

先が柄杓（ひしゃく）形に曲がった仏焔苞の形を小さな柄杓、つまり鴉（からす）が使う柄杓に例えた名である。路傍、田畑の畦、刈り取った草の捨て場などにも多い。ひとたび侵入されたら根絶できない畑の雑草であるが、農薬に弱く畑の中で発見したら、その畑だけは農薬を使っていないという証拠になる。

参考：薬草事典、薬草の詩、長崎の薬草、新佐賀の薬草、宮崎の薬草、薬草カラー図鑑1、牧野和漢薬草圖鑑、生薬処方電子事典

カラスウリ 8月下旬長崎県対馬

モミジカラスウリ 7月下旬佐賀

チョウセンカラスウリ 8月上旬長崎県対馬

カラスウリ 烏瓜、唐朱瓜	ウリ科 山野	【生'】王瓜根、土瓜根、【生'】王瓜子 おうがこん、どがこん、おうがし	根・種子 秋	〔民〕黄疸、利尿、催乳、〔外〕しもやけ

止まらない咳に効果、果実は漬物などの食用に

[生育地と植物の特徴]

名の由来は、紅い実が蔓に残るのをカラスが食べ残したように見えることによるというのもあるが、唐朱瓜の意味で、唐伝来の朱墨を製造する原鉱石の辰砂が朱赤色でこの果実に似ていたことによるという方に説得力がある。本州、四国、九州、沖縄、中国に分布する蔓性多年草。原野、山林から、人里近くまで見られる。巻きひげで傍の木などに巻き付いて伸び広がる。葉は柄があって互生、掌状に浅く3〜5裂して切れ込み、縁に不規則な鋸歯がある。夏に開く花は花弁の縁が糸状に裂けて房のように垂れ下がる。夕方暗くなってから開き、朝までにはしぼむ。雌雄別株。エビガラスズメ(夕顔別当)という蛾が雄花、雌花を飛び回り花粉を媒介している。

[採取時期・製法・薬効]

根や種子を使用。根は水洗いして乾燥を早めるため輪切りにし天日で乾燥させる。果実はよく熟した果汁、果肉を用いる。種子は熟した果実を水の中で砕いて取り出し、天日で乾燥させる。成分は、デンプン、アルギニン、コリンなど。類似種のキカラスウリは効能が異なる(p200)。

❖黄疸、利尿に

王瓜根一日6〜10gを水200mlで半量に煎じて3回に分けて飲む。

❖催乳に

王瓜子一回1〜3gを水200mlで半量に煎じて飲む。

❖しもやけ、ひび、あかぎれに

①果汁を患部に塗る。焼酎につけてドロドロにしておくと長く使える。②5〜6個分を潰して酒かエタノール300mlに漬けておいたものにグリセリン100mlほどを加えて塗る。

❖食用に

青い果実や若葉は食用になる。

カラスウリ類の識別

種名	葉形	葉茎毛	萼裂片	果実
カラスウリ	浅裂	細毛多	3〜4mm	朱赤色 楕円形
キカラスウリ	浅裂	無毛 幼時褐毛	10〜12	黄色 卵円形
モミジカラスウリ	深裂	無毛 幼時褐毛	5〜6	鮮赤 橙条卵球
チョウセンカラスウリ	深裂	細毛多	5〜6	黄緑色 球形

つぶやき

雌株と雄株が別々で雌株にだけ実がつく。晩秋に熟して赤くなった実の中にはどろどろした果肉に包まれた黒褐色の種子がたくさん入っている。種子はカマキリの頭(打出の小槌とも)を思わせる形である。佐賀県には果実を麻袋に入れて床下に置くと金持ちになるという言い伝えがある。烏瓜《季》秋、烏瓜の花・夏。

参考:薬草事典、薬草の詩、長崎の薬草、新佐賀の薬草、薬草カラー図鑑1、牧野和漢薬草圖鑑、徳島新聞H160723

カワミドリ 藿香	シソ科 道端	【局】藿香 かっこう	地上部 秋	〔民〕頭痛、風邪、芳香性健胃 〔漢〕漢方処方

名前の由来が謎の植物

[生育地と植物の特徴]

日本、中国、朝鮮半島と広く東南アジアに分布し、中国では生薬“藿香”の生産目的で栽培している。新しく建設された道路の法面にカワミドリがしばしば見られる。高さ約1m。全体に香りが強い。茎は四角柱、葉はハート形で縁に鋸歯がある。9～10月頃、茎の先に紅紫色の花穂をつくるが、一つの花は唇形の花冠で長さが約1cm、雄蕊4本がこの花の外に長く突き出しているのが特徴である。和名カワミドリは緑色とも川とも関係なく語源が不明。

[採取時期・製法・薬効]

開花期の地上部を刈り採って、天日で乾燥させる(藿香)。成分には、全草の芳香は精油によるもので、メチルキャビコール、アニスアルデヒドなどを含んでいる。

❖頭痛、風邪、芳香性健胃に

藿香一日量10～15gを煎じて、3回に分けて服用する。

[漢方原料(藿香)**]** 性味は、辛甘、微温。産地は、中国南部、台湾、フィリピン。処方は、香砂平胃散、香砂六君子湯、藿香正気散。

つぶやき

中国から藿香の名で輸入されている生薬は、日本の藿香ではなく広藿香で、カワミドリとは別のポゴステモン属のもの。中国南部で栽培され、その全草を健胃、解熱、吐き気止めに用いている。しかし、本来のカワミドリは、中国産も日本産も同じものであるので、この全草を藿香と名づけるのは、誤りではない。

8月中旬長崎県対馬

参考:薬草事典、新佐賀の薬草、薬草カラー図鑑1、牧野和漢薬草圖鑑、生薬処方電子事典

カワラヨモギ 川原蓬	キク科 川、海の砂地	【局】茵蔯蒿 いんちんこう	帯花枝葉 夏～秋	〔民〕黄疸、急性肝炎、〔外〕皮膚掻痒、〔食〕若葉、〔漢〕漢方処方

肝機能の改善に効果

[生育地と植物の特徴]

葉が糸のように細かく裂けていてコスモスの葉に似る。本州、四国、九州の川原や海岸の砂地に群生する多年草。冬から春にかけて根元に出る葉は糸状に細く裂け一面に白い毛を密生して白々し、綿毛を被ったように見えるので漢方では綿茵蔯(メンインチン)と呼んでいる。夏～秋に荒い穂をなしてヨモギの頭状花よりも小さな頭状花を群がりつける。茵蔯蒿といって日本ではこれを用いる。なお、花のつかない茎は短く、先端にロゼット状の葉をつける。茵蔯蒿は、根出葉が冬にも枯れず、春になるとそこから新葉が伸びるので、古い(陳)苗がもと(因)になって、新しいヨモギ(蒿)ができることを意味する。

[採取時期・製法・薬効]

8～9月に花のついた全葉を刈り採り、陰干しにする。乾燥したら手で揉み花穂だけを集める。成分は、β-ピネン、カピレン、ジメチルエスクレチンなどの精油分がある。

❖急性肝炎、胆嚢炎、黄疸に

①茵蔯蒿一日量10～20gを水400mlで半量に煎じて3回に分けて服用する。

②茵蔯蒿湯:茵蔯蒿4g、山梔子3g、大黄1gを混ぜて一日量として煎服する。

❖皮膚掻痒、水虫、たむし、しらくも等に

煎液を外用。あるいは茵蔯蒿100～200gを多量の水で炊き出し、生薬ごと風呂に入れて入浴する。

[漢方原料(茵蔯蒿)**]** 性味は苦、微寒。産地は中国、韓国、長野、四国。処方は茵蔯蒿湯〔薬〕、茵蔯五苓散〔薬〕など。

つぶやき

長崎県や佐賀県では大河がなく河原では見かけない。主として玄界灘・五島灘に面する海岸に多い。西彼半島の西側、長崎半島の西北側、壱岐・対馬の海岸等に見られる。栽培はやさしく庭先や畑の隅に植えておくと1mくらいに成長して茂り、種子でも増えていく。

11月中旬長崎県対馬

ロゼット状の葉 10月下旬島原薬草園

花が付かない株ではロゼット状の葉となる。

参考:薬草の詩、薬草カラー図鑑1、牧野和漢薬草圖鑑、生薬処方電子事典、徳島新聞H180512

カラスウリ 11月上旬長崎県対馬

キカラスウリ 11月下旬長崎県対馬

モミジカラスウリ 10月中旬長崎県

チョウセンカラスウリ 8月上旬長崎県対馬

キカラスウリ 黄烏瓜	ウリ科 山地	【局】栝楼根、【生】括楼仁 かろこん、かろひ、かろにん	根・種子 秋	〔民〕解熱、鎮咳、利尿、催乳 〔漢〕漢方処方

あせもの治療に使われた天花粉の材料

[生育地と植物の特徴]

北海道(奥尻島)、本州、四国、九州、沖縄に分布。陽当たりの良い山野に自生する蔓性多年草。類似種のカラスウリは葉の表面に白毛が密生しているが、これには毛がない。雌雄別株で夏に白花を開くが、雄花は穂状に雌花は葉の付け根につける。花冠の裂片の先がカラスウリに比べ広い。花冠の縁が糸状に裂け、カラスウリの花は夜(午後8時頃)に開花するが、キカラスウリの花はまだ明るいうちに開花する。果実は卵円形で黄色に熟す。

[採取時期・製法・薬効]

根は、晩秋に地上部が枯れたころ掘り上げ、外側の皮を剥いで除き、天日で充分乾燥させる。種子は、秋に熟した果実を採り、水中で潰して種子だけを集めて天日で乾燥させる。

❖解熱、鎮咳、利尿、催乳に

乾燥根一日量10～15gを、種子なら5～8gを水400mlで半量になるまで煎じ3回に分けて服用する。

[漢方原料(括呂根)**]** 産地は中国、韓国、国内では鹿児島、新潟、群馬で少量。処方は括呂桂枝湯、柴胡桂枝乾姜湯〔薬〕、柴胡清肝散など、

[漢方原料(栝楼仁)**]** 処方は、括呂枳実湯、柴陥湯〔薬〕など。性味は甘、寒。

天瓜粉の作り方:秋から冬にかけて根を採取し、水洗いして細かく砕き、水を加えてミキサーで攪拌し、布袋で繊維質を除き、水を加えて掻き混ぜては沈殿させ上澄み液を捨てることを数回繰り返す。白く沈殿したデンプンを布で濾して天日で乾燥させると天瓜粉ができる。

キカラスウリ 8月上旬長崎県対馬

つぶやき

昭和初期まで“あせも”にはキカラスウリの根のデンプンで作った真正の天瓜粉(てんかふん)が使われた。現在ではバレイショデンプンと亜鉛華を主原料としている。果実は食べられるが、生の実を塩漬けにして食べると美味しい。類似種のカラスウリ、モミジカラスウリ、チョウセンカラスウリについては198頁にあり。栝楼、括楼、括呂は、すべて“かろ”。

参考:薬草事典、薬草の詩、新佐賀の薬草、宮崎の薬草、薬草カラー図鑑1、牧野和漢薬草圖鑑、生薬学、生薬処方電子事典

キク / 食用ギク 菊/食用菊	キク科 栽培	【局】菊花 きくか	花 秋	〔民〕鎮痛、鎮咳、〔食〕菊花 〔漢〕漢方処方

コレステロールの沈着防ぐ、食べられる菊

[生育地と植物の特徴]

シマカンギク(p146)と栽培菊の花を菊花として用いる。シマカンギクは近畿地方以西の日本、朝鮮半島、台湾、中国に分布。陽当たりの良い原野、海岸に生える多年草。薬用ギクというものはなく、食用になるキクを薬用に使う。食用ギクの主産地は青森県八戸市を中心とした農村で、"阿房宮"というのを栽培して出荷している。他に食用菊、"もってのほか"、"松並"などが栽培されている。

[採取時期・製法・薬効]

秋に花を摘み採り緑の総苞を除いた花弁のみを天日で乾燥させて保存する。成分は、アデニン、コリン、アピゲニンの配糖体。

❖鎮痛、鎮咳に

菊花一日量5～10gを水200mlくらいで煮つめ沸騰したら火を止め2～3回に分けて空腹時に服用する。砂糖少々を加えて飲んでも良い。

❖薬膳に

菊花粥、豚肉の菊花炒め。刺身、焼き魚に添える等。

[漢方原料(菊花)**]** 性味は甘・苦、微寒。産地は、中国、日本。処方は、清上蠲痛湯(けんつうとう)、洗肝明目散、鉤藤散〔薬〕、菊花茶調散、菊花散、桑菊散などに配合。

つぶやき

野生の菊には毒はないが苦くて食べられない。食用ギクにも効能がある。栽培菊はシマカンギクとチョウセンノギクの交配から造られ改良された。菊《季》秋。

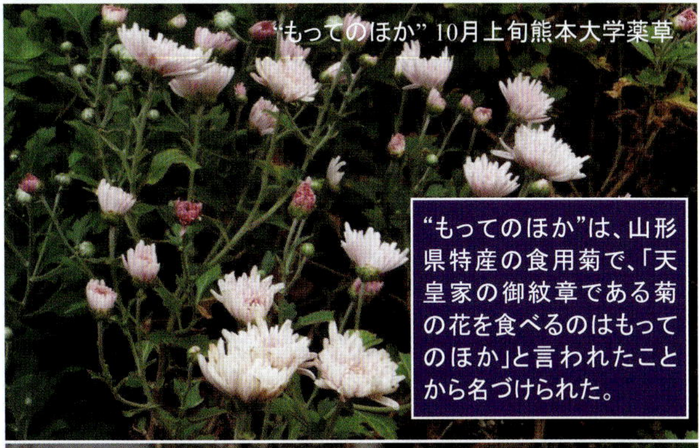

"もってのほか" 10月上旬熊本大学薬草

"もってのほか"は、山形県特産の食用菊で、「天皇家の御紋章である菊の花を食べるのはもってのほか」と言われたことから名づけられた。

"松並"は、黄色い花をつける食用菊品種。

"松並" 10月下旬鹿児島県

参考：新佐賀の薬草、薬草カラー図鑑1、牧野和漢薬草圖鑑、生薬処方電子事典、徳島新聞H131013

(コ)キンバイザサ 金梅笹、小金梅笹	キンバイザサ科 山地の陽地	【生】仙茅 せんぼう	根茎 春先、夏	〔民〕強壮、リウマチ、腰膝痛で歩行困難、陰萎

中国で古くから優れた強壮薬とされてきた

[生育地と植物の特徴]

キンバイザサは中国地方、四国、九州の陽当たりのよい山地に生育。東アジアからオーストラリアの熱帯圏にも分布。根茎は小指大の太さで長さ5～6cm。葉は束生し長さ10～20cm幅1～2cmの細長い葉で、明るい緑色、葉質は薄く縦に筋が走り、表裏とも長く軟らかい毛が密生する。花期は5～7月。葉の腋に直径1cm内外の黄色い6弁花を2～3個つける。花弁は長さ約1cmで長毛がある。コキンバイザサは日本固有種。葉は束生し線形で長さ10～25cm、幅2～4mmでキンバイザサの葉よりも細く長毛が多い。花期は4～6月。黄色の6弁花で花弁の先にも毛がある。

[採取時期・製法・薬効]

2～4月地上に芽を出す前または7～9月地上部が枯れたとき根茎を掘り起し、洗浄後ひげ根を取り除いて天日で乾燥させる(仙茅)。

❖強壮、老化防止に

仙茅一日量約15gに水600mlを加え半量に煎じて3回に分けて服用する。食前、食後どちらに飲んでも良い。

[漢方原料(仙茅)**]** 性味は、辛甘、温。産地は、中国。処方は、仙茅丸、二仙湯。

キンバイザサ 5月中旬宮崎県

花弁の先にも毛がある

コキンバイザサ 4月下旬長崎県

つぶやき

我が国では専ら観賞用植物であるが、中国では古くから、すぐれた強壮薬として珍重されてきた。仙茅の主な薬効は「弱った心臓の働きを高めて、動悸や息切れ、不整脈、高血圧などを改善し、腎臓を強化することで水分代謝を整え、耳鳴りや白内障を防ぎ、胃腸の働きを活発にし、筋肉を丈夫にする」という。

参考：薬草カラー図鑑4、牧野和漢薬草圖鑑、生薬処方電子事典

クサスギカズラ 草杉蔓	キジカクシ科 海岸	【局】天門冬 てんもんどう	肥大根 夏	〔民〕鎮咳、利尿、〔漢〕漢方処方 〔食〕蜂蜜漬実、〔酒〕天門冬酒

煎じて飲めば疲労回復

[生育地と植物の特徴]
姿が杉の葉に似ていることに由来。静岡県以西の本州、四国、九州、沖縄、台湾、中国に分布する。海岸の砂地に生えるキジカクシ科の多年草。茎は蔓状、葉は退化して鱗片状。細い緑色の葉状をした枝に淡黄緑色の小花が1〜3個ずつつく。雌雄別株。

[採取時期・製法・薬効]
5月に紡錘状の肥大根を掘り採り、水洗いして、外皮を除去してから、蒸し器で30分くらい蒸したのち、天日で乾燥させる。肥大根の成分はアスパラギン、β -シトステロール、デンプン、ブドウ糖など。

❖強壮に
天門冬を瓶に入れ蜂蜜をひたひたになるまで注ぐ。1〜2ヵ月くらい放置したあと、一日2〜3個食べる。

❖鎮咳に
天門冬の蜂蜜漬け2〜3個を小さく刻み水200mlの中に入れて沸騰させて火を止め、冷めかげんのときに煎液を2回に分けて飲む。

❖利尿に
天門冬一日量10〜15gを水200mlで煎じて3回に分服。

[漢方原料(天門冬)**]** 性味は甘・苦、大寒。産地は中国。処方は、滋陰降火湯〔薬〕、清肺湯〔薬〕、甘露飲など。

5月下旬佐賀県

つぶやき
太い根は、砂糖漬けにして食べる。鹿児島県吹上浜に生育、佐賀県では玄界灘沿岸に希にある。果実は直径約7mmの球形で熟すと汚白色になる。

参考：薬草の詩、新佐賀の薬草、薬草カラー図鑑1、牧野和漢薬草圖鑑、生薬処方電子事典、徳島新聞H131102

クララ 苦参	マメ科 原野、路傍	【局】苦参 くじん	根 秋	〔外〕慢性湿疹、疥癬、〔民〕解熱、健胃、〔漢〕漢方処方 〔虫〕うじ虫駆除、中枢神経抑制

苦味健胃剤として内服され、疥癬など外用にも使われる

[生育地と植物の特徴]
北海道以外の陽当たりの良い原野や路傍に自生する多年草。茎は丸く、茎葉共に細かい毛が生えている。花期は6〜7月頃。フジの花に似た蝶形の淡い黄色や微紅色の花を多数つける。花の後ササゲに似て長く伸びた豆果をつける。

[採取時期・製法・薬効]
7〜9月花が終わりかけた頃、根を掘り上げ細根を除き水洗いして、外皮を剥いで天日で乾燥させる(苦参)。苦みの成分はアルカロイドのマトリン、オキシマトリン、配糖体のトリフロリジリンなど。

❖慢性の湿疹やあせも、疥癬に
乾燥した根約20gを煎じた液で患部を洗う。

❖鎮痛、解熱、健胃に
苦参一日量3gを水400mlで半量になるまで煎じ3回に分けて服用する。中枢神経抑制作用のあるアルカロイドを含むので内服の用量には十分注意する。

[漢方原料(苦参)**]** 性味は苦、寒。産地は、中国、韓国。処方は、三物黄芩湯〔薬〕、消風散〔薬〕、苦参湯など。

6月上旬長崎大学薬草園

7月下旬長崎大学薬草園

つぶやき
根が苦く目もくらむ程であることからきた名前という。慢性の皮膚疾患などに使われる消風散などの漢方薬にも配合され、家庭薬の原料としても広く用いられている。クララは、オオルリシジミの食草であり、この蝶を見たければ5〜6月頃にクララの咲く野原を散策すると良い〔PC〕。

参考：薬草事典、宮崎の薬草、新佐賀の薬草、薬草カラー図鑑1、牧野和漢薬草圖鑑、生薬学、生薬処方電子事典、毒草大百科

コウホネ 川骨	スイレン科 沼、池	【局】川骨 せんこつ	根茎 夏～秋	〔民〕月経不順 〔漢〕漢方処方（打撲）

生薬名は不気味だが婦人病に用いられる

[生育地と植物の特徴]

泥の中に横に長く伸びた根茎は、親指より少し太くて、多少曲がりくねって節があり、下側に多数の根が出ている。根茎は外面が灰緑色、折ると、白色で多孔質である。この白さを動物の骨にたとえて、川の中にある骨から、コウホネの名がついた。葉は流れのある所では、ワカメのような帯状のものを水中に出すが、沼などの流れのない場所では、サトイモのようなハート形のものを水上に出すなど環境によって異なる。

[採取時期・製法・薬効]

生薬に調整するには夏から秋に根茎を掘り採り、ひげ根を除いて20～30cmに切り、さらに縦二つ割りにして天日で乾燥させる。乾くと外面は暗褐色、内部は白色となる。内部は多孔質で軽く舐めるとやや苦い。成分は、アルカロイドのヌハリジンを含む。

❖月経不順なとで気分がすぐれないときに

一日量として川骨5～12gを400mlの水で半量になるまで煎じて3回に分けて空腹時に服用する。

[漢方原料（川骨）**]** 性味は、甘、寒。産地は、長野、岩手、新潟、北海道。中国、北朝鮮、ロシアから輸入。処方の治打撲一方〔薬〕は打撲による腫れや痛みによい。

6月下旬長崎大学薬草園

つぶやき

昭和の初め頃、縁日などの盛り場で、信州とか甲州の何々山の山頂から採取してきた「“高山植物ヤマバス”婦人血の道の妙薬」と、言葉たくみに道行く人を呼び止めては売りつける風景が見られた。この“高山植物ヤマバス”は、コウホネであって、平地の小川などに見られる水生植物である。

参考：薬草事典、新佐賀の薬草、薬草カラー図鑑1、牧野和漢薬草圖鑑、生薬学、生薬処方電子事典

ゴボウ 牛蒡	キク科 栽培	【局】牛蒡子 ごぼうし	種子/根茎 夏	〔民〕腫れ物、咽頭痛、浮腫、化膿症、〔漢〕漢方処方/〔食〕根は食用

根の多食は面皰をつくり、種子や葉は面皰を解消

[生育地と植物の特徴]

古来、日本にあった。秋と春の年2回、種子を撒くことができる。秋に種子を撒き翌年6～7月頃 市場に出回るゴボウは細いものが多く、やわらかで特に香気が高い。ヨーロッパでは新葉をサラダに用いる。春に種子を撒くと翌年の夏に枝を分枝して、その先にアザミに似た花を開く。

[採取時期・製法・薬効]

ゴボウの成熟果実を乾燥させたもの（牛蒡子）。成分は、リグナン、カフェ酸誘導体。

❖腫れ物、咽頭痛、むくみに

種子を粉末にして8gを一日量として3回に分けて食間に服用する。あるいは、一日15～20gを煎じて服用しても良い。

〔にきびとゴボウ〕

ゴボウの根を多食するとニキビ（面皰）ができやすく、種子や葉を食べるか煎じて飲むとニキビを治してくれる。

[漢方原料（牛蒡子）**]** 性味は、辛・苦、寒。産地は、韓国、中国、日本。処方は、銀翹散、普済消毒散。

6月下旬熊本大学薬草園

つぶやき

日本以外では食用にされていない。我が国では、約5,500年前の縄文前期から食用にされていた。ゴボウといえばキンピラゴボウがなじみ深い。元禄時代にできたという。ゴボウを千切りにして、ごま油で炒め、トウガラシで味をつける。おふくろの味の代表である。

参考：薬草カラー図鑑1、牧野和漢薬草圖鑑、生薬処方電子事典、徳島新聞H1807

オモダカ 9月上旬佐賀県
ヘラオモダカ 10月上旬長崎県

サジオモダカ 匙澤瀉	オモダカ科 田んぼで栽培	【局】沢瀉 たくしゃ	塊茎 11月	〔民〕利尿 〔漢〕漢方処方

利尿作用があり浮腫・尿路系疾患の漢方処方に配合

[生育地と植物の特徴]

北海道、本州北部、サハリン、東シベリア、朝鮮半島、中国東北部、モンゴルに分布。沼や浅い水中に生える多年草。葉は根元から叢生し長い柄を持つ。卵状楕円形で長さ5～10cm。夏から秋にかけて約80cmの花茎を出し、多数の白い小花をつける。花弁は3枚、雄蕊6個。

[採取時期・製法・薬効]

11月頃、塊茎を掘り採り、細根を取り除いて外皮を薄く剥ぎ取ってから水で洗い、天日で乾燥させる。多量のデンプンと四環性トリテルペンのアリソールA、Bが含まれている。単味では用いず、漢方処方に配合される。

[漢方原料(沢瀉)**]** 性味は、甘、寒。産地は、韓国、中国。処方は、五苓散〔薬〕、沢瀉湯、猪苓湯〔薬〕、当帰芍薬散〔薬〕、八味地黄湯、茯苓沢瀉湯、胃苓湯、茵陳五苓散〔薬〕、啓脾湯〔薬〕、牛車腎気丸〔薬〕、五淋散〔薬〕、柴苓湯〔薬〕、猪苓湯合四物湯〔薬〕、八味地黄丸〔薬〕、半夏白朮天麻湯〔薬〕、竜胆瀉肝湯〔薬〕、六味丸など。

サジオモダカ 9月下旬長崎大学薬草園

サジオモダカ 9月下旬長崎大学薬草園

つぶやき

かつては丹波、近江、越後、仙台で生産されていた。長野の信州沢瀉が市場に出ているが、現在では出荷が止まっている。市場品の沢瀉の大部分が、中国、台湾、韓国からの輸入品である。

参考：薬草カラー図鑑1、牧野和漢薬草圖鑑、生薬処方電子事典

ゴマ 胡麻	ゴマ科 栽培	【局】胡麻 ごま	種子 秋	〔民・食〕強壮、便秘 〔漢〕漢方処方

滋養強壮や便秘に効果、葉も食べられる

[生育地と植物の特徴]

中国では胡の国から来たということであるが、日本には古い時代に中国から入って来た。種子の色によって3品種に分けられる。白色を白ゴマ、黄褐色を金ゴマ、黒色を黒ゴマと呼び、それぞれの特色がある。白ゴマには油の含量が最も多く、江戸時代からゴマ油には白ゴマが使われていた。黒ゴマは特有の香りが強いので、ゴマあえ、ゴマ塩など料理に主に使われる。金ゴマは生産量が少なく、高価であるため、一般にはあまり用いられない。

[採取時期・製法・薬効]

薬用には黒ゴマが用いられる。

❖強壮に

黒ゴマを炒り、ゴマ挽き器で砕いたもの（擂鉢ですってもよい）に、ごく少量の食塩を加え、茶匙1杯ずつ、朝夕の食後に服用する。

❖便秘に

ゴマの種子（胡麻子）を炒ってつぶしたもの茶匙1～2杯に鶏卵1個を加えてまぜ、熱湯を注いで半熟状になったものを服用する。

❖ゴマ油：食用、目薬、軟膏（たむし、切り傷、火傷に）

[漢方原料（胡麻子）**]** 性味は辛苦、寒。産地は日本。処方は桑麻丸。

9月中旬長崎大学薬草園

つぶやき

ゴマの脂肪油はリノール酸、パルミチン酸などからなり、脂肪油以外の成分としてセサミン、Ca、Naなどのミネラルが多いアルカリ性食品である。胡麻の花《季》夏。

参考：薬草カラー図鑑1、牧野和漢薬草圖鑑、生薬処方電子事典、徳島新聞H160921

サイヨウシャジン/ツリガネニンジン 細葉沙参/釣鐘人参	キキョウ科 山野	【生】沙参 しゃじん	根茎 夏	〔民〕鎮咳、去痰 〔漢〕漢方処方、〔食〕

沙参は鎮咳などに効果

[生育地と植物の特徴]

サイヨウシャジンは本州（中国地方）、九州、沖縄に分布。ツリガネニンジンは北海道、本州、四国、九州に分布。陽当たりの良い山野の草原や路傍に自生する多年草。葉の形や数はまちまちで2～5枚輪生し、茎や葉を切ると白い乳液を出す。春の若芽は山菜の王様という。秋には青紫色で釣鐘形の小花を多数つける。ツリガネニンジンは食用になり、「山でうまいのは、オケラにトトキ、嫁にやるのも、おしゅござる」という俚謡がある。この中のトトキはツリガネニンジンの古名である。春先に若い芽を摘んで、茹でて浸し物や和え物にして食べる。

[採取時期・製法・薬効]

10～11月に地上部が枯れ始める頃に根を掘り採り、水洗い後、小さく刻んで天日で乾燥させる。

❖鎮咳、去痰、強壮に

乾燥したもの一日量5～10gを水400mlで半量になるまで煎じ3回に分けて服用する。苦みやえぐみがあるので、甘味を加えると飲みやすくなる。

[漢方原料（沙参）**]** 性味は、甘・苦、微寒。産地は、中国、韓国、日本。処方は、沙参麦門冬湯。

ツリガネニンジン8 月下旬伊吹山

サイヨウシャジン 8月下旬長崎県対馬

つぶやき

ツリガネニンジンは漢方原料として本州ではどこででも手に入る。しかし、九州では極めて希であり、熊本県と大分県でしか確認されていない。サイヨウシャジンが良く似ておりツリガネニンジンの代わりに使えないかが検討され、宮崎県、佐賀県、長崎県では沙参の原料として用いている。最近の遺伝子学によると両者は同じものという。

参考：薬草事典、長崎の薬草、新佐賀の薬草、牧野和漢薬草圖鑑、薬草カラー図鑑1、生薬処方電子事典、徳島新聞H170503

8月下旬伊吹山

サラシナショウマ 晒菜升麻	キンポウゲ科 山野	【局】升麻 しょうま	根茎 晩秋	〔漢〕漢方処方 〔外〕いぼ痔、切れ痔

水に晒す菜でサラシナショウマ

[生育地と植物の特徴]

水に晒して食べることから“晒し菜升麻”の意味で和名になった。平地から高山まで、木陰ばかりでなく、日の当たる所にも見られる多年草。花期は7〜8月頃。1〜1.5mの花茎の先端に、多数の白色花が穂状になってつく。花弁状の萼は長く約4mm、白色の花弁は小さく先が2裂、ともに早く落ちる。白く見えるのは、多数の雄蕊の花糸や、葯の部分である。我が国に産するサラシナショウマの仲間には、オオバショウマ、キケンショウマ、イヌショウマなどがあり、いずれも升麻として薬用になる。升麻の代わりの生薬としては、朝鮮産や中国産の北升麻が輸入されている。これはサラシナショウマより大型の多年草で、そのものは日本にはなく中国の東北地区に多い。

[採取時期・製法・薬効]

秋に根茎を掘り採り水洗いしながら、ひげ根を除いて天日で乾燥させる。単味で使用せずに漢方処方に配合。

[漢方原料(升麻)**]** 産地は、中国(北升麻、関升麻、西升麻)、新潟。処方は、提肛散、当帰拈痛湯、補中益気湯〔薬〕、辛夷清肺湯〔薬〕、立効散〔薬〕など。升麻葛根湯〔薬〕は風邪の初期に効果があり、発汗を良くする。いぼ痔・切れ痔に、乙字湯〔薬〕(当帰6g、柴胡5g、黄芩3g、甘草、升麻各2g、大黄1g)を一日量として、400mlの水で半量になるまで煎じて、一日3回に分けて空腹時に飲む。

つぶやき

春先、まだ花茎の伸びない頃の若葉は、1〜2日、小川の清流などで晒して、アク抜きしてから茹でて、浸し物などの山菜料理にする。漢方処方の“乙字湯”が「切らずになおる痔の薬」とうたわれて人気が集まり、これに升麻が入るので、升麻が、日本の生薬市場からなくなったことがある。生薬の性味は、甘・辛、微寒。

8月下旬伊吹山

参考:薬草事典、新佐賀の薬草、薬草カラー図鑑1、牧野和漢薬草圖鑑、生薬学、生薬処方電子事典、徳島新聞H220508

シオン 紫苑	キク科 山野、植栽	【生】紫苑 しおん	根 秋	〔民〕鎮咳、去痰 〔漢〕漢方処方

肺疾患に使う漢方処方に用いられる生薬である

[生育地と植物の特徴]

中国名シワンが訛ったもの。属名はAsterで星の意。花が星形をしていることからつけられた。中国、朝鮮半島、シベリアなどが原産地。我が国には古い時代に薬草として渡来したが、花が美しいので平安時代から観賞用に栽培されてきた。本州(中国地方)、九州、中国、朝鮮半島に分布。山地の湿った草地に自生する多年草であるが、栽培されていたものが逸脱して野生化したものと考えられている。高さ1.5～2mになる。花期は8～10月。頭花は直径3～3.5cm、外周の淡青紫色の舌状花は1列で十数個あり、中央には黄色の管状花がある。花柄には短毛が密生する。根茎は軟らかく折れにくく、舐めると少々甘みがあり後に苦味を感じるようになる。

[採取時期・製法・薬効]

10～11月に根を採取して天日で乾燥させる。成分は、サポニン、トリテルペンなど。

❖鎮咳、去痰、利尿に

紫苑一日量3～10gを水300mlで3分の1量に煎じたものを3回に分けて服用する。

[漢方原料(紫苑)**]** 性味は、辛・苦、温。産地は中国、モンゴル、朝鮮、日本。処方は黄耆別甲湯、射干麻黄湯。

10月下旬島原薬草園

つぶやき

シオン属は葉や茎に香気がなく菊葉状に葉が切れ込まないことでキク属と区別される。シオンは特に葉が細長い。源氏物語に記載があり平安時代には栽培されていたと思われる。紫苑の苑の字は草木が茂る意味で、シオンは紫色の花が群がって咲くことを意味する。紫苑《季》秋。

参考:新佐賀の薬草、薬草カラー図鑑2、牧野和漢薬草圖鑑、生薬処方電子事典

シシウド 猪独活	セリ科 山野	【生】香独活、【生】独活 こうどっかつ、どくかつ	根 秋	〔民〕頭痛、風邪、〔漢〕漢方処方 〔浴〕神経痛、リウマチ、冷え性

水のうちから沸かす浴用料

[生育地と植物の特徴]

日の当たる山地に生え、高さ約2mの大形の多年草。茎は中空の円柱形。葉は卵形の小葉からなる複葉で、葉柄の基部は広がり、茎を包む。秋、枝の先に多数の白い小花を傘状につける。

[採取時期・製法・薬効]

根は秋に掘りとり、水洗いしてから縦割りにして、まず風通しのよい所で陰干しにする。ほとんど干し上がった頃に、数時間だけ日光に当てて、仕上げの乾燥をする。精油分を含み、この中にグラブララクトンやアンゲリカル、クマリン誘導体のウンベリフェエロン、ベルガプテン、脂肪油はパルミチン酸などを含んでいる。精油には皮膚を刺激して血行を促進し、発汗、解熱を行う作用がある。

❖発汗、解熱、頭痛、風邪に

よく乾燥した根(独活)20gを一日量として煎じ、3回に分けて服用する。

❖浴用料(リウマチ、神経痛、冷え性に)

乾燥した根300gを木綿の袋に詰めて、水のうちから風呂に入れて沸かし、この薬湯に全身を浸して入浴する。

[漢方原料(独活)**]** 袪風敗毒散、十味敗毒湯〔薬〕、清上蠲痛湯、千金三黄湯、独活寄生湯、疎経活血湯〔薬〕。

7月下旬伊吹山

つぶやき

滋賀県にある伊吹山山頂の山小屋では“伊吹百草”と名づけた薬湯料を売っている。昔は「神経痛やリウマチ、冷え症などによい」と効能書きにあった。中身を見るとシシウドの地上部を刻んだものとヨモギが混じっている。風呂につけてよい香りがするのが、このシシウドである。

参考:薬草事典、薬草カラー図鑑1、牧野和漢薬草圖鑑、生薬処方電子事典

シソ 紫蘇	シソ科 栽培	【局】蘇葉、【生】紫蘇子 そよう、しそし	葉・種子 春	〔民〕風邪、鎮咳、魚の中毒 〔食〕葉は食用、〔漢〕漢方処方

アトピー・花粉症を緩和、ジュースや振りかけに

[生育地と植物の特徴]

畑で栽培する一年草。名は紫蘇の音読みで、葉が紫色で色素が多く、香りが爽快で食欲をそそり、人を蘇らせることに由来する。葉が緑色のアオジソもあるが、漢方薬には紫色の紫蘇を用いる。古い時代に中国から入ってきたが、当時はシソ油として灯火用に使われた。ナタネ油にその役目を譲ったあとは、梅干し、しば漬けなど加工食品に応用されていった。

[採取時期・製法・薬効]

葉は6～9月頃に摘み採り、水洗いして半日ほど天日で乾燥させた後、風通しのよい日陰で干しあげる。種子は10月頃に果実のついた穂を摘み採り、紙の上に拡げて種子だけを集めて陰干しにする。成分は、アントシアン色素のシアニジン、アントシアン配糖体ペリラニン、香気成分のシソ油、防腐力のあるペリラアルデヒド。梅干しの色は、アントシアン色素が梅のクエン酸によって分解され独特の色を呈するものである。

❖鎮咳、鎮静、鎮痛、発汗に

乾燥葉一日量6～10gを水200mlで半量に煎じ2～3回に分けて服用する。

❖魚による中毒に

乾燥した種子(紫蘇子)一回3～6gを水で服用する。

[漢方原料(蘇葉)**]** 性味は辛、温。産地は中国、韓国。日本では食用。処方は半夏厚朴湯〔薬〕、神秘湯〔薬〕、柴朴湯〔薬〕、参蘇飲〔薬〕など、**[漢方原料**(紫蘇子)**]** 性味は辛、温。処方は蘇子降気湯〔薬〕、沈香降気湯など。

9月下旬鹿児島県薬草の森

つぶやき

平安時代は漬物用。薬用としては江戸前期‘本草綱目’が中国から渡来した後。貝原益軒は‘大和本草’でシソの香りが食欲増進や食中毒予防になると説く。刺身にシソの葉をつけるのは一つは腐敗防止で魚が腐っているとシソの葉が真っ黒に。青紫蘇を煮出し赤紫蘇を足して煮出し濾過しクエン酸と砂糖を加えてシソジュースとするとアトピーに効果。

参考:薬草事典、薬草の詩、新佐賀の薬草、薬草カラー図鑑1、牧野和漢薬草圖鑑、生薬学、生薬処方電子事典、徳島新聞H160826

シャクヤク 芍薬	ボタン科 栽培	【局】芍薬 しゃくやく	根・茎 秋	〔民〕婦人病、筋肉の痙攣による疼痛 〔食〕薬膳、〔漢〕漢方処方

腹痛・めまいなどに効果、花弁は天婦羅や酒に

[生育地と植物の特徴]

名は漢名“芍薬”の音読み。中国東北地区～朝鮮半島北部原産。高さ1m。葉は互生し、下部のものは2回三出複葉、上部のものは三出複葉または単葉。花後に袋果を結び、熟すと裂けて中から球形の種子がでる。

[採取時期・製法・薬効]

日本在来品種の根の外皮を除き干したものを生干芍薬という。同様のものを湯通しして乾燥したものを真芍(しんしゃく)という。根のコルク皮を取り湯通し乾燥したものを白芍(はくしゃく)、また根の外側のコルク皮を着けたまま乾燥した皮付きのものを赤芍(せきしゃく)という。植え付けてから5年目の秋に根を掘り採る。成分は、モノテルペン配糖体のペオニフロリン、安息香酸、タンニン。

❖筋肉の痙攣による疼痛に

一日量3～6gを水400mlで半量に煎じて3回に分けて服用する。芍薬甘草湯(芍薬、甘草各3g)はより効果的。

❖月経不順、冷え性、産後の疲労回復、血の道症に

四物湯(当帰川芎芍薬地黄各4g)を煎じ一日3回飲む。

[漢方原料(芍薬)**]** 性味は酸苦、微寒。産地は新潟、群馬、北海道、長野、奈良。市場品は中国、韓国からの輸入。処方は芍薬甘草湯〔薬〕、当帰芍薬散〔薬〕、葛根湯〔薬〕、加味逍遥散〔薬〕、小青竜湯[漢]、四物湯〔薬〕、大胡湯〔薬〕、大防風湯〔薬〕。全漢方処方の3分の1に配合。

5月中旬島原薬草園

4月上旬島原薬草園

つぶやき

日本では平安時代から薬用と観賞用として植栽。特に婦人科の諸疾患の要薬。調整法によって白芍と赤芍があって薬効に差があるが、白花と赤花には薬効に差がない。花弁は天婦羅、芍薬酒、芍薬酢。芍薬《季》夏。

参考:薬草事典、薬草の詩、新佐賀の薬草、薬草カラー図鑑1、牧野和漢薬草圖鑑、生薬学、生薬処方電子事典、徳島新聞H210318

ジャノヒゲ 蛇の鬚	キジカクシ科 山野、栽培	【局】麦門冬 ばくもんどう	肥大根 夏	〔民〕鎮咳、去痰、声がれ、動悸 〔飲〕滋養強壮、〔漢〕漢方処方

鎮咳去痰作用に滋養強壮作用あり

[生育地と植物の特徴]

北海道、本州、四国、九州、朝鮮半島、中国、ヒマラヤに分布。山林の縁に自生する常緑多年草。7～8月に葉の間から穂状の花茎が出て淡紫色または白色の小花を下向きにつける。花茎は葉よりも短い。株元から長いヒゲ根を多数出し、所々に膨らんだ卵状の塊根をつけるがこれが薬用になる。名の由来は線形をした葉を蛇(龍)の髭にみたてたもの。

[採取時期・製法・薬効]

7～8月頃、根の肥大した部分だけを集めて水洗いし、天日で乾燥させる。ステロイド配糖体オヒオポコニンや粘液質を含む。

❖鎮咳、去痰、声がれ、動悸に

麦門冬一日量7～10gに水400～500mlを加え半量になるまで煎じ3回に分けて温めて飲む。

❖滋養、強壮に

乾燥品一回5～10gに同量の蜂蜜を加えて煎じて飲む。

[漢方原料(麦門冬)**]** 性味は、甘微苦、寒。産地は、中国、韓国から輸入。処方は、麦門冬湯〔薬〕、辛夷清肺湯〔薬〕、清肺湯〔薬〕、釣藤散〔薬〕など。

8月上旬徐福の里

ピンピン玉4月中旬

6月下旬長崎県対馬

つぶやき

別名リュウノヒゲ。山地の木陰、田畑の縁などに生えるが、人家にも植えられ庭園の縁取りに使われる。実は丸く濃青色となり艶があり、ハズミ玉とかピンピン玉といって子供達に喜ばれる。この実は、果実ではなく種子である。

参考:薬草事典、長崎の薬草、新佐賀の薬草、宮崎の薬草、薬草カラー図鑑1、牧野和漢薬草圖鑑、生薬学、生薬処方電子事典

ショウガ 生姜	ショウガ科 栽培	【局】乾姜、【局】生姜 かんきょう、しょうきょう	根茎 秋	〔民〕健胃、鎮吐、風邪、車酔い 〔食〕根茎を食用、〔漢〕漢方処方

体が温まり健胃作用、食欲不振に味噌粥

[生育地と植物の特徴]

インド原産、弥生時代に稲作と一緒に中国南部から渡来した。根茎は食用として八百屋の店頭にある。春に植え付けた根茎は秋の収穫時にはそのまま残っている。これはヒネショウガと呼ばれ料理には品質が悪く捨てられるが薬用にはこれが良い。多年草。

[採取時期・製法・薬効]

10～12月頃、根茎を掘り採り、根を除いて水洗いし乾燥させる。漢方では、そのまま乾燥させたものを生姜(しょうきょう)といい、一度熱処理して乾燥させたものを乾姜(かんきょう)という。辛み成分はジンゲロール、芳香はジンギベロール、セスキテルペン。

❖風邪、車酔いに

①おろし生姜に熱湯を注ぎ、熱いうちに服用する。②おろし生姜に黒砂糖の粉を加え煮詰めた物を作っておき、一匙分を熱湯で溶かして熱いうちに服用する。

[漢方原料(乾姜)**]** 薬用には中国、台湾、インドから輸入。処方は小青竜湯〔薬〕、大建中湯〔薬〕、当帰湯〔薬〕、半夏瀉心湯〔薬〕、半夏白朮天麻湯〔薬〕など。**[漢方原料**(生姜)**]** 処方は葛根湯〔薬〕、加味逍遙散〔薬〕、柴胡桂枝湯〔薬〕、小柴胡湯〔薬〕、半夏厚朴湯〔薬〕など。

9月上旬鹿児島薬草の森

9月上旬鹿児島薬草の森

つぶやき

インド原産の多年生草で有史以前(BC約2600年)に中国を経て日本に渡来した。日本では普通、温室以外では開花しないという。広いショウガ畑でも花は見つかるものではない。台所の薬味として重要で、焼き魚の芽ショウガ、握りずしの添え、漬け物、鍋物の薬味等々、台所の薬味として欠かせない。性味は乾姜、生姜ともに辛、温。生姜《季》秋。

参考:薬草事典、新佐賀の薬草、薬草カラー図鑑1、牧野和漢薬草圖鑑、生薬学、生薬処方電子事典、徳島新聞H181204

シラン 紫蘭	ラン科 草原、湿地、栽培	【生】白芨 びゃくきゅう	球茎 夏	〔民〕胃潰瘍、〔漢〕漢方処方 〔飲〕蘭茶、〔外〕あかぎれ、火傷、外傷

栽培が容易な点が特異なラン

[生育地と植物の特徴]

観賞用として庭に植えられる多年草。シランの名の由来は紫色の花が咲く蘭、つまり"紫蘭"からきている。本州、四国、九州、沖縄、中国に分布。観賞用として栽培。地下には白い球形をした茎が横に数珠繋ぎに連なっている偽鱗茎があり、1年毎に1球ずつ増える。この球茎はやゝ苦い味がし、皮膚や粘膜を保護する作用があり痛みを止めたり、腫れを治す。5月頃、紫の美しい花を花茎の先に数個つける。

[採取時期・製法・薬効]

8～10月花が終わった頃、球茎を掘り上げ、水洗いして皮を剥ぎとり湯通しした後、天日で乾燥させる(白芨)。

❖胃潰瘍に

①白芨一日量3～10gを水400mlで半量煎じ3回に分けて飲む。または②一日量3～10gを粉末にしたものを3回に分けて服用する。

❖あかぎれ、火傷、外傷に

乾燥品を粉末にしてゴマ油や水で練り塗布する。

❖蘭茶：花を飲用にする。

[漢方原料(白芨)**]** 性味は、苦、平。産地は、中国。処方は、白芨枇杷丸、内消散。

4月下旬長崎県

つぶやき

白芨には収斂性の止血作用があり、漢方では喀血や吐血などの止血に用いる。野生のランのほとんどで栽培が難しい中で、このシランは庭先でも簡単に栽培でき特異な存在である。最近は観賞用として盛んに栽培され、白色の花もときに見かける。

参考：薬草の詩、宮崎の薬草、新阿賀の薬草、薬草カラー図鑑1、バイブル、牧野和漢薬草圖鑑、生薬処方電子事典

スベリヒユ 滑莧	スベリヒユ科 陽当たりの良い所	【生】馬歯莧 ばしけん	地上部 夏～秋	〔民〕利尿、〔外〕湿疹、腫れ物、 虫刺され、疣

疣やニキビの出来易い人が料理して食べ体質改善

[生育地と植物の特徴]

栽培されるヒユに味が似ていて葉や茎が滑らかでツルツルしていることからつけられた名である。日本全土に分布する一年草。全体が肉質。葉は対生してほとんど柄がなく、へら状のくさび形、肉厚で滑らか、縁に鋸歯がない。夏に、集まる葉の中央に柄のない黄色の小さな花をつける。花弁は5枚。花は晴天の午前中のみ開花する。

[採取時期・製法・薬効]

7～9月の開花期に地上部全体を摘み採る。畑では農薬が使用されているかも知れないので要注意である。沸騰している湯に5分ほど湯通しした後、天日で乾燥させる(馬歯莧)。摘み採った生のままではなかなか乾燥しない。利尿効果のある無機物カリ塩を含む。

❖利尿に

馬歯莧一日量5～10gを水400mlで半量に煎じ一日3回に分けて飲む。

❖湿疹や腫れ物、虫さされに

生の葉の汁をつける。虫さされにはよい。

[漢方原料(馬歯莧)**]** 性味は、酸、寒。産地は、中国、日本。処方は、馬歯莧散、産宝方など。

8月上旬長崎県対馬

つぶやき

茹でて食べると野菜として栽培されるヒユに似ているという。食べたことのある人でも食べ物が豊富になると見向きもしない。畑の雑草であり農家が手を焼く草の一つで引き抜いて捨てても2～3ヶ月枯れないで生きながらえて種子を残す。農家では、ハエ除けのため牛小屋の軒下に下げていた。

参考：薬草事典、長崎の薬草、宮崎の薬草、薬草カラー図鑑1、バイブル、牧野和漢薬草圖鑑、生薬処方電子事典、徳島新聞H140805

セキショウ 石菖	ショウブ科 渓流、水辺	【生】石菖蒲 せきしょうぶ	根茎・花 夏〜秋	〔民〕芳香性健胃、鎮痛 〔浴〕腹痛、冷え性、〔漢〕漢方処方

芳香性健胃・鎮痛に効果、酒や風呂 多様な用途

4月中旬長崎県対馬

生育地と植物の特徴]
岩に着いて生え菖蒲に似ているのでついた名である。ショウブよりやや小柄。ショウブの葉には中央の葉脈が盛り上がっているが、セキショウには見られない。本州、四国、九州、朝鮮半島、中国、ヒマラヤに分布。山中の渓流沿に生える。清流にしか生えないという。根茎は多数のヒゲ根を出して岩場に群をなしてへばりつき、多くの節が明瞭で、全体に強い臭気がある。花期は5月。肉穂花序は長さ5〜10cmで細長い、花は緑褐色で無数。

[採取時期・製法・薬効]
根茎は時期を選ばないが夏から秋に採集する(石菖蒲)。上流に人家がなく、汚染される可能性のない場所のものがよい。成分は根茎に特に芳香成分の精油が多い。

❖鎮静、鎮痛、健胃に
石菖根一日量5〜10gを水500〜600mlで煎じて2回に分服。

❖浴用料(産前産後の腹痛、婦人の腰冷えに)
根茎を風呂に浮かべ、あるいは煎液と共に塩一握りを入れて入浴する。

[漢方原料(石菖蒲)**]** 性味は、辛、温。産地は、中国、韓国、日本。処方は、菖蒲散、清神散など。

5月上旬鹿児島薬草の森

つぶやき

主に渓流のほとりに群生する常緑多年草で時に庭の縁にも植えられる、特に樋の水落ちに流土を防ぐのに植える。子供の身近な遊び道具でもあった。石菖《季》夏。

参考:薬草事典、長崎の薬草、新佐賀の薬草、薬草カラー図鑑1、牧野和漢薬草圖鑑、生薬処方電子事典、徳島新聞H230108

セッコク 石斛	ラン科 樹上、岩上	【生】石斛 せっこく	全草 蕾の時	〔民〕消炎、強壮、健胃 〔漢〕漢方処方

全草を健胃・強壮に

[生育地と植物の特徴]
名は漢名の石斛を音読みしたもの。岩手県以南の本州、四国、九州、朝鮮半島、中国に分布。樹上、岩上に着生。ときに観賞用に栽培される。我が国には、セッコクと四国以南に見られるキバナノセッコクの2種が野生し、いずれもセッコク属に含まれるが、熱帯アジアにはセッコク属の種類が多い。美しい花を開くので、温室での栽培が盛んである。中国で我が国の石斛にあたるものは、茎丈60cmにも伸びる大型の植物。花も大きく、白色で多少紫がかっており、細茎石斛の漢名をあてている。中国の石斛は鉄皮石斛(ホンセッコク)、中国石斛などのほか、多数のセッコク属があり、生薬になるものも10種類ほどあるが、中国では朝鮮人参同様、強精・強壮薬に用いている。

[採取時期・製法・薬効]
蕾のときに全草を採り、天日で乾燥させる。成分は、アルカロイドのデンドロビンや粘液質。

❖健胃、強壮に
石斛一回量1.5〜3gを水300mlで半量に煎じて飲む。

[漢方原料(石斛)**]** 性味は、甘・微寒。産地は、中国、日本。処方は、甘露飲、石斛湯、石斛清胃湯など。

5月上旬長崎県

つぶやき

古名にスクナヒコノクスネ(少彦の薬根)、スクナヒコグスリ(少彦薬)、イワクスリ(岩薬)があり、いずれも薬草であることを表わしている。古名はいつの間にか廃れた。

参考:新佐賀の薬草、牧野和漢薬草圖鑑、生薬処方電子事典

セリバオウレン 芹葉黄連	キンポウゲ科 山地、栽培	【局】黄連 おうれん	根茎 秋	〔民〕下痢止、苦味健胃剤、整腸、〔嗽〕 口内炎、〔眼〕結膜炎、〔漢〕漢方処方

山野でもみかける健胃整腸効果のある生薬

[生育地と植物の特徴]

セリバオウレンは日本固有で、本州と四国。九州では佐賀、福岡、熊本に見られる。中国には別の種類の黄連がある。各地の山林樹下に野生する多年草で、早春10cmほどの花茎を出し、その先に数個の白色花を開く。花は両性花と雄花があって、一つの花は萼片5～6枚で披針形、花弁も5～6枚で、萼片より短く、匙形で目立たない。萼片は白く花弁様である。花期は3～4月。花後、袋果は放射状に並び尖った方が上になり、そこに小さな穴があいているのが特徴。ほかにキクバオウレンがある。

[採取時期・製法・薬効]

播種後4～6年後の10～11月頃に、根茎を掘り採り、葉やひげ根をむしりとり水洗いせずに天日で乾燥させる。成分はアルカロイドのベルベリンを主成分とし、ほかに、パルマチン、コプチシンなどを含んでいる。

❖下痢止に

乾燥した根茎(黄連)3～5gを一日量として、水200mlで半量になるまで煎じて3回に分けて毎食前に服用する。

❖苦味健胃薬、整腸に

前の場合と同じ分量で煎じて毎食前に服用する。

❖結膜炎、ただれ目に

黄連2gを100mlの水で煎じ、やや冷めかげんになった煎液をガーゼに浸して、随時洗眼する。

❖口内炎、口臭に

黄連5～8gを水300～400mlで半量に煎じ、冷まして口に含みうがいする。

[漢方処方(黄連)**]** 性味は、苦、寒。産地は、福井、鳥取、兵庫、山形、中国、インド。処方は、黄連湯〔薬〕、半夏瀉心湯〔薬〕、三黄瀉心湯〔薬〕、温清飲〔薬〕、黄連解毒湯〔薬〕、柴陥湯〔薬〕など。

3月下旬琵琶湖

6月上旬小石川薬草園

つぶやき

薬用には主としてセリバオウレンを用いる。福井、鳥取、兵庫、広島その他で栽培されている。葉は2回三出複葉。薬用にするのは根茎で、多数のひげ根がついており、根茎を切ると断面は橙黄色で、嘗めると苦い。

参考：薬草事典、薬草の詩、薬草カラー図鑑1、バイブル、牧野和漢薬草圖鑑、生薬学、生薬処方電子事典

ゼンマイ 薇	ゼンマイ科 山野	【生】貫衆 かんじゅう	根茎 春・夏	〔民〕貧血、利尿 〔食〕若葉は山菜

幼葉に利尿・駆虫作用

[生育地と植物の特徴]

日本各地および南サハリン、朝鮮半島、中国、台湾からヒマラヤに分布する夏緑性の多年生シダ植物。草丈60～100cm。根茎は塊状で葉を束生する。葉は2回羽状複葉で幼時は拳状に巻いて綿毛をかぶり淡赤褐色を帯びる。

[採取時期・製法・薬効]

根茎、葉、全草、地下部を掘り採り、水に浸して根を切って除き、根茎を天日で乾燥させる。春に若葉を採集し、湯通し後、日干しに。また夏に地上部を採集し、水洗い後、天日で乾燥させる。

❖貧血、利尿に

根茎一日量3～6g、全草なら10～20gに300mlの水を加え、半量になるまで煎じて服用する。

❖山菜に

ゼンマイの若葉は古くから山菜として食用にされている。

[漢方原料(貫衆)**]** 性味は、苦、微寒。産地は、中国。処方は、下虫丸、独茎湯。

ゼンマイ 5月上旬熊本県高森

クサソテツ 7月下旬北海道

つぶやき

和名は銭巻の意味であり、胞子葉が幼時拳状に丸く巻いているため、貨幣に例えられたものである。ゼンマイのように若葉が巻く植物にクサソテツ(草蘇鉄、別名コゴミ、コゴメ)があるが、ソテツのような葉である。この若葉も食用となっているが、薬用にはならない。薇《季》春。

参考：牧野和漢薬草圖鑑、徳島新聞H200402

タカトウダイ 高灯台	トウダイグサ科 山野	【生】和大戟 わたいげき	根 秋～冬	〔漢〕漢方処方 接触性皮膚粘膜炎、下痢、痙攣

峻下の毒性を漢方では治療に

[生育地と植物の特徴]

本州、四国、九州、朝鮮半島、中国に分布。山地、丘陵地に生える。草丈20～70cm。茎は直立し、上部で分枝し、湾曲する白軟毛がある。葉は互生し、披針形か長楕円形で長さ2.5～8cm。鈍頭かやや鋭頭で微鋸歯縁で深緑色。花期は6～7月。黄緑色花をやや密に杯状花序につける。

[採取時期・製法・薬効]

秋～冬に根を掘り採り、水洗いして、陰干しにする。根にオイフォルビン、オイフォルボン、オイフォルビン酸、エラグ酸ジメチルエーテル、アルカロイド様物質などを含む。激しい峻下作用を持つ。

❖利尿、峻下剤に

激しい峻下作用を持ち、利尿、峻下剤として浮腫、胸痛に。

[漢方原料(大戟・和大戟)**]** 産地は、中国、韓国、日本。処方は、十棗湯など。

7月下旬長野県

つぶやき

オイフォルビンなどの成分が皮膚や粘膜につくと、皮膚炎、鼻炎、結膜炎を起こす。また、体内に入ると咽喉腫脹、嘔吐、下痢、充血を起こす。血液中に入ると、めまい、昏迷、痙攣、瞳孔散大を来たす。毒成分の作用が激しく危険性が高いので、民間で使用してはならない。

参考：牧野和漢薬草圖鑑

チガヤ 茅/茅萱	イネ科 陽当たりの良い草原、路傍	【局】茅根 ぼうこん	地下茎 晩秋	〔民〕膀胱炎の消炎、利尿 〔食〕つばな、〔漢〕漢方処方

利尿に使うか漢方原料

[生育地と植物の特徴]

陽当りの良い草原や路傍などいたる所に群がってみられる多年草。白色で甘みのある有節の根茎が長く地中を這う。4月頃、葉が出る前に褐色の花穂がでるが、これは5月の終わり頃から一面の銀白色になる。チガヤの名のチは千の意味で草がたくさん生える様を表わすとの説がある。北海道、本州、四国、九州と全国の陽のよく当たる草原などに野生する多年草。アジアの亜熱帯から北米などにも分布する。晩春から初夏の銀白色の花穂は、花が終わり一つの花の基部から伸びた絹毛がたくさん集まってできたものである。

[採取時期・製法・薬効]

葉の枯れ始める10～11月頃に根茎を掘り採り、ひげ根を除いて水洗いし天日で乾燥させる。成分は、果糖、ブドウ糖、ショ糖、トリテルペンなどを含み、利尿に効くのはトリテルペンのシリンドリンではないかと言われている。

❖膀胱炎、腎炎の消炎、利尿に

一日量8～12gを水400mlで4分の3量になるまで煎じ数回に分けて、その都度温めて飲んだ方がよい（温服）。

[漢方原料(茅根)**]** 産地は、中国、韓国。日本では生薬を産出してない。処方は、茅葛湯、茅根湯。

6月上旬長崎県大村市

つぶやき

春先、まだ葉の出る前に咲く褐色の花穂をときにツバナともいうが、これをなめると甘みがあり子どもの頃食べた人も多い。江戸時代にはこれを売り歩いたらしい。晩春から初夏に、銀白色のススキを小型にした花穂が、そよ風にさえ揺れ動くさまは、夏を間近に迎えようとする田園風景でもある。

参考：薬草事典、長崎の薬草、宮崎の薬草、新佐賀の薬草、薬草カラー図鑑1、牧野和漢薬草圖鑑、生薬学、生薬処方電子事典

6月上旬長崎県対馬

ドクダミ 蕺	ドクダミ科 陰湿地	【局】十薬 じゅうやく	全草 開花時	〔民〕利尿、便通、降圧 〔外〕腫れ物、水虫

十薬は高血圧予防に、生の葉は外用に

[生育地と植物の特徴]

本州、四国、九州、沖縄、台湾、中国、ヒマラヤ、ジャワに分布。葉はサツマイモに似て、イモクサ、キツネンカライモなどと呼ぶ地域がある。葉には悪臭がある。夏の始め頃 茎の上方に花をつけるが、花期は短い。白く十字形の花弁のようなものは苞葉でその中心に穂になった黄色の花が集まって咲く。

[採取時期・製法・薬効]

5～6月の花の咲いている時期に地上部を刈り採り、水洗後2日ほど天日で乾燥させた後に日陰干しにする。充分乾燥したものを生薬名で十薬(じゅうやく)という。

★ドクダミは生の葉と十薬で使用法が異なる★

《生の葉の使い方》

生の葉には悪臭成分の精油デカノイルアセトアルデヒドなどがあり、強力な殺菌力を持つ。

❖蓄膿症、慢性鼻炎

生の葉2～3枚を塩少量で揉んで柔らかくし、左右の鼻腔に交互に30分くらいずつ差し込んだあと鼻をかむ。

❖化膿性の腫れ物に

生の葉をアルミホイルに包んで火で炙り柔らかくなったら腫れ物の上にのせてテープでとめておく。

❖水虫

生の葉をつぶして擦りつける。

《十薬の使い方》

ドクダミの悪臭成分は乾燥すると酸化されて無臭となるが、殺菌力もなくなる。十薬には葉にクエルチトリン、花穂にイソクエルチトリンなどが成分の代表で、緩下作用、利尿作用、毛細血管強化作用がある。

❖高血圧予防、便通に

十薬の一日10～20gを水600～900mlで煎じ3回に分けて服用する。

[漢方原料(十薬)] 性味は、辛、微寒。産地は、新潟、長野、徳島、岩手を中心にした日本各地。中国、韓国からの輸入。処方は、五物解毒散など。

八重のドクダミ 6月中旬長崎県

つぶやき

十薬の名は獣医が馬に用いると十種の薬効があるからである。ドクダミの名は毒を“矯(た)める”(抑る)、“毒溜め”が訛った、毒にも痛みにも効き“毒痛み”のことであるとの3説がある。生薬ジュースを作り5分の1の蜂蜜を混ぜ約3ヵ月間冷暗所に保管し味をみて酒になっていたら飲む。蕺《季》夏。

参考：薬草事典、長崎薬草、新佐賀の薬草、薬草カラー図鑑1、牧野和漢薬草圖鑑、生薬学、生薬処方電子事典、徳島新聞H140604

ツルドクダミ 蔓蕺	タデ科 郊外	【局】何首烏 かしゅう	根塊 秋	〔民〕便秘、整腸、〔食〕蔓先・葉 〔酒〕何首烏酒、〔漢〕漢方処方

9月下旬長崎大学薬草園

5月上旬島原薬草園

強壮効果や便秘改善

[生育地と植物の特徴]

名は茎が蔓で葉がドクダミに似ているからである。1720年頃(約290年前)に将軍吉宗が薬用として江戸の小石川に植えさせて日本全土に拡がったが、不老長寿の薬としては効果がなく捨てられた。立木や電柱にも巻き付く。秋に枝先や葉の腋に穂になって無数の小さな花を咲かせる。実は2mmくらいの大きさで3つの翼がついている。

[採取時期・製法・薬効]

秋に根塊を掘り出して輪切りにし水洗いして天日で乾燥させる。エモジン、クリソファノールに緩下作用がある。

❖便秘、整腸に

何首烏一日量10～20gに800mlの水を加えて煎じ2～3回に分けて服用する。緩下剤である。

❖薬用酒(滋養強壮に)

生の塊根を35度ホワイトリカーに漬け2～3ヵ月後に飲用する。

[漢方原料(何首烏)**]** 性味は、苦甘、寒。産地は、中国、日本。処方は、何人飲、七宝美髯丹など。

つぶやき

昔中国に病弱で悩んでいた何 田児という初老の男が、2組の蔓性の草が抱き合ったり離れたりしているのを不思議に思い、根を掘って飲んだところ体力がつき若返り、白髪も黒々となった。子も孫の何 首烏もこれを愛飲し、ともに130歳まで長生きしたというので、不老長寿の薬として栽培された。蔓先はお浸しに葉は天婦羅に。

参考:薬草事典、長崎の薬草、新佐賀の薬草、薬草カラー図鑑1、牧野和漢薬草圖鑑、生薬処方電子事典、徳島新聞H190504

トクサ 木賊	トクサ科 陰湿地	【生】木賊 もくぞく	地上部 春	〔民〕風邪の解熱、腸出血、痔出血 〔眼〕洗眼薬

6月下旬長崎大学薬草園

煎液を飲んで風邪の解熱と諸出血に、煎液を洗眼薬に

[生育地と植物の特徴]

本州の中部以北と北海道に自生。中国、朝鮮半島、サハリン、千島列島、シベリア、北米、ヨーロッパにまで分布。寒い地方の水分の多いところに見られる。枝分かれせず、高さ1m内外。

[採取時期・製法・薬効]

春4月頃か、8～10月頃に地上部を刈り採り、水洗いして天日で乾燥させる。成分は、多量の無水珪酸、トクサの胞子中にブドウ糖、果糖、アルギニン、グルタミン酸などを含む。

❖腸出血、痔出血の止血に

一日量として15～20gを水400mlで半量に煎じて3回に分けて空腹時に服用する。

❖風邪の解熱に

一回量として2～6gを水300mlで半量に煎じて服用する。

❖洗眼薬に

煎液は、かすみ目、涙目に洗眼薬として用いる。

[漢方原料(木賊)**]** 性味は、甘、平。産地は、日本。処方は、神消散、菊花散。

つぶやき

古くから庭の陰湿地の植え込みに利用する。表面に硬い無水珪酸質を含み茎がザラザラしており、物を磨くのに使われたために“砥草”という。塩を加えた熱湯で処理し日光で晒して乾燥させると麦わらのような黄色になる。

参考:薬草カラー図鑑2、牧野和漢薬草圖鑑

トチバニンジン 栃葉人参	ウコギ科 山地の木陰	【局】竹節人参 ちくせつにんじん	地下茎 秋～冬	〔民〕解熱、風邪、健胃、去痰 〔酒〕薬用酒、〔漢〕漢方処方

根茎を煎じて滋養強壮・風邪に効果

[生育地と植物の特徴]

葉がトチノキの葉に似ているところからトチバニンジンという。日本固有種で、北海道の留萌と紋別を結ぶ線より南の各地に分布。山地の林内のやや湿り気のある所に自生する多年草。小葉は普通5枚で輪生する。7月頃 淡緑色の小花を球状に咲かせ、秋に球形の果実が紅熟。地下茎は横走し1年に1節ずつ成長していくので節の数で何年ものかが分かる。地上部は朝鮮人参と似ている。

[採取時期・製法・薬効]

9～10月の葉が枯れる少し前に掘り採り、根を除いて水洗いし、天日で充分に乾燥させる(竹節人参)。オタネニンジン(朝鮮人参)とは薬効が異なる。

❖解熱、健胃、去痰に

竹節人参一日量2～4gを水300mlで半量になるまで煎じ3回に分けて食間に服用する。

❖薬用酒(強壮に)

地下茎を約5倍量のホワイトリカーに約2ヵ月漬け、盃に1～2杯飲む。

[漢方原料(竹節人参)**]** 性味は、甘・微苦、温。産地は、秋田、山形、長野、鹿児島、熊本で野生品。処方は、柴胡桂枝湯〔薬〕、小柴胡湯〔薬〕など。

6月中旬熊本県高森

9月上旬長崎県対馬

つぶやき

トチバニンジンを薬用として利用し始めたのは明国人の何 欽吉であるといわれる。17世紀中頃 明末の戦乱を逃れて鹿児島県内之浦に漂着し、都城の唐人町に住み医を生業としていた。何は宮崎県三股町の山中で朝鮮人参によく似た植物を発見し和人参と称して薬用に用いた。

参考:新佐賀の薬草、宮崎の薬草、薬草カラー図鑑2、牧野和漢薬草圖鑑、生薬学、生薬処方電子事典、徳島新聞H221102

トリカブト 鳥兜	キンポウゲ科 山野	【生】烏頭、【局】附子、天雄 うず、ぶし、てんゆう	塊茎 全草	〔漢〕漢方処方 神経毒

全草に毒があるが減毒して漢方の常用薬へ

[生育地と植物の特徴]

林の中や日の当たる草原などに見られる多年草。茎の高さは80～150cm、曲がって伸び、根に近い部分以外には曲がった短毛が生え、上部は枝分かれする。葉は3～5裂して深く裂け、各裂片は披針形で、鋸歯がある。花柄は長さ2～4cmで、曲がった短毛が生え、雄蕊にも毛が生える。地下の根はかぶら状の塊根をつくる。

有毒部分は全草で、地下の根に毒成分が多い。アルカロイドのアコニチン、メサコニチン、アコニン、またこれらより毒性の弱いアチシン、ソンゴリン、コプシンが含まれる。毒性が強く、ケイレンによる中毒症状で死亡する。

[医薬品としての利用]

塊根を乾燥させ“草烏頭(そううず)”の名称で生薬にするが、ヤマトリカブト以外の日本産の野生トリカブトもすべて“草烏頭”として、中国産と区別する。また、毒性をやわらげるために石灰をまぶして乾燥したものが“白河附子(しらかわぶし)”である。地下部にある根を伴った紡錘状倒円錐形の母塊茎を烏頭、これより短い柄によって傍らに新塊茎(仔塊茎)が作られるが“附子”と称す。母塊茎に仔塊茎をつけないように栽培、肥大させたものを“天雄”という。すべて毒性が強く、市販されるものは、すべて加工されて減毒したものである。附子の有毒成分はアコニチンである。副作用として嘔気、呼吸促拍、舌のしびれ、唾液分泌亢進、重症例では四肢の失調、呼吸障害、不整脈、痙攣を起こし死に至る。異常な副交感神経亢進症状であり、治療にはアトロピンを用いる。

[漢方原料(附子)**]** 性味は、大辛、大熱。産地は、中国、北海道、新潟。処方は、牛車腎気丸〔薬〕、大防風湯〔薬〕、八味地黄丸〔薬〕、麻黄附子細辛湯〔薬〕、桂枝加附子湯、真武湯〔薬〕、桂枝加朮附湯など。

9月上旬佐賀県

つぶやき

山野に自生するトリカブトは、早春のころ同じキンポウゲ科のニリンソウの葉と間違えて食べたため、死亡したというニュースが伝えられた。ニリンソウの地下の根にはふくらんだ塊根はないので、葉が似ていても、地下に膨らんだ塊根があれば毒草と思って採取しないこと。また、1986年沖縄であったトリカブト保険金殺人事件は有名である。

参考:薬草カラー図鑑3、牧野和漢薬草圖鑑、生薬学、今日の治療薬、生薬処方電子事典、毒草大百科

ナギナタコウジュ 薙刀香薷	シソ科 山地の木陰	【生】香薷 こうじゅ	地上部 開花時	〔民〕風邪、利尿、解熱、〔嗽〕口臭 〔浴〕腰痛、神経痛、〔漢〕漢方処方

腰痛・神経痛に浴用料として

[生育地と植物の特徴]

日本、アジア温帯地域に分布。野山、路傍に見られる一年草。茎は四角、草丈は30～60cm。花期は10月頃。茎の上部に淡紫色の小花を穂状につける。全草に軟毛があり、強い香りがする。良く似た植物にフトボナギナタコウジュがある。花穂が太いことからついた名である。

[採取時期・製法・薬効]

10月頃、開花中の地上部を刈り採り、水洗いして少しずつ束ねて日陰に吊して乾燥させる。全草中に1%内外の精油を含んでおり、これが強い香気を放つ。精油分は、エルショルチアケトンを主成分としてナギナタケトン、セスキテルペン、アセトフェノン、アセトアルデヒドなど。

❖風邪、発汗、解熱、利尿に

乾燥品を小さく刻み一日量5～15gを水600mlで半量になるまで煎じ3回に分けて飲む。

❖神経痛、腰痛に

乾燥品を浴用料として用いる。

❖口臭予防に

生または乾燥品の煎じ液でうがいする。

[漢方原料(香薷)**]** 辛微温。産地は中国。処方は香薷飲。

10月下旬長崎県

つぶやき

花穂が茎の片面だけにつき、それがやや弓なりに反る様が薙刀(なぎなた)に似ていること、シソとハッカを合わせたような香気が中国にある香薷(こうじゅ)に似ていることからナギナタコウジュという。

参考：薬草事典、新佐賀の薬草、宮崎の薬草、薬草カラー図鑑1、牧野和漢薬草圖鑑、生薬処方電子事典

ノゲイトウ 野鶏頭	ヒユ科 帰化	【生】青葙子 せいそうし	種子 秋	〔漢〕漢方処方 〔眼〕目の充血、〔食〕若葉・若芽

ケイトウは花をノゲイトウは種子を薬に

[生育地と植物の特徴]

ノゲイトウは熱帯アメリカあるいはインド原産で、古い時代に帰化し、中部以西の本州、四国、九州に自生。暖地の畑や路傍などに生育し、観賞用に植えられることもある。茎は直立して高さ80cmに達する。円柱形で表面に縦筋がある。花期は7～8月。枝先に長さ5～6cmの紡錘状の穂状花序をつくり、淡紫色の小花を密につける。花弁を欠き5枚の小さな萼片がある。花が終わるとこの萼片は白色になる。観賞用のケイトウの原種と考えられている。

[採取時期・製法・薬効]

花穂は開花の最盛期に、花穂の部分を鋏で切り採り、天日で乾燥させる。種子を採取するものは、晩秋に花穂の部分を採って、紙の上で叩いて種子を落として集め、天日で乾燥させる。成分は、脂肪油のほかは未詳。

❖目の充血、皮膚瘙痒に

乾燥した種子(青葙子)一回量6～10gを水200mlで3分の1に煎じて服用する。

[漢方原料(青葙子)**]** 性味は苦、微寒。産地は中国。処方は、青葙子散。関連生薬に鶏冠花、鶏冠子がある。

10月下旬長崎県

つぶやき

ケイトウの花は民間薬で鶏冠花といい下痢止などに用いる。鶏冠子はケイトウの種子を原料とするが、現在はノゲイトウの種子である青葙子を用いる。切り花などに栽培され、繁殖は実生による。特定外来生物のナガエツルノゲイトウとはまるで花が違う。混同されてはならない。

参考：長崎の薬草、新佐賀の薬草、薬草カラー図鑑2、牧野和漢薬草圖鑑、生薬処方電子事典、徳島新聞H240704

ノダケ 野竹	セリ科 山野	【局】前胡 ぜんこ	根 秋	〔民〕解熱、鎮痛、鎮咳、去痰 〔浴〕冷え性、神経痛、〔漢〕漢方処方

根の乾燥させたものが民間薬・漢方原料、葉は浴用料

[生育地と植物の特徴]

名の由来ははっきりしない。野原などで高く目立つため、野竹、野丈、野高等から転訛したとの説がある。秋田、岩手県以西の本州、四国、九州、朝鮮半島、中国北西、ウスリー、インドシナ半島の山野に自生。茎は直立し、葉は互生し羽状複葉で葉柄が茎に接するあたりになると、幅広くなって、茎を抱くような形になる。上部の葉柄は球形に膨らんで紫褐色を帯びる。花期は9～10月。茎の上に小花が集合した暗紫色の花を散形花序に咲かせる。地下にはゴボウ様の曲った根があり分岐している。

[採取時期・製法・薬効]

10～11月、開花期から花が終わる頃までに根を掘り出し、水洗い後に天日で乾燥させる。浴用料には陰干しする。

❖鎮咳、去痰、解熱、鎮痛に

乾燥品一日量10gを水400mlで半量になるまで煎じ2～3回に分けて服用する。

❖冷え性、神経痛に

陰干しした葉を浴用料として用いる。

[漢方原料(前胡)**]** 性味は、苦辛、微寒。産地は、中国、日本。処方は、参蘇飲〔薬〕、当帰白朮湯、前胡湯。

9月上旬長崎県対馬

つぶやき

花の色が暗紫色であるのも特異であるが、全体に特有の匂いがある。希に白色の花をつけるものもあり、シロバナノダケと呼ばれる。

参考:薬草事典、薬草の詩、新佐賀の薬草、宮崎の薬草、薬草カラー図鑑1、牧野和漢薬草圖鑑、生薬処方電子事典

ハス 蓮	ハス科 池、沼地	【局】蓮肉 れんにく	種子/葉・花/根・花托 秋	〔漢〕漢方処方/〔民〕下痢止、/〔民〕止血、〔食〕蓮根

蓮根に止血作用、すべての部分に薬効

生育地と植物の特徴]

インド、エジプトの原産。花托の形が昆虫のハチの巣に似ていることからつけられた。北海道の第3紀層から葉の化石が、また、京都近くの洪積層から果実の化石が出土している。しかし、現在の日本には自生地はない。仏教発祥の地インドが、ハスの発祥地であろうとされている。日本、東アジアに分布。各地の池沼、水田等で栽培される多年草。根茎(蓮根)は多節で地中を横走し白色。葉は根生し長柄。花期は7～8月。大形の花を単生する。

[採取時期・製法・薬効]

秋遅く果実を取り出し、皮を取り除いて種子だけを蒸してから陰干しにする。蓮実は果実の皮つき、蓮肉・蓮子は皮を捨て種子だけを乾燥させたもの。荷葉(かよう)は蓮の葉。蓮鬚(れんしゅ)は雄蕊。

❖下痢止、解熱に

荷葉一日量10～15g、蓮実は4～8g、蓮鬚は1.5～3gに水300mlを加えて半量に煎じ3回に分けて服用する。

[漢方原料(蓮肉)**]** 性味は、甘、平。産地は、中国。処方は、啓脾湯〔薬〕、参苓白朮散、清心蓮子飲〔薬〕など。

7月上旬長崎県

つぶやき

葉は4種類が次の順に出る。浮葉のゼニバ(銭葉)ミズバ(水葉)、水面上に出るタチバ(立葉)トメバ(止葉)。食用になる蓮根は地下茎の末端が著しく肥大したもの。蓮根のおろしは下血や喀血に効果あり。熱帯アジアや中国では蓮根ばかりでなく果実や花托も食用。蓮《季》夏。

参考:薬草事典、新佐賀の薬草、薬草カラー図鑑1、牧野和漢薬草圖鑑、生薬処方電子事典、徳島新聞H140809

ハチク 淡竹、葉竹	イネ科 栽培	【生】竹茹 ちくじょ	葉/内皮 随時	〔民〕止血、利尿、頭痛、〔外〕口内炎、歯肉痛 /〔漢〕漢方処方、〔食〕筍は食用

美味しいタケノコが漢方原料に

[生育地植物の特徴]

中国原産、西日本では野生状のものもあるが、一般に栽培されている多年生常緑竹。高さ10m、中空の円筒形で節があり、葉は多数の小枝の先につき披針形、葉鞘がある。ごく稀に開花する。40〜50年に1度ともいう。

[採取時期・製法・薬効]

薬用部分は葉(和淡竹葉、淡竹葉)、竹内皮(竹茹)、竹を炙って出る液汁(竹瀝)。成分は、グルチノール、グルチノン、フリーデリン、エピフリーデリン、ペントーザン、リグニン、セルロース、ビタミンK。

❖止血、利尿、頭痛に
葉一日量3〜5gを煎服。

❖口内炎、歯肉痛に
煎液を外用する。

[漢方原料(竹茹)**]** 性味は、甘、微寒。産地は、中国、日本。処方は、橘皮竹茹湯、竹茹温胆湯〔薬〕、清肺湯〔薬〕、竹茹大丸《金匱要略》、橘皮竹茹湯。

5月下旬長崎県対馬

5月下旬長崎県対馬

つぶやき

ハチクの筍(たけのこ)は癖がなく美味しい。孟宗竹の筍にはえぐみがある。真竹の筍は苦味があって食べられない。ハチクを栽培している方に見せてもらったら、2〜3枚の葉がまばらにつき、子どもの頃に七夕に短冊を飾っていた竹だった。

参考:牧野和漢薬草圖鑑

ハッカ 薄荷	シソ科 栽培	【局】薄荷 はっか	葉 秋	〔民〕健胃、駆風 矯味料、〔漢〕漢方処方

メントールの原料、芳香性健胃剤

[生育地と植物の特徴]

名は中国名'薄荷'の音読み。日本、中国、朝鮮半島、シベリアに分布する多年草。茎は四角。

[採取時期・製法・薬効]

9〜10月に葉を刈り採って、天日で乾燥させる。芳香はメントールによるもの。ハッカの主成分メントールは世界中のハッカ類の中で日本産のハッカに最も多く含有されており合成メントールができるまでは、日本産の天然メントールが世界中に輸出されていた。産地は、北海道、岡山、広島などであった。

❖芳香性健胃剤に
乾燥した茎葉を小さく刻み、茶匙に山盛り1杯分くらいに熱湯を注いで食前または食後に服用する。

❖駆風に
お腹が張り、気分の悪いときに、上記と同じようにして服用する。放屁があり、気分が良くなる。

❖矯味料(きょうみりょう)に:メントール原料。

[漢方原料(薄荷)**]** 産地は、中国(江蘇、浙江)、北海道、岡山、その他。処方は、響声破笛丸、柴胡清肝湯〔漢〕、荊芥連翹湯〔漢〕、滋陰至宝湯〔漢〕、清上防風湯〔漢〕、川芎茶調散〔漢〕、防風通聖散〔漢〕など。

7月下旬長崎県

つぶやき

江戸時代にハッカの葉を刻んでタバコ代りにその煙を吸い、喉や歯の薬として用いた。別名にメグサがあり、目の痛みにハッカを貼ると良いことからつけられ、メザマシグサ、メザグサは眠気を覚ますことからつけられた。現在でも、歯磨き、菓子などの賦香料として使用する。生薬の性味は、辛、涼。

参考:薬草事典、新佐賀の薬草、薬草カラー図鑑1、牧野和漢薬草圖鑑、バイブル、生薬学、生薬処方電子事典

ハナミョウガ 花茗荷	ショウガ科 暖地の樹陰	【生】伊豆縮砂 いずしゅくしゃ	種子 秋	〔民〕芳香性健胃、腹痛、下痢 〔漢〕漢方処方、〔香〕香辛料

種子が芳香性健胃剤に

[生育地と植物の特徴]

名は葉がミョウガに似ており花が綺麗だという意。関東以西の本州、四国、九州、台湾、中国南部に分布する多年草。葉は長さ20～35cmの長い楕円形で表面は毛がないが裏面は一面に軟かい毛があってビロード様。花茎は5～6月頃前年の葉の間から1本の茎が出て、梢に穂をなして唇形の花を沢山つける。赤い筋のある白花で長さ2.5cmくらいである。実は楕円形で晩秋から冬にかけて赤熟し中に白い仮種皮に包まれた種子が沢山入っている。

[採取時期・製法・薬効]

9～10月の果実が赤く熟した頃に果実を摘み採って陰干しし、赤い果皮を除いて中の灰白色の種子だけを集めて陰干しで乾燥させる(伊豆縮砂)。

❖芳香性健胃剤に

①種子を粉末にしたもの一日量3～6gを3回に分けて水で服用する。②伊豆縮砂の3～5倍量のホワイトリカーに漬けて約半年後カスを取り去り飲む。

❖消化不良、食欲不振、腹痛、嘔吐、慢性下痢に

粉末にしたもの一日量3～6gを3回に分けて服用する。

つぶやき

縮砂の代用で、伊豆に産したから伊豆縮砂である。縮砂はベトナム、タイ、インド産の生薬で、ショウガ科の熱帯植物の種子を乾燥したもので芳香が強い。伊豆縮砂は江戸時代から現在まで縮砂の代用とされてきた。また、種子はソースなどの香辛料の原料。花茗荷《季》夏。

ハナミョウガ 5月下旬長崎県

1月上旬長崎県

参考：長崎の薬草、新佐賀の薬草、宮崎の薬草、薬草カラー図鑑2、牧野和漢薬草圖鑑、生薬処方電子事典

ハマスゲ 浜菅	カヤツリグサ科 海浜砂地	【局】香附子 こうぶし	根茎 10～11月	〔漢〕漢方処方

海岸の目立たない草が漢方原料に

[生育地と植物の特徴]

海浜砂地や河川敷に群生する。高さ15～40cmの多年草。地中に細い匐枝を伸ばし、先端に塊茎をつくってふえる。茎は細くてかたい。葉は根基に数個つき、幅2～6mmの線形で短い。茎の先に花序よりやや長い苞が1～2個あり、その間から1～7個の枝を出して、先端に赤褐色の小穂を3～8個つける。小穂は長さ1.5～3cm幅、1.5～2mmの線形で、20～30個の小花が2列に並んでつく。

[採取時期・製法・薬効]

10～11月頃に地下部の根茎を採取し、天日で半乾燥させてから、ひげ根をとり除き、とり残しのひげ根は金網にのせて、火にかざして焼きとり、さらに陰干しにする。成分には、精油分約1%を含み、シペレン、シペロールのほか、脂肪油なども含んでいる。香附子は単味では用いないで、漢方原料として配合される。

[漢方原料(香附子)**]**性味は、辛・苦、平。産地は、中国、韓国、日本。香砂六君子湯、香蘇散〔薬〕、参蘇飲〔薬〕、芎帰調血飲〔薬〕、滋陰至宝湯〔薬〕、川芎茶調散〔薬〕、竹茹温胆湯〔薬〕、二朮湯〔薬〕、女神散〔薬〕など。

つぶやき

ハマスゲには芳香があり、特に地下の塊根に芳香が強い。この塊茎の形が生薬・附子を小さくしたような紡錘形で、長さが3cmくらい。また外面の色が暗褐色であることも何となく似ていて、芳香があることから"香附子"の名となった。

8月上旬長崎県

8月上旬長崎県

参考：薬草カラー図鑑3、牧野和漢薬草圖鑑、生薬処方電子事典

ハマボウフウ 浜防風	セリ科 海岸の砂地	【局】浜防風 はまぼうふう	根 夏	〔民〕発汗、風邪、鎮痛、去痰 〔漢〕漢方処方、〔食〕根は山菜

風邪や疲労解消に

[生育地と植物の特徴]

日本、台湾、朝鮮半島、中国、千島列島、サハリン、オホーツク沿岸に分布する。草丈5～30cm。地上の茎葉の大きさに比べて根は砂中深く伸び、長さ70cmにも達する。葉は互生し、1～2回三出複葉で小葉は楕円形か倒卵楕円形。花期は6～7月。茎の先に傘形に集まった花の穂がさらに傘形に多数集まって15～40の散形花序となる。全体は毛で密に被われるが特に花の部分は毛が密生している。果実は細い毛に覆われ、皮がコルク質で海水に浮いて遠く運ばれて漂着する。

[採取時期・製法・薬効]

夏に根を掘り出して採取し、水洗い後に陰干しする。

❖風邪に

乾燥した根一日量5～8gを400mlの水で半量に煎じ3回に分けて温かいうちに服用する。

[漢方原料(浜防風)**]** 性味は、甘・辛、微寒。産地は、韓国、福岡、新潟、鳥取、福井など。市場品の大部分は輸入品。処方は、桂芍知母湯〔薬〕、清上防風湯〔薬〕、防風通聖散〔薬〕、十味敗毒湯〔薬〕など。

7月中旬長崎県対馬

つぶやき

中国原産の薬用植物に防風というのがあり、それに形や根や薬効が似ていることからついた名である。日本料理で刺身のツマや吸物の碗に時たま添えてあるが、これには若葉をつかう。アイヌも病神の魔よけにしたり、胸痛、頭痛、腰痛に使用していた。

参考:薬草事典、新佐賀の薬草、薬草カラー図鑑1、牧野和漢薬草圖鑑、生薬学、生薬処方電子事典、徳島新聞H131221

ヒオウギ 檜扇	アヤメ科 草原、栽培	【生】射干 やかん、しゃかん	根茎 秋	〔民〕扁桃腺炎、鎮咳、去痰 〔外〕でき物、〔漢〕漢方処方

観賞用にも植えられているヒオウギも呼吸器疾患に

[生育地と植物の特徴]

名は檜扇と書き、葉が扇(平安の頃の扇)のように並ぶことに由来。本州から沖縄までの日本、朝鮮半島、台湾、中国、インド北部に分布する。陽当たりの良い草地に自生するが、多くは観賞用に栽培される。7～8月に暗紅色の斑点のある橙色の花を数個咲かせる。

[採取時期・製法・薬効]

5～9月頃に根茎を掘り出し、水洗い後に天日で乾燥させる。

❖扁桃腺炎、去痰に

乾燥品一回量5～10gを水300mlで3分の1量になるまで煎じて飲む。

❖でき物に

乾燥品を粉末として患部に塗布する。ただし、妊婦に用いてはならない。

[漢方原料(射干はヤカンと読むのが正しいが、シャカンで通用)**]** 性味は、苦、寒。産地は、日本各地、中国。処方は、射干麻黄湯、別甲煎丸など。

7月下旬熊本県

つぶやき

葉が扇のように並ぶことからカラスオウギの別名がある。また、秋に熟した果実が裂けると光沢のある黒い種子が現れる。これを烏の羽根の色に見立てて"烏羽玉(ウバタマ)"という。烏羽玉の(うばたまの、ぬばたまの、むばたまの)は"黒、闇、夜、夢"などにかかる枕言葉。「烏羽玉の　わが黒髪に　年くれて・・・」檜扇《季》夏。

参考:薬草の詩、新佐賀の薬草、宮崎の薬草、薬草カラー図鑑2、牧野和漢薬草圖鑑、生薬処方電子事典

ヒトツバ 一葉	ウラボシ科 暖地の岩・樹幹	【生】石葦 せきい	地上部 秋	〔民〕利尿

葉を乾燥させて利尿薬に

[生育地と植物の特徴]

関東以西の本州、四国、九州、沖縄に自生。韓国、台湾、中国、インドシナ半島にも分布する。葉が1枚ずつ出ることからヒトツバとなった。乾燥した岩上や樹幹に着生する。根茎は長く匍匐する。葉は長さ40cm前後の披針形で厚く、下面は灰褐色の星状毛で密に被われている。胞子葉と栄養葉があり、胞子葉は栄養葉よりも幅が狭く、胞子嚢群が込み合ってつき、下面全体またはその全体を被う。

[採取時期・製法・薬効]

秋に地上部を採り、天日で乾燥させる。成分は、β－シトステロール、ジプロプテンなどを含む。

❖利尿、腎臓病に

葉一日量6～12gを水400mlで3分の1量に煎じて3回に分け服用する。

❖腫れ、むくみ、脚気に

葉一掴みを小さめのヤカン1杯の水で半量になるまで煎じて用いる。

[漢方原料(石葦)**]** 性味は、苦平。処方は、石葦散。

つぶやき

中国では現在、尿路結石、腎炎などの治療に、よく利用されている。石葦は水腫のときの利尿薬に用いられているが、我が国ではこの生薬はあまり利用せず、市販品も少ない。一方、ヒトツバの根は石葦根と称し、消腫、止血などに応用される。

5月上旬長崎県

参考：薬草カラー図鑑2、牧野和漢薬草圖鑑、生薬処方電子事典

フキ 蕗	キク科 山地の陰湿地	【生'】和款冬花、フキノトウ わかんとうか、ふきのとう	花・茎 開花前	〔民〕鎮咳、〔食〕蕗の薹が 山菜、〔漢〕漢方処方

苦味成分に咳止め効果

[生育地と植物の特徴]

日本、朝鮮半島、中国に分布。山地の林の中や路傍に見られる多年草。早春に地下の根茎から大型の苞をつけた花茎を伸ばし、その先端に花をつける。フキノトウにはビタミン類やカルシウム等のミネラルのほか精油や苦味質が含まれていて食用にすれば香りと微かな苦味が食欲をそそり消化を促す。栽培は楽だが、一旦畑に植えると繁茂し、根絶は難しい。フキノトウは秋田県の県花。

[採取時期・製法・薬効]

1月頃まだ苞葉が開かない時に摘み採り、水洗いして陰干しで乾燥させる。成分には、クエルセチン、ケンフェロール、苦味質、精油、ブドウ糖、アンゲリカ酸などを含む。

❖咳止めに

乾燥したフキノトウ一日量10～15gを水600mlで半量になるまで煎じ3回に分けて飲む。

[漢方原料(フキノトウ)**]** 産地は、款冬花が中国、和款冬花が日本。処方は、補肺湯〔薬〕、射干麻黄湯、款冬花。

つぶやき

蕗の薹は春の食用野草の先陣であり天婦羅や和え物にする。名の由来には諸説がある。茎葉に孔があり、折ると糸の出てくるフブキを指すという説、用を足したとき拭く"拭きの草"(山では重宝する)に由来するという説などである。古くから栽培され、日本特産の蔬菜(そさい)の中でゴボウとともに最も古い。蕗《季》夏、蕗の薹・春。

3月下旬長崎県対馬

参考：長崎の薬草、新佐賀の薬草、宮崎の薬草、薬草カラー図鑑1、牧野和漢薬草圖鑑、生薬処方電子事典、徳島新聞H150206

フジマメ 藤豆	マメ科 栽培	【局】扁豆 へんづ	種子 夏	〔漢〕漢方処方、〔食〕食用

隠元豆(インゲンマメ)、千石豆(センゴクマメ)

[生育地と植物の特徴]

花がフジの花穂に似ている豆の意。熱帯アジアまたはアフリカ原産。食用として広く栽培される一年草。蔓性で、他物に絡み、よじ登り、長さ2～6m。葉は互生し、長柄で三出複葉。小葉は長さ5～7cmで全縁。花は7～8月。総状花序に紫色または白色の蝶形花を節ごとに2～4個ずつつける。夏に青色の莢果が熟す、長さ6cmくらい。中に2～5個の種子を含む。

[採取時期・製法・薬効]

秋に種子を採り、風通しの良いところで陰干しにする。成分はオレアナン系サポニン、ジベラン系ジテルペン配糖体、ステロイド、その他として、デンプン、脂肪、ビタミンA, B, C、ニコチン酸を含む。

❖夏の胃腸型感冒、急性胃腸炎、消化不良、慢性下痢に

[漢方原料(扁豆)**]** 性味は、甘、微温。産地、中国、日本。処方は、参苓白朮散、香薷飲。

8月中旬熊本大学薬草園

8月中旬熊本大学薬草園

つぶやき

関西ではフジマメを隠元豆(インゲンマメ)と呼び、インゲンマメはサンドマメと呼んでいる。関東ではフジマメを千石豆(センゴクマメ)と呼ぶ。種子には白色と黒紫色のものがあり、前者を白扁豆、後者を黒扁豆という。種皮の扁豆衣(ヘンヅイ)、花の扁豆花(ヘンヅカ)、葉の扁豆葉(ヘンヅヨウ)、蔓の扁豆藤(ヘンヅトウ)、根の扁豆根(ヘンヅコン)も薬用とする。

参考:薬草カラー図鑑3、牧野和漢薬草圖鑑、生薬処方電子事典

フナバラソウ 舟腹草	キョウチクトウ科 山野の草地	【生】白薇 びゃくび	根 全草	〔漢〕漢方処方 強心配糖体

原野で見かける花である、漢方原料になる

[生育地と植物の特徴]

北海道から九州、朝鮮半島、中国に分布。山野の草地に生える多年草。茎は太く直立し、草丈は40～80cm。葉は対生し楕円か卵円形で、裏面には茎とともに短毛が密生する。花期は6～7月。上方の葉腋に黒紫色の花が束になってつき、萼、花冠とも深く5裂する。

[採取時期・製法・薬効]

根を掘り採り、よく水洗いして乾燥させる。成分は根にシナトラサイドA～Eが含まれる。

❖解熱、利尿に

6～10gを水で煎じて服用するとあるが、全草が有毒であり、一般での使用は避けた方がよい。

[漢方原料(白薇)**]** 性味は、苦、寒。産地は、中国。処方は、竹皮大丸、萎蕤湯など。

6月中旬長崎県平戸

つぶやき

解熱、消炎、利尿薬として、熱病の中期、末期の発熱、リウマチ、脳卒中患者の浮腫などに用いられるとあるが、前記のとおり漢方原料に限定して考えておいた方が良い。この植物を最初に見たのは、平戸の河内峠だった。チョコレート色の5弁花で黄色の花芯。独特の花なので帰宅して調べてみたら、生薬名を持つ薬草だった。

参考:牧野和漢薬草圖鑑、生薬処方電子事典

ムサシアブミ 3月下旬長崎県

オオハンゲ 7月下旬長崎県

ヒメウラシマソウ 6月上旬長崎県対馬

ナンゴクウラシマソウ 5月上旬長崎県対馬

マムシグサ 蝮草	サトイモ科 山林陰地	【生】天南星 てんなんしょう	根茎 随時	〔外〕リウマチ、神経痛、〔漢〕漢方処方 中毒症状（舌腫脹、嘔吐、痙攣）

見るからに毒々しい草も漢方では薬に

[生育地と植物の特徴]

名は茎の表面のまだら模様が蝮（まむし）に似ていることによる。本州、四国、九州に分布。山地の陰湿地に自生する多年草。葉は2枚の複葉で小葉は5〜7枚。冬に地上部は枯れ、春に花茎の先端に仏焔苞と呼ばれる筒状の花を咲かせる。雌雄別株。果実は夏には緑色だが、秋には真っ赤に熟す。

[採取時期・製法・薬効]

用時に塊茎を掘り採り、水洗いして生で用いる。生薬は根茎を輪切りにし、石灰を混ぜて乾燥させる。サポニン、アミノ酸類を含む。

❖リウマチ、肩こり、神経痛に

生の塊茎の外皮を除き、金属製以外のおろし器ですりおろして患部になるべく薄く塗る。ヒリヒリと刺激が出てきたら取り去り、患部をぬるま湯で洗う。かぶれ易い人は使用しない。

❖腰痛：つぶやき参照。

[漢方原料（天南星）**]** 性味は、辛・苦、温。産地は、中国、日本。処方は、清湿化痰湯、二朮湯〔薬〕、三生飲。

〔毒成分〕 食べると辛辣（しんらつ）で喉の灼熱感、舌の腫脹、胃腸炎、嘔吐、痙攣を起こす。

マムシグサ 11月上旬長崎県

種名	分布	葉の特徴
マムシグサ	700m以下低地	2個・鳥趾状深裂
ナンゴクウラシマソウ	海岸地域	1個・鳥趾状深裂
ムサシアブミ	湿った林内	2個・三出複葉
オオハンゲ	常緑林内	2個・三出複葉
ウラシマソウ	湿った林内	1個・鳥趾状深裂
ヒメウラシマソウ	湿った林内	1個・鳥趾状深裂

つぶやき

漢方では、鎮咳、去痰、鎮痙の目的で乾燥した塊茎を内服に用いるが、えぐみが強く家庭では用いない方がよい。一般には外用薬としてのみ用いる。長野県の伊奈地方で、古くから飲んで効く腰痛の妙薬として愛用されていた。用法は、赤く熟した実を採って一日5〜6粒飲むだけで良い。表はテンナンショウ属。ウラシマソウも同様に用いられる。

参考：薬草事典、新佐賀の薬草、宮崎の薬草、薬草カラー図鑑4、牧野和漢薬草圖鑑、生薬処方電子事典

ベニバナ 紅花	キク科 栽培	【局】紅花 こうか	花/種子 夏	〔漢〕漢方処方、〔民〕婦人病、/ 〔食〕食用油

生理不順や冷えなどの婦人病に薬効

[生育地と植物の特徴]

エジプト原産で、中国、朝鮮を経て古い時代に渡来した。日本では山形が主産地。高さ約1mの越年草。葉は堅くてギザギザがあり互生する。ベニバナには有刺株と無刺株があり、薬として使うには有刺株を選ぶ。夏、アザミに似た頭状花が咲き、鮮黄色から赤色に変わる。ベニバナは山形県の県花。

[採取時期・製法・薬効]

ベニバナの管状花をそのまま、または黄色色素の大部分を除き圧搾して板状にしたものをコウカという。成分は、黄色の色素はサフロールイエロー、紅色の色素はカーサミンである。

❖月経不順、冷え性、更年期障害に
よく乾燥した花3〜5gを一日量として煎じて3回に分けて服用する。妊婦に使用してはならない。

❖食用油：種子から絞ってサフラワー油とする。

[漢方原料(紅花)**]** 性味は辛温。産地はインド、中国、日本。処方は葛根紅花湯、治頭瘡一方〔薬〕、通導散〔薬〕。

つぶやき

花を乾かしたものを紅花(こうか)といい婦人薬とし、また口紅や染料の紅を作り、種子からは食用油を採る。花弁の中には黄色と紅色の2種類の色素が含まれている。サフロールイエローは花弁を水で揉むと溶けて流れ出てしまうが、カーサミンの方は水に溶けずに残る。これを応用したのが紅花染である。紅の花《季》夏。

5月下旬熊本大学薬草園

参考：薬草カラー図鑑1、牧野和漢薬草圖鑑、生薬処方電子事典、徳島新聞H220602

ミシマサイコ 三島柴胡	セリ科 山野、栽培	【局】柴胡 さいこ	根 秋	〔漢〕漢方処方

柴胡は日本産のミシマサイコが良質という

[生育地と植物の特徴]

サイコとは中国名柴胡の音読み。昔、静岡県三島から生薬材料として出荷されたのでミシマサイコという。本州、四国、九州、朝鮮半島に分布。陽当たりの良い海岸から山地の草原に生える多年草。自生は少なくなっている。対馬では花を盆の行事に使う地域がある。葉は長さ4〜15cmの線形〜長披針形。花期は8〜10月。枝先から散形花序を出し黄色の小さな花をつける。

[採取時期・製法・薬効]

11月に根を掘り採り、水洗い後陰干しで乾燥させる。日本産のサイコは良質で、中国産の半分の量で同一効果が得られるといわれている。根の水性エキスに解熱作用あり、サポニンやフィトステロールには抗炎症作用や肝機能正常化作用あり。★単味では用いず漢方処方で使う★

[漢方原料(柴胡)**]** 性味は、苦、微寒(平)。産地は、静岡、茨城、鳥取、奈良などの各地で栽培。中国や韓国から輸入。処方は、大柴胡湯〔薬〕、小柴胡湯〔薬〕、柴胡桂枝湯〔薬〕、乙字湯〔薬〕、加味帰脾湯〔薬〕、加味逍遙散〔薬〕、荊芥連翹湯〔薬〕、柴陥湯〔薬〕、柴胡桂枝乾姜湯〔薬〕、柴胡清肝湯〔薬〕、柴胡加竜骨牡蛎湯〔薬〕、柴朴湯〔薬〕、柴苓湯〔薬〕、滋陰至宝湯〔薬〕、四逆散〔薬〕、十味敗毒湯〔薬〕、神秘湯〔薬〕、竹茹温胆湯〔薬〕、補中益気湯〔薬〕、抑肝散〔薬〕。

つぶやき

小柴胡湯などには間質性肺炎と肝機能障害の副作用がある。まれな有害事象ではあるが、薬剤使用中に肝機能障害や咳嗽、呼吸困難、呼吸音の異常などを認めた場合には、適切な対応が必要になる。

8月中旬長崎大学薬草園

8月中旬長崎大学薬草園

参考：薬草事典、新佐賀の薬草、薬草カラー図鑑1、牧野和漢薬草圖鑑、生薬学、今日の治療薬、生薬処方電子事典、BEAM漢方薬

メハジキ 目弾	シソ科 原野	【局】益母草/【生】茺蔚子 やくもそう/じゅういし	地上部/種子 開花時/秋	〔民〕産後の止血、月経不順 めまい、腹痛、〔漢〕漢方処方

子ども達が遊んでいた漢方原料

[生育地と植物の特徴]
本州、四国、九州、沖縄、台湾、朝鮮半島、中国に分布する。北アメリカに帰化がみられる。越年草。茎は四角で葉は対生。根際につく葉は形が変わって深く3裂し、裂片は更に羽状に切れ込んでヨモギと間違うほどである。茎の上の方になるに従って次第に小さくなり切れ込みも少なくなって梢の方は細長い単一葉になっている。7～9月に上部の葉腋に淡紅紫色の唇形花を数個ずつつける。

[採取時期・製法・薬効]
8月の開花時に地上部を採取し陰干しで乾燥させる(益母草)。種子は10月頃の黒熟の頃に採取する(茺蔚子)。
❖月経不順、めまい、腹痛、産後の止血、腎炎に
全草(益母草)は一日量4～10g、種子(茺蔚子)は一日量5gに水400mlを加えて半量に煎じて3回に分け食間に服用する。

[漢方原料(益母草)**]** 性味は辛、微苦、微寒。産地は、日本各地、中国。処方は益母丸、芎帰調血飲〔薬〕。市販の養命酒®にも配合されている。

10月中旬長崎県対馬

つぶやき
メハジキは子ども達が葉柄を切って瞼に挟み目を閉じる勢いでとばして遊んでいたのでこの名がある。慣れないと難しく目を突かないような注意が必要。別名のヤクモソウは母の益になるという意味があり産前産後の諸病を治し子宝の薬草として利用されていた。葉は対生であるが上下の段とは必ず直角に交わるように葉が出ている。

参考:薬草事典、長崎の薬草、新佐賀の薬草、生薬処方電子事典、薬草カラー図鑑1、バイブル、牧野和漢薬草圖鑑

ヤブジラミ 藪虱	セリ科 山野の樹林	【生】蛇床子 じゃしょうし	種子 秋	〔民〕強壮、強精、〔外〕湿疹、皮膚掻痒症、 〔食〕若葉若芽、〔浴〕入浴剤、〔漢〕漢方処方

痛みを治し、強壮・強精作用

[生育地と植物の特徴]
日本全国、アジア、北アフリカ、ヨーロッパに分布。樹下の日陰地に多く、果実の形が虱を連想させることから付いた名である。蛇床子は、蛇がこの植物の下に好んで住み種子を食べるからと'本草綱目'(1590)にある。

[採取時期・製法・薬効]
秋に熟しきった果実を採取する。未熟だと薬効が少なく、時期が遅れると果実が2つに分かれてしまうので、花期が過ぎてから1ヵ月後をめどにすると良い。成分は、カジネン、トリレン、トリロンなど、脂肪油はペトロセリンなどからなるものを含む。基本的に漢方処方の中で用いる。
❖膣外陰部の腫れ物に
蛇床子5～10gに、ミョウバン2～4gを加えて、水150mlで煎じて、やや冷めた煎液を脱脂綿に浸して、患部を洗う。
❖強壮に
蛇床子、五味子、菟糸子を等分量にまぜて粉末にし、蜂蜜を加えて練って大豆粒大の丸薬を作り、一日3回、一回に5丸ずつ服用する。

[漢方原料(蛇床子)**]** 性味は、辛・苦、温。産地は、中国(オカゼリ)、日本(本種)。処方は、蛇床子湯、蛇床子散。

ヤブジラミ
6月上旬長崎市東長崎

6月中旬長崎県対馬

オカゼリ 5月下旬内藤記念くすり博物館

つぶやき
果実は、2個が合わさってできているが、よく成熟すると、この2つがバラバラになる。手で潰すと特異な香りがする。夏が過ぎて秋になると、この香りが少なくなるので香りが高いうちに採取する。

参考:薬草カラー図鑑3、牧野和漢薬草圖鑑、徳島新聞H240403

ヤブニンジン 藪人参	セリ科 山野の樹林	【生】藁本 こうほん	根/茎 開花期	〔漢〕漢方処方

花が終わってからも実で識別がつく

[生育地と植物の特徴]

日本、朝鮮半島、中国、台湾、千島列島南、サハリン、シベリア、アムール、インド、カスピ海と黒海に接するカフカズ山地に分布。山野林の樹陰に生える多年草。茎は直立して約50cmの高さになり、枝分かれする。葉は2回三出複葉で、小葉は先が尖った三角状。葉質は軟らかい。茎や葉の両面は長い白毛が多い。花期は4～5月。枝の先が傘状に数本に分かれた複数花序となって、5～10個の白い小さな5弁花をつける。その下に披針形の小総苞片が5～6個つく。実は倒披針形で長さ約2cmになり、上向きの荒い毛が密生する。

[採取時期・製法・薬効]

開花期に根茎を掘り採り、水洗い後陰干しにする。成分は、アネトール、オルト・メチールキャビコールなど。

❖腰痛、腹痛、頭痛、鎮痙に

一日量5～10gを水400mlで半量に煎じて3回に分けて食間に服用する。

[漢方原料(藁本)**]** 性味は、辛、温。産地は、韓国、中国、日本。処方は、羌活防風湯、内炙散。

5月上旬熊本県高森町

6月中旬熊本県高森町

つぶやき

葉がニンジンに似ていて藪に生えることにより、この名がある。別名のナガジラミは果実が細長く、ヤブジラミのように刺があることによる。

参考:薬草カラー図鑑3、牧野和漢薬草圖鑑、生薬処方電子事典

ヤマゴボウ 山牛蒡	ヤマゴボウ科 樹陰地	【生】商陸 しょうりく	根 秋	〔民〕利尿 〔漢〕漢方処方

薬用として渡来したが帰化植物となって山野に

[生育地と植物の特徴]

中国原産で古い時代に薬草として渡来した帰化植物。北海道、本州、四国、九州に分布。高さ1m以上になり、太いゴボウに似た根がある。葉は、互生し大きくて卵形、厚くて柔らかい。花期は6～9月。白い小花の多数ついた穂を直立する。花には花弁がなく、花弁状の萼片が5個ある。果実は8個の分果に分れ、熟すと黒紫色になる。根は有毒で、嘔吐、下痢、麻痺を起こすことがあり、素人の使用は厳禁である。

[採取時期・製法・薬効]

根を秋の彼岸の頃に掘り出し水洗いし、日陰で乾燥させる。

❖利尿に

商陸一回3～6gを水300mlで3分の1量に煎じて服用するが注意を要する。

[漢方原料(商陸)**]** 性味は、苦、寒。産地は、中国。処方は、牡蛎沢瀉散、商陸膏。

マルミノヤマゴボウ 5月中旬長崎県対馬

つぶやき

ヤマゴボウは、根を薬用とするため栽培されていたのが逸出した。マルミノヤマゴボウ(丸実の山牛蒡)は関東以西の本州、四国、九州に分布し山地の木陰に自生。ヨウシュヤマゴボウ(洋種山牛蒡p333)は北アメリカ原産で明治初期に渡来し路傍などに見られるが、毒性が強く薬には使えない。 モリアザミの根を加工してヤマゴボウと称し土産物になっているが、アザミ科であり別物である。

参考:新佐賀の薬草、薬草カラー図鑑2、牧野和漢薬草圖鑑、生薬処方電子事典

ヤマノイモ 山の芋	ヤマノイモ科 山野	【局】山薬 さんやく	根 冬	〔民〕下痢止、健胃、強壮、〔酒〕滋養強壮、〔食〕根、むかご、〔漢〕漢方処方

疲労回復や虚弱体質改善

[生育地と植物の特徴]

名はサトイモに対し山地にあることを意味する。別名のジネンジョは自然に生える薯の意。本州、四国、九州、沖縄、台湾、朝鮮半島、中国に分布する蔓性多年草。葉は対生し、葉腋に珠芽(むかご)がつく、雌雄別株。雄花序は直立し白色の花をつけ、雌花序は垂れ下がる。果実には3枚の翼あり。

[採取時期・製法・薬効]

秋の落葉後、根を掘り採って皮を剥ぎ、采の目に刻んで天日で乾燥させる。ジャスターゼ、マンニット、コリン、デンプン、アミノ酸、シュウ酸カルシウムなどを含んでいる。

❖滋養強壮に

①乾燥した根一日量約10～15gを水600mlで半量になるまで煎じ3回に分けて服用する。②山薬酒：山薬200gに氷砂糖約150gを加えホワイトリカー1.8Lにつけ、約2ヵ月後から盃1～2杯を飲む。

[漢方原料(山薬)**]** 性味は甘、平。産地は中国、長野、群馬、鳥取、青森。処方は啓脾湯〔薬〕、参苓白朮散、八味地黄湯、牛車腎気丸〔薬〕、八味地黄丸〔薬〕、六味丸。

ヤマノイモ雄花 8月下旬伊吹山

11月上旬長崎県対馬

つぶやき

古くは薯蕷(しょよ)と呼ばれ食品にも使われ、饅頭に用いて薯蕷饅頭と呼んだのが訛って上用饅頭(じょうようまんじゅう)となった。これは山芋の根をすって糝(しん)粉と砂糖を加えたものを皮とし餡を包んで蒸した饅頭。山芋は芋の仲間では唯一、生で食べられる。山芋《季》秋。

参考：薬草事典、長新佐賀の薬草、薬草カラー図鑑1、牧野和漢薬草圖鑑、生薬学、生薬処方電子事典、徳島新聞H141024

ヤマブキショウマ 山吹升麻	バラ科 山野	【局】升麻 しょうま	根 春から夏	〔漢〕漢方処方

根を漢方原料の升麻の代用とする

[生育地と植物の特徴]

北海道、本州、四国、九州の山地に生え、北半球に広く分布する。雌雄別株の多年草。茎は30～80cmの高さになる。葉は2回三出複葉、小葉は卵円形か長楕円形で長さ4～10cm、先端は尾状に尖り、縁に重鋸歯があり、葉脈は平行にでて側脈が著しい。花期は6～8月。白色の小花多数が茎の先に円錐状に集まり、20cmほどの総状花序をつける。萼は5裂し、花弁は5枚で広いヘラ形。雄花には雄蕊20本ほど、雌花には直立した3心皮がある。心皮は果実になると、長さ2.5cmほどになり、光沢がある。

[採取時期・製法・薬効]

根を春から夏に採取する。水で洗ったあと、細い根を除き、天日で乾燥させる。成分は、コーヒー酸、フェルラ酸、コーヒー酸配糖体など。

[漢方原料(升麻)**]** 性味は、甘・辛、微寒。産地は、中国。サラシナショウマの代用として根を用いるが、単味では使用せず漢方処方に配合する。

7月上旬北海道

つぶやき

類似植物としてトリアシショウマがあり、花の部分は似ているが、ユキノシタ科の多年草である。葉の葉脈が平行に出ない、一つの花に雄蕊2本などの特徴がある。ヤマブキショウマは北海道でも長野県の白馬でも標高1000m以上の高山に観られた。高山植物なのかも知れない。

参考：薬草カラー図鑑4

ヨシ 芦	イネ科 沼地、川辺	【生】蘆根 ろこん	根・茎 秋	〔民〕止瀉、解熱、利尿、鎮吐、黄疸 〔漢〕漢方処方、〔食〕山菜

蘆根は解熱・利尿・止瀉・黄疸・鎮吐に

[生育地と植物の特徴]

別名のアシは桿(はし)の変化したもの。アシというが悪しに通じるのでヨシに改名したのだという。世界中に広く分布する。湿地、川原、水辺に群生する大形の多年草。茎は中が中空(イロハかるたに"ヨシの髄から天覗く"というのがある)で、滑らかである。葉は2列に互生して長い。8〜10月に大きな穂を出して無数の花をつける。

[採取時期・製法・薬効]

秋に根茎を掘り採って、ひげ根を取り除いてから、水洗いし、天日で乾燥させて仕上げる。

❖解熱、止瀉、利尿、鎮吐、消炎に

よく乾燥した根茎(蘆根)一日5〜10gに水300mlを加えて半量に煎じて服用する。

❖食用に

春先に出てくるタケノコのようなヨシはタケノコ同様の調理で食べる。

[漢方原料(蘆根)**]** 性味は、甘、寒。産地は、中国、日本。処方は、葦茎湯、蘆根湯。

2月下旬長崎県

つぶやき

大阪府花であるが、商都ではヨシは"おあし"に通じるので"アシ"という。茎桿の細いものは簾とし太いものはヨシズとする。ヨシの筍は少し苦味があるがタケノコ同様の調理で食べる。中国でも春先に出てくるタケノコのようなヨシを蘆筍の名で食用にする。対馬には芦のついた地名として"芦ヶ浦(よしがうら)"と"芦見(あしみ)"がある。

参考:薬草事典、長崎の薬草、新佐賀の薬草、生薬処方電子事典、薬草カラー図鑑1、牧野和漢薬草圖鑑

ヨモギ/オオヨモギ 蓬/大蓬	キク科 山野	【生】艾葉 がいよう	葉 春	〔民〕喘息、健胃、貧血、〔浴〕腰痛 〔外〕切傷、止血、皮膚掻痒、〔漢〕漢方処方

体内での出血にも効果、若葉を味噌汁や蕎麦に

[生育地と植物の特徴]

名はよく燃える草の意味の善燃草(ヨモギ)に由来。本州、四国、九州、小笠原、朝鮮半島に分布。山野に多く見られる多年草。路傍、田の畦にも多い。夏に淡褐色の小さな頭状花を穂状につける。伊吹山には大蓬がある。

[採取時期・製法・薬効]

5〜7月に葉だけを摘み採り、水洗いして陰干しで乾燥させる。または、用時に生のまま用いる。

❖腹痛、子宮出血・鼻血・吐血下血・痔出血の止血に

乾燥した葉一日量5〜10gを水600mlで半量になるまで煎じ3回に分けて飲む。

❖浴用料(腰痛、痔の痛みに)

生の葉または乾燥した葉を風呂に入れて使う。

❖切り傷、止血、皮膚の痒みに

切り傷には生の葉の汁をつける。

❖皮膚のかゆみにはヨモギローション〔PC〕

乾燥ヨモギ50gを水2Lで煎じ20分で濾過。冷蔵庫保存。

❖食用に

若葉を料理、加工食(ヨモギ餅など)にする。

[漢方原料(艾葉)**]** 性味は、苦、微温。産地は、日本、中国。処方は、帰膠艾湯〔薬〕、柏葉湯。

オオヨモギ 8月下旬伊吹山

つぶやき

"燃え草"が短縮したモグサはヨモギの葉の裏の毛を集めたもので伊吹山のものが良品。九州でフツというのは二日灸といって2月2日、8月2日に三里の灸穴に灸をすると効き目が倍になるという伝承からきている。百人一首に"かくとだにえやは伊吹のサシモグサ さしもしらじな燃ゆる思ひを"という実方朝臣の歌がある。蓬《季》春。

参考:薬草事典、長崎の薬草、新佐賀の薬草、薬草カラー図鑑1、牧野和漢薬草圖鑑、生薬処方電子事典、徳島新聞H150304

ヨロイグサ 鎧草	セリ科 山地	【局】白芷 びゃくし	根 秋	〔漢〕漢方処方

鎮痛・抗菌作用があり漢方処方に配合される

7月下旬熊本大学薬草園

[生育地と植物の特徴]

本州の近畿地方、中国地方、九州の北部と中部。朝鮮半島、中国東北部に分布する。薬用の目的では主に奈良県や北海道で栽培されている。2mに達する太い茎は空洞で、直立して伸び紫紅色で、上部は分枝し、短毛がある。葉は2～3回三出複葉で大形。葉柄の基部は広くなり、鞘状となって茎を包む。花期は7～8月。白色の小花を多数複数形花序につける。果実は翼があり、無毛で扁平。根は太くて短く、紡錘状で芳香が強い。

[採取時期・製法・薬効]

11月頃に根を採取し、水洗いしてから刻んで、陰干しにする。成分には、多数のフロクマリン類が含まれる。ビャクアンゲリコールは和白芷に多く、唐白芷に少ないが、唐白芷はオキシペウセダニンを多く含む。その他、精油を含む。

❖鎮静、鎮痛(頭痛、歯痛)、風邪に

白芷一日量5～10gを400～600mlの水で半量になるまで煎じて3回に分けて服用する。

[漢方原料(白芷)**]** 性味は、辛、温。産地は、日本、韓国、中国。処方は、荊芥連翹湯〔薬〕、清上防風湯〔薬〕、内托散、五積散〔薬〕、川芎茶調散〔薬〕、疎経活血湯〔薬〕、白神散、排膿湯。

つぶやき

ヨロイグサの語源については、葉の刻みが重なり合う様子からこの名となったとされている。白芷は中国古代の薬物書に記載されている漢薬で、古い時代に我が国に伝えられた。のちに我が国のヨロイグサも中国の白芷も、その根は同じ白芷として薬用に用いられるようになった。中国産を唐白芷、日本産を和白芷として区別している。

参考：薬草カラー図鑑3、牧野和漢薬草圖鑑、生薬処方電子事典

リンドウ 龍胆	リンドウ科 山野	【局】龍胆 りゅうたん	根 秋	〔民〕健胃 〔漢〕漢方処方

リンドウ科のゲンチアナ同様に苦味健胃剤となる

10月下旬佐賀県

[生育地と植物の特徴]

名は中国名の龍胆に基づく。胆は根の味が胆汁のように苦く、龍は最上級を意味する。本州、四国、九州の陽当たりの良い草原に分布。また、切花用に栽培される。葉は対生し秋に茎頂と葉の付け根に青紫色の花を咲かせる。リンドウ属(他にハルリンドウ、フデリンドウ)の花は陽が当たらないと開かない。日本に西洋医学をもたらしたオランダ人は様々な医療行為を行ったが、胃の内服薬として与えたのはゲンチアナという生薬であった。ゲンチアナはアルプスの山々に野生するリンドウ科の多年草である。

[採取時期・製法・薬効]

11～12月の花が終わった頃に根を掘り採り、水洗いして天日で乾燥させる。苦味配糖体ゲンチオピクロシドが舌先を刺激し、大脳反射により胃液の分泌を盛んにする。

❖胃痛、食欲不振時の苦味健胃剤に

①乾燥した根一日量3gを水500mlで300mlになるまで煎じ3回に分けて飲む。②充分に乾燥した根をミキサー等で粉末にし一回0.1gくらいを水で飲む。

[漢方原料(龍胆)**]** 性味は、苦、寒。産地は、中国、朝鮮半島。日本産は生薬となっていない。処方は、九味柴胡湯、疎経活血湯〔薬〕、竜胆瀉肝湯〔薬〕、立効散〔薬〕。

つぶやき

熊本県、長野県の県花。昔、小角という者が日光の山奥でウサギがリンドウの根をくわえて走り去ったのを見た。その根を飲むと優れた効果があり、神のお告げに違いないと村人に伝えて以来、日光ではリンドウが霊草とされるようになったという。なお、ハルリンドウやフデリンドウは薬にならない。龍胆《季》秋。

参考：薬草事典、薬草の詩、新佐賀の薬草、宮崎の薬草、薬草カラー図鑑1、牧野和漢薬草圖鑑、生薬学、生薬処方電子事典

ワダソウ 和田草	ナデシコ科 山地	【生】太子参 たいしさん	塊根 夏	〔民〕強壮、鎮静

微弱だがチョウセンニンジンに似た作用

[生育地と植物の特徴]

本州、九州、朝鮮半島、中国に分布し、温帯の林内に生える多年草。草丈8～16cm。根は直下し紡錘形で白色。茎は直立し、単生かまれに双生する。葉は対生し、下葉はへら状か倒披針形。上葉は茎の頂に集中し大形で十字型に配列する。花期は4月。上部葉腋に白色の5弁花をつける。

[採取時期・製法・薬効]

塊根を夏の茎葉の大部分が枯れた頃に根を掘り上げ、水洗いしてヒゲ根を除き、熱湯を通した後、天日で乾燥させる。成分は、根にデンプン35.1%、果糖、サポニンを含む。効用は人参に似ているが、作用はずっと弱い。

❖不眠症、健忘症、精神的疲労、食欲不振、病後虚弱に乾燥根一日量6～12gを煎じて3回に分け食前に服用する。

[漢方原料(太子参)**]** 性味は、甘・苦、微寒。産地は、中国。

5月上旬鹿児島県紫尾山

つぶやき

この植物を鹿児島県の紫尾山で見たが、花弁が白いのに葯が黒いのがずっと印象に残っていた。薬草とは知らずに写真を撮っていた。この山の頂上には、ある野球スターの石碑があった。「孔子登東山而、・・・1981年11月8日書く」

参考：牧野和漢薬草圖鑑

ワレモコウ 吾亦紅・吾木香	バラ科 山野	【生】地楡 ちゆ	根茎 冬	〔民〕下痢止、〔食〕若葉は山菜 〔外〕止血、火傷、〔漢〕漢方処方

下痢止め・やけどに使用

[生育地と植物の特徴]

昔、神様が「赤い花の植物は集まれ」と号令された。多くの花が集まった中にワレモコウがあり、他の植物から「お前は赤い花ではない」と言われたが、「吾も赤い(花)ですよ」と答えた。あるいは茎や葉に香りがあり、吾(日本)の木香ですよの意という説がある。しかしワレモコウには芳香はない。日本、朝鮮半島、中国、シベリア、ヨーロッパに分布。葉は羽状複葉で互生。花期は8～9月頃。分枝した枝の先に暗紅紫色の短い花穂をつける。花弁はない。

[採取時期・製法・薬効]

11月頃、根を掘り出し、ひげ根を除いて水洗いし、天日で乾燥させる(地楡)。タンニン約20%、サポニンを含む。

❖下痢止に、止血薬(吐血、喀血、月経過多、血便)に
乾燥した根茎(地楡)一日量5～10gほどを水400mlで半量になるまで煎じ3回に分けて服用する。

❖出血、火傷に
同じ煎じ液で患部を洗浄する。

❖打撲、捻挫に
生の根を擦り潰して塗布する。

[漢方原料(地楡)**]** 性味は、苦、微寒。産地は、中国。処方は、地楡散。

8月下旬滋賀県伊吹山

10月下旬佐賀県樫原湿原

つぶやき

秋の野草として生け花などにも使われるので良く知られ、歌にも唄われている。葉を揉むとスイカの匂いがする。春先に出て間もない若葉を御浸しに。吾亦紅《季》秋。

参考：薬草事典、新佐賀の薬草、宮崎の薬草、薬草カラー図鑑1、牧野和漢薬草圖鑑、生薬処方電子事典、徳島新聞H240503

アケビ 4月下旬長崎県対馬

アケビ 10月下旬島原薬草園

ミツバアケビ 9月下旬長崎大学薬草園

アケビ/ミツバアケビ 木通/三葉木通	アケビ科 広葉樹林内	【局】木通 もくつう	蔓性茎 夏～秋	〔民〕利尿、通経、〔漢〕漢方処方 〔外〕腫れ物、頭部湿疹、〔食〕山菜

種子や果皮も利用

[生育地と植物の特徴]

アケビは大昔から薬用として用いられた。果実が裂けて開くことから"開け実"の意との説があり、果実の色に由来する"朱実(あけみ)"との説もある。木通とは茎の切り口から吹くと空気が通ることから。本州、四国、九州、朝鮮半島、中国の山野に自生。蔓は右巻き、葉は新しい枝では互生、老枝では一ヵ所から数枚または5枚の掌状複葉。春に雄花(小さい)と雌花(大きい)が同じ房につく雌雄同株。花は淡紫色で花弁はなく花弁状の萼片が3個ある。秋には果実が縦に裂け、中から白い果肉と黒い種子がのぞく。ミツバアケビは北海道、本州、四国、九州、中国の山野に生える。蔓は右巻きで、その小葉数は3枚で、花は濃紫色。なお、アケビの果実は陽当たりの良い所ではできず、狭い谷間や木陰で実る。

[採取時期・製法・薬効]

7～10月の葉が落ちる前に親指くらいの太い蔓を切り採り水洗いして薄く輪切りにし天日で乾燥させる(木通)。成分はヘデラゲニン、オレアノール酸などのトリテルペンやカリウム塩を含んでいる。

❖膀胱炎、腎炎などの消炎利尿や通経に

木通一日量10～15gを水400mlで半量になるまで煎じ3回に分けて飲む。

❖おでき、腫れ物、痔、頭部の湿疹に

木通一回15gを煎じ、この煎液で患部を洗う。

❖浴用料

若葉や若い蔓は入浴時に入れれば神経痛等に良い。

[漢方原料(木通)] 性味は、苦、微寒。産地は、長野、徳島、香川が主で、各地の野生品。処方は、竜胆瀉肝湯〔薬〕、五淋散〔薬〕、消風散〔薬〕、通導散〔薬〕など。

ミツバアケビ 5月上旬新潟県

つぶやき

やや山深い高地に生えるミツバアケビとそれとアケビの合いの子であるゴヨウアケビは小葉の縁が波うっており、花色が濃い。どれも同じに薬用にされる。果実の皮を油で炒めて食べる地方がある。また、春先に若葉や若枝を木の芽と呼んで、浸し物、胡麻和えなどにして食べる。種子からアケビ油が採れ、ドレッシングに。木通《季》秋、木通の花《季》春。

参考:薬草事典、新佐賀の薬草、薬草カラー図鑑1、牧野和漢薬草圖鑑、生薬学、生薬処方電子事典、徳島新聞H131002

アンズ	バラ科	【局】杏仁	種子・果実	〔製〕キョウニン水、〔民〕鎮咳、去痰
杏子	栽培	きょうにん	初夏	〔漢〕漢方処方、〔酒〕杏子酒、〔食〕杏仁豆腐

のど周りの代謝促す、種を割って杏仁豆腐の材料

[生育地と植物の特徴]

杏子を唐音で呼ぶようになったもの。中国北部、ネパール、ブータン原産。薬用として渡来し、各地で植栽される落葉小高木～高木。樹高5～15m。果実は核果で6月に橙黄色に熟す。縦に溝が入り、表面にはビロード状の毛が密生する。古くは熟した果実を土の中に埋めて果実を腐らせて堅い内果皮の殻を叩き割って種子を採った。

[採取時期・製法・薬効]

種子は6月に採取し種子を乾燥させる（杏仁）。熟れると種子が離れやすい。成分は、配糖体のアミグダリン。

❖鎮咳・去痰に

杏仁一日量3～5gを水300～500mlで約30分煎じ3回に分けて服用する。多量の服用で青酸中毒の危険性あり。

❖杏子酒（滋養強壮に）

熟す一歩手前の杏子1kg、グラニュー糖100gをホワイトリカー1.8Lに漬け、6ヵ月～1年後に濾して杏子酒を作る。これを一回30mlずつ、一日2回を限度に飲む。

[漢方原料（杏仁）**]**　性味は、苦、温。産地は、中国、北朝鮮で、日本産は長野に少量。処方は、清肺湯〔薬〕、麻杏甘石湯〔薬〕、麻黄湯〔薬〕、五虎湯〔薬〕、潤腸湯〔薬〕、神秘湯〔薬〕、麻子仁丸〔薬〕、苓甘姜味辛夏仁湯など。

5月中旬島原薬草園

つぶやき

バラ科の植物の実にはアミグダリン（シアン配糖体の一種で酵素エムルジンまたは塩酸の作用で加水分解を受けベンズアルデヒド、猛毒のシアン化水素を生じる）を含む。キョウニン水は杏仁を突き砕き水と共に蒸留して得られる。明治時代に杏子をジャム、干しアンズ、缶詰に利用するようになった。種子は杏仁豆腐の材料。杏《季》夏、杏の花《季》春。

参考：新佐賀の薬草、薬草カラー図鑑1、牧野和漢薬草圖鑑、生薬学、生薬処方電子事典、毒草大百科、徳島新聞H170603

イヌザンショウ	ミカン科	【生'】崖椒、【生】犬山椒	果皮	〔民〕鎮咳、〔外〕打撲傷
犬山椒	原野、川端	がいしょう、いぬざんしょう	秋～冬	〔漢〕漢方処方

イヌザンショウに鎮咳作用あり

[生育地と植物の特徴]

本州、四国、九州、朝鮮半島、中国に分布。山野の林内や路傍に生えている雌雄別株の落葉低木で枝には刺がある。7～9対の小葉からなる奇数羽状複葉を茎に互生し、刺も葉と同じように互生する。臭いは悪く食用としない。種子は黒くつやがあり丸い。

[採取時期・製法・薬効]

9～11月に枝先の果実が紫褐色に熟し、果皮が割れて中の黒い球形の種子が覗き始めた頃に枝先ごと切り採り陰干しにしておき、ほとんどの果実が裂開したら種子を取り除いて、果皮だけを再び日陰で干しあげる。種子と果皮を分ける必要がないという書物もある。葉は小枝ごと刈り採って天日で乾燥させ、葉がばらばらになったら手でよく揉んで、なるべく細かく砕く。成分はメチルカピコール、エストラゴール、ペルガプチン、アニスアルデヒドなど。

❖咳止めに

果実一回5gを水200mlで半量になるまで煎じ冷めないうちに飲む。

❖打撲傷に

乾燥葉をできるだけ粉末にして、これに卵の白身を加えて練り合わせ、さらに少量の小麦粉を加えて化粧クリームのような硬さにし、患部になるべく厚く塗る。上から木綿布などを当てて軽く押さえる。患部の炎症の熱をとると葉は硬くなるので、新しいものと交換する。硬くなった葉を無理にとると痛いので、ぬるま湯で拭くようにするとよい。以前は接骨医が接骨の治療薬として盛んに外用していた。

[漢方原料（犬山椒）**]**　辛温。産地は日本。処方は楊柏散。

10月下旬長崎県対馬

つぶやき

イヌのつく植物にはイヌタデ、イヌセンブリなどあり、イヌとは似て非なるものという意の古語である（p139参照）。しかし、サンショウと異なり芳香がないだけで、薬用としては本物のサンショウには負けない。

参考：薬草事典、長崎の薬草、新佐賀の薬草、宮崎の薬草、薬草カラー図鑑1、牧野和漢薬草圖鑑、生薬処方電子事典

オオイタビ 大崖石榴	クワ科 斜面、崖	【生】絡石藤/【生】王不留行 らくせきとう/おおふるぎょう	葉茎枝/種子 随時/秋～冬	〔民〕リウマチの疼痛、 下痢、淋病、〔外〕打撲

イチジクの仲間、リウマチの痛みに

[生育地と植物の特徴]

千葉県以西の本州、四国、九州、沖縄、台湾、中国に分布。山の斜面の樹木の間、崩れた崖に生える常緑性蔓性木本。葉は厚く光沢があり、長さ4～10cm。柄は長さ1.5～2cm。花期は5～7月。雌雄別株。果実は洋梨形または球形で径3～4cm。

[採取時期・製法・薬効]

使用時に葉・茎・枝を採り、天日で乾燥させる。成分は、メソイノシトール、ルチン、β -シトステロール、タラクセロール酢酸エステル、β -アミリン酢酸エステル。

❖リウマチによる痺れと痛み、下痢、淋病、打撲傷に

乾燥したもの一日量15～20gを水300mlで半量に煎じて3回に分け食間に服用する。

❖打撲傷に

枝や葉を折ると白い乳液が出るが、これを外用に用いる。

[漢方原料（絡石藤）**]** 性味は甘・酸、微寒。産地は、中国。処方は、絡石藤酒、霊宝散。

2月上旬長崎県

つぶやき

“種子には一種のゲル状の物質が13%含まれ、加水分解するとブドウ糖、果糖、アラビノースが生じる”とあったが、種子の薬用としての使用法を書いたものが見つからなかった。また、食用になるとの記載も見られない。果実酒にはなるようだ。

参考：牧野和漢薬草圖鑑、生薬処方電子事典

オオツヅラフジ 大葛藤	ツヅラフジ科 山林	【局】防已 ぼうい	茎・根 夏～秋	〔民〕神経痛、リウマチ、関節炎、 浮腫、〔酒〕果実酒、〔漢〕漢方処方

利尿促し代謝障害予防、果実は発酵させ酒にも

[生育地と植物の特徴]

名は蔓で編んだ篭をつづらといったことに由来。関東地方南部以西の本州、四国、九州、沖縄、東アジアに分布。林縁に自生する。落葉蔓性木本で高さ10m、直径3cmほどになる。葉は互生し若葉には毛があるが成長したら無毛。葉の形は卵形円形多角形と種々あるが縁が角張っているのが多い。良く似たものにアオツヅラフジがあるが、茎葉とも細毛が密生して葉も薄い。花は葉腋につき雌雄別株で小さい球形の実となり晩秋に黒熟する。

[採取時期・製法・薬効]

夏から秋に太い蔓茎を根際から採取する。水洗いして薄く切り天日で乾燥させる。主成分のシノメニンと数種のアルカロイドを含む。利尿作用がある。

❖神経痛、リウマチ、関節炎、浮腫に

一日量10～15gを水200mlで半量に煎じ3回に分けて食前30分に服用する。

❖変形性膝関節症に

防已5g白朮5gを加えて煎服する。

[漢方原料（防已）**]** 性味は苦・辛、寒。産地は福岡、徳島、香川、中国。処方は疎経活血湯〔薬〕、防已黄耆湯〔薬〕、木防已湯〔薬〕、など、いずれも利尿が主な作用。

5月上旬鹿児島県

つぶやき

蔓は木質で堅く円柱形で極めて丈夫で表面はなめらかで青黒い。切り口に綺麗な模様が現れる。蔓は葛籠（つづらこ）などを編むのに使われた。なお、胃弱の人、下痢症、代謝機能が弱く活力の衰えた人、脱水傾向にある人には用いない方がよい。果実を水道水で洗わずに壷の中に入れて衝き潰しておくと自然に発酵してオオツヅラフジ酒ができる。

参考：長崎の薬草、新佐賀の薬草、薬草カラー図鑑1、牧野和漢薬草圖鑑、生薬学、生薬処方電子事典、徳島新聞H191008

カギカズラ 鉤蔓	アカネ科 渓流の上部	【局】釣藤（鉤）、鉤藤 ちょうとう（こう）、こうとう	鉤 秋	〔民〕頭痛、疳の虫 〔漢〕漢方処方

鎮痛・鎮静・鎮痙作用があり頭痛に効く

[生育地と植物の特徴]

名は葉のつけ根に鉤状の刺があることに由来。房総以西の本州、四国、九州、中国南部に自生。山地の渓流沿いに生える蔓性の木。鉤を引っかけて木にからみつき、あたりを被い5m以上にもなる。7月に若い枝の葉腋に多数の小花を球状につける。

[採取時期・製法・薬効]

8～9月蔓を刈り採り、鉤がついた所の上下2～3cmを含んだ部分を切り取って水洗いし、天日で乾燥させる。日本の本草書には釣藤や釣藤鉤と書かれ、中国では鈎藤が用いられる。成分はリンコフィリン、イソリンコフィリン、コリノキセイン、ヒルスチン、ヒルステインなどを含む。

❖頭痛、めまいに

釣藤鉤3～6gを一回分とし水300mlで半量になるまで煎じて服用する。漢方の釣藤散はより効果がある。

❖疳の虫に

一日量1～2gにその半量の甘草を加えて煎服させる。漢方の抑肝散はより効果がある。

[漢方原料（釣藤）**]** 性味は、甘・微苦、寒。産地は、中国、日本。処方は、七物降下湯〔薬〕、釣藤散〔薬〕、抑肝散〔薬〕、抑肝散加陳皮半夏〔薬〕など。

抑肝散は、神経症、不眠症、ヒステリー、血の道症、更年期障害、チック、小舞踏病、小児夜泣き症、癲癇、歯ぎしりに用いる。釣藤散は、常習性頭痛、神経症、動脈硬化症、高血圧症、メニエール症候群、更年期障害に用いる。

12月下旬長崎県対馬

つぶやき

蔓の鉤は対生の小枝が変化したもの。鉤は強く釣り針にでもなりそうなほどである。日本産の鉤は小さく、市場品の大半は中国産である。葉は対生し表面に光沢がある。なお、鈎（こう）も鉤（こう）も同じ字。

参考：薬草の詩、長崎の薬草、新佐賀の薬草、宮崎の薬草、薬草カラー図鑑3、牧野和漢薬草圖鑑、生薬処方電子事典

カラタチ 枸橘	ミカン科 植栽	【局】枳実 きじつ	果実 秋	〔民〕苦味健胃、消化、緩下、腹痛、利尿 〔酒〕からたち酒、〔漢〕漢方処方

カラタチも枳実の原料の一つ

[生育地と植物の特徴]

日本で古くから栽培されていた。これは薬として入って来たものである。用途は、生け垣に植えたり、ミカンやキンカンなどの接ぎ木の台木としての需要が多い。カラタチの名は唐の国から来た橘の意味のカラタチバナが縮小したもの。カラタチバナの中国名は枳実、枳とされていた。最近の中国では、“枸桔”、“臭桔”の漢字を当てている。

[採取時期・製法・薬効]

未熟の果実を採り、3～4切れに輪切りにして天日で乾燥させる。カラカラに乾燥させることが必要で、乾燥が完全でないと吐き気を催すことあり。成分は配糖体のナリンギン、ヘスペリジン、ネオヘスペリジンなどを含む。

❖苦味健胃剤に

乾燥した果実の10gを一日量にして水400mlで半量になるまで煎じ3回に分けて食前に服用する。下痢ぎみのようなとき、胃がもたれぎみの場合、のどの渇きがある場合にも良い。

❖からたち酒に

乾燥した未熟果実5個分をホワイトリカー500mlに3ヵ月くらい漬けてから濾して、一回10～20mlを限度に、一日3回食前30分に服用する。これは苦みを生かすもので、砂糖は加えない。

[漢方原料（枳実）**]** 性味は、苦・酸、微寒。産地は、徳島、愛媛、静岡、中国。処方は、四逆散〔薬〕、排膿散、荊芥連翹湯〔薬〕、五積散〔薬〕、潤腸湯〔薬〕、参蘇飲〔薬〕、清上防風湯〔薬〕、大柴胡湯〔薬〕、大承気湯〔薬〕、竹茹温胆湯〔薬〕、通導散〔薬〕、排膿散及湯〔薬〕、茯苓飲〔薬〕、茯苓飲合半夏厚朴湯〔薬〕、麻子仁丸〔薬〕。

3月下旬鹿児島県県民の森

つぶやき

果実の皮が剥けない、内部の果肉は堅い、種子がたくさんできる、葉が落ちるなど、ミカン、キンカン、ナツミカンなどの柑橘類と違っており、ミカン属から分けて、独自のカラタチ属に入れて区別されている。 枳実は、ウンシュウミカン、タチバナなどのミカン属も原料となる。カラタチの香りは良いが生食には向かない。薬用酒になる。

参考：薬草事典、宮崎の薬草、新佐賀の薬草、薬草カラー図鑑1、バイブル、牧野和漢薬草圖鑑、生薬学、生薬処方電子事典

ハクモクレン 3月下旬長崎県対馬

タムシバ 5月上旬新潟県佐渡

コブシ/タムシバ/ハクモクレン 辛夷 /田虫葉/白木蓮	モクレン科 山地・植栽	【局】辛夷 しんい	花蕾 春	〔民〕蓄膿症、鼻炎 〔食〕花、〔漢〕漢方処方

蓄膿症・めまい・頭痛など頭部の病気に効果

[生育地と植物の特徴]

コブシは、北海道から九州までの日本と済州島の山地に自生する落葉高木であるが長崎県には自生地はない。タムシバは、本州、四国、九州に分布するが主に日本海側に多い。コブシとタムシバはよく似ている。コブシの花のすぐ下に小形の葉が1枚あるが、タムシバではこの小葉がなく葉がコブシより薄く裏面が白っぽい。タムシバの花は芳香があり、葉を揉むと強い香りがする。ハクモクレンは、中国原産の落葉高木で庭木、街路樹として植栽される。韓国ではコブシと同様に蕾で同じような使い方をする。

[採取時期・製法・薬効]

2〜3月の開花直前の蕾を摘み採り、水洗いして風通しのよい日陰に拡げて乾燥させる。コブシの成分は、シトラール、シネオール、オイゲノールなどの精油成分。タムシバの成分は、サフロール、メチルオイゲノール。ハクモクレンの成分は、シトラール、シネオール、オイゲノール。

❖頭痛、鼻づまりに

乾燥した蕾を小さく刻み一日量5〜10gを水400mlで半量になるまで煎じ3回に分けて服用する。

❖便秘に

上記と同じ分量で煎じるが、この場合沸騰する直前に火からおろし、汁だけを他の器にとって冷やしたものを一日3〜4回に分けて食前に服用する。

[漢方原料（辛夷）**]** 性味は辛、温。産地は日本、中国。処方は葛根湯加川芎辛夷〔薬〕、辛夷清肺湯〔薬〕など。

コブシ 3月中旬長崎県対馬

つぶやき

コブシは集合果が握り拳に似ていることによる。辛夷と書くが、中国の別の植物の名前を誤用したもの。タムシバは噛む柴の訛りで葉を噛むと甘いことに由来。佐賀県でも背振山系にはみられる。コブシの材は軽く狂いがなく、建材、楽器、下駄、彫刻材などに利用される。辛夷《季》春、白木蓮《季》春。

参考：薬草事典、長崎の薬草、新佐賀の薬草、薬草カラー図鑑2、牧野和漢薬草圖鑑、生薬処方電子事典、徳島新聞H220202

キハダ 黄蘗	ミカン科 山地	【局】黄柏 おうばく	内皮 夏	〔民〕胃腸炎、腹痛、健胃、下痢止、〔外〕関節痛、腰痛、打撲痛、美肌、〔漢〕漢方処方

この植物由来の健胃胃腸薬が昔から売られている

[生育地と植物の特徴]

北海道、本州、四国、九州、朝鮮半島、アムール、中国北部に分布する。寒地の山地の広葉樹林に自生する落葉高木で、しばしば高さ15mを超す大樹になる。雌雄別株で、夏、枝先に黄緑色の小さい花を穂状につける。雌木には秋に黒色の特有の匂いのする直径0.5～1cmほどの果実をつけ黒熟する。

[採取時期・製法・薬効]

7～8月に太めの幹の樹皮を剥ぎ、外側のコルクを除き鮮黄色の内皮だけを天日で乾燥させる(黄柏)。アルカロイドのベルベリンを主成分とする。

❖胃腸炎、腹痛、下痢、二日酔に

乾燥した内皮を小さく刻み、ミキサーで粉末にしたもの一回量0.3～0.5gを一日3回食後に水または温湯で飲む。あるいは黄柏を小さく刻んだもの一日量2～5gを水300mlで半量になるまで煎じ3回に分けて服用する。

❖関節痛、腰痛、打撲痛に

粉末にした黄柏を適量の酢で練り、パスタ状にして患部に厚めに塗り、布で押さえる。

つぶやき

名はコルク質の外皮を剥ぐと黄色の肌がみえるのでこの名がある。茎葉はミカン科特有の臭いがする。黄柏エキスでいくつかの健胃胃腸薬が作られ昔から販売されてきた。それは、奈良県洞川の“陀羅尼助(だらにすけ)”、信州木曽の“お百草”、山陰地方の“煉熊”である。

[漢方原料(黄柏)**]** 性味は、苦、寒。産地は、日本各地、中国。処方は、温清飲〔薬〕、黄連解毒湯〔薬〕、荊芥連翹湯〔薬〕、半夏白朮天麻湯〔薬〕など。

5月中旬島原薬草園

5月上旬鹿児島薬草の森

参考:薬草事典、新佐賀の薬草、宮崎の薬草、薬草カラー図鑑1、バイブル、牧野和漢薬草圖鑑、生薬学、生薬処方電子事典

クコ 枸杞	ナス科 植栽	【生】枸杞葉【局】枸杞子・地骨皮 くこよう/くこし/じこっぴ	茎葉/果実/根皮 夏/冬/秋	〔飲〕健康茶、〔酒〕枸杞酒、〔漢〕漢方処方

滋養強壮に効果大、副作用なく長期使用可能

[生育地と植物の特徴]

名は刺がカラタチ(枸)に似て、枝がカワヤナギ(杞)に似ることによる。日本、台湾、中国、朝鮮半島に分布。陽の当たる川原、野山、道端に自生する落葉低木。根際から群がって生え1.5～2.0mに伸びるが直立せず垂れ下がる。茎には刺があり、葉は若枝では対生し老枝では一ヵ所に数枚つく。夏から秋にかけて葉のつけ根に細長い柄のある淡紫色の茄子の花を小さくしたような小花を開く。

[採取時期・製法・薬効]

茎葉(枸杞葉)は夏の繁っている時に枝ごと刈り採り水洗いして小さく刻み天日で乾燥させる。果実(枸杞子)は冬の赤く熟したころに摘み採り水洗いして天日で乾燥させる。根皮(地骨皮)は秋に根を掘りあげ水洗いして剥いだ皮を天日で乾燥させる。果実は生食には向かない。成分は、葉にビタミンC、種子に血行を良くするベタインやゼアキサンチン、樹皮にベタイン、リノール酸などを含む。

❖高血圧、動脈硬化の予防に

①枸杞葉をお茶代わりに飲む。②地骨皮を小さく刻み一日量10gを水400mlで半量に煎じて3回に分けて飲む。

❖枸杞酒(疲労回復、強壮に)

枸杞子200gに氷砂糖約200gを加えホワイトリカー1.8Lに漬け込み約2ヵ月後から一回に盃1～2杯ずつ飲む。

つぶやき

楕円形の果実は熟して赤くなりルビーのように真っ赤で中に多くの種子がある。昭和40年代に一時ブームが起こり野生のクコがほとんどど姿を消したが、最近ではまた息を吹き返している。枸杞・枸杞茶・枸杞の芽《季》春。

[漢方原料(枸杞葉・枸杞子)**]** 性味は甘、平。産地は、中国、日本。処方は、補肝散、杞菊地黄丸、枸杞丸など、

[漢方原料(地骨皮)**]** 性味は甘・淡、寒。処方は、滋陰至宝湯〔薬〕、秦艽別甲湯、清心蓮子飲〔薬〕など。

8月中旬鹿児島薬草の森

9月下旬長崎大学薬草園

参考:薬草事典、長崎の薬草、新佐賀の薬草、薬草カラー図鑑1、牧野和漢薬草圖鑑、生薬処方電子事典、徳島新聞H130904

クチナシ 山梔子	アカネ科 山林、植栽	【局】山梔子 さんしし	果実 秋	〔漢〕漢方処方、〔外〕腫れ物、打撲、腰痛 〔色〕黄色の染料、食品着色料、〔食〕花を山菜

果実に消炎・鎮静作用

[生育地と植物の特徴]

名は果実が熟しても口を開けないことに由来している。東海地方以西の本州、九州、四国、台湾、中国南部、インドシナ半島、ヒマラヤの暖地に分布。暖地の山中に自生し、また庭園で栽培される常緑低木。枝は緑色で葉は対生。花期は6月頃。若葉の腋の所に白色6弁で基部が筒になった大型の花をつけ、2～3日して花は黄色に変わる。果実は6つの稜があり、先端に萼の変形した6本の嘴がある。熟すと赤黄色になり、これを薬用にする。

[採取時期・製法・薬効]

秋に良く熟した果実を摘み採り日干しや陰干しにする。

❖香りが良く食べられる花

咲いたばかりの新鮮な花弁は煮ると粘りがでて、酢と醤油で味付けして食べると美味しい。天婦羅にしても良い。花を乾燥させて花茶にするとジャスミンに似た香りあり。

❖黄疸、肝炎に

乾燥果実一日量5～8gを水400mlで半量に煎じ3回に分けて温めて服用する。

❖打撲、捻挫、突き指、腰痛に

果実を粉末にして水か卵白を少量ずつ加えて練り、布に厚くのばして患部に貼る。

[漢方原料(山梔子)**]** 性味は、苦、寒。産地は、中国、台湾。日本でも暖地で少量栽培。処方は、黄連解毒湯〔薬〕、加味帰脾湯〔薬〕、加味逍遥散〔薬〕。

山梔子を含む処方を数年、あるいは10年以上使用し続けると、静脈硬化性大腸炎を生じる怖れがあるという。

12月中旬長崎県対馬

つぶやき

栽培される八重のクチナシは種をつけないので薬用にならない。子供が生まれるとクチナシで染めた萌黄の産着を着せて黄疸が治るとされていた。きんとんを作るときにクチナシの実を入れてさつまいもを煮ると美しい黄色に仕上がる。花弁だけを採取し萼を残しておけば、秋には果実を結ぶ。梔子の花《季》夏。

参考：薬草事典、薬草カラー図鑑1、牧野和漢薬草圖鑑、生薬学、生薬処方電子事典、BEAM漢方薬、徳島新聞H140618

コノテガシワ 児の手柏、側柏	ヒノキ科 植栽	【生】柏子仁/【生】側柏葉 はくしにん/そくはくよう	種子/葉 秋/随時	〔漢〕漢方処方 〔民〕下痢止

種子は強壮に、葉は整腸に

[生育地と植物の特徴]

中国産のヒノキに似た常緑樹。雌雄同株で、春に開花、若い球果は木質で、凹凸があって青緑色。種子は楕円形で、周囲に翼がないのは、この仲間としては特異である。これが生薬でいう柏子仁である。日本には江戸時代頃から栽培され出したというが、平安朝に出た‘延喜式’には、「但馬国より柏子仁一斗の献上」の記録があるので、あるいはすでに、奈良・平安の頃に栽培されていたのかもしれない。

[採取時期・製法・薬効]

葉は用時に採り、水洗いしてから天日で乾燥させる。種子は秋に球果を採り、種子を叩き出させ、種子のみを集めて乾燥させる。これが柏子仁。葉には精油(ピネン、セスキテルペンアルコール)、タンニン、フラボノール類を含み、種子は脂肪を含むほかは、まだ解明されていない。

❖強壮に

柏子仁を軽く炒り砕いてすり潰し、一日量5～12gを3回に分けて、そのまま水で服用する。また酒類とともに飲んでもよい。

❖腸出血、下痢に

乾燥した葉(側柏葉)を一回5gとして、煎じて服用する。

[漢方原料(柏子仁)**]** 産地は、中国。処方は、天王補心丹、柏子仁丸、竹皮大丸加柏実。(側柏葉)：産地は、中国、韓国、日本。処方は、柏葉湯、十灰散、七汁飲。

4月中旬長崎県大村市

つぶやき

葉はヒノキのように水平に伸びずに、縦に出るのが変わっている。この葉が手のひらを立てているのに似ているから、この名があるというが、似ているとは思われない。木全体の樹形が変わっているので、庭木として植栽され、ヨーロッパなどにも普及している。生薬の性味は柏子仁も側柏葉も甘、平。

参考：薬草カラー図鑑1、牧野和漢薬草圖鑑、生薬処方電子事典

サンザシ 山査子	バラ科 植栽	【局】山査子 さんざし	果実 秋	〔民〕健胃、整腸、消化促進、 食中毒、二日酔い

大人の慢性胃腸炎改善

[生育地と植物の特徴]

山査子がサンザシであるが、山査（山樝）の2字でもサンザシと読む。その偽果が生薬の山査子である。春の花木として庭木、盆栽に栽培され、野生はない。落葉低木で枝分かれが多く、また小枝の変化した刺が多い。葉は互生した倒卵形で、上部は幅広く、縁には粗い鋸歯があり、下部は狭い。花期は4〜5月頃。径2cmほどの白色五弁花をつけ、雄蕊20本。花後径1〜1.5cmほどの球形、赤色か黄色の果実（偽果）をつけ中国では菓子の材料にする。

[採取時期・製法・薬効]

10月頃、完熟一歩手前の偽果を採り天日で乾燥させる。成分にはフラボノールのクエルセチン、タンニンのクロロゲン酸、フェノールカルボン酸のカフェー酸、トリテルペンのオレアノール酸、ビタミンB_2、C、黄赤色の色素カロチン。クエルセチンとオレアノール酸には利尿作用がある。

❖健胃、整腸、消化促進に

果実の乾燥品一日量5〜8gを水500〜600mlで半量に煎じ、3回に分けて食後に服用する。

❖二日酔い、食中毒に

山査子の一回量8gを水400mlで半量にまで煮つめ、布巾で濾して服用する。

[漢方原料（山査子）**]** 性味は、酸・甘、微温。産地は、中国。処方は、啓脾湯〔薬〕、浄腑湯など。

5月下旬石川県兼六園

つぶやき

昔は幕府直轄の麻布御薬園があったが、ここの関係文書の享保11年（1725）の移植の目録に、吹上（現在の皇居）より山樝苗14本を移植したとある。移植用の苗木になるには、少なくとも2〜3年はかかるので、八代将軍吉宗が享保の初めに外国産の薬用植物の国内栽培に力を入れ始めたころ渡来したと考えられている。

参考：薬草事典、薬草カラー図鑑1、バイブル、牧野和漢薬草圖鑑、生薬処方電子事典、徳島新聞H250613

サンシュユ 山茱萸	ミズキ科 植栽、輸入	【局】山茱萸 さんしゅゆ	果実 秋	〔漢〕漢方処方、〔食〕加工食、 ヨーグルト、〔酒〕山茱萸酒

強壮や冷え症に効果、枝からヨーグルト

[生育地と植物の特徴]

名は中国名の山茱萸を音読みしたもの。中国、朝鮮半島の原産で日本には江戸時代（1720頃、すなわち源平の稗搗節よりずっと後）に渡来。樹高3mほどの落葉樹。庭園で栽培される花木であり、3〜4月の葉出前に黄色散形花序が咲く。花弁は4枚、雄蕊4本、雌蕊1本。葉は対生で枝先に集まってつく。果実は小判形で赤熟し甘酸っぱくて食用になる。生薬としての山茱萸のほとんどは中国からの輸入である。別名ハルコガネバナ、アキサンゴ。

[採取時期・製法・薬効]

秋に赤く熟した果実を採り、熱湯にしばらく浸したのち、ざるに上げて半乾きになったら種子をとり出して果肉だけを天日で乾燥させる。成分は、リンゴ酸、酒石酸、没食子酸、糖類、イリドイド配糖体のモロニサイド、ロガニン。

❖山茱萸酒（滋養強壮に）

乾燥した山茱萸200g、グラニュー糖200gをホワイトリカー1.8Lに漬け、2〜3ヵ月後に布で濾して別の瓶に移す。20〜30mlを一日3回飲む。

❖枝にヨーグルト菌：小枝からヨーグルトを作る方法が徳島新聞に紹介されている。

[漢方原料（山茱萸）**]** 性味は、酸・渋、微温。産地は、中国、韓国、長野、奈良。処方は、牛車腎気丸〔薬〕、八味丸、八味地黄丸〔薬〕、六味丸など。

2月下旬長崎県

10月下旬長崎県

つぶやき

中国原産で朝鮮半島から薬用として日本に伝わった。茱萸の茱は朱色の実を表わし、萸の臾は両手で物を垂らし揺さぶってその一つを抜き取ることを表わす。従って山茱萸は山にある朱色の実を下げる植物を意味する。宮崎民謡の“稗搗節”で唱われる“庭のサンシュの木“はサンシュユではなくサンショウのことで日向地方の方言。山茱萸の花《季》春。

参考：薬草事典、新佐賀の薬草、薬草カラー図鑑1、牧野和漢薬草圖鑑、生薬学、生薬処方電子事典、徳島新聞H200305

サンショウ/アサクラザンショウ 山椒/朝倉山椒	ミカン科 山野、栽培	【局】山椒 さんしょう	種子・果皮 秋	〔民〕健胃、利尿 〔漢〕漢方処方

辛味が健胃整腸に効果

[生育地と植物の特徴]

名は中国名の山椒の音読み、叔は小粒に締まったという意味。北海道、本州、四国、九州、朝鮮半島南部、中国に分布。サンショウでも植栽にはトゲがほとんどないアサクラサンショウが好まれる。朝倉山椒の種子は良く発芽するが、全て刺のある山椒になる。従って山椒の実生苗に接ぎ木が必要である。類似種にイヌザンショウがある。イヌザンショウは刺が互生し、サンショウの独特の芳香がない。サンショウとイヌザンショウは薬効が異なる。

[採取時期・製法・薬効]

秋に果実が赤く熟し、果皮が裂けた頃、枝ごと刈り採り、黒い種子と小枝を除き、果皮だけを陰干しで乾燥させる。ジペンテン、シトロネラールなどは香り、サンショオール、サンショウアミドは辛さが、大脳を刺激して内臓の働きを活発にする。

❖芳香性健胃剤に

①果皮一日量5～8gを水600mlで半量になるまで煎じ3回に分けて温服する。②果皮100gをホワイトリカー1.8Lに漬け約2ヵ月後から好みの甘味をつけ盃1杯ずつ飲む。

[漢方原料(山椒)**]** 性味は、辛、温。産地は、日本各地。処方は、大建中湯〔漢〕、椒梅湯など。

8月中旬長崎県対馬

アサクラザンショウ 10月上旬徐福の里

つぶやき

若い果実は実山椒と呼んで佃煮にする。雄花も佃煮にする。熟した果実を粉末にしたものが粉山椒で、蒲焼きに欠かせない香辛料。果皮は七味唐辛子の香料の一つ。太い幹からすりこ木をつくる。サンショオールには毒性があり、生の葉や果実の汁を川に流して魚をとる習慣が各地にある。サンショウは宮崎県椎葉村のシンボル木。山椒の芽《季》春。

参考:薬草事典、新佐賀の薬草、薬草カラー図鑑1・3、牧野和漢薬草圖鑑、生薬学、生薬処方電子事典、徳島新聞H160419

センニンソウ 仙人草	キンポウゲ科 路傍、林縁	【生】和威霊仙 わいれいせん	葉/夏～秋 根	接触性皮膚炎、扁桃腺炎 〔漢〕漢方処方

漢方では五十肩・頸肩腕症候群・関節リウマチに

[生育地と植物の特徴]

花が終わると花柱が伸び、白くて長い毛が密生する。これを仙人の髭に見たてた名である。路傍や林縁など陽当たりの良いところに生える蔓性の半低木。葉は対生し、3～7枚の小葉からなる羽状複葉。小葉は厚くてやや光沢があり、長さ3～7cmの卵形または卵円形で、先端は小さく突出する。鋸歯はない。夏の終わりから初秋にかけて、葉腋から円錐花序を出し、白い花を多数つける。花は直径2～3cmで上向きに咲く。白い花弁に見えるのは萼片で4枚あり、十字形に開く。萼片は倒披針形で縁に白い毛が多い。痩果は長さ7～8mmの扁平な卵形で、花のあと3cmほどに伸びた白くて長い毛のある花柱が残る。

[採取時期・製法・薬効]

葉を夏から秋にかけて採取し、生のまま用いる。根は威霊仙とよび利尿、鎮痛などに用いる。皮膚にふれると発疱を起こす。飲んだり、食べたりは危険である。

❖扁桃腺炎に

各地で民間療法として行われていた。飲んだり食べたりは危険であり、手首への外用のみに用いる。

[漢方原料(和威霊仙)**]** 性味は辛・鹹(からい)、温。産地は、日本。処方は、疎経活血湯〔薬〕、二朮湯〔薬〕など。

8月中旬長崎県対馬

つぶやき

扁桃腺炎には、生の葉1枚をとり3分の1の大きさに切りとってあとは捨てる。片方のみの手首の内側に貼り、ガーゼを当てて、包帯で軽く押さえる。5分くらい経つと、そこに軽い痛みを感じるようになるが、その頃になると、扁桃腺炎の痛みがとれる。痛みがとれたら、とり除いて、その部分が少々発疱して赤くなっていたら、温水で軽く洗う。

参考:薬草の詩、薬草カラー図鑑1、生薬処方電子事典

センダン 梅檀	センダン科 山地、植栽	【生】苦楝皮/【生】苦楝子 くれんぴ/くれんし	樹皮/果実 随時/秋	〔虫〕蛔虫条虫駆除、〔外〕ひび、赤ぎれ、〔漢〕漢方処方

樹皮を駆虫に、果実をひび・赤ぎれに

[生育地と植物の特徴]

四国、九州、沖縄、台湾、中国、ヒマラヤに分布。落葉高木で陽当たりのよい海岸近くや山地に自生するか、校庭や公園の周りに植えられる。樹高5～10mが普通であるが大きいものは高さ20m、直径80cmに達するものもある。花期は5月頃。淡紫色の小花をたくさん咲かせるが、木が高過ぎてなかなか人目につきにくい。果実は長さ1.5～2cmの楕円形、10～12月に黄褐色に熟す。

[採取時期・製法・薬効]

樹皮は剥がして細かく刻み天日で乾燥させる。果実は秋に黄熟したものを集め水洗いして生で用いる。成分はタンニン、マルゴシン、アスカロール、脂肪油など。

❖ひび、赤ぎれに

生の果実をすり潰して患部につける。

❖蛔虫、条虫の駆除に

乾燥した樹皮(苦楝皮)6～10gを水600mlで半量になるまで煎じ一日3回に分け飲む。

[漢方原料(苦楝皮)] 性味は、苦、寒。産地は、中国、日本。処方は、胆道蛔虫湯。**[漢方原料**(苦楝子)] 処方は、宝鑑当帰四逆湯、苦楝丸。

5月中旬長崎県

つぶやき

花は棟花(れんか)といい、畳の下に敷いてノミの予防に、火に入れて煙を出し蚊の駆除に用いた。「栴檀は双葉よりも芳し」のセンダンは白檀のことで、梅檀には芳香はない。日本産梅檀にはサントニン様殺虫成分がある。

参考：薬草事典、薬草の詩、新佐賀の薬草、宮崎の薬草、樹に咲く花4、薬草カラー図鑑1、牧野和漢薬草圖鑑、生薬処方電子事典

ダイダイ 橙	ミカン科 植栽	【局】橙皮 とうひ	果皮 冬	〔民〕芳香性健胃、〔外〕フケ症、抜け毛防止、〔食〕加工食品、〔漢〕漢方処方

消化不良・胃腸炎・アルコール中毒に効果

[生育地と植物の特徴]

ヒマラヤ原産、古い時代に中国から入ってきた。冬になると果実は橙黄色になる。果肉は酸味が強いので、そのままでは食用にならず、絞って酢の代わりに使った。また、乾燥させたものを焚いて蚊を避けた。

[採取時期・製法・薬効]

果実の上下を切って四つ割りにしてから、皮のみを天日で乾燥させ粉末にする。成分は、精油を含み、芳香のあるリモネンを主成分とし、ナリンギンなどがある。果肉には、クエン酸がある。

❖食欲不振に

果皮の粉末1～2gを一回量として一日3回食前に服用。

❖フケ症、抜け毛防止に

果肉をガーゼで絞り、汁を頭皮に擦り込む。

❖橙花油

花を蒸留して得られる精油は香料の原料になる。

❖漢方では、陳皮の代用として用いる。

漢方原料(橙皮)] 性味は、苦・辛、温。産地は、日本各地。処方は、香橙湯。

古い実(下)と新しい実 11月下旬島原薬草園

つぶやき

冬を過ぎても果実をそのままにしておくと9月頃に濁った緑色になり果実は枝についたままで2～3年は落ちない。次の年もまた次の年も代々実が付いているので、ダイダイという名となった。正月に果皮は黄金色になる。黄金にあやかって玄関先の正月飾りなった。橙《季》新年。

参考：薬草カラー図鑑1、牧野和漢薬草圖鑑、生薬処方電子事典、徳島新聞H211202

チョウセンゴミシ 朝鮮五味子	マツブサ科 栽培	【局】五味子 ごみし	果実 秋	〔酒〕五味子酒 〔漢〕漢方処方

滋養強壮や疲労回復に、肝機能の改善効果も

[生育地と植物の特徴]
平賀源内がチョウセンゴミシのことを「朝鮮産のもの、種子を享保の頃、輸入し、幕府の御薬園に栽培した。・・・」と書いている。チョウセンゴミシはもともと日本に自生していたが、享保時代の頃までは存在が確認されていなかった。長野県軽井沢周辺には比較的に多い。蔓性木質。南五味子（サネカズラの実）に対し、北五味子と呼ぶ。

[採取時期・製法・薬効]
秋に、よく熟した果実を房ごともぎ採って、天日で乾燥させる。よく乾燥したら、果実だけをばらばらに取り出す。

❖鎮咳に
五味子一日量5〜10gを煎じて3回に分けて服用する。

❖五味子酒（滋養強壮、疲労回復に）
五味子300g、グラニュー糖300gをホワイトリカー1.8L に漬け、2ヵ月後に濾して完成。一日30mlを限度に、就寝前に飲む。果実は生食には不向き、ジャムや果実酒に。

[漢方原料（五味子）**]** 性味は、酸温。産地は、中国、韓国、日本。処方は、小青竜湯〔薬〕、清肺湯〔薬〕、清暑益気湯〔薬〕、苓桂五味甘草湯、人参養栄湯〔薬〕、苓甘姜味辛夏仁湯。

9月下旬長崎大学薬草園

10月下旬長野県軽井沢

つぶやき

味に五味があるというので、この生薬名になった。クエン酸、リンゴ酸、酒石酸、単糖類、脂肪油中にシザントリン、精油中にセスキテルペン、アミノ酸のアルギニンなどを含む。シザンドリンには中枢神経興奮作用がある。

参考：薬草カラー図鑑1、牧野和漢薬草圖鑑、生薬処方電子事典、徳島新聞H251005

テイカカズラ 定家葛	キョウチクトウ科 山地の暖地	【生】絡石藤 らくせきとう	茎・葉 初夏	〔X〕扁桃腺炎、咽頭痛〔漢〕漢方処方 多量で呼吸・心臓機能障害

解熱鎮痛作用があるが毒性があり漢方処方のみ

[生育地と植物の特徴]
テイカカズラは藤原定家の墓の周りに生えていたのでこの名がついたという。絡石は石や木に絡んで伸びることに由来している。本州（秋田以南）、四国、九州、朝鮮半島に分布する。陽当たりの良いところから林の中までみられる蔓性の常緑樹。茎から気根を出して木や岩に這い上がる。葉は長楕円形で堅い。葉を切ると白い乳液が出る。初夏に、香りのある風車のような白い花が集まって咲く。花弁は5裂し、のちに黄色に変わる。花後、莢状の細長い果実が2本ぶら下がる。秋に莢が割れて白い綿毛のついた種子が飛び出す。時に実が長くならずに瘤のように丸くなったのが混じるが虫瘤である。

[採取時期・製法・薬効]
初夏、花の咲いている頃に茎葉を採り、水洗いして小さく刻み天日で乾燥させる。毒性のため今では使われていない。

❖扁桃腺炎、喉の痛み、関節痛、解熱に
乾燥品を煎じて飲む。毒性が強く民間では使用しない。

[毒成分] トラチェロシド。少量では呼吸、血圧、心運動の改善がみられるが、多量で呼吸、心運動を抑制、麻痺。

[漢方原料（絡石藤）**]** 性味は甘・酸、微寒。産地は、中国。処方は、絡石藤酒、霊宝散。

6月上旬長崎県対馬
10月上旬長崎県対馬

つぶやき

天の岩戸の神話でアメノウズメノミコトは「“天の日影”をたすきにかけて、“天のまさき”を葛（髪飾り）として舞った」とあるが、“天の日影”はシダ類のヒカゲノカズラであり、“天のまさき”はテイカカズラである。

参考：長崎の薬草、新佐賀の薬草、宮崎の薬草、薬草カラー図鑑2、牧野和漢薬草圖鑑、生薬処方電子事典、薬草大百科

テッセン/カザグルマ 鉄線/風車/クレマチス	キンポウゲ科 栽培/林縁	【生】和威霊仙 わいれいせん	根・根茎 秋〜冬	〔民〕利尿、整腸、神経痛、リウマチ、痛風、〔漢〕漢方処方

威霊仙同様、五十肩・頸肩腕症候群・関節リウマチに

[生育地と植物の特徴]

テッセンは中国原産で寛永年間(1661〜72)に渡来。現在は観賞用に各地で栽培される木質の落葉蔓性植物。カザグルマは本州の秋田県から九州、朝鮮半島、中国に自生する。葉は対生し、1〜2回三出複葉で小葉は卵形か卵状披針形。花期は5〜6月。テッセンは大型の白色または紫色の花、カザグルマは通常紫色の花を開く、花弁はなく、前者は6枚の後者は8枚の萼は車輪状に平開する。

[採取時期・製法・薬効]

秋〜冬に根を掘り採り、水洗い後に天日で乾燥させる。よく乾燥させる必要がある。根と根茎にアルカロイドのプロトアネモニン、アネモニンなどを含む。

❖利尿、整腸、神経痛、リウマチに

威霊仙5〜7gに甘草2gを加え500〜600mlの水で半量に煎じて3回に分けて食前に服用する。

❖痛風に

威霊仙一日量8gに400mlの水を加え半量に煎じて3回に分服するが、長期連用してはいけない。。

[漢方原料(和威霊仙)**]** 産地は、日本。処方は、疎経活血湯〔薬〕、二朮湯〔薬〕。

テッセン 5月上旬熊大薬草園

カザグルマ 5月上旬徐福里

つぶやき

シナボタンヅルの根や根茎を乾燥させたものが威霊仙、センニンソウやテッセン由来のものを和威霊仙、さらにカザグルマ由来のものは和威霊仙の代用として用いられる。テッセンは6枚、カザグルマは8枚の萼片を持つ。

参考:薬草カラー図鑑1、牧野和漢薬草圖鑑、生薬処方電子事典

ナツメ 棗	クロウメモドキ科 植栽	【局】大棗 たいそう	果実 秋	〔民〕鎮静、〔酒〕大棗酒 〔食〕加工食品、〔漢〕漢方処方

痛みや不眠に効果

[生育地と植物の特徴]

名は芽立ちが遅く、初夏に入ってようやく芽を出すことに由来している。原産地は南ヨーロッパあるいは中国といわれるが、明らかでない。果樹として庭園に植えられている落葉高木。

[採取時期・製法・薬効]

10月頃赤茶色に熟した果実を採取、軽く湯通しして天日で乾燥させる。果実は生でも食べられるが美味くはない。

❖鎮静に

乾燥した果実一日量3〜5gを水300mlで半量になるまで煎じ3回に分けて服用する。

❖大棗酒(滋養強壮に)

大棗酒は大棗300gを細かく切って瓶に入れ、35度ホワイトリカー1.8L、グラニュー糖150gを加えて2ヵ月以上冷暗所においてから布で濾す。一日30mlを限度に、就寝直前に服用する。

[漢方原料(大棗)**]** 産地は、中国(山東省、河北省)、北朝鮮。処方は、他の薬物の急激な作用を穏やかにする目的で緩和剤として多く(3割位)の漢方薬に配合される。葛根湯〔薬〕、桂枝加朮附湯〔薬〕、小柴胡湯〔薬〕など。

6月下旬熊本大学薬草園

7月下旬島原薬草園

つぶやき

中国ではモモ、スモモ、ウメなどとともに5果の一つ。薬用、料理用等に広く利用。中国では栽培が盛んで300品種もある。日本には古く伝わって庭園に植えられているが、果樹としては発展しなかった。性味は甘、平・温。

参考:薬草事典、新佐賀の薬草、薬草カラー図鑑1、牧野和漢薬草圖鑑、生薬学、生薬処方電子事典、徳島新聞H190903

ニワトコ 庭常	レンプクソウ科 植栽	【生】接骨木 せっこつぼく	葉・枝 夏	〔民〕利尿、〔外〕打撲、捻挫、帯状疱疹 〔漢〕漢方処方、〔浴〕神経痛、リウマチ

利尿に優れ肝機能を活発にする

[生育地と植物の特徴]

ニワトコの名のいわれは不明。本州、四国、九州、朝鮮半島南部、中国に分布。幹は高さ3〜5mになる。葉は対生する奇数羽状複葉。春にはすでに1月に新芽を出す。新芽の萌え出とともに花も同じ場所から出てカリフラワーの様な蕾が粒々に集まっており、暖かさとともに伸びて小さい黄白色の花が穂になって多数群がってつく。球形の果実は径4mm位で夏に熟して赤くなる。

[採取時期・製法・薬効]

夏に葉を枝ごと刈り採り水洗いし小さく刻んで天日で乾燥させる（接骨木葉）。花は開花直前に採集し陰干しにする（接骨木花）。成分は利尿作用のあるトリテルペン。

❖むくんだ時の利尿に

接骨木花一日量5gか接骨木葉5〜10gを水600mlで300mlになるまで煎じ、一日3回に分けて飲む。

❖打撲、捻挫などの消炎鎮痛に

煎じ液を布に含ませて患部を湿布する。

❖帯状疱疹に

葉を擂鉢ですり発疹に塗り乾いたらまた塗ると水疱が小さくなる。

❖神経痛、リウマチに

葉の煎じたものを液ごと入れた布袋をつけて入浴する。

[漢方原料（接骨木）**]** 性味は、甘苦、寒。産地は、中国、日本。処方は、折傷筋骨方。

5月上旬岐阜県

エゾニワトコの実 7月下旬北海道

つぶやき

昔の骨接医はニワトコの枝の黒焼きをうどん粉と酢でパスタ状に練って患部に厚く塗り、副木をあてて治療した。接骨木はこれに由来している。対馬ではタンノ木というが、田植え前にこの枝葉を田の肥料に入れる。北海道にはエゾニワトコがある。接骨木の花《季》春。

参考：薬草事典、長崎の薬草、新佐賀の薬草、薬草カラー図鑑1、牧野和漢薬草圖鑑、生薬処方電子事典、徳島新聞H160402

ヌルデ 白膠木	ウルシ科 山野	【生】五倍子 ごばいし	虫瘤・種子 秋	〔民〕下痢止、鎮咳、去痰 〔漢〕漢方処方、〔染〕染料

ヌルデの虫瘤に鎮咳去痰作用がある

[生育地と植物の特徴]

名は、この木を折ると白い膠様の樹液が出て、物を塗るのに使用していたと見られることから、“塗る手”に由来したものであろうとの説がある。北海道、本州、四国、九州、沖縄に自生。台湾、中国、朝鮮半島にも分布する。雌雄別株。雌の木には小さな果実が垂れ下がる。果実の表面の白い粉をなめると塩辛い（塩麩子えんぶし：漢名）。葉にヌルデシロアブラムシが寄生してできた虫瘤を五倍子という。

[採取時期・製法・薬効]

種子は秋に採取し天日で乾燥させる。虫瘤は秋に採取して蒸して中の虫を殺し乾燥させる。塩麩子の成分は、酸性リンゴ酸カルシウム、クエン酸、酒石酸、タンニン。

❖下痢、去痰、鎮咳に

塩麩子を一回量10〜15gに水400mlで3分の1量に煎じて服用する。

[漢方原料（五倍子）**]** 性味は酸、平。産地は、中国、日本、韓国。処方は、玉鎖丹、神効駆風散。

7月下旬長崎県対馬

五倍子 11月上旬長崎県対馬

つぶやき

果実の表面の塩辛い（塩麩子）のは、酸性リンゴ酸カルシウムによる。五倍子はタンニンの含有率が特に高く、薬用、インク製造、染料に利用される。また、かつてはお歯黒に利用された。

参考：新佐賀の薬草、薬草カラー図鑑2、牧野和漢薬草圖鑑、生薬電子事典、生薬学

ノイバラ 野薔薇	バラ科 山地	【局】営実 えいじつ	果実(偽果) 秋	〔民〕利尿、便秘 〔外〕でき物、にきび、腫れ物

深紅の完熟果実を乾燥させたものを便秘・利尿に

[生育地と植物の特徴]

漢字では野薔薇で、バラをイバラというのは刺があるから。イバラは元来、刺のある低木の総称。日本、朝鮮半島に分布。川辺、山林の縁の陽の当たるところにみられる落葉低木。葉は奇数羽状複葉。4〜5月にほのかな香りのある白色の花を株一面につける。冬には落葉し深紅の実が一段と鮮やかに目立つ。なお、玉営実は花床、果柄および萼付属体を含むもので営実仁が真正の堅果。近縁種のテリハノイバラは海岸近くに生え葉に光沢がある。

[採取時期・製法・薬効]

10〜11月に偽果が深紅に完熟したものを摘み採り、水洗いして天日で乾燥させる。これを営実と呼ぶ。

❖おでき、にきび、腫れ物に
一日量2〜5gを煎服するか、煎液で患部を洗う。

❖便秘に
営実一日量2〜5gを水600mlで半量に煎じ、3回に分けて食間に飲む。作用が強いので最初は少なめに使う。

[民間薬(営実)**]** 性味は、酸、温。産地は、中国、北朝鮮で日本産は少量(山形、新潟、四国各県)。

ノイバラ 5月中旬長崎県対馬

テリハノイバラ 8月中旬長崎県対馬

つぶやき

中国の古典‘神農本草経’にも収録されているが、漢方ではあまり使われず、家庭薬の中に配剤されている。テリハノイバラやツクシノイバラの偽果も同様に用いる。ノイバラは栽培バラの品種改良に一役を担い、またバラの接ぎ木の台木に使われる。野茨の花《季》夏。

参考:薬草事典、長崎の薬草、新佐賀の薬草、宮崎の薬草、薬草カラー図鑑1、牧野和漢薬草圖鑑、生薬学、生薬処方電子事典

ビワ 枇杷	バラ科 植栽	【局】枇杷葉 びわよう	葉 随時	〔外〕あせも、打撲、捻挫、神経痛、〔食〕果実 〔飲〕暑気あたり、〔酒〕枇杷葉酒、〔漢〕漢方処方

葉に鎮咳・健胃の効果

[生育地と植物の特徴]

長崎県の特産で特に野母半島の三和町、長崎市の茂木地方、東長崎地方は主産地である。野生と見られるものの多くは食べた種子が芽生えて成長したものである。在来のものもあるが果実が小さく甘味も少ない。

[採取時期・製法・薬効]

用時に摘み、葉の裏の細毛を取り除いて、水洗いして生のまま使用する。枇杷の種子には青酸配糖体のアミグダリンがあり、葉にも微量ながら含まれている。アミグダリンには鎮咳作用がある。

❖あせもに
葉約3枚分をちぎる、水500mlで煮出し、冷めた汁で患部を洗う。煮出した汁を風呂に入れても良い。

❖打撲、捻挫に
葉約30枚を水洗いし1cmほどに刻み、ホワイトリカーを葉が全部浸るまで注いで2〜3週間おいて濾し、その液を塗る。

❖神経痛などの関節の痛みに
葉の裏の毛を除いて火で炙り患部にあてる。

❖暑気あたり、食欲不振、糖尿病に
乾燥葉をお茶にして飲む。

[漢方原料(枇杷葉)**]** 性味は、苦、平。産地は、中国、日本。処方は、甘露飲、辛夷清肺湯〔薬〕、枇杷清肺飲、枇把葉湯など。

11月中旬長崎県

つぶやき

中国原産。葉を煎じたものは枇杷葉湯として古来清涼飲料とされた。清涼飲料的な効果は、アミグダリンの分解で生じたベンズアルデヒドによるもの。ビワは薬王樹といって薬にするために昔は寺に植えられていた。屋敷の内にビワを植えると病人が絶えないという俗説があって、植えることを嫌うが全くの迷信である。枇杷《季》夏、枇杷の花《季》冬。

参考:薬草事典、長崎の薬草、新佐賀の薬草、薬草カラー図鑑1、牧野和漢薬草圖鑑、生薬処方電子事典、徳島新聞H160103

マルバアオダモ 4月中旬長崎県対馬

マルバアオダモ 丸葉秦皮/舎人子	モクセイ科 山地、海辺	【生】秦皮 じんぴ	樹皮 夏	〔民〕痛風、下痢止、解熱 〔眼〕眼病、〔漢〕漢方処方

民間薬として痛風に

[生育地と植物の特徴]

北海道～九州の日本、朝鮮半島に分布。平地から山地まで陽当たりの良いところに生える落葉高木で、樹高5～15mになる。海岸付近の山地ばかりでなく、奥地の渓谷にもある。葉は対生し奇数羽状複葉で鋸歯はない。花期は4～5月で雌雄別株。新枝の先に円錐花序を出し、白い花を多数つける。花冠は4個、全裂し裂片は長さ6～7mmの線形。雄花には2個の雄蕊があり、両性花には雄蕊1個と雄蕊2個がある。実には翼がある。

[採取時期・製法・薬効]

夏に樹皮を剥いで渋皮を除き薬用にする。中国からの輸入品が市場品の大半を占める。成分は、クマリン配糖体のエスクリン、タンニン。

❖下痢止、解熱に
秦皮一回量3～6gを水300mlで半量に煎じて服用する。

❖痛風に
樹皮一日量5～10gを煎服する。

❖結膜炎などに洗眼
秦皮5～15gを水400mlで3分の1量に煎じて洗眼する。

[漢方原料(秦皮)**]** 産地は、大部分が中国。処方は、白頭翁湯、白頭翁湯加甘草阿膠など。

アオダモ 4月下旬雲仙

マルバアオダモ 4月中旬対馬

つぶやき

ダモはトネリコのこと、幹枝につく白粉の蝋を練って塗ると戸が滑るので“戸ねり粉”である。アオダモは樹皮を水に浸すと、青藍色蛍光を発することによる。この樹皮を秦皮といって薬用にする。材は、建築材、器具材、木製バット、スキー板、テニスのラケットの原料となる。丸葉は葉が丸いのではなく葉の縁の鋸歯が目立たず全縁に見えるためである。

参考:薬草事典、長崎の薬草、新佐賀の薬草、薬草カラー図鑑2、牧野和漢薬草圖鑑、生薬処方電子事典

ホオノキ 厚朴	モクレン科 山林	【局】厚朴 こうぼく	樹皮 夏	〔民〕鎮咳、去痰、便秘、利尿 〔漢〕漢方処方

精神安定に高い効果

[生育地と植物の特徴]
ホウは包で"つつむ"の意。葉の芳香と大きいことを利用し、飯を盛ったり、朴湯、朴葉味噌がある。柏餅が朴葉餅の地方もある。日本のホオノキは日本固有種であり、中国のものと区別するため和厚朴という。日本の市場品はすべてホオノキ由来である。北海道、長野、岐阜、富山など、山岳の多い諸県に生薬の産地がある。長崎県にはない。佐賀県の背振山地、北山ダム周辺にある。落葉高木。ホオノキの花の1日目は雌蕊の働きだけ、2日目は雄蕊の働きだけあって、自家受粉しないようになっている。

[採取時期・製法・薬効]
夏の土用の頃樹皮を剥ぎ採り、天日で乾燥させる(厚朴)。一般には単味で用いず漢方処方にして利用する。果実を一日10〜20gを煎じて服用し便秘、利尿に用いる。

[漢方原料(厚朴)**]** 性味は苦・辛、温。産地は、長野・新潟・岐阜など日本各地、中国。処方は、五積散〔薬〕、胃苓湯〔薬〕、潤腸湯〔薬〕、柴朴湯〔薬〕、神秘湯〔薬〕、大承気湯〔薬〕、通導散〔薬〕、当帰湯〔薬〕、半夏厚朴湯〔薬〕、茯苓飲合半夏厚朴湯〔薬〕、平胃散〔薬〕、麻子仁丸〔薬〕など。

5月上旬熊本県芦北

5月上旬鹿児島薬草の森

つぶやき

ホオノキの材は、質が軟らかいので、版木によく用いられていた。俎板(真魚板、まないた)、マッチの軸木、鉛筆材、下駄の歯、刀(かたな)の莢などがホオノキで作られていた。木炭の朴炭(ほおずみ)は、昔はアカスリに用いられ鍋の焦げを落とすのに使われた。朴の花《季》夏。

参考:薬草事典、薬草の詩、新佐賀の薬草、薬草カラー図鑑1、牧野和漢薬草圖鑑、生薬学、生薬処方電子事典、徳島新聞H170516

ボタン 牡丹	ボタン科 植栽	【局】牡丹皮 ぼたんぴ	根皮 秋	〔民〕月経不順、月経困難、便秘、痔疾、 〔食〕花弁、〔漢〕漢方処方

婦人病・頭痛などに効果

[生育地と植物の特徴]
中国が原産地であるが、日本に帰化して初めて世界中の注目を集めるようになった植物の一つ。もともとは薬用植物であったが、花が美しいので観賞用として広く植栽されている。ボタンは島根県の県花である。

[採取時期・製法・薬効]
ボタンの根の皮を生薬にするために、薬用を目的としたときは、花期に開花させず、できるだけ蕾を取り除いて、根の発育がよくなるようにする。苗から4〜5年目の秋に根を掘り採り、よく水洗いして堅い木部を抜き取ってから皮を10cm位に切って天日で乾燥させる。配糖体のペオニフロリンを主成分とし、ほかにペオノール、ペオノリット、ペオノサイドを含む。園芸店では根はシャクヤクに接いであることが多く、ボタンの根でないこともあるので要注意。

❖婦人薬として月経不順、月経困難、便秘、痔疾に
牡丹皮は単味では用いないで、漢方処方の大黄牡丹皮湯を用いる。

[漢方原料(牡丹皮)**]** 性味は苦辛、微寒。産地は中国、韓国、奈良、長野、茨城、群馬。処方は温経湯〔薬〕、桂枝茯苓丸〔薬〕、大黄牡丹皮湯〔薬〕、加味逍遥散〔薬〕、牛車腎気丸〔薬〕、八味地黄丸〔薬〕、六味地黄丸〔薬〕。

ボタンとシャクヤクの区別

	ボタン	シャクヤク
茎	落葉低木、木質、良く成長し2mくらいになる。	多年草、草質、冬に茎は枯れる。草丈80cmくらい。
葉	薄緑色、ときに粉白、光沢なし、葉脈、葉柄に赤味なし。	やや厚く、光沢がある。葉脈、葉柄に赤味がある。

2月下旬佐賀県鹿島

つぶやき

中国から渡来した頃は5〜8弁の単弁で花径も小さかったが、それでも中国では富貴の相があり、優美、華麗で百花の王として讃えられ栽培も盛んであった。さらに元禄時代に日本人が作り出した花木の艶麗さはすばらしいものがあり、幕末から明治にかけて日本産の苗がヨーロッパに輸出された。花弁は天婦羅や酒に使用する。牡丹《季》夏。

参考:薬草の詩、薬草カラー図鑑1、牧野和漢薬草圖鑑、生薬学、生薬処方電子事典、徳島新聞H220403

ミカン、ウンシュウミカン 蜜柑、温州蜜柑	ミカン科 植栽	【局】陳皮 ちんぴ	果皮 秋・冬	〔民〕芳香性健胃、鎮咳、去痰、〔浴〕 みかん風呂、〔漢〕漢方処方、〔食〕

血圧上昇抑止などに効果

[生育地と植物の特徴]

ミカンの名は、夜泣き、引きつけ、疳の虫の3つの疳を治すことから付けられた。今はミカンというと、ウンシュウミカンである。江戸時代はミカンとは紀州ミカンであった。紀州ミカンは、果実が小さく皮が粗く、甘みは強いが種子があるのが欠点である。ウンシュウミカンの方は、栽培上耐寒性が強く、皮は柔らかくて剥き易い、種子がなく、貯蔵がきく。この温州ミカンは日本で生まれたもので、中国のミカン類の栽培で有名な浙江省温州とは無関係である。初夏に白色5弁の花を咲かせる。養蜂家は、この花の蜜を目的に集まる。とれた蜜には特別な芳香があって喜ばれる。愛媛県の県花。

[採取時期・製法・薬効]

果皮を天日でカラカラに干して乾燥させたものが、生薬の陳皮である。果皮には精油を含み、リモネン90%、フラバノン配糖体のヘスペリジン。果汁には、クエン酸1～3%、ビタミンCを含む。

❖健胃に

陳皮5g、おろしショウガ、砂糖少々に熱湯を注いで熱いうちに飲む

❖風邪、鎮咳に

陳皮5g、砂糖少々に熱湯を注いで熱いうちに飲む。

❖みかん風呂（血行改善に、肌をつややかに）

生のミカンの皮20個分を袋に入れ、風呂につけて入浴。

[漢方原料（陳皮）**]** 性味は、苦・辛、温。産地は、中国、日本。処方は、橘皮湯、香蘇散〔薬〕、胃苓湯〔薬〕、啓脾湯〔薬〕、五積散〔薬〕、滋陰降火湯〔薬〕、滋陰至宝湯〔薬〕、参蘇飲〔薬〕、神秘湯〔薬〕、清暑益気湯〔薬〕、清肺湯〔薬〕、疎経活血湯〔薬〕、竹茹温胆湯〔薬〕、釣藤散〔薬〕、通導散〔薬〕、二朮湯〔薬〕、二陳湯〔薬〕、人参養栄湯〔薬〕、半夏白朮天麻湯〔薬〕、茯苓飲〔薬〕、茯苓飲合半夏厚朴湯〔薬〕、平胃散〔薬〕、補中益気湯〔薬〕、抑肝散加陳皮半夏〔薬〕、六君子湯〔薬〕ほか。

つぶやき

種子がないので自然増殖はない。増やすにはカラタチなどの台木に接ぎ木する。陳皮はタチバナ、ナツミカンなどのミカン属も原料となる。なお、ミカンに関連する生薬には、陳皮（果皮）、枳実（果実）、橙皮（果皮）、金橘（果実）、柚（果実）がある。蜜柑《季》冬、蜜柑の花《季》夏。

10月下旬長崎県

参考：薬草カラー図鑑1、牧野和漢薬草圖鑑、生薬処方電子事典、徳島新聞H170120

ミヤマトベラ 深山海桐花	マメ科 山林	【生】山豆根 さんずこん	根 夏	〔嗽〕扁桃腺炎、喉の痛み 〔漢〕漢方処方

抗炎症作用があり扁桃腺炎・咽頭炎に嗽いする

[生育地と植物の特徴]

名は深山に生えるトベラの意である。トベラ科のトベラに葉の形・光沢・色が似ていることに由来。日本固有種で茨城県以南の本州の太平洋沿岸、四国、九州に分布する落葉小木。山林中に生える比較的に希な樹木である。樹高30～60cm。葉は互生し、三出複葉。花期は6～7月。マメ科特有の蝶形の白い花を総状につける。しかし、果実はマメ科らしくない長さ1.5cm前後の楕円形、表面は始めは緑色だが熟すと紫黒色になる。内に1個の種子を含み、果皮は熟しても裂けない。

[採取時期・製法・薬効]

8～9月に根を掘り出し、水洗い後陰干しで乾燥させる。苦いのは殺菌性のあるアルカロイドのマトリンで、ほかにオキシマトリン、シチシンを含む。

❖扁桃腺炎による喉の痛み

一日量1～3gに水200mlを加え半量に煎じて2～3回に分けて服用するか、煎液でうがいをする。

[漢方原料（山豆根）**]** 性味は、苦寒。産地は、日本。処方は、山豆根湯。

つぶやき

写真は対馬の山中で撮影したもので花も実もミヤマトベラであるが、葉が三出複葉でないのもある。制癌作用で話題となった"中国の山豆根"はマメ科クララ属の落葉低木、柔枝槐（じゅうしかい）の根および根茎を乾燥させたもので、ミヤマトベラとは別の植物である。

7月中旬長崎県対馬

10月中旬長崎県対馬

参考：新佐賀の薬草、薬草カラー図鑑2、牧野和漢薬草圖鑑、生薬処方電子事典

モモ 桃	バラ科 植栽	【局】桃仁、【生'】桃葉 とうにん、とうよう	種子 夏	〔民〕生理痛、生理不順、血の道、〔食〕果実 〔外〕フケ症、〔浴〕あせも、〔漢〕漢方処方

しみ・そばかすに効果

[生育地と植物の特徴]

名は実が多いことから百(もも)に由来すると言われる。中国北部原産。世界に広く分布し、各地で栽培される落葉中木。モモは、岡山県の県花である。

[採取時期・製法・薬効]

夏、果実の中の堅い殻を割って種子を取り出し、陰干しで乾燥させる(桃仁)。葉は、採取して水洗いし、新鮮なものを用いる(桃葉)。

❖あせもに

①新鮮な葉を浴用料として使う、葉の量は50～100g必要。②桃の葉ローション。

❖フケ症に

葉を煎じた液で頭部を洗う。

❖しみ、そばかすに

花弁を十分乾燥させ擂鉢などで粉末にし同量の小麦粉と少量の水と混ぜて練り皮膚に塗り乾燥後に洗い落す。

❖生理痛、生理不順、血の道に

桃仁一日量3～5gを水300mlで半量に煎じ3回に分けて服用する。

[漢方原料(桃仁)**]** 性味は、苦甘平。産地は、中国。処方は桂枝茯苓丸〔薬〕、大黄牡丹皮湯〔薬〕、桃核承気湯〔薬〕、潤腸湯〔薬〕、疎経活血湯〔薬〕など。

4月中旬長崎県

7月下旬長崎県

つぶやき

3世紀前後、朝鮮半島を経由して中国から渡来。古代からモモには邪気を払う神秘的霊力があると信じられていた。桃の節句や桃太郎物語もモモの霊力を背景に生まれた行事と伝説である。桃の花《季》春、桃の実《季》秋。

参考：薬草事典、薬草の詩、新佐賀の薬草、薬草カラー図鑑1、牧野和漢薬草圖鑑、生薬処方電子事典、徳島新聞H180403

レンギョウ 連翹	モクセイ科 植栽	【局】連翹 れんぎょう	果実 夏	〔民〕消炎、利尿、腫れ物、〔食〕花弁 〔飲〕健康茶、〔漢〕漢方処方

消炎や皮膚病に有効

[生育地と植物の特徴]

果実を開くと種子が1枚1枚並んで翹(婦人の髪飾りの一つ)に似ていることによる。中国原産。日本では庭園に植えられている落葉小低木。やや蔓性で、枝をよく出し先は垂れて地に着くと根を出しよく繁る。葉は対生し広卵形で鋸歯があり、しばしば3小葉に分裂。早春の葉が出る前に黄色の花を多数開く、花弁は4つに深く裂ける。果実が漢方で使われる。果実は蒴果で長さ1.5cmほどの長卵形で、先は尖り、表面に粒状の皮目がある。熟すと2裂する。種子は長さ約7mm、幅約2mmで縁に翼がある。

[採取時期・製法・薬効]

夏に成熟直前の果実を採取し、茶褐色になるまで天日で乾燥させる。

❖腫れ物の消炎、利尿、排膿、解毒に

乾燥品一日量12～20gを水400mlで3分の1量になるまで煎じ3回に分けて飲む。

❖健康茶(利尿、緩下、高血圧予防に)

花を天日で乾燥させ一回量3gに熱湯を注いで飲む。

[漢方原料(連翹)**]** 性味は、苦、微寒。産地は、中国、朝鮮半島。処方は、荊芥連翹湯〔薬〕、清上防風湯〔薬〕、柴胡清肝湯〔薬〕、防風通聖散〔薬〕、治頭瘡一方〔薬〕など。

4月上旬長崎県

つぶやき

日本には17世紀あるいはそれ以前に渡来した。挿し木で簡単に増え、刈り込みに強いのでレンギョウ類の中では最も植栽されている。日本では観賞用のみで、生薬の生産はない。レンギョウは果実がつきにくい植物であるが、シナレンギョウやチョウセンレンギョウがあると、果実がつきやすくなる。花弁はかき揚げで食べられる。

参考：薬草事典、薬草の詩、新佐賀の薬草、宮薬草カラー図鑑2、牧野和漢薬草圖鑑、生薬処方電子事典、徳島新聞H230308

ロウバイ 蝋梅	ロウバイ科 植栽	【生】蝋梅花 ろうばいか	花蕾 1月	〔民〕鎮咳、解熱 〔外〕火傷

春先の花蕾が咳止め・解熱に

[生育地と植物の特徴]

中国原産で、庭園で植栽される落葉低木。樹高2～4m。幹は叢生して株状に分枝し、樹皮は灰褐色。葉は対生し、有柄で卵形か倒披針形で、長さ4～15cm。鋭尖頭で全縁。やや薄く硬質で表面がざらつく。花期は1～2月。出葉前の前年枝に芳香のある内層片が暗紫色、中層片が黄色の花を多数つける。

[採取時期・製法・薬効]

1月中旬頃、開花前の花蕾を採集し、通風の良い場所で陰干しにする。花蕾にシネオール、ボルネオール、リナロール、カンファー、ファルネゾール、テルピネオール、セスキテルペノール、インドール、カリカンチン、イソカリカンチン、メラチン、α -カロチン、キモナンチンなどを含む。

❖鎮咳、解熱に

蝋梅花一日量4～8gに水300mlで3分の1に煎じて食前3回に分服する。

❖火傷に

蝋梅花20～30gを200mlのゴマ油に漬けたものは火傷に用いられる。

[漢方原料(蝋梅花)**]** 性味は、辛、温。産地は、中国。

つぶやき

カリカンチンは哺乳動物に対し、ストリキニーネ様作用を示す。ウサギの摘出腸管や子宮を収縮させる。麻酔ネコ、イヌに対して心臓抑制による血圧降下作用が認められる。ストリキニーネ様作用による。蝋梅《季》冬。

ロウバイ 2月下旬長崎県

ソシンロウバイ2月下旬長崎県

参考:薬草カラー図鑑4

マゴジャクシ 孫杓子	サルノコシカケ科 山地	紫芝・【生】霊芝 しし・れいし	子実体 秋	〔漢〕漢方処方

霊芝には紫芝・赤芝・白芝・黄芝がある

[生育地と植物の特徴]

中国の浙江、江西、湖南、江西、福健、広東省などに分布。日本では九州の一部に自生している。広葉樹の切り株や枯れた木の根元に生える担子菌類。菌傘は半円形ないし腎臓形で、径20cmくらい。柄は傘に側生し長く、高さ約20cm。菌傘、柄はともに黒色の皮殻をもち光沢があり、表面には環状の稜紋と放射状の皺がある。菌肉は茶褐色でコルク質。

[採取時期・製法・薬効]

子実体を秋に採集し、乾燥させる。成分は、エルゴステロール、リシノレイン酸やフマル酸などの有機酸、グルコサミン、多糖類、樹脂、マンニトールなどが含まれている。中枢神経系抑制、鎮咳、去痰および肝臓保護などの作用、肺炎桿菌、連鎖状菌、ブドウ球菌などに対し抗菌作用もある。

❖慢性気管支炎、白血球減少、冠動脈不全、不整脈に

霊芝の細断したもの5gを一日量として半量に煎じて3回に分けて服用する。

[漢方原料(霊芝)**]** 性味は、甘、平。産地は、中国、日本。処方は、紫芝丸。

つぶやき

紫芝は霊芝の一種で、ほかに赤芝、白芝、黄芝があり、紫芝以外はその傘の色彩により名付けられた。しかし産生時期あるいは寄主により傘の色が変化し、形状にも変異が多く、見分けも難しい。

6月中旬対馬

参考:牧野和漢薬草圖鑑

生薬名索引

“【局】しつりし”の“り”は、艹に梨であるが、ワープロにはこの文字がない。

独活は、“どっかつ”、“どくかつ”のどちらでもよい。

第III章a項 高山の薬用植物

高山というと 標高がおよそ1000m以上と考えていたが、新潟県の佐渡島では緯度が高いために標高600mでも高山植物が生育している。したがって東北地方や北海道では、ずっと低い山でも高山植物といえる植物が見られる。ここに分類したサクラソウであるが、サクラソウそのものは低地にも見られ、栽培もされている。しかし、高山植物のユキワリソウに花がよく似ており、同一ではないかとも思えたが、葉は明らかに異なっている。ここではサクラソウとユキワリソウをまとめて、この項に記載した。

高山植物の写真撮影を行った山々

1) **伊吹山**

琵琶湖の東、滋賀県と岐阜県の県境にある石灰岩の山である。即ち、海底にあったものが隆起したもので、海底生物の化石も見られる。標高1377m。石灰岩の山は、大木が育たず、日陰を好む植物も少ない特徴がある。クサボタンが頂上付近に生育していた。

2) **佐渡島ドンデン山**

佐渡島の最高峰であるが標高は940mに過ぎない。しかし、緯度が高いために五合目から上には高山植物が見られる。ズダヤクシュのズダは新潟地方では喘息のことである。サンカヨウはまだ雪の残る山に花が咲き、出会えることの少ない幻の花である。

3)**白馬八方尾根、栂池自然園、白馬五竜高山植物園**

中部山岳国立公園に属している。**白馬八方尾根**は標高770mの八方駅から、1830mの八方池山荘までは6人乗りのゴンドラで8分、4人乗りのリフトで7分、さらに4人乗りのリフトで5分と乗り継いで行くことができる。この山荘から標高2060mの八方池を高山植物を観察しながら目指して登る。900mほどのトイレまでは岩がゴロゴロの登山道コースと歩きやすい木道コースがあり約1時間かかる。八方池までは更に600mほどで約30分の登山道を登る。登山道でも高山植物が見られるが、八方池の周辺ではユキワリソウ（別名サクラソウ）、チングルマ、テガタチドリ、ハクサンシャジンなどが見られる。**栂池（つがいけ）自然園**へは、標高839mの栂池高原駅から6人乗りのゴンドラリフトで約20分で標高1582mの栂の森駅に着く。栂大門駅まで約250m歩き、71人乗りの栂池ロープウェイに乗り継いで5分で標高1829mの自然園駅に着く。400mの舗装された坂道を登ると自然園のゲートがあり、そこから園内の木道が続く。ミズバショウ湿原、ワタスゲ湿原、モウセン池などの湿原がある。**白馬五竜高山植物園**も白馬にあり、標高818mのとおみ駅から五竜テレキャビンで標高1515mのアルプス平駅まで登る。世界中の高山植物を集めた植物園である。コマクサも多数植えられている。

4)**大雪山旭岳**、北海道最高峰で標高2291m。

大雪山旭岳トレッキング・コース。JR旭川駅から旭川電気軌道バスいで湯号で約1時間30分で旭岳ロープウェイ山麓駅に着く。大雪山横断ルートの西側の登山口である。ロープウェイに乗って約10分で旭岳の五合目にある姿見駅に着く。この五合目に高山植物観察道があって楽しめる。約1時間30分のコースで6月から9月まで楽しめる。6月にはチングルマの花が咲き7月・8月にはチングルマの綿毛が見られ、9月にはチングルマの紅葉が見られるという。しかし、9月下旬には雪になり要注意。

5)**大雪山黒岳**、標高1984m

大雪山横断ルートの北側の層雲峡側の入口である。JR旭川駅から道北バス層雲峡行きで1時間50分で層雲峡温泉街に着く。大雪山層雲峡黒岳ロープウェイで7分で五合目ロープウェイ駅に着く、500mほど歩いて黒岳ペアリフト五合目駅に行くが、ここでも高山植物が楽しめる。リフトで七合目駅まで15分。この駅が大雪山・黒岳ハイキングコースの入り口であるが、このコースは上級者向きで本格的登山装備が必要である。

6)**利尻島&礼文島**

二つ並んでいるが、島の成り立ちはまるで違う。利尻島は火山島で標高1721mの利尻富士は火山である。礼文島は最高峰でも標高490mで、隆起してできた島である。6～7月には約300種の高山植物が彩を添える花の島である。

7)**ニセコ**

1000mを超える火山群である。イワオヌプリ（硫黄山）は標高1116m、ニセコ五色温泉から大沼湖へ抜けるパスの標高は990m。多数の高山植物が見られる

8)北海道サロマ湖ワッカ原生園

9)北海道サロベツ湖

10)北海道小清水原生花園、知床五湖

8)～10)は海に近いが緯度が高く高山植物が混在する。

11)**九重山**

山麓の長者原に蓼原湿原があるが、この湿地は標高1000mであり、周辺にはミヤマキリシマが見られる。九重の登山口の牧ノ戸峠は標高1300mである。九重山の標高は1791m。九州では、ここにコケモモの群落が見られる。

12)**阿蘇山**

世界最大のカルデラを持つ火山である。五岳よりなり、最高峰は標高1000m。頂上付近のミヤマキリシマは無残にも火山ガスに侵されて枯れている。

13)**霧島山系**

宮崎県と鹿児島県の県境に広がる火山群である。最高峰は韓国岳の1700m。

14)**雲仙**

長崎県の島原半島を形成した火山である。最高峰は標高1359mの平成新山である。ミヤマキリシマが標高1000m以下にも見られる特異な山である。

15)**多良岳**

佐賀県と長崎県の県境にある標高1000m超の連山である。最高峰は標高1064の経ヶ岳。頂上付近にマンサク、標高800mほどにツクシシャクナゲが自生している。

16)**天山**

佐賀県にあって、標高1046m。頂上にはミヤマキリシマが見られ、絶滅が危惧されている。

17)**英彦山**

福岡県と大分県の県境にあって標高1199.6m。

エンレイソウ 延齢草	シュロソウ科 山林	なし	根茎/果実	〔民〕食あたり/〔食〕生食
			根茎	激しい嘔吐、脱水、ショック

根茎に熱処理をして食あたりに

[生育地と植物の特徴]

北海道、本州、四国、九州の山林に自生。サハリンにも分布。名の由来は不明。根茎は太くて、横に這うが短く、多数の根を出す。葉は直立して約30cmに伸び、先端に3枚の葉を輪生する。葉は菱形の卵円状で先端は尖り、3〜5脈あって、両面とも無毛。花期は4〜5月。3cmの花柄の先に1個のやや横向きになった紫褐色の花をつける。外花被(萼)のみで内花被(花弁)はない。雄蕊6個。果実は球形の液果で、紫黒色に熟す。

[採取時期・製法・薬効]

開花期の根茎を採取し水洗い後、刻んで天日で乾燥させる。成分は根茎にエクディステロン、サポニンの一種。

❖胃腸薬、食あたりに

一回量2〜4gを水400mlで3分の1に煎じて一度に服用する。必ず熱処理を加えてから飲むようにしないと、中毒症状を起こす。

❖生食に

成熟した果実には甘みがある。

[毒成分] 根茎に含まれるトリリンはかなり酷い嘔吐を起こし脱水症状が起こる。

つぶやき

エンレイソウは、かつてユリ科であったが、新DNA分類ではシュロソウ科になった。九州ではあまり見られないと思っていたが、熊本県、大分県、宮崎県にシロバナエンレイソウがある。

5月上旬新潟県佐渡

シロバナエンレイソウ 4月下旬熊本県高森野草園

参考：薬草カラー図鑑3、牧野和漢薬草圖鑑、毒草大百科

クルマバツクバネソウ 車葉省羽根草	シュロソウ科 山野	王孫 おうそん	地下茎 9〜12月	〔民〕鎮咳(去痰作用はない)

去痰作用のない咳止め

[生育地と植物の特徴]

北海道から九州、サハリン、朝鮮半島、中国東北部、シベリアに分布し、山中に生える多年草。地下茎は横走し、茎は単一で直立し草丈50〜90cm、葉は6〜8個輪生し、倒披針形か狭倒卵形で先端がとがる。花期は6〜8月。葉心から1本の花柄を出し、淡黄緑色の花を一つつける。

[採取時期・製法・薬効]

9〜12月にかけて地下部を掘り採り、洗浄後天日で乾燥させる。成分には、ステロイド系サポニン類を多く含むほか、クエン酸、リンゴ酸、糖、脂肪、デンプン、アスパラギン、ペクチンを含む。

❖鎮咳(去痰作用はない)に

鎮咳作用、抗菌作用があり3〜10gを煎じて3回に分けて服用する。また、すり汁、衝き汁などにして乾燥させ、散剤として用いる。

つぶやき

ツクバネソウ属には、ツクバネソウ、クルマバツクバネソウ、キヌガサソウがある。前2者は薬用になるが、キヌガサソウは薬用にはならない。ツクバネソウもクルマバツクバネソウと同様に使用するが、成分の配糖体パラディンは呼吸中枢を麻痺させ、瞳孔を縮瞳させる。手足の痛み、腹痛、赤痢などに効くという。

クルマバツクバネソウ 6月上旬北海道礼文

キヌガサソウ 7月下旬白馬

参考：薬草カラー図鑑4、牧野和漢薬草圖鑑

コマクサ 駒草	ケシ科 高山の砂礫地	なし	全草	〔民〕腹痛 癲癇様痙攣発作、呼吸中枢刺激麻痺後麻痺

腹痛に用いられたというが絶滅危惧種である

[生育地と植物の特徴]

本州中部・北部、北海道、千島列島、サハリン、カムチャツカ半島、シベリア東部に分布。高山帯の砂礫地に自生する多年草。日本では特定指定生物で採取禁止。草丈8～13cm。葉は根生し、長柄があり、2回三出複葉で多数に細裂し最終裂片は線状長楕円形で長さ2～6mm、鈍頭。花期は7～8月。根生する花茎の頂に紅紫色花を2～7個、総状花序に下垂してつける。萼片2枚は広卵形で果実成熟期まで残る。花弁は4枚外側の一対は大きく下部は袋状上部はまくれ返る。内側の一対は長楕円形で狭く上部は連合する。果実は蒴果で熟して2つに裂ける。

[採取時期・製法・薬効]

成分は全草にアルカロイドのジセントリン、プロトピン、クエルセチン、モノエチルエーテルを含む。

❖腹痛に：採取が禁止されてから薬用には使えない。

[毒成分] 毒成分は、ジセントリン、プロトピンである。少量では鎮痛作用、中等量では中枢神経を刺激し独特のてんかん様痙攣を起こす。多量では呼吸中枢刺激のち麻痺、血管中枢麻痺。

つぶやき

長野県御岳神社の伝説：お駒という母親の娘が難病にかかった。御岳神社に必死に祈願したところ、この草を煎じて飲ませるようにとのお告げがあった。お告げのようにすると娘の病気は嘘のように治って全快した。このことから長野県ではオコマグサと呼ぶようになった。

7月上旬北海道旭岳

参考：薬草カラー図鑑3、牧野和漢薬草圖鑑、毒草大百科

サクラソウ/ユキワリソウ 桜草/雪割草	サクラソウ科 野原、栽培/高山	桜草根 おうそうこん	根・根茎 開花期	〔民〕鎮咳、去痰 〔外〕創傷、浮腫

鎮咳去痰作用あり

[生育地と植物の特徴]

サクラソウは、北海道南部、本州、九州、朝鮮半島、中国、アムール、ウスリーに分布。野原、低湿地に生え、広く栽培される。根茎は短く匍匐（ほふく）する。葉は根元に集まり、長柄で卵形～卵状広楕円形。長さ4～10cm。鈍頭で、縁に浅い欠刻と不整歯牙がある。花期は4～5月。葉間から高さ15～40cmの花茎を直立し、淡紅色花を7～20個散形状に咲かせる。

[採取時期・製法・薬効]

開花中に地下部を刈り採り、水洗いして天日で乾燥させる。成分は、サクラソウサポニン、フラボンを含む。

❖鎮咳、去痰に

桜草根一日量10～15gに300mlの水を加え、半量になるまで煎じて3回に分けて食前に服用する。サクラソウには溶血作用があり、連用には注意を要する。

❖創傷、浮腫に

フラボンに消炎作用があり外用する。

つぶやき

類似植物にユキワリソウがあり、標高1800mの高地に生育する。花はサクラソウによく似ているが、葉が少し小さくへら状で縁に不整鋸歯がある。ユキワリソウにも薬効があるかどうかははっきり記載された書物に出会えなかった。また、ユキワリソウにはもう一種あって、別名ミスミソウといいキンポウゲ科である。桜草《季》春。

サクラソウ
5月上旬熊本県高森野草園

ユキワリソウ
7月下旬長野県白馬

参考：牧野和漢薬草圖鑑

ザゼンソウ 坐禅草	サトイモ科 湿地	なし	根茎 随時	〔外〕虫刺され後のかゆみ

湿地帯に生育する、葉や葉柄の汁は外用

[生育地と植物の特徴]

本州の日本海側から北海道、中国に分布。北アメリカには、悪臭が一段と強い変種がある。山地の湿地帯に生える多年草で、根茎は多肉質で直立して大形。全草に特異の悪臭がある。3～5月葉がまだ伸びないときに開花する。大きい袋状の暗紫褐色をした仏炎苞が地上すれすれのところに現われる。その中に楕円形で長さ2～4cmの1個の花序があって、表面に多数の小花をつける。一個の小花は両性で、肉質に肥厚した4枚の花被、4本の雄蕊を持ち、その中央に雌蕊の柱頭が頭を出す。名は仏炎苞の中の花序が臭いのもいとわず僧が坐禅をしている姿に似ていることによる。ザゼンソウは花が終わってから葉が出るが、ヒメザゼンソウは葉が出てから開花する。

[採取時期・製法・薬効]

用時に、葉柄を含めた葉をとり、洗って生のまま用いる。成分は分かっていない。

❖虫刺されのかゆみに

葉や葉柄の汁を直接患部に塗る。

ヒメザゼンソウ 5月上旬新潟県佐渡

つぶやき

アメリカザゼンソウ（スカンクキャベジ）は北アメリカ北東部原産で、つぶすと悪臭を放つが民間薬として使用されており、アメリカ薬局方にも収載されたことがある。乾燥した根及び根茎を去痰、利尿、鎮痛、催吐薬として、喘息、気管支炎、百日咳などに用いられ、また生の葉をきず薬として用いる。

参考：薬草カラー図鑑4、牧野和漢薬草圖鑑

サンカヨウ 山荷葉	メギ科 高山の林内	【生'】山荷葉 さんかよう	根茎 春か秋	〔民〕鎮痛、便秘

高山の鎮痛薬、峻下剤

[生育地と植物の特徴]

本州、北海道、サハリンに分布し、深山の林内、樹下に生える多年草。草丈30～60cm。根茎は匍匐（ほふく）。茎は直立し、単一でやや肥厚して縮毛が少しある。根生葉は長柄があり、楯状広腎形か扁円形で2深裂し、欠刻状歯牙縁で長さ20～30cm。茎葉は2～3個つき、楯状広腎形で2深裂する。花期は6～7月。茎の頂に白色花を数個集散花序につける。

[採取時期・製法・薬効]

春か秋に根茎を掘り採り、水洗い後天日で乾燥させる。成分は、根茎にポドフィロトキシン、ピクロポドフィリン、ジフィリン、β-アポピクロポドフィリン、ケンフェロール、クエルセチン、リグナンなどを含む。

❖鎮痛、峻下としてリウマチ様関節炎、腰痛、打撲傷に

山荷葉一日量3～6gを煎じて3回に分けて食間に服用する。

5月上旬新潟県佐渡

7月下旬長野県白馬

つぶやき

筆者が観察したのは、佐渡のドンデン山であった。5月はじめで佐渡にはまだ雪が残っていた。この花は尾根周辺の沢沿いに咲くが、雪解けとともに蕾が芽吹き、翌日にはパッチリと目を覚ましたような美しい花を開く。花の命が短く、会うことの困難な幻の花といわれている。

参考：牧野和漢薬草圖

ズダヤクシュ 喘息薬種	ユキノシタ科 樹下	なし	地上部 夏	〔民〕鎮咳、喘息

近畿以北の喘息薬

[生育地と植物の特徴]

北海道、本州(近畿以東)、四国の深山の針葉樹林の下に自生する多年草。韓国ウルルン島、中国、ヒマラヤに分布する。根茎は横に伸び、細長い匍匐(ほふく)茎を出す。花茎は直立して伸び、高さ20～40cmで、2～3個の葉をつける。葉は円形ハート型で、5裂し、両面に短毛が生える。根出葉の形は花茎の葉と同じで、葉柄はより長い。葉柄、花茎とも短毛がある。花期は6～8月。白い小花を下向きに開く。萼は5裂し、短い腺毛が生える。花弁は5枚で、萼片より少し長い。雄蕊10個の花糸は白く、萼片より長い。葯(花粉粒を入れた袋)は淡黄色。心皮2枚は長さ不同で、その結果、果実の蒴果は長い果皮と、短い果皮とで耳かき状になる。

[採取時期・製法・薬効]

夏、開花期の全草を採り水洗い後、天日で乾燥させる。

❖咳止めに

一日量として乾燥したもの約5gを水400mlで半量にまで煎じて3回に分けて食前に服用する。

つぶやき

名前の由来は‘日本産物志’(1872)に「山民の方言に、喘息を“ズダ”と称す、此草喘息を治するに偉効あるを似て、ズダ薬種の名ありと云」と記してある。ズダは木曾地方の方言で喘息のことである。

5月上旬新潟県佐渡

参考：薬草カラー図鑑3、牧野和漢薬草圖鑑

スミレサイシン 菫細辛	スミレ科 山地	なし	全草/根茎 晩秋	〔民〕止血、喀血 〔外〕乳房炎、切り傷

根茎を酒に浸して飲むと喀血の止血に

[生育地と植物の特徴]

本州の日本海側山地と北海道南部および中国南部に分布する多年草。伊吹山地にもある。草丈12cmくらい。地上茎はない。地下茎は太く、横に伸びる。葉は長い柄があり、数枚束生し、基部はハート型に深く入り込み、長さ6～17cm、幅3～10cm、質はやや薄く毛はほとんどない。托葉は膜質で褐色。花期は4～5月。雪がなくなる4月頃になるとまもなく葉の間から長い花柄を伸ばし、その先に大きな左右対称の淡紫色の花を少数咲かせる。唇弁には著しい紫のすじがあり、距は短く大きい袋状である。

[採取時期・製法・薬効]

晩秋に全草、根茎を採集する。成分はルチン。

❖止血、喀血に

根茎30gを酒に浸して服用する。

❖乳房炎、切り傷に

乳房が赤く腫れ痛む場合は、他の生薬と合わせ、つきつぶして酒粕か酒と混ぜ、温めて熱いうちに塗布する。切り傷にはスミレサイシンをつきつぶして、酒粕か酒に混ぜて塗布する。

つぶやき

地方によっては地下茎を粉末にして、トロロのようにして食べる。スミレサイシンはウマノスズクサ科のウスバサイシンに葉形が似ていることによる。

5月上旬新潟県佐渡

参考：牧野和漢薬草圖鑑

フッキソウ 富貴草	ツゲ科 山林	なし	果実 秋	〔民〕強壮

果実を煎じて強壮に

[生育地と植物の特徴]

我が国各地の山地樹林下に群生する常緑多年草。日本庭園では日陰地に植えられる。中国、サハリンにも分布。地下茎が横に伸び、茎の高さ約30cm。葉は厚く光沢があって、互生し、輪状に集まってつく。3月下旬より5月頃、茎の先に穂をつくって花を開く。雄花は多数で穂の上部に、雌花は数個で穂の下部につく。花弁はない。雄花が白く見えるのは、4本の雄蕊の花糸が白くて太いためで、その先端の褐色の部分が葯である。雌蕊の柱頭は2個で、先が反り返っている。果実はやや白みを帯び、初秋に熟す。長さ1.5cmの三角状卵円形。

[採取時期・製法・薬効]

秋に熟した果実を採取し、天日で乾燥させる。成分は、ステロイドのステロイダル、アルカロイドのO・ヂアセチルパキサンドリンA、O・ヂアセチルパキサンドリンB、パキサントリオール、テルミナリン、トリテルペノイドのパキサンジオールB、パキサンジノールA、パキソノールなどを含む。

❖強壮に

果実数個を水400mlで煎じて服用する。

5月上旬新潟県佐渡

10月下旬軽井沢

つぶやき

別名の富貴草、吉日草、吉祥草はともにその草形から繁殖を祝う意味がある。なお中国では、全草を月経過多、リウマチ、消炎解毒薬に用いている。

参考：薬草カラー図鑑4

ミズバショウ 水芭蕉	サトイモ科 湿原	海芋 かいう	根茎・冬 全草	〔X〕腎臓病、便秘、発汗、痔 接触性皮膚炎、嘔吐、下痢、痙攣

蓚酸Caによる接触性皮膚炎、低Ca血症による痙攣

[生育地と植物の特徴]

本州中部以北の日本、サハリン、シベリア東部、千島列島、カムチャツカ半島の寒帯から温帯に分布し、山地の湿原に生える。地下茎は太く横に這う。葉は花が終わったあと花茎の側方に出て大型の長楕円ないし長楕円状披針形、全縁で葉柄は長く、淡緑色である。これを芭蕉の葉に見立ててこの名がある。花期は5～7月。雪解けの直後に花茎の上部に1個の円柱形の肉穂花序をなして多数の花が咲く。花序全体が白色で大形の仏炎包で包まれる。花は淡緑色で花被4枚、雄蕊4本、雌蕊1本。

[採取時期・製法・薬効]

根茎を冬に採取し、ひげ根などを取り除いた後、薄く切り天日で乾燥させたものを"海芋"と呼び、薬用である。

❖腎臓病、便秘、発汗、痔に

古くから利用されていたが、服用量を間違えると深刻な中毒を起こす。従って、今では用いられていない。

[毒成分] シュウ酸カルシウムが毒成分で、全草に含まれる。中毒症状として、口腔粘膜の損傷、飲み込むと嘔吐や下痢を起こす。その後、低Ca血症となり、痙攣、ショック、呼吸困難、心臓麻痺などを起こして死に至る。

5月上旬新潟県佐渡

つぶやき

成分のシュウ酸カルシウムはサトイモにも含まれている。サトイモの皮を剥ぐときに手が痒くなるのは、このシュウ酸カルシウムが皮膚に刺さるからである。水芭蕉《季》春。

参考：牧野和漢薬草圖鑑、薬草大百科

ミツガシワ 三柏	ミツガシワ科 山地の湿地	【生'】睡菜葉 すいさいよう	葉 夏	〔民〕苦味健胃、鎮静、催眠

氷河期の生き残りに健胃作用

[生育地と植物の特徴]

名は柏の様な葉が3枚ついていることに由来とは誤りである。どうみても柏の葉ではない。有名な学者の説をうのみにしたのであって、何の葉か分からないが高度に図案化された3枚の葉が一つの支点から出ている"三つ柏"の紋章に葉が似ている。北半球の水湿地に広く生育。日本では北海道から九州に分布。典型的な極地周辺の植物で寒冷期に日本へ南下した。温暖となった現在では暖地の九州では減少しており、4ヵ所に限られている。花期は5～6月。高さ30cm程の花茎を立て、総状に直径1～1.5cmの白花をつける。雄蕊5本、雌蕊1本であるが、株によって"長雄ずい短花柱花"と"短雄ずい長花柱花"があり、後者だけが結実する。

[採取時期・製法・薬効]

夏に葉を葉柄ごと採取して天日で乾燥させる。成分は、ロガニン、メンチアフォリン、フォリアメンチン、セコロガニンなど。

❖苦味健胃剤、鎮静、催眠に

一日量6～12gに水600mlを加えて半量に煎じて3回に分け食前30分に服用する。

つぶやき

北ヨーロッパの局方に収載されている。日本薬局方に収載されたことがあるが、有効成分が分解されやすい等の理由で削除された。種子の化石は3000万年前のものが西シベリアで発見されている。

ミツガシワの長花柱花 4月中旬佐賀県

参考：薬草事典、新佐賀の薬草、薬草カラー図鑑1、牧野和漢薬草圖鑑

ミヤマオダマキ 深山苧環	キンポウゲ科 高山の岩礫・草地	苧環 ちょかん	根/全草 秋/青葉時随時	〔民〕腹痛、熱性下痢 〔外〕関節炎、耳だれ

高山植物であるが登山時には役立ちそうにない

[生育地と植物の特徴]

本州中部以北、北海道、千島列島、サハリン、朝鮮半島北部、中国東北部に分布し、高山帯の向陽の岩礫地、多礫な草地に生える多年草。草丈10～40cm。根生葉は叢生し、長柄で2回三出掌状複葉で小葉は2～3浅裂し、広楔形でさらに2～3裂する。厚質で帯緑白色。花期は7～8月。葉より高い花茎を出し、茎の頂に大形の鮮紫色の花を下向きに1～3個つける。

[採取時期・製法・薬効]

薬用部分は根を含む全草(苧環)。根は秋に掘り上げ、水洗い後、通風のよいところで陰干しにする。全草は青葉のとき随時採集して使用する。全草に青酸配糖体を含むという。

❖腹痛、熱性の下痢に

乾燥根一日量約5gに水400mlを加え半量に煎じて3回に分けて服用する。

❖関節炎、耳だれに

生葉のしぼり汁を関節炎の患部に塗布、耳だれに用いる。

つぶやき

繁殖は実生、株分けによる。種子は春撒きか秋撒き。株分けは3～4月に行う。排水の良い腐植質に富む土壌に適する。

6月上旬北海道礼文

参考：牧野和漢薬草圖鑑

アカモノ(イワハゼ) 赤物	ツツジ科 山地、高山	冬緑油 とうりょくゆ	葉 随時	〔製〕冬緑油 〔外〕蜂や虻の刺傷

消炎鎮痛剤として塗布する冬緑油の原料

[生育地と植物の特徴]

山地または高山に生える常緑で小形の小低木。北海道、本州日本海側、四国の別子銅山付近に生育する。樹高15〜30cm。地下茎は匍匐性で、枝は多数分かれて直立または斜上する。若枝には赤褐色の毛が生えている。葉は互生し、革質、広卵形で先端が尖る。花期は5〜7月。枝の先端または上部の葉腋に、数本の花茎を出し、白色、小形、鐘状の花をつける。果実は蒴果で赤熟し食べられ、美味しい。

[採取時期・製法・薬効]

葉を水蒸気蒸留して精油(冬緑油)をとる。成分は全草に精油、配糖体のウンテリンを含有し、その加水分解によってサリチル酸メチルエステルを遊離する。

❖リウマチ、神経痛に

冬緑油は消炎鎮痛剤として軟膏に配合されリウマチ、神経痛に塗布する。

❖蜂やアブの刺傷に

生の葉を揉んで刺傷につける。

花 6月下旬北海道ニセコ

果実 7月下旬長野県白馬

つぶやき

シラタマノキと同属である。和名アカモノはシラタマノキの別名シロモノに対する名で、アカモモ(赤桃)が訛ったものと言われている。別名をイワハゼというが、岩石地に生えるからである。シラタマノキ属は世界で約200種があるが、日本ではシラタマノキとアカモノの2種だけである。シラタマノキもアカモノ同様に薬用に用いられる。

参考:牧野和漢薬草圖鑑

クロマメノキ 黒豆木	ツツジ科スノキ属 高地の湿原	なし	果実 夏	〔酒〕黒豆木酒、〔食〕生食

ツツジ科は有毒なものが多いがスノキ属は食べられる

[生育地と植物の特徴]

中部地方以北の本州、北海道、千島列島、サハリン、朝鮮半島、ほかにも北半球に分布し、日当たりのよい高山の湿地帯に自生する。落葉低木で、10〜80cmの高さとなり、よく分枝する。葉は倒卵円形で、厚く、長さ1.5〜2cmで、先端は丸く、わずかにへこむか、突出することもある。基部は楔形で、短い柄によって互生する。縁に鋸歯がなく、表面、裏面とも無毛。花期は6〜7月。花冠は壺形で上部は浅く5裂し、緑白色か淡紅色で、下向きにつく。果実は球形で、藍黒色に熟し、白粉をかぶる。果実は甘く、酸味があって食用となる。

[採取時期・製法・薬効]

夏によく熟した果実を、傷つけないように採取し、さっと水洗いしてから水気をきり、生のままを用いる。成分は、果汁が青黒色で、ショ糖、転化糖、リンゴ酸、多量のアントシアン系の色素ウルギノシンを含んでいる。葉にはフラボン配糖体のケルセチン、ガラクトース、ウルソール酸を含む。

❖黒豆木酒(疲労回復に)

黒豆木酒を一回に20〜40mlを限度に飲む。

クロマメノキ 7月下旬長野県白馬

クロマメノキ 7月下旬長野県白馬

つぶやき

黒豆木酒:梅酒用の広口瓶に、果実500gを傷つけないように静かに入れ、グラニュー糖200g、35度ホワイトリカー1.8Lを注ぎ、軽く蓋をする。。冷暗所に3〜4ヵ月間静置する。果実は入れたままで良い。

参考:薬草カラー図鑑3、牧野和漢薬草圖鑑

コケモモ/ツルコケモモ 苔桃/蔓苔桃	ツツジ科 高山・寒冷地	【生'】コケモモ葉 こけももよう	葉/果実 夏～秋	〔民〕利尿、尿道防腐 /〔酒〕苔桃酒

この二つもツツジ科スノキ属で食べられる

[生育地と植物の特徴]

高山に登れば赤い実のなるコケモモがあって、酸味強く、登山者の疲れを癒す。本州中部以北より北海道に分布する。

[採取時期・製法・薬効]

夏から秋に葉つきの枝ごと刈り採り、蒸し器で20分間蒸してとり出し、天日で乾燥させる。乾いたら葉だけ集めて、フライパンなどに入れかき混ぜながら弱火で焦げない程度によく乾燥させる。果実はよく熟したものを採取して、使用する。主成分は葉の配糖体アルブチン。

❖膀胱炎の利尿・尿道防腐に

尿道が痛む、しみるなどの場合に、コケモモ葉10～15gを一日量として、水300mlから半量にまで煎じて服用。

❖苔桃酒・蔓苔桃酒(疲労回復に)

苔桃酒;果実500g、グラニュー糖200g、35度ホワイトリカー1.8Lを漬け込み、3ヵ月以上経ってから飲む。

蔓苔桃酒;真夏に良く熟した果実のみを摘み採る。果実を広口瓶の3分の1まで詰め、25度ホワイトリカーを瓶の肩まで加えて密閉し、冷暗所に2～3ヵ月寝かせる。中身は引き上げて、好みで水割りにして飲む。

つぶやき

コケモモは高山の岩場などの乾燥地に生え、ツルコケモモは、高原の湿地帯、多くは水苔の中に生える。山地の土産店でこけもも酒やこけもも塩漬として販売しているのは、ツルコケモモを材料にしたものが多い。

コケモモ 5月下旬九重　コケモモ 10月上旬九重

ツルコケモモ 7月上旬北海道

参考:薬草事典、薬草カラー図鑑1・4、牧野和漢薬草圖鑑、生薬学

シラタマノキ 白珠木	ツツジ科 山地	なし	葉・果実 夏	〔外・製〕冬緑油、〔食・酒〕生食、白珠木酒 〔民〕不眠、鎮静、疲労回復、強壮強精

甘みがあり食べられるが香料としても用いられる

[生育地と植物の特徴]

本州の中部地方以北と北海道の高山に見られる常緑の低木。千島列島、サハリンに分布。針葉樹林帯の日当たりのよい崖地に生える。地下茎を長く引き、地上部は斜上して樹高10～30cmで、枝を多く出す。葉は互生し、質が厚く、網目が目立ち長楕円形でつやがあり、先は丸く、縁に鋸歯がある。初夏6～7月に、淡緑白色で紫紅色を帯びた壺形の花が下向きに咲く。実は球形で白く熟し、甘みがある液果。潰すとサロメチールのような香りがする。

[採取時期・製法・薬効]

果実は夏から初秋に完熟したものをとり、水洗いし、果実酒にする。葉は油を採る。成分は、果実そのものは多汁でサリチル酸メチル様の香りがある。葉には配糖体のガウテリンを含み、加水分解すると、サリチル酸メチルが生ずる。葉より製造した油は冬緑油の名で知られる。

❖外用して皮膚刺激薬に

葉より精製した冬緑油を外用する。

❖白珠木酒(疲労回復、暑気あたり、食欲不振、強壮に)

シラタマノキ酒を水割り、炭酸水で割って飲む。

つぶやき

別名シロモノ。名前は、果実が白く熟し、球形であることに由来。シラタマノキ酒は、完熟果実を広口瓶の3分の1まで詰め、25度ホワイトリカーを瓶の肩まで注ぎ入れ、冷暗所に約3ヵ月置く。中身は引き上げる。淡い飴色で、すっとした香りがする。

シラタマノキ 7月下旬長野県白馬

シラタマノキの実 6月下旬北海道ニセコ

参考:薬草カラー図鑑4、牧野和漢薬草圖鑑

ハリブキ 針蕗	ウコギ科 亜高山	なし	根/果実 夏/秋	〔民〕解熱/利尿

根を乾燥させて解熱に、果実を乾燥させて利尿に

[生育地と植物の特徴]

北海道南部、本州(福井静岡県以北、奈良県大峰連峰)、四国(愛媛県石槌山)の固有種。亜高山帯の主に針葉樹林下の日陰に生える落葉低木で、高さ約90cm以下。幹はほぼ直立し、鋭く尖った刺針が密生する。葉は円心形で大きくて、深く7～9裂する。縁には鋭い鋸歯があり、葉柄、葉の両面脈上にも刺針がある。開花期は6～7月。白緑色5弁花の小花が円錐状に着く。雄蕊は5個で、花柱は2つに分かれる。

[採取時期・製法・薬効]

夏に根を採取して、水洗い後に細かく切り、風通しの良い日陰で乾燥。果実は秋に採取し、天日で乾燥させる。

❖解熱に

乾燥した根一回量約5gを水400mlで半量に煎じて3回に分けて服用する。

❖利尿に

果実を一日量約3～6g、水400～600mlで半量に煎じて服用する。

つぶやき

特に根部は香りが強い。セスキテルペンアルコールのオプロパノン、セスキテルペンのオプロジオールなど、香りの強い成分を含むことが知られている。

7月下旬長野県白馬

参考:薬草カラー図鑑3

マンサク 満作	マンサク科 山地	満作葉 まんさくよう	葉 夏	〔民〕下痢止、〔外〕皮膚炎 〔嗽〕口内炎、扁桃腺炎

葉にタンニンを含み下痢止めになる

[生育地と植物の特徴]

日本固有種。本州、四国、九州に分布し、山地に普通に見られる。落葉小高木、個体間の変化が激しい。樹高3～10m。幹は多数分枝して開出する。葉は互生し、菱状円形から倒卵形で長さ4～12cm。上半分は波状鈍鋸歯縁で下部は全縁。花期は3～4月。葉の展開の前に葉腋に黄色花を単生か数個かたまってつける。

[採取時期・製法・薬効]

夏に葉を採集し、水洗い後に天日で乾燥させる。葉にタンニン(ハマメリスタンニン)を約3%含む。

❖下痢止に

満作葉一日5～10gに300mlの水を加え半量に煎じる。3回に分けて服用する。

❖皮膚炎、収斂化粧水に

煎液で患部を洗う。ハマメリスタンニンは肌を引き締める。

❖扁桃腺炎、口内炎に

煎液でうがいする。

つぶやき

花の咲いている様子が、稲穂の実りを連想させることから、豊年満作にかけて、マンサクと呼ばれるようになった。ほかの花に先駆けて一番先に咲くことから“まず咲く花”がなまったとも言われている。

2月下旬長崎県多良岳

参考:薬草カラー図鑑4、牧野和漢薬草圖鑑

第III章b項 薬草園・植物園の薬用植物

漢方原料には、輸入に頼っているものがある。生育が日本の気候に合わないことが主因と思われるが、熱帯地方、亜熱帯地方、寒帯地方原産のものなど、日本では生育しても花が咲かない、結実しないものがある。正月三ヶ日に馴染みの屠蘇散には8種の生薬が配合されているが、その中で防風【局】と桂皮【局】は中国産であり、丁子【局】はモルッカ諸島、ジャワ、マレーシア産である。他にも多数の漢方原料が輸入されているが、漢方処方の半数以上に使用されている甘草【局】についても植えてあるのは見ても、花や実は見ることが困難である。薬草の花や実の写真を撮ろうとしている者にとって不都合なことは、日本の植物図鑑に載ってない薬用植物は花期や結実期の調べようがないことである。

入園し写真撮影を行った薬草園や植物園

1) 長崎大学シーボルト記念薬草園
正式名：長崎大学大学院医歯薬総合研究科附属薬用植物園
場所：長崎市文教町
沿革：1969年5月薬学部附属教育研究施設
2000年2月シーボルト記念植物園の開設
2002年4月長崎大学大学院医歯薬総合研究科附属薬用植物園となる。

2) 熊本大学薬用植物園
正式名：熊本大学エコフロンティアセンター（薬用植物・生薬学部門）
場所：熊本市中央区大江本町5-1
沿革：1756年肥後細川藩の薬園“蕃滋園”開園
1927年熊本薬学専門学校の薬草園として開設
戦後に熊本大学大学院薬学教育部附属薬用植物園となる
2010年4月熊本大学エコフロンティアセンターと改名

3) 小石川植物園
正式名：東京大学大学院理学系研究科附属植物園・小石川植物園
場所：東京都文京区白山3丁目7番1号
沿革：1684年小石川御薬園を徳川幕府がつくる
明治10年（1877年）東京大学附属植物園
1902年日光分園開園

4) 県民の森緑化センター（自然薬草の森）
場所：鹿児島県霧島市溝辺町丹生附
パンフ：自然薬草の森
沿革：1984年5月開園

5) 高知県立牧野植物園
場所：高知県高知市五台山4200-6
沿革：1958年4月“日本の植物分類学の父”牧野富太郎博士の没翌年に開園

6)京都府立植物園
場所：京都府京都市左京区下鴨半木町

7) 徐福の里薬用植物園
場所：佐賀県佐賀市金立町金立1197-166
金立サービスエリアに併設されている。

8) 旧島原藩薬草園
場所：長崎県島原市小山町4703番地
パンフ：島原の薬草
沿革：1843年島原藩主松平殿頭はシーボルトの門下生である賀来佐之に命じて藩の医学校である“済衆館”の庭園に薬園を設けさせた。しかしこの地は手狭な上、薬草の栽培には条件が良くなかったため、1846年現在地に移設となった。この薬園も明治2年（1869）に廃止された。昭和4年（1929）奈良県の森野旧薬園、鹿児島県の佐多旧薬園とともに日本三大薬園として国の指定を受けている。
管理：島原市
指導：崇城大学教授　村上 光太郎

9)森野旧薬園
場所：奈良県宇陀市大宇陀上新1880
創設者は森野吉野葛本舗第11代森野通貞（1690～1767）で、幕府採薬使の植村左平次とともに近畿～北陸地方の山野から薬草を採取し栽培した。

10) 阿蘇野草園
場所：熊本県高森町休暇村南阿蘇
パンフ：阿蘇野草園ガイドブック
指導：前熊本大学教養部教授　今江 正和

11)内藤記念くすり博物館
場所：岐阜県各務原市川島竹早町1
製薬会社エーザイの川島工場の敷地内にある。
エーザイの創業者 内藤豊次が昭和46年に設立した。
温室もあり、約700種の薬用植物があるという。
館長：森田　宏

12)中冨くすり博物館
場所：佐賀県鳥栖市
1995年久光製薬創業145周年記念に薬に関する総合的博物館として設立された。

13)北海道大学植物園
正式名：北海道大学北方生物圏フィールド科学センター耕地圏ステーション植物園
場所：札幌市中央区
明治19年（1886年）、クラーク博士の提案で開設された。

14)フラワーパークかごしま
場所：鹿児島県指宿市山川町岡児ヶ水1611番地
開園：平成8年（1996年）

15)宮崎県立青島亜熱帯植物園
場所：宮崎県宮崎市

16)宮崎県川南湿原植物群落
宮崎県児湯郡の宮崎医療センターに近接

17)長崎県亜熱帯植物園（サザンパーク野母崎）
場所：長崎県長崎市

18)佐世保市亜熱帯動植物園
場所：長崎県佐世保市
経営：佐世保市

アカキナノキ 赤規那	アカネ科 輸入	【生】規那 きな	樹皮 随時	〔民〕マラリア解熱 〔製〕キニーネ、キニジン

マラリアの特効薬、解熱剤・抗不整脈剤

[生育地と植物の特徴]

南米アンデス山地の原産。インドネシアなどで植栽される常緑高木。樹高20m以上。葉は広楕円形で深緑色の光沢があり、葉柄が赤い。淡緑色の鐘状の花をつける。

[採取時期・製法・薬効]

枝、根、幹などの樹皮が使われる(キナ皮)。成分は、アルカロイドを6～7%含み、その主成分はキニーネで、他にシンコニン、シンコニジン、キニジンなど20数種類が知られている。他にキナ-タンニン、キナ酸、キナ-レッドなどを含む。

❖マラリアに

マラリア原虫を死滅させる特効薬である。

❖解熱、不整脈に

解熱剤のキニーネ、抗不整脈剤のキニジンの製薬原料である。

アカキナノキ 5月下旬内藤記念くすり博物館

つぶやき

キナ皮はマラリアの特効薬として約100年間使われてきた。キナノキ属には400種以上あり、古くから熱病の薬として用いられてきた。これがスペインに伝わり、さらにヨーロッパ全般に知られた。オランダ政府によってその栽培がオランダ領東インドで行われ、品種改良により優良品種を得て成功した。しかし近年、合成マラリア薬が作られるようになり、その需要は激減した。

参考:牧野和漢薬草圖鑑、生薬処方電子事典

アボカド Avocado	クスノキ科 植栽	なし	果実/種子・葉 1月～8月	〔食〕糖尿病、果物 /〔民〕神経痛、利尿

澱粉・糖分を含まない果物

[生育地と植物の特徴]

熱帯アメリカ原産で、広く熱帯で植栽されている高木果樹。樹高6～25m。葉は披針形か倒卵形で長さ約20cm、幅約6cm。革質で表面無毛、裏面には微毛が生え、白みを帯びる。長柄により互生する。花期は1～4月。上部葉腋より円錐花序をだし、黄緑色の花を多数つける。花径8～9mm。果実は大きい洋梨形。

[採取時期・製法・薬効]

果実は、産地では1月から8月まで出荷される。果肉を食べたあとの種子は水洗いし刻むか砕いてから陰干しする。

❖食用に

サラダにも合う。ワサビ醤油で食べるとトロの味。

❖神経痛に

砕いて乾燥した種子を、一日量10～15gに水400～600mlを加えて半量に煎じ3回に分けて食前に服用する。

❖利尿に

よく乾燥した葉5～10gを一日量として水400～600mlを加えて半量に煎じ3回に分けて食前に服用する。

果実 4月下旬鹿児島県

花 5月上旬鹿児島県

つぶやき

植物性脂肪を30%、タンパク質10～20%を含み、デンプン、糖分を含まないので糖尿病患者の食事療法になるが、栄養価が高く食べ過ぎると糖尿病にも良くない。果実、種、葉にベルシンという物質が含まれ、人以外の動物には毒になるので、ペットの居る家庭では要注意。

参考:薬草カラー図鑑4、牧野和漢薬草圖鑑

アマ 亜麻	アマ科 栽培	【生】亜麻仁 あまにん	種子 8～9月	〔民〕めまい、ひきつけ、便秘、亜麻仁油 〔外〕皮膚のかゆみ、止血

高級織物の原料(リネン)、亜麻仁は便秘に

[生育地と植物の特徴]

中央アジア原産の一年草。江戸時代の元禄3年(1690年)に渡来したのは種子の亜麻仁であったという。草丈1mくらい、葉は互生し線形で先は尖る。花期は夏。青紫色～白色の5弁花を集散花序につける。

[採取時期・製法・薬効]

8～9月頃に種子を採って天日で乾燥させる。そのあと根を採って乾燥させる。茎葉は生のまま使う。成分は、種子にオレイン酸、リノール酸などのグリセリド、タンパク質のほかリナマリンを含み、これは分解すると青酸を生じる。

[医薬品としての利用]

亜麻仁(甘、微温)は強壮、緩下作用があり内服に、また外用して皮膚のかゆみに用いられる。

❖めまい、ひきつけ、便秘に

一回量根4～8gを水300mlで半量に煎じて服用する。

❖皮膚のかゆみに

種子をすりつぶし、少量の水を加えて練り外用する。

❖葉は止血に

生の茎葉を揉んで、患部に外用する。

アマ 5月下旬内藤記念くすり博物館

つぶやき

明治初期、アマの栽培は北海道開拓事業の一つとして始められ成功した。一年草のアマの繊維から、リンネル(リネン)をとり、ハンカチ、シャツ地、服地など高級織物の原料にした。亜麻仁油が空気に触れると乾く性質を利用して、ペンキ、油絵具、リノリューム、油紙に用いられた。水に亜麻仁を浸すと出てくる透明な粘液を集め、気管支炎に内服、うがい、浣腸、ハップ剤に応用された。

参考:薬草カラー図鑑2、生薬処方電子事典、牧野和漢薬草圖鑑

アミガサユリ 編笠百合	ユリ科 栽培	【局】貝母 ばいも	鱗茎 春	〔民〕鎮咳、去痰、〔漢〕漢方処方 呼吸中枢抑制

茶花に使用される、鎮咳・去痰作用を持つ生薬

[生育地と植物の特徴]

花の内面に紫色の網状の紋様がみられるのでこの名がある。中国原産の多年草で各地にて栽培され、茶花にも使われる。草丈50cm内外。鱗茎は肥厚した白色鱗片2個が合着して球形。茎は単一で直立し淡蒼緑色。葉は茎上に不整な3～4輪生で多数生え、広線形で長さ約10cm、先端が半曲する。花は葉腋に鐘形の花を数個下垂してつける。

[採取時期・製法・薬効]

5～6月頃に掘り採り、鱗片をはがして水洗いしながら外側のコルク皮を捨てて天日で乾燥させる。成分はアルカロイドのフリチリン、フリチラリン、ベルチチンなどを含む。これらには、呼吸運動中枢を麻痺させる激しい作用があるので、素人療法では適量を守るように注意する。

❖鎮咳、去痰に

貝母一日量3～5gに少量の砂糖を加えて煎じ3回に分けて温かいうちに服用する。

[漢方原料(貝母)**]** 性味は、苦・甘、涼。産地は、中国、日本では奈良、鳥取。処方は、貝母湯、滋陰至宝湯、瓜呂枳実湯、当帰貝母苦参丸、括呂枳実湯、桔梗白散、滋陰至宝湯〔薬〕、清肺湯〔薬〕に配合。

3月下旬牧野植物園

3月下旬牧野植物園

つぶやき

早春、ほかの植物に先駆けて花が咲き、花色も渋いので茶花に賞用される 鱗茎は厚い2つの鱗片が向き合ってできており、貝に見立てて貝母と名付けられた。

参考:薬草事典、新佐賀の薬草、薬草カラー図鑑1、牧野和漢薬草圖鑑、生薬処方電子事典、毒草大百科

春ウコン 5月上旬熊本大学薬草園
秋ウコン 8月下旬長崎大学薬草園

ウコン/ガジュツ 鬱金 /莪蒁	ショウガ科 栽培	【局】鬱金、【局】莪朮 うこん、がじゅつ	根茎 秋	〔民〕健胃、利胆、鎮痛、〔食〕カレー粉の材料、〔漢〕漢方処方

カレーの黄色はウコンの色

[生育地と植物の特徴]

ウコンは、熱帯アジア原産。各地で栽培される。葉は4～5枚で芭蕉に似て長い。秋に葉の間から20cmほどの花穂を出し白色の花が咲く。春ウコンは春に花が咲き葉の後ろに毛が生えてスベスベしているが、秋ウコンの花は秋に咲き、毛がなく触るとざらつく。ガジュツ(紫ウコン)は、ヒマラヤ原産。熱帯地域で栽培される多年草で高さ1mになる。葉は長い柄をもち、広楕円形で先が尖る。葉の真ん中に赤褐色のスジが入っている。夏、淡赤色の花を穂状につける。紫ウコンの紫は根の断面の色である。

[採取時期・製法・薬効]

ウコンは秋に根茎を掘り採り、土を落として水洗いし、天日で充分に乾燥させる。ガジュツは春に根茎を掘り採り水洗いし乾燥させ、粉末にする。成分は春ウコンと秋ウコンで異なりクルクミンの量では秋ウコンの方が10倍多い。クルクミンは抗酸化作用がある。ガジュツはクルクミンが全く含まれていないため黄色みがなく紫色をしている。ミネラルや精油はウコンよりもずっと多くて苦い。

❖芳香性健胃薬

鬱金は乾燥した根茎一日量6～10gを水600mlで半量に煎じ3回に分けて飲む。莪朮は一回に粉末1～3gを服用。

[漢方原料(鬱金)**]** 処方は、清上飲、中黄膏など。なお、ガジュツの日本局方名は莪蒁、中国の生薬名は莪朮。

秋ウコンと春ウコンの効能の違い

	クルクミン	精油	ミネラル
秋ウコン	3.6%	1～5%	0.8%
春ウコン	0.3%	6%	6%
ガジュツ	0%	多い	多い

ガジュツ 6月下旬熊本大学薬草園

つぶやき

根茎は肥大し黄色でカレーの材料やタクアンの黄色の着色に使われている。クルクミンの色である。カレーにはウコンの粉が30%ほど入っている。生薬の産地は、ウコンがインド、中国、マレーシア、インドネシア。ガジュツがベトナム、タイ、鹿児島県の屋久島と種子島。生薬の性味はウコンが辛・苦、涼;ガジュツが苦・辛、温。産地は中国、日本。

参考:薬草の詩、宮崎の薬草、薬草カラー図鑑3、牧野和漢薬草圖鑑、生薬学、生薬処方電子事典

イトヒメハギ 糸姫萩	ヒメハギ科 輸入	【局】遠志 おんじ	根 春、秋	〔漢〕漢方処方

遠志は専ら中国から輸入

[生育地と植物の特徴]

朝鮮半島北部、中国北部、シベリアに分布する多年草。草丈25～40cm。根茎はやや木質、根から多数の細い茎を叢生する。葉は互生し、針状披針形で、特に茎の上部の葉は細い。花期は5～7月、茎の先に総状花序を出し、片側にまばらに緑白色の小さな花を開く。

[採取時期・製法・薬効]

春か秋に根を掘り採り、ひげ根や泥を除いて天日で乾燥させる(遠志)。または木質部を除いて天日で乾燥させる(遠志肉)。成分は、根にオンジサポニンA～G(加水分解により生じたテヌイゲニンはヒメハギに共通)、3-,4-,5-トリメトキシケイヒ酸、キサントン誘導体をなど含む。

[漢方原料(遠志)**]** 性味は苦・辛、温。産地は、中国。処方は、帰脾湯〔薬〕、加味帰脾湯〔薬〕、竜骨湯、人参養栄湯〔薬〕など。

つぶやき

漢方原料で輸入されているが、気道分泌亢進、利尿、強壮、精神安定などの作用があり、去痰薬、気管支炎、気管支喘息、強壮薬として各種処方に配合される。日本のヒメハギの近縁種であるが、ヒメハギは竹葉地丁の生薬名で鎮咳、去痰、止血、解毒の作用がある。

5月上旬熊本大学薬草園

参考:牧野和漢薬草圖鑑、生薬処方電子事典

ウイキョウ 茴香	セリ科 栽培	【局】茴香 ういきょう	果実 秋	〔食〕スパイス、〔民〕芳香性健胃、駆風、去痰、〔酒〕茴香酒、〔漢〕漢方処方

母乳・胆汁の分泌促す、魚料理や漬物の香辛料に

[生育地と植物の特徴]

魚肉を煮る時、この果実を入れると生臭みがとれ"香りが回復する"というので茴香という。 日本名は茴香の中国読みに由来。地中海沿岸原産。江戸時代に中国から渡来し各地で栽培される大型の多年草。今日では薬用のほかに、食品のスパイスとして中国からも輸入され、生花用としても栽培される。果実は長さ8mm、幅2mmで長円柱状。良く熟したものは、表面が麦藁のような黄色で、未熟のものを採取すると、黄緑か緑色をしている。特異な芳香と、やや甘い味がある。

[採取時期・製法・薬効]

6～9月に果実の完熟する一歩手前で、まだ緑の部分がいくらかある頃、果穂ごと採取し、2～3日天日で乾燥させる。芳香成分は精油で、アネトール、エストラゴール、ピネン、アニスアルデヒドのほか、脂肪油を含んでいる。我が国のものは、中国産に比べ精油の量が多いとされる。

❖芳香性健胃薬、駆風、去痰に

乾燥した果実を粉末にし一日量0.5～3gを数回に分けて水で服用する。あるいは5～8gを水400mlで煎じて服用する。駆風とは、腹に溜まったガスを排出することをいう。

つぶやき

料理に用いるには茴香をひいて、魚や肉のソースなどの風味添えに使用する。スパイスとして利用され、ハーブでいうフェンネルがこれである。茴香は90%が食品の香辛料に使われているが、日本産のものが最良品とされている。

❖薬用酒(食欲増進に)

茴香50gを35度ホワイトリカー1L に漬け10日後に濾して冷暗所に保存する。好みに応じて甘味を加える。この茴香酒は爽やかな芳香と味がよく食欲増進作用がある。

[漢方原料(茴香)**]** 辛温。産地の大部分は中国。長野、鳥取で少量。処方は安中散〔薬〕、枳縮二陳湯など。

7月下旬島原薬草園

4月下旬島原薬草園

参考:薬草事典、薬草の詩、新佐賀の薬草、薬草カラー図鑑1、牧野和漢薬草圖鑑、生薬学、生薬処方電子事典、徳島新聞H170221

ウラルカンゾウ 6月下旬長崎大学薬草園

ウラルカンゾウ 5月中旬内藤記念薬草園

ウラルカンゾウ 甘草	マメ科 栽培	【局】甘草 かんぞう	走出茎・根 夏の開花後	〔漢〕漢方処方 〔食〕甘味料

グルチルリチンの原料

[生育地と植物の特徴]

名前はウラル地方のカンゾウの意。甞めると甘いので“甘草”という。日本のカンゾウは、漢名の甘草を日本語読みにしてカンゾウとなった。マメ科の多年草カンゾウには、ウラルカンゾウ、シナカンゾウ、スペインカンゾウなど数多くあるが、生薬に用いるカンゾウは、ウラルカンゾウの根を乾燥したものが多い。ウラルカンゾウは、中国の東北地区、河北、山東、山西、内蒙古、陝西、寧夏、甘粛、青海などに産し、モンゴル、ロシア、パキスタン、アフガニスタンに分布する。陽当たりのよい乾燥した砂漠地帯や草原などに、また川岸の砂質の土地に生える。我が国にはカンゾウ属は自生せず、平安時代に生薬“甘草”として中国より渡来した。薬草園で植えられている。

根茎は円柱状で横走し、太く長く、表皮は暗褐色か紅褐色。茎は直立し、高さ40〜70cm。葉は奇数羽状複葉で、小葉は7〜17枚、小葉の大きさは長さ2〜4cm幅5〜8mm、狭長卵形か楕円形、両面とも短い腺毛が生えている。開花期は6〜7月。葉腋より約7cmの総状花序を伸ばし、蝶形の淡紅色か白色の花を開く。花冠の長さ1.4〜2.3cm、雄蕊10本。7〜9月に鞘状の豆果を結ぶ。豆果の長さ2〜4cm、幅5〜8mm、表面に刺様の腺毛、また疣状突起があって褐色。種子は腎形で、6〜8個がある。

つぶやき

我が国におけるカンゾウは、戦国時代に武田信玄の父、信虎によって甲斐の国(甲府地方)で栽培が行われていたが、ほとんど知られていなかった。享保4年(1720)頃 八代将軍吉宗は、甲府の栽培農家に補助金を出して奨励、収穫したカンゾウを幕府にすべて献上させた。

[採取時期・製法・薬効]

薬用部分は走出茎(ストロン)と根。採取時期は我が国では開花後、中国では一年中いつでも。根と走出茎を掘り採り、茎の部分やひげ根などを除き、適当な長さに切りそろえて天日で乾燥させる。成分は、生薬“甘草”の甘味は、トリテルペノイド配糖体(サポニン)のグリチルリチンで、この結晶は砂糖の約50倍の甘味がある。製剤にグリチロン®、強力ネオミノファーゲンシー®がある。

[漢方原料(甘草)**]** 性味は甘、平。産地は、中国、ロシア産を主としてアフガニスタン、パキスタン、モンゴルから輸入。イラン、イラクにも産する。処方は、漢方では生薬相互の作用を緩和し、調和させようとする目的で配合される。一般に用いられる漢方処方210のうち、149処方に“甘草”は用いられている。甘味料として醤油、味噌、ソース、タバコ、菓子類などにも使用される。

[副作用]

甘草の副作用として偽アルドステロン症がある。アルドステロン症に類似した高血圧、アルカローシス、低カリウム血症を来す。血清電解質の定期的検査が必要である。また、2種以上の漢方薬を併用すると甘草が重複する可能性がある。芍薬甘草湯は甘草含有量が多く、長期連用を避け、有痛性痙攣時の頓用での使用とする。長期連用には、甘草を含まない当帰芍薬散や牛車腎気丸による予防が望ましい。

参考：薬草カラー図鑑4、牧野和漢薬草圖鑑、生薬学、今日の治療薬、生薬処方電子事典、BEAM漢方薬

エキナセア Echinacea angustifolia	キク科 栽培	エキナセア根	根 随時	〔民〕解熱、浄血 〔外〕チンキ剤

アメリカ産で解熱・抗炎症作用あり

[生育地と植物の特徴]

別名エキナシア。北アメリカ原産。乾性土壌に生え、特に草原に多くみられる多年草。草丈60～100cm。根は円筒状に肥厚し、わずかに螺旋状になる。茎は直立か斜上し、通常単一で細い。葉は互生し、披針形か広披針形で長さ8～20cm、鋭尖頭で全縁。基部は鋭形で茎とともに両面に有毛。花期は6～10月。茎の頂に管状花と紫色の舌状花からなる頭花をつける。

[採取時期・製法・薬効]

根を必要時に掘り上げ、水洗い後天日で乾燥させる。成分は、根にイヌリン、サッカロース、ブロース、ベタイン、フィトステロール、オレイン酸、セロチン酸、リノール酸、パルミチン酸、ミリスチン酸、ビタミンCなどを含む。

❖梅毒、腫れ物、咽頭炎、膿瘍、敗血症に
　使用法の詳細は不詳。

❖ジフテリアなどの感染症に
　チンキ剤として用いる。

❖風邪のひき始めに
　一日にエキス量で0.4～2.0gを3～5回に分けて飲む。

6月下旬熊本大学薬草園

つぶやき

植物名は正式にはエキナセア・アングスティフォリアである。免疫力を高める働きがあり、アメリカ大陸の先住民が万能薬として使ってきた。ドイツでは、風邪の諸症状を緩和する医薬品として用いられている。

参考：牧野和漢薬草圖鑑

オタネニンジン 御種人参	ウコギ科 栽培	【局】人参、【局】紅参 にんじん、こうじん	根 秋	〔漢〕漢方処方

江戸幕府に保護されてきた朝鮮人参

[生育地と植物の特徴]

御種人参が詰まってオタネニンジンとなった。隋、唐の時代より、朝鮮からも薬用としての人参が入ってきているが、このオタネニンジンは、栽培が不可能だった。八代将軍吉宗は人参の国産化を考え、当時、幕府の資金の援助を受けて、一手に人参の輸入に当たっていた対馬藩に命じて、苗、種子を入手し、栽培を何回か試しているうちに10年後の享保14年（1729）栽培が可能との明るい見通しを得た。日光東照宮御神領地内の篤農家大出伝左衛門に委託栽培させることによって人参栽培は成功した。幕府崩壊で、日光地方の人参栽培は終わったが、この栽培技術は今日、会津、信州、出雲（鬼島）に引き継がれている。根を蒸したものをコウジンという。

[採取時期・製法・薬効]

播種後5～6年目の秋、地上部の葉が枯れる頃、根を掘り採り、水洗いしながら竹ベらで表皮をはがし、天日で乾燥させて、白く干し上げる。成分は、サポニンのジンセノサイド、精油のパナキセノールやコリンなど。副作用として発疹、蕁麻疹などの皮膚症状が記載されている。

❖食欲不振・胃弱なとで衰弱しているとき強壮に
　一回量2～6gを180mlの水で半量になるまで煎じて服用する。肥満型で、高血圧の人は服用を控えること。

[漢方原料（人参）**]** 甘、平。産地は日本、韓国、中国。温経湯〔薬〕、黄連湯〔薬〕、帰脾湯〔薬〕、呉茱萸湯〔薬〕、柴胡桂枝湯〔薬〕、柴苓湯〔薬〕、四君子湯〔薬〕、炙甘草湯〔薬〕、十全大補湯〔薬〕、小柴胡湯〔薬〕、参蘇飲〔薬〕、清心蓮子飲〔薬〕、釣藤散〔薬〕、女神散〔薬〕、人参湯〔薬〕、人参養栄湯〔薬〕、麦門冬湯〔薬〕、半夏瀉心湯〔薬〕、半夏白朮天麻湯〔薬〕、白虎加人参湯〔薬〕、補中益気湯〔薬〕、六君子湯〔薬〕。紅参は日本の漢方では用いない。

7月上旬熊本大学薬草園

つぶやき

吉宗の頃の栽培者を参作人と呼んだが、幕府は参作人に種子とこれに必要な肥料を無料貸与、参作人の方はできた人参を幕府からの預かり物として、これを返して、畑使用料と栽培の手間賃を頂戴するというシステムになっていた。これは幕府崩壊まで138年間続いた。参作人は幕府から貸与される種子に御の字をつけ、オンタネと敬称で呼んだ。

参考：薬草カラー図鑑1、牧野和漢薬草圖鑑、今日の治療薬、生薬処方電子事典

エビスグサ 9月下旬長崎県

ハブソウ 8月中旬鹿児島薬草の森

エビスグサ 恵比寿草	マメ科 栽培	【局】決明子、附【生】望江南 けつめいし、ぼうこうなん	種子 秋	〔民〕便秘、かすみ目、疲れ目 〔飲〕ハブ茶、決明葉茶

高血圧や腎臓・肝臓病改善

[生育地と植物の特徴]

北アメリカ原産。江戸時代に中国から渡来した一年草。“えびす”とは、蕃夷(外国)から来た草の意。葉は偶数羽状複葉。マメ科の植物にしては珍しく蝶形の花ではなく5枚の花弁が同形同大で開いている。雄蕊は10本、雌蕊は1本。エビスグサの小葉は倒卵形で、莢果は細長く先が尖がり弓状に曲がり中に一列にたくさんの菱形をした四辺形の豆が入っている。この豆が薬用になる。一般にハブ茶として売られたり、栽培されているのはエビスグサである。

[採取時期・製法・薬効]

10～11月に良く熟した種子を収穫し充分に天日で乾燥させたものを決明子という。決明は明を開くという意味で視力が良くなるという。6～8月に葉を採取する。成分はクリソファノール、オブツシフォリンなど。

❖便秘、整腸、腹部膨満感に

エビスグサ10～20gを水600mlで半量になるまで煎じ一日3回食前または食間に服用する。

❖かすみ目、疲れ目に

肝気は目に通ずといわれ決明子を飲用して肝臓の働きが良くなると目がすっきりして視力が良くなるという〔PC〕。

❖ハブ茶

鍋やフライパンで半ば焦げる程度に炒ってから煎じる。これを一般にハブ茶という。

❖エビスグサ葉茶(決明葉茶)

葉を6～8月の時期に採り、水洗いして天日で乾燥させ保存する。疲労回復に緑茶同様にして飲む。

❖エビスグサ料理:徳島県上勝町で考案されている。

[民間薬(決明子)**]** 民間薬として緩下剤、整腸薬に用いられている。性味は苦・甘、微寒。産地は中国、インド、北朝鮮、東南アジア諸国で、日本では茨城、九州、中国、四国などで少量生産。処方は洗肝明目散、決明子散。

ハブソウ

類似植物にハブソウ(波布草)がある。メキシコ原産で江戸時代に渡来して栽培される一年草。マメ科でこの植物の種子または全草を生薬にしたものが望江南(ぼうこうなん)である。ハブソウは小葉の先が尖り、莢の中の種子は平たく、2列に入っている。よく似ていて混同しやすいが、薬効は同じであり、ハブ茶の原料となる。エビスグサのハブ茶とハブソウのハブ茶とは紛らわしいが、一般にハブ茶といえばエビスグサを原料としている。

[民間薬(望江南)**]** 産地は、中国。民間薬として、便通に用いられている。

つぶやき

種子を生のまま煎じると生臭くて美味しくないので、鍋やフライパンで軽く炮ってから煎じると香ばしく飲みやすくなる。これを一般にハブ茶という。便通に効くことが広まったのは大正時代でセンナ末の代用として利用している。エビスグサには葉にも薬効がある。一般に粉末などにして全てを取り込む場合の効果は煎じて飲む場合の5倍であると言われる。

参考:長崎の薬草、新佐賀の薬草、薬草カラー図鑑1、牧野和漢薬草圖鑑、生薬学、生薬処方電子事典、徳島新聞H240913

オリーブ 橄欖	モクセイ科 植栽	【局】オリーブ油 おりいぶゆ	果実 秋	〔製〕オリーブ油

食用にも薬用にも

[生育地と植物の特徴]

原産は地中海沿岸地方や、小アジアと言われており、紀元前3000年頃、すでにギリシャで栽培されていた。現在、インド・パンジャブ地方から地中海沿岸地方をはじめ世界各地の比較的気温の高い地域で栽培されている。日本では香川県小豆島でわずかに栽培されているに過ぎない。樹高2～18mの常緑高木。葉は長楕円形か披針形、革質で先端は鋭くとがる。花期は5～6月。葉腋に総状花序を出し、4深裂する帯黄白色の芳香のある花を開く。果実は緑から黄に変わり、のちに黒色になる。

[採取時期・製法・薬効]

熟した果実を採取し、しぼってオリーブ油を得る。収率約20%である。成分のほとんどはオレイン酸のグリセリドで、他にわずかのリノレイン酸、パルミチン酸、アラキン酸のグリセリドを含む。

❖オリーブ油に

薬用として注射薬溶剤、軟膏基剤、皮膚塗布用、浣腸用、擦剤原料。化粧用として香油、化粧品用など。

つぶやき

未熟の果実を採取してピクルスとし、食欲増進のための食品とする。食用油としてマヨネーズソース、フライ油、魚類の油漬に用いる。オリーブ油は毛織物、人絹製造の仕上剤にも用いる。

12月上旬長崎県栽培品

参考：牧野和漢薬草圖鑑

カイケイジオウ 懐慶地黄	オオバコ科 植栽、輸入	【局】地黄 じおう	根	〔民〕滋養強壮、止血、補血 〔漢〕漢方処方

我が国では薬草園でしか見ることができない

[生育地と植物の特徴]

中国原産。1940年に我が国に渡来し、研究機関などで保存されてきた。根生葉は、長い楕円形で皺が多く、裏面は紫色を帯びる。茎葉は互生。花期は6～7月。茎先に総状花序を出し、淡い紅紫色をした筒状の花を横向きにつける。花冠は先で浅く5つに裂ける。

[採取時期・製法・薬効]

生の根を鮮地黄、根を乾燥させたものを乾地黄、根を蒸して酒に漬けては乾かし調整したものを熟地黄という。成分は、イリドイド配糖体のグルチノシド、カタルポル。

❖のぼせ、出血に

鮮地黄一日量10～15gを煎じて3回に分けて服用する。

❖のぼせ、ほてり、口渇、咽喉痛、盗汗に

乾地黄一日量10～15gを煎じて3回に分けて服用する。

❖眠りが浅い、多い夢、動悸、不安感、フラツキ、目のかすみ、耳鳴り、インポテンツに

熟地黄一日量10～15gを煎じて3回に分けて服用する。

[漢方原料（地黄）**]** 性味は乾地黄で甘・苦、寒、熟地黄で甘、微温。産地は、中国、日本。処方は、温清飲〔薬〕、芎帰膠艾湯、荊芥連翹湯〔薬〕、牛膝腎気丸、五淋散〔薬〕、柴胡清肝湯〔薬〕、滋陰降火湯〔薬〕、七物降下湯、四物湯〔薬〕、炙甘草湯〔薬〕、十全大補湯〔薬〕、潤腸湯〔薬〕、消風散〔薬〕、疎経活血湯〔薬〕、当帰飲子〔薬〕、人参養栄湯〔薬〕、八味地黄丸〔薬〕、竜胆瀉肝湯〔薬〕、六味地黄丸〔薬〕、八味地黄湯など。

つぶやき

地黄は八味地黄丸に配合されるが、胃腸に負担がかかる恐れがある。熟地黄はカタルポルが検出されない。地黄には食欲不振など消化器系副作用がある。

10月上旬熊本大学薬草園

参考：牧野和漢薬草圖鑑、今日の治療薬、生薬処方電子事典

カカオノキ Cacao	アオイ科 輸入	【局】カカオ脂 かかおし	果実 結実時	〔製〕カカオ脂

チョコレート・ココア・坐薬基剤の原料

[生育地と植物の特徴]

中央アメリカ原産で、熱帯各地で広く栽培されている常緑小高木。樹高4〜12m。樹皮は厚く暗褐色。葉は長楕円形で先端が尖る。花は帯黄白色で小さく、幹や枝に直に着生する。年中開花しては結実する。果実は幹生果で、長楕円体状で5室に分かれ、40〜60個の種子がある。

[採取時期・製法・薬効]

成熟した果実をもぎ採り、切り開いて種子を取り出し、積み重ねて数日間発酵させると、赤褐色に変色し、苦味が消えて、香気が発散する。これを水洗いし乾燥させたものがカカオ豆でチョコレートとココアの材料になる。成分は微量のカフェインの他に2〜3%のテオブロミンなどのアルカロイドを含む。ここまでの作業は生産地で行われ、海外に輸出される。輸入されたカカオ豆を火で炙り、種子を取り去ってから磨り潰すとカカオペーストができる。これを圧搾機にかけて絞ると、カカオ脂(カカオバター)と残渣が得られ、残渣を乾燥させ粉末にしたものがココアである。

❖坐薬や化粧料の基剤に

カカオ脂は、融点が33.4〜34.4℃で、人体の体温でよく融けるので坐薬や化粧料の基剤に用いられる。

5月下旬内藤くすり博物館

つぶやき

カカオペーストに、砂糖、ミルク、香料を加え、練り固めたものがチョコレートである。

参考:薬草カラー図鑑4、牧野和漢薬草圖鑑、生薬処方電子事典

カ(ン)レンボク 旱蓮木	ヌマミズキ科 植栽	【生'】喜樹 きじゅ	果実・根 随時	〔製〕抗がん剤 肝機能障害、白血球減少

白血病などの抗がん剤に

[生育地と植物の特徴]

高木になることから中国では千丈樹や旱蓮木の名がある。カンレンボク(カレンボク)は旱蓮木の日本語読み。中国揚子江以南の標高1000m以上の高地に分布する。街路樹の目的で各地で栽培される。樹高は30mにもなる。葉は長さ12〜28cm、幅6〜12cmの広い披針形で互生する。雌雄同株で、雌花は上に雄花は下に咲く。開花期は7〜8月。花の色は淡緑色。結実期は10〜12月。果実は痩果で、長さ2.5cmの長楕円形、多数集まり、集合果。

[採取時期・製法・薬効]

全株にカンプトテシン、根にベノテルピン、β-シトステロール、樹幹にはヒドロキシカンプテシン、メトキシカンプテシン、果実はこれらの成分のほかヒドロキシカンプテシン、メトキシカンプテシン、デオキシカンプテシン、ベノテルピン、ビンコシド-ラクタム、ベツリン酸などを含む。これらは毒性が強く、特に肝臓に毒性が強く反応するという報告がある。なかでもカンプトテシンの毒性反応が強い。

❖抗がん剤、抗白血病薬に(カンプト®、イリノテカン®)

果実や根から精製した生薬の喜樹を用いる。

花 7月下旬島原薬草園

果実 10月中旬島原薬草園

つぶやき

副作用として、食欲不振、悪心嘔吐、血尿、白血球減少、脱毛、発疹、下痢、心調律異常、神経不安症などがある。平成5年のある新聞に、喜樹より精製した抗がん剤による副作用が報じられた。イリノテカンの副作用の遅発性下痢や口内炎には半夏瀉心湯が用いられる。

参考:薬草カラー図鑑4、生薬処方電子事典、BEAM漢方薬

キバナオウギ 黄花黄耆	マメ科 輸入、栽培	【局】黄耆 おうぎ	根 秋	〔漢〕漢方処方

発汗抑制作用、利尿作用、強壮作用あり

[生育地と植物の特徴]
中国の東北地方、華北地方、朝鮮半島北部、シベリアに分布し、草地に生える多年草。我が国では昭和40年頃より北海道で栽培され、その後青森、岩手、山形、茨木、群馬県などでも栽培。草丈60～100cm。根はまっすぐ棒状に伸びる。葉は奇数羽状複葉、小葉は4～13対、卵状披針形で、裏面に白い長い毛がある。托葉は狭い披針形で長さ6mmほど。葉腋より花茎を伸ばし、総状花序に淡黄白色の蝶形花を多数つける。萼は鐘状で先は浅く5裂。花の旗弁は長楕円形。両側の翼片と竜骨弁には長い距がある。雄蕊10本、子房は無毛。豆果は膜質、半卵形でふくらみ、先端は刺針のように尖る。

[採取時期・製法・薬効]
秋に根を掘り採り、水洗いのあと天日で乾燥させる。成分はβ -ジトステロール、スチグマステロール、β -アミリン、ジハイドロオキシ・ジメトオキソフラボン。
❖強壮、止汗、強心、利尿、血圧降下に
単品では用いず漢方処方に配合される。

[漢方原料(黄耆)**]** 産地は、中国、韓国、北朝鮮。処方は、黄耆建中湯〔薬〕、加味帰脾湯〔薬〕、帰脾湯〔薬〕、七物降下湯〔薬〕、十全大補湯〔薬〕、清暑益気湯〔薬〕、清心蓮子飲〔薬〕、大防風湯〔薬〕など。性味は甘、微温。

つぶやき
中国では生薬名黄耆。耆は老人の意。生薬の色が黄色で根が綿のように柔らかいことから黄耆となった。

5月下旬内藤くすり博物館

参考：薬草カラー図鑑4、牧野和漢薬草圖鑑、生薬処方電子事典

クロタネソウ 黒種子草	キンポウゲ科 栽培	なし	種子 夏	〔民〕利尿

枕に入れて良い夢を

[生育地と植物の特徴]
別名ニゲル。ヨーロッパ南部の原産で、我が国には江戸時代末期に渡来した。庭園などで栽培される一年草。草丈約50cm。茎は直立して多数分枝する。葉は互生し3～4回羽状に細裂し、裂片は糸状になる。花期は夏。分枝した地上茎の各々の先にやや大形の花を単生する。花弁の数は5枚だったり八重だったり。

[採取時期・製法・薬効]
6～7月頃、果実を摘み採り、箱に入れて乾燥させ、種子のみ採集して陰干しにする。成分は種子にアルカロイドのダマセニン、精油のニゲルエール、サポニン類を含む。
❖利尿に
種子を砕き、よく乾燥したものを一回0.5～1.0g服用する。アルカロイドを含むため用量を過ごさないように注意する。なお、家庭での薬用は避けた方がよい。

つぶやき
薬理作用は不明であるが、西洋では民間で利尿、腸カタル、肺疾患の治療に用いられる。また、ヨーロッパでは、成熟した全草を乾燥させたものを枕の詰め物にする。種子にはダマセチンやニゲルエールなど、メロンのような香りを含んでいるので、この枕を当ててやすむとファンタスチックな夢を見るのだという。

5月下旬内藤くすり博物館

参考：薬草カラー図鑑2、牧野和漢薬草圖鑑

ケイガイ 荊芥	シソ科 栽培	【局】荊芥 けいがい	花穂 秋	〔漢〕漢方処方

薬用に栽培されているものだけ、葉の形に特徴

[生育地と植物の特徴]

中国原産で朝鮮半島に分布。名は中国名の荊芥を日本語読みにしてケイガイになった。一年生の草本で茎が直立に伸び、高さ30～100cmに達し、灰白色の短毛が生えている。葉は3裂し、長さ1.5～4cm、両面に短毛がある。葉柄は短い。花期は夏。茎の上部に長さ3～12cmの穂状花序を輪生する。萼は約3mm、短毛があり、先端は5裂する。花は淡紫色で唇形、上唇は2裂、下唇は3裂し上唇よりやや大きい。雄蕊4本で、うち2本は長い。痩果は7～9月に成熟する。

[採取時期・製法・薬効]

秋まだ穂の青いうちに花穂のみを採取し、風通しの良い日陰で乾燥させる（荊芥）。全草の芳香はハッカに似た精油を含み、d-メントン、d-リモネンを含む。

❖鎮痛、解熱、吐血・血便の止血に

荊芥一日量5～10gを水400mlで煎じて一日3回飲む。

[漢方原料（荊芥）**]** 性味は辛、温。産地は、中国。処方は、荊芥連翹湯〔薬〕、十味敗毒湯〔薬〕、清上防風湯〔薬〕、消風散〔薬〕、川芎茶調散〔薬〕、治頭瘡一方〔薬〕、当帰飲子〔薬〕、防風通聖散〔薬〕など。

つぶやき

漢方では皮膚疾患、消炎、排膿などの漢方処方に配合され、荊芥を単味で用いることはまずない。荊芥連翹湯は蓄膿症、慢性鼻炎、慢性扁桃炎、面皰などに用いる。

7月下旬熊本大学薬草園

参考：薬草カラー図鑑4、牧野和漢薬草圖鑑

ゲッケイジュ 月桂樹	クスノキ科 植栽	【生'】月桂樹 げっけいじゅ	葉 9月頃	〔民〕芳香性健胃、リウマチ、神経痛、〔香〕鎮静作用のあるスパイス

疲労回復や食欲増進、薬酒・調理酒としても

[生育地と植物の特徴]

地中海沿岸地方原産。世界中で植栽されている。我が国には明治時代に入った。月桂樹の名は170年前に英国名ローレルに対する中国名としてつけられた。

[採取時期・製法・薬効]

必要時に葉を採取して水洗後に天日で乾燥させたあと、細かく刻んでおく。成分は、葉に芳香のある精油分を含み、その代表格はシネオールで精油の50%､他にオイゲノール、ゲラニオールを含む。

❖芳香性健胃に

果実が乾燥した月桂実を煎じるか粉末にして飲む。

❖リウマチ、神経痛に

一回量2～3gの月桂葉を水300mlで3分の1量に煎じて服用する。

❖料理に

葉を乾燥させた月桂葉は、ローレル、ローレル葉、ベーリーフの名でスパイスとして食料品店で販売されている。干した葉をくさみとりや香りつけのために、魚や肉料理、スープ、シチューにそのまま入れて使用する。なおニンニク酒の臭いには月桂樹の葉を入れておくとよい。

つぶやき

古代ギリシャやローマでは、月桂樹を勝利の象徴としたが、これは常緑で葉に芳香があるのが貴いとされたからである。また、ローマ皇帝は雷が怖く、雷除けに効き目があるという月桂樹の冠をつけていたといわれている。

10月上旬長崎大学薬草園

参考：薬草カラー図鑑2、牧野和漢薬草圖鑑、徳島新聞H180902

ケンポナシ 玄圃梨	クロウメモドキ科 浅山、原野	【生】枳椇子 きぐし	葉・花・柄 晩秋～初冬	〔民〕二日酔い、利尿 〔食〕果柄の生食

肝機能改善に効果、果実酒は甘口で美味しい

[生育地と植物の特徴]

名は拳棒梨が訛ったもので、人の5指に似て肥厚した手のような実のなる梨の意味。肥前(佐賀県、長崎県)の方言の"ケンポノナシ"から来ている。玄圃はレプラの意という説がある。北海道(奥尻島)、本州、四国、九州、朝鮮半島、中国に分布。浅山にまれにある落葉高木。神社等にも植えられている。樹高15mほど。若枝では節のところで千鳥足様にジグザグになる。葉は広い卵形で先が尖り柿の葉に似てそれより薄い。夏に淡緑色の小花を多数つけ、球形の果実がなる。食べられるのは果実でなく果柄。初冬に果実のついた枝が落ちるが先の方は多汁多肉で梨地の色と模様があり、食べると甘く梨の味がする。

[採取時期・製法・薬効]

秋に果柄つき果実を採取する。成分は、ショ糖、ブドウ糖、硝酸カリウム、リンゴ酸カリウム、パーオキシダーゼ。

❖酒酔いに

酒酔いを治す妙薬である。酩酊している者に葉5～10枚、または果軸4～5本を400mlくらいの水で半量に煎じて飲ませる。酒酔いには驚くほど効くが、酔いがさめても吐く息はアルコールの臭いがするのでアルコールが分解されるわけではない。

❖果実酒に：曲がりくねった果梗(かきょう)を集め3倍量のホワイトリカーに漬け3～6ヵ月待つとオレンジ色の酒

6月下旬長崎県島原薬草園

9月下旬島原薬草園

つぶやき

ケンポナシを酒屋に植えると酒が水になるという言い伝えがある。材は辺材が黄白色、心材が黄褐色で工作しやすく、床板、洋家具、机、火鉢などに用いる。長崎の岩屋山に巨大な老木2本がある。諫早市長田のお手水観音や仁田頭にもあるという。ケンポナシはツシマヘリビロトゲハムシの食草である。この虫がいる限り対馬にもあるはずである。

参考：長崎の薬草、新佐賀の薬草、樹に咲く花4、薬草カラー図鑑2、牧野和漢薬草圖鑑、生薬処方電子事典、徳島新聞H151007

コガネバナ 黄金花	シソ科 栽培	【局】黄芩 おうごん	根 晩秋	〔漢〕漢方処方

多くの漢方処方に配合、花は黄金色ではない

[生育地と植物の特徴]

原産地は中国北部からシベリア、モンゴル、朝鮮半島。日本では栽培品のみ。生薬として輸入されていたものを享保年間に幕府が小石川御薬園にて栽培するようになった。高さ20～60cmの多年草。花期は8月頃。茎の上部に唇形をした紫色の花を穂状につける。花の長さは25～30mm。漢字で黄金花と書くことから黄金のような黄色の花を咲かせるように思われやすいが、実際は紫紅色の花である。葉は対生して、先端は尖る。根は円錐状で、外部は暗褐色、内部は黄色。

[採取時期・製法・薬効]

晩秋、茎葉の枯れた頃に根を掘り採り水洗いし乾燥させる。成分は、消炎解熱作用のあるオウゴニンやバイカリンを含む。

[漢方原料(黄芩)**]** 性味は苦、寒。産地：中国、韓国、鹿児島、群馬。処方：(単独で用いられることはない)小柴胡湯〔薬〕、半夏瀉心湯〔薬〕、温清飲〔薬〕、乙字湯〔薬〕、黄連解毒湯〔薬〕、荊芥連翹湯〔薬〕、五淋散〔薬〕、柴陥湯〔薬〕、柴胡加竜骨牡蛎湯〔薬〕、柴胡桂枝乾姜湯〔薬〕、柴胡桂枝湯〔薬〕、柴胡清肝湯〔薬〕、柴朴湯〔薬〕、柴苓湯〔薬〕、三黄瀉心湯〔薬〕、小柴胡湯加桔梗石膏〔薬〕、潤腸湯〔薬〕、辛夷清肺湯〔薬〕、清上防風湯〔薬〕、清心蓮子飲〔薬〕、清肺湯〔薬〕、大柴胡湯〔薬〕、二朮湯〔薬〕、女神散〔薬〕、防風通聖散〔薬〕、竜胆瀉肝湯〔薬〕など。

8月中旬長崎大学薬草園

つぶやき

黄芩には間質性肺炎の副作用があり、まれな有害事象ではあるが、インターフェロンとの併用では発症頻度が増加する。薬剤使用中に咳嗽、呼吸困難、呼吸音の異常などを認めた場合には、間質性肺炎を疑って胸部X線検査などが必須になる。

参考：薬草事典、薬草の詩、薬草カラー図鑑2、牧野和漢薬草圖鑑、生薬学、生薬処方電子事典、BEAM漢方薬

ゴシュユ 呉茱萸	ミカン科 陽地、路傍	【局】呉茱萸 ごしゅゆ	根 秋	〔民〕健胃 〔漢〕漢方処方

我が国で栽培されているものは全て雌株

[生育地と植物の特徴]

ゴシュユの和名は、生薬の漢名呉茱萸を音読したもの。江戸時代の享保の頃に、外国産の薬用植物を国内で栽培しようとする幕府の方針に従って、小石川御薬園に栽培され、これから株分けされて、各地に広まった。紫褐色になって熟すると開裂する蒴果を結ぶ。果実は全体が扁球形で、径6mmほどの小さなもの。表面をよく見ると、凹凸があるが、外側のふくれた部分の奥に、精油分を含んでいる。

[採取時期・製法・薬効]

11月頃に未熟果を採取して、天日でなるべく急速に乾燥させる。成分は、アルカロイドのエボジアミン、ルタエカルピンなどを含んでいる。

❖健胃に

乾燥した果実の粉末一回量0.3～0.5gを水で服用する。

[漢方原料(呉茱萸)**]** 性味は辛、温。産地は、中国、日本。処方は、呉茱萸湯〔薬〕、温経湯〔薬〕、当帰四逆加呉茱萸生姜湯〔薬〕。

7月下旬熊本大学薬草園

10月下旬島原薬草園

つぶやき

日本で栽培しているものは、すべて雌株だけで、種子のない果実しかできない。雄株を中国に置き忘れたような状態で、ゴシュユからは発芽はしない。種子はなくても、ゴシュユの果実は薬用になる。

参考:薬草カラー図鑑1、牧野和漢薬草圖鑑、生薬処方電子事典

ゴマノハグサ 胡麻の葉草	ゴマノハグサ科 輸入、草地	【生】玄参 げんじん	根 随時	〔民・外〕でき物、鼻炎 〔漢〕漢方処方

消炎・解熱作用あり、生薬には中国原産のもの

[生育地と植物の特徴]

本州、九州、朝鮮半島、中国に分布し、湿り気のある草地に生える多年草。草丈約1.2m。茎は分枝せず直立し4稜がある。葉は長卵形で先が尖る。花期は7～8月。葉の頂に細長い集散花序をつくり、多数の黄緑色の小さな花を開く。根は肥大し塊となる。

[採取時期・製法・薬効]

根を採り天日で乾燥させる(玄参)。成分は配糖体のハルパガイドのほか、フィトステロールを含む。

❖喉の腫痛、鼻炎、でき物に

玄参一日量6～10gを煎じて一日3回に分け食前に服用する。また、うがいして用いる。

❖でき物の外用に

生の根をつき砕いて患部に塗る。

[漢方原料(玄参)**]** 性味は苦・鹹、微寒。産地は、中国。処方は、玄参升麻湯、増液湯、玄参解毒湯。

ゴマノハグサ 6月下旬熊本大学薬草園

ゲンジン 5月下旬内藤記念くすり博物館

つぶやき

中国ではゴマノハグサ科の‘玄参’を生薬として用いているが、我が国ではゴマノハグサ由来のものを使用してきた。現在中国ではこの種のものを北玄参として区別している。したがって、日本産のものは現在出回っていない。

参考:牧野和漢薬草圖鑑、生薬処方電子事典

コリアンダー Coriander	セリ科 輸入	【生】胡荽子 こずいし	果実 夏〜秋	〔香〕香料 〔民〕健胃、駆風、去痰

利尿作用あり

[生育地と植物の特徴]

和名コエンドロ、ポルトガル語のCoentroから出たもの。ヨーロッパ東部、地中海東部沿岸の原産で、アジア、アメリカに帰化、日本でもまれに栽培される一年草。草丈30〜60cm。茎は直立し,まばらに分枝する。葉は薄く、互生する。下部の葉は2回羽状複葉、上部の葉は3回羽状複葉で細い。花期は夏。枝先に複数形花序をつけ白色の小形の花を開く。果実は球形で、未熟の果実は悪臭があるが、完熟すると良い香りに代わる。

[採取時期・製法・薬効]

8〜9月に果実を採集し天日で乾燥させる(胡荽子)。成分は果実に精油を含み、その主成分は約70%のd-リナロールで、他にp-チモール、α –、β –シメン、リモネン。脂肪油も含み、その主成分はオレイン酸で、他にオクタデセン酸、リノール酸、パルミチン酸も含む。また、フラボノイド配糖体、β –シトステロール、d-マンニトールなどを含む。

❖健胃、下痢、痔疾に
5〜10gを煎じて服用する。

つぶやき

ヨーロッパでは薬局方に指定され、健胃、駆風、去痰剤として用いられている。また、ヨーロッパでは香料としてスープ、パン、カレー粉、ソーセージなどの製造に使われている。タイや中国では臭気のある生薬を料理に添加して賞味している。

5月下旬内藤くすり博物館

参考:牧野和漢薬草圖鑑

サネブトナツメ 刻太棗	クロウメモドキ科 輸入、植栽	【局】酸棗仁 さんそうにん	種子 秋	〔酒〕酸棗仁酒 〔漢〕漢方処方

各地の薬草園で栽培されている

[生育地と植物の特徴]

日本でも享保の頃、小石川薬園で苗が栽培された記録があり、現在日本で栽培されているものは、これから株分けされたものかも知れない。

[採取時期・製法・薬効]

ほとんどは中国からの輸入である。身近にサネブトナツメの木がある場合は秋に果実を採り、内果皮(核)をたたき割って、種子(仁)を取り出して、天日で乾燥させる。

❖鎮静、心因性の不眠症、健忘症に
酸棗仁4〜10gを煎じて服用する。

❖酸棗仁酒(不眠、神経衰弱に)
酸棗仁100g、グラニュー糖150g、45度ホワイトリカー720mlを瓶に仕込み、2ヵ月以上おいて濾す。残った酸棗仁は捨てずに、新しい酸棗仁50gを追加して、グラニュー糖150g、45度ホワイトリカー720mlを加えて、初回と同様に2ヵ月以上おいて濾す。3回以上の利用は無理である。就寝直前に20mlを服用する。

[漢方原料(酸棗仁)**]** 性味は酸、平。産地は、中国、ビルマ、タイ。処方は、加味温胆湯、加味帰脾湯〔薬〕、帰脾湯〔薬〕、酸棗仁湯〔薬〕。

つぶやき

果実は内花皮(核)の部分が発達し、中果皮(果肉)が少ないので、一般のナツメのように食べられない。酸棗というのも、酸っぱい棗という意味である。

9月下旬長崎大学長崎大学薬草園

参考:薬草カラー図鑑1、牧野和漢薬草圖鑑

サボンソウ サボン草	ナデシコ科 園芸品	【生'】サボンソウ さぼんそう	根茎 秋	〔民〕去痰、慢性皮膚炎 〔製〕石鹸代用

去痰作用はあるが使えない

[生育地と植物の特徴]

原産地は、ヨーロッパから中央アジア。我が国には明治の始め、園芸品として入ってきた。ヨーロッパではセッケンソウとかサボンソウの意味の名で呼ばれているが、葉や根にサポニンを含むので水に浸すと石鹸水のように泡を出す。多年草で、高さ50～90cm。幅の広い葉を対生する。夏に淡紅色の5弁花が平開する。ヤエサボンソウは八重咲きで、紫紅色、深紅色、白、ピンクなどがある。

[採取時期・製法・薬効]

根茎を薬用にするので、秋に掘り採り、急いで水洗いして、天日で乾燥させる。成分は、サポニン、サポトキシン、サポナリンなどを含む。

❖去痰、慢性皮膚炎に

乾燥根茎を粉末にして一回量0.5～1.5gを水で頓服するが、作用が強いので家庭では用いてはいけない。

つぶやき

ヨーロッパでは石鹸の代用であった。根茎を細かく刻み、水に入れて強く振ると泡が立ち、これで布などの汚れを落とす。我が国では洗濯に使われたという記録はない。かつては湿疹、坐瘡などの皮膚病の治療に外用で用いられた。乾燥地でも湿地でも育つが、排水と陽当たりの良い場所を好む。長野県大町市内の川岸にたくさんのサボンソウが野生化しているという。

7月下旬長崎大学長崎大学薬草園

参考：薬草カラー図鑑2、牧野和漢薬草圖鑑

シナニッケイ 支那肉桂	クスノキ科 輸入	【局】桂皮・【生】桂枝 けいひ・けいし	根皮 随時	〔民〕芳香性健胃、整腸 〔漢〕漢方処方

中国産のニッケイこそが局方桂皮の原料

[生育地と植物の特徴]

中国原産の常緑高木。葉の表面には光沢があり、裏面は白色で、葉脈は葉の付け根の方で3つに分れる。葉を揉むと独特の良い香りがする。夏、小枝の葉腋から長い花柄を出し、淡黄緑色の小さい花をつける。

[採取時期・製法・薬効]

桂皮・桂枝は中国産肉桂（シナニッケイ）の樹皮を乾燥させたもので、種々の漢方処方に配合される。漢方原料は輸入に頼っている。

❖芳香健胃剤、整腸に

乾燥した根皮の粉末0.3～1gを一日3回に分けて食前に水で飲む。

[漢方原料（桂皮・桂枝）**]** 性味は辛・甘、温。産地は、中国（広東、広西）。処方は、安中散〔薬〕、胃苓湯〔薬〕、温経湯〔薬〕、黄耆建中湯〔薬〕、黄連湯〔薬〕、葛根湯〔薬〕、桂枝湯〔薬〕、桂枝加芍薬湯〔薬〕、桂枝加芍薬大黄湯〔薬〕、桂枝人参湯〔薬〕、桂枝茯苓丸〔薬〕、牛車腎気丸〔薬〕、五積散〔薬〕、五苓散〔薬〕、柴胡桂枝湯〔薬〕、柴胡桂枝乾姜湯〔薬〕、柴苓湯〔薬〕、炙甘草湯〔薬〕、十全大補湯〔薬〕、小建中湯〔薬〕、小青竜湯〔薬〕など。

つぶやき

種々の漢方処方に配合される桂皮は、産地が中国またはベトナムで日本薬局方に記載されている。副作用として、発疹、発赤などの皮膚症状がある。

5月下旬内藤記念くすり博物館

参考：牧野和漢薬草圖鑑、生薬学、今日の治療薬、生薬処方電子事典

セイヨウニワトコ 西洋庭常	スイカズラ科 植栽、輸入	【生】接骨木/接骨木花 せっこつぼく/－か	茎葉/花 夏	〔民〕鎮痛、止血/ 発汗、解熱

日本のニワトコと同じように使われる

[生育地と植物の特徴]

北アフリカ、ヨーロッパ、西アジアに分布し、我が国には明治末期に渡来し、各地で植栽されている落葉低木。樹高2～10m。茎は根元から叢生する。樹皮には深い溝があり、葉は長楕円形、対生で奇数羽状複葉。花期は5～6月。帯黄白色の花を散房花序につけ香気がある。液果は黒色で光沢がある。

[採取時期・製法・薬効]

花は開花する直前に採取したものを陰干しにする。茎葉は7～8月頃に細い枝を選んで陰干しにする。成分は葉にはエムルシン、ショ糖、ウルソール酸、β－シロステロール、花にはカルシウム塩、粘液質、精油、コリン、吉草酸、ルチンが含まれる。また、葉と花に青酸配糖体のサンブニグリンがある。

❖発汗、解熱に

接骨木花一日量5gを水で煎じて服用する。

❖むくみの利尿に

接骨木一日10gを煎じて服用する。

5月下旬内藤くすり博物館

つぶやき

ニワトコ属は世界各地で薬用とされている。日本のニワトコと同じように、生薬をすり潰して外用したり、神経痛やリウマチに乾燥した茎葉や花300gを袋に入れ、これを煮出して沸騰したらそのまま風呂に入れて入浴する。

参考：牧野和漢薬草圖鑑

センキュウ 川芎	セリ科 栽培、山地、路傍	【局】川芎 せんきゅう	根茎 晩秋	〔民〕鎮痛、鎮静 〔漢〕漢方処方（婦人病一般）

婦人薬の要薬とされている

[生育地と植物の特徴]

中国原産。草丈30～60cmくらいになり、葉は2回羽状複葉で、小葉は卵状皮針形で深く裂けて縁にはこまかな鋸歯がある。花期は7～8月。茎の先の複合散形花序（二重に傘を開いたような形）に小さな多数の白色花をつける。寒い地方で生育する植物で、九州では花の観察は困難とされている。秋の終わり頃の果実は未熟に終わる。

[採取時期・製法・薬効]

10～11月頃に株分けして、根茎を植えつける。翌年の秋には掘り採り、ひげ根をとり去って、水洗して乾燥させる。乾燥しにくいので、生のうちに薄く切ってから、天日に干す。虫がつき易いので、保存には注意する。芳香成分は精油のクニジリッド(cnidilide)、リグスチリッド(ligustilide)で、これらがセンキュウの主成分である。

❖鎮痛、鎮静に

川芎一日量3～5gに水400mlで半量に煎じ3回に分けて服用する。川芎は単独で用いるよりも処方に配合される。

[漢方原料（川芎）**]** 性味は、辛、温。産地は、北海道、岩手、新潟、群馬など。処方は、温経湯〔薬〕、芎帰膠艾湯〔薬〕、当帰芍薬散〔薬〕、四物湯〔薬〕、温清飲〔薬〕、葛根湯加川芎辛夷〔薬〕、荊芥連翹湯〔薬〕、五積散〔薬〕、柴胡清肝湯〔薬〕、酸棗仁湯〔薬〕、七物降下湯〔薬〕、四物湯〔薬〕、十全大補湯〔薬〕、十味敗毒湯〔薬〕、清上防風湯〔薬〕、川芎茶調散〔薬〕、疎経活血湯〔薬〕、大防風湯〔薬〕、治頭瘡一方〔薬〕、治打撲一方〔薬〕、猪苓湯合四物湯〔薬〕、当帰飲子〔薬〕、当帰芍薬散〔薬〕、女神散〔薬〕、防風通聖散〔薬〕、抑肝散〔薬〕、抑肝散加陳皮半夏〔薬〕。川芎には食欲不振など消化器系副作用がある。

7月上旬熊本大学薬草園

つぶやき

全草には特有の芳香があるが、特に根茎の部分には、強い香りがある。漢方で婦人病の要薬とされているもので、単味では用いないで漢方処方や家庭薬に配合されている。川芎茶調散〔薬〕にはドパミン代謝経路のCOMT抑制作用があり、パーキンソン病に用いられる。

参考：薬草事典、薬草カラー図鑑1、牧野和漢薬草圖鑑、生薬学、今日の治療薬、生薬処方電子事典

タンジン 丹参	シソ科 輸入	【生】丹参 たんじん	根 春と秋	〔民〕月経不調、腹痛、頭痛、 リウマチ、不眠、〔漢〕漢方処方

我が国では薬草園でしか見ることができない

[生育地と植物の特徴]

中国の河北、河南、山東、安徽、四川などの省の陽当たりの良い山地に生え、栽培もされる多年草。日本でもまれに栽培される。草丈30～100cm。茎は、四角形で黄白色の柔毛と線毛がある。葉は対生し長柄がある。単羽状複葉で小葉は3～7個。卵形で長さ2～7cm。急鋭尖頭、鈍鋸歯縁。花期は春、青紫色の唇形花3～10個ずつ段状につける。

[採取時期・製法・薬効]

春と秋に根を掘り採り、水洗いして天日で乾燥させる(丹参)。成分は、フェナンスラキノン系色素のタンシノンI,IIA, IIB、イソタンシノンI,IIA、クリプトタンシノン、タンシノールI,II、樹脂、ビタミンEなどを含む。

❖月経不調、瘀血による腹痛、頭痛、リウマチ、不眠に

丹参一日量5～20gを煎じて3回に分けて食前に服用する。また、粉末にして単味で服用する。

[漢方原料(丹参)**]** 性味は苦、微寒。産地は、中国。処方は、疎肝解鬱湯、清営湯、丹参湯、丹参散。

つぶやき

生薬の丹参は、中国では漢方処方に汎用されている。中国の地域によって別名がそれぞれあって、血生根(遼寧)、紅丹参(湖北)、赤参(四川)、血参(河南)、紫丹参(山東、江蘇、四川)等、さまざまである。四川省で栽培されるものが最良の品質であるという。

5月下旬内藤記念くすり博物館

参考：牧野和漢薬草圖鑑、生薬処方電子事典

チョウジノキ 丁子、丁字	フトモモ科 輸入	【局】丁子、【局】丁子油 ちょうじ、ちょうじゆ	蕾 開花直前	〔漢〕漢方処方 〔民〕芳香性健胃

屠蘇散にも配合されている、日本では栽培されていない

[生育地と植物の特徴]

モルッカ諸島の原産で、ジャワ、スマトラ、東アフリカで植栽される常緑小高木。樹高5～10m。主幹は2～3本に分かれ、樹皮は滑らかで灰色。葉は、長卵形で表面が光沢のある暗緑色、裏面は灰色。若葉は淡緑色で、紅色の斑点があり芳香がある。

[採取時期・製法・薬効]

開花直前の蕾を採取し、花柄を除いて天日で乾燥させる(丁子)。丁子を水蒸気蒸留して得られる精油を丁子油という。丁子の成分は精油、樹脂、タンニンなど、丁子油の主成分はオイゲノールで70～90%を含み、他にアセチルオイゲノール、オイゲニインなどを含む。

❖食用の香辛料、化粧品、香水、防虫香に

[漢方原料(丁子)**]** 性味は、辛、温。産地は、モルッカ諸島、ジャワ、マレーシア。処方は、柿蒂湯、治打撲一方〔薬〕、女神散〔薬〕。屠蘇散にも配合されている。

つぶやき

丁子には子宮収縮、鎮静、運動抑制の作用、丁子油には強い防腐作用、抗菌作用がある。オイゲノールには殺菌、防腐のほか、鎮静、鎮痙作用があり、オイゲニインには抗ウイルス作用が認められている。化粧品、香水、防腐香として、また食用の香辛料に使用。生薬またはアルコール製剤にして胃腸薬。精油はバニリン製造原料、歯科用薬に用い、さび止めや顕微鏡の透明剤にもされた。

5月下旬内藤記念くすり博物館

参考：牧野和漢薬草圖鑑

テンダイウヤク 天台烏薬	クスノキ科 栽培	【局】烏薬 うやく	根 冬～春	〔民〕芳香性健胃薬 〔飲〕健康茶、〔漢〕漢方処方

徐福一行が日本へ向かった目的の一つ

[生育地と植物の特徴]

中国の天台山に産するものは効きめが良いというので、天台の名がつけられた。中国では、この植物を単に烏薬と呼ぶ。中国の揚子江以南の各地が原産地。我が国や台湾、フィリピンにも帰化したり、栽培されている。日本へは約290年前の享保年間、将軍吉宗が海外の薬用植物を積極的に輸入栽培させた時代に輸入された。テンダイウヤクは、大和の宇多、山城の八幡で栽培され各地に販売された。現在、静岡、和歌山、三重、宮崎の各県の一部に野生化している。葉は互生し、広楕円形で革質、裏面は灰白色。雌雄別株。花期は3～4月頃。黄緑色の散状花序をつける。液果が黒く熟するので烏薬と呼ばれる。根は連球状に連なって太く、苦味と香気があり健胃剤、鎮痙剤などに用いる。

[採取時期・製法・薬効]

春か冬のどちらかに根を掘り採り、1本ずつばらばらにして、水洗い後天日で乾燥させる。成分には精油を含み、これにボルネオール、リンデランなどの芳香物質を含有する。

❖芳香性健胃薬に

一日量5～10gを水400mlで半量に煎じ3回に分けて食間に服用する。

[漢方原料(烏薬)**]** 性味は、苦、温。処方は、烏薬順気散、烏沈湯(和剤局方)、四磨湯など。

3月下旬長崎大学薬草園

つぶやき

和歌山県では、新宮市付近に野生化しているものを不老長寿の霊薬として健康茶にしている。秦の時代、徐福の一行数千人は始皇帝に命じられて不老不死の薬を探しに出かけたが、日本の紀州熊野灘に上陸したことから、この茶が生まれたというが、江戸時代とは時代のずれが大きく、テンダイウヤクとは無関係であろう。

参考：薬草カラー図鑑2、牧野和漢薬草圖鑑、生薬処方電子事典、徳島新聞H230602

トウキ 当帰	セリ科 栽培	【局】当帰 とうき	根 秋	〔民〕婦人病、〔酒〕薬用酒、〔浴〕浴用料 〔食〕葉茎を餃子の具、〔漢〕漢方処方

血液の浄化に効果

[生育地と植物の特徴]

名はこれを飲むと血の巡りがよくなり、病気が早く治ることから"当に血が帰ってくる"ことに由来する。本州原産のセリ科の多年草。山地に生え高さ60～90cm。葉は複葉で縁に鋸歯がある。夏から秋、白い小花を散形につける。根は太い。薬用目的で畑や庭に植えられる。葉を破ると強い独特の香りがある。この香りがとても良いという女性と嫌いだという女性がいる。嫌いだというのは若い女性に多くこの植物を必要としない年齢だという。

[採取時期・製法・薬効]

10～11月頃に根を掘り出し陰干し後、湯通しし、さらに陰干しで充分乾燥させる。精油にはサフロール、イソサフロール、ブチールフタリッドなどを含んでいる。

❖薬用酒(生理不順、冷え性、虚弱体質に)

トウキの約3倍量のホワイトリカーに漬け、3ヵ月後から飲用する。一日1回20mlずつ寝る前に飲む。

❖浴用料

茎葉を陰干しで乾燥し、浴用料として用いると暖まる。

[漢方原料(当帰)**]** 性味は、甘辛苦、温。産地は、北海道、奈良、和歌山、群馬。韓国からも日本種を栽培したものを輸入。処方は、当帰芍薬散〔薬〕、加味逍遥散〔薬〕、女神散〔薬〕、抑肝散〔薬〕など。当帰の有害事象として発疹、発赤などの皮膚症状、食欲不振などの消化器症状が記載されている。

6月上旬長崎大学薬草園

つぶやき

別名：イノチノハハ。薬用目的で日本の各地で栽培される。産地として奈良、富山、群馬、茨城、北海道がある。中国産の当帰とは別の種類(カラトウキ)であり、トウキと呼ぶのは正しくないが、慣例として当帰として使われる。

参考：薬草事典、薬草の詩、薬草カラー図鑑1、牧野和漢薬草圖鑑、生薬学、今日の治療薬、生薬処方電子事典、徳島新聞H190605

トウゴマ 唐胡麻	トウダイグサ科 栽培	【生】蓖麻子 ひまし	種子	〔民〕ものもらい、〔製〕瀉下剤
			全草	口内炎、気道閉塞、粘血便

瀉下剤であるが現在では工業用に

[生育地と植物の特徴]

インドまたは北アフリカ原産でトウダイグサ科の一年草。世界中で栽培されているが、我が国では古い時代に中国を経由して渡来し、種子から下剤のヒマシ油を採る目的で栽培されている。高さ数mになる。葉は盾形で掌状に裂ける。秋、柄の上部に雌花を、下部に雄花をつける。実は刺をもち、種子は楕円形で艶がある。

[採取時期・製法・薬効]

夏に種子(ヒマ子)を集める。ヒマ子から得た脂肪油をヒマシ油という。トウゴマの成分はヒマシ油が40〜60%。

❖便秘に

大人で一回15〜30mlを飲む。

[毒成分] 有毒タンパク質のリシン、毒性アルカロイドのリシニンを含み、嘔吐、血圧降下、呼吸中枢麻痺を起こす。一説によると搾りかすの方が毒性が強いという。現在では薬用もあるが、印刷用インクなど工業用に多用される。

[漢方原料(蓖麻子)**]** 性味、甘・辛、平。産地は、日本、中国、世界各地。

9月上旬鹿児島薬草の森

9月上旬京都府立植物園

つぶやき

古代エジプトでは6000年前から栽培されていた。エジプト王朝の古い墓からトウゴマの果実が出土している。1万m以上の上空を飛ぶ航空機には、低温でも対応できるエンジンの潤滑油としてヒマシ油が使われた。第二次大戦の時に各家庭で栽培することが奨励されたが、我が国での栽培は無理であった。2015年殺人未遂事件があった。

参考:新佐賀の薬草、宮崎の薬草、薬草カラー図鑑2、牧野和漢薬草圖鑑、生薬処方電子事典、毒草大百科

ドクニンジン 毒人参	セリ科 樹陰	なし	根茎 随時	神経毒

ソクラテスは獄中でこの毒を飲まされた

[生育地と植物の特徴]

ヨーロッパ原産で、中国、北アフリカ、北米に帰化し、日本では医薬品研究用に栽培され、まれに野生化している越年草。草丈80〜180cm。根は円錐形に肥厚する。茎は中空で大きく分枝して広がる。葉は2〜3回羽状複葉で小葉は卵状披針形で長さ1〜3cm、さらに羽状深裂する。花期は7〜9月。大形の複数形花序に白色の小さな花をつける。

[毒成分] 有毒部分は全草、果実。毒成分はアルカロイドのコニイン、N-メチルコニイン、γ -コニセイン、コンヒドリン、N-プソイドコンヒドリンなど。ドクニンジンのアルカロイドは毒性が非常に強く、中枢神経を始め興奮、後に麻痺させ、運動神経末梢を麻痺させる。その結果、流涎、呼吸麻痺を起こして死に至る。致死量はコニインの500mgで、新鮮な絞り汁がコップ1杯もあれば、死に至るには十分である。

5月下旬内藤くすり博物館

つぶやき

古くはドクニンジンのエキスを破傷風の治療や筋弛緩薬、鎮痙、解熱薬として用いたが、毒性が高く実用性が低いため、現在は動物実験用毒物としてわずかに用いられているに過ぎない。古代ギリシャでは、このエキスを罪人を殺すのに用いた。哲学者ソクラテスがこの毒で最期をとげたという話は有名である。

参考:牧野和漢薬草圖鑑、毒草大百科

ニンジンボク 人参木	シソ科 植栽	【生'】牡荊子 ぼけいし	果実 秋	[民]風邪、暑気あたり

夏～秋に果実を採取しておき風邪に

[生育地と植物の特徴]

中国原産(漢名:牡荊)の落葉低木で樹高1～3m、江戸時代の享保年間に薬用の目的で渡来し、庭木として植えられている。枝は四角形で葉を対生し、葉は掌状複葉で、小葉片は5個ときに3個、中央の小葉がもっとも大きく長さ9cm、披針形で先は長く尖る。縁に鋸歯がある。花期は7～8月。淡紫色の唇形花が長さ20cmほどの円錐花序をなして階段状に集まって咲く。雄蕊は4個で花冠から長くつき出る。果実は径5mm、倒卵形で黒色。

[採取時期・製法・薬効]

8～9月頃、黒く熟した果実を採り、陰干しにする。これが牡荊子である。

❖風邪に

牡荊子を一回4～12g、水300mlで半量に煎じて服用する。根は8～12g、茎は5～8gを同様に煎じて服用する。

❖暑気あたりによる吐き気に

上記と同じ分量で煎じて服用する。

つぶやき

葉がチョウセンニンジンに似ているので、こう呼ばれる。近年栽培されるようになったセイヨウニンジンボクはこの仲間であるが、これには5裂する葉に鋸歯がない。荊瀝(けいれき)は、枝を約30cmに切って、その中間を火で炙って両端から浸出した汁液のことをさすが、去痰薬として妙薬であると源内は'物類品騭'(1763)の中で述べている。この液を集めておき、一回4～12gを服用する。

8月下旬熊大薬草園

5月下旬島原薬草園

参考:薬草カラー図鑑2、牧野和漢薬草圖鑑

バクチノキ/セイヨウバクチノキ 博打の木/西洋博打の木	バラ科 植栽	【生'】バクチ葉 ばくちよう	葉 随時	〔製〕鎮咳、〔外〕あせも 〔色〕染料

花期の異なる本邦種と西洋種

[生育地と植物の特徴]

名前は、樹木が古くなると、自然にサルスベリのように外皮がはがれ落ちてしまうが、これがちょうどバクチで負けてまる裸にされたのに似ているということからついた。本州(千葉、神奈川以西)、四国、九州、沖縄に自生。台湾にも分布する。オランダ医学が我が国に入って珍しいものが紹介された中に、ラウロツェラズス水という鎮咳薬があった。これはヨーロッパ産でバラ科の常緑樹である*Prunus Laurocerasus*という学名の樹(セイヨウバクチノキ)の新鮮葉を、水蒸気蒸留して作ったものであることと、このものは我が国のバクチノキに近いものであることがわかった。

[採取時期・製法・薬効]

用時に新鮮葉をとり、生のまま用いる。細切りにし、水蒸気蒸溜でラウロセラズス水(バクチ水)を作るが、素人には無理。成分に配糖体のプルラウラシンを含む。

❖鎮咳に

バクチ水を内服する。猛毒成分を含むため、家庭での使用は避けたほうが良い。

つぶやき

バクチノキの花序は3～5cmで横向きに出るのに対し、セイヨウバクチノキは10～12cmと長く、直立に伸びる。バクチノキの開花が9～10月なのに対し、西洋種は4～5月で、花が大きく芳香も強い。樹皮を水で煮出し、黄色の染料に用いる。

バクチノキ6月下旬長崎大学薬草園

セイヨウバクチノキ7月下旬徐福の里薬草園

参考:薬草カラー図鑑1、牧野和漢薬草圖鑑

ハナスゲ 花菅	ユリ科 栽培	【局】知母 ちも	根茎 夏	〔漢〕漢方処方

我が国では薬草園でしか見ることができない

[生育地と植物の特徴]

ハナスゲの和名は、穂状の花が淡紫色で、よく開花すると美しく、葉はスゲに似ているのでつけられた。中国の東北、華北、陝西、甘粛などに自生する中国特産。日本では薬用を目的に栽培される多年草。根茎は短く横走し、葉は根生で固まって出る。花期は夏。花茎は直立し60～90cm。淡紫色の穂状花序をつける。

[採取時期・製法・薬効]

播種して2～3年目の秋に、地下の根茎を掘り採り、ひげ根を除いて水洗いし天日で乾燥させる。成分は、ステロイドサポニン、キサンチンのマンギフェリン、ビタミン類を含む。

[漢方原料(知母)**]** 鎮静、利尿、解熱に漢方処方に配合して用いる。性味は苦、寒。産地は、韓国、中国、日本。処方は、酸棗仁湯〔薬〕、滋陰降火湯〔薬〕、滋陰至宝湯〔薬〕、消風散〔薬〕、辛夷清肺湯〔薬〕、白虎加人参湯〔薬〕、桂芍知母湯〔薬〕。

つぶやき

4月上旬から5月上旬に播種。株分けは、根茎に2～3芽をつけたものを同じころ植えつける。関東地方より西の温暖な地のほうが栽培しやすい。

5月下旬熊本大学薬草園

参考：薬草カラー図鑑2、牧野和漢薬草圖鑑、生薬処方電子事典

バニラ Vanilla	ラン科 植栽	なし	果実 秋	〔食〕香辛料

果実がバニラエッセンスに

[生育地と植物の特徴]

メキシコ東部から中・南米の原産で、多湿な森林地帯に生え、熱帯地方で広く栽培される蔓性の多年草。茎は棒状肉質で暗緑色。葉の反対側に気根を出して他のものにからみつく。葉は互生し長楕円形で長さ15～23cm。鋭頭、全縁で多肉質。花期は7～8月。茎頂付近の葉腋に黄緑色の花を総状花序につける。朔果は3稜の円柱形。

[採取時期・製法・薬効]

果実がやや黄変したころに採集し、午前中太陽にあて、午後は布で包み、夜は気密室に入れるなどして醗酵させ、その後表面にヒマシ油などを塗って急速乾燥をさけ、約2ヵ月間徐々に天日で乾燥させる。バニリン1～3%、脂肪油6～14%、精油0.5%を含む。

❖芳香性駆風薬に

乾燥させたバニラ豆は薬用とするより、バニラエッセンスとして、洋菓子、アイスクリームなどに使われる。

つぶやき

繁殖は茎ざしによる。60～100cmに切った茎を水苔かオスマンダ混合の水苔に挿しておけば節から気根を出して発育する。生育適温は15～30℃。

5月下旬内藤薬草園

参考：薬草カラー図鑑4、牧野和漢薬草圖鑑

ハマビシ 浜菱	ハマビシ科 輸入、海浜砂地	【局】蒺藜子 しつりし	果実 秋	〔民〕風邪、頭痛、眼疾 〔漢〕漢方処方

花をしろなまず・根を歯痛・茎葉をでき物に

[生育地と植物の特徴]

本州関東から福井以南、四国、九州に自生、アジア、アフリカ、南ヨーロッパ、中国に分布。海浜砂地に見られ、果実に刺があるのがヒシに似ているので、ハマビシの名がある。茎は分枝して匍匐し、長さ1～数mに達する。葉は対生で、4～8対の偶数羽状複葉。花期は夏。葉腋に黄色の花を単生する。果実は硬く、刺があってヒシの実を連想させる。

[採取時期・製法・薬効]

秋に果実が熟する頃、果実だけを採取して天日で乾燥させる。使用前にフライパンなどで、刺が少々焦げるくらい炒っておく。成分は、ケンフェロール、ケンフェロール-3-グリコシド、トリブロシド、精油、タンニン、樹脂を含む。

❖風邪、頭痛、眼疾に

乾燥した果実一回5～10gを水300mlで半量に煎じて服用する。

❖白癜(しろなまず)、歯痛、でき物に

花を白癜に、根を歯痛に、茎葉を出き物に外用する。

[漢方原料(蒺藜子)] 性味は、苦、温。産地は、中国。処方は、白疾藜散。

5月下旬内藤記念くすり博物館

つぶやき

中国では海岸ばかりでなく内陸にも野生し、路傍の雑草として群落しているので、通行人の木履(ぼくり:木靴のようなもの)にくっついて困るという。このことから、果実の形を鉄で鋳造して敵の通路にばらまき、歩行が困難になるようにする鉄蒺藜という戦闘用具が生まれた。(“【局】しつりし”の“り”は、艹に梨であるが、ワープロにはこの文字がない。)

参考:薬草カラー図鑑2、牧野和漢薬草圖鑑

ヒトツバハギ 一葉萩	コミカンソウ科 草原、藪地、低木林	【生'】一葉萩 いちようしゅう	葉・若枝/根 晩春～秋/随時	〔製〕小児麻痺治療薬

葉や若枝から小児麻痺治療薬

[生育地と植物の特徴]

福島、関東以南の本州、四国、九州、沖縄、台湾に分布。母種のシナヒトツバハギは中国に広く分布。丘陵地の草原、藪地、向陽の低木林に生える落葉低木。萩のようなマメ科ではなく、葉が萩に似て単葉なのでこの名がある。樹高1～3m。幹は多数分枝し無毛で樹皮は灰褐色。葉は互生し楕円形か長楕円形、ときに倒卵条楕円形で長さ3～5cm。花期は7月。

[採取時期・製法・薬効]

葉は晩春から秋に採り通風の良い場所で陰干しにする。根は必要時に掘り採り水洗い後、適当な大きさに切って刻んで天日で乾燥させる。成分は、葉にセクリニン、アロセクリニン、ジヒドロセクリニン、セクリノールA・B・C、根にセクリニン、セクリチニンなどを含む。

❖小児麻痺後遺症の治療に

昭和32年ソ連のムラベバ・バビンスキーはヒトツバハギの葉や若枝からセクリニンを発見。これに中枢神経興奮作用があることがわかり、小児麻痺後遺症の治療薬として用いられるようになった。

ヒトツバハギ 6月下旬熊本大学薬草園

つぶやき

セクリニンの生理作用と化学構造の究明は、大阪大学薬学部の堀井善一教授によってなされた。さらに成分の中のジヒドロセクリニンがセクリニンの2倍の中枢神経興奮作用があることが発見され、現在も治療薬として用いられている。

参考:薬草カラー図鑑2、牧野和漢薬草圖鑑

ビャクブ 百部	ビャクブ科 栽培	【生】百部根 びゃくぶこん	根 4月、11月	〔外〕しらみ 〔虫〕駆虫剤

昆虫には強い殺虫効果があるが人には無害

[生育地と植物の特徴]

中国原産。江戸時代、享保年間(1716～1803)に中国から薬草として渡来した。ビャクブとタチビャクブの2種が同時に入ったものと考えられている。ビャクブは花のつく花柄と葉柄とが合着しているので、葉の中央から花が出ているように見える特性がある。これに対し、葉が対生するタチビャクブは、花柄と葉柄が合着せず、離れて出る。これは熱帯アジア産で、我が国でも観賞用に、ときに栽培されて、ナンヨウビャクブとも呼ぶ。トウビャクブ(唐百部)はつる性で、葉柄と花柄が合着。ビャクブのように葉柄が長く、葉の下部、葉柄のつけ根に、ハート形の切れ込みがある点がビャクブと異なる。これは、奈良県下で多少栽培されている。

[採取時期・製法・薬効]

4月芽の出る前か、秋11月に根を採り、水洗い後天日で乾燥させる。毒成分はアルカロイドのステモニン、ステモニジン。

❖しらみ駆除に

百部根を適当量の水で煮てその汁で洗う。昔はこの茎を"しらみひも"と称し下着類に縫い込んで、しらみ、のみを防除した。虱には強い殺虫効果があるが人には無害。

つぶやき

中国には2枚の葉が対生する対葉百部、細花百部、雲南百部などがあり、ビャクブ、タチビャクブとともに、塊状の根を煮て毒成分を減らし日干しにして生薬にしている。

[漢方原料(百部根)] 性味は、甘苦、微温。産地は、中国。処方は、百部湯、百部丸、百部膏。

5月上旬島原薬草園

参考:薬草カラー図鑑2、牧野和漢薬草圖鑑、生薬処方電子事典

ヘンルーダ 芸香	ミカン科 栽培	芸香 うんこう	種子 夏	〔民〕駆風、通経、鎮痙、ヒステリー症

抗菌殺菌作用、利尿作用あり

[生育地と植物の特徴]

地中海沿岸の原産で、我が国には明治維新前後に渡来した。現在は薬用植物として栽培されている多年草。草丈50cm。茎は強く直立し、帯白緑色で下部は木質。葉は互生し、多数に細裂し、腺点があり淡緑色で帯紫色。裂片は長楕円形かへら形。花期は6～7月。枝先に黄色の花を集散花序につける。

[採取時期・製法・薬効]

6～7月頃に全草を採集し天日でなるべく急速に乾燥させる(芸香)。成分は全草に精油のメチルノニルケトン、メチルヘプチルケトン、α-,β-ピネン、シネオール、リナロール、ベルガプテン、クマリンを含み、ほかにルチン、グラベオリン、コクサギニン、スキミアニン、リンゴ酸などを含む。

❖駆風、通経、鎮痙、ヒステリーに

よく乾燥した芸香を一回量として2～4g、紅茶を入れる要領で熱湯を注いで服用する。

つぶやき

成熟した全草を乾燥させたものを枕の詰め物にする近縁種に江戸時代に渡来したコヘンルーダがあり、薬草としての効能には変わりがない。この2つは我が国では現在でも薬草園で栽培されている。

5月下旬内藤くすり博物館

参考:薬草カラー図鑑2、牧野和漢薬草圖鑑

ボウフウ 防風	セリ科 輸入	【局】防風 ぼうふう	根・根茎 輸入	〔民〕発汗、鎮痛 〔漢〕漢方処方

屠蘇散に配合されている

[生育地と植物の特徴]

中国、モンゴル、ロシア極東の原産。かつて中国から渡来したものは今では絶滅した。著者の知る限りでは、熊本大学薬草園、東京大学小石川植物園にある。三年草で、茎は直立、多数分枝し、高さ1mほど。葉は3回羽状全裂で裂片は細長くて尖り、無毛で平滑、根葉は束生し、長柄がある。花期は夏～秋。複数形花序、花弁は5個、内側に曲がる。雄蕊5本、花柱2個。

[採取時期・製法・薬効]

根および根茎を乾燥させたもので、これを関防風または東防風と呼ぶ。成分は、クマリン、フロクマリン、クロモン、アセチレン誘導体、多糖類。

❖風邪、関節痛などの鎮痛、目の充血に

一日量3～6gを水400mlで半量に煎じ3回に分服する。

❖屠蘇散：白朮、山椒、防風（中国産）、桂皮（中国産）、桔梗根、丁子（外国産）、陳皮、茴香の生薬の配合。

[漢方原料（防風）**]** 性味は辛・甘、温。産地は、中国。処方は、十味敗毒湯〔薬〕、清上防風湯〔薬〕、防風通聖散〔薬〕、荊芥連翹湯〔薬〕、消風散〔薬〕、川芎茶調散〔薬〕、疎経活血湯〔薬〕、大防風湯〔薬〕、治頭瘡一方〔薬〕、釣藤散〔薬〕、当帰飲子〔薬〕、立効散〔薬〕。

つぶやき

江戸時代から本種の代用としてハマボウフウが用いられた。ボウフウの名がつく植物は多いが、本種が本物のボウフウである。

10月上旬熊本大学薬草園

参考：牧野和漢薬草圖鑑、生薬処方電子事典

ホソバタイセイ 細葉大青	アブラナ科 栽培	【生】大青葉 たいせいよう	根	〔民〕解毒、解熱薬

抗菌作用があり藍染の染料植物でもある

[生育地と植物の特徴]

南ヨーロッパの原産で、ヨーロッパからロシア、アジアに広く分布する越年草。草丈40～90cm。茎は直立し、葉は互生し、基部の葉はかなり大きくて有柄、茎葉は下部は大きいが上へ行くに従って小さくなり茎を含む。花期は5月。総状花序を頂生または腋生し、黄色の小さな十字状花を多数つける。果実は扁平な楕円形。

[採取時期・製法・薬効]

大青葉はホソバタイセイの葉を乾燥させたもの。成分はインジカン、イサチンなど。抗菌、解熱作用がある。根の浸出液は種々の病原菌に対して抑制作用がある。

❖感冒、脳炎、肝炎、咽頭炎、悪瘡、吐血、鼻出血に

根を一回1.5～3gを水300mlから半量に煎じて服用する。

[漢方原料（大青葉）**]** 性味は苦・鹹、大寒。

つぶやき

日本では本種をタイセイ（大青）と呼ぶ、タイセイは中国原産のもの（草大青）で、タイセイの根、リュウキュウアイの根茎と根も板藍根と称し、同様の目的で薬用とする。これらはインジカンを含み、醗酵させるとインドキシルに加水分解され、さらに空気酸化によって藍色のインジゴとなることから、古くから藍染の染料植物として利用されてきた。今ではインジゴは合成されている。

5月中旬内藤薬草園

参考：牧野和漢薬草圖鑑

マオウ 麻黄	マオウ科 栽培、輸入	【局】麻黄 まおう	地上茎 秋	〔漢〕漢方処方

麻黄の主成分はエフェドリンでドーピングの対象

[生育地と植物の特徴]

名前の由来は良くわからない。中国の砂漠や乾燥した山地に生え吉林、遼寧、河北、青海などに産する、多年生の草本状の小低木。茎は木質で、根茎に似て土中を這い、ひげ根をつけ、赤褐色。小枝は円柱状で浅い縦溝が走る。茎は直立し、節と節の間は長く、節に葉の変形した鱗茎が対生または輪生する。雌雄別株。開花期は5月。雄花花序は複数の穂状となり、雄花4～5個をつける。雌花花序は枝の先に1個つき、苞片は4つが対生し、苞内に雌花が1個ある。雌花序は成熟すると苞片が大きくなり、7月頃 多肉な液果となり紅色に染まる。種子は2個を含む。

[採取時期・製法・薬効]

9～10月に地上茎を採取し洗って刻み天日で乾燥させる。成分はアルカロイドのエフェドリン、プソイドエフェドリン、ノルエフェドリン、メチルエフェドリンのほか、アルカロイドの揮発性成分ペンジュールメチルアミンを含んでいる。主要成分はエフェドリンである。エフェドリンの副作用として、不眠、興奮、動悸、血圧上昇、発汗過多、胃腸障害、尿閉があり、前立腺肥大では注意を要する。また、発疹、発赤などの皮膚症状が記載されている。

[漢方原料(麻黄)**]** 性味は辛・微苦、温。産地は、中国、パキスタン。喘息、呼吸困難、関節痛、発汗、解熱、利尿などに、単独の使用は希で、各種の漢方処方に用いられる。処方は、葛根湯〔薬〕、甘草麻黄湯、麻黄湯〔薬〕、麻黄附子細辛湯〔薬〕、越婢加朮湯〔薬〕、葛根湯加川芎辛夷〔薬〕、五虎湯〔薬〕、五積散〔薬〕、小青竜湯〔薬〕、神秘湯〔薬〕、防風通聖散〔薬〕、麻杏甘石湯〔薬〕、麻杏苡甘湯、薏苡仁湯〔薬〕など。

8月下旬熊本大学薬草園

つぶやき

フタマタマオウ（二叉麻黄）は中国東北地区より内蒙古の砂漠地帯に産し、雌花が茎の先に二叉状に分かれてつく。我が国に早くより輸入され、各地の薬草園で栽培されている。トクサマオウ（木賊麻黄）は中国の河北、山西、内蒙古、陝西などに産し、低木で高さ1～2m。エフェドリンの含有量が多い。エフェドリンはドーピング対象薬剤である。

参考：、薬草カラー図鑑4、牧野和漢薬草圖鑑、生薬学、今日の治療薬、生薬処方電子事典

ムラサキ 紫	ムラサキ科 山地、草原	【局】紫根 しこん	根 春・秋	〔外〕火傷、腫れもの、痔 〔漢〕漢方処方、〔染〕江戸紫

幻の江戸紫

[生育地と植物の特徴]

北海道、本州、四国、九州に分布する多年草で山地に生える。古くは鹿児島県大隅半島から太宰府へ大量のムラサキが納められていた。江戸時代には東北地方、愛媛、兵庫、滋賀、山梨、千葉、茨城、鹿児島で産出されたが、江戸近郊の所沢や、その他の農村地帯で栽培もされていた。高さ30～60cm。茎は上部で枝分かれし、葉とともに毛が密生し、葉は披針形で互生する。根は太く紫色。花期は6～7月頃。直径約8mmの白い花をつける。果実は4個の分果に分れ、灰白色。

[採取時期・製法・薬効]

5月か10月頃に根を掘り採り日干しにするが、土が乾いたら叩き落とすようにし、水洗いはしない。紫色素はナフトキノン誘導体のシコニン、アセチルシコニンなど。

[漢方原料(紫根)**]** 性味は、甘・鹹、寒。産地は、日本、中国、韓国。処方は、紫根牡蛎湯、紫雲膏〔薬〕など。紫雲膏は火傷、痔などに外用する。幕末に華岡青洲が愛用した軟膏で、皮膚を滑らかにし、腫れ物の排膿、火傷、痔疾、皮膚の荒れ止めなどに用いる。材料はゴマ油100g、黄蝋38g、豚脂2.5g、当帰10g、紫根10g。ゴマ油を鍋に入れて加熱し、静かに黄蝋と豚脂を加えて溶かし、当帰と紫根を刻んで加え、油が紫紅色になったら、熱いうちに乾いた布で濾してかすを捨て、冷めてから用いる。

5月上旬長崎大学薬草園

つぶやき

別名ミナシグサ、ネムラサキ、エドムラサキ、ムラサキソウ。根は太くなりシコニンという色素を含み、染料に使われて江戸時代には江戸紫といわれるほど有名となった。紫根を砕く技法などに江戸紫の秘密があった。また古くから漢方で皮膚病や火傷に用いられてきた。

参考：薬草の詩、薬草カラー図鑑2、牧野和漢薬草圖鑑、生薬処方電子事典

リュウガン 竜眼	ムクロジ科 栽培	【生】竜眼肉 りゅうがんにく	果実(仮種皮) 7～10月	〔民〕強壮、鎮静 〔民〕生食

東南アジアからの帰還兵には懐かしい果物

[生育地と植物の特徴]

中国南部、台湾、インドなどに分布。日本では亜熱帯植物園で植栽されている。樹高10mくらい。幹は黒褐色で無毛。小枝は褐緑色の毛を持つ。小葉は2～5対、長楕円形で、革質。花期は春から初夏。短毛のある円錐花序に芳香のある黄白色の花を多数つける。果実は直径約2cm、球形で細かい突起があり、種子は黒褐色、仮種皮は乳白色。多汁で美味しい。

[採取時期・製法・薬効]

7～10月成熟した果実を採り、天日でまたは火にかざして乾燥させ、果皮を除いて湯通しし仮種皮を取って天日で乾燥させる。成分は、生果に可溶性含窒素化合物、ショ糖を主に含み、乾燥品には多量のブドウ糖、ショ糖、酒石酸などの有機酸、窒素化合物が含まれる。神経の興奮を抑える作用があるといわれている。

❖病後衰弱、滋養強壮、鎮静に

病後衰弱には約10gを煎じて服用する。

[漢方原料(竜眼肉)**]** 性味は甘、平。産地は中国、台湾、フィリピン。処方は加味帰脾湯〔薬〕、帰脾湯〔薬〕。

つぶやき

中国の福建省産のが良質とされるが、薬用には広西産のを用いることが多い。宮崎の亜熱帯植物園での果実は、7月頃から枝にたわわにつくが熟すのは9～10月である。中国産のものはレイシのシーズンが過ぎると出回り食用にされる。丸い果実を龍の目に例えてつけられた。

5月中旬宮崎県青島亜熱帯植物園

10月上旬青島亜熱帯植物園

参考:牧野和漢薬草圖鑑、生薬処方電子事典

レイシ 茘枝	ムクロジ科 栽培	茘枝/【生】茘枝核 れいし/れいしかく	果肉/種子 6～7月	〔民〕鎮痛、消炎 〔食〕生食

楊貴妃が好んで食べていた

[生育地と植物の特徴]

中国の福建、広西、広東、雲南に分布。中国や台湾、インドシナ半島などのアジア亜熱帯地区で主に果樹として栽培される常緑高木。樹高5～20m。低部から多数分枝し、枝は下垂性。小葉は2～5対対生し、長楕円状披針形で長さ6～18cm。漸尖頭で全縁。花期は2～4月、雌雄同株。枝端に淡黄色の花を円錐状につける。

[採取時期・製法・薬効]

6～7月に成熟した果実を採集し、外果皮を除いて、果肉と種子を分け、果肉はそのまま使用し、種子は水洗い後に天日で乾燥させる(茘枝核れいしかく)。成分は、果肉にビタミンA,B,C、葉酸、クエン酸、リンゴ酸、種子にサポニン、タンニン、ロイコシアジニン、α -メチレンシクロプロピルグリシンなどを含む。効用は人参に似ているが、作用はずっと弱い。

❖収斂、鎮痛、消炎に

果肉一日量15～30個、種子なら4.5～9.0gを煎じ服用。

[漢方原料(茘枝核)**]** 性味は甘・渋、温。産地は中国。処方は茘枝湯、茘枝橘核湯。

つぶやき

別名、ライチー。茘枝は外果皮(茘枝殻れいしかく)や根(茘枝根れいしこん)も薬用にされる。茘枝殻は子宮出血、下痢、湿疹に、茘枝根は胃痛、腹痛、遺精(夢精)などに用いられる。レイシは楊貴妃が好んで食べていたというが、薬効を考えて食べていたのだろうか。

5月中旬宮崎県青島亜熱帯植物園

参考:牧野和漢薬草圖鑑、生薬処方電子事典

トックリキワタ
8月中旬青島亜熱帯植物園

トックリキワタ
5月中旬青島亜熱帯植物園

宮崎の青島亜熱帯植物園にトックリキワタ(徳利木綿)、別名ハラボラチョという樹高20mを超える大木がある。南米原産。トックリは樹の幹が膨らんでいることから、パラボラチョは南スペイン語で‘酔っぱらいの木’の意であり、酔っぱらいの腹のように見えることに由来する。5月～8月実がはじけて中から巨大な綿の塊が現れ、やがて地に落ちる。これが木綿である。8月には次の花が咲く。トックリキワタはフラワーパーク鹿児島、指宿の鹿児島大学亜熱帯植物園にもある。

トックリキワタ
5月中旬青島亜熱帯植物園

ワタ 綿	アオイ科 栽培	【生'】綿実子 めんじつし	種子 秋	〔民〕催乳、〔食〕綿実油

綿の原料はワタ、木綿(きわた=もめん)もある

[生育地と植物の特徴]

中央アメリカ原産の1年草。葉は互生し、広卵形で径5～12cm。掌状に3裂、まれに5裂することもある。裂片は広い三角状の卵形で先端は尖る。葉柄は長さ約10cm。花は葉柄より短い花梗の先に単生する。花冠は白色か淡黄色。花は朝咲いて、夕方に萎む一日花。蒴果は長さ約5cmの卵形で、成熟すると3裂し、それぞれの室に5～7個の種子があり、表面に綿毛が生える。

[採取時期・製法・薬効]

種子の市販品(綿実子)を求める。成分は、脂肪油、パルミチン酸、オレイン酸、ゴシポール。

❖催乳に

母乳の出を良くする。綿実5gを水1000mlで半量に煎じて一日3回服用する。

❖綿実油

サラダ油の代用や、マーガリンの原料になる。

ワタ 8月下旬熊本大学薬草園

つぶやき

中国には、木と草の2種があり、一つは木綿、他は草綿で、木は大木になる。我が国で作るのは草であるのに、木綿というのはおかしいことになる。戦国時代に近畿地方でワタの栽培が始まり、綿布が衣服に用いられるようになった。それ以前の庶民が着ていたのは、麻、カラムシ、コウゾなどで作った衣服であった。綿布は肌触りが良く温かいので、急速に綿布の時代になった。

参考：薬草カラー図鑑3、牧野和漢薬草圖鑑

第IV章 製薬材料

植物名	薬用部位	製品名	効能	頁
アイ	葉	インディゴ	藍染め	294
アカキナノキ	樹皮	硫酸キニジン【局】、キニーネ	抗マラリア剤、抗不整脈	266
アカマツ	樹脂	テレピン油【局】、ロジン【局】	絆創膏や軟膏の基剤	30
アベマキ	樹皮	コルク	コルク代用	337
アマ	種子	アマニ油	軟膏、カリ石鹸、ペイント、絵の具	267
イチイ	葉	タキソール、パクリタクセル	抗がん剤(乳癌、肺癌、胃癌)	306
イヌサフラン	球根	コルヒチン【局】	痛風治療剤	295
エニシダ	茎	スパルテイン	子宮収縮薬	305
エンジュ	蕾	ルチン	毛細管性出血の治療	305
オリーブ	果実	オリーブ油【局】	食用油、軟膏や乳剤の基剤	273
カツラ	紅葉	マルトール	香辛料、スパイス、食品の香料	307
カ(ン)レンボク	果実・根	イリノテカン	抗がん剤(大腸癌、肺癌)	274
クスノキ	材	カンフル【局】、樟脳	強心剤、防虫剤	307
クラーレノキ	蔓、樹皮	ツボクラリン	筋弛緩薬	−
ケシ	未熟果汁	アヘン末【局】	鎮痛、鎮静、催眠	296
コカノキ	葉	塩酸コカイン【局】	局所麻酔剤	−
サクラ	樹皮	ブロチン®	鎮咳剤	308
サワギキョウ	全草	ロベリン	呼吸中枢刺激薬	316
ジギタリス	葉	ジギタリス	強心薬(ジゴキシン、ラナトシドなど)	297
シャクチリソバ	地上部	ルチン	血管強化	75
シロバナムシヨケギク	頭花	ピレスリン	蚊取線香、殺虫剤	298
スズランズイセン	球根	ガランタミン	認知症治療薬	298
セネガ	根	セネガ【局】	去痰薬としてセネガシロップ等に配合	−
センナ	葉	センナ末【局】	緩下剤	299
ダイオウ	根茎	センノシド	緩下剤、健胃、漢方原料(大柴胡湯など)	−
タカノツメ	葉	マルトール	香辛料、スパイス、食品の香料	308
タヌキマメ	全草	不詳	抗がん剤	299
チョウセンアサガオ	葉、種子	スコポラミン【局】、アトロピン【局】	副交感神経ブロック、ブスコパン®	300
トウガラシ	果実	トウガラシチンキ	皮膚刺激剤、養毛剤、辛味健胃剤	87
トウゴマ	種子	ヒマシ油	瀉下剤	284
トウシキミ〔八角〕	果実	オセルタミビル(タミフル®)	インフルエンザ	−
ニチニチソウ	全草	ビンクリスチン	抗ガン剤(他に、ビンブラスチン)	301
バイケイソウ	根茎	催吐薬の藜蘆	催吐剤	301
バクチノキ	葉	バクチ葉	鎮咳	285
ハシリドコロ	根茎、茎葉	ロートエキス【局】	副交感神経ブロック、鎮痙剤	302
ヒシ	果実	製剤化されているが不詳	抗がん剤	302
ヒトツバハギ	葉、若枝	セクリニン	小児麻痺治療薬	287
ヒヨス	種子	アトロピン【局】、スコポラミン【局】	副交感神経ブロック、ロートエキス®	303
フジ	藤瘤	ウェスチン、ウェスタリン	抗がん剤	309
ベラドンナ	根	アトロピン【局】、スコポラミン【局】	副交感神経ブロック	304
ホソバワダン	葉	活性酸素分解	抗がん作用	304
マオウ	地上茎	エフェドリン【局】	喘息薬	290
ヤエヤマヒルギ	葉	不詳	抗がん剤	310
ヤナギ	小枝	サリシン(アスピリン様)	解熱鎮痛剤	126
ヤマアイ	葉	インディゴ	藍染め	294
ユリワサビ	全草	芥子油	香辛料、食欲増進	304
ライムギ	麦角菌	麦角アルカロイド	子宮収縮剤、パーキンソン病治療薬	−
ライラック	花	ファルネソール	香料、香水	311
ラウオルフィア	根、根茎	レセルピン【局】、アジマリン【局】	降圧剤、抗不整脈	−
ラベンダー	花	オーデコロン	香水	29
リンゴ	根皮	フロリジン	SGLT阻害糖尿病治療薬	311
ワタ	種子	綿実	綿布	292

アイ 藍	タデ科 栽培	【生'】藍 あい	種子/葉 秋/夏	〔民〕解熱、解毒/ 〔外〕毒虫刺され、〔染〕藍染め

葉は藍染の原料、種子は民間薬

[生育地と植物の特徴]

南ベトナム原産。我が国には古く中国を経て、藍染の原料として、染色技法とともに渡来した。主に徳島県、他に鹿児島県、沖縄県で栽培されている。草丈50〜60cm。葉は互生、有柄。秋に穂状花序に帯紅色の小さな花を密生する。花弁がなく、萼が5個に深裂。

[医薬品としての利用]

葉を開花前の7月頃摘み採り天日で乾燥させる(藍葉)。青黛はこの葉に水をかけて発酵させ、石灰を加えてかきまぜ、液面の泡をすくいとり乾燥させたもの。果実は9月頃採集して天日で乾燥させる(藍実)。

❖解熱、解毒に

種子一日量3〜10gを水200mlから3分の1量に煎じ3回に分けて空腹時に服用する。

❖毒虫刺されに

生の葉汁を患部に外用する。

5月上旬内藤記念くすり博物館

つぶやき

採取した葉を刻んで乾燥させ、寝床という室内に積み重ねて水で濡らすと発酵して黒い土の塊のようになる。これを蒅(すくも)と言い、臼の中で突き固めて藍玉にする。アイにはインディカンを含み、乾燥、発酵によってインジカンが分解され、インドキシルになる。藍玉の中のインドキシルは、水に溶解して藍汁となり、布を入れて空気を吹き込むとインディゴができて、布が藍色に染まる。

参考:薬草カラー図鑑2、牧野和漢薬草圖鑑

ヤマアイ 山藍	トウダイグサ科 山地、樹の下草	【生'】大青葉 たいせいよう	全草 随時	〔民〕のぼせ、ほてり、解熱 〔染〕藍染め、〔食〕若葉は山菜

解熱や"胸騒ぎ"に効果、和え物やお浸しに

[生育地と植物の特徴]

関東以西の本州、四国、九州、沖縄、朝鮮半島、中国、インドシナ半島に分布。樹木の下などの日陰に生える多年草。草丈は30〜50cm。茎には4稜があり、横に切ると十字の断面をしている。葉は対生し、楕円状披針形〜卵状楕円形で、縁には鋸歯がある。長さ約10cm、葉質は薄く濃い緑色で、粗毛が生える。雌雄別株。花期は5月頃。小さな黄緑の花を穂状につける。

[医薬品としての利用]

茎葉(大青)。成分は配糖体インディカン。加水分解でインドキシルとなり酸化によって藍色(インディゴ)になる。

❖のぼせ、ほてり、解熱、胸騒ぎに

葉は大青葉として解熱、浄血の作用があるとされる。

❖藍染めに

染め方は、新葉のままでは染まらず、葉を乾燥させたあと潰して白布に包み、板の上に張り付けた布に上からたたいて染めるか、青汁に浸して染めた。

4月中旬長崎県対馬

つぶやき

万葉以前から青摺(あおずり)と呼ばれた染物に利用された。藍染めの原型である。ヤマアイで染めた布は、現代に藍色と感じているものとは違い、緑色、もしくは苔色である。青摺は、水に濡れると落ちてしまい、赤く変色しやすかった。中国からアイが渡来すると、急激に廃れた。ただし、皇室の新嘗祭の神事に用いられる小忌衣(おゐごろも)の染めは青摺にするという伝統である。

参考:薬草カラー図鑑4、牧野和漢薬草圖鑑、徳島新聞H210512

アメリカアリタソウ アメリカ有田草	アカザ科 栽培、帰化	アメリカアリタソウ (ヘノポジ油とも)	全草 秋	〔製〕ヘノポジ油を寄生虫駆除

水蒸気蒸留して得られるヘノポジ油に駆虫作用

[生育地と植物の特徴]

熱帯アメリカ原産、我が国へは明治中期に渡来し薬用植物として宮城、茨木、栃木、埼玉の諸県で栽培され、ときに野生化している多年草。葉は披針形で縁に鋸歯があり、先端は尖る。短い葉柄によって互生する。開花期は7〜9月。花穂は長く伸び細く、大きい円錐花序をつける。多数の緑色の小花は、花弁はなく、萼は深く5裂、雄蕊5本は花外に長く突き出す。全草に強い匂いがある。果実は瘦果で目立たない。

[採取時期・製法・薬効]

全草に精油ヘノポジ油を0.2〜0.8%を含み果実には最も多く約4%である。有効成分のアスカリドールは40〜70%。9月中旬果実のついた全草を採取し、刻んでから水蒸気蒸留をする。蒸留液より水分を除き、主成分アスカドールの含有量を65〜75%に調整したものをヘノポジ油とする。

❖寄生虫駆除に

十二指腸虫、回虫、鞭中、蟯虫、東洋毛線虫に用いる。大人で0.3〜0.6gをカプセル剤として空腹時に内服し、30分後に下剤を飲む。下剤は塩類下剤がよい。

つぶやき

かつて日本薬局方に収載されていたヘノポジ油はアメリカアリタソウから製造された。名前の元になったアリタソウはメキシコ原産で、我が国には古く寛永年間(1624〜1644)に渡来、当時佐賀県有田に栽培された。全草に精油のヘノポジ油を含み、寄生虫の駆虫に用いられた。

10月中旬中冨博物館

参考:薬草カラー図鑑4、牧野和漢薬草圖鑑

イヌサフラン 犬蕃紅花	イヌサフラン科 栽培	コルヒチン	球根	〔製〕痛風 細胞分裂阻害、消化器症状

コルヒチンは痛風の激痛を鎮める

[生育地と植物の特徴]

別名コルチカム。ヨーロッパや北アフリカ原産。花はサフランに似ているが、サフランがアヤメ科クロッカス属であるのに対しイヌサフランはDNA分類でイヌサフラン科になった。サフランの花は晩秋に咲き細い葉も着いている。イヌサフランも花は晩秋に咲くが葉は春先に出て花の時期には葉はない。サフランの雄蕊は3本、イヌサフランの雄蕊は6本である。

[毒成分] 成分は、コルヒチン(colchicine)。球根には痛風に有効な成分が含まれていることは古くから知られていた。1945年その成分の構造式が決定された。これは細胞分裂を阻害する作用があり、有毒である。

[医薬品としての利用]

❖コルヒチン(痛風治療薬)

痛風による激痛を特異的に鎮める作用があるが、毒性が強く家庭では使えない。製薬材料とのみ考えていた方が良い。

つぶやき

2007年4月にイヌサフランの葉をギョウジャニンニクと間違えて食べ死亡するという事故が新潟県で起こった。コルヒチンは微小管の重合を阻害し紡錘糸が形成されなくなり細胞分裂を阻害する。これから、染色体検査に用いられている。

11月上旬大分県

参考:牧野和漢薬草圖鑑、毒草大百科

6月上旬長崎大学薬草園

6月上旬長崎大学薬草園

ケシ 芥子	ケシ科 栽培	【局】アヘン末、罌粟殻 あへんまつ、おうぞうこく	未熟果汁・ケシ殻 夏	〔製〕製薬材料 〔漢〕漢方処方

ケシ・アツミゲシ・ハカマオニゲシは栽培禁止

[生育地と植物の特徴]

名は種子がアブラナ科のカラシナの種子に似ていることに由来する。カラシナの種子を芥子と書き、芥子を誤ってケシと読んだ時代があって、種子が似ているのでケシとなった。罌粟はケシの中国名。ヨーロッパ東部原産。主に、イラン、トルコ、インドなどで栽培される。我が国では無許可で栽培することは法令で禁止されている(アヘン法、麻薬取締法)。種子を10月頃に撒き、翌年の5～6月に開花する越年草。茎は直立に伸び、高さ1～1.5mとなり灰白色。葉は広長卵形で長さ20～30cmと大きく、先は尖り、基部は幅広く茎を抱くようにつき互生する。花は白、紅、紫などで一日花。蕾は下向きに垂れて2枚の萼片に包まれているが、上向きになる途中で萼は落下し4枚の花弁が開く。中に多数の雄蕊と、中央に大きい1本の雌蕊がある。子房は倒卵形で頂に放射状の柱頭が並ぶ。熟すと球形の蒴果を結び長さ4～5cm。上部に多数の小孔ができ風に蒴果が揺れると、この孔より小粒の種子が飛び出る。種子は腎形で表面に網状紋がある。

[採取時期・製法・薬効]

アヘン末：開花後10日前後(栽培種の早生種では5月20日前後、晩生種では5月30日前後)に、未熟果の表面に刃物で傷をつけ、出てくる淡紅色の乳液を凝固させる。これを竹べらで掻き集め、火熱で乾燥させると黒色に固まる。これが阿片で、日本薬局方では均質な粉末にし、局方名を“アヘン末”とした。

ケシガラ(罌粟殻)：アヘンを採取した蒴果より種子をとり除き、果皮を乾燥したもの。

ケシの種子(罌粟子)：ケシの種子のみを集めたもの。白みのある種子で、100粒が約0.04gの重量となる。

日本産のアヘンは24種以上のアルカロイドが知られている。そのうち主なものはモルヒネ、コデイン、ノスカピン、パパベリンなどである。

❖塩酸モルヒネ【局】：モルヒネは鎮痛、鎮静、催眠の薬効あり。❖リン酸コデイン【局】：コデインは鎮咳作用が強い。❖塩酸ノスカピン【局】：ノスカピンは強力な鎮咳作用、気管平滑筋弛緩作用がある。❖塩酸パパベリン【局】；パパベリンは弱い麻酔作用があり、鎮痙剤、血管拡張剤となる。❖罌粟殻は漢方で、鎮咳、鎮痛、止瀉に用いる。

＊植えてはならないケシを警察が取り締まっている＊

[植えてはいけないケシ]

ケシ、アツミゲシ、ハカマオニゲシ

[植えても良いケシ]

オニゲシ、アイスランドポピー、ヒナゲシ、ブルーポピー

つぶやき

観賞用に栽培されるオニゲシ、ヒナゲシは麻薬成分を含まない。ケシの種子を菓子の材料に　コンペイ糖の角は、ケシの種子を核とし砂糖をまぶして作る。また、あんパンの上に香味をつけるために、種子を振りかけることが多い。この種子は発芽しない処置がなされている。芥子の花・罌粟の花《季》夏。

参考：新佐賀の薬草、薬草カラー図鑑3、牧野和漢薬草圖鑑、生薬処方電子事典、毒草大百科

キクイモ 菊芋	キク科 栽培	なし	塊茎 10月	〔製〕果糖原料 〔食〕煮物、漬物

飢饉のときの非常食、今では猪が狙っている

[生育地と植物の特徴]

北米原産の多年草。江戸末期に英国から渡来した。葉は縁に鋸歯があり、卵状長楕円形で先端は尖り、基部は急に細くなって対生。上部の葉は、ときに互生することもある。茎、葉に粗い毛が生え、触るとざらつく。花期は9～10月。花径は7～8cm。外側の舌状花は濃黄色で10～12個。中心の管状花は黄色。地下に芋状の塊茎があり、花はキクであることから、この名となった。別名に、シシイモ、ブタイモがあるが、猪や豚が好んでこの芋を食べる。

[医薬品としての利用]

10月、茎葉が枯れる頃に塊茎を採り、水洗いして用いる。

❖糖尿病、薬物中毒、急性アルコール中毒に

水分や熱源補給を目的に、医師が果糖の注射剤として利用する。

❖果糖製造に

果糖製造に用いる。

8月下旬小石川薬草園

キクイモの塊茎 10月上旬長崎県

つぶやき

キクイモは、塊茎を煮物、漬け物に利用した。特に、太平洋戦争中は、食料不足を補うため各地で栽培され、大いに利用された。食料補給以外に果糖製造の原料に利用する目的もあった。また、飢饉の時の非常食であった。昨年10月サツマイモよりも大きなキクイモが売りに出されているのを道の駅で見た。

参考：薬草カラー図鑑3

ジギタリス Digitalis	オオバコ科 栽培	【生】ジギタリス じぎたりす	葉 全草特に葉	〔製〕強心剤 心臓麻痺

重要な強心剤

[生育地と植物の特徴]

名は筒状の花が指サックに似ていることを意味するラテン語。ヨーロッパ原産。観賞用として庭園に栽培される。花の高さは1～1.5m、茎は直立に伸び、上部に30～60cmほどの総状花序を伸ばし、多数の紫紅色の花をつける。花は片側につき、花序の下部より順次上に向って開花する。

[毒成分] 成分はジギトキシン、ギトキシン。重要な医薬品であるが、投与量を誤ると不整脈、悪心、嘔吐などの副作用を起こして、心臓機能停止で死亡する。

[採取時期・製法・薬効]

4～6月の開花期に成熟した葉の葉柄部分の厚みのあるところを残して採取し、天日で乾燥させたものがジギタリス葉の名称で日本薬局方（現在は局方品ではない）に収載され、劇薬にも指定されていた。鬱血性心不全に用いられ、心不全による浮腫にもよく利尿効果を表わした。

❖製剤としてジギトキシン錠、ジゴキシン錠。いずれも強心剤である。

6月上旬長崎大学薬草園

つぶやき

有毒植物である。よく似た野菜のコンフリーの葉と間違えて食べて死亡した例がある。江戸時代後期、長崎に来ていたシーボルトによって伝えられた。産地はヨーロッパ各地であるが、日本産のほとんどは製薬会社の委託栽培である。

参考：薬草カラー図鑑1、牧野和漢薬草圖鑑、生薬学、生薬処方電子事典、薬草大百科

シロバナムシヨケギク 白花虫除菊	キク科 栽培	【生'】除虫菊 じょちゅうぎく	頭花 6月	〔虫〕蚊取線香、殺虫剤

香取線香の原料

[生育地と植物の特徴]

バルカン半島の原産。スペイン、フランス、イラン、ケニアなどで栽培され、頭花の粉末を殺虫剤として用いた。人畜には無害であるが、昆虫には猛毒であり農業用や蚊・蝿・蚤・虱などの殺虫に使われた。我が国では明治20年頃から、和歌山県などで栽培が始まり、昭和16年には世界一の生産国になり、生産量の7割まで海外に輸出していた。戦後は化学合成の殺虫剤におされて栽培量が急速に減り、北海道や瀬戸内海の2・3の島で、わずかに栽培されるという状態になった。草丈は30～60cm。葉は2・3回羽状に裂け、裂片は細長い線形。花期は6～8月。長い花柄の先に径約3cmの頭状花をつける。周辺に15～20個の舌状花、中央は黄色の管状花からなる。

[採取時期・製法・薬効]

定植後2年目の5月下旬～6月中旬の開花時に花を採取して、天日で乾燥させてから粉末にする。成分は、ピレスリンI・II、シネリンI・II。

❖野菜草花の殺虫剤に
花の乾燥粉末を草木灰に3割程度混合し直接散布。

つぶやき

蚊取線香の製造：ムシヨケギクの花の粉末と、茎葉の粉末にタブ粉を加えて、マラカイトグリーンという緑色染料で着色し、湯で固く練って、渦巻形にして乾かす。これに主要成分のピレスリンの含有が0.55%以上になるように、溶液を噴霧乾燥させて、製品を作る。

5月上旬長崎大学薬草園

参考：薬草カラー図鑑2、牧野和漢薬草圖鑑

スズランズイセン 鈴蘭水仙	ヒガンバナ科 栽培	ガランタミン	球根・花	〔製〕認知症治療薬 AChE阻害

アルツハイマー治療薬

[生育地と植物の特徴]

別名スノーフレーク。4月～5月スズランより大きめの白いベル状の花を下向きに咲かせる。とくに植え替えなくても株立ちして毎年花を咲かせる。やや湿った半日陰の場所に植えるのが良い。

[医薬品としての利用]

現代医学への応用は1951年に始まり、ソ連の薬学者MashkovskyとKruglikova-Lvovaによってアセチルコリンエステラーゼ(AChE)阻害作用が証明された。東欧、ソ連では、重症筋無力症、中枢神経疾患に関連する感覚・運動機能障害などの治療に用いられている。米国でもアルツハイマー治療薬としてFDAに承認された。小児麻痺(ポリオ)の後遺症の治療にも用いられた。ガランタミンは、他のヒガンバナ科の植物にも含まれている。

[毒成分] ガランタミンにはAChE阻害作用がある。

つぶやき

アルツハイマー治療薬のうちドネペジルは日本で、リバスティグミンはスイスの製薬会社で創製されたもので、ガランタミンと同じくAChE阻害薬である。メマンチンはアダマンタンの誘導体の一つでありNMDA受容体拮抗薬である。植物を起源とするアルツハイマー型認知症治療薬は現時点では、ガランタミンのみである。

4月中旬長崎県

参考：ブリタニカ国際大百科事典

センナ Senna	マメ科 輸入	【局】センナ せんな	葉 夏	〔製〕緩下剤

緩下剤のセンナ末は輸入に頼っている

[生育地と植物の特徴]

チンネベリー・センナはアラビアからインドに分布、アレキサンドリア・センナはアフリカ東北部のナイル川の中流域に分布。日本薬局方にあり臨床でも良く使われているが、すべて輸入に頼っている。長い柄のある羽状複葉を互生する。葉腋に短い総状花序を出して黄色の花をつける。蝶形花ではなく、5つの花弁を平開する。雄蕊も放射状に離生している。コバノセンナを八重山の園地でみかけた。花はよく似ていて、緩下剤になりそうな気がする。

[採取時期・製法・薬効]

葉を乾燥させたものを"センナ葉"、これを粉末にしたものを"センナ末【局】"と呼ぶ。有効成分は、センノシドA・B、アロエ、エモジン、クリソファン酸、レイン、ケンフェロール、イソラムネチンなど。

❖便秘に

粉末一回分0.25〜0.5g、一日1〜3回服用する。

❖緩下剤に

便秘の薬として多くの製剤がある。センナ末から作られる緩下剤には、アローゼン®、ヨーデルS®などがある。

つぶやき

マメ科カワラケツメイ属の旧学名がセンナ*Senna*で、本来はこの属の総称であるが、単にセンナと呼ぶときは、そのうちの1種の*Cassia acutifolia*をさす。カワラケツメイ属はマメ科ではあるがジャケツイバラ亜科に属し、この亜科では、蝶形花をつけず5つの花弁を平開する。

10月下旬熊本大学薬草園温室

コバノセンナ 9月中旬沖縄県

参考：ブリタニカ国際大百科事典、日本薬局方第16版

タヌキマメ 狸豆	マメ科 原野、野原	【生'】野百合 のびゃくごう	全草	〔民〕解毒、便秘、慢性気管支炎 〔製〕抗がん剤、肺高血圧病態モデル

肺高血圧症の病態モデル作成に

[生育地と植物の特徴]

本州の茨城と石川両県を結ぶ線より西から沖縄、台湾、朝鮮半島、中国、東南アジアに分布。原野に生える一年草。茎は直立し高さ20〜60cm、通常分枝せずに単立する。葉は長さ数cmの線形ないし披針形で、表面は無毛であるが、裏面には茎と同様の褐色の細毛を密生する。花期は7〜9月。茎の先端に穂状花序をなして青紫色の蝶形花を密につける。萼は大きく、褐色の毛が密生して良く目立ち、深く2裂しさらに上裂片は2裂し下裂片は3裂する。花のあとに萼は大きくなり豆果をすっぽり包む。豆果は長さ1〜1.5cmの長楕円形。

[採取時期・製法・薬効]

成分は、アルカロイドのモノクロタリン、クロネタシン、クロタラブラニン。

❖解毒、便秘、利尿、慢性気管支炎に

全草が解毒剤、瀉下剤となり、慢性気管支炎に有効とされるが、使用法の詳細は不詳。

つぶやき

名前の由来には諸説があるというが毛の多い萼を見ていると狸の毛に見えてくる。また、紫色の花を正面から見ると、周囲の毛をバックにしたタヌキの顔に見えてくる。成分のモノクロタリンはDNAを傷つけるために、抗がん作用があると研究されたが、発がん物質でもある。この物質は肺動脈炎を惹起し肺高血圧を生じるので肺高血圧症の病態モデル作成のために製品化されている。

9月下旬長崎県

10月上旬長崎県

参考：薬草カラー図鑑4、牧野和漢薬草圖鑑

コダチチョウセンアサガオ(別名エンジェルトランペット) 11月中旬長崎県

チョウセンアサガオ6月下旬島原薬草園

シロバナヨウシュチョウセンアサガオ5月下旬長崎県

チョウセンアサガオ 朝鮮朝顔	ナス科 帰化	曼陀羅華/曼陀羅子 まんだらか/まんだらし	葉/種子 夏/秋	〔整〕製薬材料 副交感神経ブロック

華岡青洲の麻酔薬

[生育地と植物の特徴]

朝鮮半島原産でも、アサガオの仲間でもない。日本の暖地に帰化、または庭園に栽培される。ヨウシュチョウセンアサガオとシロバナヨウシュチョウセンアサガオは帰化植物として、コダチチョウセンアサガオ(エンジェルトランペット)、ケチョウセンアサガオが栽培品としてみられる。

[医薬品としての利用]

葉、種子を使用。スコポラミン、アトロピン原料及び、鎮痛、鎮痙、鎮静、鎮咳に用いる。有毒植物であり、素人の使用は厳禁。

[中毒症状]

チョウセンアサガオは、精神錯乱を引き起こすが、スコポラミンやアトロピンの中毒による中枢神経症状である。

ケチョウセンアサガオ 8月中旬長崎県

植物名	花	茎	葉	原産地
ヨウシュチョウセンアサガオ	淡紫色	暗紫色、無毛	ほとんど無毛	一年草、熱帯アメリカ原産
シロバナヨウシュチョウセンアサガオ	白色	淡緑色、無毛	ほとんど無毛	一年草、熱帯アジア原産
ケチョウセンアサガオ	白色	淡緑帯紫色、微毛多	上面青緑色、細毛	多年草、北米原産
コダチチョウセンアサガオ	淡黄-白色	淡緑色、短毛	短毛	多年草、ペルー・チリ原産
チョウセンアサガオ	白色	淡緑色、短毛	欠刻状歯牙	一年草、熱帯アジア原産

つぶやき

華岡青洲が日本で最初の外科手術を行った時、麻酔に使った植物はチョウセンアサガオである。同属のヨウシュチョウセンアサガオ(熱帯アジア原産、アメリカに帰化)はダツラ葉といい、同様に使用。コダチチョウセンアサガオ、シロバナヨウシュチョウセンアサガオも同様。

参考:新佐賀の薬草、牧野和漢薬草圖鑑、毒草大百科

ニチニチソウ	キョウチクトウ科	長春花	全草	〔製〕抗がん剤
日々草	栽培、路傍	ちょうしゅんか	秋	白血球減少、嘔吐、全身麻痺

抗がん剤ビンクリスチンの原料

[生育地と植物の特徴]

名は日々花があるという意味であろう。マダガスカル原産。熱帯地方に広く帰化。日本では、江戸時代の1780年頃渡来し、観賞用に栽培されている。また、各地の路傍に野草のように繁茂している。熱帯では多年生であるが、日本では一年草。移植がきかないので直播にする。播種は4〜5月頃に行い、発芽後、数回間引きして株間20cmくらいにする。これに似たツルニチニチソウは、ヨーロッパ原産の蔓性多年草で、明治以後に観賞用として輸入された。耐寒性が強く、新潟、長野などの豪雪地帯を夏に歩くと、雑草のように生い茂っているのを見かける。

[採取時期・製法・薬効]

8〜9月、全草を採取。白血病、悪性リンパ腫、小児腫瘍に使用。抗ガン剤として製剤化され、特に小児白血病治療薬として多く用いられている。成分はビンクリスチン、ビンブラスチンなど。

❖胃潰瘍、便通、消化促進に

生の葉一回量3〜5枚をすり潰し、水を加えてガーゼでこして服用する。アルカロイドを含むので、量を増やさないこと。

7月下旬長崎大学薬草園

つぶやき

1958年、ニチニチソウの葉から抽出されたアルカロイドに、抗白血病作用があることが確認され、話題になった。その後、名古屋市立大学薬学部の稲垣教授らもこの研究にとり組み、動物実験の結果、抽出アルカロイドが毒性を示さず、ガンの増殖を抑制し、延命効果が認められると発表した。現在では種々の固形ガンの治療に使われている。

参考：新佐賀の薬草、薬草カラー図鑑2、牧野和漢薬草圖鑑、毒草大百科

バイケイソウ/コバイケイソウ	シュロソウ科	【生】藜蘆	根茎	〔漢〕漢方処方(催吐薬)
梅蕙草/小梅蕙草	湿地	りろ	全草	血管拡張性ショック

毒性が強く皮膚病などに外用のみ

[生育地と植物の特徴]

北海道から九州、朝鮮半島、中国に自生する多年草。山地の林の中の湿地や日のよく当たる草原の湿地に生える。根茎は太く、根も多数出て、地中に深く入る。茎は中空で太く、直立して1.5mにもなる。葉は互生し、広卵形で長さ10〜30cm、幅約20cm、先端は尖り、葉縁には鋸歯がなく、縦皺が通り、表面は無毛で、裏面の脈上には毛状の突起が多い。個体によっては無毛のものもある。茎の下部につく葉は退化して繊維状の束となって茎を包んでいる。花は7〜8月に開き、花被片は長楕円形で緑白色、縁に毛状の小鋸歯がある。雄蕊6個は花被片の半分の長さ、花糸は無毛であるが、子房には縮れ毛が密生。

[採取時期・製法・薬効]

バイケイソウやコバイケイソウの根や根茎を乾燥させたものを藜蘆という。催吐薬、瀉下、降圧、殺虫の作用はあるが、毒性が強く現在では皮膚病などに外用するのみ。

[漢方原料(藜蘆)**]** 性味、苦・辛、寒。産地は、中国、日本。処方は、藜蘆膏、三聖散。

バイケイソウ 7月上旬礼文島

つぶやき

[毒成分] 全草、特に根茎や根に毒成分が多い。ベラトラミン、ジエルビン、ルビジエルビン、バイケインなどの多数のアルカロイドを含み、いずれも毒性が強い。これらのアルカロイドをベラトルムアルカロイドと総称している。血管反射作用によって血管を拡張させ、血圧降下、さらに、呼吸減少となって呼吸麻痺作用により死亡する。

コバイケイソウ 7月上旬サロベツ原

参考：薬草カラー図鑑3、牧野和漢薬草圖鑑、生薬処方電子事典、毒草大百科

ハシリドコロ 走野老	ナス科 谷間の木陰、栽培	【局】ロート根 ろーとこん	全草	〔製〕自律神経ブロック 副交感神経ブロック

ロートエキスの原料はこの植物

[生育地と植物の特徴]

中毒症状が、狂乱状態になって、泣き、わめきながら走り回ることと、根茎がトコロ(オニドコロ・ヤマノイモ科)に似ているのでこの名となった。オメキグサ、ホメキグサ、ナナツギキョウ、ユキワリソウ(サクラソウ科に同名あり)などの別名もある。漢名で莨菪(ロート)というのは、同じナス科で中国産のヒヨスという別のものの名で、ハシリドコロには漢名はない。本州、四国、九州の深山で、陰湿地などに自生する日本固有種の多年草。太い根茎は曲がって、先端から地上茎を出す。葉は長楕円形で両端は尖り、脈は裏面に隆起している。花期は4～5月。葉腋から釣り下がる。花冠は鐘形、先は浅く5裂し、外面は暗紅紫色、内面は緑黄色。雄蕊5個。花柱は1本で雄蕊より長い。

[毒成分] 成分はアルカロイドのヒヨスチアミン、アトロピン、スコポラミンなどを含む。全草、特に根、根茎などに毒成分を多く含むが、茎葉も危険である。チョウセンアサガオと同じ成分であるが、ハシリドコロは毒成分の含量が多いので、口にした場合は狂乱状態がはげしく、死亡することが多い。春先に若苗を、ほかの山菜と間違えて食べ、中毒する例が多い。

[医薬品としての利用]

古くから莨菪の漢名を使用してきたため、いまさらこれを変えることもできず、根茎や茎葉のエキスはロートエキスの名称で日本薬局方に収載され鎮痙、鎮痛薬に用いられる。

3月下旬高森野草園

つぶやき

'日本産物志'(1872)には、天保8年(1837)の春、全国各地に農作物不作による飢饉があり、餓死者多数が出たとき、木曽の山村で起きた悲劇として、地下の根茎をアマドコロの根茎とまちがって熟した灰の中で焼き、一家で食べて中毒した話が記してある。

参考:薬草カラー図鑑3、牧野和漢薬草圖鑑、生薬処方電子事典、毒草大百科

ヒシ 菱	ミソハギ科 池、沼	【生'】菱実 りょうじつ	果実 9～10月	〔民〕健胃、解熱、消化促進、 二日酔い

果実に滋養・強壮効果

[生育地と植物の特徴]

北海道、本州、四国、九州、朝鮮半島、中国、台湾に分布。古い池や沼に見られる一年草。茎は細長く、節がありそこから羽状に分裂する糸状根を出す。葉は茎の頂に叢生し、卵状平菱形か広菱形で長さ2.5～5cm。下部は全縁、上部は不整歯牙縁で鈍頭かやや鋭頭で水上に浮かぶ。花期は7～10月、葉間に白色花を単生する。核果は骨質でやや扁平。近年汚水の流入によって、自生地の減少がみられる。

[採取時期・製法・薬効]

9～10月頃、果実を採り、水洗いして天日で乾燥させる。成分は、β -シトステロール、4,6,8,22-エルゴスタテトラエン-3-オン、22-ジヒドロスティグマスト、デンプン、ブドウ糖、タンパク質を含む。

❖健胃、解熱、消化促進に

種子を生食したり、茹でて食べる。

❖二日酔いに

一日量5～10gを水500mlで半量に煎じて3回に分けて食間に服用する。

❖胃癌、子宮頸癌、乳腺癌に

科学的な裏付けはないが種子から製剤化されている。

ヒシ 6月下旬熊本大学薬草園

オニビシ 6月下旬熊本大学薬草園

つぶやき

ヒシの名は緊(ひし)ぐの意で、実に鋭い刺が2個ついていることから付けられた。近似種のオニビシ、ヒエビシには刺が3～4個あり、菱(ぎ)といって区別する。

参考:薬草カラー図鑑2、牧野和漢薬草圖鑑、徳島新聞H160902

ヒヨス 菲沃斯	ナス科 山地、道端、河岸砂地	天仙子・莨菪 てんせんし、ろうとう	種子 初秋	〔製〕副交感神経遮断 散瞳、平滑筋収縮緩和、

副交感神経遮断剤の原料

[生育地と植物の特徴]

ヨーロッパ、アジア西部、北アフリカに分布し、山地、道端、河岸の砂地に生え、薬用にも栽培される越年草。草丈20～80cm。茎はまばらに分枝し、茎と葉には短毛と腺毛がある。葉は互生し、楕円形で羽状中裂～深列し、長さ15～30cm、主脈は白く太い。花期は5～9月。花は横向きに咲き、黄色で紫菫色の筋がある。花冠は広鐘形で径は2cm、先は開いて5裂し、裂片は丸い。

[採取時期・製法・薬効]

晩夏から初秋の果実成熟期に全草を採集して陰干しし、種子も集めて陰干しにする。成分は種子にアルカロイドのヒヨスチアミン、アトロピン、スコポラミン、アポアトロピン、スキミアニンなどを含む。

❖副交感神経ブロックに
毒性が強いので製剤でのみ用いる。

つぶやき

アトロピン、スコポラミンの製薬材料には、チョウセンアサガオ、ベラドンナ、ヒヨスがある。ロートエキスの原料は我が国ではハシリドコロであるが、中国ではヒヨスまたはその近縁種である。

5月下旬内藤くすり博物館

参考：牧野和漢薬草圖鑑

ベラドンナ Belladonna	ナス科 輸入、栽培	ベラドンナアルカロイド	葉・根	〔製〕副交感神経遮断 散瞳、平滑筋収縮緩和、

アトロピン、スコポラミンの原料

[生育地と植物の特徴]

ヨーロッパ、西アジア、ヒマラヤ山系に分布し、ヨーロッパ各国、中国各地で栽培。我が国では明治初年に渡来し寒冷地に栽培される大形の多年草。草丈1～2m。根茎は粗大。茎は直立し、上部で分枝する。葉は下部で互生、上部で対生、卵形か楕円形で長さ5～22cm、革質で全縁、やや尖頭。花期は6～9月。紫色の鐘状花。

[採取時期・製法・薬効]

薬用部分は葉がベラドンナ葉、根がベラドンナ根、これらから抽出したベラドンナエキス。成分は葉と根にトロパンアルカロイドのヒヨスチアミン、アトロピン、スコポラミン、ベラドニン、クマリン配糖体のスコポリンなどを含む。

❖副交感神経ブロックに
毒性が強いので製剤でのみ用いる。

つぶやき

副交感神経遮断により副交感神経反射性ショックの予防・治療に用いられ、内臓手術の前投薬にはなくてはならない薬物である。散瞳薬、止汗薬としても使われる。また、緑内障発作を誘発し前立腺肥大では尿閉を来す危険性があり、医療に携わる者が、その薬理作用を熟知しておくべき薬物の一つである。

5月下旬内藤くすり博物館

参考：牧野和漢薬草圖鑑

ホソバワダン 細葉海菜	キク科 海岸の岩	なし	地上部 随時	〔民〕解熱、下痢止、〔食〕山菜 〔製〕活性酸素分解

沿岸に咲く菊に活性酸素分解作用

[生育地と植物の特徴]

本州では島根県、山口県、四国、九州、沖縄。海岸の岩場などに生える多年草。根生葉は狭卵形全縁で質は薄い。側枝の下部は地に着き、上部は立ち上がり分枝して、密な散房状に黄色い花を8～10個ほど開く。総苞は筒状。花期は10～翌年1月。

[採取時期・製法・薬効]

使用法の詳細は不詳。

❖解熱、下痢止めに

昔から解熱や下痢止めの薬用や食用として利用されてきた。

❖抗がん剤に

葉に含まれる成分が癌の原因の一つである活性酸素を分解(Free Radical Scavenger)することが分かってきた。

ホソバワダン 9月下旬長崎県対馬

つぶやき

同属のワダンはホソバワダンよりももっと葉が広いが、関東南部から東海道、伊豆七島にかけての海岸部に限定される。花期はホソバワダンよりも早く9～10月。茎や葉を切ると苦味のある白い乳液が出る。

参考:海岸植物の本

ユリワサビ/ワサビ 百合山葵/山葵	アブラナ科 谷川沿	芥子油	全草 春	〔香〕辛味健胃、香辛料 〔食〕ユリワサビの全草

ワサビに抗菌性・消炎作用、ユリワサビを食欲増進に

[生育地と植物の特徴]

ユリワサビは、沖縄を除く全国各地の山地の谷川沿いに生え、冬でも根茎の枯れない多年草。根茎は細く短く、ワサビのように肥厚しない。全株無毛。葉は幅4cmほどの卵心形、縁に大きい鋸歯あり、葉質は薄く、ワサビよりくすんだ緑色。花は春、高さ15cmくらいの茎に総状花序を出し、白い十字状花を開く。ワサビの葉は丸い心形で直径12cmもあり、春に花茎30cmの先に白い花をつけ大きい。ワサビは、深山の渓流や地下水の湧き出るところなどに自生すると考えられているが、山の谷川やあまり水の流れていない谷や湿地などにもある。

[医薬品として食欲増進に]

春、必要な時にユリワサビの全草を摘む。辛味成分は芥子油でシニグリン、アリルイソチアナートなどよりなる。

❖ユリワサビを食欲増進に

生のまま、あるいはさっとゆでて、サラダ、酢の物、お浸しなど好みの料理で食べる。

4月上旬長崎県

ワサビ4月上旬滋賀県

つぶやき

ユリワサビは、全草どこをとって噛んでも辛みと風味があって、この味がワサビに似ている。味がワサビに似ているが、ワサビとは異なる植物であるためにワサビと区別するために古い時代よりユリワサビの名で呼ばれてきた。ユリワサビのユリとは何かが議論の的となっているが、結論は出ていない。山葵《季》春。

参考:薬草カラー図鑑4、徳島新聞H250403

エニシダ 金雀児	マメ科 植栽、路傍	スパルテイン	茎 随時	専門家向〔製〕強心、利尿、陣痛微弱 心臓毒、幻覚症状

魔女の箒は子宮収縮薬のスパルテインを含む

[生育地と植物の特徴]

名はラテン学名ゲニスタをオランダ訛りに発音しヘニスタ、さらにエニスタ、エニシダとなった。南ヨーロッパ原産の落葉低木。300年ほど前にオランダ船が長崎に持ち込んだ。観賞用に庭、公園に植えられ、道路造成で法面にも見られる。落葉低木。枝は緑色で細く、枝垂れる。葉は三出複葉が互生。5〜6月頃、純黄色の花が群がるように咲く。この花には仕掛けがあり、蜜を探しに来た蜂などの重みで、下に突きだした花びら(舟弁)が押し開かれ花粉がくっつく。しかし、この花には蜜はない。したがって、蜂は只働きになる。果実は豆果で長さ4〜5cm、8〜10月に黒く熟す。

[医薬品としての利用]

茎を用時に採取して用いる。成分はスパルテイン、サロタミン、ゲニステインなど。ヨーロッパでは枝を煎じ強心利尿薬に用いた。

❖スパルテイン(強心薬、子宮収縮薬)

心臓毒成分を含み専門家向きで一般には使用されない。

4月中旬長崎大学薬草園

5月上旬長崎県対馬

つぶやき

Witchの箒はエニシダ:西洋の魔女(Witch)が乗っている箒は、このエニシダである。心臓毒の他に幻覚を起こす作用があり、魔女と関連つけると興味深い。種子は長期間生きており84年の記録がある。

参考:薬草事典、新佐賀の薬草、薬草カラー図鑑1、牧野和漢薬草圖鑑、毒草大百科

エンジュ 槐	マメ科 植栽	【生】槐花 かいか	花蕾 夏	〔製〕ルチン原料

最良のルチン原料

[生育地と植物の特徴]

中国原産。落葉高木で、樹高10〜15m。樹皮は淡黒褐色で割れ目がある。別名黄藤、槐樹。葉は奇数羽状複葉で、小葉は9〜15個で卵形か狭卵形、長さ2.5〜4cm、やや鋭尖頭。夏に黄白色の蝶形花をつけ、のちに連珠状の莢果を生ずる。街路樹に植栽され、材は建築・器具用になる。花の黄色の色素はルチンで高血圧の薬。または乾燥させて止血薬とし、果実は痔薬。

[医薬品としての利用]

槐花はエンジュの花の蕾を採取して、天日で乾燥させたもの。成分は、ルチンを20%のほか、クエルセチン、ベツリンを含む。

❖歯齦の出血、口内出血に

槐花一日量5gを水200mlに入れて半量に煎じ3回に分けて空腹時に服用する。また、乾燥した槐花を炒って細かく砕き、粉末にしてこれを患部にすり込む。

7月中旬長崎大学長崎大学記念薬草園

つぶやき

第二次世界大戦の直後、多くの植物に含まれるルチンが、毛細血管の脆弱性を回復する作用があり、脳出血予防や高血圧患者に良いとされた。製薬会社がルチンの製造に先を争った。当時の原料はソバの花であったので、ソバの産地で花が買い占められ、そば屋にソバがなくなった。槐花にはソバの花より数倍高い含有があると分ってから槐花を原料とするようになった。槐の花《季》夏。

参考:薬草カラー図鑑1、牧野和漢薬草圖鑑

5月下旬岐阜県

10月下旬長野県

イチイ 一位	イチイ科 山地、植栽	【生'】一位葉 いちいよう	葉 種子・葉	〔民〕利尿、通経、糖尿病、〔製〕抗癌剤、〔染〕 心臓毒、堕胎作用

利尿・血糖値低下に有効、熟した実を薬酒に

[生育地と植物の特徴]

この木で神事に使う勺(しゃく)を作ったことから正一位、従一位に因んでイチイと呼んだもの。北海道、本州、四国、九州、朝鮮半島、中国、シベリア東部の深山に自生する常緑高木。九州では庭園に植栽されているものが多い。成長は遅いが、樹高20m直径1mにもなる。3～4月に単性花をつける。雌雄別株。雄花は淡黄色で9～10個の雄蕊が球状につく、雌蕊は淡緑色、胚珠は1個で数対の鱗片に包まれる。種子は長さ5mmの卵球形で仮種皮に包まれ秋に種子が熟す頃には仮種皮は紅色になる。勺の材料としては、飛騨の位山(くらいやま)産のイチイが主に用いられたという。今日も飛騨高山はイチイ細工が盛んで、家具や彫刻のほか、材質が緻密で堅いことから桶や弁当箱などに用いられた。岐阜県の県木である。

[採取時期・製法・薬効]

葉のみを用時に採取して水洗いし天日で乾燥させる。成分はタキシン、クエルセチン、ステアドピシチンなど。アルカロイドのタキシンは有毒で用量を守る必要がある。

❖利尿、通経に

葉を乾燥したもの一日量10～15gを水400mlで半量になるまで煎じて3回に分けて服用する。

❖糖尿病に

葉の乾燥したもの一日量5～20gを水400mlで半量に煎じて2回に分けて服用する。

❖染料に:木心は暗赤色の色素を含むので、木心を砕いて水に浸し、暗赤色の染料にすることもありスオウノキ(蘇芳木)の別名がある。スオウとは芯材から赤色染料をとる熱帯産のマメ科の低木。

❖薬酒に:実を3倍量のホワイトリカーに漬け、種子が含まれているので4～5ヵ月で実をすくって除く。

《タキソール(パクリタキセル)》

発見当初はタキソール(Taxol)と呼ばれていたが、1990年にブリストル・マイヤーズスクイブ社がこの名を商標として登録し、商品名タキソール®(Taxol®)として使用するようになった。薬学系の研究者を中心に一般名であるパクリタクセルが物質名としても使用されるようになり、現在は2つの物質名が併用されている状態である。1993年にロバート・ホルトンらにより初めて全合成された。しかし、全合成はコストが高い。現在、医薬品としてのパクリタクセルは、太平洋イチイの葉よりバッカチンIIIという原料を取り出して、これを元に合成したものである。また、細胞培養法で安価で大量に供給する技術も確立されている。

❖卵巣癌、非小細胞性肺癌、乳癌、胃癌、子宮体癌に製剤としてのタキソール®を用いる。

つぶやき

お札の聖徳太子が手に持っているのがイチイである。材は、鉛筆、鏡戸、曲線定規などに使用される。アイヌは、この木の芯を久しく枯らしてから熱を加えて曲げ弓にするという。果実は仮種皮が大きくなったもので甘くて食べられるが、種子は有毒で食べてはならない。葉の成分のタキシンは心臓毒で、堕胎作用があるので要注意。

参考:薬草事典、新佐賀の薬草、薬草カラー図鑑2、バイブル、牧野和漢薬草圖鑑、徳島新聞H151021

カツラ 桂	カツラ科 山地	なし	葉 秋	〔香〕香辛料、スパイス

黄変した葉は無害の天然香スパイス

[生育地と植物の特徴]

日本固有種。北海道、本州、四国、九州の山地で渓流に沿って自生する。雌雄別株の落葉高木。葉は広卵形で先はほぼ円形、基部はハート形、縁に浅い鋸歯がある。表は帯白色。葉柄は長さ1～3cmで対生。開花期は4～5月。

[採取時期・製法・薬効]

緑の葉には、すり潰しても香りはない。近畿大学の高石清和教授は、紅葉には香りがあることを指摘した。紅葉の過程で、マルトールという物質が生産される。この物質は甘みと温和な芳香を持つ。

❖スパイスに

紅葉した葉を粉末にする。無害の天然香スパイスとして食品に用いる。

10月下旬青森県

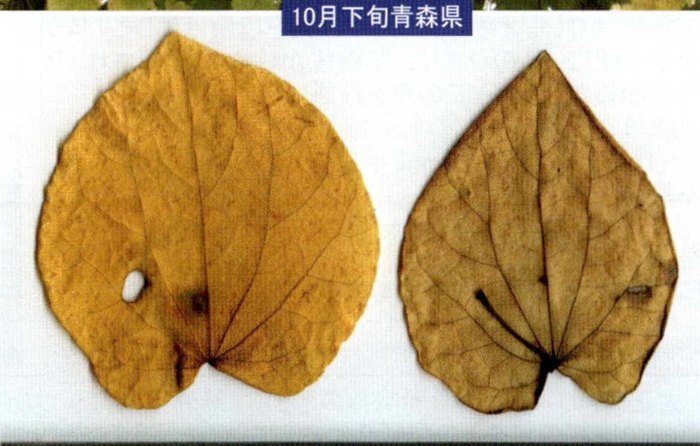

つぶやき

カツラのカツは香出であろうと言われている。この木は樹皮にも葉にも香気はない。秋に葉が黄変し、淡く紅葉すると、芳香が出てくる。別名にはマッコウノキ(抹香の木)、コウノキ(香の木)、オコウノキ(お香の木)があって、この木が自生する山間地帯では、秋に葉を粉末にし、抹香に用いていた。

参考:薬草カラー図鑑3

クスノキ 楠木・樟	クスノキ科 山林、植栽	【生】樟脳 しょうのう	枝葉 随時	〔外〕打撲、凍傷 〔虫〕防虫剤

以前に使われた強心剤

[生育地と植物の特徴]

関東南部より以西、四国、九州、また台湾、中国の南シナ海沿岸にまで分布する常緑の高木。植物体全部に特異な芳香の精油分を含んでいて、これが害虫などに抵抗力を持ち、巨樹になるものが多い。そのため神聖な木として神社の境内に植えられ、1000年にもなろうというものもあり、天然記念物に指定されている木もある。常緑樹であるが、4月頃 古い葉が新緑の若葉に変わる。葉は薄い革質で、卵状楕円形、3本の葉脈が目立つ。5～6月頃6弁の小さな花を多数つけ、11月頃 黒色球形8mmほどの果実を結ぶ。楠はタブノキ属の中国産についての名で、日本のものは樟である。クスノキは、兵庫県、佐賀県、熊本県、鹿児島県の県木である。

[医薬品としての利用]

樟脳はクスノキの枝葉から水蒸気蒸溜で精油分をとるときに析出する。成分はカンフル、シオネール、ピネン、サフロール。

❖打撲、皮膚病に

樟脳(カンフル)は防虫剤としてタンスに入れられていた。また、局所刺激作用や防腐作用があるので、皮膚病外用薬に軟膏、擦剤、チンキとして用いられている。

10月下旬長崎県

5月中旬長崎県

つぶやき

プラスチック出現前はクスノキから製造する樟脳を原料としてセルロイドを生産した。引火しやすい欠点があった。また昔は蚊やり火として用いた。樟脳分を除いた油分にはシネオール、ピネン、サフロールなどを含み比較的に低温で溜出するものを片脳油(白油)と呼び防臭剤にする。カンフル・オリーブ油25%液は医薬品として強心剤に用いられていた。

参考:薬草事典、新佐賀の薬草、薬草カラー図鑑1、牧野和漢薬草圖鑑、生薬処方電子事典

サクラ/ソメイヨシノ 桜/染井吉野	バラ科 山野、植栽	【生】桜皮 おうひ	樹皮・果実 夏	〔民〕鎮咳、去痰、〔食〕葉 〔製〕咳止め、〔漢〕漢方処方

内皮が皮膚病に効果、葉は塩漬けやてんぷらに

[生育地と植物の特徴]

サクラ属には、オオシマザクラ、ヤマザクラ、シダレザクラ、ソメイヨシノ等多数ある。薬用に用いるのはヤマザクラに近縁のオオシマザクラ、ソメイヨシノである。桜の名は、コノハナサクヤヒメのサクヤの転訛とする説、うららかに咲くので咲麗(サキウラ)の略とする説、"咲く"に"ら(群がる意)"がくっついたという説などがある。

[採取時期・製法・薬効]

樹皮を使用する。古来ヤマザクラの樹皮は食中毒、果皮は胃カタルに多用されてきた。桜餅はサクラの葉独特のクマリンの芳香で賞味される。サクラのほとんどにクマリン配糖体が含まれているが、この配糖体そのものには芳香性はない。オオシマザクラの葉を塩漬けにして1年保存する間に、葉のクマリン配糖体が徐々に分解され、芳香性物質が生ずる。この葉を桜餅に使う。

❖鎮咳、去痰に

一日量3〜5gを水300mlで半量に煎じて3回に分服する。

❖蕁麻疹に

特に魚の蕁麻疹に桜皮一日量10〜15gを煎じて3回に分けて服用する。

[漢方原料(桜皮)**]** 十味排毒湯〔薬〕、治打撲一方〔薬〕。

4月上旬長崎県

つぶやき

大正8年のスペイン風邪流行のときに、風邪薬が底をつき手に入らなくなった。熊本のある開業医の看護師が自分の部落では桜の皮を剥いで咳止めにしているというので試してみたところとてもよく効いた。それを聞いた製薬会社が作ったのが咳止めのブロチン®である。ソメイヨシノは東京都の県花である。桜＊＊《季》ほとんどは春、桜紅葉《季》秋。

参考：薬草事典、薬草の詩、新佐賀の薬草、薬草カラー図鑑1、牧野和漢薬草圖鑑、生薬処方電子事典、徳島新聞H160305

タカノツメ 鷹の爪	ウコギ科 山地	なし	若葉 春	〔民〕利尿、〔食〕山菜 〔香〕食品の香料

タカノツメとカツラは黄変した葉からマルトール

[生育地と植物の特徴]

日本固有種。全国各地の山野に生える落葉高木。樹高は10mに及び、葉は互生するが枝先に集まりつく。葉が黄葉する時期には芳香性のマルトールが生成される。開花は6月頃、果実は10月頃。名前は冬芽から来ており円錐形で紫色の光沢があり鷹の爪に似ているという。

[採取時期・製法・薬効]

春に若葉を採って洗って刻み、天日で乾燥させる。落葉にフラボノイドのナリンゲニンの配糖体のナリンジン、イノバナミン、メチル・ハイドロオキシ・ピリドンを含む。また、黄葉期にはマルトールを含む。

❖利尿に

乾燥した若葉一日量10〜15gを水400〜600mlで半量に煎じて3回に分け温めて服用する。

❖食品の香料に

黄変した葉からマルトールを抽出し食品の香料とする。

❖山菜に

春先の若葉を採取し、天婦羅にするか、茹でてアク抜きし、和え物、味噌汁の具にする。タラの芽に似た味。

三出複葉のまま落葉

11月中旬英彦山

つぶやき

葉は長柄を持つ三出複葉である。秋の黄葉が美しい。樹下には黄葉した三出複葉そのままの落ち葉が見られる。このような落ち葉はタカノツメだけであり他の三出複葉の木は小葉が一枚ずつ落葉する。マルトールはカツラの木の黄葉した葉にも産生されスパイスに用いられる。

参考：薬草カラー図鑑4、牧野和漢薬草圖鑑

フジ 藤	マメ科 山地、植栽	【生’】藤こぶ ふじこぶ	藤瘤/種子/花 随時	〔製〕制がん剤/〔民〕便秘/ 〔食〕花を飲料やゼリー

胃がんの抑制に、花は飲料やゼリーに

[生育地と植物の特徴]

本州、四国、九州の山野に自生する落葉蔓性木質。花は5月。葉は互生し、長さ20～30cmの奇数羽状複葉で小葉は5～9対ある。枝先に長さ20～100cmの総状花序が垂れ下がり、長さ1.5～2.0cmの紫色の蝶形花が多数つく。果実は豆果。藤瘤は老木に多く、たいていは地上部にあるが、地下に埋もれていることもある。藤こぶは市販品もある。成分は、樹皮にイソフラボン配糖体ウェスチン(アフロモジン・ベーター・デイ・グルコシド)がある。

[採取時期・製法・薬効]

種子は7～8月頃、鞘ごと採って天日で乾燥させて中の種子を集める。藤こぶは必要時に採り、水洗いして天日で乾燥させる。生薬名には“藤こぶ、とうりゅう”がある。

❖便秘に

種子の一回量1～3gを水300mlから半量に煎じて空腹時に服用する。

❖胃がんに

藤こぶを刻み粉末にしたものの一日量10gを2～3回に分け、水で服用する。

つぶやき

フジの類似種にヤマフジがあり、どちらも日本固有種である。フジとヤマフジの違いは、フジは蔓が右巻きに絡みつき、ヤマフジは左巻きである。葉はどちらも互生しフジは小葉が5～9対と多く、ヤマフジは4～6対である。花序はフジの方が長く、花はやや小さい。

フジ 5月下旬長崎県佐世保

藤瘤 11月中旬佐賀県金立

参考:薬草カラー図鑑2、牧野和漢薬草圖鑑、徳島新聞H210406

ヤブニッケイ 藪肉桂	クスノキ科 山林	なし	樹皮・種子・葉 秋	〔製〕肉桂脂

肉桂脂がカカオ脂の代用でチョコレートの原料になった

[生育地と植物の特徴]

本州(関東以西)、四国、九州、沖縄、小笠原の海岸に近い暖地に自生する常緑高木。朝鮮半島南部、中国南部、台湾に分布。樹高15mになる。葉は互生するが、小枝の先端では対生。縁には鋸歯がなく多少波状になる。葉は厚く革質で、長楕円形か、時に狭卵形で長さ約12cm。表面は濃緑色で光沢あり、裏面は粉白色で白みを帯び、明瞭な3本の脈がある。花は6月中旬。数個の淡黄色6花被の小花を散形花序につける。

[採取時期・製法・薬効]

樹皮に精油のペノレン、フェランドレン、リナドール、オイゲノール、メチルオイゲノール、タンニンを含む。種子を圧搾して得た脂肪は、カプリルジラウリンやオレイン酸、ミリスチン酸などのグリセリドを主成分とする脂肪である。

❖喉のつかえ、リウマチの痛み、痔出血に

樹皮に効果があるとされる。

❖種子から得られる肉桂脂は菓子製造に

肉桂脂は低温(32～35℃)で溶ける。カカオ脂の代用として軟膏基剤や戦時中には菓子製造に使われた。

❖葉は布袋に入れて浴用に

つぶやき

同じクスノキ科のニッケイは、葉をもめば香が強く、樹皮にも根皮にも強い香りがあるが、ヤブニッケイには芳香成分をほとんど含まないのでニッケイのように役に立たないので、この名前となった。

9月上旬新潟県佐渡

参考:薬草カラー図鑑3、牧野和漢薬草圖鑑

オヒルギ(9月中旬沖縄県西表島)
樹高5～10m。3～5月頃淡い黄色の花を咲かせる。赤い萼片が特徴的。

ヤエヤマヒルギ(9月中旬西表島)
樹高5～10m。春から夏にかけて白い小さな花を咲かせる。

ヤエヤマヒルギ 八重山蛭木	ヒルギ科 浅い海	なし	葉 随時	〔製〕抗がん剤

葉が抗がん剤になる

[生育地と植物の特徴]

マングローブの一つである。マングローブ(mangrove)は熱帯の海岸に森林をつくる常緑高木の総称である。マレー地方に多く、わが国では沖縄諸島にみられる。幹から気根・支柱根・呼吸根などを出し、実は母樹についたまま種子が発芽してから落下し、生育する。

[採取時期・製法・薬効]

ヤエヤマヒルギは根の張り方がタコの足様になる特徴的な木で、この支柱根が幹を支える。高さは5～10m。葉は約10～18cmの広めの楕円形で、先だけが鋭く尖る。春から夏にかけて白い小さな花を咲かせ、実の中の種子が木の枝で成長を始めて幼根を伸ばし10～30cmくらいの胎生種子になる。材は小丸太や染料に使われる。

❖抗がん剤に

最近は葉から制癌剤がとれることが分かってきた。

メヒルギ(8月上旬指宿市)
マングローブの仲間では最も北まで分布し鹿児島県指宿市喜入に北限がある。

つぶやき

マングローブとは熱帯・亜熱帯の河口付近の湿地帯や沿岸部の干潟に生える植物の総称。沖縄では、オヒルギ、メヒルギ、ヤエヤマヒルギ、マヤプシキ、ヒルギダマシ、ヒルギモドキの6種をいう。広義ではニッパヤシ、サキシマスオウノキ、シマシラキ、ミミモチシダ、サガリバナ、モモタマナなども含まれる。

参考:海岸植物の本

ライラック 橄欖	モクセイ科 植栽	なし	花 花期	〔香〕香料、香水

花が香料原料になる

[生育地と植物の特徴]

ハンガリー、バルカン半島、クリミア半島の原産で、日本には明治中期に渡来し、冷涼な乾燥地を好み、観賞用に栽培される落葉低木。樹高4～7m。幹は根際から何本も分枝し、やや平たく丸く茂る。葉は対生し、卵形または広卵形で長さ5～12cm、先端は鋭く尖り、やや厚膜質で光沢がある。花期は4～5月。最上部の側芽から密集した円錐花序を出し、多数の芳香のある花を開く。色は紫色が普通であるが、白、赤、青もあり、八重咲きなど多くの園芸品種がある。

[香料原料としての利用]

花から香料をとる。花に微量の精油を含み、その成分はファルネソールとされている。

❖香水に

香料として香水をつくるのに用いられる。

5月中旬岐阜県高山

つぶやき

香水にライラックのフランス名Lilasの名を用いているものがあるが、ライラックの花から製造したものではなく、テルピオネールを主成分とする調合香料である。ハシドイ属は世界に30種が知られている。ヨーロッパにはライラックとペルシャライラックの2種が知られ、他の多くは中国に野生し、日本にはハシドイ *Syringa reticulata (Blume) Hara* がある。材は笛、器具、小細工用、建築造作にも。

参考：牧野和漢薬草圖鑑

リンゴ 林檎	バラ科 植栽	なし	果実/根皮 随時	〔民〕整腸、利尿、〔食〕果物、〔酒〕リンゴ酒、ビネガー/〔製〕抗糖尿病薬(SGLT阻害薬)

整腸・利尿作用が強い、食欲増進させる酸味

[生育地と植物の特徴]

ヨーロッパ原産。明治時代初期に多くの品種が導入され、現在では品質の良い新しい品種が開発されている。落葉高木で、樹高10m以上になるものもある。葉は互生。花期は4～5月。短枝の先に散形状の花序をだし、直径3～4cmの白色または淡紅色の花を数個つける。雄蕊は約20個、花柱は5個あり。基部は合着して腺毛が密生する。果実は梨状果、直径4～12cmの球形または扁球形で10～11月に熟す。

[採取時期・製法・薬効]

リンゴ果汁のクエン酸やリンゴ酸に食欲増進作用、リンゴに含まれるカリウムに利尿作用、食物繊維のペクチンによる整腸作用（皮ごと食べるとよい）がある。

近年、リンゴの根皮から腎近位尿細管の糖の再吸収を抑制して血糖値を下げる抗糖尿病薬（SGLT阻害薬）が開発された（フロジリン）。リンゴの根皮から作られるSGLT阻害薬は腎臓のSGLT-2に選択的ではなく下痢を起こす可能性がある。そこでより腎近位尿細管に選択的な阻害薬が合成され臨床に応用されるようになった。

リンゴ 5月中旬長崎

つぶやき

リンゴはブドウに次いで発酵しやすく、醗酵すればリンゴ酒。このワインを水で薄めてアルコール度を5、6度に下げ酢酸菌（種酢少々）を入れて約1ヵ月放置するとビネガー。リンゴから出るエチレンガスには馬鈴薯の発芽を抑える作用がある。林檎の花《季》春、林檎の実《季》秋。

参考：今日の治療薬2016、徳島新聞H241203

植物由来の油と蝋

食用

植物名	採取部位	油名	用途	備考	頁
アブラナ	種子	菜種油	食用、灯火油	栄養価が高い	–
オナモミ	果実	食用油	食用油	リノール酸が多い	191
オリーブ	果実	オリーブ油	食用	オレイン酸が多い	273
カヤ	果実	カヤ油	食用、頭髪油、灯火油		118
ココヤシ	果実胚乳	ココナツ油	食用、ロウソク、アルコール、軟膏	パルミチン酸リノール酸オレイン酸	–
ゴマ	種子	胡麻油	食用、眼薬、たむし、切り傷	消炎作用あり(アルカリ性油)	205
ダイズ	種子	大豆油	揚げ物、炒め物	いわゆる天婦羅油	–
ベニバナ	種子	紅花油	食用(テンプラ油、ドレッシング)	リノール酸が多い	225
ツキミソウ	種子	月見草	抗コレステロール、肥満症	ガンマリノレン酸を含む	–
アケビ	種子	アケビ油	ドレッシングなどに		232
アボカド	種子	アボガド油	オリーブ油より熱に強く料理に	オレイン酸	266
アマ	種子	亜麻仁油	ドレッシングなどに		267
オニグルミ	核果	胡桃油	ドレッシング、炒め物、菓子作り		116
トウモロコシ	胚芽	コーン油	マーガリン、スナック菓子、サラダ油		87
ナンキンマメ	種子	落花生油	ピーナツバター	オレイン酸が40～60%	–
ヒマワリ	種子	向日葵油	淡白な風味の食用油	多価不飽和脂肪酸が高含有量	–
ホルトソウ	種子	ホルトノアブラ	オリーブ油の代用		159
マカダミア	種子	マカダミアナッツ油	脂質76.8%その中不飽和脂肪酸83%	オレイン酸、パルミトレイン酸	–
ヤブツバキ	種子	椿油	食用油、整髪油、化粧用、灯火油	絞りかすに毒	29
ワタ	種子	綿実油	サラダ油、マーガリン原料		292
カカオノキ	種子	カカオ脂	チョコレート、ココア		274
ハッカ	葉	薄荷油	清涼剤、香料、メントール		219

医療用

植物名	採取部位	油名	用途	備考	頁
アカモノ	葉	冬緑油	軟膏に	葉を水蒸気蒸留して得られる	262
アメリカアリタソウ	全草	ヘノポジ油	寄生虫駆除	全草を水蒸気蒸留して得られる	295
シラタマノキ	葉	冬緑油	軟膏に	葉を水蒸気蒸留して得られる	263
クスノキ	枝葉	樟脳油	防虫防臭剤、香料、医薬品		308
トウゴマ	種子	蓖麻子油	緩下剤、耐低温エンジン油		284
マツ	樹脂	テレビン油	ビネンを神経痛に		30
ヤブニッケイ	種子	肉桂脂	軟膏基剤	種子を圧搾して得られる	309

印刷・ペンキ

植物名	採取部位	油名	用途	備考	頁
アブラギリ	種子	桐油	印刷インク、ペンキ、ニス、油紙	乾性油、有毒	–
アマ	種子	亜麻仁油	ペンキ、油絵具、油紙	乾性油	267
エゴマ	種子	荏胡麻油	桐油紙、雨合羽、雨傘、縫針包紙	乾性油	342
シナアブラギリ	種子	桐油	印刷インク、ペンキ、ニス、油紙	乾性油、有毒	–

植物性蝋

植物名	採取部位	油名	用途	備考	頁
ハゼ	果皮	木蝋	ローソク・ポマード、坐薬・軟膏基剤	腐敗しにくい	330
ナンキンハゼ	種子	中国木蝋	中国のローソク	油煙が少ない	125
マルバアオダモ	幹枝白粉	戸ねり粉	幹皮の白粉を塗ると戸が滑る	丸葉とは葉に	246
イボタノキ	貝殻虫	白虫蝋	ローソク、家具の艶出し、戸の滑り	疣取りに使う	165

香料原料

植物名	採取部位	油名	用途	備考	頁
イブキジャコウソウ	地上部	精油	香辛料、ソース・ハム・カレースパイス		114
ダイダイ	花	橙花油	香料原料	花を蒸留して得られる	241
タチジャコウ	地上部	精油	香辛料、ソース・ハム・カレースパイス		114
バニラ	果実	精油	バニラエッセンス		286
ハマナス	花	精油	香料原料		44
ヒアシンス	花	精油	香料		340
ライラック	花	精油	香料原料		311
ラベンダー	花	ラベンダー油	香料原料		29
レモングラス	全草	レモングラス油	ハーブ		26

第V章 有毒植物

薬草名	科名	毒部位	毒性	中毒症状	頁
アセビ	ツツジ科	葉、小枝	致死毒	神経毒、呼吸麻痺	327
アンズ	バラ科	種子	致死毒	アミグダリン	233
イジュ	ツバキ科	樹皮	魚毒	魚毒	337
イヌサフラン	ユリ科	球根	致死毒	細胞分裂阻害	295
ウマノアシガタ	キンポウゲ科	全草	血便	消化器症状	314
エゴノキ	エゴノキ科	果皮	溶血	溶血作用、血球破壊作用	326
エンレイソウ	ユリ科	根茎	嘔吐	激しい嘔吐、脱水症状	256
オシロイバナ	オシロイバナ科	全草	腹痛	消化器症状	65
オモト	ユリ科	全草	痙攣	呼吸促迫、運動麻痺、痙攣	314
キケマン	ケシ科	全草	致死毒	心筋障害、痙攣	324
キツネノカミソリ	ヒガンバナ科	全草	リコリン	嘔吐	320
キョウチクトウ	キョウチクトウ科	葉	致死毒	心臓毒	169
クサボタン	キンポウゲ科	全草	心臓毒	血便、除脈、瞳孔散大、痙攣	315
クリスマスローズ	キンポウゲ科	全草	心臓毒	心臓麻痺	315
コニシキソウ	トウダイグサ科	全草	かぶれ	接触性皮膚粘膜炎	316
ザクロ	ザクロ科	根、樹皮	神経毒	中枢性運動障害、呼吸麻痺	121
サワギキョウ	キキョウ科	全草	嘔吐	消化器症状、呼吸中枢刺激	316
ジギタリス	ゴマノハグサ科	葉	致死毒	強心剤	297
シキミ	シキミ科	樹皮、葉、果実	致死毒	痙攣毒	328
シクラメン	サクラソウ科	塊茎	嘔吐・下痢	嘔吐、下痢、粘膜のただれ	317
シャクナゲ	ツツジ科	全草	痙攣	運動麻痺、痙攣	329
シュウメイギク	キンポウゲ科	全草	かぶれ	接触性皮膚炎	318
シュロソウ	ウロソウ科	根茎	催奇形	便壺の蛆殺し	318
スイセン	ヒガンバナ科	球根	リコリン	消化器症状	148
スズラン	キジカクシ科	全草	心臓毒	心臓毒、血液凝固作用	321
センニンソウ	キンポウゲ科	葉、茎	かぶれ	接触性皮膚炎	240
ソテツ	ソテツ科	全株	ホルマリン	体内でホルマリンになる	328
タガラシ	キンポウゲ科	全草	心臓毒	血便、除脈、瞳孔散大、痙攣	319
タマスダレ	ヒカンバナ科	全草	リコリン	嘔吐、下痢	319
チョウジソウ	キョウチクトウ科	全草	自律神経	ヨヒンベルアルカロイド類似作用	321
チョウセンアサガオ	ナス科	葉、種子	自律神経	副交感神経ブロック	300
トウゴマ	トウダイグサ科	種子	致死毒	腹痛、下血	284
トウダイグサ	トウダイグサ科	全草	かぶれ	痙攣毒、消化器症状、接触性皮膚炎	322
ドクウツギ	ドクウツギ科	全株	痙攣	腹痛、吐血、痙攣、縮瞳	329
ドクニンジン	セリ科	根茎	神経毒	中枢神経興奮、末梢神経麻痺、呼吸麻痺	284
トケイソウ	トケイソウ科	全草	幻覚	幻覚惹起作用	322
トリカブト	キンポウゲ科	全草	致死毒	神経毒	216
ネジキ	ツツジ科	葉	神経毒	運動失調、痙攣	330
バイケイソウ	ユリ科	全草	致死毒	血管拡張、呼吸器症状	301
ハゼノキ	ウルシ科	樹液、葉	かぶれ	接触性皮膚炎	330
ヒガンバナ	ヒガンバナ科	全草	致死毒	嘔吐	155
ヒヤシンス	ユリ科	球根	かぶれ	接触性皮膚炎（蓚酸Caの結晶が刺さる）	340
ヒョウタンボク	スイカズラ科	全草	猛毒	劇毒の割に中毒成分が解明されてない	332
フクジュソウ	キンポウゲ科	全草	心不全	心臓毒	323
ポインセチア	トウダイグサ科	全草	かぶれ	接触性皮膚炎	331
ホツツジ	ツツジ科	全株	神経毒	運動麻痺、運動失調、呼吸麻痺	343
ミズバショウ	サトイモ科	全草	かぶれ	接触性皮膚炎（蓚酸Caの結晶が刺さる）	260
ヤマウルシ	ウルシ科	樹液、葉	かぶれ	接触性皮膚炎	333
ヤマブキソウ	ケシ科	全草	酩酊	酩酊状態、呼吸麻痺	325
ヨウシュヤマゴボウ	ヤマゴボウ科	全草	致死毒	嘔吐、下痢、蕁麻疹	333
ランタナ	クマツヅラ科	未熟な果実	腹痛	激しい腹痛	334
ルピナス	マメ科	種子	流産	子宮収縮作用、心臓毒	325
レイジンソウ	キンポウゲ科	全草	痙攣	痙攣毒	327
レンゲツツジ	ツツジ科	葉、花	痙攣	痙攣毒	334
ワラビ	コバノイシカグマ科	全草	脚気	ビタミンB1破壊による脚気	111

ウマノアシガタ/キツネノボタン 馬の脚形/狐の牡丹	キンポウゲ科 荒れ地、路傍	なし	有毒部分 全草	消化器症状

身近な毒草の一つ、粘膜への刺激性がある

[生育地と植物の特徴]

ウアマノアシガタ：根生葉を馬の蹄にみたてたというが、あまり似ていない。別名キンポウゲ、この金鳳花は花の色に由来し、本来は八重咲きの品種をさした。日本全土に分布。山野の陽当たりの良いところに生える高さ30〜70cmの多年草。根生葉は長い柄があり、掌状に3〜5裂し、裂片は更に浅く裂ける。花期は4〜5月。集散状に分枝した茎の頂に黄色の花を各1個ずつつける。花は1.5〜2cm。花弁は黄色で光沢がある。

キツネノボタン：葉の形がボタンの葉に似ていることによる。日本全土に分布。田の畦や流れの縁に多い。高さ30〜60cmの多年草。葉は三出複葉。小葉はさらに3裂する。花期は4〜7月。枝先に黄色の花をやや多数つける。

[毒成分] 有毒部分は、全草。プロトアネモニンは、消化器毒で誤って食べると口の中が焼けつくような刺激性があり、多食すると胃腸がただれて血便を生じる。口にすることは少ないが、植物の汁が皮膚についたり、目に入って大事にいたることがある。

ウマノアシガタ 5月上旬長崎県

キツネノボタン 4月上旬長崎県

つぶやき

キンポウゲ科の植物には毒草が多い。ウマノアシガタ、キツネノボタン、タガラシ、センニンソウ、トリカブト、フクジュソウ等。毒草でないのはアキカラマツ、サラシナショウマくらいのものである。なお、オキナグサは外国産のものは有毒植物とされている。

参考：薬草カラー図鑑4、牧野和漢薬草圖鑑、毒草大百科

オモト 万年青	キジカクシ科 山林、栽培	【生'】万年青 まんねんせい	根茎 随時	〔X〕漢方処方 心臓毒、全身痙攣

漢方原料として漢方処方に用いていた

[生育地と植物の特徴]

日本固有種。暖地の山林に自生、室町時代末期から鉢植えで栽培されるようになった。多数の品種がある。江戸時代末期にはすでに60種類があった。常緑多年草。現在では400種類以上がある。葉の大きさは、長さ15〜50cm幅3〜7cm。披針形で厚く、濃緑色で光沢がある。花期は5〜6月。葉芯から高さ10〜20cmの太い花茎を伸ばす。その先に長さ3cmほどの長楕円形をした肉質の穂状花序がつき、緑白色の花を多数密集して咲かせる。その後、歯の抜けたトウモロコシの感じの直径約8mmの実をつける。秋には赤く熟して、中に1個の種子が入っている。

[採取時期・製法・薬効]

根茎を乾燥させたものを"万年青"と呼ぶ。

❖心臓病、利尿に

万年青は漢方原料として用いていた。毒性が強く家庭では決して用いてはならない。

[毒成分] 成分はロデイン、ロデキシンが主に根茎に含まれ、ロデキシンが葉に含まれている。

6月上旬小石川植物園

つぶやき

特にロデインは猛毒である。中毒症状として、悪心、嘔吐、頭痛、不整脈、血圧低下を起こす。その後、全身痙攣、運動麻痺、呼吸異常などによって死亡する。心臓の収縮機能や伝導機能の刺激、迷走神経への作用、蓄積作用などはジギタリスに類似する。

参考：牧野和漢薬草圖鑑、毒草大百科

クサボタン 草牡丹	キンポウゲ科 山地	なし	有毒部分 全草	心臓毒、下痢、血便、血尿、嘔吐 徐脈、瞳孔散大、呼吸困難、痙攣

かわいい花にも毒がある

[生育地と植物の特徴]

北海道、本州の山地の林縁などに生える多年草。高さ50〜100cm、幹は直立し、基部は木質化し径約1.5cmに達することがある。葉は有柄で対生し、三出複葉で小葉は卵形か偏円形、長さ5〜10cmで、しばしば2〜3裂し、厚い洋皮質で短鋭尖頭。粗鋸歯縁。花期は7〜10月。茎の頂と葉腋に淡紫色の鐘形の花が多数下垂する集散花序をつけ、これが多数集まって円錐花穂になる。

[毒成分] 全草にプロトアネモニン、アネモニン、アネモノールなどの毒成分を含む。アネモニンは心臓毒でマウスに対しLD50が150mg/kgであると報告されている。プロトアネモニンは発疱性の局所刺激作用があり、経口投与によって口腔、消化器等の粘膜をただれさせ、口腔灼熱、胃腸炎、下痢、血便、血尿、嘔吐、徐脈、瞳孔散大などの中毒症状を起こし、大量で呼吸困難、痙攣で死亡する。この成分が皮膚につくと、発赤、発疱、水腫を生じる。

8月下旬伊吹山

8月下旬伊吹山

つぶやき

キンポウゲ科の植物は、アネモニン、プロトアネモニンを含むものが多く、民間療法ではプロトアネモニンの発疱性局所刺激作用を逆利用して扁桃炎の治療に用いたとされ、局所は赤疱し、それとともに症状は軽快するといわれる(センニンソウ参照)。しかし、クサボタンを治療に用いたという記録はない。アネモニンもプロトアネモニンも毒性が強く、一般人は使用を避けた方が良い。

参考：牧野和漢薬草圖鑑

クリスマスローズ Christmasrose	キンポウゲ科 湿地	なし	全草 特に根茎	〔民〕催吐剤、峻下剤 心臓麻痺、皮膚粘膜炎

以前は催吐剤、今では毒草

[生育地と植物の特徴]

ヨーロッパ原産の常緑多年草。我が国には明治初期に渡来し、観賞用に栽培されている。花丈は15〜40cm、葉は根生し、革質で掌状複葉である。小葉は7以上あり、卵状楔形で先端にだけ鋸歯がある。花は直径5〜6cm程度で白、青、紫などの色がある。花弁に見えるのは萼片で5枚ある。名前のように冬咲きの花であり、花期は12月〜翌年2月である。

[採取時期・製法・薬効]

❖催吐剤、峻下剤に

ヨーロッパでは催吐剤、峻下剤、強心剤、利尿剤、麻酔薬などとして利用されていたが、毒性が強く今では使われていない。

[毒成分] 成分は、ヘルボリン、スプリンチリン、全草に毒があるが、主に根や根茎に含まれる。ヘルボリンは心臓毒の一つ、スプリンチリンは皮膚や粘膜に炎症を起こす。中毒症状は、めまい、吐き気、嘔吐を起こす。大量に摂取すると心臓麻痺で死に至る場合もある。

12月上旬長崎県

つぶやき

クリスマスローズという名前は最近のことである。昔はヘレボリス・ニゲルと呼ばれていた。ヘレボリスはギリシャ語で“死に至らしめる”意のヘレインと“食べ物”の意のボラの合成語である。ニゲルは“黒い”という意があり、「この黒い物を食べると死ぬ」となる。

参考：牧野和漢薬草圖鑑、毒草大百科

コニシキソウ/オオニシキソウ 小錦草/大錦草	トウダイグサ科 帰化	斑地錦 はんじきん	有毒部分 全草	〔外〕止血 接触性皮膚粘膜炎

綺麗でない花でも毒がある

[生育地と植物の特徴]

身近な雑草である。両者とも北米原産の1年草で帰化し在来のニシキソウを圧倒している。コニシキソウでは、茎は地を這い長さ10～20cmになる。葉は対生し、長さ0.7～1.0cmの長楕円形で、表面の暗紫色の斑紋が良く目立つ。花期は6～9月。枝の上部の葉腋に汚れた淡紅紫色の杯状花序をつける。オオニシキソウでは、茎は直立または斜上して高さ20～40cmになる。葉は対生し、長さ1.5～3.5cmの長楕円形で、基部は左右が非常に不揃い。

[採取時期・製法・薬効]

日本では薬用には用いられないが、中国では全草を外用に用いている。全草を6～9月に採取し、天日で乾燥させて用いる。成分は、オクタコサノール、β シトステロール、ホペノールb、スピロスピナノンディオール、タンニン、樹脂のマクラノール。

❖外傷出血に

外用には、つき砕いて塗布する。

コニシキソウ 7月下旬長崎県

オオニシキソウ 10月上旬佐賀県

つぶやき

ある“毒草の本”に「きれいな花には毒がある」というが、「きれいでなくても毒がある植物がある」と酷評されているのがこの植物である。マクラトールやβ -シロステロールが毒成分であり、全草に含まれている。生汁が肌につくと皮膚炎を起こすことがあり、誤食すると粘膜がただれてしまう。

参考:牧野和漢薬草圖鑑、毒草大百科

サワギキョウ 沢桔梗	キキョウ科 山間の湿地	山梗菜(漢名) さんきょうな	有毒部分 全草	消化器症状 呼吸中枢刺激

毒成分のロベリンは呼吸中枢刺激に使われた

[生育地と植物の特徴]

名前は沼地や湿地、山間の沢地などに多く見られること、茎葉がキキョウに似ていることに由来する。別名にコノテバナ、チョウジナ、イソギキョウなど。北海道、本州、四国、九州の山間の湿地や水辺に自生する多年草。中国、朝鮮半島、東シベリア、サハリン、台湾などに分布。根茎は太く、斜め横に伸びる。茎は50～90cmの高さで直立に伸び、中空で円柱形。葉は葉柄のない披針形で、縁にこまかい鋸歯があり、長さ約6cm、幅約1cm、茎の上部になるほど小さくなる。茎葉ともに無毛。花期は8～9月。茎の上方に総状花序をつくり、濃紫色の花をつける。花冠は上唇、下唇に分かれ、上唇は2つに深く裂け、下唇は浅く3裂し、長さ約3cm。花冠裂片の縁に長い毛がある。果実は蒴果を結び、長さ約1cmで楕円形。種子は褐色で光沢があり、卵形で約1.5mm。

[毒成分] 有毒部分は全草。アルカロイドのロベリンを含み、延髄の催吐中枢や呼吸中枢を刺激する作用があって、中毒症状は嘔吐、下痢に続いて虚脱の状態となるほか、最後は心筋麻痺によって死亡する。

8月下旬佐賀県

つぶやき

ロベリンは最初に北米原産のロベリア草(キキョウ科)から発見された。この草を原料に塩酸ロベリンを製造し、呼吸中枢興奮薬として、麻酔による呼吸マヒに緊急薬とされてきたが、今は用いられていない。我が国のサワギキョウは薬用にはせず、花が美しいので山野草愛好家には人気があり、栽培も盛んである。

参考:薬草カラー図鑑3、牧野和漢薬草圖鑑

シクラメン Cyclamen	サクラソウ科 栽培	なし	有毒部分 塊茎	嘔吐、下痢、胃腸のびらん

11月上旬大分県

以前は下剤、今では毒草

[生育地と植物の特徴]

サクラソウ科の多年草、サクラソウ科では珍しく毒を持つ。シリア、ギリシャ原産。観賞のために栽培され始めたのは18世紀頃。我が国では明治25年頃に新宿御苑で開花したのが初めという。明治37年頃に一般に普及するようになった。地下に塊根を持つ球根植物。長柄を持つハート形葉を根生させる。葉の縁には細かい鋸歯あり。肉厚で無毛、表面は青緑色、裏面は紫色。秋から春にかけて、塊茎から群がり立つ15～20cmの花茎を出し頂部に5裂し裂片が反転する花を単生する。花の色は、赤色、桃色、白色、赤紫色など多数ある。シクラメン属は小アジアから地中海沿岸地方、ヨーロッパ中部にかけて約20種が分布している。

[医薬品としての利用]

ヨーロッパでは昔は塊茎を下剤として用いていたが、現在は薬用には使われていない。成分は、花の色素がアントシアン、塊茎にはシクラミンが含まれる。

[毒成分] 毒成分は、シクラミン自体である。

つぶやき

シクラミンはサポニン配糖体の一つである。シクラメンの塊茎を間違って食べることはないと思われるが、誤食すれば嘔吐や下痢、胃や腸のただれなどを引き起こす。シクラメン《季》春。

参考：牧野和漢薬草圖鑑、毒草大百科

ジャガイモ 馬鈴薯	ナス科 栽培	なし	塊茎	〔製〕カタクリ粉代用、〔食〕塊茎
			芽・葉	頭痛、嘔吐、結膜下出血

6月中旬長崎県

家庭に最も身近な有毒植物

[生育地と植物の特徴]

南米のチチカカ湖周辺が原産。1550年にインカ帝国を滅ぼしたスペイン人によってヨーロッパに伝えられた。日本には1600年頃に渡来した。草丈は50～100cm。地下茎は横走し、先端が肥厚して塊茎になる。葉は互生し奇数羽状複葉で小葉は5～9個あり卵形か楕円形で長さは2～7cm。6月頃 茎の頂と葉腋に白色か淡紫色をした直径1～3cmの花を咲かせる。萼片5枚、花冠が5裂して星形をなす。花が終わり4～5週間で成熟して黄色になる。その中に長さ2mm幅1.5mmの腎臓形の種子が100～400個入っている。

[採取時期・製法・薬効]

塊根の成分はデンプン。芽の毒成分はソラニン。ジャガイモにはビタミンCが23mg/100g含まれ加熱に強い特徴。

❖カタクリ粉の原料に

ユリ科のカタクリの鱗茎を粉にしたものをカタクリ粉というが、今ではバレイショデンプンが原料の主流である。

つぶやき

芽に含まれるソラニンが毒成分である。ソラニンは熱によって簡単に分解されて無毒になってしまう。肉ジャガ、フライドポテトなどのように加熱処理をすれば毒性は全く無くなる。もし生で食べれば、その毒は人間を殺す力を持っている。ジャガイモを発芽させない方法がある。ジャガイモと一緒にリンゴを一個保存しておくと、リンゴから出るエチレンガスが発芽を抑える。馬鈴薯の花《季》夏。

参考：牧野和漢薬草圖鑑、毒草大百科、徳島新聞H171205

シュウメイギク 秋明菊、貴船菊	キンポウゲ科 栽培	なし	全草	接触性皮膚炎 家畜の胃腸障害

人にも家畜にも皮膚粘膜刺激作用

[生育地と植物の特徴]

観賞用に栽培される多年草。草丈は50～100cm。地中に匍匐（ほふく）枝を出して繁殖する。根生葉は三出複葉、小葉は浅裂して鋸歯がある。花期は9～10月。直径5～6cmの菊花状の紅紫色をした花を枝先につける。萼片は30枚くらい、外側のものは緑色をし、内側のものは花弁状になる。雄蕊は多数あり葯は黄色である。雌蕊も多数あり、軟毛で球形に集まる。果実は通常はできない。

[薬効]

抗菌作用と殺虫作用があることは知られているが、薬用として使われたことはない。

[毒成分] 全草。毒成分は、プロトアネモニン。花を傷つけた時に出る汁に含まれており、局所刺激作用があって、発赤、発疱、化膿などの皮膚炎を起こす。この花に触れるときは手袋を使った方がよい。

秋明菊 10月下旬佐賀県

八重秋明菊 10月下旬長崎県島原薬草園

つぶやき

中国の原産で、日本に自生地はない、京都府の貴船地区で多数見られるために別名をキフネギクという。また、ウシゴロシという別名もある。田舎では家畜が食べてしまい、胃腸障害などの中毒症状が多発している。

参考：毒草大百科

シュロソウ/ホソバシュロソウ 棕櫚草/細葉棕櫚草	シュロソウ科 山地の林・草地	藜蘆 りろ	有毒部分 根茎	中枢神経毒 〔虫〕便壷の蛆虫殺

中国では近似種が生薬に我が国では便壷の蛆虫殺

[生育地と植物の特徴]

根元を見ると、古い葉柄がシュロの毛に似た黒褐色の繊維状になっているので、この名がある。日本固有種で、北海道、本州、四国に自生する多年草。草丈40～100cm。茎はかたく直立し、縦のすじがある。葉は細長い披針形で、主に茎の下部から3～4枚出る。茎の上部の葉は線形。花期は7～8月。茎の先の円錐形複穂状花序に黒紫色の花を開く。九州にはシュロソウは極めて少ないが類似種のホソバシュロソウがある。これは葉の幅が3cm以下と細く、花柄が1～1.7cmと長い。

[毒成分] 根茎に、ベラトルーム・アルカロイドのジェルビンが含まれる。中毒症状は、中枢神経毒で嘔吐、手足の痺れ、めまい、脱力感、けいれん、意識不明。

[採取時期と応用]

5～6月頃、開花前の蕾のときに地下の根茎を掘り採り、水洗いして刻み、天日で乾燥させる。毒性が強く、内服はできない。

❖殺虫用・便壷などのうじ虫殺しに

乾燥した根茎を適当量、便壷に投入する。

シュロソウ 7月下旬伊吹山

ホソバシュロソウ 8月下旬長崎県

つぶやき

中国産の亜種　中国産の毛穂藜蘆はシュロソウに近く、我が国のシュロソウは、この亜種または変種になっている。オオシュロソウに近いのは、中国で藜蘆、または黒藜蘆と言われる種類で、中国ではこれら数種の根茎を乾燥した生薬を藜蘆と称している。

参考：薬草カラー図鑑2、牧野和漢薬草圖鑑

タガラシ 田芥子	キンポウゲ科 向陽の湿地	なし	有毒部分 全草	心臓毒、下痢、血便、血尿、嘔吐、徐脈、瞳孔散大、呼吸困難、痙攣

可愛らしい花であるがキンポウゲ科の植物

[生育地と植物の特徴]
北海道から九州およびユーラシア大陸、北米、北アフリカに分布し、向陽の湿地、田の畔、溝の中などに見られる一年草〜越年草。草丈10〜50cm。茎は直立し、しばしば分枝する。根生葉は叢生し、腎円形で3深裂し長さ1.2〜4cm。中裂片は楔形で鋭頭。茎葉は互生し、三全裂して裂片は披針形で鈍頭。花期は4〜6月。分枝した枝の頂端に黄色の花をやや多数つける。

[採取時期・製法・薬効]
❖殺虫剤、蛆殺しに
全草を乾燥させたものを便槽に入れておくと蛆殺しに有効である。

[毒成分] 全草にプロトアネモニン、アネモニン、アネモノールなどの毒成分を含む。アネモニンは心臓毒でマウスに対しLD50が150mg/kgであることが報告されている。プロトアネモニンは発泡性の局所刺激作用があり、経口投与によって口腔、消化器等の粘膜をただれさせる。これらはクサボタンに同じ。

つぶやき
和名タガラシは、田の中に生え、味が辛いからついた名であるといわれる。田枯らしではない。筆者がこの植物を最初に見たのは海岸の瓦礫地であった。塩水にも強いのではなかろうか。

5月下旬長崎県

参考：牧野和漢薬草圖鑑

タマスダレ 玉簾	ヒガンバナ科 栽培	なし	全草 夏〜秋	〔X〕催吐作用 嘔吐、下痢、脱水性ショック

ヒガンバナ科であり催吐性のある毒草

[生育地と植物の特徴]
多年草。アルゼンチン原産。明治初期に日本に渡来した。観賞用として各地で栽培されているが、一部は野生化している。球根の皮は黒く、多数叢生する常緑の葉は狭線形である。夏から秋に、葉の間から高さ30cmほどの花茎を数本出し、頂部に1個ずつ白色の花をつける。花は白色〜淡紅色のぼかしがある6弁花である。雄蕊は5本、雌蕊は1本である。花が終わった後、蒴果をつける。球形で3室に裂開し、少数の種子が入っている。

[採取時期・製法・薬効]
成分はリコリン、毒成分と同じである。
❖催吐剤に
新鮮なタマスダレを煎じ氷砂糖で調整して服用するとあるが、詳細不明。

[毒成分] 有毒部分は、全草。毒成分は、リコリン。中毒症状は、嘔吐、下痢による脱水性ショック。嘔吐、下痢が続くことで身体から水分が失われて、胃腸炎、呼吸不全、痙攣などを起こして死に至る。

つぶやき
アルカロイドのリコリンはヒガンバナ科の植物の多くに含まれており、致死毒になりうるが、中毒死することが少ない。それは、催吐性があるため、たとえ口にしても胃の中のものを吐き出してしまうために、吸収される毒性分の量は少なく大事に至ることは少ないからである。

9月下旬鹿児島県

参考：牧野和漢薬草圖鑑、毒草大百科

オオキツネノカミソリ 7月下旬長崎県

オオキツネノカミソリは関東地方以西に自生し、花が大きく雄蕊が花冠から大きく突き出ている。

ムジナノカミソリ 8月中旬長崎県対馬

ムジナノカミソリは長崎県対馬と宮崎県にのみ自生し、花の大きさも雄蕊の長さもキツネノカミソリとオオキツネノカミソリの中間である。

キツネノカミソリ 狐の剃刀	ヒガンバナ科 山野	リコリン ガランタミン	有毒部分 全草	嘔吐

リコリンは催吐剤・ガランタミンは認知症治療剤

[生育地と植物の特徴]

名前は、葉の形をカミソリに見立てたもの。別名にキツネノタイマツ、キツネユリ、キツネバナなど。狐との関係が深い。本州、四国、九州各地の山野に自生する多年草。地下の鱗茎は黒褐色の外皮で包まれた径4cmほどの広卵形。春先に鱗茎から帯状で幅1cm長さ40cmほどの葉を出すが、この葉は夏になって枯れる。その後、地下鱗茎から40cmほどの花茎を伸ばし、先端に3～5個の大形の花を横向きにつける。花期は8～9月。花被片は黄赤色で6枚、倒披針形で長さ5～8cm、ヒガンバナのように反り返らない。雄蕊は6個で、花被片とほぼ同じ長さ。雌蕊の花柱は花被片より長い。花柄は長さ約6cmで、基部に長さ約4cm、披針形の総苞片がある。果実は球形の蒴果を結び、種子は黒色、扁円形で皺がある。

[毒成分] 有毒部分は全草。特に地下部の鱗茎に毒成分が多い。アルカロイドのリコリンを含み、中毒症状は、嘔吐、下痢による脱水性ショック。嘔吐、下痢が続くことで身体から水分が失われて、胃腸炎、呼吸不全、痙攣などを起こして死に至る。ただし、催吐性があるため、たとえ口にしても胃の中のものを吐き出してしまい、死に至ることは少ない。そのほかアルカロイドのガランタミンを含む。ガランタミンはショウキズイセン、ヒガンバナ、ラッパズイセン、また、スノーフレークなどのレウコユム属などの鱗茎にも含まれて小児マヒ後遺症の治療薬に用いられた。近年では認知症治療薬として用いられている。

つぶやき

乳房の腫れにキツネノカミソリの鱗茎をすり潰して塗るという民間療法もあったが、現在では行われていない。

キツネノカミソリ 8月上旬大分県

参考：薬草の詩、薬草カラー図鑑3、牧野和漢薬草圖鑑

スズラン 鈴蘭	キジカクシ科 山地、高原	なし	有毒部分 全草	心臓毒 血液凝固作用

ニホンスズラン 6月下旬熊本県

かわいい花に強心配糖体を含む

[生育地と植物の特徴]

本州の長野、群馬両県以北、北海道に自生し、九州にはまれで熊本県にのみある(他に鹿児島県にも案内があった)。山地、高原に生える多年草で、横に伸びる地下茎から長い柄を持つ卵状長楕円形の葉を2枚相対して出す。葉の下に続く葉柄は膜質の葉鞘に包まれる。葉には毛がなく、裏面は表面よりやや白みを帯びる。花期は5～6月。葉鞘から伸びる花茎の先に10個ほどの花を総状花序につける。花は径1cmほどの鐘形で、白色、香気が強い。下向きに開き、花被は浅く6つに裂けて反り返る。雄蕊は6個で、葯は鮮黄色、花糸は無毛。果実は径6～8mmの液果を結び赤く熟す。

[毒成分] 有毒部分は全草。特に根と根茎に毒成分が多い。全草に強心配糖体のコンパラトキシンが含まれ、これが有毒である. またコンパラトキシンにグルコースが結合したコンパロシドも、スズランの毒成分である。これらの毒成分の作用はジギタリスに似ていて、強心、利尿の作用があり、コンパラトキシンはジギタリスよりさらに強い作用があるともいう。コンパロシドは血液の凝固作用があり、これを多量にとると心不全の状態になって死亡する。

つぶやき

庭先に栽培されているのはヨーロッパ原産のドイツスズランが多い。日本のものは花序が葉より低くて葯が黄色、ヨーロッパ種は花序が葉とほぼ同じ高さで、葯は淡緑色。鈴蘭《季》夏。

参考：薬草カラー図鑑3、牧野和漢薬草圖鑑、毒草大百科

チョウジソウ 丁字草	キョウチクトウ科 川岸の野原	なし	有毒部分 全草	局所麻痺、瞳孔散大、血圧降下、血管収縮

5月下旬大分県九重町

5月下旬内藤記念くすり博物館

製造された催淫薬は副作用が大

[生育地と植物の特徴]

北海道石狩地方以南、本州、九州では大分県と宮崎県、朝鮮半島、中国に分布する多年草。温帯から暖帯の河岸の野原に生育する。草丈は40～80cm。茎は直立し円柱状で、上部は多少分枝する。茎葉は互生するが、枝の葉は対生し、披針形で長さ6～10cm鋭尖頭で全縁。花期は5～6月。茎の頂の集散花序に青色の花を多数つける。花を側方から見ると、漢字の“丁”の字に見えるからという。花の形は“丁”の字には見えない。

[採取時期・製法・薬効]

成分は種子にアルカロイドのタベルソ、テトラヒドロアムソトニンなど、茎葉にはβ -ヨヒンビン(アムソニン)、根にはエルリプチシン、ヨヒンビン、β -ヨヒンビン、アリチリン、ハントラブリンなどを含む。

[毒成分] 有毒部分は全草。アムソニンの中毒症状は局所麻痺、瞳孔散大、血圧降下、血管収縮などのヨヒンベアルカロイド類似作用がある。

つぶやき

全草にアルカロイドを含み、特にβ -ヨヒンビンを含む。ヨヒンビンは最初アカネ科のアフリカ産ヨヒンベという樹の樹皮から発見され、アフリカ原住民は古くからこの樹皮を媚薬に用いていたので有名になった。塩酸ヨヒンビンを製造して、催淫薬が製造されたが、副作用から普及しなかった。

参考：薬草カラー図鑑3、牧野和漢薬草圖鑑

トウダイグサ 灯台草	トウダイグサ科 路傍、草原	なし	有毒部分 全草	接触性皮膚炎 消化器症状、痙攣毒

全草からの汁が接触性皮膚炎を起こし内服すると危険

[生育地と植物の特徴]

本州から沖縄までの路傍や草叢などに自生する越年草。朝鮮半島、中国のほか、アジアの各地、ヨーロッパ、北アフリカなどにも分布する。高さ20～40cmに伸び、根元から枝分かれするので、多くは束生するように群生する。葉は互生し、長さ3～4cmの倒卵形で先端は円形、基部はくさび状で縁に細い鋸歯がある。茎の先端には5枚の葉が輪生し、茎の中間に出る葉よりもやや大きい。花期は4月頃。輪生葉から5本の枝を出し、各枝の先端に杯状花序をつける。湯飲み茶碗の底にあたる部分から一つの雌花が伸び、茶碗の外に傾いて突き出る。この茶碗にあたる部分が、葉が変形してできた総苞。雌花は花弁、萼片がなく、先端の膨らんだ部分が雌蕊、その下に一つの関節があって、それより下の部分が、雌蕊を支える雌花の本体となるところである。この長く伸びた1本が、独立した雌花である。雄花も途中に関節があって、それより上が雄蕊である。総苞の縁に4個の腺体があって黄緑色、蜜を分泌する。

[毒成分] 有毒部分は全草。茎や葉を折ると白色の乳汁を出し、これが皮膚に触れると刺激し、時には水泡となる。また全草の一部を飲んだりすると、吐き気、腹痛、下痢など、消化器症状が出て、頻脈、痙攣を起こす。死亡するほどではないが危険である。有毒成分の本態は未精査。有毒ではないが、クエルセチン、トリヒマリンなどのフラボノイド、β－ジハイドロフコステロール、ヘリオスコピオールもある。

7月下旬長崎県

つぶやき

茎や葉から出る乳汁を疣に塗り、疣取りに用いるところもあるが、乳汁を飲んでは危険である。

参考：薬草カラー図鑑3、牧野和漢薬草圖鑑、毒草大百科

トケイソウ 時計草	トケイソウ科 栽培	なし	全草	〔X〕鎮咳、鎮静、鎮痛、鎮痙 ハルマラアルカロイド

時計草は有毒、果物時計草は無毒

[生育地と植物の特徴]

常緑多年生の蔓植物。ブラジル原産。日本には享保年間（1716～1736）に渡来した。蔓状の茎は約4mに達し、分枝しない巻きひげで他物に絡みつきながら伸びる。葉は互生し掌状に5深裂して全縁。夏に葉腋に柄のある大型の花をつける。花被片は10枚で平開し外側の5枚が萼片、内側の5枚が花弁である。花弁の色は淡紅または淡青色で花被の内側に多数の糸状の副花冠がある。花の形を時計の文字盤に見立てて時計草という。

クダモノトケイソウ（パッションフルーツ）：ブラジル原産。葉が3裂し、副花冠が花被と同じくらい長く、紅紫色の斑点のある長さ10cmほどの果実をつける。

[採取時期・製法・薬効]

❖神経性不眠症、痙攣、神経痛、心臓神経症に
　使用法の詳細は不詳。

[毒成分] トケイソウの有毒部分は全草。毒成分はハルマラ・アルカロイド。クダモノトケイソウには毒はない。

クダモノトケイソウ 6月下旬長崎県対馬

トケイソウ 10月中旬長崎県

つぶやき

時計草は“受難の花”と呼ばれている。16世紀にアメリカへ渡ったイエズス会士達は、この花を見てアッシジのフランチェスコが夢に見た十字架上の花と信じた。葉は槍、5本の葯はイエス・キリストが受けた5つの傷、巻きひげはムチ、子房柱は十字架、3本の花柱は釘を象徴すると見た。イエズス会士達は布教に熱意を持った。

参考：毒草大百科

フクジュソウ 福寿草	キンポウゲ科 山地	シマリン	有毒部分 全草	心臓毒 血液凝固作用

強心配糖体のシマリンが毒成分

[生育地と植物の特徴]

江戸時代には、元旦に花があるというので、元日草と呼び、フクヅク草とも呼んだ。別名をフクジュソウといったが、現在では当時の別名が正名である。北海道から九州までの山地の林の中や縁に自生する多年草。シベリア東部、サハリン、千島列島、朝鮮半島、中国北部にも分布。茎は10～30cmの高さに直立して伸び、枝分かれする。根茎は短くて暗褐色、根茎から出る根はひげ状で多数。根茎に近い下部の葉は膜質で鞘状となって縁には鋸歯がない。これより上部に出る葉は3～4回羽状に細裂した複葉で、広卵形、両面ともほとんど無毛で互生。花期は3～5月。新芽とともに開花する。花は径3～4cmで黄色。萼片は緑紫色の卵形で数個。花弁は20～30枚で萼片より長く、日昼に開花し夕刻にはしぼむ習性がある。

[毒成分] 有毒部分は、全草。特に地下の根と根茎に毒成分が多く、強心配糖体のシマリンを含んでいる。また強心作用のないアドニリドという物質も含まれている。危険であるから絶対に用いない。強心、利尿作用があって、まれにジギタリスの代用とすることもあったが、いずれにせよ専門医のすることであった。中毒は心不全で死亡する。

4月上旬熊本県

つぶやき

開花期が長いことから長寿にあやかり、江戸時代から正月の祝儀の花としてめでたいときに用いられ、黄金色の花から黄金を連想するなど、すべて幸福につながる花というところから、長寿と幸福を組み合わせて、福寿草の名になったといわれている。正月用として暮れの頃から店頭に出回るのは促成栽培されたもの。福寿草《季》新年。

参考：薬草カラー図鑑3、牧野和漢薬草圖鑑、毒草大百科

ブタクサ 豚草	キク科 帰化	なし	全草	〔民〕利尿、膀胱結石、リウマチ、通経
			花粉	花粉症(枯草熱)

Hay Feverという花粉症の原因植物

[生育地と植物の特徴]

北米のHogweedをそのまま日本名としたもの。北アメリカ原産の帰化植物で、各地の道端などに見られる一年草。草丈40～100cm。直立し全体に短い剛毛があり小枝を多数分枝する。葉は1～2回羽状に全裂し裂片は線形。花期は8～9月。花は穂状に多数つき、雌性頭花は雄性穂状花序の基。

[採取時期・製法・薬効]

薬用部分は全草。成分はアンブロシン、エポキシアンブロシン、プシロスタシンAなど。

❖利尿、膀胱結石、リウマチの痛み、通経に
煎じて服用する。

❖痩果を食用に
若い痩果を摘み、茹でた後、水に晒して苦味をとり、お浸しや和え物にする。香りはシュンギクに似ている。

[毒成分] ブタクサの花粉がアレルギー諸症状の原因である。

つぶやき

スギやヒノキによる花粉症という言葉よりも、枯草熱という言葉がはるかに古い。アメリカでは、繁茂するブタクサが晩夏に雄花が開花すると大量の花粉が飛散し、これによりクシャミ、鼻水などのアレルギー症状が惹起される。このhay feverという病名はアメリカの内科学教科書に古くから載っていたが、日本の花粉症という言葉は昭和40年代に初めて登場した。

9月上旬長崎県

参考：牧野和漢薬草圖鑑

ムラサキケマン 4月下旬長崎県対馬

キケマン 4月中旬長崎県対馬

ミヤマキケマン 5月上旬伊吹山

ムラサキケマン/キケマン/ミヤマキケマン 紫華鬘/黄華鬘/深山黄華鬘	ケシ科 やぶ陰	なし	有毒部分 全草	激しい痙攣

プロトピンが心筋障害を起こす

[生育地と植物の特徴]

ムラサキケマン:北海道から沖縄まで各地の藪陰などに自生する越年草で、朝鮮半島、中国にも分布する。中国原産で、我が国で栽培されるケマンソウ(ケシ科)に似ている。茎は柔らかく、高さ20～40cmで直立に伸び、無毛で稜がある。葉は根元から出る根出葉に長い葉柄があって、2回三出複葉に裂け、葉全体は三角状の卵形で長さ3～8cm、小葉は羽状に裂けて鋸歯がある。花期は4～6月。花は花茎の上部に10cmほどに伸びる総状花序につき、長さは12～18mmで紅紫色か微紅紫色。花弁は4枚、外側の2枚は大きく、上側の1枚は距となって後ろに突き出る。雄蕊6個。萼片は左右に2枚で極めて小さく、それぞれが糸状に裂けている。苞は扇状で、くさび形の刻みがある。果実は蒴果を結び、線状長楕円形で、下向きにつく。

キケマン:本州の関東地方南部より沖縄までの海岸に自生する越年草。茎は中空で円く赤みを帯び、高さ40～60cmで太くて軟質。折ると特異な悪臭がある。ミヤマキケマンは黄色の乳汁を出すが、これは出さない。葉は2回三出複葉で、全体の形は広い卵状の三角形、長さ幅ともに20cmほどになる。花期は4～5月。長さ10cm前後の総状花序につき、黄色でやや唇形。花の長さは約2cm。苞は披針形で先端は尖り、全縁で、花柄よりも短い。果実は蒴果を結び、長さ3cmの披針形。類似植物のツクシキケマンの果実には、数珠状にくびれのあるのが目立つが、これにはくびれがない。種子は黒く、表面に微細な突起が密生して、蒴果の中に2列に並んでいる。

ミヤマキケマン:山形、岩手両県の南部より近畿地方までが自生地、中国にも分布する。山地の陽当たりのよいところに生える越年草、叢生する。茎を折ると黄色の汁液が出て、なめると苦い。高さは30～50cmに伸びる。葉は2回羽状に細裂、小葉は広卵形で切れ込みがある。葉全体の形は長卵形。花期は4～6月。茎の先の総状花序に、黄色の長さ2cmほどの花多数をつける。苞は広披針形で切れ込みがあり花柄よりも短い。萼は2cmで小さい。花弁は4枚、唇形で後部は距となって膨らんでいる。

フウロケマン:本州、四国、九州、中国南部に分布。草丈20～90cm。葉は2～3回羽状複葉で小葉は卵形、長さ1.5～2.5cmでさらに1～2回羽状に深裂する。花期は3～4月。茎の先にやや大形の黄色花を総状花序につける。

つぶやき

[毒成分] 有毒部分は全草。毒成分は、アルカロイドのプロトピン、サングイナリンなどである。プロトピンはムラサキケマンばかりでなく、多くのケシ科植物に含まれていて、軽い鎮痙、鎮痛の作用がある。この毒草を飲むと、涙と唾液の分泌が増え、心筋運動に障害が現われて、痙攣を起こす。死亡するほどの強い毒性ではない。

参考:薬草カラー図鑑3、牧野和漢薬草圖鑑、毒草大百科

ヤマブキソウ 山吹草	ケシ科 樹下	【生'】荷青花 かせいか	根	〔民〕鎮痛、止血、筋肉のこわばり
			全草	酩酊状態から呼吸麻痺

酩酊状態から呼吸麻痺となる中毒を起こす

[生育地と植物の特徴]

ケシ科の小型多年草。本州、四国、九州に自生する。薄暗くてあまり乾燥しない樹林内に生える。根出葉は羽状に分かれ長い柄がある。花期は4～5月。30cmほどの高さの花茎を出し、3～4対の羽片に分かれた葉を2～3枚つける。小葉には鋸歯や欠刻がある。花茎の頂に直径3～4cmの4弁で黄色の花をつける。花の中心に多数の雄蕊がある。花の後、細長い穂状の果実をつける。

[採取時期・製法・薬効]

❖鎮痛、止血、筋肉のこわばりに

荷青花10～15gを砂糖と酒で良く蒸したものを毎日2回朝夕に分服するというが、毒性があり家庭では使用できない。

[毒成分] 有毒部分は全草、特に根茎。毒成分は、クリプトピン、アリクロプトピン。中毒症状は、酒に酔ったようになり、激しく嘔吐し、手足の痺れ、呼吸麻痺によって死に至る。

5月中旬岐阜県

つぶやき

山菜と間違って食べてしまったケースは多い。ただ、ヤマブキソウは美味しくない。料理の中に混ぜ込んで食べてしまっても喉を通る前におかしいことに気づき、重症に陥ることは稀である。

参考:牧野和漢薬草圖鑑、毒草大百科

ルピナス Lupinus	マメ科 栽培	なし	種子 夏～秋	〔X〕子宮収縮作用
				心臓毒

子宮収縮作用が臨床で使われた、今では毒草

[生育地と植物の特徴]

南ヨーロッパ原産の一年草。日本には大正年間(1920年前後)に渡来したといわれている。草丈は50～70cm。直立した茎は、ほとんど分枝しない。葉と茎は、白色柔毛が密生している。葉は掌状複葉で、細長い小葉が5～15枚ある。小葉は長楕円形～長楕円状楔形で、長さ3.5～3.8cm。花期は4～6月。茎の頂端の総状花序に芳香のある花を輪生して咲かせる。渡来した頃は黄色花であったことから別名キバナノハウチワマメと呼ばれていた。現在では青色、白色、桃色、黄色などさまざまな色がある。

[採取時期・製法・薬効]

種子を採取し、乾燥させる。成分は、毒性分に同じ。

❖人工中絶、陣痛促進、不整脈に

強い子宮収縮作用があり、人工中絶、陣痛促進、止血、不整脈に使われていたが、有毒なため、現在では使われていない。

[毒成分] 有毒部分は、種子。毒成分は、スパルテイン、ルピニン。致死的な毒ではないが、子宮収縮作用があり、妊婦が食べると流産の危険性がある。

7月上旬北海道

つぶやき

人工中絶、陣痛促進、抗不整脈薬として使われていたルピナスの種子も、あまりに毒性が強く、またルピナスよりも安全な薬が合成されたことから使用されなくなった。

参考:牧野和漢薬草圖鑑、毒草大百科

エゴノキの下向きの花 5月下旬長崎県対馬

エゴノキの実 7月上旬長崎県対
ヤマガラ

エゴノキ 斉墩果	エゴノキ科 山野	なし	果実	〔X〕去痰、〔洗〕洗濯剤、〔他〕細工材、 食道・胃粘膜ただれ、溶血作用、魚毒

魚毒、人には咽喉の刺激と溶血作用

[生育地と植物の特徴]

エゴノキは果実にえぐみのあることに由来(果皮には10%という大量のエゴサポニンが含まれており、誤って食べると咽喉を強く刺激する。致死的ではないが、かなり大変なことになる)。別名にキク科のチサ(チシャ)の花の咲く頃この花が咲くことからチシャノキ、果実に毒性のあることからドクノミ、果皮を洗濯に使うことからセッケンノキ、シャボノキ。また、肥やすの木、ロクロギの名もある。全国各地の山野に自生する。朝鮮半島、中国の温帯から亜熱帯に分布。落葉樹で高さ約5～10m。5月頃 白色の花多数を下向きにつける。花は深く5裂するので、5弁花のように見える。雄蕊は10本で花冠より短く、葯が黄色。葯の黄と白い花冠のコントラストが美しい。8月頃に果実を結ぶ。

[洗濯剤と細工材への応用]

❖洗濯剤に

果皮にはエゴサポニンが含まれ、果皮を入れた水で洗濯物を揉むと、泡が立って汚れがとれる。

❖細工材に

材質が白く粘りけがあって細工しやすいので、ろくろ細工に広く利用される。

エゴノネコアシ 7月下旬長崎県対馬

エゴノキの枝先に緑白色のハスの花のようなものがつくことがある。これはエゴノネコアシアブラムシの幼虫が冬芽に寄生してつくった虫癭でエゴノネコアシと呼ばれる。7月頃になると先が開いて、中からアブラムシが出てくる。

つぶやき

果実はかなり昔から漁に使われていた。新鮮なものを布袋に集めて入れる。これを大まかに砕いて、水流に流すと魚のエラに毒成分がつき、魚は呼吸できなくなって次々と浮いてくる。エゴサポニンによる作用で特にウナギを獲るのに使われた。現在はこの方法は禁止されている。なお、小鳥のヤマガラは果実を好んで食べる。えごの花《季》夏。

参考:薬草の詩、薬草カラー図鑑3、牧野和漢薬草圖鑑、毒草大百科

レイジンソウ 伶人草	キンポウゲ科 林の縁	なし	根	〔外〕寄生性皮膚病
			全草	神経毒(痙攣)

寄生性皮膚病に外用するが食べると痙攣が起こる

[生育地と植物の特徴]

関東地方以西、九州まで分布する。本州近畿地方以北にはアズマレイジンソウ(東伶人草)が自生している。多くは林の縁などに見られる多年草で、根はトリカブト類のように地下にかぶら状の塊根をつくらないで枝分かれし、やや斜めに地中に入っている。茎は斜めに伸び、長さ80〜130cm。根元から出る根出葉は長い葉柄があり、長さ15cmのハート型の葉は5〜7裂し、裂片には粗い鋸歯があって、両面とも毛が生えている。茎に出る茎出葉は根出葉より小さく、多くは3裂する。花は8〜9月頃。総状花序の花茎を茎から垂直に立て、淡紅紫色の花をつける。

[採取時期・製法・薬効]

春と秋に根を掘り採り、水洗いして刻み、天日で乾燥させる。

❖寄生性皮膚病に

乾燥した根10〜20gを水400〜600mlで煎じ、これを患部に塗る。

[毒成分] 有毒部分は、全草。アルカロイドのリコクトニンを含むが、アコニチンより毒性は弱い。しかし、口にすれば、痙攣が起こるので危険である。

つぶやき

麗人ではない。花が美しく、その形が舞楽のときに伶人が使う冠に似ていることからつけられた名である。最初は伊吹山で見かけ、九州では天山で見た。

10月上旬佐賀県天山

参考:薬草カラー図鑑3、牧野和漢薬草圖鑑、毒草大百科

アセビ(アシビ) 馬酔木	ツツジ科 路傍、栽培	なし	有毒部分 葉・小枝	腹痛、嘔吐、下痢、神経麻痺 呼吸麻痺、〔虫〕殺虫

家畜が酔ったようになるばかりか死んだ事件もある

[生育地と植物の特徴]

馬がこれを食べると酔うので、馬酔木の和製漢字がつけられた。また、アセビやアシビは、人が過って食べ、その中毒によって足がしびれることから、アシシビレが詰まったものという説もある。アセボの名は‘古今集’での通用名、また馬酔木も同じとあり、アセビは‘枕草子’に出てくるが、土佐の方言でもあるという。本州、四国、九州の各地に自生し、また植栽される日本固有種。‘万葉集’に10首も歌があるように、古くから人に愛好されてきた。また、江戸時代の終わり頃からは、欧米でも観賞用として栽培されるようになっている。

[毒成分] 葉の毒成分として苦味質のアセボトキシン、グラヤノトキシンⅢ。ほかにアセボチン、アセボクエルチトリン。花には、クエルセチン、毒性の強いピエルストキシンA・B・Cがある。他にも、鹿が過って食べると、不時に角がとれるので、有毒のことを知っていて食べない。そのため、奈良の春日野ではアセビが繁殖したという説もある。

つぶやき

必要時に葉や小枝をとり、天日で乾燥させて保存する。農作物の殺虫にはよく乾燥した茎葉を10倍量の水で半量以下になるまで煮詰め、カスを取り除いて、煎液だけをさらに10倍量の水で薄めて、冷めてから農作物にかける。ツツジ科の植物には有毒なものが多く、木の皮まで剥いで食べる鹿がミヤマキリシマは食べないという。馬酔木の花《季》春。

3月下旬長崎県対馬

参考:薬草カラー図鑑2、牧野和漢薬草圖鑑、薬草大百科

シキミ 樒、梻	マツブサ科 帰化、山地	なし	有毒部分 樹皮・葉・果実	消化器症状、激しい痙攣

古代人が毒性を知っていた

[生育地と植物の特徴]

シキミは悪しき実の意味。別名にハナノキ。また、樹皮や葉で線香や抹香をつくったところから抹香の木。宮城県以南、四国、九州、沖縄などの山中に自生する常緑樹で、大きいものは10～12mに達する。台湾、中国にも分布している。樹皮は暗灰褐色であるが、若枝は緑色。枝葉には芳香がある。葉は長楕円形から倒披針形で長さ5～10cm幅2～5cm。やや厚くて光沢があり、無毛、全縁で両端が尖っている。葉柄があって互生する。花期は3～4月。葉腋から径2.5cmほどの淡黄色花を開く。開花前の蕾には多数の苞葉があるが、開花とともにこれらは落ちる。萼片、花弁は長楕円形で12枚。雄蕊は多数。雌蕊は8個で輪状に並ぶ。果実は数個の袋果が車座に集まり、その径が2～2.5cm、9～10月頃に熟し、袋果が裂けると、褐色で光沢のある1個の種子をはじき出す。

[毒成分] 樹皮、葉、果実に多く、アニザチン、ネオアニザチン、ジオキシアニザチンなどの毒成分を含んでいる。これらは強い痙攣毒で、呼吸困難、血圧上昇を起こして死亡する。葉や果実に精油が約1%含まれているが、その中に芳香性の強いサフロールやシネオール、オイゲノールなどの成分がある。また、樹皮にはフラボノイドのクエルセチン配糖体のクエルチトリンがある。

つぶやき

古代人は猛毒を知っていた　古代の人々は、土を盛った新墓地に、狼が襲いかかるのを防ぐため、墓地の周りにシキミの枝をさしていた。今日、墓地や寺にシキミが植えられるのはその頃の名残である。梻は和製漢字。

シキミ 3月下旬長崎県

参考：薬草カラー図鑑3、牧野和漢薬草圖鑑、毒草大百科

ソテツ 蘇鉄	ソテツ科 沿岸、植栽	蘇鉄子 そてつし	種子 10～11月	〔X〕鎮咳作用、殺菌作用 ホルムアルデヒド中毒

胃酸で分解されるとホルムアルデヒドが産出される

[生育地と植物の特徴]

常緑低木。南西諸島や九州南部の海岸の断崖などに自生する。庭木や公園樹として暖地で広く植栽される。茎は太い円柱状で高さ1～4m、表面には枯れ落ちた葉の基部が密に残る。葉は長さ1～1.5m、茎頂に集まってつき、濃緑色で硬い線形の小葉からなる羽状複葉で四方に広がる。雌雄別株で、花は夏に茎頂につく。雄花は多数の長い鱗片状の実葉（雄蕊に相当）からなる円柱状で、長さ40cmに達する。実葉の下面には多数の葯がある。雌花は長さ約15cm、やや掌状に裂けた心皮の集合で、各心皮の基部葉縁には2～3対の胚珠を生じる。種子はやや平らな卵形で朱紅色に熟す。

[採取時期・製法・薬効]

10～11月に朱色に熟した種子を採取し、風通しの良い場所で陰干しにする。

❖咳止め、健胃、通経に

蘇鉄子一日量5～15gに水400mlを加えて3分の1量に煎じ3回に分けて食後に飲む。今では使われていない。

[毒成分] 有毒部分は全株。毒成分はサイカシン。温熱動物が経口摂取すると、酸で分解されホルムアルデヒドを生じる。

つぶやき

種子はあぶって食べ、また救荒植物として茎の髄を砕いて澱粉をとることもある。サイカシンは水様性であり、十分に流水に晒せば中毒を起こすことはない。

2月上旬長崎県

参考：牧野和漢薬草圖鑑、毒草大百科

シャクナゲ 石南花	ツツジ科 山地、植栽	【生】石南葉 せきなんよう	葉	〔民〕利尿、リウマチ
			全株	嘔吐、痙攣、手足の麻痺、呼吸困難

毒があるが浮腫みの時の利尿に使う

[生育地と植物の特徴]

ツツジ科の常緑低木。シャクナゲの母種はツクシシャクナゲで、本州、四国、九州の標高800m以上の高地に自生する。谷川に沿った斜面などに多い。樹高4mほど。幹は多く分枝する。葉は枝先に車輪状に互生し、長楕円形または倒披針形をしている。全縁で長さ15cm前後。葉質は革質で表面は濃緑色で無毛である。花期は5～6月。前年枝の先端に紅紫色の花を多数咲かせる。花冠はロート状で7裂している。滋賀県の県花である。

[採取時期・製法・薬効]

春から夏に葉を採り、葉裏の毛を流水下にタワシでこすり落として、天日で乾燥させる。成分は苦味質アンドロメドトキシン、ウルソール酸、オレアノール酸。

❖むくみの時の利尿に

一日量3～6gを水400mlで3分の2量に煎じ2回に分けて服用する。有毒であり、分量は正確に測るようにする。

[毒成分] 樹全体に有毒のロードトキシンで含まれる。中毒症状は、悪心、嘔吐、痙攣、手足の麻痺、呼吸困難などが起こる。最悪の場合には、昏睡状態で死に至る。

[漢方原料(石南葉)**]** 辛苦、平。産地は、日本、中国。

つぶやき

中国の"石南"は、日本のシャクナゲとは別のもので、中国南部、インドシナ半島、台湾、我が国の奄美諸島、徳之島、西表島などに自生。中国では葉を"石南葉"として風邪薬にしている。石楠花《季》夏。

ツクシシャクナゲ 4月中旬長崎県

参考：薬草カラー図鑑2、牧野和漢薬草圖鑑、毒草大百科

ドクウツギ 毒空木	ドクウツギ科 山地	なし	有毒部分 果実・葉	神経毒、痙攣、意識障害

三大毒草（他にトリカブト、ドクゼリ）の一つ

[生育地と植物の特徴]

日本固有種。落葉低木で、北海道から本州の近畿地方以北に分布。樹高1～2m。小枝は四角形で、中は空洞。葉は単葉が対生しているが、左右対称に配列しており、羽状複葉に類似している。大きさは6～8cm、緑色で卵形から長卵形、3本の脈が通っている。葉柄はほとんどなく、先は尖っている。雌雄同株で花期は4～5月。新葉と共に、前年枝の節から別々に総状の雌花と雄花を多数つける。花は黄緑色、花弁は5枚。花は萼片より小さく、目立たない。花後に花弁が大きくなって子房を包み、ブドウの様な房状の実がなる。実は熟して黒紫色になる。

[毒成分] 毒成分は茎葉と果実に含まれ、コリアミルチン、ツチン、プソイドツチン、没食子酸、エラグ酸、コリオース、ケンペロール等。ドクウツギの葉24gが人間の致死量。

❖バルビツール系睡眠薬や麻薬中毒に対し

毒性が強く、現在では使われていない。殺鼠剤としても使われなくなった。

つぶやき

実はきれいで美味しそうに見える。熟した実は多汁で甘みがある。中毒症状が現れるまで30分ほどかかるので、間違って食べてもすぐには毒を持っていることに気付かない。中毒症状は、悪心、嘔吐、舌や口のしびれ、発汗、口唇紫変、瞳孔縮小。強直性全身痙攣を起こして死亡する。

4月中旬小石川植物園

8月下旬小石川植物園

参考：牧野和漢薬草圖鑑、毒草大百科

ネジキ 捩木	ツツジ科 山地	捩木 れいぼく	有毒部分 葉	神経毒(脳幹下部に作用)、姿勢異常、痙攣、運動失調

牛馬の霧酔病の本体はネジキ中毒

[生育地と植物の特徴]

本州岩手県以南、四国、九州に分布、山地の陽当たりの良い場所に生える落葉小高木。樹高4～5m、ときに9mに及ぶ。幹は捩れることが多いのでネジ木の名がある。葉は柄があって互生。花期は5～6月。前年の枝の葉腋から総状花序を出し、白色の花を下垂して開く。

[採取時期・製法・薬効]

毒性部分は葉。毒性はリオニオールA、B、Cで特に若葉に多く、この他クエルシトリン、ウルソール酸、アスチルビン、アレアノール酸などを含み、木部には配糖体リオニシドを含んでいる。

[毒成分] リオニオールAは脳幹下部に作用すると考えられ、姿勢異常、痙攣、運動失調などを惹起する。毒性は激しく、家畜の飼料にまざって誤食すると嘔吐や運動麻痺がおこる。島根県三瓶地方の放牧地地帯で昔から知られている牛馬の霧酔病の本体はネジキ中毒であると言われている。

つぶやき

ネジキはやせ地にもよく生育し、庭園樹、生垣にも普通に用いられている。材は堅く緻密で、鼓車、折り畳み尺、洋傘の柄、櫛(木曾の阿六櫛)、ろくろ細工に用い、また本種で作った木炭は特に漆器の研磨に用いられる。

ネジキ 6月中旬長崎県

参考:牧野和漢薬草圖鑑

ハゼノキ(リュウキュウハゼ) 櫨木(琉球櫨)	ウルシ科 山野	【生'】木蝋 もくろう	果皮	〔製〕蝋原料、〔染〕染料
			樹液	接触性皮膚炎

山野で野生化しているが琉球から渡来したという

[生育地と植物の特徴]

関東地方南部以西の本州には木蝋を作る目的で江戸時代に琉球から渡来したという。四国、九州、沖縄、済州島、中国、台湾、マレーシア、インドに分布。樹高7～10mの落葉高木。葉は互生する奇数羽状複葉で、4～8対の小葉がある。小葉は長さ5～12cm、幅1.8～4cmの広披針形～狭長楕円形で全縁、先端は鋭く尖る。雌雄別株。花期は5～6月。黄緑色の小さな花を円錐状に多数つける。花序は長さ5～10cm、花弁は5個、長さ約2mmで反り返る。果実は核果で、直径9～13mmの扁球形で、少し扁平、9～10月に淡褐色に熟す。のちに外種皮が剥がれて、縦筋のある白い蝋質の中果皮が露出する。

[採取時期・製法・薬効]

果皮から得た脂肪を天日で晒して蝋をつくり、ロウソクやポマードの原料にする。腐敗しにくい蝋であることから、坐薬、軟膏の基剤に使用されている。

[毒成分] ウルシほどではないが、かぶれることもある。ハゼについた雨や露などの水滴がついただけでも、かぶれを起こす人もいる。

つぶやき

ハゼノキが渡来する以前は、日本に自生するヤマウルシやヤマハゼをハゼと呼び、木蝋をつくっていた。このヤマウルシやヤマハゼは、葉に毛があるが、ハゼノキの葉には毛がない。櫨紅葉《季》秋。

11月上旬長崎県対馬

参考:薬草カラー図鑑2、牧野和漢薬草圖鑑

ハナヒリノキ 嚔の木	ツツジ科 山地	木黎蘆 もくりろ	葉	〔製〕殺虫剤、蛆殺し 神経毒

クシャミの出る木の危険性

[生育地と植物の特徴]

本州中部以北、北海道までの低山帯上部から亜高山帯の林縁に生える落葉低木。樹高30〜150cm。よく分枝する。葉は互生し殆ど柄がなく、倒卵形または長楕円形で、長さ3〜8cm、幅1.5〜5cm。花期は7〜8月。枝先の総状花序に多数の花を下向きにつける。花冠は淡緑色、壷状で先は5裂する。

[採取時期・製法・薬効]

葉を採集し天日で乾燥させる(木黎蘆)。

[毒成分] グラヤノトキシンI.II.III、p −メトキシケイヒ酸で神経のNaチャネルに作用する。中毒症状は、運動神経麻痺、歩行失調、呼吸麻痺。

❖便所の蛆殺しに

葉を厚手の布袋に入れもみ砕いたものを750〜1000gほどまく。

❖家畜の皮膚寄生虫の駆除に

葉を適当量煎じてその汁で家畜を洗う。

7月下旬北海道大雪山

つぶやき

“はなひり”とはクシャミのことで、葉の粉末が鼻に入るとクシャミがでるのでこの名がある。その昔ギリシャの兵隊たちが蜂蜜で中毒し、少量で泥酔状態、多量で狂乱し、あるものは死んだという。その蜂蜜は、ハナヒリノキに由来するものだったという。同じような事故が、トルコやアメリカでも起こっている。

参考:牧野和漢薬草圖鑑、毒草大百科

ポインセチア Poinsettia	トウダイグサ科 栽培	なし	全草 茎や葉の乳液	〔外〕骨折、打撲 接触性皮膚炎、発がん作用

トウダイグサ科であり接触性皮膚炎を来す

[生育地と植物の特徴]

メキシコ原産の常緑低木。我が国には明治時代に渡来し、観賞用に栽培されている。熱帯や亜熱帯では樹高5mにもなる。葉は互生し、卵状楕円形で周囲は角ばっている。枝の先端は花枝になり、小さな壷形をした花序が十数個つき、1個ずつの蜜腺を持っている。ポインセチアの赤い部分は苞葉と呼ばれる葉であり、赤い葉の中心に黄色い花粉のように見えるのが、一般に言われる花である。

[採取時期・製法・薬効]

❖骨折、打撲に

メキシコのインディアンは、骨折や打撲の治療のため、枝を折った時に出る白い乳液を塗りつけたという。

[毒成分] 全草に有毒のフォルボールが含まれているが、特に茎や葉を傷つけた時に出る白い乳液に多く含まれている。フォルボールは接触性皮膚炎を起こす。さらに、発癌のプロモーション促進剤になる。

12月上旬長崎県店頭

つぶやき

ポインセチアは、モミノキと並んでクリスマスを飾る樹木として人気が高い。11〜12月に株を購入しても、年を越した頃から葉が枯れ始め、そのまま枯らしてしまう場合が多いが、次の年のクリスマスにも利用するには、それなりのコツがある。毒草大百科参照。

参考:毒草大百科

アラゲヒョウタンボク 5月上旬新潟県佐渡

ハナヒョウタンボク 5月中旬島原薬草

チシマヒョウタンボ
は葉が無毛で円
7月下旬北大植物

ヒョウタンボク 瓢箪木	スイカズラ科 山野	なし	有毒部分 果実	嘔吐、下痢、痙攣、昏睡

ヒョウタンボクの果実は有毒

[生育地と植物の特徴]

果実が2個並んで瓢箪形になるので、ヒョウタンボクという。我が国を中心に十数種類が自生している。ヒョウタンボクは花が始め白く、のちに黄色になるので白色と黄色の花が入り混じって咲き金銀木の別名あり。北海道南西部、本州の東北地方と日本海側、鬱陵島に分布。枝の髄は中空になる。葉は花よりも先に展開し対生。花期は4～6月。花は2個ずつつき、果実は液果で2個並んでつき基部で合着する。アラゲヒョウタンボクは、日本固有種で北海道南西部、本州の山地、四国剣山に分布。葉は花より先に展開し対生。花期は4～5月。花も果実も2個ずつ。ハナヒョウタンボクは、本州の東北地方、長野県、朝鮮半島、中国北部に分布。枝の髄は中空。葉は花よりも先に展開し対生。花期は5～6月。花は2個ずつ咲くが、上唇は先が4裂し左右対称。果実は2個並ぶが合着しない。

[毒成分] 毒成分として、果実にはモロニシド、キンギシド、ペクチン、若葉にはスベロシド、ロニケロシを含む。実を食べたときの中毒症状は嘔吐、下痢、痙攣、昏睡。

つぶやき

長崎県対馬にも固有種のツシマヒョウタンボクがある。2月中旬に葉の展開前に開花する早咲きのヒョウタンボクである。花は2個ずつ咲き、上唇は先が4裂し左右対称、下唇は広線形。果実は2個並ぶが合着しない。本州にあるハヤザキヒョウタンボクも葉の展開前に咲く。小石川植物園にもハナヒョウタンボクがある。

ツシマヒョウタンボク 2月下旬長崎県対馬

ツシマヒョウタンボク 5月上旬長崎県対馬

参考：牧野和漢薬草圖鑑

ヤマウルシ 山漆	ウルシ科 山野	なし	有毒部分 樹液・葉	接触性皮膚炎

人によってはかぶれが酷い

[生育地と植物の特徴]

北海道、本州、四国、九州の山地に自生する落葉樹で、千島列島南、朝鮮半島、中国に分布する。幹の高さ5～8mの小木。葉は奇数羽状複葉、長さ40～60cm、小葉は11～17枚で卵形から卵状長楕円形で全縁、または若木の葉には不揃いの鋸歯があることもあり、先端は尖って長さ6～12cm。下面の脈上に黄褐色の毛を密生する。また葉の軸にも毛がある。雌雄別株。花期は5～6月。枝先の葉腋から褐色の毛のある円錐花序を出し、黄緑色の花をつける。雄花は花弁5枚、萼片5枚、雄蕊5個、雌蕊は小さく退化している。雌花は柱頭が3つに分かれた雌蕊と、発育不全の雌蕊がある。果実はゆがんだ扁球形の核果を結び、表面に淡黄色の短い刺毛を密生する。ウルシ(本ウルシ)にはこの刺毛はない。

[毒成分] 有毒部分は、樹液、葉。このヤマウルシには、本ウルシほどの激しさはないが、人によっては酷いかぶれの症状になる。かぶれを起こす物質はウルシオールで、デヒドロウルシオールも含まれている。ウルシオールは局所的に刺激する作用が強い。人によってウルシオール敏感度に差があり、樹液を直接皮膚に塗っても炎症を起こさない人もいる。うるしかぶれによって死亡するということはないが、炎症が激しい場合は苦痛である。このほかツタウルシ、ヤマハゼ、ハゼ(リユウキュウハゼ)も同じ様にうるしかぶれを起こす。

つぶやき

漆器に用いられる生漆は、ウルシ(本ウルシ)から採取され、これが皮膚を刺激して、かぶれの症状を起こす。ヤマウルシよりは生漆を採取しない。ヤマウルシの紅葉は美しい。

11月中旬長崎県対馬

参考：牧野和漢薬草圖鑑、毒草大百科

ヨウシュヤマゴボウ 洋種山牛蒡	ヤマゴボウ科 帰化、山地	なし	有毒部分 全草	頭痛、嘔吐、下痢、発疹 ショック、痙攣

山野で良くみかけるが帰化植物である

[生育地と植物の特徴]

外来種であるので洋種の名がつけられた。アメリカヤマゴボウの別名がある。我が国在来種はヤマゴボウである。北米原産の多年草で、明治初年に我が国に入り、各地に野生化した帰化植物。茎は1～2mに伸び、紅紫色で四方に枝分かれして広がるので壮大な株になる。葉も大きく楕円形、長さ30cmにもなり、互生につく。花期は6月頃。淡紅色の花を穂状花序につける。花には花弁はなく、萼片5枚、雄蕊10個、子房は10個の心皮が合生する。果実は熟すと果柄が下向きに下がる。夏の終わりに濃紅紫色の果実が熟し、つぶすと紅紫の汁が出るが、この汁は毒ではない。色素の大部分はフェトラッカニンで、サトウダイコン(アカザ科)の変種アカヂシヤに含まれるものと同じである。

[毒成分] 有毒部分は、全草。葉や根に硝酸カリやサポニンを含む。若葉を茹でて、ひたし物にして中毒する例がある。嘔吐、下痢、蕁麻疹様の発疹など、いずれも軽度の中毒症状が起こる。

つぶやき

ヤマゴボウ科のヤマゴボウやマルミノヤマゴボウは、古い時代から根を商陸の生薬名で、利尿薬として水腫に用いられてきたが、ヨウシュヤマゴボウは薬用にはできない。根の成分としてサポニンの一種フェトラッカサポニンEという物質が研究されている。

6月中旬長崎県対馬

参考：薬草カラー図鑑3、牧野和漢薬草圖鑑、毒草大百科

ランタナ Lantana	クマツヅラ科 植栽	ランタナ葉	葉・随時	〔民〕浮腫、解毒、発汗解熱
			未熟な果実	腹痛、ショック

小鳥が飲み込むとそのまま排出されるが人では中毒

[生育地と植物の特徴]

北アメリカ原産の小低木。日本には慶応年間(1865～1868)に渡来。樹高1～2m。全体に毛があり、葉は対生し、卵形でやや厚い。花期は長く夏から秋にかけて、筒状の小花を半球状につけ、始め黄色または淡紅色で、徐々に橙色・濃赤色に変化するので、別名しちへんげ(七変化)という。

[採取時期・製法・薬効]

用時に葉を採取し、乾燥させたものを"ランタナ葉"という。成分は不明。

❖発汗解熱剤に

ランタナ葉15～30gを煎じて服用する。妊婦に使用してはならない。

❖できもの、リウマチに

上記煎液で患部を洗う。

[毒成分] 未熟な果実が有毒。毒成分は、ランタニン。それほど強い毒性はないが、誤って食べると腹痛が起こりショックに至ることがある。

9月下旬長崎県

つぶやき

子どもが誤食し、ひどい腹痛を起こしたケースが報告されている。ランタナの実は、美味しそうに見えるので口に入れてしまうことが考えられる。植えた覚えがないランタナが生えてくることがある。鳥が食べ、糞の中にあった種子が発芽したものと思われる。よって各地で野生化している。

参考：牧野和漢薬草圖鑑、毒草大百科

レンゲツツジ 蓮華躑躅	ツツジ科 高原、草地、湿地帯	なし	有毒部分 葉、花	痙攣毒、殺虫剤

ツツジ科でやはり毒性がある

[生育地と植物の特徴]

名前は高原の草原に大群落を作ることが多く、それは春先の田んぼのレンゲソウの群落に似ていることからつけられた。別名にウマツツジやベコツツジの名があるのは、馬も牛も、有毒を知っていて食べないことから。ジゴクツツジ、ドクツツジ、オニツツジの方言もある。北海道の西南部、本州、四国、九州の日のよく当たる高原の草地や湿地帯に自生する落葉低木。群生することが多く、開花期は美しいので、訪ねる人も多い。高さ1～2mで、枝分かれが多く、葉は互生して、枝先に集まってつき、倒披針形で、先端は円みを帯び、基部は細いくさび形。鋸歯のない全縁で、表面、裏面とも初めは短毛が生えるが、のちに、表面は縁とともに剛毛が生える。裏面は粉白色を帯び、脈上に短毛が生える。花期は4～6月。朱橙色の径5～6cmの花冠を開く。花冠は深く5裂し、外面に純毛がある。雄蕊5個、雄蕊の花糸の基部には白色毛が生え、雌蕊1個で雄蕊より長く突き出し、花柱に毛はない。

[毒成分] 有毒部分は、花と葉。葉にはアンドロメドトキシン、花にはロドジャポニンという毒成分が含まれている。これらは痙攣毒で、呼吸停止を起こして死亡する。

5月上旬佐賀県

つぶやき

レンゲツツジは群馬県の県花。アンドロメドトキシンはツツジ科の多くの種類に広く含まれていて、グラヤノトキシンと化学的に同じものとされる。グラヤノトキシンはハナヒリノキの成分で、アセビの葉の中にも含まれている。ハナヒリノキやアセビはレンゲツツジの有毒成分と同じ物質を含んでいて、殺虫剤や皮膚寄生虫の駆除薬に応用されている。

参考：薬草カラー図鑑3、牧野和漢薬草圖鑑、毒草大百科

酒 税 法

酒税法(しゅぜいほう、昭和28年2月28日法律第6号)は、酒税の賦課徴収・酒類の製造及び販売業免許等を定めた法律。1940年に制定された旧酒税法(昭和15年法律第35号)を全部改正する形で制定された。アルコール分1度(容量パーセント濃度で1%)以上の飲料が“酒類“として定義される。度数90度以上で産業用に使用するアルコールについてはアルコール事業法で扱われる。酒税法では、酒類に水以外の物品を混和し混和後のものが酒類であるときは、新たに酒類を製造したものみなされ、販売することはできない。例外的に、飲み屋などで消費の直前において酒類と他の物品(酒類を含む)を混和をする場合、消費者が自ら消費するために酒類と他の物品を混和する場合は適用されない。酒税法施行規則に、混和できない物品として”ブドウ(ヤマブドウ)”があるが、エビズルはヤマブドウとみなされているが、ノブドウはヤマブドウには当たらない。なお、安心して作れる果実酒としてインターネットで紹介されているものには、梅、カリン、アンズ、レモン、ユズ、チェリー、クコ、プルーン、メロン、ヤマモモ、パイナップル、スモモ、ナシ、リンゴ、キウイ、サンザシ、ビワ、姫リンゴ、ブルーベリー、ボンタン、モモ、キンカン、サクランボ等がある。

酒税法
最終改正:平成24年8月1日法律第53号
(みなし製造)
第四十三条　酒類に水以外の物品(当該酒類と同一の品目の酒類を除く)を混和した場合において、混和後のものが酒類であるときは、新たに酒類を製造したものとみなす。ただし、次に掲げる場合については、この限りでない。
一　清酒の製造免許を受けた者が、政令で定めるところにより、清酒にアルコールその他政令で定める物品を加えたとき。
二　清酒又は合成清酒の製造免許を受けた者が、当該製造場において清酒と合成清酒とを混和したとき。
三　連続式蒸留しようちゆうと単式蒸留しようちゆうとの混和をしたとき。
四　ウイスキーとブランデーとの混和をしたとき。
五　酒類製造者が、政令で定めるところにより、その製造免許を受けた品目の酒類(政令で定める品目の酒類に限る。)と糖類その他の政令で定める物品との混和をしたとき(前各号に該当する場合を除く)。
六　政令で定める手続により、所轄税務署長の承認を受け、酒類の保存のため、酒類にアルコールその他政令で定める物品を混和したとき(前各号に該当する場合を除く)。
2　前項の場合において、酒類に炭酸ガス(炭酸水を含む)の混和をした酒類の品目は、この法律で別に定める場合を除き、当該混和前の酒類の品目とする。
3　第一項第一号の規定の適用を受けて、清酒にアルコールその他の物品を加えた酒類は、清酒とみなす。
4　第一項第六号の規定の適用を受けて、酒類にアルコールその他の物品の混和をした酒類は、当該混和前の品目の酒類とみなす。
5　第一項の規定にかかわらず、酒類の製造場以外の場所で酒類と水との混和をしたとき(政令で定める場合を除く)は、新たに酒類を製造したものとみなす。この場合において、当該混和後の酒類の品目は、この法律で別に定める場合を除き、当該混和前の酒類の品目とする。
6　連続式蒸留機によつて蒸留された原料用アルコールと連続式蒸留しようちゆうとの混和をしてアルコール分が36度未満の酒類としたときは、新たに連続式蒸留しようちゆうを製造したものとみなす。
7　単式蒸留機によつて蒸留された原料用アルコールと単式蒸留しようちゆうとの混和をしてアルコール分が45度以下の酒類としたときは、新たに単式蒸留しようちゆうを製造したものとみなす。
8　第一項、第二項及び第五項の規定にかかわらず、リキュールと水又は炭酸. 水との混和をしてエキス分2度未満の酒類としたときは、新たにスピリッツを製造したものとみなす。
9　前各項に規定する場合を除くほか、酒類と他の物品(酒類を含む)との混和に関し、必要な事項は、政令で定める。
10　前各項の規定は、消費の直前において酒類と他の物品(酒類を含む)との混和をする場合で政令で定めるときについては、適用しない。
11　前各項の規定は、政令で定めるところにより、酒類の消費者が自ら消費するため酒類と他の物品(酒類を除く)との混和をする場合(前項の規定に該当する場合を除く)については、適用しない。
12　前項の規定の適用を受けた酒類は、販売してはならない。

酒税法施行令
最終改正:平成23年12月2日政令第382号
(みなし製造の規定の適用除外等)
第五十条　法第四十三条第一項第一号 の規定により清酒に加えることができる物品は、しようちゆうとする。
2　法第四十三条第一項第一号 の規定により清酒にアルコール又はしようちゆう(以下この項において「アルコール等」という)を加える場合には、当該アルコール等を加えた後の酒類が次に掲げるものとなつてはならない。
一　当該アルコール等の重量(既に法第四十三条第一項第一号 の規定により加えたアルコール等があるとき又は当該清酒が第二条に規定する物品を原料の一部としたものであるときは、当該アルコール等又は当該物品の重量を加えた重量)が当該清酒の原料となつた米(こうじ米を含む)の重量の100分の50を超えるもの
二　アルコール分が22度以上のもの
3　法第四十三条第一項第五号 に規定する政令で定める品目の酒類は、清酒、合成清酒、連続式蒸留しようちゆう(第三条の二第二項の規定に該当するものに限る。以下この項及び次項において同じ)、単式蒸留しようちゆう(第四条の二第四項の規定に該当するものに限る。以下この項及び次項において同じ)、みりんその他の財務省令で定める品目の酒類とし、同号に規定する政令で定める物品は、糖類その他の財務省令で定めるもの(当該定めるものが酒類であるときは、連続式蒸留しようちゆう又は単式蒸留しようちゆうに混和する場合を除き、当該酒類のアルコール分の総量が当該混和する前の酒類のアルコール分の総量の100分の5以下であるものに限る)とし、その混和をすることができる場合並びに混和の方法及び限度は、財務省令で定めるところによるものとする。
4　法第四十三条第一項第五号の規定の適用を受けて酒類と前項に規定する物品との混和をした酒類は、当該

混和前の品目の酒類とみなす。ただし、連続式蒸留しようちゆう又は単式蒸留しようちゆうと当該物品との混和をした酒類で、その混和後のアルコール分が26度以上のものその他財務省令で定めるものは、スピリッツとみなす。
5　法第四十三条第一項第六号 の承認を受けようとする者は、酒類に混和しようとする物品の品名、数量及びアルコール分並びに混和の年月日及び場所を記載した申請書をその場所の所在地の所轄税務署長に提出しなければならない。
6　法第四十三条第一項第六号 の規定により酒類に混和することができる物品は、しようちゆうとする。
7　法第四十三条第五項 に規定する政令で定める場合は、次に掲げる場合とする。
一　蒸留酒類と水との混和をしてアルコール分が20度以上（ウイスキー、ブランデー又はスピリッツと水との混和をした場合にあつては、アルコール分が37度以上）の酒類としたとき。
二　混成酒類（甘味果実酒、リキュール及び雑酒（第二十一条に規定するものを除く）に限る）と水との混和をしてアルコール分が20度以上（甘味果実酒又はリキュールと水との混和をした場合にあつては、アルコール分が12度以上）の酒類としたとき。
8　スピリッツのうち、法第三条第九号 の規定（アルコール分に関する規定を除く）に該当するもの（水以外の物品を加えたものを除く）と連続式蒸留しようちゆうとの混和をしてアルコール分が36度未満の酒類としたときは、新たに連続式蒸留しようちゆうを製造したものとみなす。
9　合成清酒と水又は炭酸水との混和をして、エキス分2度以上5度未満の酒類としたときはリキュールを、エキス分2度未満の酒類としたときはスピリッツを、新たに製造したものとみなす。
10　みりんと水又は炭酸水との混和をして、エキス分2度以上40度未満の酒類としたときはリキュールを、エキス分2度未満の酒類としたときはスピリッツを、新たに製造したものとみなす。
11　その他の醸造酒と水又は炭酸水との混和をしてエキス分2度未満の酒類としたときは、新たにスピリッツを製造したものとみなす。
12　粉末酒と水又は炭酸水との混和をして当該粉末酒を溶解し、エキス分2度以上の酒類としたときはリキュールを、エキス分2度未満の酒類としたときはスピリッツを、新たに製造したものとみなす。
13　法第四十三条第十項 に規定する消費の直前において酒類と他の物品（酒類を含む）との混和をする場合で政令で定めるときは、酒場、料理店その他酒類を専ら自己の営業場において飲用に供することを業とする者がその営業場において消費者の求めに応じ、又は酒類の消費者が自ら消費するため、当該混和をするときとする。
14　法第四十三条第十一項 に該当する混和は、次の各号に掲げる事項に該当して行われるものとする。
一　当該混和前の酒類は、アルコール分が20度以上のもの（酒類の製造場から移出されたことにより酒税が納付された、若しくは納付されるべき又は保税地域から引き取られたことにより酒税が納付された、若しくは納付されるべき若しくは徴収された、若しくは徴収されるべきものに限る）であること。
二　酒類と混和をする物品は、糖類、梅その他財務省令で定めるものであること。
三　混和後新たにアルコール分が一度以上の発酵がないものであること。
15　前各項に規定するもののほか、酒類と他の物品（酒類を含む）との混和に関し、必要な事項は、財務省令で定める。

酒税法施行規則
（昭和37年3月31日大蔵省令第26号）
最終改正：平成23年12月2日財務省令第88号
3　令第五十条第十四項第二号に規定する財務省令で定める酒類と混和できるものは、次に掲げる物品以外の物品とする。
一　米、麦、あわ、とうもろこし、こうりやん、きび、ひえ若しくはでんぷん又はこれらのこうじ
二　ぶどう（やまぶどうを含む）
三　アミノ酸若しくはその塩類、ビタミン類、核酸分解物若しくはその塩類、有機酸若しくはその塩類、無機塩類、色素、香料又は酒類のかす

生物季節観測

気象庁が1953年から“生物季節観測”を続けているが、その対象として来たのは、動物、鳥、虫が11種、植物が12種である。観測エリアは、気象庁の敷地内か、半径5km以内にある雑木林や水辺である。
植物については、ウメ、ツバキ、タンポポ、サクラ、ヤマツツジ、ノダフジ（フジ）、ヤマハギ、アジサイ、サルスベリ、ススキ、イチョウ、カエデの12種である。

特定外来生物

外来生物法は、特定外来生物による生態系、人の生命・身体、農林水産業への被害を防止し、生物の多様性の確保、人の生命・身体の保護、農林水産業の健全な発展に寄与することを通じて、国民生活の安定向上に資することを目的としている。
《特定外来生物被害防止基本方針の概要》
その1、特定外来生物による生態系等に係る被害の防止に関する基本構想、
その2、特定外来生物の選定に関する基本的事項、
その3、特定外来生物の取扱いに関する基本的事項、
その4、特定外来生物の防除に関する基本的事項、
その5、その他の重要事項の5つから構成される。
特定外来植物に指定されると、栽培、保管、運搬、輸入といった取扱いが規制され、防除が行われる。防除の実施主体については、①国は、保護地域や希少種の生息・生育地など全国的な観点から防除を進める優先度の高い地域から防除を進める。また国以外の者が行う取組を促進する。②地域の生態系に生じる被害を防止する観点から、地域の事情に精通している地方公共団体や民間団体等が行う防除も重要であり、積極的な推進が期待される。
特定外来生物の植物には、オオキンケイギク、オオハンゴンソウ、ナルトサワギク、ミズヒマワリ、ナガエツルノゲイトウ、オオカワヂシャ、ボタンウキクサ、ブラジルチドメグサ、アレチウリ、オオフサモ、アカバナ科のルドウィギア・グランディフロラ、アカウキクサ科のアゾラ・クリスタータの12種がある。

特定外来生物1:オオキンケイギク、対馬。
花期は初夏、河川敷や道路沿い、最近では
高速道路ののり面などに大群落がみられる。

特定外来生物1:オオキンケイギク、対馬。
北アメリカ原産で、明治中期に導入・栽培された
ものが広く野生化した。

特定外来生物2：ナルトサワギク、淡路島。アフリカ南部原産、オーストラリア、南アメリカに帰化。徳島県鳴門市で見いだされ、兵庫県や大阪府南部に広がっている。

特定外来生物3：オオハンゴンソウ、高森町。高森町の休耕地に大きな群落をつくっている。頭花の特徴からすると、アラゲハンゴンソウかもしれない。いずれも北アメリカ原産。

アベマキ 椚	ブナ科 山地	なし	果実/樹皮 秋/随時	〔製〕デンプン原料、コルク代用

コルクガシから採れるコルクの代用

[生育地と植物の特徴]

本州中部以西、四国、九州に自生する落葉高木。特に岡山、広島、鳥取の諸県に多い。朝鮮半島、中国に分布。樹皮は縦に深い裂け目のあるコルク層が発達し、その厚さは10cmに達するものもある。葉はクヌギに似ているが、アベマキの葉の下面には白色の毛が密生するので、灰白色となる。雌雄同株。花期は4～5月。雄花は新しい枝の下部より長さ10cmほどの花軸を下げ、これに密生する。果実(ドングリ)は球形で、2年目に熟して褐色になり、細い尖った鱗片多数によって包まれる。

[採取時期・製法・薬効]

コルクは細胞膜質がスペリンで、フェロン酸、フェロン酸、フロイオン酸、スペリン酸などの高級飽和脂肪酸、不飽和脂肪酸よりなる。果実にはでん粉が多く含まれる。

❖コルクの代用に

アベマキのコルク質もコルクガシからとれるコルクの代用になる。

アベマキ10月下旬長崎県

アベマキの堅果(ドングリ)

つぶやき

コルクは地中海沿岸地方のブナ科のコルクガシのコルク層を剥ぎ取ったもので、スペイン、ポルトガル、モロッコが主要な産地で輸出している。コルクガシは常緑高木で植栽から20年目で第一回のコルクが採れるが、これは質が悪く、それ以後9年目ごとに本格的な採取ができる。酸、アルカリ、熱におかされない利点があり、多くの用途がある。

参考:薬草カラー図鑑3

イジュ 姫椿	ツバキ科 山地	なし	樹皮 随時	魚毒

沖縄地方では魚を採るのに使う

[生育地と植物の特徴]

イジュは沖縄の方言であり、他にもイズ、イジュキ、イチョ、イドウーとも呼ぶ。別名ヒメツバキ。奄美大島、徳之島、沖縄本島、久米島、石垣島、西表島に自生する常緑高木で樹高20～30mになるものもある。台湾、中国南部、インドシナ半島など東南アジアに広く分布する。葉は長楕円形で、先端は尖り、基部は楔形。革質で厚く、両面とも無毛で、縁には鈍い鋸歯があり、葉柄は約2cm、先の方に集まるように互生する。花期は4～6月。萼片は卵状円形で、5片に浅裂する。花弁は白色か淡黄色で、上部は5片に分かれ、基部は合着している。雄蕊は多数で、基部は合着し、花弁のもとにつく。果実は扁円形で、熟すと5裂する。

[毒成分] 古い時代より、沖縄地方では樹皮を魚を採るのに使用している。新鮮な樹皮を砕き、川に流すと魚が浮き上がってくる。これを採って食べるが、人まで中毒するほどの毒性はない。

7月上旬長崎市水辺の森公園

つぶやき

魚は琉球語でイユ、魚を表す琉球語の変化過程にイズ、イジュがあり、樹木の名も魚の名と関連し、魚を採るのに古くから利用されていたものと思われる。なお、現在は毒物を用いた漁は法律で禁止されている。

参考:薬草カラー図鑑3、沖縄の植物の本

オランダガラシ Cresson	アブラナ科 帰化	クレソン	青葉 随時	〔民〕辛味健胃、利尿

クレソンは苦味健胃剤

[生育地と植物の特徴]

ヨーロッパ原産。明治初年に我が国に入り、現在各地の清流に野生化している。明治時代、西洋料理、特にビフテキのつまのため、高級洋菜として輸入され、調理室のごみと一緒に捨てられたが、旺盛な繁殖力によって、小川などに流れて、あちこちに広がり、かなりの山中にも見られるようになった。全草にある辛みは、グルコナストルチインの加水分解により、フェニール・エチル・イソチアナートを生じるためである。

[採取時期・製法・薬効]

必要時に青葉を採取、水洗いして用いる。また、天日で乾燥させて蓄える。

§消化促進に

辛味のある新鮮な葉を細かく刻んで、茶さじに軽く1杯分くらいを、そのまま朝食事に食する。

§利尿に

乾燥葉を一回量5～10g、水400mlから半量に煎じて一日量とし、3回に分服する。

つぶやき

我が国ではフランス名のクレソンで呼ばれることが多い。英名はウォータークレス。学名は*Nasturtium officinale*。ナスタチュームはラテン語で刺激性の辛みで鼻が捻じれるの意。オフェチナーリスは薬効があるという意で、もともと薬用植物であることを示している。ヨーロッパでは、全草を消化、解熱、利尿の民間薬に用いている

5月上旬佐賀県徐福の里

5月上旬佐賀県徐福の里

参考：薬草カラー図鑑2

カナムグラ 金葎、葎草	アサ科 原野、路傍	葎草 りつそう	全草 夏～秋	〔民〕利尿、解熱、淋病、健胃

この雑草も薬になる

[生育地と植物の特徴]

北海道から九州、沖縄、台湾、中国、朝鮮半島、アムール、ウスリーに分布。原野、路傍に生える蔓性の一年草。茎は緑色で長く伸び、他物に絡みつく。葉は5～7片の掌状で長い柄を持つ。雌雄別株。花期は9～10月。全草にとげがある。痩果は扁円形。

[採取時期・製法・薬効]

夏～秋の最も繁茂したころに全草を刈り採る。適当な長さに切って天日で乾燥させる。成分は精油、タンニン、樹脂、フラボノイドのルテオリン-7-グルコシド、アピゲニン-7-グルコシド、ビテキシンなどを含む。

❖利尿、解熱、淋病に

一日量10～15gに400mlの水を加え半量に煎じ3回に分けて服用する。

❖健胃に

一日量5～8gに400mlの水を加え半量に煎じ服用する。

❖腫れ物の解毒に

一握りの葎草をアルミ箔で包んで炒め、酢で練り患部に貼る。

つぶやき

「思う人、来むと知りせば　八重葎　覆へる庭に玉敷かましを」と万葉集に詠われている八重葎はカナムグラのこと。恋しいあなたが来られることが分かっていたら、雑草の葎を除いて、きれいな玉敷きにしておいたのにの意。万葉の昔からカナムグラは雑草として嫌われていた。

9月上旬長崎県対馬

カナムグラ雄花　上の写真の拡大

参考：薬草カラー図鑑2、牧野和漢薬草圖鑑

コシアブラ 金漆	ウコギ科 山地の林	なし	若葉 春	〔食〕山菜、〔民〕高血圧予防

タラノメ、タカノツメと同じような山菜

[生育地と植物の特徴]

北海道、本州、四国、九州各地の山地の林中に自生する落葉高木。幹は直立し20mに達するものもある。葉は互生、葉は掌状複葉で3～5枚の小葉からなる。小葉の縁に棘状の鋸歯があり、先端は尖っている。葉質は薄く固い。花期は7～8月。その年に伸びた枝先に緑黄色5弁の小花多数を散形花序に付ける。果実は球形で熟すと黒くなる。

[採取時期・製法・薬効]

春の若葉を採取し、水洗いしてそのまま用いる。これとは別に、若葉を天日で乾燥させる。成分は、葉にケンフェロールとクエルセチンの配糖体、また、イソクエルチトリンを含む。イソクエルチトリンに降圧作用がある。

❖健康食に

塩少々加えて若葉をさっと短時間でゆで、お浸しにして食べる。

❖高血圧に

乾燥した若葉一日量5～10gを、水600mlで3分の1まで煎じて服用する。

つぶやき

伊藤圭介著の‘日本産物志’1872に一般名をゴンゼツ（金漆：漢名）とし、和名をコシアブラとしている。金漆とは刀剣など金属類に塗る漆で、ウルシンキからの漆とは、本質的に異なるもののようだが、これを伝える物も文献もない。

5月中旬滋賀県伊吹（CN氏提供）

4月上旬滋賀県伊吹

参考：薬草カラー図鑑3、徳島新聞H170321

サルナシ 猿梨	マタタビ科 山野の林内林縁	なし	果実・新芽 11月	〔食〕生食、料理 〔民〕解熱、鎮痛、おでき

果実は甘酸っぱい

[生育地と植物の特徴]

北海道、本州、九州、南千島、サハリン、ウスリー、朝鮮半島、中国に分布。山地の林内や林縁。雌雄別株。花期は5～7月。上部の葉腋に白い花を下向きにつける。花はマタタビの花に似ている。直径1～1.5cm、花弁と萼片は5個。葯は黒紫色。両性花の花柱は線形で多数あり。果実は液果で、長さ2～2.5cmの広楕円形、11月に緑黄色に熟す。

[採取時期・製法・薬効]

§生食に

完熟していない果実をたくさん（20個ほど）食べると舌があれることがある。その場合は料理に使用する。

§料理に

春の新芽を、葉をつけたまま摘みとって、和えもの、煮浸し、キンピラにしたり、新芽・新葉を天婦羅にして食べる。

§解熱、鎮痛、おできに

ミコウトウとして神経痛、関節痛、黄疸、口渇などに用い、あるいは根を木通の代用で利尿剤として利用する。

つぶやき

徳島県の祖谷のかずら橋の材料はサルナシである。サルナシもキウイフルーツもマタタビ科である。自宅にキウイフルーツが植えてあったが、枝や葉を切って置いておくと飼い猫がちょこんと座っていた。キウイにもマタタビと同じ効果があるのであろう。

11月上旬長崎県対馬

参考：徳島新聞H161002

シュロ 棕櫚	ヤシ科 植栽	なし/【生】棕櫚皮・一葉/一実 しゅろひ・一よう/一じつ	花穂/幹皮・葉/果実 初夏/随時/秋	〔民〕高血圧予防/ 〔民・外〕止血・下痢止

シュロは薬木、ビロウが薬木かは不明

[生育地と植物の特徴]

南九州、中国の原産、今では野生はなく各地で植栽される常緑中高木。樹高3～5m、越年した茶褐色の繊維に覆われている。葉は茎の先に叢生し、傘のように開き長柄がある。雌雄別株。花期は5～6月。葉の間から大きな円錐花序が下垂し、黄白色の小さな花が多数咲く。果実は液果で1cm前後の扁球形。

[採取時期・製法・薬効]

雄花雌花のいずれでも良いが、4・5月頃出始めの花穂をとり、天日で乾燥させる。また、幹に出た黒褐色の毛のような状態の皮を採り黒焼きにする。成分は、タンニンを含むが他は不詳。果実にはマンナンを含む。

❖高血圧症の予防に

若い花穂の乾燥したもの3～15gを一日量として、水400mlで半量に煎じ3回に分けて服用する。

❖鼻血の止血に

皮の黒焼きを直接、鼻の穴に入れる。少量の乾燥した皮を、アルミ箔に包んでフライパンに入れ、蓋をして火にかけ、蒸し焼きにして作る。

❖乾燥した果実は止血や止瀉に

詳細は不明

つぶやき

雄花序には雄花だけがつき、雌花序には雌花と両性花が雑居する。葉鞘の繊維は敷物、縄や箒などに利用され、材は鐘つきの撞木に使われる。

シュロ 5月中旬諫早市堂崎町

ビロウ 5月上旬長崎県小浜

参考：薬草カラー図鑑2、牧野和漢薬草圖鑑

ステビア Stevia	キク科 栽培	なし	葉 随時	〔食〕甘味料、ハーブ

キク科の植物に甘味があることが特異

[生育地と植物の特徴]

南米パラグアイ原産の多年草、原住民は古くよりこの葉に甘みがあることを知って、甘味料に使用していた。昭和40年代の中頃、我が国に初めて導入されて、キク科の草に甘みがあるというので話題になった。草の高さは40～80cmに伸び、枝分かれする。葉は対生、長さ3～5cm、先の尖った長楕円形で、縁に浅い鋸歯があり、基部は細くなる。全体に細毛が生える。花期は秋。葉腋より花柄を伸ばし、白色小形の頭状花を多数つける。

[採取時期・製法・薬効]

葉を甘味料とする。生の葉はすぐに腐るので、一般には葉を乾燥し、粉末にしたものより抽出する。甘味の本態はジテルペン配糖体のステビオシドで、甘さは砂糖の300倍。葉より抽出したものには、ステビオシドの6種類ほどの各種配糖体の混合物が含まれ、これを甘味料にする。

§糖尿病患者の甘味料、医薬品の矯味剤に

低カロリーの甘味料に用いられる。

つぶやき

サッカリン、チクロという合成甘味料は、アメリカで発がん性があると指摘され問題となったが、我が国でサッカリンの発がん実験をいくら精密に繰り返しやっても、発がん性は証明されなかった。オランダのダイエットチョコレートはチクロ入りであり、チクロの発がん性にも疑問がある。近年、甘味料のL・フェニルアラニン化合物アスパルテームの出現によってステビアの栽培欲はなくなった。

8月上旬佐賀県徐福の里

参考：薬草カラー図鑑4

タニウツギ 谷空木	スイカズラ科 山地の陽地	なし	若葉 開花前	〔飲〕健康茶、〔食〕ウツギ飯

日本海要素植物の一つ

[生育地と植物の特徴]

北海道から本州の主に日本海側に自生し、日の当たる山地に普通にある落葉低木。葉は卵状楕円形で、表面は短毛を散生、ときに無毛もある。裏面は白毛を密生。短い葉柄で対生する。花期は5～6月。その年に伸びた枝の先や葉腋から2～3個の花をつける。花冠はロート状で淡紅色。萼は5裂し、先は細く尖る。雄蕊5個は花冠より短い。

[採取時期・製法・薬効]

開花期の若葉を採り、天日で乾燥させる。成分は、精査されていない。

§健康茶に

乾燥葉を水に浸してから、約10分間蒸したのち、天日で乾燥させて保存する。これを煮立てて飲む。

§食用に

乾燥葉を砕き、水に浸して蒸してから、よく搾り、炊き立てのご飯に食塩少々と混ぜてウツギ飯にする。

つぶやき

ハコネウツギ、タニウツギなどを近畿地方で俗にウツギと呼ぶことから何々ウツギとなった。スイカズラ科に属するウツギには、ほかにニシキウツギがある。一般にいうウツギはこれまではユキノシタ科、DNA分類でアジサイ科となったもので、ウツギ属のウツギ、ヒメウツギなど、アジサイ属のヤマアジサイ、ノリウツギ、ガクウツギなど、他にバイカウツギ属、クサアジサイも混同されやすい。

上下ともに5月下旬新潟県弥彦山

参考：薬草カラー図鑑3

チャンチン 香椿	センダン科 栽培	【生'】椿白皮 ちんはくひ	樹皮 開花期	〔民〕過敏性腸症候群

過敏性腸症候群に使う民間薬

[生育地と植物の特徴]

中国原産の落葉高木で、かなり古い時代に渡来。新芽が鮮やかな桃色をして美しいため、九州から南の各地で栽培されている。幹はまっすぐ伸び、高さは20mにも達する。偶数羽状複葉が互生。小葉は10～22枚。長さ8～15cm、長楕円形で小葉は対生か対生に近く、紅色の短い柄がつく。4月頃に出る新芽は薄桃色から鮮やかな桃色に、6月頃に緑色に変化する。7月頃、枝先に白色の小花を円錐花序につける。8月頃に蒴果を結ぶ。蒴果は5つにさけ、中に長い翼を上部につけた種子が入っている。

[採取時期・製法・薬効]

薬用部分は樹皮。採取時期は開花期が最適。この時期を逃すと樹皮がかたくなって、剥がしにくくなる。樹皮にナイフで横に傷をつけ、そこから縦に皮をむくように剥がす。これを水洗いし、細かく刻んで天日で乾燥させる。薬局で求めることができる。樹皮にトウセンダニン、チャンチンタンニンを含む。

§過敏性腸症候群に

乾燥樹皮5～10gに水600mlを加えて煎じ、これを一日3回、毎食後温かいうちに飲む。渋みがあるが、飲みにくいものではない。続けて飲むと効果が現れる。

つぶやき

中国には葉をゴマ油で炒めた臭椿という料理がある。チャンチンには葉に青臭い臭気があるのが特徴。中国名香椿（しあんちん）から日本語読みにチャンチンとなった。

8月上旬徐福の里

8月上旬徐福の里

参考：薬草カラー図鑑4

テッポウユリ 鉄砲百合	ユリ科 海岸の崖、栽培	なし	鱗茎 随時	〔外〕打撲傷

園芸品種が多い、その一つに"ひのもと"

[生育地と植物の特徴]

種子島から沖縄に自生し、主として海岸の崖などに多い多年草。最も広く栽培されているユリで多くの園芸品種がある。花は白く、花筒が長く、先端が少し反り返り、芳香があり、花が優美である。鱗茎は扁球形で淡黄色、茎は直立して約1mになる。葉は柄がなく披針形で長さ約15cm、表面に光沢があって互生する。花期は5～6月、雄蕊6個は花弁より短く、雌蕊の柱頭は棍棒状に膨れている。果実は朔果で長さ6cmくらいの楕円状筒形。

[採取時期・製法・薬効]

鱗茎を採取し、根を取り除き、水洗いし、生のままつき砕いて使用する。鱗茎には苦味が強く、食用にはならない。

§打撲傷に

容器に鱗茎を入れ、食酢の少量を加えてつき砕き、木綿の袋に入れて、これを患部に当て湿布する。これは沖縄地方の民間療法である。

つぶやき

古くは琉球百合と呼んでいた。'成形図説' 1804には、関東では鉄砲百合と呼ぶとあるが、語源には触れてない。花の筒状部が長いのを鉄砲に見立てたとする説と、鉄砲伝来の種子島より江戸に入ったので江戸では鉄砲百合と呼ぶようになったという説がある。別名のタメトモユリは、源為朝に関係の深い八丈島から来たものと考えて、この名となった。

ひのもと 6月中旬長崎県諫早市

参考：薬草カラー図鑑3

ニオイスミレ 匂菫	スミレ科 栽培	なし	全草 開花期	〔民〕咳止め、鎮静、浄血、 〔香〕香料

芳香のあるスミレが薬になる

[生育地と植物の特徴]

花の芳香が強いことからこの名となった。ヨーロッパ南部から中近東地方原産の多年草で、主として観賞用に広く栽培されている。葉は心臓形で大きく、縁には鈍い鋸歯がある。花期は3～4月。花は径2cmほどの濃紫色で、芳香がある。距は短くて太い。

[採取時期・製法・薬効]

開花期の全草を採取し、水洗いしたのちに、風通しの良い場所で陰干しにする。芳香成分はケトン化合物のバルモンと呼ばれるものに、オイゲノールが少量含まれる精油で、花を早朝に採取し、脂肪に吸収させ、これを溶剤で抽出し、ニオイスミレ油という精油を得ている。葉にも芳香成分のバイオレットリーフアルデハイドを含む。

❖咳止め、鎮静、浄血に

乾燥ものを一日量約5～8gとして、水400～600mlから半量になるまで煎じ、3回に分けて服用する。

❖香料に

芳香成分は化粧品、石鹸などの香料に利用された。近年は合成香料があり、産地の栽培に活気はみられない。

つぶやき

フランス南部では特に芳香の強い改良種を栽培し、花から香料を生産している。早朝に採取した花を原料にニオイスイレ油を採り、香水の調合に利用される。我が国のスミレで香りがあるものは、ニオイタチツボスミレ、エイザンスミレ、ヒゴスミレである。

3月下旬長崎大学薬草園

参考：薬草カラー図鑑2

ヒアシンス Hyacinth	キジカクシ科 栽培	なし	花	〔香〕香料
			根	接触性皮膚炎

花は香料原料、根を素手で触るとかゆくなる

[生育地と植物の特徴]

原産はギリシャ、小アジアで、観賞用に栽培される多年草。日本には江戸末期に渡来し、大正時代に広く栽培されるようになった。鱗茎は卵形で黒褐色の外皮がある。葉は4～5葉が束出して斜立し、広線形で長さ15～30cm。花期は3～4月。太い花茎を葉より少し高く出し総状花序にやや下向きに青紫色の花を着ける。朔果は鈍三稜形。

[香料原料としての利用]

薬用部分は花。花にフェニルアセトアルデヒドが含まれ香料の原料となる。根には蓚酸カルシウムが含まれ、素手で取り扱うとかゆくなる。

❖香料原料に

6kgの花から約1kgの精油が得られる。

4月上旬長崎県諫早市

つぶやき

ヒヤシンス属は主に地中海沿岸やアフリカに約30種分布しているが、園芸化されたのは、ギリシャ、シリアなどに自生するヒアシンスだけである。16世紀にイタリア、ドイツを経由してオランダに入り、ここを中心に改良が重ねられ人気の高い球根となった。原種が一種だけで発達したので草姿や花形には変化がない。この点では園芸種としては珍しい。

参考：牧野和漢薬草圖鑑

ヒトリシズカ 一人静	センリョウ科 山野	なし	全草 春～夏	〔民〕血行改善、神経痛、リウマチ、ノイローゼ、ストレス解消

中国では古い時代から薬草に使われている

[生育地と植物の特徴]

我が国各地、朝鮮半島、中国東北地区、サハリンの草原や道端に多く見られ、中国では銀線草と呼ばれる。高さは10～25cmで、ところどころに紫色を帯びた節がある。葉は、茎の先端に4枚が対生している。広卵形あるいは楕円形で、長さ9～10cm幅約6.5cm、紙のように薄く、縁には鋸歯がある。葉の上面は暗紫色、下面は淡緑色。花期は4月頃。茎の先端に長さ4～8cmの柄が伸び、その上部2～3cmの部分に、白色の小花が穂状をなして多数開く。小花には花弁も萼もない。根元の膨らんだ部分が緑色をした雌蕊、その裏側から3本伸びているのが雄蕊。葯は、外側2本の雄蕊の根元にだけついている。雌雄両性。

[採取時期・製法・薬効]

4～7月に全草を採り、刻んで陰干しにする。セスキテルペノイドのクロラントラクトン、シズカコラジノール、シズカノリッドを含む。

❖血行改善、体調を整えるために

乾燥させた全草一日量2～4gを水400mlで煎じ、毎晩2回に飲む。飲むたびに温めること。妊婦は飲んではいけない。

4月上旬長崎県対馬

つぶやき

清楚な感じが静御前に似ているとしてこの名になった。中国では古い時代から、血のめぐりを良くし、神経痛やリウマチ、ノイローゼ、ストレス、痛風などを改善し、体毒を排出して体調を整えるとし、広く用いられている。

参考：薬草カラー図鑑4

フユイチゴ 冬苺	バラ科 山地の樹下	なし	果実 秋	〔酒〕冬苺酒

キイチゴも草イチゴも生食されイチゴ酒になる

[生育地と植物の特徴]

本州の関東南部から西、四国、九州、東アジアに分布。蔓性落葉小低木。山地の林内に生える。茎は直立、または斜上して高さ30cmくらいになるが、見かけは地表をカバーする地被植物といっても良い。茎は蔓状で各節から発根し増える。葉は浅く5裂し、円状五角形で、ブドウの葉に似ている。葉の表面には艶があり、裏は軟毛が密生していて、質はかたい。花期は夏。葉腋から花茎を出して、5～10個の白い花を咲かせ、実は冬が来ると赤く熟す。通常のイチゴは、南アメリカ原産で日本には天保年間(1830～1843)にオランダから渡来した。また、島原薬草園にはシマバライチゴがある。

[採取時期・製法・薬効]

秋から冬に熟した果実を採取し、生のままを使用する。成分は果実にクエン酸、酒石酸、ブドウ糖、果糖、ガラクトース、アラビノーズ、グルタミン酸、グリシン、アスパラギンン、ビタミンCを含む。

❖美肌、疲労回復、食欲増進に
フユイチゴ酒を30mlくらいナイトキャップとして服用。

つぶやき

フユイチゴ酒：生の果実を広口瓶の3分の1くらいまで詰め、これに25度ホワイトリカーを瓶の肩のところまで注ぎ入れ、冷暗所において2～3ヵ月漬ける。味は癖がなくてソフト、イチゴ酒に似た味わいがある。キイチゴもイチゴ酒として利用される。

8月下旬長崎県雲仙

参考：薬草カラー図鑑4

ホツツジ 穂躑躅	ツツジ科 山地	なし	全株	神経毒、運動神経麻痺、歩行失調、呼吸麻痺

この花だけでなく、蜂蜜にも毒がある

[生育地と植物の特徴]

名前は花穂をつけるツツジの意。日本固有種。北海道南部、本州、四国、九州に分布。日当たりのよい山地に生える落葉低木。樹高1～2m。よく分枝する。葉は互生。倒卵形または楕円形で長さ3～7cm、葉質はやや薄い。花期は8～10月。枝先に5～10cmの円錐花序を直立する。淡紅色を帯びた花を多数つけるが、花冠は3裂し、裂片は長さ約1cm幅3mmの狭長楕円形で、反り返る。雄蕊は6個、雌蕊は花冠の外へまっすぐ長く突き出る。萼は長さ約1mmの椀状で、浅く5裂する。

[毒成分] 有毒部分は全株。毒成分はグラヤノトキシン。毒性は運動神経を麻痺し、歩行失調、呼吸麻痺を起こす。誤って引用すれば、頭痛、嘔吐、痙攣を起こす。この花から集めた蜂蜜も中毒を起こす危険性がある。

つぶやき

別名が多い。マツノキハダは、樹皮が松の肌に似ているため。細かく枝分かれするので地方によっては、枝を刈り束ねて箒や蓑にしていたので、ヤマホウキ、ヤマワラと呼ぶ。花は雨風で傷みやすく、写真に撮りにくい。北海道だけでなく、新潟県でも見たが、北海道で撮ったものが、花冠が3裂し、雌蕊が突き出ているのが確認できた。

上下ともホツツジ 7月下旬北海道大雪山

参考：牧野和漢薬草圖鑑

マツムシソウ 松虫草	スイカズラ科 山地	なし	地上部 花期	〔民〕脳血栓や心筋梗塞予防

どこまで脳卒中や心筋梗塞の予防に役立つのか

[生育地と植物の特徴]

北海道から九州にかけて、高山の日当たりのよい草原に群生している。越年草で草丈は50〜60cmほど。葉は対生し、羽状に1〜2回深く裂け、全体に短い毛が生える。花期は8〜10月。葉の付け根から長い柄が伸び、その先に直径5cmほどの紫がかった濃い青色の花が咲く。花が終わると、紡錘形で先端に毛が生えた果実が実る。類似植物にタカネマツムシソウがある。本州と四国の高山に産し、高さ30〜35cm、頭花が径5cmほど。

[採取時期・製法・薬効]

花が咲いている8〜10月に地上部を採取し、流水で洗い、1週間から10日ほど天日で良く乾燥させる。成分のロガニン、スエロシッドは血液を流れやすくする作用と、血管内での血小板凝集を抑制する作用がある。

❖脳血栓予防、心筋梗塞予防に

乾燥した地上部10〜20gを水400〜600mlで煎じて、一日3回食後に飲む。飲むたびに必ず温める。

マツムシソウ 8月下旬佐賀県天山

タカネマツムシソウ 7月中旬長野県白馬

つぶやき

松虫の鳴くころに開花するのでこの名がある。また、花の終わった頭花は紡錘形となり、これが巡礼の‘松虫鉦(かね)’に似ているからという説もある。西洋医学を学んだ者にとっては、高血圧症、脳卒中予防、心筋梗塞予防に使われる民間薬はどうもしっくり来ない。塩分の摂りすぎに注意する方がよほど理に適っている。

参考：薬草カラー図鑑4、牧野和漢薬草圖鑑

ムベ 郁子	アケビ科 山野	なし	蔓・葉/果実 秋	〔民〕利尿、〔虫〕駆虫

ウベはムベのこと、鹿児島ではンベ

[生育地と植物の特徴]

関東以西、四国、九州、沖縄の山野に自生する蔓性常緑樹。蔓は近くの木に巻き付き、約5mの長さに伸びる。葉は互生で、葉質は厚く艶があり、葉裏は淡緑色で網の目のように脈が走っている。5〜7枚からなる掌状複葉。花期は4〜5月。新葉の腋から短い柄が出て、長さ2cmほどの黄白色の花を3〜5個、総状につける。花は雄花と雌花が入り混じってつくのが特徴。10月頃、長さ5〜8cmほどの果実を結ぶ。最初は緑色、熟すと暗赤色になるが、果皮が割れることはない。

[採取時期・製法・薬効]

秋に葉、茎、果実を採取、果実以外は刻んで天日で乾燥させる。茎葉に配糖体スタントニン、ムベニン、果実にβ-ジトステロール、アミリン、ルペオールを含む。

§利尿に

乾燥した蔓と葉を一日量10〜15gに水600mlを加えて煎じ、3回に分けて服用する。

❖駆虫に

乾燥果実、茎葉一回量5gを水200mlで煎じ服用する。

5月上旬長崎県対馬

10月下旬長崎県対馬

つぶやき

天智天皇が琵琶湖を行幸した際、農家の老夫婦がかくしゃくとしているので、秘訣を尋ねたところ、ムベの果実を食べているからという。それから後、毎年夏ムベの果実を大贄(おおにえ)として、献上させることになった。大贄は別名包且(おおむべ)と呼ばれムベの語源となった。

参考：薬草カラー図鑑4、牧野和漢薬草圖鑑

ヤマユリ 山百合	ユリ科 山地	【局】百合 びゃくごう	鱗茎 秋	〔民〕咳止め、解熱

野生のユリの王様と呼ぶ地域もある

[生育地と植物の特徴]

本州(東北より近畿まで)に自生する多年草で、北海道、九州、四国、北陸、中国地方には自生しない。山地の草原や林の中に生え、地上茎は1～2mに直立し、やや弓なりに曲がって伸びる。地下の鱗茎は扁球形で黄白色。下部から多くの根を出す。葉は深緑色で披針形。先は尖り、短い柄によって互生する。花期は7～8月。茎の先に1～5個、ときに20個以上の花をつける。花被片は6枚で白色、中央に黄色の太い線が通り、赤褐色の斑点がある。雄蕊6個。雌蕊の先は浅く3裂。花後長楕円形の大きい蒴果を結ぶ。

[採取時期・製法・薬効]

秋に地上部が枯れた頃、鱗茎を掘り採り、水洗いして、鱗片を剥ぎ取り、ばらばらにし、これに熱湯を注ぎ、天日で乾燥させる(百合)。鱗茎の粘質性成分は、粘質多糖類のグルコマンナンである。

§咳止め、解熱に

百合一回に4～10gを水400mlで半量に煎じて服用する。

7月下旬奈良県森野旧薬園

つぶやき

別名のホウライジユリは愛知県の鳳来寺山に多いことから、エイザンユリは京都府・滋賀県境の比叡山に多いことに由来。日本に自生していたヤマユリ、カノコユリなどを親にしてヨーロッパなどで育種されたオリエンタルハイブリッドにはカサブランカなど多数の園芸種がある。

参考：生薬処方電子事典、薬草カラー図鑑3

レモンエゴマ レモン荏胡麻	シソ科 丘陵地	なし	葉 秋	〔外〕皮膚白癬

生の葉を皮膚真菌症に

[生育地と植物の特徴]

本州、四国、九州、インド、中国中・南部に分布。丘陵地に見られる一年草。我が国には8世紀ころ渡来したと考えられている。草丈は20～70cm。茎は四角で分枝し、密に短毛がある。葉は対生し、広卵形。花期は8～10月。茎の先、葉腋より長い花穂を出し淡紫色の花をつける。全草にレモンのような香気がある。

[採取時期・製法・薬効]

秋に生の葉を採り、そのまま使用する。乾燥した葉では2～3%の精油を含む、その主成分はシトラール約50%、ペリラケトン、エゴマケトン、ナギナタケトンなど。茎や葉に含まれるペリラケトンに殺菌作用があり、いんきん、たむしに効果がある。

❖いんきん、たむしに

生の葉の絞り汁を患部に塗布する。

9月下旬長崎県対馬

9月下旬長崎県対馬

つぶやき

牧野富太郎博士が初めてこの植物を武州の高尾山で採ったのは、大正2年の晩秋であったという。レモンエゴマはエゴマによく似ている。レモンエゴマの花は淡紅色、葉に芳香がある。エゴマの花は白、葉に不快臭がある。レモンエゴマの種子は香料になり、エゴマの種子は食用とする。また、エゴマは栽培種であり、野生にはない。

参考：薬草カラー図鑑4、牧野和漢薬草圖鑑

参考図書

1. 原色牧野和漢薬草大圖鑑:三橋博監修、福田元次郎発行、1988年発行、共同印刷(株)
2. 薬草カラー図鑑1(主婦の友社、私の健康別冊):星薬科大学名誉教授伊沢一男著、1990年発行、凸版印刷(株)
3. 薬草カラー図鑑、続(主婦の友社、私の健康別冊):星薬科大学名誉教授伊沢一男著、1980発行、凸版印刷(株)
4. 薬草カラー図鑑、続続(主婦の友社、私の健康別冊):星薬科大学名誉教授伊沢一男著1984年発行、凸版印刷(株)
5. 薬草カラー図鑑4(主婦の友社、私の健康別冊):星薬科大学名誉教授伊沢一男著、1995年発行、凸版印刷(株)
6. 薬草療法バイブル(主婦の友社、私の健康別冊):星薬科大学名誉教授伊沢一男著、1985年発行、凸版印刷(株)
7. 長崎の薬草:高橋貞夫著、長崎県生物学会発行、1979年5月初版発行・同年7月4版発行、昭和堂印刷
8. 宮崎の薬草:都城薬用植物研究会編集、宮崎日日新聞社発行、1995年10月初版発行、凸版印刷(株)
9. 新・佐賀の薬草:佐賀県保健環境部業務課・佐賀県薬業指導所編集1990年10月、初版発行、誠分堂印刷(株)
10. 薬草の詩:社団法人鹿児島県薬剤師会「薬草の詩」編集委員会編集、新原正明・社団法人鹿児島県薬剤師会発行、1994年8月初版発行、渕上印刷(株)。
11. 薬草事典:六角見孝発行・(株)月刊さつき研究社発行、1981年5月初版発行、共同印刷(株)
12. 使ってみよう漢方薬:小野孝彦編集、BEAM編集委員会、2015年7月発行、文光堂
13. 今日の治療薬2016:浦部晶夫、島田和幸、川合眞一著、2016年3月第38版第2刷発行、(株)南江堂
14. 生薬学:指田 豊・山崎和男編集、本郷允彦・(株)南江堂発行、1983年4月初版、2000年8月5版5刷発行、研究社
15. 生薬処方電子事典:木下武司著、(有)オフィス・トゥェンティーワン
16. 日本薬局方:厚生労働省平成23年改訂版
17. 美味しい木の実ハンドブック:おくやま ひさし、文一総合出版2011年発行
18. 山渓ハンディ図鑑1-野に咲く花:林 弥栄監修、平野隆久写真、川崎吉光・㈱山と渓谷社発行、1989発行
19. 山渓ハンディ図鑑2-山に咲く花:永田芳男写真、畔上能力解説、川崎吉光・㈱山と渓谷社発行、1996発行
20. 山渓ハンディ図鑑3-樹に咲く花離弁花1:茂木 透写真、石井英美・崎尾 均・吉山 寛解説、川崎吉光・㈱山と渓谷社発行、2000年4月発行
21. 山渓ハンディ図鑑4-樹に咲く花離弁花2:茂木 透写真、太田和夫・勝山輝男・高橋秀夫解説、川崎吉光・㈱山と渓谷社発行、2000年10月発行
22. 山渓ハンディ図鑑5-樹に咲く花合弁花・単子葉・裸子植物:茂木 透写真、城川四郎・高橋秀夫・中川重年解説、川崎吉光・㈱山と渓谷社発行、2001年7月発行
23. 毒草大百科:奥井真司著、鶴野義嗣・㈱データハウス発行、2003年7月発行
24. 原色牧野日本植物図鑑コンパクト版1・2・3:牧野富太郎著、福田久子・㈱北隆館発行、平成20年・平成12年・平成14年発行
25. 植物分類表:大場秀章編著、㈱アボック社、2009年11月初版発行、2011年2月第3刷発行
26. 薬草を食べる:村上光太郎著、徳島新聞2001年4月10日～2013年12月4日の毎月発刊
27. 海岸植物の本:屋比久壮実著、アクアコーラル企画、2008年発行
28. 沖縄の野山を楽しむ 植物の本:屋比久壮実著、アクアコーラル企画、2004年発行
29. いちばんわかりやすいハーブティー大事典:榊田千佳子・渡辺肇子監修、田村正隆発行、2011年発行、(株)ナツメ社
30. ハーブ図鑑:ジェニー・ハーディング著、服部由美翻訳、2012年発行、発行元ガイアブックス

参考図書略表記

薬草カラー図鑑続 → 薬草カラー図鑑2
薬草カラー図鑑続続 → 薬草カラー図鑑3
薬草療法バイブル → バイブル
原色牧野和漢薬草大圖鑑 → 牧野和漢薬草圖鑑
BEAM使ってみよう漢方薬 → BEAM漢方薬
今日の治療薬2016 → 今日の治療薬
徳島新聞“薬草を食べる” → 徳島新聞
沖縄の野山を楽しむ 植物の本 → 沖縄の植物の本

著 者 略 歴

森 正孝：解説・写真撮影担当
MORI MASATAKA
1943年熊本県熊本市生まれ
1967年長崎大学医学部卒業
1984年国立長崎中央病院神経内科勤務
2001年長崎県離島医療圏組合対馬いづはら病院長
2008年地域医療振興協会・市立大村市民病院勤務
著書："対馬の医療百年史"・2005年、"対馬の四季・続対馬の四季"・2008年、分担執筆："生理・薬理学実習書"、"整形外科学体系"

國分 英俊：植物分類学担当
KOKUBU HIDETOSHI
1948年長崎県対馬生まれ
1966年長崎県立対馬高校卒業
1970年日本大学農獣医学部卒業
1970～2009年長崎県公立中学校教諭・教頭・校長
著書："対馬の自然ー対馬の自然と生きものたち"浦田明夫と共著・1999年

森　昭雄：薬草解説担当
MORI AKIO
1927年鹿児島県知覧町生まれ
1953年長崎大学薬学部卒業
同年知覧町にて"森回春堂"を開業
("うちみ奇効散"製造販売)
1973年鹿児島市で薬局を開業
1979年鹿児島県製薬協会副会長・1994年同会長
1985年鹿児島県薬剤師会漢方・薬草同好会委員
1984年鹿児島県知事表彰（薬事功労）、2008年厚生労働大臣賞（薬事功労）、2012年日本薬剤師会有功賞（永年功労）

森　利子：表紙絵担当
MORI TOSHIKO
著書："ママの絵手紙ー対馬の四季"2007年、"ママの絵手紙ー対馬の四季第2集"2008年

謹告
本書に書かれた内容は、主に著者の見識に基づいて書かれております。用いる時は参考文献をご確認ください。実際に用い、結果、不都合が生じた場合にも、著者ならびに出版社はその責を負いかねますのでご了承ください。

〔改訂版〕薬草の呟き　対馬から日本各地の山野へ薬草園へ
2016年10月15日　第1版1刷発行

著者　森　正孝、森　昭雄、國分英俊
発行人　白石和浩
発行所　株式会社メディカルサイエンス社
〒150-0002　東京都渋谷区渋谷1-3-9
ヒューリック渋谷1丁目ビル7階
Tel 03-6427-4501　FAX 03-6427-4577
http://medcs.jp/

印刷・製本　日経印刷株式会社

Medical Science Publishing Co.,Ltd.2016　Printed in Japan
ISBN　978-4-903843-87-2　C2045